AVR单片机实用程序设计

（第2版）

张克彦　张禹瑄　赵　昕　李延柱　宋熙萍　张振宇　编著

北京航空航天大学出版社

内容简介

本书对 AVR 中档单片机升级换代产品 ATmega16、ATmega8535 的系统结构、特点、运行原理和指令系统等做了详细介绍，在此基础上给出众多具代表性的实用程序的设计及其使用方法，并提供详细程序清单。内容包括 ATmega16/8535 单片机硬件结构，升级后的功能特点以及运行原理；AVR 单片机指令系统；软件 DAA、定点运算以及数制转换子程序设计方法，并设计了使用乘法指令设计快速多字节乘法以及数制转换程序；各类实用程序（查表、线性插值、外设管理、通信、A/D 转换、定时/计数器应用、可靠性设计、数/码制转换、串行器件多点测温、触摸屏、高性能液晶显示模块、红外通讯技术、带定时告警功能的串行实时钟芯片等）的设计使用方法，并对嵌入式系统程序设计及优化方法进行总结；AVR 浮点程序库设计及使用；AVR 单片机的编程功能以及由 AVR JTAG 接口实现的功能强大的在线调试系统。主要程序都附有流程图，所有程序都列出清单并带详细注释，而且配备光盘。

本书归纳的程序设计和优化方法，以及完整的软件设计实例也适用于其他流行机型，如 C8051F、MCS－51/196、Freescale 等单片机。

本书可作为单片机应用工程技术人员的设计参考书，或作为大专院校的教学参考书。

图书在版编目(CIP)数据

AVR 单片机实用程序设计 / 张克彦等编著. -- 2 版
. --北京 ：北京航空航天大学出版社，2012.1
ISBN 978－7－5124－0610－0

Ⅰ. ①A… Ⅱ. ①张… Ⅲ. ①单片微型计算机－程序设计 Ⅳ. ①TP368.1

中国版本图书馆 CIP 数据核字(2011)第 200696 号

AVR 单片机实用程序设计(第 2 版)
张克彦 张禹瑄 赵 昕 李延柱 宋熙萍 张振宇 编著
责任编辑 张 楠 王 松
*
北京航空航天大学出版社出版发行
北京市海淀区学院路 37 号(邮编 100191) http://www.buaapress.com.cn
发行部电话：(010)82317024 传真：(010)82328026
读者信箱：bhpress@263.net 邮购电话：(010)82316936
北京时代华都印刷有限公司印装 各地书店经销
*
开本：787×1 092 1/16 印张：34.5 字数：883 千字
2012 年 1 月第 2 版 2012 年 1 月第 1 次印刷 印数：3 000 册
ISBN 978－7－5124－0610－0 定价：69.00 元(含光盘 1 张)

若本书有倒页、脱页、缺页等印装质量问题，请与本社发行部联系调换。联系电话：(010)82317024

第2版前言

ATMEL公司于2002年对其产品进行了调整，逐步停止AVR中档单片机AT90S系列的生产，并以升级产品ATmega8515/8535替代AT90S8515/8535，以及推出高档的ATmega16等系列升级换代产品。它们都是性能强、价位居中、在8位嵌入式系统应用市场占有率高的单片机。

升级换代产品功能明显超过原来的AT90S系列，表现为在原有外围器件，如定时器/计数器T/C0、T/C1、T/C2，高速同步串行口SPI，通用串行接口UART，模数转换器ADC等在原有功能基础上进一步升级，复位、休眠方式等方面的功能在AT90S基础上都显著增强。新增外围器件(两线串行接口TWI)、新增测试/开发手段(例如MEGA16的JTAG边界扫描和在线检测接口)、在线在应用自我编程功能等。并且配合硬件升级，软件方面也增加了功能强的指令。ATmega16具有130条功能强大的指令，其中新增了多种类型的字节相乘、程序存储器读或写、跨度超过2K字的直接转移/转子、字复制等指令(与mega16相比，mega8535也只缺少2条直接转移(JMP)、转子指令(CALL))等。ATmega16/8535的定时器/计数器T/C0具有普通、CTC、快速PWM以及相位调整PWM等4种波形发生器模式；T/C2保留异步计数功能外，具有T/C0相同功能；而定时器/计数器T/C1除保留原有的普通、输入捕获功能外，具有15种波形发生器模式，可以输出多种脉宽调制(PWM)波形。而且所有的定时器/计数器都具有强制比较输出功能，使脉宽调制波形更加完善；将异步串行通信口UART升级为通用同步/异步串行接口USART，支持5、6、7、8、9位数据，1位或2位停止位的串行数据帧格式，并支持多机通信模式和(异步)倍速通信模式以及增加奇偶校验功能等；SPI同步串行接口也增加了倍速传输模式，并对主、从机时钟频率与位传输率比值加以限定，有助于提高通信效率；增设一个面向字节和基于中断操作并与I^2C标准兼容的两线串行接口(TWI)；模数转换器(10位)增加了差分输入、可编程增益、多种基准电压源选择以及多种中断源触发(即启动)A/D转换等功能；ADC多路复用器功能控制位增加到5位，具32种选择功能，并可对8路模拟量切换选择作为模拟比较器的负极输入；ATmega16的复位源增加到5个：上电复位、外部复位、看门狗定时器溢出复位、电源电压检测复位和JTAG AVR复位(MEGA8535仅无此复位源)；休眠模式增加到6个：ADC噪声滤除模式、闲置模式、省电模式、掉电模式、待机模式以及扩展的待机模式。

多种类型复位源和休眠模式的采用，为AVR嵌入式系统安全运行增加了保护神，使AVR单片机低功耗抗干扰性能再度提升。

JTAG边界扫描和在线检测为AVR单片机提供了强大的测试手段。自我编程(引导加载)则实现了写同时读(RWW－Read While Write)功能，可实现中断向量区(包括复位向量)以及用户程序区的转移、程序的自动写入和檫除。给AVR单片机增加了强大的开发手段，并有助于高质量嵌入式系统控制模板的批量生产和自动化作业。

AVR 增强功能及更新换代产品的推出,为嵌入式系统 8 位机应用领域增添了优秀机型,也给电子技术研发工程师提供了广阔用武之地和广泛地选择空间。

但是器件功能的增强必然导致操作的复杂,增加了编程的难度。特别是升级产品中为了顾及与替代产品的兼容性,有些扩展功能位不能按序排列,而是将它们安插在保留位里(例如通用中断控制寄存器 GICR 中的外部中断 2 使能位 INT2,MCU 控制寄存器 MCUCR 中的休眠模式选择位 SM2 等)。有些扩展后的功能位群体在同一寄存器里放不下,不得不跨寄存器分开存放。例如定时器/计数器 T/C1 的波形发生器模式选择位共有 4 个:WGM13、WGM12、WGM11 和 WGM10,其中 WGM11 和 WGM10 存放在寄存器 TCCR1A 里,而 WGM13 和 WGM12 存放在寄存器 TCCR1B 中;又如同步/异步串行接口 USART 中数据帧位数的 3 个选择位 UCSZ2、UCSZ1 和 UCSZ0,其中 UCSZ2 放在 USART 的控制和状态寄存器 UCSRB 里,而 UCSZ1 和 UCSZ0 放在控制和状态寄存器 UCSRC 之中等。这样在进行某些功能设置时就由原来只需针对一个寄存器变为必须涉及多个寄存器。而且由于空间的限制,有些新增设的功能控制寄存器不能与其"家族"在地址空间上连续存放(例如 TWI 控制寄存器 TWCR,USART 的控制和状态寄存器 UCSRC 等);还有的 I/O 寄存器不得不与其他寄存器共享同一地址空间,例如 USART 的控制和状态寄存器 UCSRC 与波特率的高字节寄存器的 UBRRH 共享同一 I/O 地址($20),振荡器参数校准寄存器 OSCCAL 与在片仿真调试寄存器 OCDR 也共享同一 I/O 地址($31)等,必须进行特殊操作规定才能对它们区分寻址。因此出现了若干无序化或冗余化现象。此外,由于功能扩增,属于同一外围器件的控制和状态寄存器增加,如异步串行通信接口 UART 升级为同步/异步串行通信接口 USART 后,原来的控制寄存器 UCR、状态寄存器 USR 和波特率寄存器 UBRR 统一更换为控制和状态寄存器 UCSRA、UCSRB、UCSRC 和波特率高字节寄存器 UBRRH、波特率低字节寄存器 UBRRL 等;由于新增了两线串行接口 TWI,也随之增加了相应的控制寄存器(TWCR)、状态寄存器(TWSR)、地址寄存器(TWAR)、数据寄存器(TWDR)以及位速率寄存器(TWBR)等专用配套的寄存器;此外为了配合整体功能升级需求,增设了 MCU 控制和状态寄存器 MCUCSR、程序存储器控制和状态寄存器 SPMCSR 以及特殊功能 I/O 寄存器 SFIOR 等具控制和提供查询状态等综合功能的专用寄存器。这些都增加了系统初始化操作的复杂性和学习 AVR 单片机的难度。为了使读者能尽快熟悉掌握升级后的 AVR 单片机,作者在《AVR 单片机实用程序设计》基础上修订编写了本书。

由于 ATmega8535 在中断、定时器/计数器、高速同步串行口、通用同/异步串行口、两线串行接口、模数转换器、模拟比较器、时钟配置、休眠模式以及自我编程等功能方面与 ATmega16 完全相同,特别表现在 I/O 寄存器名称、地址、种类和数量方面的兼容性上;而且两种 AVR 引脚 100%兼容。故本书大部分章节中的描述都是针对两种器件的,但对不相同或不兼容的地方都加以详细说明。

ATmega16 与 mega8535 主要不同之处在于,ATmega16 具有容量超过 ATmega 8535 一倍的 FLASH(8K 字)程序存储器,以及 mega8535 不具备的在线测试 JTAG 接口。由此引发出诸如引导加载程序的空间地址、长度、页划分及页地址、中断向量表(包括复位向量)、转移和转子指令跨越的空间、JTAG 接口功能增设的 I/O 寄存器或功能控制位、PC2～PC5 引脚的替换功能等方面的差别,以及因 JTAG 接口功能涉及熔丝位的不兼容性:对应于 JTAG 接口的熔丝位在 mega8535 里具有另外定义,例如作为看门狗功能使能位等,故导致二者电气方面的不完全兼容,详见第 6 章表 6-12。

全书分为6章,第1章详细介绍 AVR MEGA16/8535 单片机硬件结构,升级后的功能特点以及运行原理。内容包括 AVR 整体及内核功能特点、时钟系统、低功耗休眠模式、复位系统、中断系统及其管理、端口功能、定时器/计数器的多样功能、高速同步串行口、同异步串行口、两线串行口、模数转换器、模拟比较器等等。第2章介绍 AVR 单片机指令系统,对标志位功能、指令功能和执行结果对标志位影响都作了详细解释。特别着重介绍了新增的乘法指令、程序存储器读或写指令的功能特点。第3章介绍软件 DAA、定点运算以及数制转换子程序设计方法,并设计了使用乘法指令实现快速多字节乘法以及数制转换程序。第4章为介绍各类实用程序(查表、线性插值、外设管理、通信、A/D 转换、定时/计数器应用、可靠性设计、数/码制转换、串行器件多点测温、触摸屏、高性能液晶显示模块、红外通讯技术、带定时告警功能的串行实时钟芯片等)的设计使用方法,并对嵌入式系统程序设计及优化方法进行总结。第5章介绍 AVR 浮点程序库设计及使用。包括介绍浮点数结构、IEEE754(32)标准浮点数格式的变换、基本运算、函数计算、浮点数制转换等子程序的设计方法,演示及应用。第6章则介绍 AVR 单片机的编程功能以及由 AVR JTAG 接口实现的功能强大的在线调试系统。

本书重点在于介绍升级换代产品的功能特点及应用。实用程序也在前版基础上进行了改写和扩充。既注重结构原理性的说明,也注重实践应用,书中包含大量的、门类繁多且多数都经过优化设计处理的实用程序。既提供能满足一般应用需要的带看门狗管理的键控-LED 显示程序(特别适于作为系统的各种背景程序),也提供高性能 LCD 液晶显示模块的应用程序(配有汉字/ASCII 码显示、绘制函数曲线等多种实用程序),以及当前流行的触摸屏键阵列的划分、键值算法和最简键盘监视输入数据的方法;对通用打印机的工作原理以及可能出现的异常现象作出详细解释,并介绍对打印机进行检测的方法;在需要计算函数值时,既可以调用浮点程序库函数计算子程序做正规的浮点运算(高精度要求场合),也可以利用线性内插程序简化为定点运算处理(精度次要但要求实时性强的场合),而且有多种插值方法可供选择;既有使用标准高速同步串行口、异步串行口实现通信(包括多机通信)的实例,也有利用软件模拟串行口以中断方式实现半双工接收/发送数据(包括通信信号标准的智能转换)的设计方法。而且还介绍了红外通信的硬件结构和如何设计通信程序。在可靠性方面本书提供了断电保护、滑动平均等具有一定难度的设计方法。书中在解释 CRC 校验原理基础上,提供多种字节和类型的 CRC 校验码的产生过程以及 CRC 校验的实现方法,提供非常实用的多种类型 CRC 校验码数据表格并详细说明其生成过程和使用方法。对 PWM 输出也提供各种不同的设计实例,其中包括充分利用片上资源的时基资源共享式综合测量系统等。若读者"按需采择"实用程序相关的部分,并对它们加以整合处理,就可方便地组成自己特定的应用系统软件。

本书诸多嵌入式系统应用软件的基本设计思想以及优化方法,也适用于其他类型单片机。

本书第1章由张禹瑄、李延柱编写;第2章由赵昕编写;第3、4、5章以及再版前言由张克彦、张禹瑄编写;第6章以及所有图表最终改制由宋熙萍完成;张振宇主要完成早期英文资料的翻译整理,以及图表的早期制作;最后由张克彦完成本书统稿工作。

参加本书编写的人员还有:张澄宇、崔燕、盛有军、罗明、刘爽、于晓燕、蔡惜光、王玉新、王昕浩、孟春望、李长源等。

本书成书过程中得到北京航空航天大学出版社的大力支持,在此表示感谢。

张克彦

2011年8月于长春

电话:0431-86011569

目 录

第1章

ATmega16单片机硬件结构和运行原理

1.1 AVR单片机概述

ATMEL公司发挥其IC设计技术和制造工艺技术的优势，并博采众长，于1997年研发推出了全新配置采用精简指令集RISC结构的新型单片机，简称AVR单片机。它采用了大型快速存取寄存器文件、快速的单周期指令系统以及单级流水管线等先进技术，使得AVR单片机具有高达1MPS/MHz的高速运行处理能力。

RISC结构的精简指令集是一种简洁、高效率的指令系统。例如ATmega16单片机指令系统具有130条指令(最高档ATmega128具有133条指令)，在多数应用场合都可兼容其他AVR单片机。具有高效的数据处理能力，能对位、半字节、字节和双字节数据等类型数据进行内容包括算术和逻辑运算、数据传送、布尔处理、控制转移、硬件乘法等方面的处理。

AVR RISC结构的主要优势特点如下：

(1) 废除机器周期，以时钟周期为机器周期。

(2) 采用流水作业，可在执行一条指令的同时预取下一条指令。

(3) 指令宽度为字，读取一次指令的信息量相当于一般CISC(Complex Instruction Set Computer)8位机两次读取的信息量；且大多数指令都为单周期指令。

(4) 取消累加器，避免指令执行速度被瓶颈现象打折扣。算术、逻辑运算直接在寄存器文件中进行；寄存器文件之间、寄存器文件与I/O寄存器之间以及寄存器文件与SRAM之间都可直接传送数据。

(5) 具有带符号数加减法、乘法以及比较大小等一般8位机所不具有的功能。

(6) 增加综合性功能指令，如自动增(减)量寻址等。

以上举措可使AVR执行某些常用功能模块程序的整体速度超过一般8位CISC单片机20倍以上。这些常用功能模块是数据采集、批次处理等频繁或周期性调用的子程序，故其执行速度在很大程度上决定了整体程序的品质因数。

算术、逻辑运算以及左右移位操作为体现AVR单片机高速运行之画龙点睛之"笔"：执行时间只需要1个时钟周期；而CISC 8位机却需要3个机器周期(对MCS-51来说为36个时钟周期)。即使后者也取消了机器周期，其速度也只能为AVR的1/3。例如：

(1) 实现加法操作(Rd)+(Rr)→Rd，AVR只需要1条单周期指令：ADD Rd，Rr；而MCS-51总共需要3条指令：MOV A，Rd、ADD A，Rr和MOV Rd，A。

(2) 将寄存器 Rd 内数据带进位循环左移,AVR 只需要 1 条单周期指令:ROL Rd;而 MCS－51 总共需要 3 条指令:XCH A,Rd、RLC A 和 XCH A,Rd。

如以采用相同晶振时钟为前提,对执行双字型除以字型数据运算作比较,80C51、AVR 和 MCS－196 三种单片机平均运算速度之比为 1∶23∶75,即 AVR 的速度远超过 80C51 而靠近 MCS－196。

ATMEL 公司采用高密度生产工艺、采用多渠道复位源、多种休眠方式抗干扰及降低功耗等提高可靠性手段,为 AVR 单片机高速安全运行提供了坚实后盾。此外,AVR 单片机还具有丰富的中断资源,功能多样化的定时器/计数器,多种形式的串型通信口,多种替换功能、设置灵活、驱动性能强的 I/O 端口,以及片上自我编程能力等。

AVR 单片机的高速性、可靠性和低功耗,使它特别适用于要求频繁实时处理较大批量数据(典型应用为多字节校验码循环冗余检测(CRC),见 4.8.4 小节),或工业控制(如化工生产)中要求及早侦测、判断和处理突发紧急事件、危险事件等场合,或以干电池供电的便携式仪器、长期无人值守的数据收集系统,或存在强干扰等恶劣环境的场合。

AVR 单片机采用低功率、非挥发的 CMOS 工艺制造,内部分别集成 Flash、EEPROM 和 SRAM 三种空间各自独立(程序遭受干扰时不会窜入 EEPROM 或 SRAM 空间)、不同性能和用途的存储器。其中 Flash 中带有引导加载程序,除了可以通过 SPI 口用一般的编程器对 AVR 单片机的 Flash 程序存储器和 EEPROM 数据存储器进行编程外,大多数的 AVR 单片机还具有 ISP 在线编程以及 IAP 在应用编程的功能。这些优点为使用 AVR 单片机开发设计和生产产品提供了极大的方便,在产品的设计生产中,可以"先焊接模板而后编程",从而缩短了研发周期,提高了工艺流程自动化程度,并使产品通过网络进行异地升级成为可能。

1.2 ATmega16 的结构与主要特点

ATMEL 公司的 AVR 单片机家族有 3 个系列的产品:Tiny、Low Power 和 mega,分别对应低、中、高三个不同档次数十种型号的产品。

三个系列的所有型号单片机,都采用相同的 AVR 内核,故指令系统兼容;只是在内部资源的多少、片内集成外围接口的复杂程度和功能等方面具有区别,

ATmega16 是一款高档的、但从功能价位来看属于居中的 AVR 单片机,故在 8 位机市场占有率方面具有优势。它是 AT90S 系列的良好替代产品,也是 8 位嵌入式系统应用具代表性的更新换代产品。

ATmega16 的 FLASH 中带有独立锁定位的 BOOT 代码区,通过片上的 BOOT LOADER 程序实现自我编程,具有真正的同时读/写操作能力。

ATmega16 的资源特点如下:8K 字的系统内可编程 FLASH(具同时读写能力,称为 RWW),512 字节的 EEPROM、1K 字节的 SRAM、32 个通用工作寄存器,用于边界扫描的 JTAG 接口,支持片内调试与编程。具有上/下电复位、BOD 检测复位、外部复位、看门狗定时器溢出复位和 JTAG AVR 复位等 5 个复位源,它们是系统安全运行的保护神。三个具有输出比较模式的灵活的定时器/计数器,即 8 位的 T/C0、T/C2 和 16 位的 T/C1,它们除具有通常的定时计数功能外,都具有多种模式的脉宽调制输出功能,其中 T/C1 还具有输入捕获功能,T/C2 具有异步实时钟计数功能;32 个具有替换功能可编程 I/O 口;丰富的片内、外中断源;SPI 主从同步串口;可编程同/异步通用串行接口 USART,数据格式 5～9 任选,具多机通

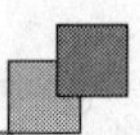

信功能。8路10位具有可差分输入、可编程(TQFP封装)的ADC,具有片内振荡器的可编程看门狗定时器,6个可以通过软件编程选择的节电模式。工作于空闲模式的MCU停止工作,而USART,两线接口,A/D转换器,SRAM,T/C,SPI端口以及中断系统继续工作;掉电模式下,晶体振荡器停止振荡,除了中断和硬件复位功能之外都停止工作;在省电模式下,异步定时器继续运行,维持实时钟的不间断性,给用户保留一个时间基准。而其余功能模块都处于休眠状态;ADC噪声抑制模式停止MCU,以及除了异步定时器、ADC以外所有I/O模块的工作,降低了ADC转换时的开关噪声;STANDBY模式下只有晶体或谐振振荡器在运行,其余功能模块处于休眠状态,器件只消耗极少电流,同时具有快速启动能力;扩展的STANDBY模式下则允许振荡器和异步定时器继续工作。ATmega16是基于ATMEL高密度非易失性存储器技术生产的,片内ISP FLASH允许程序存储器通过ISP串行接口,或者通过编程器进行编程,也可以通过FLASH之中的引导程序进行编程。引导程序可以使用任意接口将应用程序下载到应用FLASH存储区(APPLICATION FLASH SECTION)。在更新应用FLASH存储区时,引导FLASH区(BOOT FLASH SECTION)的程序继续运行,实现了自我编程操作。通过将8位RISC MCU与系统内可编程的FLASH模块集成在一块芯片内,ATmega16成为一个功能强大的单片机,为许多嵌入式系统应用提供了高性能、低成本的灵活解决方案。

1.3 ATmega16的主要性能

ATmega16单片机的主要性能如下:

(1) 高性能、低功耗的8位AVR微控制器

(2) 采用先进的RISC架构

① 131条(包括程序测试指令break)功能强大的指令,大多数为单时钟周期指令(8535为129条,仅少JMP K和CALL K两条指令)。

算术和逻辑运算指令(31条);

条件转移指令(33条);

数据传送指令(35条);

位操作和位测试指令(28条);

MCU控制指令(4条,包括一条程序测试指令break)。

(关于指令功能的详细介绍见第2章。)

② 32个8位通用工作寄存器以及外围I/O控制寄存器。

③ 工作在16 MHz时具有16 MIPS的性能。

④ 硬件乘法器(具执行速度为2个时钟周期的有/无符号字节型数据相乘功能)。

(3) 片内集成了大容量的非易失性程序存储器、数据存储器以及工作寄存器

① 8 K字Flash程序存储器,支持在系统编程(In-System Programming)和在应用编程(In-Application Programming),擦写次数超过10 000次。

② 带有独立加密位的可选的引导—加载(BOOT—LOADER)区,可通过该区内的引导程序实现自我编程(写同时读:Read When Writing)。

③ 512 B的EEPROM,擦写次数达10万次。

④ 1 KB内部SRAM。

⑤ 可对锁定位编程实现用户程序加密,而且不可解密。

⑥ 可通过 SPI 接口实现在系统编程(ISP)。

(4) JTAG 接口(兼容 IEEE1149.1 标准)

① 具有 JTAG 标准的边界扫描功能(Boundary-Scan)。

② 支持扩展的片上调试(Extensive On-chip Debug)。

③ 通过 JTAG 接口支持对 Flash、EEPROM、芯片熔丝位和加密锁定位等器件的编程。

(5) 外围电路(Peripheral)的特点

① 2 个具有比较输出模式的带独立预分频器(10 位)的 8 位定时器/计数器 T/C0 和 T/C2。

② 1 个带 10 位预分频器,具有比较输出和捕获模式的 16 位定时器/计数器 T/C1。

③ 1 个具有独立振荡器的异步实时时钟(RTC)。

④ 2 个 8 位 PWM 通道。

⑤ 1 个 16 位 PWM 通道,可实现 2～16 位任选、相位和频率可调的 PWM 脉宽调制输出。

⑥ 8 通道 10 位 A/D 转换:

8 个单端输入通道;

7 个双端输入通道;

2 个可程控设定增益为 1×、10×或 200×的差分输入通道。

⑦ 1 个面向字节的 TWI(I^2C 兼容)串行接口,支持主/从(Master/Slave)、收/发 4 种工作方式,支持自动总线仲裁(Automatic Bus-Arbitration)。

⑧ 1 个增强型同、异步可编程串行接口 USART,支持多机通信自动地址识别。

⑨ 1 个主/从、收/发同步串行接口 SPI。

⑩ 具有片内 RC 振荡器的可编程看门狗定时器。

⑪ 具片内模拟比较器。

(6) 特殊的微控制器性能

① 上电复位和可编程的低电压检测电路(BOD)。

② 内部集成了可选择频率(1/2/4/8 MHz)、可校准的 RC 振荡器(25 ℃、5 V,1 MHz 时精度为±1%)。

③ 外部和内部的中断源 21 个(包括复位中断源一个)。

④ 6 种休眠模式:

空闲模式(Idle);

ADC 噪声抑制模式(ADC Noise Reduction);

省电模式(Power-save);

掉电模式(Power-down);

待机模式(Standby);

扩展待机模式(Extended Standby)。

⑤ I/O 引脚上拉电阻全局禁止设置,以及超越(Override)控制设置。

(7) 引脚和封装

① 32 个可编程 I/O 口线,可任意定义 I/O 的输入/输出方向;都具有替换功能,并且部分 I/O 口具有 2 种替换功能;输出时为推挽输出,驱动能力强,可直接驱动 LED/继电器等大电流负载;输入口可定义为三态输入,也可以设定激活内部上拉电阻,省去外接上拉电阻。

RESET:为复位输入引脚。在该引脚上的一个超过两个时钟周期的低电平将产生复位信

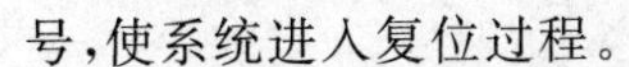

号，使系统进入复位过程。

XTAL1：内部振荡放大器的输入端。

XTAL2：内部振荡放大器的输出端。

AVCC：该引脚为端口 A 和 A/D 转换器提供电源。当使用 ADC 时，AVCC 应通过一个低通滤波器与 V_{CC} 连接；当禁止 ADC 时，该引脚应直接与 V_{CC} 连接。

AREF：为 ADC 参考电源输入端。

V_{CC}：电源正输入端。

GND：电源地。

② 40 引脚 PDIP 封装/44 引脚 TQFP 封装或 MLF 封装。

(8) 工作电压

① 2.7～5.5 V(ATmega16L)。

② 4.5～5.5 V(ATmega16)。

(9) 运行速度

① 0～8 MHz (ATmega16L)。

② 0～16 MHz (ATmega16)。

(10) 典型功耗(4 MHz，3 V，25 ℃)

① 正常模式：最大 1.1 mA(ATmega16L)。

② 空闲模式：最大 0.35 mA(ATmega16L)。

③ 掉电模式：<1 μA(ATmega16L)。

图 1.1 为 ATmega16、ATmega8535 单片机引脚图。

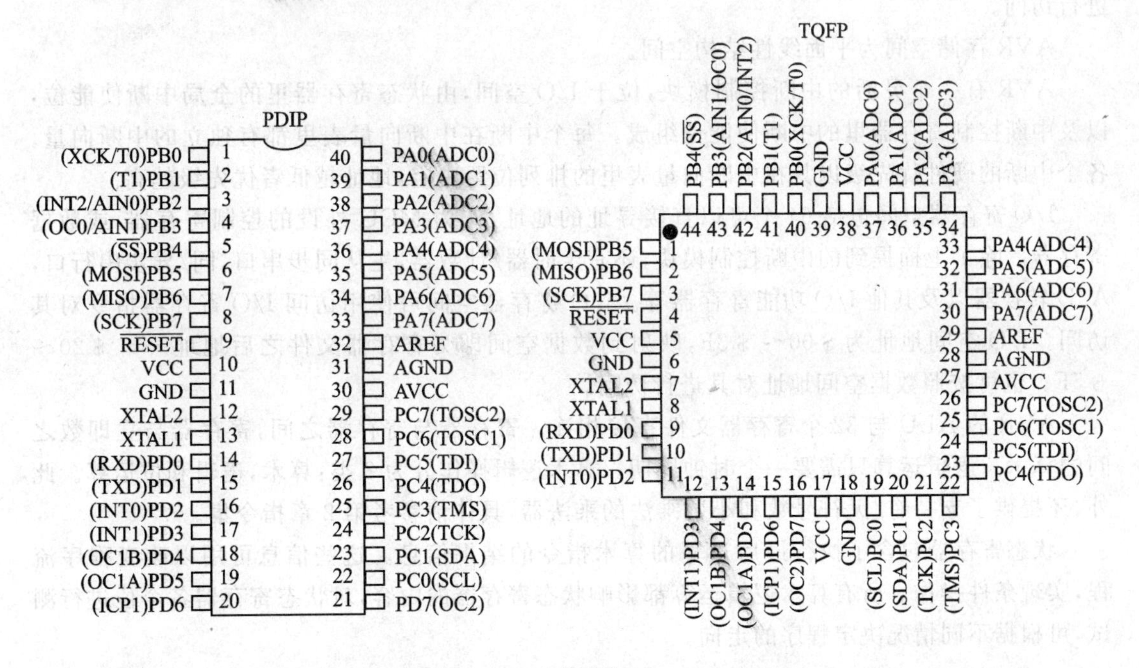

注：二者差别只是 ATmega8535 的 PC[5:2]没有 JTAG 替换功能

图 1.1 ATmega16、ATmega8535 单片机引脚图

1.4 ATmega16 MCU内核

AVR MCU内核都含有32个8位可快速访问的通用寄存器文件,访问时间为一个时钟周期。从而实现单时钟周期的算术逻辑运算。在典型的ALU操作中,两个位于寄存器文件中的操作数同时被访问,然后执行运算,结果再被送回寄存器文件。

ALU还支持寄存器与常数之间的算术、逻辑运算,也可以执行单寄存器操作。运算完成后依照运算结果更新状态寄存器的标志位。

寄存器文件里有6个寄存器作为3个16位的间接寻址(间址)寄存器指针(X、Y、Z),用以寻址数据空间,实现高效的地址运算。其中Z指针还可作为查取程序存储器内数据表格的地址指针,或作为写FLASH数据指针。

图1.2为ATmega16单片机结构框图。

程序主要通过有/无条件的跳转指令和调用指令来控制流程或走向。AVR指令以字为单位,大多数指令长度为16位。程序存储器分为两个区域:引导程序区(BOOT PROGRAM SECTION)和应用区(APPLICATION PROGRAM SECTION)。这两个区都有专门的锁定位以实现读/写保护。用于写应用程序的SPM指令必须位于引导程序区。

中断或调用子程序的返回地址(即程序计数器PC之内容)被保存于堆栈之中。堆栈位于SRAM空间,堆栈空间不能与其他数据空间冲突。在复位例程里用户首先要初始化位于I/O空间的堆栈指针SP、以及其他I/O寄存器。可通过5种不同的寻址模式对SRAM中的数据进行访问。

AVR存储空间为平面线性结构空间。

AVR有一个灵活的中断控制模块,位于I/O空间,由状态寄存器里的全局中断使能位,以及中断控制寄存器里的中断使能位组成。每个中断在中断向量表里都有独立的中断向量。各个中断的硬件优先级以其在中断向量表里的排列位置决定,地址越低者优先级越高。

I/O寄存器空间包括64个可以直接寻址的地址,作为MCU外设的控制寄存器,或数据寄存器。除了上面提到的中断控制模块,还有定时器/计数器,主从同步串口,同/异步串行口,A/D转换器以及其他I/O功能寄存器等。I/O寄存器空间可使用访问I/O寄存器指令对其访问。I/O空间地址为$00～$3F,映射到数据空间即为寄存器文件之后地址——$20～$5F。也可按照数据空间地址对其进行访问。

AVR的ALU与32个寄存器文件直接相连。寄存器与寄存器之间,寄存器与立即数之间的算术。逻辑运算只需要一个时钟周期。算术逻辑操作分为3类:算术,逻辑和位运算。此外,还提供了支持有/无符号数和小数乘法的乘法器,具体请参考第2章指令集。

状态寄存器包含了执行最后运算的算术指令的结果信息。这些信息可用以改变程序流程,实现条件操作。所有算术逻辑运算都影响状态寄存器的内容,对状态寄存器各个位进行测试,可根据不同情况决定程序的走向。

	位:7	6	5	4	3	2	1	0
3F($5F)	I	T	H	S	V	N	Z	C

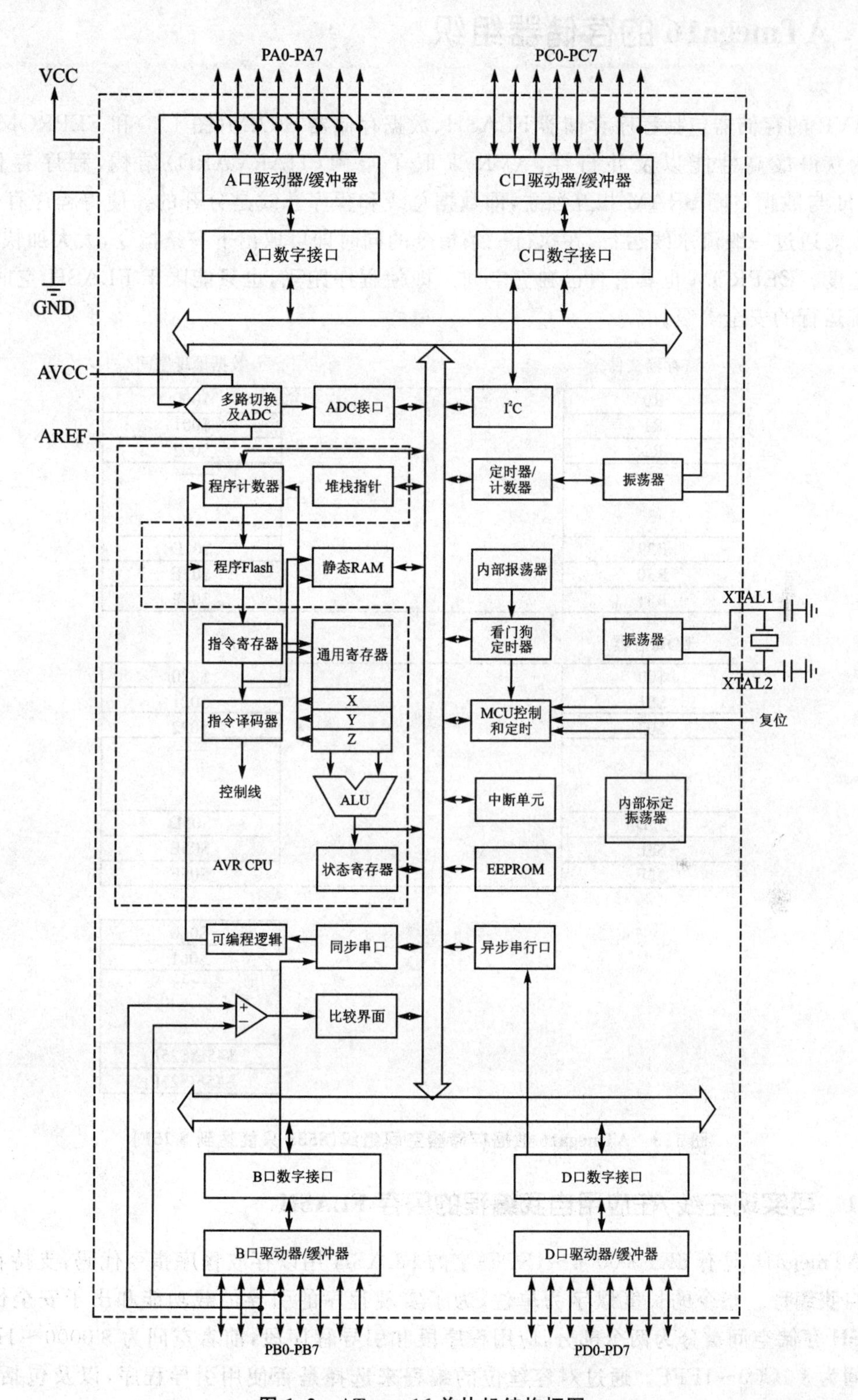

图 1.2　ATmega16 单片机结构框图

1.5 ATmega16 的存储器组织

AVR 的存储器包括程序存储器 FLASH、数据存储器 SRAM(图 1.3)和 EEPROM。

为获得最高性能以及并行性,AVR 采取了哈佛(HARVARD)结构,程序存储空间 FLASH 与数据空间 SRAM 相互独立,即数据总线和程序总线是分开的。使得程序存储器里的指令能通过一级流水线运行,在执行一条指令的同时即可取出下一条指令,大大加快指令的执行速度。EEPROM 也具有自己独立空间。即使程序跑飞,也只能限于 FLASH 空间,故提高系统运行的安全等级。

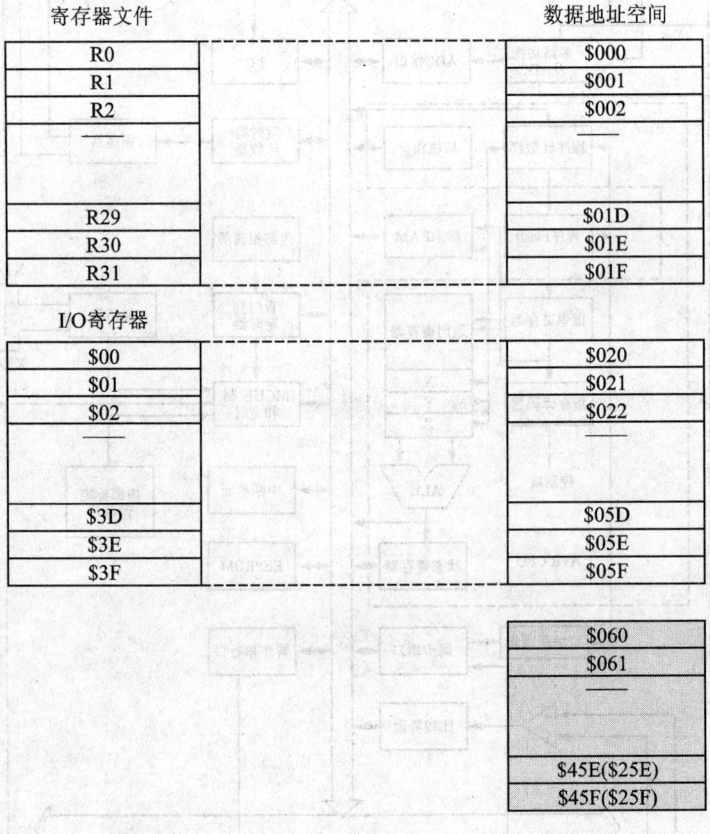

寄存器文件	数据地址空间
R0	$000
R1	$001
R2	$002
—	—
R29	$01D
R30	$01E
R31	$01F
I/O寄存器	
$00	$020
$01	$021
$02	$022
—	—
$3D	$05D
$3E	$05E
$3F	$05F
	$060
	$061
	—
	$45E($25E)
	$45F($25F)

图 1.3 ATmega16 数据存储器空间组织(8535 只能达到 $ 25F)

1.5.1 可实现在线/在应用自我编程的闪存 FLASH

ATmega16 具有 8K($0000～1FFF)字的 FLASH 用以存放程序指令代码,支持在线/在应用自我编程。指令的长度以字为单位,为了实现程序的引导加载功能和出于安全性设计,FLASH 存储空间被分为两个部分:应用程序段和引导程序段,前者空间为 $0000～1BFF,后者空间为 $1C00～1FFF。通过对容丝位的编程来选择是否使用引导程序,以及包括复位向量的中断向量表的空间地址。

常量表格(字型或字节型)也可固化在 FLASH 存储区。

1.5.2 数据存储器 SRAM

ATmega16 片内共有 $460(1120)个 SRAM 单元，前 32 个为寄存器文件($000～$01F)，之后的 64 个单元为 I/O 空间地址($020～$05F)。包括状态寄存器 SREG、堆栈指针 SP、中断控制寄存器、定时/计数器，CPU 控制寄存器，I/O 输入输出口等(在下一小节中进一步说明)。而从 $060 开始到 $45F(1 KB)才为真正的片内随机读写 SRAM。

32 个寄存器文件和 64 个 I/O 寄存器都可以同片内随机读写 SRAM 一样，采用直接或间接寻址指令对其读写数据，但这样做要多花费一个时钟周期。

若片内 SRAM 不敷系统之使用，可改用 ATmega8515/128 单片机并对其扩展片外 SRAM(参看图 4.12 断电保护及程序)。访问片外 SRAM 首先要设置 MCU 控制寄存器 MCUCR 的 SRE 位，激活 A、C 口的第二功能以及/RD、/WR 引脚的读写功能和 ALE 引脚的地址锁存功能。片外 SRAM 地址的高 8 位和低 8 位分别由 C 口、A 口输出，其中低 8 位由 ALE 信号打入 8D 锁存器。A 口实现分时复用，即 A 口兼作数据总线，由/RD/WR 信号控制对外部 SRAM 数据的读出或写入。片外 RAM 的读写至少要比片内多花一个时钟周期。如加入等待周期(将 MCUCR 寄存器的 SRWn[1:0]设置为非 0)，还要至少多花一个时钟周期。故使用频度较高的数据应放在片内，堆栈一般也没必要设在片外(除非在片外 SRAM 内做断电数据保护等应用场合，此类场合下可省去将堆栈数据从片内搬到片外的操作)，以节省数据传送时间。

1.5.3 EEPROM 数据存储器

ATmega16 片内集成了 512 字节的 EEPROM 数据存储器，读写寿命为 10 万次，为非易失性存储器。且具有独立于 FLASH/SRAM 的空间和专用读写程序，故安全级别高，系统的重要数据或常用数据可存放其中。当系统上/下电、电源遭到干扰(窜入干扰脉冲，或电压持续走低)以及程序遭受到干扰时，都会产生复位信号，使数据总线处于高阻状态，保护 EEPROM 里的数据不被改写，这也提高了 EEPROM 的安全级别。

1.5.4 I/O 寄存器

ATmega16 具有众多 I/O 寄存器，它们相当于一般 8 位机的特殊功能寄存器。其功能包括对内/外部中断源、串行通信口、A/D 转换器、低功耗休眠模式的管理，对定时器/计数器功能的设定，对 I/O 端口的输入输出以及替换功能的控制，指示指令运行结果，设定堆栈指针等。另外 I/O 寄存器中也包含诸如计数器、输出比较寄存器、输入捕获寄存器、波特率寄存器以及 I/O 端口锁存器等数据寄存器。

I/O 寄存器被统一组织到 $00～$3F 的口地址中。它们是具双重角色的 RAM(对应于片内 SRAM 单元地址 $20～$5F)，而作为 I/O 寄存器，端口地址为 $00～$3F。对这一空间，可用输入(IN)和输出(OUT)指令在寄存器文件和 I/O 寄存器之间传送数据。也可用置位(SBI)、清位(CBI)指令和测试(SBIS、SBIC)指令对口地址范围在 $00～$1F 之内的 I/O 寄存器的有关位进行操作。

对这些 I/O 寄存器的访问也可用访问相对应的 SRAM 指令替代，但后者一般都要多用一个时钟周期，故若无特殊用途，一般不采取后一种操作。

状态寄存器 SREG 和堆栈指针寄存器 SP 与程序运行密切相关，在 2.2.1、2.2.2、2.2.4 和 2.6.5 小节里将详细介绍这两个寄存器及其操作。

表 1.1 为 ATmega16I/O 地址空间分配表。

表 1.1　ATmega16/8535 I/O 地址空间分配表(注意二者之间不同之处的说明)

地　址	名　称	Bit7	Bit6	Bit5	Bit4	Bit3	Bit2	Bit1	Bit0	说　明
$3F($5F)	SREG	I	T	H	B	V	N	Z	C	状态寄存器
$3E($5E)	SPH	—	—	—	—	—	SP10	SP9	SP8	堆栈指针寄存器高 8 位
$3D($5D)	SPL	SP7	SP6	SP5	SP4	SP3	SP2	SP1	SP0	堆栈指针寄存器低 8 位
$3C($5C)	OCR0	T/C0 比较输出寄存器								
$3B($5B)	GICR	INT1	INT0	INT2	—	—	—	IVSEL	IVCE	通用中断控制寄存器
$3A($5A)	GIFR	INTF1	INTF0	INTF2	—	—	—	—	—	通用中断标志寄存器
$39($59)	TIMSK	OCIE2	TOIE2	TICIE1	OCIE1A	OCIE1B	TOIE1	OCIE0	TOIE0	T/C 中断屏蔽寄存器
$38($58)	TIFR	OCF2	TOV2	ICF1	OCF1A	OCF1B	TOV1	OCF0	TOV0	T/C 中断标志寄存器
$37($57)	SPMCSR	SPMIE	RWWSB	—	RWWSRE	BLBSET	PGWRT	PGERS	SPMEN	FLASH 控制状态寄存器
$36($56)	TWCR	TWINT	TWEA	TWSTA	TWSTO	TWWC	TWEN	—	TWIE	TWI 控制寄存器
$35($55)	MCUCR	SM2	SE	SM1	SM0	ISC11	ISC10	ISC01	ISC00	MCU 控制寄存器
$34($54)	MCUCSR	JTD	ISC2	—	JTRF	WDRF	BORF	EXTRF	PORF	*MCU 控制状态寄存器 Mega8535 无 JTD 及 JTRF 位*
$33($53)	TCCR0	FOC0	WGM00	COM01	COM00	WGM01	CS02	CS01	CS00	T/C0 控制寄存器
$32($52)	TCNT0	T/C0(8 位)								T/C0 计数器(TCNT0)
$31($51)	OSCCAL	振荡器标定参数寄存器								
	OCDR	片上调试寄存器								*Mega8535 仅无此寄存器*
$30($50)	SFIOR	ADTS2	ADTS1	ADTS0	—	ACME	PUD	PSR2	PSR10	特殊 I/O 功能寄存器
$2F($4F)	TCCR1A	COM1A1	COM1A0	COM1B1	COM1B0	FOC1A	FOC1B	WGM11	WGM10	T/C1 控制寄存器 A
$2E($4E)	TCCR1B	ICNC1	ICES1	—	WGM13	WGM12	CS12	CS11	CS10	T/C1 控制寄存器 B
$2D($4D)	TCNT1H	T/C1—计数器寄存器高字节								
$2C($4C)	TCNT1L	T/C1—计数器寄存器低字节								
$2B($4B)	OCR1AH	T/C1—输出比较寄存器 A 高字节								
$2A($4A)	OCR1AL	T/C1—输出比较寄存器 A 低字节								
$29($49)	OCR1BH	T/C1—输出比较寄存器 B 高字节								
$28($48)	OCR1BL	T/C1—输出比较寄存器 B 低字节								
$27($47)	ICR1H	T/C1—输入捕获寄存器高字节								
$26($46)	ICR1L	T/C1—输入捕获寄存器低字节								
$25($45)	TCCR2	FOC2	WGM20	COM21	COM20	WGM21	CS22	CS21	CS20	T/C2 控制寄存器
$24($44)	TCNT2	T/C2 计数器寄存器(8 位)								
$23($43)	OCR2	T/C2 输出比较寄存器								
$22($42)	ASSR	—	—	—	—	AS2	TCN2UB	OCR2UB	TCR2UB	T/C2 异步状态寄存器
$21($41)	WDTCR	—	—	—	WDTDE	WDE	WDP2	WDP1	WDP0	看门狗控制寄存器
$20($40)	UBRRH	URSEL	—	—	—	UBRR[11:8]				波特率寄存器高 4 位
	UCSRC	URSEL	UMSEL	UPM1	UPM0	USBS	UCSZ1	UCSZ0	UCPOL	USART 控制状态寄存器 C
$1F($3F)	EEARH	—	—	—	—	—	—	—	EEAR8	E^2PROM 地址寄存器高字节
$1E($3E)	EEARL	EEPROM 地址寄存器低字节								

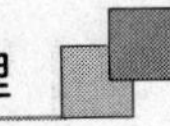

续表 1.1

地 址	名 称	Bit7	Bit6	Bit5	Bit4	Bit3	Bit2	Bit1	Bit0	说 明
$1D($3D)	EEAR	EEPROM 数据寄存器								
$1C($3C)	EECR	—	—	—	—	EERIE	EEMWE	EEWE	EERE	E²PROM 控制寄存器
$1B($3B)	PORTA	PORTA7	PORTA6	PORTA5	PORTA4	PORTA3	PORTA2	PORTA1	PORTA0	A 口输出寄存器
$1A($3A)	DDRA	DDA7	DDA6	DDA5	DDA4	DDA3	DDA2	DDA1	DDA0	A 口数据方向寄存器
$19($39)	PINA	PINA7	PINA6	PINA5	PINA4	PINA3	PINA2	PINA1	PINA0	A 口输入寄存器
$18($38)	PORTB	PORTB7	PORTB6	PORTB5	PORTB4	PORTB3	PORTB2	PORTB1	PORTB0	B 口输出寄存器
$17($37)	DDRB	DDB7	DDB6	DDB5	DDB4	DDB3	DDB2	DDB1	DDB0	B 口数据方向寄存器
$16($36)	PINB	PINB7	PINB6	PINB5	PINB4	PINB3	PINB2	PINB1	PINB0	B 口输入寄存器
$15($35)	PORTC	PORTC7	PORTC6	PORTC5	PORTC4	PORTC3	PORTC2	PORTC1	PORTC0	C 口输出寄存器
$14($34)	DDRC	DDC7	DDC6	DDC5	DDC4	DDC3	DDC2	DDC1	DDC0	C 口数据方向寄存器
$13($33)	PINC	PINC7	PINC6	PINC5	PINC4	PINC3	PINC2	PINC1	PINC0	C 口输入寄存器
$12($32)	PORTD	PORTD7	PORTD6	PORTD5	PORTD4	PORTD3	PORTD2	PORTD1	PORTD0	D 口输出寄存器
$11($31)	DDRD	DDD7	DDD6	DDD5	DDD4	DDD3	DDD2	DDD1	DDD0	D 口数据方向寄存器
$10($30)	PIND	PIND7	PIND6	PIND5	PIND4	PIND3	PIND2	PIND1	PIND0	D 口输入寄存器
$0F($2F)	SPDR	SPI 数据寄存器								SPI 数据寄存器
$0E($2E)	SPSR	SPIF	WCOL	—	—	—	—	—	SPI2X	SPI 状态寄存器
$0D($2D)	SPCR	SPIE	SPE	DORD	MSTR	CPOL	CPHA	SPR1	SPR0	SPI 控制寄存器
$0C($2C)	UDR	USART I/O 数据寄存器								USART I/O 数据寄存器
$0B($2B)	UCSRA	RXC	TXC	UDRE	FE	DOR	PE	U2X	MPCM	USART 控制状态寄存器 A
$0A($2A)	UCSRB	RXCIE	TXCIE	UDRIE	RXEN	TXEN	UCSZ2	RXB8	TXB8	USART 控制状态寄存器 B
$09($29)	UBRRL	USART 波特率寄存器低字节								USART 波特率寄存器低字节
$08($28)	ACSR	ACD	ACBG	AC0	ACI	ACIE	ACIC	ACIS1	ACIS0	模拟比较器控制状态寄存器
$07($27)	ADMUX	REFS1	REFS0	ADLAR	MUX4	MUX3	MUX2	MUX1	MUX0	ADC 多路复用器选择寄存器
$06($26)	ADCSRA	ADEN	ADSC	ADATE	ADIF	ADIE	ADPS2	ADPS1	ADPS0	ADC 控制和状态寄存器
$05($25)	ADCH	ADC 数据寄存器高字节								
$04($24)	ADCL	ADC 数据寄存器低字节								
$03($23)	TWDR	两线串行接口数据寄存器								
$02($22)	TWAR	TWA6	TWA5	TWA4	TWA3	TWA2	TWA1	TWA0	TWGCE	两线串行接口地址寄存器
$01($21)	TWSR	TWS7	TWS6	TWS5	TWS4	TWS3	—	TWPS1	TWPS0	两线串行接口状态寄存器
$00($20)	TWBR	两线串行接口通信位率寄存器								

注：MEGA8535 的 I/O 寄存器与 MEGA16 对比仅有以下不同：

(1) MEGA8535 的 MCU 控制与状态寄存器 MCUCSR 中没有 JTD 以及 JTRF 二个标志位；

(2) MEGA8535 没有片上调试寄存器 OCDR。

1.6 系统时钟及其选择

ATmega16 具有丰富的片内外时钟资源(原始的或转化的)，为其不同的应用场合提供了充分选择的余地：例如，在实时性强、多任务处理系统中可采用高频率晶体时钟；在速度不是主要的低功耗系统中可采用陶瓷晶体时钟或 RC 振荡器时钟。而对时钟子系统的管理则起到了降低功耗、增强抗干扰等功效。

AVR ATmega16 的主时钟系统和时钟分配如图 1.4 所示。

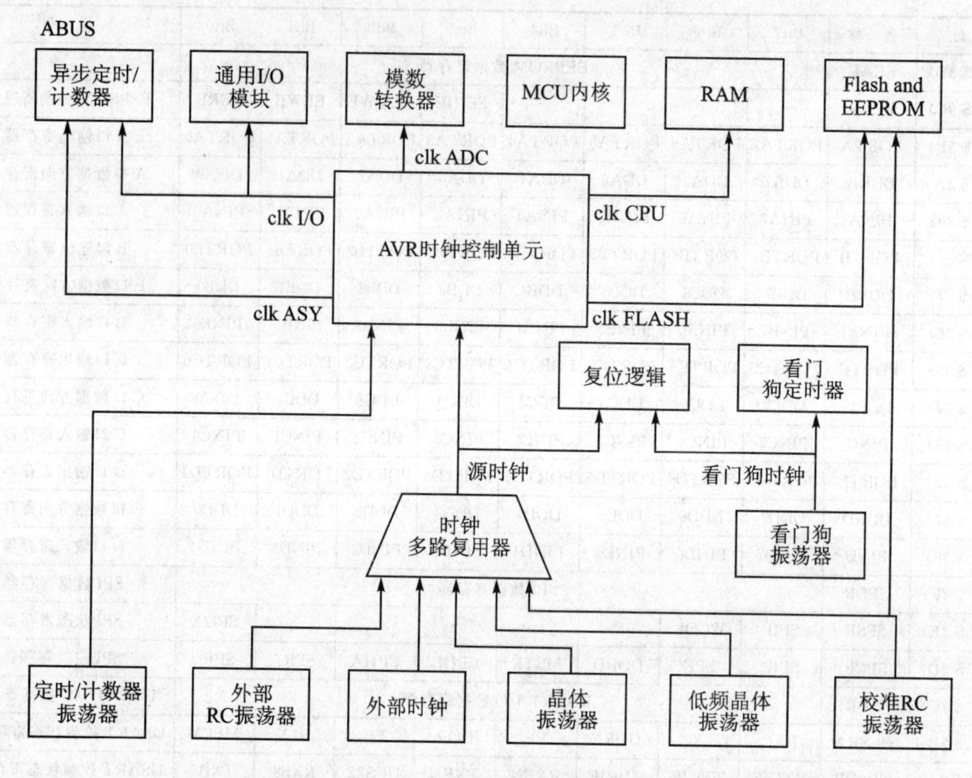

图 1.4 系统时钟和时钟分配

1.6.1 时钟系统及其分配

在具体的应用场合,并不是时刻都要求所有的时钟信号皆处于激活状态,为了降低电源消耗,可针对性地选择休眠模式,暂停某些不工作模块的时钟,请参考 1.7 节:电源管理和休眠模式。

以下详细介绍由 AVR 的主时钟系统产生的,用以驱动芯片各个不同模块的时钟信号。

1. MCU 主时钟信号 CLK_{MCU}

MCU 主时钟信号被直接提供给通用寄存器文件、状态寄存器和数据存储器等与 AVR 内核子系统操作有关的部分。暂停 MCU 主时钟信号,则内核子系统的通用操作和运算都将停止。

2. I/O 时钟信号 $CLK_{I/O}$

I/O 时钟信号直接取自主时钟,主要用于输入/输出模块,如定时器/计数器、SPI 和 USART 以及端口读写等。I/O 时钟信号还用于外部中断信号边沿检测,但外部电平中断信号是通过异步逻辑来检测的,不使用 I/O 时钟信号也可检测到这些中断信号,中断仍然可以得到控制。此外,对 I^2C 模块的地址识别也是按异步进行的。因此系统进入休眠状态,暂停 I/O 时钟信号时,并不影响对 I^2C 等模块地址的识别。

3. Flash 时钟信号 CLK_{FLASH}

Flash 时钟信号控制着 Flash 读写操作。通常 MCU 主时钟信号与 Flash 时钟信号被同时挂起或激活。

4. 异步定时器时钟信号 CLK_{ASY}

异步定时器时钟信号 CLK_{ASY} 用于驱动异步定时器/计数器。在 CLK_{ASY} 的驱动下，当 MCU 进入省电休眠模式后，异步定时器/计数器即可作为实时钟处于工作状态。有两种途径产生 CLK_{ASY}：一种是采用外部挂接 32.768 kHz 晶振，由此产生外部异步定时器时钟信号；另一种是取自片内振荡器 32.768 kHz 时钟源，但此时芯片必须使用片内 RC 振荡器作为系统的时钟源。

5. ADC 时钟信号 CLK_{ADC}

A/D 转换过程使用一个专用的时钟信号 CLK_{ADC} 来驱动。这样就可以在 ADC 工作时停止 MCU 和 I/O 模块的时钟，从而降低由数字电路引起的噪声（ADC 噪声滤除模式），使 A/D 转换精度得以提高。

1.6.2　源时钟信号

通过对 ATmega16 的 Flash 熔丝位 CKSEL 编程，可选择如表 1.2 所列的 5 种类型的系统时钟源。被选定的时钟源脉冲输入到 AVR 内部的时钟发生器，再分配给相应的模块。

当 MCU 从掉电或节电模式下被唤醒时，系统由选定的时钟源脉冲进行延时计数，经过若干个时钟脉冲后（可设置选定），再正式启动 MCU 进入工作，从而保证在振荡器达到稳定工作状态之后，MCU 才正式开始执行指令。

当 MCU 经上电复位进入启动时，复位过程也有额外附加的延时，以保证系统电源达到稳定电平之后，才正式启动 MCU 使其正常执行指令。看门狗振荡器被用作该启动延时的定时器。WDT 振荡器启动延时的时间周期见表 1.3。看门狗振荡器的频率由系统电源的电压决定。芯片出厂时，熔丝位的设置为：CKSEL＝0B0001，SUT＝0B10，即使用内部 1 MHz 的 RC 振荡源和最长的延时启动时间 65 ms。

表 1.2　时钟源选择

可选系统时钟源	熔丝位 CKSEL3～0
外部晶振/陶瓷振荡器	0b1111～1010
外部低频晶振	0b1001
外部 RC 振荡器	0b1000～0101
内部 RC 振荡器	0b0100～0001
外部时钟	0b0000

表 1.3　WDT 典型延时启动时间和脉冲数

典型延时时间/ms		延时脉冲个数
V_{CC}＝5.0 V	V_{CC}＝3.0 V	
4.1	4.3	4K(4096)
65	69	64K(65536)

1.6.3　外部晶振

ATmega16 的 XTAL1 和 XTAL2 引脚分别是片内振荡器的反相放大器输入、输出端，可在外部挂接一个石英晶体或陶瓷振荡器，组成如图 1.5 所示的系统时钟源。熔丝位 CKOPT 用于选择两种不同振荡器的工作方式。当 CKOPT 被编程时，振荡器的输出为一个满幅的振荡信号。对于要求系统能够适合在高噪声环境工作，或需要把 XTAL2 的时钟信号作为时钟输出驱动的应用场合，可以采用此种方式。该方式有较宽的工作频率范围。当熔丝位 CKO-

PT 未被编程时,振荡器输出一个较小振幅的振荡信号,此时虽相应地降低了功率消耗,但其负面效应是驱动能力差,使工作频率范围受到限制,而且振荡器的输出不能作为外部时钟使用。

使用外接陶瓷振荡器时,在 CKOPT 未被编程时,最大工作频率为 8 MHz;在 CKOPT 被编程时,最大工作频率为 16 MHz。无论外接使用的是石英晶体还是陶瓷振荡器,电容 C1 和 C2 的值总是取为相等的。具体电容值的选择,取决于使用的石英晶体或陶瓷振荡器,以及总的引线分布电容和环境的电磁噪声干扰强度等。表 1.4 给出了采用石英晶体时的电容选择参考值。使用陶瓷振荡器时,电容值应采用陶瓷振荡器生产厂商给出的参照值。

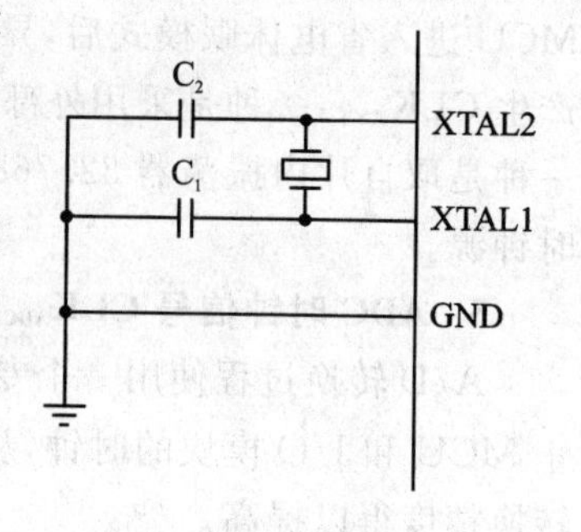

图 1.5 使用外部晶振

振荡器能够在 3 种不同的模式下工作,对它们特定的工作频率范围进行了优化。工作模式可通过熔丝位 CKSEL3~1 选择,见表 1.4。

表 1.4 振荡器的不同工作模式

熔丝位		工作频率范围/MHz	C_1、C_2 范围/pF
CKOPT	CKSEL3~1		
1	101	0.4~0.9	仅对陶瓷振荡器
1	110	0.9~3.0	12~22 适合石英晶体
1	111	3.0~8.0	12~22 适合石英晶体
0	101,110,111	1.0~16.0	12~22 适合石英晶体

此外,通过对 CKSEL0 熔丝位和 SUT1~0 熔丝位进行组合设置,可以选择系统唤醒的延时计数脉冲数和系统复位的延时时间,具体情况见表 1.5。

表 1.5 使用外部晶振的唤醒脉冲和延时时间选择

熔丝位		掉电和省电模式唤醒的计数脉冲数	复位延时启动时间/ms(V_{CC}=5.0 V)	推荐使用场合
CKSEL0	SUT1~0			
0	00	258 CK	4.1	陶瓷振荡器快速上升电源
0	01	258 CK	65	陶瓷振荡器慢速上升电源
0	10	1K CK	—	陶瓷振荡器 BOD 方式
0	11	1K CK	4.1	陶瓷振荡器快速上升电源
1	00	1K CK	65	陶瓷振荡器慢速上升电源
1	01	16K CK	—	石英振荡器 BOD 方式
1	10	16K CK	4.1	石英振荡器快速上升电源
1	11	16K CK	65	石英振荡器慢速上升电源

1.6.4　外部低频晶体振荡器

可以使用 32.768 kHz 手表用振荡器作为 AVR 的外接时钟源，此时必须把熔丝位 CKSEL 设置为 0B1001，以选择使用低频晶体振荡器的工作方式。外部低频晶体振荡器的连接也如同图 1.5 所示。通过编程 CKOPT 熔丝位，可以选择使用芯片内部与 XTAL1 和 XTAL2 连接的电容(电容值为 36 pF)，此时就不需外接电容 C1 和 C2 了。

使用外部低频振荡器时，系统唤醒的延时计数脉冲数和系统复位的延时时间由熔丝位 SUT1～0 的组合确定，具体情况见表 1.6。

表 1.6　使用外部低频晶振时的唤醒脉冲和延时时间选择

熔丝位		掉电和省电模式唤醒的计数脉冲数	复位延时启动时间/ms(V_{CC}=5.0 V)	推荐使用场合
CKSEL3～0	SUT1～0			
1001	00	1K CK	4.1	快速上升电源或 BOD 方式
1001	01	1K CK	65	慢速上升电源
1001	10	32K CK	65	唤醒时频率已经稳定
1001	11	保留		

1.6.5　外部 RC 振荡器

对于定时精度要求不高的应用场合，可使用外部 RC 振荡器，如图 1.6 所示。其工作频率可用近似公式 $f=1/(3RC)$ 估算。电容 C 至少为 22 pF。通过对熔丝位 CKOPT 编程，可以使用 XTAL1 与地之间的 36pF 内部电容，此时可以省去外部电容。

外部 RC 振荡器有 4 种不同模式，对每种模式下特定的频率范围都进行了优化。通过对熔丝位 CKSEL3～0 的编程，可以选择使用不同的工作模式，如表 1.7 所列。

表 1.7　使用外部 RC 振荡器的不同工作模式

熔丝位(CKSEL3～0)	工作频率范围/MHz
0101	≤0.9
0110	0.9～3.0
0111	3.0～8.0
1000	8.0～12.0

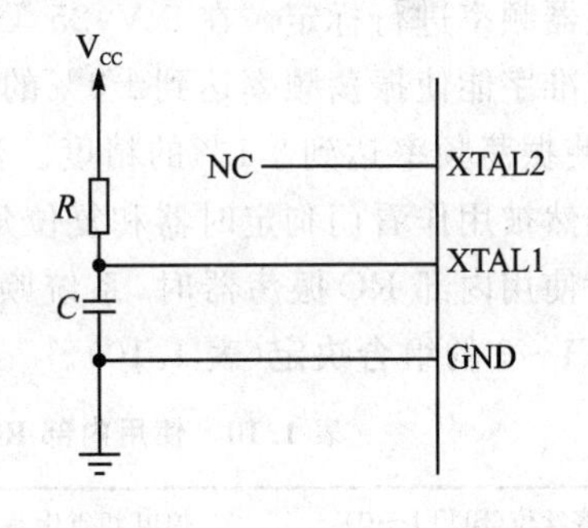

图 1.6　使用外部 RC 振荡器

使用外部 RC 振荡器时，系统唤醒的延时计数脉冲数和系统复位的延时时间由熔丝位 SUT1～0 的组合确定(见表 1.8)。

表 1.8　使用外部 RC 振荡器的唤醒脉冲和延时时间的选择设定

熔丝位(SUT1～0)	掉电和省电模式唤醒的计数脉冲数	复位延时启动时间/ms(V_{CC}=5.0 V)	推荐使用场合
00	18 CK	—	BOD 方式
01	18 CK	4.1	快速上升电源
10	18 CK	65	慢速上升电源
11	6 CK	4.1	快速上升电源或 BOD 方式(工作频率＞8 MHz 时不建议使用)

1.6.6　可标定的内部 RC 振荡器

ATmega16 芯片内部集成了可标定的 RC 振荡器,它可以提供固定的 1.0、2.0、4.0 或 8.0 MHz 时钟信号作为系统时钟源。以上的时钟工作频率是在 5 V、25 ℃条件下的典型值。可以通过对 CKSEL 熔丝位编程,选择使用 4 种不同频率的内部 RC 振荡器中的一个作为系统时钟源,见表 1.9。此时 CKOPT 熔丝位应处在未被编程状态,无需在引脚 XTAL1 和 XTAL2 上连接任何外部元件。

表 1.9　使用内部 RC 振荡器的不同工作模式

熔丝位(CKSEL3～0)	工作频率/MHz	熔丝位(CKSEL3～0)	工作频率/MHz
0001[1]	1.0	0011	4.0
0010	2.0	0100	8.0

注:1 为芯片出厂设定值。

系统复位时,硬件将自动把缺省的校准字(见 6.3 节)装入 OSCCAL 寄存器,对内部的 RC 振荡器频率进行标定。在 5 V、25 ℃和选择内部 RC 振荡器振荡频率为 1.0 MHz 时,该缺省的校准字能使振荡频率达到±3%的精度。用户可以在程序中改写 OSCCAL 寄存器中的校准字,使振荡频率达到±1%的精度。当使用内部 RC 振荡器作为芯片的时钟源时,看门狗振荡器仍然被用作看门狗定时器和复位延时的独立时钟源。

使用内部 RC 振荡器时,系统唤醒的延时计数脉冲数和系统复位的延时时间由熔丝位 SUT1～0 的组合决定(表 1.10)。

表 1.10　使用内部 RC 振荡器时的唤醒脉冲和延时时间的选择设定

熔丝位(SUT1～0)	掉电和省电模式唤醒	复位延时启动时间/ms(V_{CC}=5.0 V)	推荐使用场合
00	6CK	—————	BOD 方式
01	6CK	4.1	快速上升电源
10[1]	6CK	65	慢速上升电源
11	保留		

注:1 为芯片出厂设定值。

振荡器标定寄存器 OSCCAL 的定义如下:

寄存器 OSCCAL 用于存放内部 RC 振荡器的标定字。

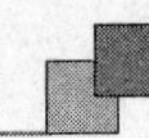

位	7	6	5	4	3	2	1	0	
\$31(\$51)	CAL7	CAL6	CAL5	CAL4	CAL3	CAL2	CAL1	CAL0	OSCCAL
读/写	R/W	R/W	R/W	R/W	R/W	R/W	R/W	R/W	
复位值	0	0	0	0	0	0	0	0	
器件设定值									

写入到寄存器 OSCCAL 中的数值，将作为频率标准字用于对内部 RC 振荡器的振荡频率进行标定。系统复位时，位于频率校准标签阵列中最高字节（\$00）处的 1 MHz 标准值将自动由硬件读出并写入到 OSCCAL 寄存器。如果选择使用了其他频率的内部 RC 振荡器，则与该频率对应的相应校准字需要由用户程序在初始化时装载。可以先使用编程器读取频率校准标签阵列中与频率对应的相应校准字，再将其写到 Flash 或 EEPROM 中，然后由系统程序读取这个值，将其写入 OSCCAL 寄存器。

当 OSCCAL 寄存器内容为零时，选择获得最低的内部 RC 振荡频率。写非零值到该寄存器将提高内部 RC 振荡器的振荡频率。写 \$FF 到该寄存器，则达到最高的振荡频率调整范围。校准后的内部 RC 振荡器，也用于对 EEPROM 和 Flash 的访问定时。因此，如果程序要对 EEPROM 或 Flash 写操作，则对标称的内部 RC 振荡频率的调整不要超过 10%；否则可导致对 EEPROM 或 Flash 的写入失败。注意，标定只是针对标称振荡频率 1.0、2.0、4.0 或 8.0 MHz 进行调整，表 1.11 给出了校准频率的范围。

表 1.11　内部 RC 振荡器频率范围

OSCCAL 校准字	最低频率/%（与标称频率的百分比）	最高频率/%（与标称频率的百分比）
0x00	50	100
0x7F	75	150
0xFF	100	200

1.6.7　外部时钟源

可以使用外部时钟源作为 AVR 系统时钟，如图 1.7 所示，外部时钟信号应从引脚 XTAL1 输入。将 CKSEL 熔丝位编程为 0B0000 时，即选定系统使用外部时钟源。通过对熔丝位 CKOPT 的编程，可以使芯片内部 XTAL1 与地之间的 36 pF 电容有效。

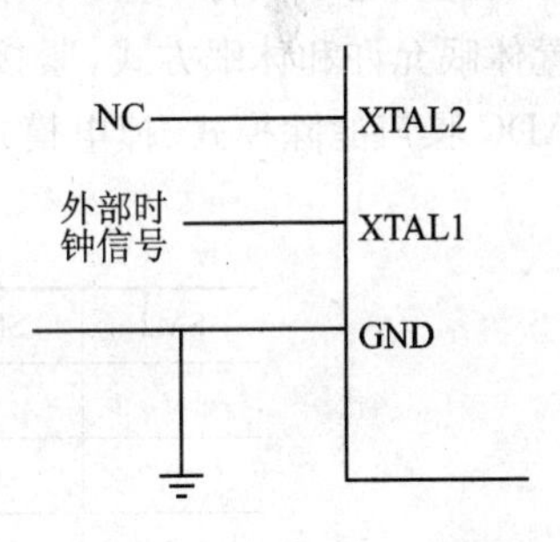

图 1.7　外部时钟源接法

当使用外部时钟源时，系统唤醒的延时计数脉冲数和系统复位的延时时间由熔丝位 SUT1～0 的组合确定，具体见表 1.12。

表 1.12　使用外部时钟源时的唤醒脉冲和延长时间的选择设定

熔丝位(SUT1～0)	掉电和省电模式唤醒	复位延时启动时间/ms(V_{CC}=5.0 V)	适合应用条件
00	6 CK	—	BOD 方式
01	6 CK	4.1	快速上升电源
10	6 CK	65	慢速上升电源
11	保留		

为了保证 MCU 能够稳定工作,不可突然改变外部时钟源的振荡频率。工作频率突然变化超过 2%时,将会产生异常现象。最好是在 MCU 保持复位状态时改变外部时钟的振荡频率。

1.6.8 定时器/计数器振荡器(异步时钟)

对于设有异步时钟引脚(TOSC1 和 TOSC2)的 AVR ATmega16/8535 控制器,只需将 32.768 kHz 手表用的晶体直接挂接到这两个引脚上,不需外接电容。振荡器已对该晶体进行了优化;最好不要采取直接从 TOSC1 引脚输入外部时钟脉冲信号作为异步时钟的方式。

1.7 电源管理和休眠模式

1.7.1 概 述

低功耗和高可靠性是嵌入式系统的重要性能指标,电源管理与休眠模式的选择则是达此目标的主要途径。

采用休眠模式可以在系统应用程序中关掉 MCU 不使用的模块,因而可达到节电的目的。ATmega16 提供了 6 种不同的休眠模式,用户可以根据实际使用要求选定合适的节电休眠模式。

休眠模式下的 MCU 对信号敏感性下降,具有良好滤除杂散窄脉冲之功效,故休眠还可提高系统的抗干扰性能。

当 MCUCR 寄存器中的 SE 位设置为逻辑 1 时,执行 SLEEP 指令后,MCU 便进入 6 种休眠模式之一。MCU 控制寄存器 MCUCR 中的 SM2、SM1 和 SM0 为休眠模式选择位,对它们的设置决定了执行 SLEEP 指令后将进入哪一种休眠模式。故应用例程中应先以一条指令设置休眠允许和休眠方式,紧接着再执行 SLEEP 指令进入休眠。6 种休眠模式是:空闲模式、ADC 噪声滤除模式、掉电模式、省电模式、待机模式和扩展待机模式(表 1.13)。

表 1.13 mega16 休眠模式设定

SM2	SM1	SM0	休眠模式
0	0	0	空闲(IDLE)
0	0	1	ADC 噪声滤除(ADC Noise Reduction)
0	1	0	掉电(Power - Down)
0	1	1	省电(Power - Save)
1	0	0	保留(Reserved)
1	0	1	保留(Reserved)
1	1	0	待机(Standby)
1	1	1	扩展待机(Extended Standby)

单片机 MCU 处于休眠模式时,一个使能的中断信号可将其从休眠模式中唤醒。这时,在一个设定的时间范围(4 个时钟脉冲周期+唤醒脉冲宽度)内 MCU 将处于暂停状态,等待时

钟振荡达到稳定后。再转入执行中断处理程序，中断处理完成后返回到SLEEP指令的后继指令，从此处重新开始执行程序。MCU被从休眠模式唤醒时，寄存器和SRAM中的值不会改变。如果在休眠状态下系统产生了复位信号，MCU将被唤醒并从复位向量处开始执行程序，并对I/O寄存器进行初始化；如果不想改变寄存器的内容，应在进入休眠前将其转移保护。复位完成后再将其恢复。

1.7.2　休眠模式的实现

1. MCU控制寄存器MCUCR中的休眠管理控制位

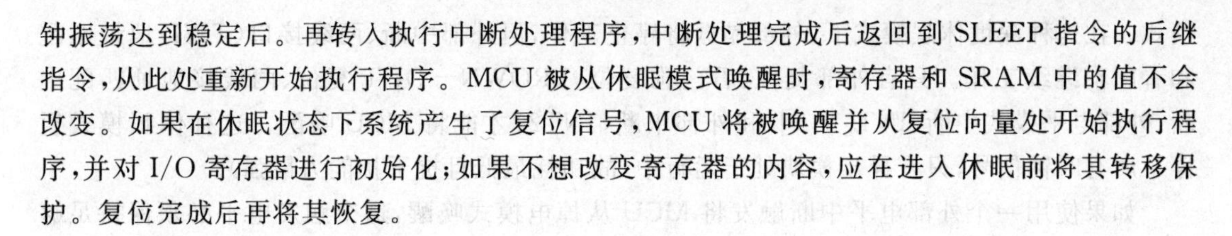

位	7	6	5	4	3	2	1	0	
\$35(\$55)	SM2	SE	SM1	SM0	ISC11	ISC10	ISC01	ISC00	MCUCR
读/写	R/W	R/W	R/W	R/W	R/W	R/W	R/W	R/W	
复位值	0	0	0	0	0	0	0	0	

(1) 位6—SE:休眠允许

当需要使能MCU进入休眠模式时，必须将SE位写为逻辑1。为了防止MCU意外地进入休眠，最好将休眠使能及休眠模式选择指令与进入休眠指令(SLEEP)"捆绑"使用。当MCU被唤醒后，硬件立即将SE位清零，表示结束休眠状态，开始正常执行程序。

(2) 位7:5:4—SM2～0:休眠模式选择位2、1和0

对这些位进行不同的设置，可选择6种有效的休眠模式(表1.13)。

2. 空闲模式(IDLE MODE)

当SE位被置位且SM2～0被设置为0b000时，执行SLEEP指令可以使MCU进入空闲模式。此时，MCU停止工作，但SPI、USART、模拟比较器、ADC、两线串行接口(TWI)、定时器/计数器、看门狗和中断系统还是处于工作状态。这种休眠模式主要是暂停了MCU和Flash的时钟信号(即CLK_{MCU}和CLK_{Flash})，而其他时钟信号仍然保持运行状态。

空闲模式可以由外部触发的中断信号或内部中断信号唤醒，如定时器溢出中断、USART传送完成中断等。如果不需要由模拟比较器中断唤醒，可以通过对模拟比较器状态控制寄存器ACSR中的ACO位的设置将模拟比较器关闭，这可以减少空闲模式的功耗。如果模数转换ADC被使能，当进入空闲模式时，将自动启动一次A/D转换。

3. ADC噪声滤除模式(ADC Noise Reduction)

当SE位被置位且SM2～0位被设置为0b001时，执行SLEEP指令将使MCU进入ADC降噪模式。此时，MCU停止工作，而被使能的ADC、外部中断、两线串行接口(即TWI)、定时器/计数器2和看门狗将继续运行。这种休眠模式主要是暂停了MCU、I/O和Flash的时钟信号(即$CLK_{I/O}$、CLK_{MCU}和$CLKF_{lash}$)。

ADC噪声滤除模式提高了ADC抗噪声干扰的能力，使之能应用在高性能的测试中。当模/数转换ADC被使能，进入ADC噪声滤除模式时，将自动启动一次AD转换。除了ADC转换完成中断外，只有外部复位、看门狗复位、BROWN－OUT复位、两线接口(TWI)的地址匹配中断、定时器/计数器2中断、SPM/E^2PROM就绪中断、外部电平中断(INT[1:0])和外部中断(INT2)才能将MCU从ADC噪声滤除模式中唤醒。

4. 掉电模式(Power－Down)

当SE位被置位且SM2～0位被设置为0b010时，执行SLEEP指令将使MCU进入掉电

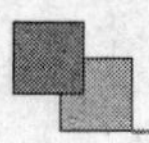

模式。在这种深度休眠模式下，外部晶振将停止工作，但外部中断、两线接口(TWI)地址匹配和看门狗继续工作。只有外部复位、看门狗复位、BROWN－OUT 复位、两线接地址匹配中断、外部电平模式中断(INT[1:0])和外部中断(INT2)才能将 MCU 唤醒。这种休眠模式暂停了所有时钟信号，只有异步模块处于运行中(故功耗最低且抗干扰能力最强)。

如果使用一个外部电平中断触发将 MCU 从掉电模式唤醒，这个触发电平必须保持足够时间(大于复位信号延迟时限之宽度)，才能保证将 MCU 唤醒，

当 MCU 从掉电模式被唤醒时，从唤醒条件建立到真正唤醒之间有一个延时，其目的是让已经停止的时钟重新启动工作，并达到稳定态。该唤醒延时时间是由 CKSEL 熔丝位定义的唤醒延时计数脉冲数来确定的。

5. 省电模式

当 SE 被置位且 SM2～0 位被设置为 0b011 时，执行 SLEEP 指令将使 MCU 进入省电模式。该模式等同于掉电模式，其区别仅在于 T/C2 可在异步时钟驱动方式下工作。省电模式暂停了所有时钟信号，只有异步模块处于运行中。

当 ASSR 寄存器中的 AS2 位置为 1 时，T/C2 将工作在异步时钟驱动方式。在省电模式下，工作在异步时钟驱动方式的 T/C2 将继续运行。如果 TIMSK 寄存器中的定时器/计数器 2 中断使能位被置 1，同时 SREG 寄存器中的全局中断使能位也被置 1，那么 T/C2 的计数溢出中断或输出比较中断可以把 MCU 从休眠状态唤醒。

当 ASSR 寄存器中的 AS2 位为 0 时，T/C2 工作在主时钟驱动方式，此时推荐使用掉电模式代替省电模式。因为从省电模式唤醒后，T/C2 寄存器中的值是不确定的。

6. 待机模式

当 SE 被置位且 SM2～0 位被设置为 0b110，并且选择外部石英晶体或陶瓷振荡器作为时钟源时，执行 SLEEP 指令将使 MCU 进入待机模式。在该模式下，除了振荡器仍然工作外，其他等同于掉电模式。从待机模式唤醒的延时时间为 6 个时钟周期。

7. 扩展待机模式

当 SE 位被置位且 SM2～0 位被设置为 0b111，并且选择外部石英晶体或陶瓷振荡器作为时钟源时，执行 SLEEP 指令将使 MCU 进入扩展待机模式。在该模式下，除了振荡器仍然工作外，其他等同于省电模式。从扩展待机模式唤醒的延时时间为 6 个时钟周期。

表 1.14 给出了在不同休眠模式下，处在运行状态的时钟以及唤醒源。

表 1.14　不同休眠模式下处在运行状态的时钟和唤醒源

休眠模式	支持运行的时钟					振荡器		唤醒源					
	CLK_{CPU}	CLK_{Flash}	$CLK_{I/O}$	CLK_{ADC}	CLK_{ASY}	主振荡器运行	实时时钟振荡运行	INT0 INT1 INT2	TWI 地址匹配	定时器2	SPM/ E^2PROM READY	ADC	其他 I/O 中断
闲置			√	√	√	√	√2	√	√	√	√	√	√
模数转换噪声滤除				√	√	√	√2	√3	√	√	√	√	
掉电								√3	√				

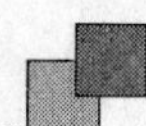

续表 1.14

休眠模式	支持运行的时钟					振荡器		唤醒源					
	CLK_{CPU}	CLK_{Flash}	$CLK_{I/O}$	CLK_{ADC}	CLK_{ASY}	主振荡器运行	实时时钟振荡运行	INT0 INT1 INT2	TWI地址匹配	定时器2	SPM/E^2PROM READY	ADC	其他I/O中断
省电					√[2]		√[2]	√[3]	√	√[2]			
待机						√		√[3]	√				
扩展待机					√[2]	√	√[2]	√[3]	√	√[2]			

注：1. 选择外部石英晶体或陶瓷振荡器时；

2. 当寄存器 ASSR 的 AS2 位设置为 1 时；

3. 仅对于 INT2 和 INT[1:0]的电平中断。

1.7.3　如何将功耗最小化

欲将 AVR 系统的功耗降到最低限度，一般说来，除了在保证系统正常工作情况下采用低频率时钟外，应尽可能地使用并且合理地选择休眠模式，使 AVR 中运行的功能模块尽可能少。因此，所有不使用的功能模块应令其进入暂停状态。要试图达到最低限度的系统功耗，应主要仔细处理以下几个功能模块。

1. A/D 转换

如果 A/D 转换被使能，那么在所有的休眠模式下它都处在工作状态。为了降低功耗，应该在进入休眠前禁止 A/D。关断 A/D 再重新启动时，第一个 A/D 转换是一个初始化转换，转换结果应舍弃。细节请参见 1.16.2 小节 ADC 的相关部分。

2. 模拟比较器

进入空闲方式前，如果不使用模拟比较器，应将其关闭。当进入 ADC 噪声抑制模式时也应如此。在其他休眠模式下，模拟比较器被自动关闭。但是如果模拟比较器被设置成使用内部参考电源时，那么在所有的休眠模式中，都应关闭模拟比较器；否则，无论在何种休眠模式下，内部参考电源都将处于工作状态。

3. 电压检测 BOD 电路

如果系统不需要使用 BOD 检测电路，应关闭该检测模块。如果编程 BODEN 熔丝位允许使用 BOD 检测电路，那么在所有的休眠模式中该模块都处于运行状态，也就是说该模块一直在消耗电能。在深层次休眠模式下，它将成为主要的电流消耗源。详细情况请参考 1.8 节 BOD 检测电路的相关部分。

4. 内部电压参考源

BOD 检测电路、模拟比较器和 A/D 工作时，将使用内部电压参考源。如果这些功能模块被关闭了，那么内部电压参考源也应关闭，以节省电源消耗。当上述功能模块再次被允许使用时，系统程序应先启动内部电压参考源。如果内部参考电压源在休眠模式时一直处于工作状态，其输出可以立即使用。请参考 1.16.5 小节内部电压参考源的相关部分。

5. 看门狗定时器

如果认为应用环境中不需要使用看门狗，应关闭该模块。如果看门狗被使能，它在所有的休眠模式中都处在运行状态,因而一直会消耗电能。在深层次的休眠模式下,它将成为主要的电流消耗源。故应在系统安全和功耗之间权衡取舍关闭看门狗。关于如何初始化看门狗定时器,请参考看 1.8 节门狗定时器的相关部分。

6. 端口引脚

当进入休眠模式时,所有端口的引脚应该设置为最低功耗方式。最重要的是避免用引脚驱动电阻性的负载。在休眠模式下,由于 I/O 时钟($CLK_{I/O}$)和 ADC 时钟(CLK_{ADC})都被暂停,因此输入缓冲部分也停止了工作,它减少了输入逻辑电路不必要的功率消耗。在某些情况下,要使用输入引脚来检测唤醒逻辑,那么该输入逻辑电路在休眠模式下应处于工作状态。此时,输入不能悬空,信号电平也不要接近 $V_{CC}/2$,否则输入缓冲器会消耗额外的电流。

7. 在线调试 OCD 系统

如果设置 OCDEN 熔丝位,允许使用在线调试系统,那么当进入休眠模式时,主要的时钟源都处在运行状态并消耗电源能量。在休眠模式下,它将成为主要的电流消耗源。有 3 种方法可以禁止 OCD:

- 取消 OCDEN 熔丝位的设置(禁止 OCD);
- 取消 JTAGEN 熔丝位的设置(禁止使用 JTAG 功能);
- 将 MCUCSR 寄存器中的 JTD 位置 1。

1.8 复位系统

复位就是执行系统初始化。MCU 从 $0000(或 BOOT 区转移)地址处开始执行程序,并对 I/O 寄存器初始化。

复位时数据总线处于高阻状态,保护 EEPROM、SRAM 里的数据不被改写;当 MCU 遭受干扰"迷失方向"时复位源强迫其"步入正轨",避免系统陷入混乱或崩溃。故复位源是系统安全运行的保护神。

复位后可由软件判别执行冷启动或热启动,前者指系统通电启动或严重干扰后的复位启动,或带断电保护存储器系统的首次启动,它清除 SRAM 一切历史数据,再重新初始化;后者则为系统遭受轻微干扰后的复位启动,它只是有选择性的删除被干扰数据,尽量保留有用数据。

复位后可检测 MCU 控制状态寄存器 MCUCSR 的相关位,获得由哪些复位源对 MCU 复位的信息(见 1.8.2 小节 MCUCSR 寄存器),决定如何进行复位处理,或是否进行数据采集(当以某种复位中断采集数据时)等。

在简单应用场合,可不区分冷热启动,统作为冷启动处理。

图 1.8 的电路框图说明了复位逻辑关系,表 1.15 给出复位电平特性参考值。

当任何一种复位信号产生时,不论时钟源是否处于运行状态,AVR 的所有 I/O 端口都会立即复位成它们的初始化值。在复位信号结束后,硬件系统将执行一个计数延时过程,经过一定的延时后,才进行系统内部真正的复位启动。这样的启动过程保证了电源达到稳定后才使单片机进入正常的运作。复位启动的延时时间可以通过对 CSKEL 熔丝位的编程来设定。不同复位启动延时时间的选择参见 1.4 节内容(表 1.12)。

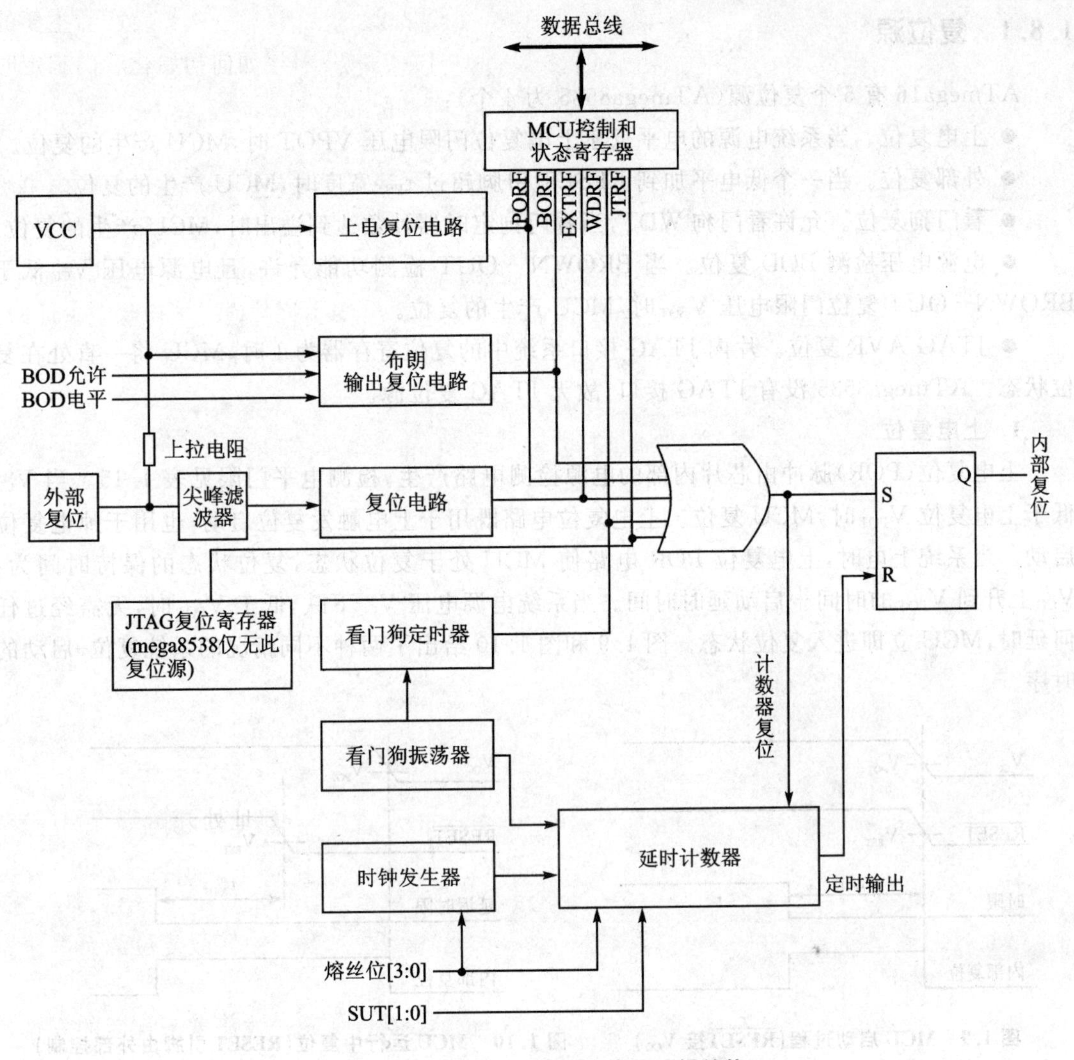

图 1.8　ATmega16/8535 上电位逻辑结构

表 1.15　系统复位电参数

符　号	参　数	条　件	最小值	典型值	最大值	单　位
V_{POT}	上电复位门限电压(上升沿)			1.4	2.3	V
	上电复位门限电压(下降沿)			1.3	2.3	V
V_{RST}	复位引脚门限电压		$0.2V_{CC}$		$0.85V_{CC}$	
t_{RST}	复位引脚的最小复位脉冲宽度		1.5			Ns
V_{BOT}	BOD 复位门限电压	BOD 电平＝1	2.4	2.6	2.9	V
		BOD 电平＝0	3.7	4.0	4.5	
t_{BOD}	BOD 检测的低电压最小宽度	BOD 电平＝1		2		μs
		BOD 电平＝0		2		
V_{HYST}	BOD 检测迟滞电压			100		MV

1.8.1 复位源

ATmega16 有 5 个复位源(ATmega8535 为 4 个):

- 上电复位。当系统电源的电平低于上电复位门限电压 VPOT 时,MCU 产生的复位。
- 外部复位。当一个低电平加到 RESET 引脚超过 t_{RST} 宽度时,MCU 产生的复位。
- 看门狗复位。允许看门狗 WDT,当看门狗定时器计数达到溢出时,MCU 产生的复位。
- 电源电压检测 BOD 复位。当 BROWN－OUT 检测功能允许,且电源电压 V_{CC} 低于 BROWN－OUT 复位门限电压 V_{BOT} 时,MCU 产生的复位。
- JTAG AVR 复位。片内 JTAG 接口系统中的复位寄存器为 1 时,MCU 将一直处在复位状态。ATmega8535 没有 JTAG 接口,故无 JTAG 复位源。

1. 上电复位

上电复位(POR)脉冲由芯片内部的电源检测电路产生,检测电平门限见表 1.15。当 V_{CC} 低于上电复位 V_{POT} 时,MCU 复位。上电复位电路既用于上电触发复位启动,也用于掉电复位启动。当系统上电时,上电复位 POR 电路使 MCU 处于复位状态,复位状态的保持时间为:V_{CC} 上升到 V_{POT} 的时间＋启动延时时间。当系统电源电压 V_{CC} 下跌,低于 V_{POT} 时,无需经过任何延时,MCU 立即进入复位状态。图 1.9 和图 1.10 给出了两种不同情况的系统复位-启动的时序。

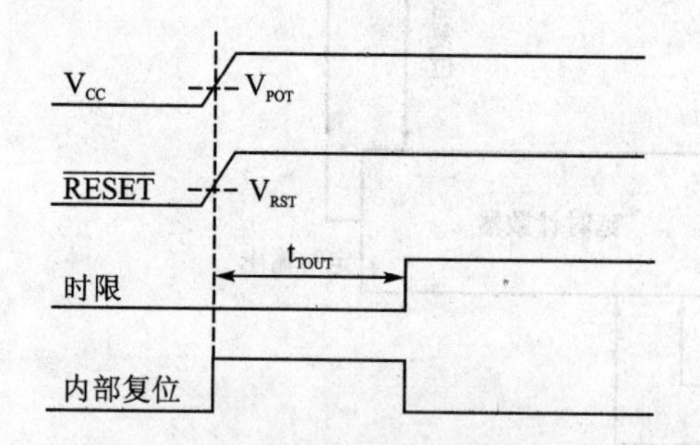

图 1.9 MCU 启动过程($\overline{RESET}$ 接 V_{CC})

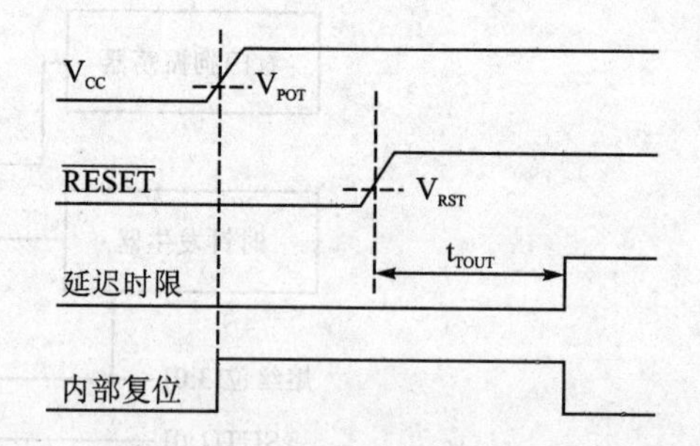

图 1.10 MCU 运行中复位(RESET 引脚由外部控制)

2. 外部复位

在 RESET 复位引脚上的一个低电平脉冲将产生外部复位。该低电平的宽度至少为 t_{RST},见表 1.15。当 RESET 引脚上的电平由低变高,达到 V_{RST} 时,再经过设定的启动延时时间,MCU 启动运行,见图 1.11。

3. 看门狗复位

当看门狗定时器溢出时,它将触发产生一个时钟周期宽度的复位脉冲。从脉冲的下降沿开始,经过设定的启动延时时间,MCU 启动运行,见图 1.12。

4. 电源电压检测 BOD 复位

ATmega16 内置一个 BROWN－OUT 电源检测电路,用于运行中对系统工作电压 V_{CC} 进行检测,并且同一个固定的阈值电压相比较。BOD 检测值电压可以通过 BODLEVEL 熔丝位设定为 2.7 V(BOD 电平未编程)或 4.0 V(BOD 电平已编程)。BOD 检测阈值电压带有延迟效应,以滤除系统电源产生的"毛刺"、避免误触发 BROWN－OUT 检测器。阈值电平的延迟效应可认为其上阈值电压 $V_{BOT+} = V_{BOT} + V_{HYST}/2$,下阈值电压 $V_{BOT-} = V_{BOT} - V_{HYST}/2$。

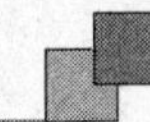

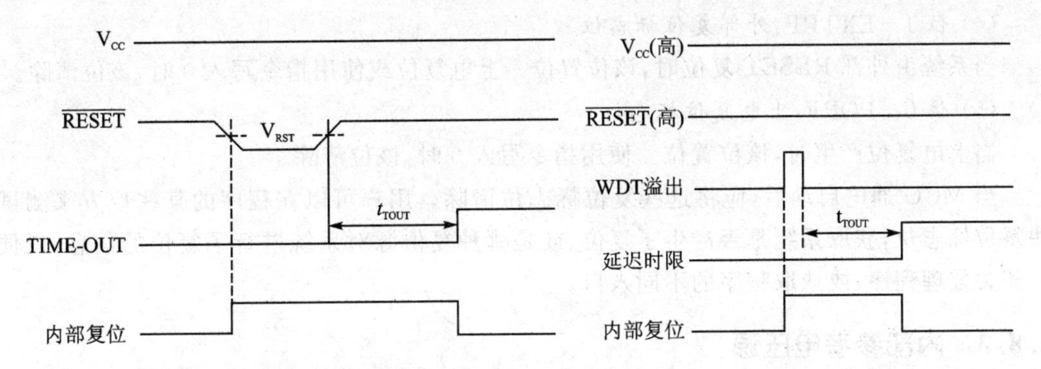

图 1.11　MCU 运行中 RESET 引脚由外部控制复位　　　图 1.12　MCU 看门狗定时器溢出复位

BOD 检测电路可以通过编程 BODEN 熔丝位来置为有效或者无效。当 BOD 被置成有效并且 V_{CC} 电压跌到下阈值电压($V_{BOT}-$，如图 1.13 所示)以下时，BROWN－OUT 复位立即生效，MCU 进入复位状态。当 V_{CC} 回升，而且超过上阈值电压($V_{BOT}+$，如图 1.13 所示)后，再经过设定的启动延时时间，MCU 启动运行。只有当 V_{CC} 电压低于阈值电压并且持续 t_{BOD} 后，BOD 电路才起作用。

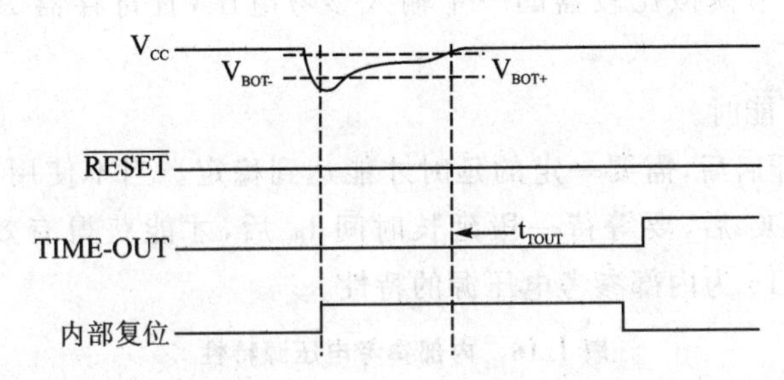

图 1.13　电源电压检测 BOD 复位

1.8.2　MCU 控制及状态寄存器 MCUCSR

MCU 控制和状态寄存器 MCUCSR 记录了系统的复位信息。MCU 控制和状态寄存器 MCUCSR，其 I/O 空间地址为 $ 34，RAM 空间地址为 $ 54。

位	7	6	5	4	3	2	1	0	
$ 34($ 54)	JTD	ISC2	—	JTRF	WDRF	BORF	EXTRF	PORF	MCUCSR
读/写	R	R	R	R/W	R/W	R/W	R/W	R/W	
复位值	0	0	0						

与复位相关的各个位的定义如下：

(1) 位 4－JTRF：JTAG 复位标志

当使用 JTAG 专用指令 AVR_RESET 将 1 写入 JTAG 接口系统中的 JTAG 复位寄存器时，JTRF 复位标志置位；上电复位或使用指令对该位写入 0 时，清除 JTRF。

(2) 位 3－WDRF：看门狗复位标志位

当看门狗复位产生时，该位置位。上电复位或使用指令写入 0 时，该位清除。

(3) 位 2－BORF：BROWN－OUT 复位标志位

当 BOD 复位产生时，该位置位。上电复位或使用指令写入 0 时，该位清除。

(4) 位 1－EXTRF:外部复位标志位

当系统由外部 RESET 复位时,该位置位。上电复位或使用指令写入 0 时,该位清除。

(5) 位 0－PORF:上电复位标志位

当上电复位产生时,该位置位。使用指令写入 0 时,该位清除。

当 MCU 通电启动后,应将这些复位标志位清除。用户可以在程序的某些地方来测试这些复位标志位,获取系统是否产生了复位、或是哪种复位源对系统进行了复位的信息,以便进入相关处理程序,或选取程序的不同入口。

1.8.3 内部参考电压源

ATmega16 内部有一个集成的能隙基准源,用于 BROWN－OUT 检测,也可作为模拟比较器的一个输入参考电压。ADC 的 2.56 V 基准电压也由此能隙基准源产生。

电压基准的启动时间可能影响其工作方式,启动时间列于表 1.16。出于省电的考虑,内部参考电压源一般应处于关闭状态。仅在下面 3 种情况下,内部参考电源才开启工作:

① 允许 BOD(熔丝位 BODEN 被编程)时;

② 能隙基准源作为模拟比较器的一个输入参考电压(置寄存器 ACSR 的 ACBG 位为 1)时;

③ ADC 转换被使能时。

内部参考电压源开启后,需要一定的延时才能达到稳定。当不使用(即禁止)BOD 时,在置位 ACBG 或使能 ADC 后,要等待一段延长时间 t_{BG}后,才能获得有效的模拟比较结果或 ADC 转换结果。表 1.16 为内部参考电压源的特性。

表 1.16 内部参考电压源特性

符 号	参 数	最小值	典型值	最大值	单 位
V_{BG}	参考电压	1.15	1.23	1.40	V
T_{BG}	启动稳定时间		40	70	μs
I_{BG}	电流消耗		10		μA

1.8.4 看门狗定时器

看门狗定时器由片内独立的时钟驱动。在 V_{CC}＝5 V 时,典型的时钟频率为 1 MHz。通过设置看门狗定时器的预分频器,可以改变看门狗的复位时间间隔。WDR 是清除看门狗计数器指令,当看门狗被禁止或 MCU 复位时,看门狗也被清除。MCU 在正常运行状态下总是以小于看门狗溢出周期的时间间隔清除看门狗定时器,若在规定时间之内没有执行清狗指令(当 MCU 遭到干扰时),看门狗达到溢出便产生复位信号,使单片机从系统复位向量处开始重新执行程序。

应当注意,当 MCU 受到干扰,看门狗将其复位,再重新执行初始化程序时,应先检测预先设置的标志和数据,根据其是否遭破坏或遭到破坏的程度有选择地执行,以尽可能地保留有效数据,剔除被干扰数据。只有在最坏情况下,或简易处理场合才与通电启动时(执行总清)相同。

在调试、排错过程中先不启动看门狗，以避免其对程序运行造成干扰。直到程序整体或主要部分调试通过后才加入看门狗的启动、周期性复位、关闭等程序，并测试其功能是否符合设计意图和要求。

用户程序必须按照一个特定的关断顺序来禁止看门狗定时器，以防止意外地关闭看门狗定时器。图1.14为看门狗定时器框图。

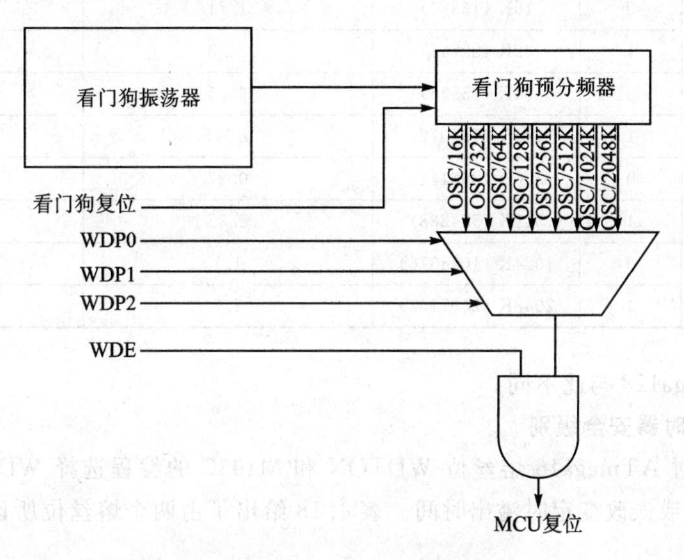

图1.14 看门狗定时器框图

1. 看门狗定时器控制寄存器WDTCR

位	7	6	5	4	3	2	1	0	
21($41)	—	—	—	WDCE	WDE	WDP2	WDP1	WDP0	WDTCR
读/写	R	R	R	R/W	R/W	R/W	R/W	R/W	
复位值	0	0	0	0	0	0	0	0	

各位的定义如下：

(1) 位7～5－Res：保留位，只读为0。

(2) 位4－WDCE：看门狗定时器改变允许标志位

当要禁止看门狗定时器时，该位必须置1；否则，看门狗将不会被禁止。一旦WDCE置1后，硬件在4个时钟周期后自动将该位清零。当WDT处于安全级别1或2，当重新设定看门狗定时器的预置分频器参数时，WDCE也必须先置1。

(3) 位3－WDE：看门狗允许标志位

当WDE位置1，则使能看门狗定时器。WDE为0时，看门狗定时器功能被禁止。清零WDE的操作，必须在WDCE置1后的4个时钟周期内完成。因此，如要禁止看门狗，必须按照以下特定的关断操作顺序，以防止意外地关闭看门狗定时器：

①首先以一条指令同时置位WDCE和WDE，即使WDE原先已经为1，也必须对WDE写1。

②在随后的4个时钟周期内，清零WDE，禁止看门狗定时器。

(4) 位2～0－WDP2、WDP1和WDP0：看门狗定时器预分频器设置位

WDP2、WDP1 和 WDP0 为看门狗定时器预分频器设置位,用于设定看门狗的复位时间间隔,见表 1.17。

表 1.17　看门狗定时器预分频选择

WDP2	WDP1	WDP0	WDT 脉冲数	典型溢出时间 V_{CC}=3.0 V	典型溢出时间 V_{CC}=5.0 V
0	0	0	16K (16384)	1.71	1.6
0	0	1	32K (32768)	34.3	32.5
0	1	0	64K (65536)	68.5	65
0	1	1	128K (131072)	0.14S	0.13
1	0	0	256K (262144)	0.27	0.26
1	0	1	512K (524288)	0.55	0.52
1	1	0	1024K (1048576)	1.1	1.0
1	1	1	2048K (2097152)	2.2	2.1

注意,MTmega128 与此不同。

2. 看门狗定时器安全级别

用户可通过对 ATmega16 熔丝位 WDTON 和 M103C 的编程选择 WDT 运行的安全级别,以防止误关闭或误改变定时溢出时间。表 1.18 给出了由两个熔丝位所设定的 3 个 WDT 安全级别。

表 1.18　看门狗定时器安全级别选择

M103C	WDTON	安全级别	WDT 初始状态	如何禁止 WDT	如何改变定时溢出时间
1	1	1	禁止	限定操作顺序	限定操作顺序
1	0	2	允许	总为允许	限定操作顺序
0	1	0	禁止	限定操作顺序	无限制
0	0	2	允许	总为允许	限定操作顺序

安全级别 0:在此模式下,MCU 复位启动初始化后是禁止看门狗定时器的。系统程序可以在任何时候将 1 写入标志 WDE 位,使能看门狗定时器。同时,用户程序可以任意改变看门狗定时器的溢出周期。禁止看门狗定时器时要遵循以下步骤:

① 在同一操作指令中,把 WDCE 和 WDE 置 1。即使 WDE 原先已经为 1,也必须对 WDE 写 1。

② 在紧接的 4 个时钟周期内,使用一个指令,对 WDE 位和各个 WDP 位写入合适的数据,但对 WDCE 位必须为 0。

安全级别 1:在此模式下,MCU 复位启动初始化总是禁止看门狗定时器的。系统程序可不受限制的将 1 写入 WDE 位,使能看门狗定时器。如要再次禁止看门狗或改变看门狗定时器的复位间隔时间,必须按照以下的操作顺序:

① 在同一操作中,把 WDCE 和 WDE 置 1。即使 WDE 原先已经为 1,也必须对 WDE 写 1。

② 在紧接的 4 个时钟周期内,使用一条指令,对 WDE 位和 WDP[2:0]位写入合适的数据,但对 WDCE 则写 0。

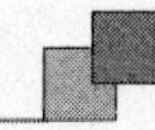

安全级别2:此种模式下,WDE位恒为1,看门狗定时器总是处于使能状态。如要改变看门狗定时器的复位间隔时间,必须按照以下的操作顺序进行:

① 在同一操作中,把WDCE和WDE置1。即使WDE位恒为1,也必须对WDE写1。

② 在随后的4个时钟周期内,使用一条指令,对WDE位和WDP[2:0]位写入合适的数据,其中WDP的值为用户需要的设定值,但WDCE的值必须为零,而WDE可以是任意的值。

3. 看门狗的使用

(1) 看门狗启动和禁止

① 看门狗复位指令为WDR,执行该指令,将看门狗计数器清零,并从零重新计数。

② 看门狗启动:写WDTCR寄存器,使WDCE=0,WDE=1,并在WDP[2:0]中写入合适的分频系数,便启动看门狗。为使看门狗计数器在启动后从0开始计数,在写WDTCR寄存器之前应执行一条WDR指令:

```
WDR
LDI     R16,$0D              ;选溢出时间为0.52s(Vcc=5v)
OUT     WDTCR,R16
```

③ 看门狗禁止:先在WDTCR寄存器中的WDCE和WDE位中同时写'1'之后,再将WDE位清除,便禁止了看门狗。

```
LDI     R16,$18
OUT     WDTCR,R16
LDI     R16,$10
OUT     WDTCR,R16
```

(2) 看门狗使用方法和注意事项(看门狗使用应遵循的原则)

① 根据应用环境干扰的强弱和测控程序运作节拍的特点来设定看门狗溢出周期,同时也决定了复位看门狗操作周期之上限。在以看门狗溢出唤醒MCU,以降低功耗、抗干扰为目的的应用场合,应以采样或更新数据的节拍倍数来设定看门狗的溢出周期。

② 一般主程序分为初始化程序和背景程序(主循环程序)。初始化程序中清除一个大的外部数据区是最费时的,但AVR高速,通常是不成问题的。应在初始化程序之前启动看门狗,溢出时间取大于4.63 ms的适中值。

③ 一般都以显示程序为主程序中的背景程序(也称主循环程序,请参考4.10.1:AVR频率计程序清单4-66以及4.10.2:时基资源共享式测量系统程序清单4-67等)。本书提供的显示子程序DSPA是经优化了的,其基本执行单位是DSPY子程序,即使按键不放开或去抖时,也在不断调用DSPY子程序,故可在DSPY子程序中设置看门狗复位指令WDR。该指令的执行周期为4.63 ms,即4.63 ms清一次看门狗。

④ 对简单的应用场合,以返身循环指令HERE:RJMP HERE为背景程序时,可加计数器,规定返身循环多少次就执行一次WDR指令,或直接将WDR指令置于返身循环之中。

⑤ 中断服务或执行按键功能,其时间都较短,可不考虑设置WDR指令,(执行中断服务或执行按键功能都是从背景程序中转出,执行相应程序后又返回背景程序)。

⑥ 对个别占用时间长短不定、或慢速动作,做特别加入WDR指令处理。如有执行查询等待某种状态的指令,有用主MCU兼管微型打印机(用查询方式控制打印)等特殊应用场合。

前者应按具体应用情况区别对待,决定可否采用类似返身循环指令的处理方法。后者可在打印一点行(约 0.1 s)或几个点行后执行一条 WDR 指令。

⑦ 如有必要,单独占用一定时计数器,以其定时溢出来清看门狗(也可对溢出计数,计 N 个数后清看门狗)。但这样做时,应配合设置系统状态标志以及相关检测(例如主程序和中断服务子程序之间的互动制约验证)机制,若状态异常就不执行清狗指令。本法对看门狗的复位周期是很均匀的,因而是比较合理的。

⑧ EEPROM 写入也是费时操作,特别是在数据块较大的场合,故可考虑先禁看门狗再写(或者写入之前加 WDR 指令,使看门狗复位,并在每写入若干字节后,即加一条 WDR 指令)。

1.9 中断系统

与一般 8 位单片机相比,AVR 中断系统具有如下特点:

(1) AVR 中断源品种多、门类全(见表 1.19),便于设计实时、多任务、高效率的嵌入式应用系统。

(2) 采用固定硬件优先级,不需用软件设定(不设中断优先权以及中断优先级控制寄存器),实际上是淡化了优先级别。但由于 AVR 高速,中断服务时间短。这种对中断源的简化处理多数情况下是适用的。

(3) 可选择不同类型中断源(或其组合,包括与不同类型复位源组合),唤醒不同休眠模式下的 MCU,以满足 AVR 各种低功耗、抗干扰应用场合之需要。

(4) 外部中断采取电平中断方式具有重要功能—唤醒掉电休眠模式下的 MCU。使得在时钟被冻结的情况下,MCU 可照样响应外部中断,进行数据采集或实现断电保护。

(5) 中断标志位一般在响应中断时以硬件自动清除,或在中断服务时以读、写数据的方式清除;以硬件自动清除的也可用软件清除,清除方法是对其写“1”。

1.9.1 中断源及其管理

ATmega16/8535 有 21 个中断源(表 1.19)。最高优先级为复位源,可通过检测 MCU 状态寄存器 MCUCSR 的 5 个(mega8535 为 4 个)状态位来确定是哪种复位源对单片机进行了复位,见 1.8.3 小节。除复位源外,每一中断源都具有自己的使能位,且一般也具有自己的中断标志。若某一使能位置位,且全局中断总使能位 I 也置位,则对应的中断可以产生。产生中断时由硬件压线保护返回地址,并由硬件产生中断服务地址(该地址即称为中断向量)。程序存储器从 $000 开始的一段空间称为中断向量区,该空间内中断向量依中断优先级的高低按增地址排列,由于相邻向量之间只有 2 字空间,故只能存放一条 JMP 转移指令(MEGA16),转向中断服务真正开始的地方。$000 地址处的复位向量占据最高优先级,它停止一切程序的执行,无条件地返回 $000 地址重新开始执行(其特点为不保护现场,无返回地址,对 I/O 寄存器进行初始化等)。以下依次为外部中断 0、外部中断 1……(见表 1.19)。AVR 对中断管理采用简化处理,即采用固定的硬件优先级,不需软件设定,而且在中断服务时首先由硬件清除全局中断总使能位 I,禁止全局中断,也即禁止了中断嵌套,在中断返回、执行 RETI 指令时再置位 I,开放全局中断后,其他中断申请才能得到服务;如果在中断服务子程序中置位全局中断总使能位 I,那么不论当前正在得到服务的硬件中断优先级有多么高,满足申请条件的的低优先级中断都能得到响应和服务,从而有悖于通常的优先级嵌套机制;从另一方面看,AVR 是高速嵌入式单片机,中断服务时间短,即使不允许中断嵌套,对高优先级中断服务的延误也可忽略;另外还有的中断服务(如以中断方式写 E²PROM)是不允许中断嵌套的。故 AVR 单片机多数应用场合中断嵌套没有必要。如果必需采用中断嵌套,建议采取如下处理方案:

(1) 将发生频率高、服务时间短的中断事件排为高优先极(例如采用 SPI 同步串行口进行高速通信),不允许中断嵌套;将发生频率低、服务时间长的中断事件排为低优先极(例如利用定时器/计数器产生毫秒级定时中断控制步进电机的脉冲时序),允许中断嵌套,即在中断服务例程中开放全局中断。

(2)在重要的中断服务(包括以中断服务方式写 E²PROM 等不允许中断嵌套的特殊应用场合)例程中不允许中断嵌套;在次要的中断服务例程中才允许中断嵌套(开放全局中断)。

(3)以上两条也可以作统筹权衡处理。

(4)如果某些中断服务时间过长,应在事件紧急部分处理完成后即开放全局中断,将其余部分改在返回背景程序中完成,以保证对其他中断事件服务的实时性。

表 1.19 中断向量地址及中断源

中断向量地址		中断服务引导指令 (引导转移到中断服务地址)	中断源名称
mega8535	mega16		
$000	$0000	(R)JMP RESET	复位(MEGA16 有 5 种复位源)
$001	$0002	(R)JMP EXT－INT0	外部中断 INT0
$002	$0004	(R)JMP EXT－INT1	外部中断 INT1
$003	$0006	(R)JMP T2－COMP	T2 输出比较匹配达到
$004	$0008	(R)JMP T2－OVFL	T2 溢出
$005	$000A	(R)JMP T1－CAPT	T1 输入捕获完成
$006	$000C	(R)JMP T1－CMPA	T1 输出比较 A 匹配达到
$007	$000E	(R)JMP T1－CMPB	T1 输出比较 B 匹配达到
$008	$0010	(R)JMP T1－OVFL	T1 溢出
$009	$0012	(R)JMP T0－OVFL	T0 溢出
$00A	$0014	(R)JMP SPL－STC	SPI 传输完成
$00B	$0016	(R)JMP UART－RXC	UART 接收完成
$00C	$0018	(R)JMP UART－DRE	UART 发送数据寄存器空
$00D	$001A	(R)JMP UART－TXC	UART 发送完成
$00E	$001C	(R)JMP ADC－CMP	A/D 转换完成
$00F	$001E	(R)JMP EEP－RDY	EEPROM 就绪
$010	$0020	(R)JMP ANA－CMP	模拟比较器比较完成
$011	$0022	(R)JMP TWI	两线串型接口发送/接收完成
$012	$0024	(R)JMP EXT－INT2	外部中断 INT2
$013	$0026	(R)JMP T0－COMP	T0 输出比较匹配达到
$014	$0028	(R)JMP SPM_RDY	程序存储器编程就绪

注:① 5 种复位源是上/下电复位、外部复位、看门狗定时器溢出复位、BOD 掉电检测复位和 JTAG 复位;ATmega8535 没有 JTAG 复位(见 1.8 节:系统复位)。

② 熔丝位 BOOTRST 被编程时,MCU 复位后程序跳转到 Boot Loader 区。请参见“6.2 引导加载支持的自我编程功能”。

③ 当寄存器 GICR 的 IVSEL 置位时,中断向量转移到 Boot 区的起始地址。此时各个中断向量的实际地址为表中地址与 Boot 区起始地址之和。

④ RJMP 指令长度为 1 字,跳转距离在 2K 字空间之内(MEGA8535);MEGA16 程序空间为 8K 字,JMP 指令跳转距离在 4K 字空间之内,故该指令为 2 字长指令。

1.9.2 中断向量

ATmega16/8535 有 21 个外部以及内部中断源。Flash 程序存储器空间的最低位置($ 0000～$ 0029;mega8535 则为 $ 00～$ 014)定义为复位和中断向量空间。完整的中断向量见表 1.19。在中断向量表中,处于低地址的中断向量所对应的中断拥有高优先级,故系统复位中断 RESET 拥有最高优先级。

1. 复位和中断向量表的移动

对于 ATmega16/8535,可以通过对 BOOTRST 熔丝位编程和 MCUCR 寄存器中 IVSEL 标志位的设置将系统复位向量与中断向量置于 Flash 程序存储器的应用程序区(APPLICATION SECTION)的头部,或者引导程序载入区(Boot Section)的头部,或分开置于不同的两个区各自的头部。表 1.20 给出 mega16 复位地址和中断向量表在 BOOTRST 熔丝位和中断控制寄存器 GICR 中 IVSEL 位的不同组合设置下的不同位置。如果程序不使用任何中断,那么中断向量表区也可存放程序。

表 1.20 ATmega16/8535 复位和中断向量表的位置

BOOTRST(熔丝)	IVSEL	RESET 复位地址	中断向量起始地址(第 2 行为 mega8535)
1(未编程)	0	$ 0000	$ 0002 $ 0001
1(未编程)	1	$ 0000	BOOT 区起始地址＋$ 0002 BOOT 区起始地址＋$ 0001
0(编程)	0	BOOT 区起始地址	$ 0002 $ 0001
0(编程)	1	BOOT 区起始地址	BOOT 区起始地址＋$ 0002 BOOT 区起始地址＋$ 0001

(1) 在通常情况下使用 ATmega16 时(BOOTRST＝1,IVSEL＝0),设置中断服务引导的方法如下面程序所示。

```
地址      标号    代码                          注释
$ 0000           JMP    RESET                  ;转复位处理
$ 0002           JMP    EXT_INT0               ;转外部中断 INT0 服务
$ 0004           JMP    EXT_INT1               ;转外部中断 INT1 服务
$ 0006           JMP    TIMER2_COMP            ;转 T/C2 比较匹配中断服务
$ 0008           JMP    TIMER2_OVF             ;转 T/C2 溢出中断服务
$ 000A           JMP    TIMER1_CAPT            ;转 T/C1 输入捕获中断服务
$ 000C           JMP    TIMER1_COMPA           ;转 T/C1 比较匹配 A 中断服务
$ 000E           JMP    TIMER1_COMPB           ;转 T/C1 比较匹配 B 中断服务
$ 0010           JMP    TIMER1_OVF             ;转 T/C1 溢出中断服务
```

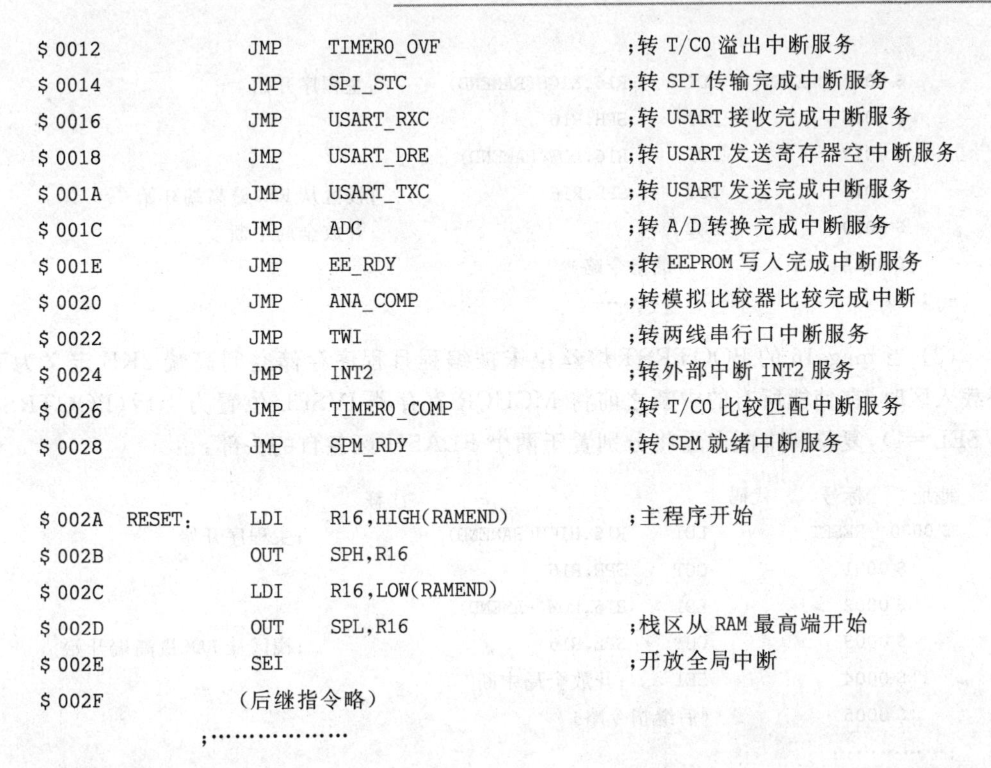

```
$ 0012          JMP    TIMER0_OVF               ;转 T/C0 溢出中断服务
$ 0014          JMP    SPI_STC                  ;转 SPI 传输完成中断服务
$ 0016          JMP    USART_RXC                ;转 USART 接收完成中断服务
$ 0018          JMP    USART_DRE                ;转 USART 发送寄存器空中断服务
$ 001A          JMP    USART_TXC                ;转 USART 发送完成中断服务
$ 001C          JMP    ADC                      ;转 A/D 转换完成中断服务
$ 001E          JMP    EE_RDY                   ;转 EEPROM 写入完成中断服务
$ 0020          JMP    ANA_COMP                 ;转模拟比较器比较完成中断
$ 0022          JMP    TWI                      ;转两线串行口中断服务
$ 0024          JMP    INT2                     ;转外部中断 INT2 服务
$ 0026          JMP    TIMER0_COMP              ;转 T/C0 比较匹配中断服务
$ 0028          JMP    SPM_RDY                  ;转 SPM 就绪中断服务

$ 002A  RESET:  LDI    R16,HIGH(RAMEND)         ;主程序开始
$ 002B          OUT    SPH,R16
$ 002C          LDI    R16,LOW(RAMEND)
$ 002D          OUT    SPL,R16                  ;栈区从 RAM 最高端开始
$ 002E          SEI                             ;开放全局中断
$ 002F          (后继指令略)
              ;………………
```

(2)在通常情况下使用 ATmega8535 时(BOOTRST＝1,IVSEL＝0),设置中断服务引导的方法如下面程序所示。

```
地址     标号    代码                             注释
$ 0000          RJMP   RESET                    ;转复位处理
$ 0001          RJMP   EXT_INT0                 ;转外部中断 INT0 服务
$ 0002          RJMP   EXT_INT1                 ;转外部中断 INT1 服务
$ 0003          RJMP   TIMER2_COMP              ;转 T/C2 比较匹配中断服务
$ 0004          RJMP   TIMER2_OVF               ;转 T/C2 溢出中断服务
$ 0005          RJMP   TIMER1_CAPT              ;转 T/C1 输入捕获中断服务
$ 0006          RJMP   TIMER1_COMPA             ;转 T/C1 比较匹配 A 中断服务
$ 0007          RJMP   TIMER1_COMPB             ;转 T/C1 比较匹配 B 中断服务
$ 0008          RJMP   TIMER1_OVF               ;转 T/C1 溢出中断服务
$ 0009          RJMP   TIMER0_OVF               ;转 T/C0 溢出中断服务
$ 000A          RJMP   SPI_STC                  ;转 SPI 传输完成中断服务
$ 000B          RJMP   USART_RXC                ;转 USART 接收完成中断服务
$ 000C          RJMP   USART_DRE                ;转 USART 发送寄存器空中断服务
$ 000D          RJMP   USART_TXC                ;转 USART 发送完成中断服务
$ 000E          RJMP   ADC                      ;转 A/D 转换完成中断服务
$ 000F          RJMP   EE_RDY                   ;转 EEPROM 写入完成中断服务
$ 0010          RJMP   ANA_COMP                 ;转模拟比较器比较完成中断
$ 0011          RJMP   TWI                      ;转两线串行口中断服务
$ 0012          RJMP   INT2                     ;转外部中断 INT2 服务
$ 0013          RJMP   TIMER0_COMP              ;转 T/C0 比较匹配中断服务
$ 0014          RJMP   SPM_RDY                  ;转 SPM 就绪中断服务
```

```
$0015 RESET:  LDI    R16,HIGH(RAMEND)        ;主程序开始
$0016         OUT    SPH,R16
$0017         LDI    R16,LOW(RAMEND)
$0018         OUT    SPL,R16                 ;栈区从 RAM 最高端开始
$0019         SEI                            ;开放全局中断
$001A         (后继指令略)
              ;………………
```

(3) 当 mega16 的 BOOTRST 熔丝位未被编程且程序存储空间高端 2KB 定义为引导程序载入区时,在使能所有的中断之前将 MCUCR 寄存器 IVSEL 位置为 1 后(BOOTRST=1, IVSEL=1),复位和中断向量将分别置于两个 FLASH 区各自的头部:

```
地址      标号      代码                              注释
$0000  RESET:       LDI    R16,HIGH(RAMEND)         ;主程序开始
  $0001             OUT    SPH,R16
  $0002             LDI    R16,LOW(RAMEND)
  $0003             OUT    SPL,R16                  ;栈区从 RAM 最高端开始
  $0004             SEI    ;开放全局中断
  $0005             (后继指令略)
;……………
.ORG     $1C02
$1C02               JMP    EXT_INT0                 ;外部中断 INT0 服务
$1C04               JMP    EXT_INT1                 ;外部中断 INT1 服务
;………………(中断向量表中间部分略)
$1C28               JMP    SPM_RDY                  ;SPM 就绪中断服务
```

(4) 当 mega8535 的 BOOTRST 熔丝位未被编程且程序存储空间高端 2KB 定义为引导程序载入区时,在使能所有的中断之前将 MCUCR 寄存器 IVSEL 位置为 1 后(BOOTRST=1,IVSEL=1),复位和中断向量将分别置于两个 FLASH 区各自的头部:

```
地址      标号      代码                              注释
$000   RESET:   LDI     R16,HIGH(RAMEND)            ;主程序开始
  $001          OUT     SPH,R16
  $002          LDI     R16,LOW(RAMEND)
  $003          OUT     SPL,R16                     ;栈区从 RAM 最高端开始
  $004          SEI     ;开放全局中断
  $005          (后继指令略)
;……………
.ORG       $C01
$C01            RJMP    EXT_INT0                    ;外部中断 INT0 服务
$C02            RJMP    EXT_INT1                    ;外部中断 INT1 服务
;………………(中断向量表中间部分略)
$C14            RJMP    SPM_RDY                     ;SPM 就绪中断服务
```

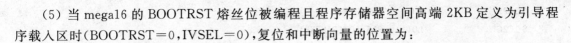

（5）当 mega16 的 BOOTRST 熔丝位被编程且程序存储器空间高端 2KB 定义为引导程序载入区时(BOOTRST＝0,IVSEL＝0)，复位和中断向量的位置为：

```
.ORG        $ 0002
$ 0002              JMP      EXT_INT0                        ;外部中断 INT0 服务
$ 0004              JMP      EXT_INT1                        ;外部中断 INT1 服务
;………………(中断向量表中间部分略)
$ 0028              JMP      SPM_RDY                         ;SPM 就绪中断服务
.ORG     $ 1C00
$ 1C00   RESET:     LDI      R16,HIGH(RAMEND)                ;主程序开始
$ 1C01              OUT      SPH,R16
$ 1C02              LDI      R16,LOW(RAMEND)
$ 1C03              OUT      SPL,R16                         ;栈区从 RAM 最高端开始
$ 1C04              SEI      ;开放全局中断
$ 1C05             (后继指令略)
```

（6）当 mega8535 的 BOOTRST 熔丝位被编程且程序存储器空间高端 2KB 定义为引导程序载入区时(BOOTRST＝0,IVSEL＝0)，复位和中断向量的位置为：

```
.ORG         $ 001
$ 001               RJMP     EXT_INT0                        ;外部中断 INT0 服务
$ 002               RJMP     EXT_INT1                        ;外部中断 INT1 服务
;………………(中断向量表中间部分略)

$ 014               RJMP     SPM_RDY                         ;SPM 就绪中断服务
.ORG    $ C00
$ C00   RESET:      LDI      R16,HIGH(RAMEND)                ;主程序开始
$ C01               OUT      SPH,R16
$ C02               LDI      R16,LOW(RAMEND)
$ C03               OUT      SPL,R16                         ;栈区从 RAM 最高端开始
$ C04               SEI      ;开放全局中断
$ C05              (后继指令略)
```

（7）当 mega16 的 BOOTRST 熔丝位被编程且程序存储器空间高端 2KB 定义为引导程序载入区时，在所有的中断被使能前把 GICR 寄存器中的 IVSEL 位置为 1 后(BOOTRST＝0,IVSEL＝1)，复位和中断向量的位置为：

```
.ORG     $ 1C00
$ 1C00              JMP      RESET                           ;主程序开始
$ 1C02              JMP      EXT_INT0                        ;外部中断 INT0 服务
$ 1C04              JMP      EXT_INT1                        ;外部中断 INT1 服务
;………………(中断向量表中间部分略)

$ 1C28              JMP      SPM_RDY                         ;SPM 就绪中断服务

$ 1C2A   RESET:     LDI      R16,HIGH(RAMEND)                ;主程序开始
```

```
$1C2B          OUT    SPH,R16
$1C2C          LDI    R16,LOW(RAMEND)
$1C2D          OUT    SPL,R16                      ;栈区从 RAM 最高端开始
$1C2E          SEI    ;开放全局中断
$1C2F         (后继指令略)
```

(8) 当 mega8535 的 BOOTRST 熔丝位被编程且程序存储器空间高端 2KB 定义为引导程序载入区时,在所有的中断被使能前把 GICR 寄存器中的 IVSEL 位置为 1 后(BOOTRST =0,IVSEL=1),复位和中断向量的位置为:

```
.ORG    $C00
 $C00          RJMP   RESET                        ;主程序开始
 $C02          RJMP   EXT_INT0                     ;外部中断 INT0 服务
 $C04          RJMP   EXT_INT1                     ;外部中断 INT1 服务
;………………(中断向量表中间部分略)

 $C14          RJMP   SPM_RDY                      ;SPM 就绪中断服务

 $C15   RESET:  LDI    R16,HIGH(RAMEND)             ;主程序开始
 $C16          OUT    SPH,R16
 $C17          LDI    R16,LOW(RAMEND)
 $C18          OUT    SPL,R16                      ;栈区从 RAM 最高端开始
 $C19          SEI    ;开放全局中断
 $C1A         (后继指令略)
```

2. 中断向量区的转移控制

在中断控制寄存器 GICR 中,IVSEL 位和 IVCE 位用于控制中断向量区在应用程序区头部和引导程序载入区头部之间的迁移。寄存器 GICR 定义如下。

位	7	6	5	4	3	2	1	0	
$3B($5B)	INT1	INT0	INT2	———	———	———	IVSEL	IVCE	GICR
读/写	R/W	R/W	R/W	R/W	R/W	R/W	R/W	R/W	
复位值	0	0	0	0	0	0	0	0	

(1) 位 1—IVSEL:中断向量表选择

当 IVSEL 清零时,中断向量区的位置定义在 Flash 存储器的开始处。当该位置 1 时,中断向量区的位置定义在引导程序载入区的起始处。引导程序载入区在 Flash 空间的位置和大小由 BOOTSZ 熔丝位决定。请参考本节第一条。

为防止转移中断向量区位置的误操作,必须遵守特定的写入规程来修改 IVSEL 位的值:①置中断向量区转移使能位 IVCE 为 1。②必须在其后 4 个时钟周期内将需要的值写入 IVSEL 位。在写入 IVSEL 位的同时 IVCE 位将由硬件自动清零。在以上程序执行过程中,中断在置位 IVCE 的指令周期中被自动屏蔽,并一直保持到写 IVSEL 位指令执行完成为止,从而防止了可能发生的中断服务破坏对 IVSEL 位的写入;如果 IVSEL 位未被写入,中断屏蔽也同样被保持 4 个时钟周期;全局中断总使能位 I 不受这种自动屏蔽的影响。

需要注意的是,如果中断向量区被置于引导加载程序区,且引导锁定熔丝位 BLB02 被编

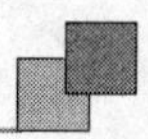

程，那么当执行应用程序区的程序时，中断将被屏蔽；如果中断向量区被置于应用程序区，且引导锁定熔丝位 BLB12 被编程，在执行引导加载程序区的程序时，中断也被屏蔽。请参考 6.3 节引导锁定位功能相关部分。

(2) 位 0—IVCE：中断向量表转移允许位

必须在 IVCE 位被写入 1 后，才允许对 IVSEL 位进行修改。在 4 个时钟周期后，或 IVSEL 位写入后，IVCE 位由硬件自动清零。置位 IVCE，将屏蔽中断，见上面对 IVSEL 位的描述。

1.9.3　中断控制寄存器

ATmega16/8535 有两个中断控制寄存器，通用外部中断控制寄存器 GICR 和定时/计数器中断屏蔽寄存器 TIMSK，还有两个与之对应配套的通用中断标志寄存器 GIFR 和定时/计数器中断标志寄存器 TIFR。

中断控制寄存器的相关位配合全局中断使能位 I，控制各种中断的使能。只有 I 和中断屏蔽寄存器相关位都置位的情况下，才允许产生相应的中断；若将 I 清为 0，则禁止一切中断。当器件产生特定事件时(例如定时/计数器溢出)，便在中断标志寄存器里建立标志。假如符合中断使能条件，便向 MCU 申请中断并进入中断服务，否则该标志一直保留到中断使能条件成立并得到中断响应为止(如果该标志不被软件清除的话)，当转入中断服务时，由硬件将该标志清除；或在中断服务时以读写数据的方式清除。

已建立中断标志、并满足中断申请条件、但暂时不能被响应的中断称为悬挂中断，一旦中断条件被满足，其中优先级最高的中断申请便首先得到服务。

外部中断是经由 INT0～2 引脚触发的。应注意，如果设置允许外部中断产生，即使将 INT0～2 引脚设置为输出方式，也不影响外部中断的触发，这一特性可被用来产生软件中断。外部中断可选择采用上升沿触发、下降沿触发或以低电平触发。具体方式由外部中断控制寄存器 MCUCR(位 ISC[3:0])和 MCUCSR(位 ISC2)决定。当允许外部中断，且设置为电平触发方式时，要求中断输入引脚低电平一直保持到触发产生中断为止。

MCU 需用 I/O 时钟信号检测 INT0～1 引脚上的上升沿或下降沿中断，而 INT2 引脚上的边沿中断、以及 INT0～1 引脚上低电平中断是采用异步方式检测的，不需要时钟信号。因此，以这些中断作为外部唤醒源，不仅能将处在闲置休眠模式下，而且能将处在其他各种休眠模式下的 MCU 唤醒。因为在闲置模式下，I/O 时钟信号并未停止运行，而在其他各种休眠模式下，I/O 时钟信号已被冻结。

如果用电平触发中断唤醒掉电休眠模式中的 MCU，低电平需要维持足够时间才能将 MCU 唤醒，因而提高了 MCU 的抗干扰性能(滤除杂散窄脉冲)。变低的触发电平将由看门狗的时钟信号采样两次。在通常的 5 V 电源和 25℃的环境温度下，看门狗的时钟周期为 1 μs。如果输入电平符合中断触发电平的条件，即不但能保持到看门狗 2 次采样周期，而且一直保持到 MCU 延时启动过程结束，则 MCU 将被唤醒，响应中断进入中断服务程序；如果该电平的保持时间只能达到看门狗完成 2 次采样，在延时启动过程结束之前就结束了，那么 MCU 虽然能被唤醒，但不会响应中断，也就不能进入中断服务程序。所以，为了保证既能将 MCU 唤醒，又能触发中断，中断触发电平必须保持足够长的时间。

1. 外部中断通用控制寄存器 GICR

位	7	6	5	4	3	2	1	0	
\$3B(\$5B)	INT1	INT0	INT2	---	---	---	IVSEL	ICCE	GICR
读/写	R/W	R/W	R/W	R/W	R/W	R/W	R/W	R/W	
复位值	0	0	0	0	0	0	0	0	

位 7:INT1,外部中断 1 使能。当 INT1 和 I 都被置位时,INT1(PD_3的替换功能)引脚上的外部中断获得响应,MCU 控制寄存器 MCUCR 中的中断触发控制位 ISC_{11} 和 ISC_{10} 决定 INT1 引脚上中断触发信号类型(上升沿、下降沿或低电平,见表 1.21),即使将 INT1 引脚定义为输出,仍能产生中断。

位 6:INT0,外部中断 0 使能。当 INT0 和 I 都被置位,INT0(PD_2)引脚上的外部中断获得响应,MCU 控制寄存器中的中断触发控制位 ISC_{01} 和 ISC_{00} 决定 INT0 引脚上中断触发信号类型,即使将该脚定义为输出,仍能产生中断。

位 5:INT2,外部中断 2(异步中断)使能。当 INT2 和 I 都被置位,INT2(PB_2)引脚上的外部中断获得响应,MCU 控制状态寄存器 MCUCSR 中的中断触发控制位 ISC_2 决定 INT_2 引脚上中断触发信号类型(见 1.8.2 小节:MCU 控制状态寄存器 MCUCSR)。即使将该脚定义为输出,仍能产生中断。

位 4～2:保留。

2. 通用中断标志寄存器 GIFR

	7	6	5	4	3	2	1	0	
\$3A(\$5A)	INTF1	INTF0	INTF2	—	—	—	—	—	GIFR

复位值:\$00

位 7:外部中断标志 INTF1,INT1 引脚上的外部事件触发中断时,该标志被置位,若 SREG 寄存器中的 I 及 GICR 中的 INT1 都置位,ATmega16 MCU 将申请中断,中断向量为 \$004。在中断得到响应后,INTF1 被硬件清除。用软件向该位写“1”,也可将其清除。

位 6:外部中断标志 INTF0,INT0 引脚上的外部事件触发中断时,该标志被置位,若 SREG 寄存器中的 I 及 GICR 中的 INT0 都置位,ATmega16 MCU 将申请中断,中断向量为 \$002。在中断得到响应后,INTF0 被硬件清除。用软件向该位写“1”,也可将其清除。

位 5:外部中断标志 INTF2,INT2 引脚上的外部事件触发中断时,该标志被置位,若 SREG 寄存器中的 I 及 GICR 中的 INT2 都置位,ATmega16 MCU 将申请中断,中断向量为 \$024。在中断得到响应后,INTF2 被硬件清除。用软件向该位写“1”,也可将其清除。

3. 定时/计数器中断屏蔽寄存器 TIMSK

	7	6	5	4	3	2	1	0	
\$39(\$59)	$OCIE_2$	$TOIE_2$	$TICIE_1$	$OCIE_1A$	$OCIE_1B$	$TOIE_1$	OCIE0	$TOIE_0$	TIMSK

复位值:\$00

位 7:OCIE2,T/C2 输出比较匹配中断使能位。当 OCIE2 和 I 都被置位时,使能 T/C2 比较匹配中断。若该比较匹配发生,则将 T1FR 寄存器中的 OCF2 位置位并申请中断,中断向量为 \$006。

位 6:TOIE2,T/C2 溢出中断使能位。当 TOIE2 和 I 都被置位时,使能 T/C2 溢出中断。

溢出发生时，将 T1FR 中的 TOV2 置位并引起中断，中断向量为＄008。

位 5：TICIE1，T/C1 输入捕获中断使能位。当 TICIE1 和 I 都被置位时，使能 T/C1 输入捕获中断。当捕获发生时，将 TIFR 寄存器中的 ICF1 置位并申请中断，中断向量为＄00A。

位 4：OCIE1A，T/C_1 输出比较 A 匹配中断使能位。当 OCIE1A 和 I 都被置位时，使能输出比较 A 匹配中断。当比较 A 匹配发生时，将 TIFR 寄存器中 OCF1A 置位并申请中断，中断向量为＄00C。

位 3：OCIE1B，T/C_1 输出比较 B 匹配中断使能位，当 OCIE1B 和 I 都被置位时，使能输出比较 B 匹配中断。当比较 B 匹配发生时，将 TIFR 寄存器中 OCF1B 置位并申请中断，中断向量为＄00E。

位 2：TOIE1，T/C_1 溢出中断使能位，当 TOIE1 和 I 都被置位时，使能 T/C1 溢出中断。当溢出发生时，将 TIFR 寄存器中 TOV1 置位并申请中断，中断向量为＄0010。

位 1：OCIE0，T/C_0 输出比较匹配中断使能位，当 OCIE0 和 I 都被置位时，使能 T/C0 输出比较匹配中断。当比较匹配发生时，将 TIFR 寄存器中 OCF0 置位并申请中断，中断向量为＄026。

位 0：TOIE0，I/C0 溢出中断使能位，当 TOIE0 和 I 都被置位时，使能 T/C_0 溢出中断。当溢出发生时，将 TIFR 寄存器中的 TOV_0 置位并申请中断，中断向量为＄012。

4. 定时/计数器的中断标志寄存器 TIFR

	7	6	5	4	3	2	1	0	
＄38(58)	OCF_2	TOV_2	ICF_1	OCF_1A	OCF_1B	TOV_1	OCF0	TOV_0	TIFR

TIFR 寄存器中的各个中断标志是与 TIMSK 中的使能位一一对应的，各标志的置位条件及其功能在上一条中已经介绍，故不重复。中断标志位置位功能及其运作为：①记录发生的中断事件，在全局中断总使能位 I 及相关的中断使能位都置位的情况下向 MCU 申请中断，否则等待条件满足时申请中断；若系统当前已开放中断且不存在高优先级中断申请，立即进入相应中断服务，否则悬挂等待当前中断服务结束后再进入中断服务。②中断标志位在中断得到服务时即被硬件清除，表示中断申请事件已被响应并得到处理。

5. MCU 控制寄存器 MCUCR

位	7	6	5	4	3	2	1	0	
＄35(＄55)	SM2	SE	SM1	SM0	ISC11	ISC10	ISC01	ISC00	MCUCR
读/写	R/W	R/W	R/W	R/W	R/W	R/W	R/W	R/W	
复位值	0	0	0	0	0	0	0	0	

位 3～0－ISC11、ISC10、ISC01 和 ISC00：外部中断 INT[1:0]中断方式控制位。

如果 SREG 寄存器中的 I 位和 GICR 寄存器中相应的中断屏蔽位都被置位，外部中断 INT1～0 将会由外部引脚 INT1～0 上的电平变化而触发。中断触发方式在表 1.21 中定义。如果选择 INT0～2 脉冲边沿触发中断的方式，那么脉宽大于表 1.22 给出的最小脉冲时的脉冲变化将触发中断，过短的脉冲则不能保证触发中断。如果选择 INT0～1 为低电平触发中断，那么低电平必须一直保持到中断被触发为止。即在低电平触发方式时，中断请求（低电平）在被响应之前要一直保持有效。

当改变 ISCx[1:0]位时，可能会触发一次中断。因此建议首先将 GICR 寄存器中的该中断的屏蔽位清零,以屏蔽该中断,然后再修改 ISCx 位(此时导致 GIFR 寄存器中的中断标志位 INTFx 置位)。在重新使能中断之前,必须对中断标志位 INTFx 写入逻辑 1 将其清除。

表 1.21 INT1～0 中断方式

ISCx1	ISCx0	中断方式
0	0	INTx 的低电平产生一个中断请求
0	1	两次连续采样检测到 INTx 的下降沿或上升沿,产生一个中断请求
1	0	两次连续采样检测到 INTx 下降沿,产生一个中断请求
1	1	两次连续采样检测到 INTx 上升沿,产生一个中断请求

表 1.22 异步外部中断特性

符号	参数	最小值	典型值	最大值	单位
t_{INT}	异步中断的最小脉冲宽度	TBD	50	TBD	ns

6. MCU 控制状态寄存器 MCUCSR

位	7	6	5	4	3	2	1	0	
$34($54)	JTD	ISC2	—	JTRF	WDRF	BORF	EXTRF	POFT	MCUCSR
读/写	R	R	R	R/W	R/W	R/W	R/W	R/W	
复位值	0	0	0						

位 6－ISC2:外部异步中断 INT2 有效触发沿选择

若 ISC_2 写为 0,INT_2 的下降沿激活中断;若 ISC_2 写为 1,INT_2 的上升沿激活中断。INT_2 的边沿触发方式是异步的,只要 INT_2 引脚上产生宽度大于 50 ns 的脉冲就会引发中断。改变 ISC_2 时有可能引发中断,因此建议首先将寄存器 GICR 里的中断使能位 INT_2 清除,然后再改变 ISC_2.最后不要忘记在重新使能中断之前,必须对 GIFR 寄存器的相应中断标志位 INTF2 写"1"使其清零。

1.9.4 中断响应过程

中断申请必须等待当前指令执行完毕后才能得到响应。中断响应时要将返回地址推下堆栈,入栈 2 个字节要用 4 个周期。如果当前中断服务尚未结束且不允许中断嵌套,还要等待更长的时间。待到中断得到响应,首先执行的是中断向量区的转移指令,又要花费 2 个时钟周期,故从中断申请到真正执行中断服务程序,至少要花费 6 个时钟周期。

中断返回指令要将 2 字节返回地址托出堆栈,也需 4 个时钟周期,并将状态寄存器 SREG 的位 I 置位。如果有等待服务的悬挂中断,AVR 从中断服务退出,要执行一条主程序指令后,才能为悬挂中断进行服务。

中断触发事件,有的只在片刻时间发生,如外部中断边沿触发。只要 MCU 能采到此边沿,即建立中断标志,马上或等待进入中断服务;而有的比如比较匹配事件,其状态可长达 1 024 个 MCU 时钟周期。这种事件,也是在比较匹配一检测到就建立中断标志的,当中断响应后该标志被清除。如果接下来的中断服务时间很短,中断返回后,比较匹配状态依然存在。但 MCU 会识别这种情况,不再置位标志和申请中断服务,从而保证中断事件及其服务的一一对应。

外部低电平中断有其特殊性，它没有中断标志位，不能悬挂记忆，只能以维持低电平作为中断申请的唯一手段，也不能象具有标志位的中断那样，当响应中断后即清除中断标志位，从而使中断申请的条件不复存在。因此可能出现以下两个问题：由于等待时间过长（或低电平宽度太窄）而得不到响应，因中断条件结束而失去中断服务机会；另一方面，如果这一低电平维持时间过长，则由中断服务返回后因低电平依然存在又响应中断，进行重复服务。须用软、硬件配合（或以单稳态触发电路）将其展宽或提前结束处理才能避免这种错误动作。（见孙涵芳《MCS－51/96 系列单片机原理及应用》）。故要求电平中断其低电平应维持在合适时间之内：既能保证得到服务，又能在服务结束前撤消，否则除非特殊应用场合，一般不采用电平中断这一方式。但对于一般计算机外设（如带 Centronics 标准并口的通用打印机、绘图仪以及串行通用打印机等）来说，由于握手信号间的互动制约机制，采取电平中断或边沿中断，其效果是一样的：即申请中断的低电平信号 BUSY 或/ACK 在计算机响应之前不会撤消；而中断被响应之后计算机即将数据打入打印机，使打印机撤消低电平申请中断信号并代之以高电平的 BUSY（/ASK）信号。对于计算机通用外围接口芯片如 INTEL8250/8251/8253/8254/8255/8259/8279 等来说也是这样：作为对中断申请的应答，计算机从芯片数据口读取数据或将数据写入芯片数据口，从而结束低电平中断申请信号；否则该信号一直保留不会撤消（除非被下一个中断申请信号取代）。例如，采用串口扩展芯片 INTEL8250 接收串行数据，当某一帧数据接收完成并申请中断、但 MCU 无暇顾及时，该低电平中断申请信号一直保留到下一帧数据接收完成并提出新的中断申请为止（但此时已发生数据丢失）。故在多数使用外部中断的场合，无论采取边沿中断还是电平中断，效果是相同的，并不需要对电平宽度进行处理。

我们将看到，电平中断重要功能是唤醒掉电模式下休眠的 MCU（见 1.7 节“电源管理和休眠模式”），使得在时钟被冻结情况下，MCU 仍能被外部中断唤醒，进行数据采集或执行断电保护（见 4.8.3 小节），这一点是边沿中断不能替代的。

1.10　定时器/计数器

ATmega16/8535 单片机共有 3 个定时器/计数器：两个 8 位定时器/计数器 T/C0 和 T/C2，以及一个 16 位定时器/计数器 T/C1。这些定时器/计数器除了能够实现通常的定时和计数功能外，还都具有多种模式的输出比较、脉宽调制（PWM）输出功能。其中 T/C1 还具有输入捕获功能，C/T2 具有对实时钟计数功能。使定时器/计数器功能实现多样化。

输入捕获寄存器 ICR1 也可以作为输出比较寄存器，控制产生脉宽调制波形（PWM）输出。

1.10.1　定时器/计数器的预分频器

ATmega16 芯片内部有两个 10 位预分频器（Prescaler10、Prescaler2），$CLK_{I/O}$经分频后为 T/C0、T/C1 和 T/C2 提供计数时钟源。其中预分频器 Prescaler2 由 T/C2 独自使用，Prescaler10 则为 T/C0 与 T/C1 所共享。预分频器将系统时钟按用户设定的系数进行分频，分频产生的各种周期时钟信号 CLK_{T0}、CLK_{T1} 和 CLK_{T2}，分别作为 T/C0、T/C1 和 T/C2 的时钟源，这使得 AVR 的定时器/计数器的应用更灵活、方便。图 1.15 和图 1.16 所示为两个预分频器方框图。

采用预分频器实质上是增加了定时器/计数器的长度，即是增加了定时/计数能力，并可按具体应用场合灵活选择定时精度与时间之档次，作到优化组合。

例如，采用定时器/计数器 1 并使用 1024 分频，主振时钟 8 MHz，定时时间最长可达 8.39 s。

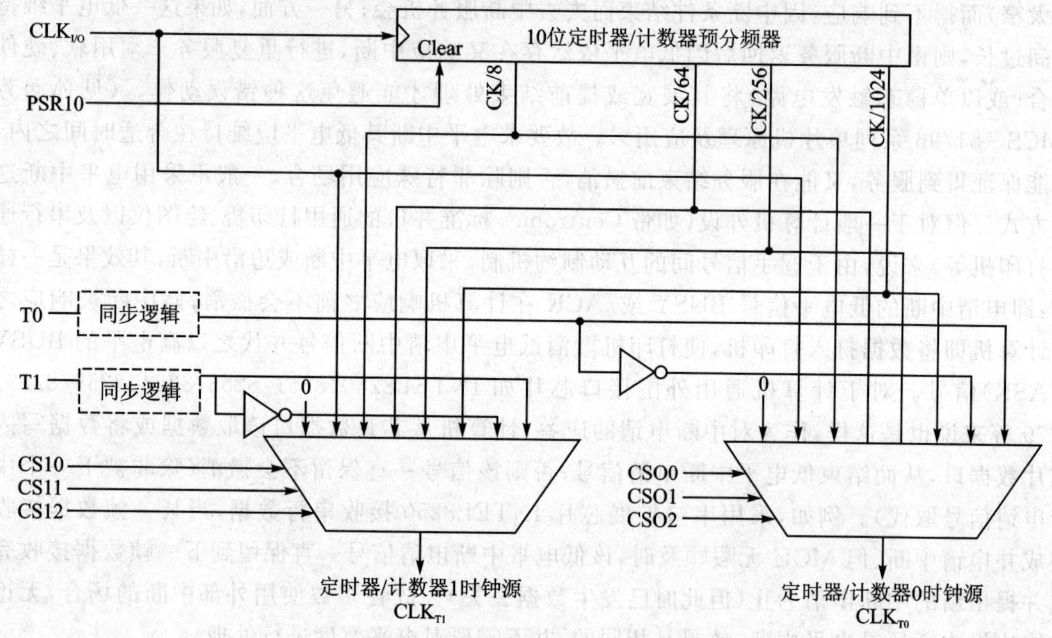

图 1.15　定时器/计数器/0/1 的预分频器

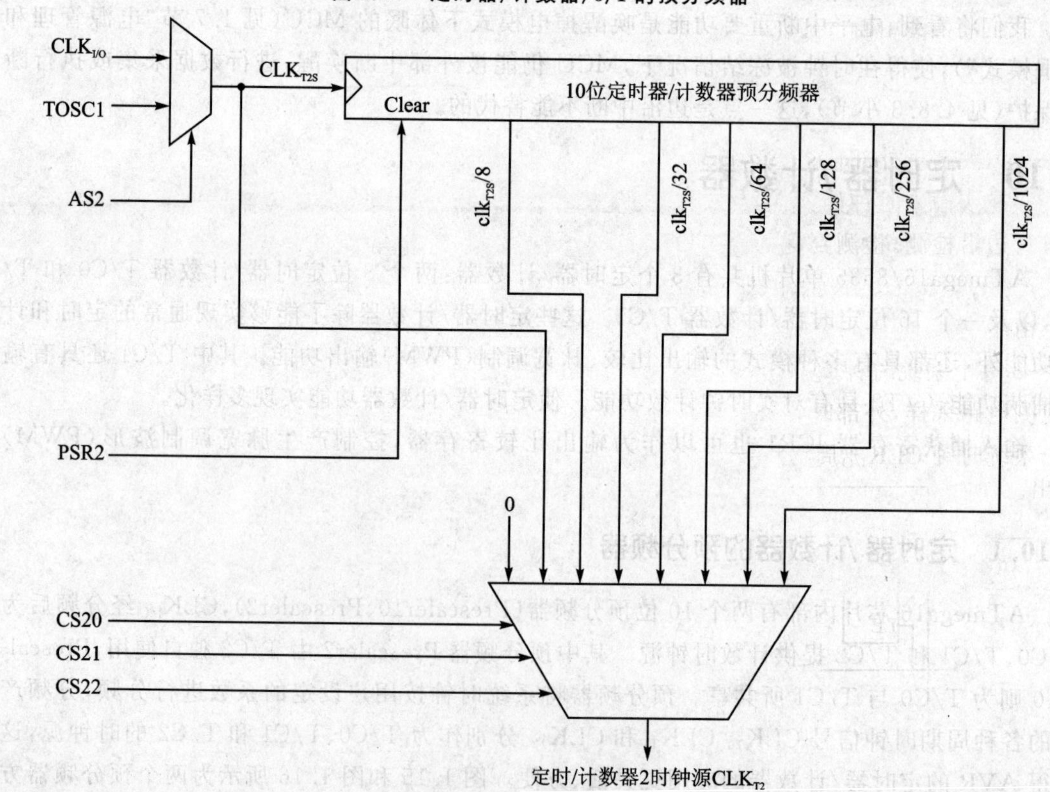

图 1.16　T/C2 的预分频器

1. T/C0和T/C1的时钟源

虽然T/C0和T/C1共享同一个预分频器，但它们的时钟源是可以各自独立设置和选择的。T/C_0、T/C_1的时钟源可来自芯片内部，也可取自外部引脚T0和T1。当CSx[2:0]=1，系统内部时钟$CLK_{I/O}$将直接作为定时器/计数器的时钟源，这也是最高频率的时钟源。该时钟源经过预分频器对系统时钟$CLK_{I/O}$按5个不同的分频比例分频，输出5个不同周期的时钟信号$CLK_{I/O}$、$CLK_{I/O}/8$、$CLK_{I/O}/64$、$CLK_{I/O}/256$和$CLK_{I/O}/1024$。T/C0、T/C1可以分别选择其一作为时钟源。

T/C0、T/C1也可以使用来自外部引脚T0和T1上的时钟信号作为外部时钟源。

2. T/C2的时钟源

由图1.16可知，T/C2的时钟源可来自芯片内部的同步时钟源，也可来自外部异步时钟源(RTC，即实时钟)。在缺省情况下，即异步状态寄存器ASSR中的主时钟/异步时钟选择位AS2被清除时(通电复位后即如此)，系统内部时钟$CLK_{I/O}$将作为T/C2最高频率的时钟源。该时钟源经过预分频器，输出7个不同周期的时钟信号$CLK_{I/O}$、$CLK_{I/O}/8$、$CLK_{I/O}/32$、$CLK_{I/O}/64$、$CLK_{I/O}/128$、$CLK_{I/O}/256$和$CLK_{I/O}/1024$。T/C2可任选其一作为时钟源。

当寄存器ASSR中的AS2被置位时，T/C2将使用外部引脚TOSC1提供的异步时钟源。通常在外部引脚TOSC1和TOSC2上并接一个32.768 kHz的手表晶体，此时T/C2可作为产生RTC的定时器使用。

关于T/C2的具体应用与设置，见1.10.4小节的叙述。

3. 外部时钟信号的检测

施加在外部引脚Tx(x=0/1)上的时钟信号，由引脚同步检测电路采样，每个系统时钟周期进行一次同步采样，采样输出信号进入边沿检测器(见图1.17)。同步检测电路在系统时钟$CLK_{I/O}$的上升沿将外部信号电平打入寄存器，下降沿时打入的电平由寄存器输出。当系统时钟频率大大高于外部输入时钟频率时，同步检测寄存器电路可以看作是透明的(即检测电路如同不存在或输入时钟如同直接“穿透”同步检测电路一般)。边沿检测器对同步检测的输出信号进行边沿检测，检测到信号一个负跳变产生一个CLKTx脉冲(CSx[2:0]=6)，或者一个正跳变产生一个CLKTx脉冲(CSx[2:0]=7)。

由于引脚上同步检测电路和边沿检测电路的存在，在引脚Tx上的电平变化，需要延迟2.5～3.5个系统时钟周期，才能在边沿检测的输出反映出来。要使外部时钟能够正确被引脚的检测电路采样，外部时钟的最高频率不能大于$CLK_{I/O}/2.5$，脉冲宽度、低电平宽度都要大于一个系统时钟$CLK_{I/O}$周期。此外，应注意外部时钟源直接进入计数器，与预分频器无干。

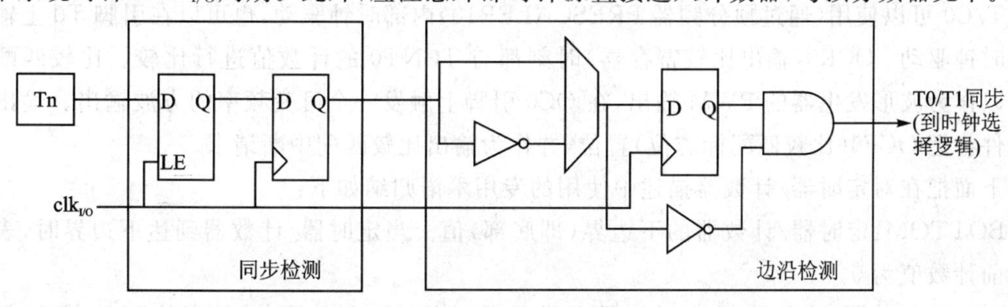

图1.17　T1/T0外部时钟信号采集器

4. 特殊功能 I/O 寄存器-SFIOR

位	7	6	5	4	3	2	1	0	
\$20(\$40)	ADTS2	ADTS1	ADTS0	—	ACME	PUD	PSR2	PSR10	SFIOR
读/写	R/W	R	R	R/W	R/W	R/W	R/W	R/W	
复位值	0	0	0	0	0	0	0	0	

(1) 位 1—PSR2:预分频器 PRESCALER2 复位

当写入 1 到该位,将复位预分频器 PRESCALER2。复位操作完成后,该标志位被硬件清零。而当 T/C2 工作在异步模式时,写入的 1 将一直保持到 PRESCALER2 复位完成为止。

(2) 位 0—PSR10:预分频器 PRESCALER10 复位

当写入 1 到该位,将复位预分频器 PRESCALER10,复位操作完成后,该标志位被硬件清零。由于 PRESCALER10 为 T/C0 和 T/C1 共享,因此复位此预分频器会对这 2 个定时器/计数器运行均有影响。这一特点在编写程序时应引起注意。

1.10.2 8 位定时器/计数器 0—T/C0

ATmega16/8535 的 T/C_0 是一个 8 位的通用多功能定时器/计数器,其主要特点是:

- 单通道计数器;
- 比较匹配时清零定时器(自动 0 重装特性);
- 无干扰脉冲(Glitch—Free),相位可调的脉宽调制(PWM)输出;
- 频率发生器;
- 外部事件计数器
- 带 10 位的时钟预分频器;
- 溢出和比较匹配中断源(TOV0,OCF0)。

1. 概 述

图 1.18 是 T/C0 的结构框图。在图中给出了 MCU 可以读写的寄存器以及相关的标志位。其中,定时/计数寄存器(TCNT0)和输出比较寄存器(OCR0)都是 8 位的寄存器。相关的中断允许/中断请求信号都位于定时器中断屏蔽寄存器(TIMSK)和定时器中断标志寄存器(TIFR)之中。所有中断都可以独立地通过中断屏蔽寄存器(TIMSK)相应的位来屏蔽。TIFR 和 TIMSK 寄存器请参看 1.9.3 小节。

T/C0 可以使用(通过预分频器 PRESCALER10)内部时钟驱动,也可以在引脚 T0 上输入外部时钟驱动。OCR0(输出比较寄存器)时刻都与 TCNT0 的计数值进行比较。比较匹配输出可以作为波形发生器的 PWM 输出,在 OC0 引脚上触发一个可变频率的方波输出。输出比较事件将把 OCF0(比较匹配标志位)置位,并作为输出比较匹配中断请求。

下面把在对定时器/计数器描述中使用的专用术语归纳如下:

BOTTOM:定时器/计数器的下边界(即底部)值。当定时器/计数器到达下边界时,表示其当前计数值为 0。

MAX:定时器/计数器可达到的最大计数值,对 8 位定时器/计数器来说该值为 \$FF(255);对 16 位定时器/计数器来说该值为 \$FFFF(65535)。

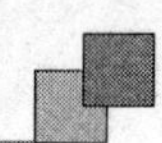

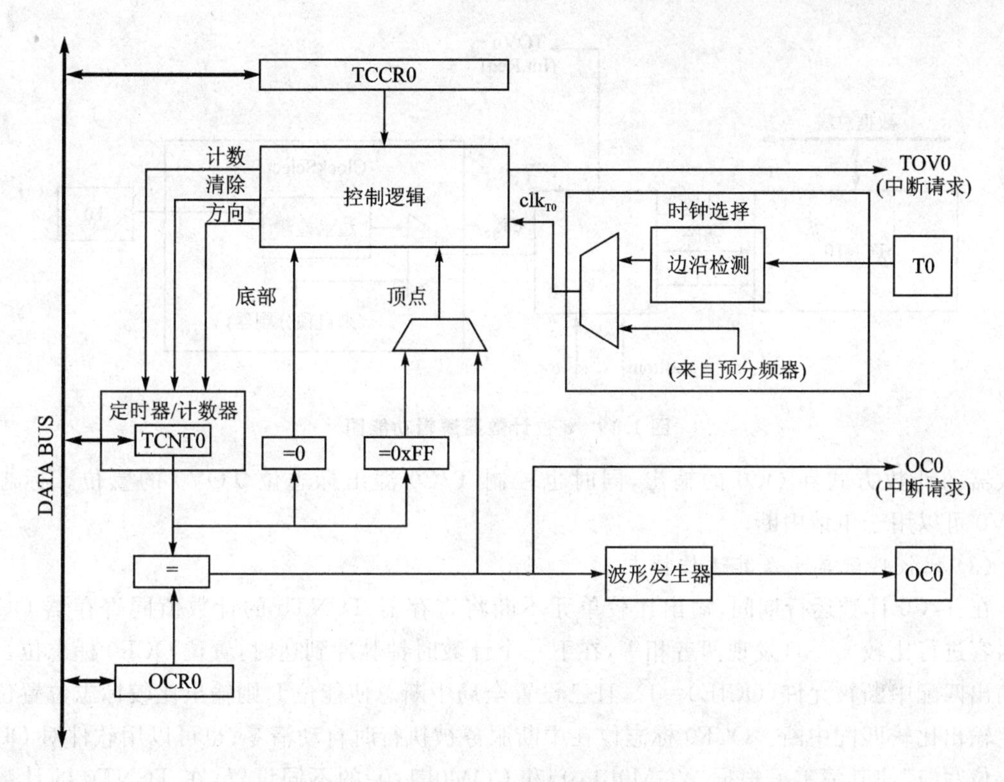

图 1.18 8 位 T/C0 结构方框图

TOP:定时器/计数器的上边界(即顶部)值,该值限定了时器/计数器在具体的应用场合中所能达到的最大计数值。上边界值可以是计数器的最大计数值＄FF/＄FFFF,或者是装入寄存器 OCR0(OCR1、ICR1 或 OCR2)中的数值,取决于定时器/计数器的工作模式。

(1) T/C0 的时钟源

T/C0 的时钟源可来自芯片内部时钟源,也可来自引脚的外部钟。

(2) 8 位 T/C0 的计数单元

T/C0 的计数单元 TCNT0 是一个可编程的 8 位双向计数器,图 1.19 为它的逻辑功能图。根据计数器的工作模式,在每一个 CLK_{T0}时钟到来时,计数器进行加 1、减 1 或清 0 的操作。CLK_{T0}的来源由功能位 CS0[2:0]设定。当 CS0[2:0]=0 时,计数器停止计数(无计数时钟源)。

图 1.19 中的符号所代表的意义如下:

计数(count)	TCNT0 加 1 或减 1 计数。
方向(direction)	加法或减法计数选择。
清除(clear)	清零 TCNT0。
计数时钟(CLK_{T0})	定时器/计数器的时钟源。
顶部值(top)	TCNT0 计数器达到的上边界值。
底部值(bottom)	TCNT0 计数器达到的下边界值(零)。

MCU 可以在任何时间读/写 TCNT0 中保存的计数值。MCU 写 TCNT0 即覆盖其原有内容,故会影响计数器的运行过程。

寄存器 TCCR0 中标志位 WGM[1:0]的设置控制着计数器的计数序列,该设置直接控制

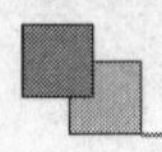

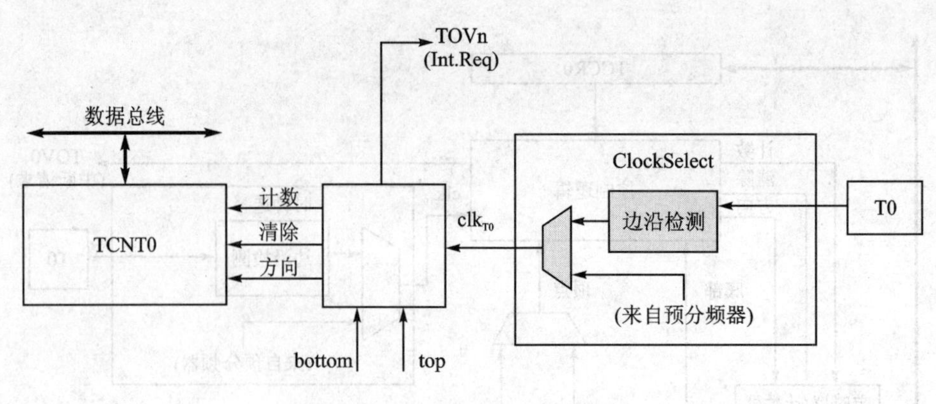

图 1.19　8 位计数器逻辑功能图

计数器的计数方式和 OC0 的输出,同时也控制 T/C0 溢出标志位 TOV0 的置位。标志位 TOV0 可以用于申请中断。

(3) 比较匹配单元及其运作特点

在 T/C0 计数运行期间,输出比较单元不断将寄存器 TCNT0 的计数值同寄存器 OCR0 的内容进行比较。一旦发现两者相等,在下一个计数时钟脉冲到达时,置位 OCF0 标志位。如果输出匹配中断被允许(OCIE0=1),且已设置全局中断总使能位 I,则输出比较标志位置位将产生输出比较匹配中断。OCF0 标志位在中断服务被执行时自动清零;也可以用软件对 OCF0 标志位写"1"使其清零。根据 WGM0[1:0]和 COM0[1:0]的不同设置,在 TCNT0 的计数运行过程中控制比较匹配输出连续产生各种类型的脉冲波形(PWM)。

寄存器 OCR0 配有一个辅助缓存器。当 T/C0 工作在非 PWM 模式时,禁用该辅助缓存器。此时 MCU 对寄存器 OCR0 的访问是针对其本身;当 T/C0 工作在 PWM 模式时,允许使用该辅助缓存器,这时 MCU 对 OCR0 的访问操作,实际上访问的是辅助缓存器:当计数器的计数值达到设定的上边界(TOP)或下边界(BOTTOM)时,辅助缓存器中的内容自动装入比较寄存器 OCR0 进行同步更新。这样,就能有效地防止产生畸变非对称 PWM 脉冲信号的输出,避免输出带有异变脉冲 PWM 波形。

图 1.20 为 T/C0 8 位比较匹配单元逻辑功能图。T/C0 比较匹配具有如下运作特点:

① 强制输出比较:在非 PWM 波形模式下,写"1"到强制比较输出位(FOC0)时,将强制比较器产生一个比较匹配输出信号。该信号不会置位 OCF0 标志位,也不会重新装载/清零计数器,但其效果与真实发生比较匹配事件一样更新 OC0 引脚的输出(按 COM0[1:0]的不同设置,可实现置位、清位或求反等功能)。可采用此方法预设 PWM 输出的初始状态。

① 通过写 TCNT0 寄存器屏蔽比较匹配事件:MCU 对 TCNT0 寄存器的任何写操作都会屏蔽在下一个定时器时钟周期内发生的比较匹配事件,即使在定时器暂停时也不例外。这一特点可被用来将 TCNT0 的值装入 OCR0 来对 OCR0 进行初始化,而且不会在定时器/计数器被使能时触发比较匹配中断。

③ 正确使用输出比较单元:由于在任何工作模式下,写 TCNT0 寄存器都会使得输出比较匹配事件被屏蔽一个定时器时钟周期,因此可能会影响比较匹配输出的正确性。例如,将 OCR0 内容写入 TCNT0 时,将丢失一次比较匹配事件,导致产生不正确的波形。同样,当定时器向下计数时,不要将下边界值写入 TCNT0。

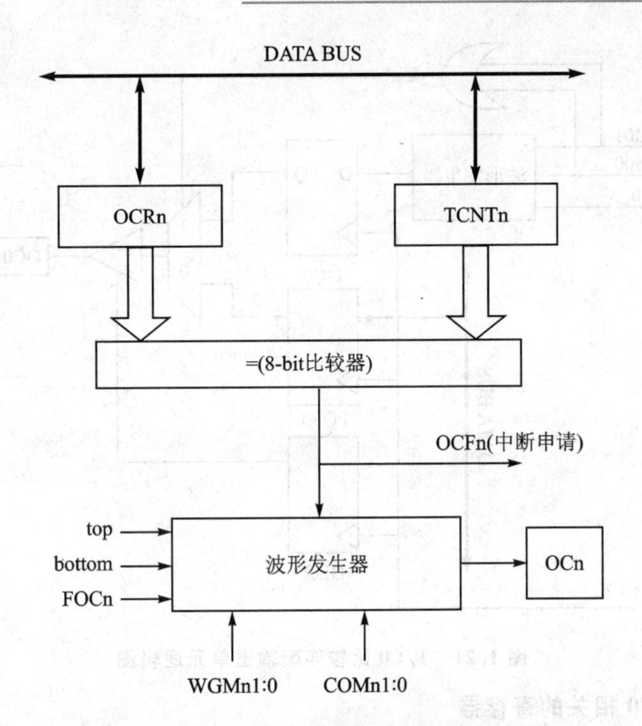

图 1.20　T/C0 8 位比较匹配单元逻辑功能图

OC0 的初始设置必须在设置该端口引脚为输出之前：即预先初始化 OC0 的输出状态，再设置该端口引脚为输出。设置 OC0 值最简单的方法是在普通模式下，通过设置 FOC0 位进行强制输出。改变 T/C0 工作模式时，OC0 寄存器将保持其原来的值。

改变设置 COM0[1:0]位，会立刻影响到 T/C0 的输出方式。因为 COM0[1:0]是没有缓冲的。

(4) 比较匹配输出单元

比较输出模式位 COM0[1:0]有两种功能。波形发生器使用 COM0[1:0]位定义下一个比较匹配事件发生时 OC0 的输出状态；COM0[1:0]位也控制着 OC0 引脚的输出源。图 1.21 是 COM0[1:0]的设置与 OC0 输出的逻辑原理图。由该图可看出，当 COM0[1:0]中至少有一位被置位时，或门输出“1”，OCn 被选中作为输出，即通用 I/O 端口的功能模块被波形发生器的 OC0 所代替。但是，OC0 状态能否输出到引脚外部仍由该 I/O 端口 DDR 寄存器控制。因此要使 OC0 的值出现在端口引脚上，必须先将 OC0 引脚的 DDR 寄存器设置为输出。采用这种控制结构，用户可以先初始化 OC0 的状态，然后再允许其由引脚输出(参考程序清单 4-43)。

(5) 比较输出模式和波形发生

波形发生器在通常模式以及 CTC 和 PWM 模式下对 COM0[1:0]的定义是不同的。在所有模式下，只要 COM0[1:0]=0，则波形发生器与 OC0 寄存器之间不存在任何联系(禁止替换功能，选择输出 PORT 的状态)。

COM0[1:0]位的改变对 OC0 输出的影响，要等到下一个比较匹配事件发生时才能显现；对于非 PWM 模式，通过设置强制比较输出位 FOC0 则会使这种输出操作立即生效。

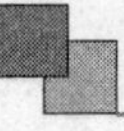

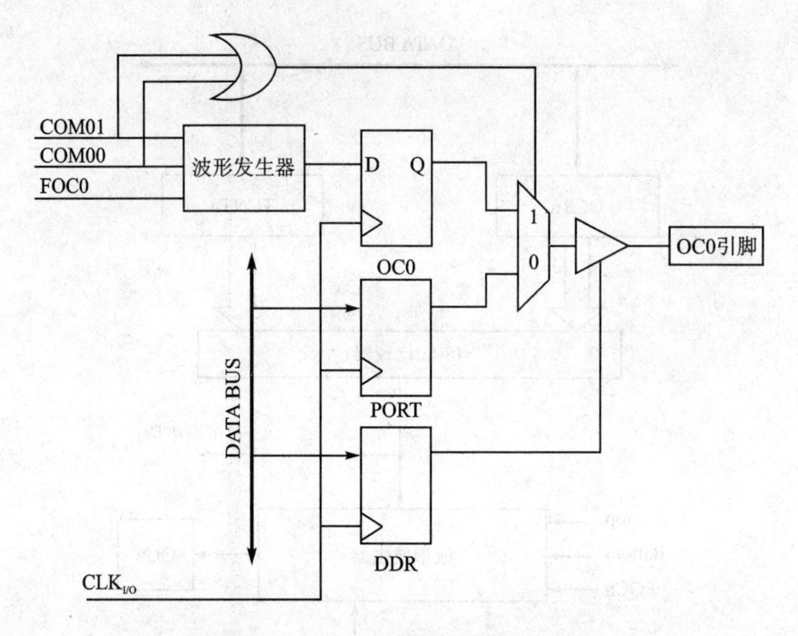

图 1.21 T/C0 比较匹配输出单元逻辑图

2. 与 8 位 T/C0 相关的寄存器

(1) T/C0 控制寄存器—TCCR0

该寄存器内容兼容 AT90S 的 TCCR0,除低 3 位 CS0[2:0]外其余 5 位皆为升级新增位。

位	7	6	5	4	3	2	1	0	
$33($53)	FOC0	WGM00	COM01	COM00	WGM01	CS02	CS01	CS00	TCCR0
读/写	W	R/W	R/W	R/W	R/W	R/W	R/W	R/W	
复位值	0	0	0	0	0	0	0	0	

① 位 7—FOC0:强制比较输出

FOC0 位只有在 WGM 位被设为非 PWM 模式下才能使用。但是为了与后继器件兼容,在 PWM 模式下写 TCNT0 寄存器必须保证该位被置零。

当写逻辑 1 到 FOC0 时,将强制比较匹配事件发生,OC0 的输出行为将根据 COM0[1:0]设置而改变。

但 FOC0 位的作用仅如同一个选通脉冲,OC0 的输出只取决于 COM0[1:0]位的设置;FOC0 位的触发作用不会产生任何中断,也不会在 CTC 模式下(设定 OCR0 的值为 TOP 时)将计数器清零。FOC0 位的读出值总是 0。

② 位 3 和 6—WGM0[1:0]:波形发生器模式

这 2 位控制着计数器计数工作方式,以及上边界值(TOP)的确定和产生波形的模式。表 1.23给出了不同 WGM0[1:0]的设置与工作模式的对应关系。

表 1.23 T/C0 波形发生模式

模式	WGM01	WGM00	T/C0 工作方式	TOP 值	OCR0 更新时刻	TOV0 标志位置位条件
0	0	0	普通模式	$FF	立即	MAX
1	0	1	相位调整 PWM 模式	$FF	TOP	BOTTOM

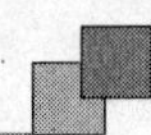

续表 1.23

模式	WGM01	WGM00	T/C0 工作方式	TOP 值	OCR0 更新时刻	TOV0 标志位置位条件
2	1	0	CTC 模式	OCR0	立即	MAX
3	1	1	快速 PWM 模式	$FF	TOP	MAX

③ 位[5:4]—COM01[1:0]:比较匹配输出模式

这 2 位控制着 OC0 比较输出之行为。如果其中至少有一位置位,将屏蔽 PB4 引脚通用 I/O 端口功能,PB4 引脚输出变成 OC0 输出。但是引脚的数据方向寄存器 DDB4 仍然决定其输入输出(图 1.21)。表 1.24～表 1.26 为 COM0[1:0]的设置与 OC0 引脚电平变化的关系。

表 1.24 T/C0 比较匹配输出模式(非 PWM 工作方式:[WGM0[1:0]=0)

COM01	COM00	OC0 输出及变化
0	0	PB4 为通用 I/O 引脚(OC0 与引脚断开)
0	1	当比较匹配时,OC0 电平翻转
1	0	当比较匹配时,OC0 清 0
1	1	当比较匹配时,OC0 置 1

表 1.25 T/C0 比较匹配输出模式(快速 PWM 工作方式)

COM01	COM00	OC0 输出及变化
0	0	PB4 为通用 I/O 引脚(OC0 与引脚断开)
0	1	保留
1	0	当比较匹配达到时,OC0 清 0 计数达到上边界(TOP)时,OC0 置 1
1	1	当比较匹配达到时,OC0 置 1 计数达到上边界(TOP)时,OC0 清 0

表 1.26 T/C0 比较匹配输出模式(相位可调 PWM 工作方式)

COM01	COM00	OC0 输出及变化
0	0	PB4 为通用 I/O 引脚(OC0 与引脚不连接)
0	1	保留
1	0	向上计数达到比较匹配时,OC0 清 0 向下计数达到比较匹配时,OC0 置 1
1	1	向上计数达到比较匹配时,OC0 置 1 向下计数达到比较匹配时,OC0 清 0

④ 位[2:0]—CS0[2:0]:T/C0 计数时钟源选择

这 3 位功能为选择 T/C0 的计数时钟源,见表 1.27。

表 1.27　T/C0 的时钟源选择

CS02	CS01	CS00	说　明
0	0	0	无时钟源(停止 T/C0 计数)
0	0	1	$CLK_{I/O}$(系统时钟)
0	1	0	$CLK_{I/O}$/8(来自预分频器)
0	1	1	$CLK_{I/O}$/64(来自预分频器)
1	0	0	$CLK_{I/O}$/256(来自预分频器)
1	0	1	$CLK_{I/O}$/1024(来自预分频器)
1	1	0	T0 引脚外部时钟,下降沿有效
1	1	1	T0 引脚外部时钟,上升沿有效

(2) T/C0 计数寄存器－TCNT0

位	7	6	5	4	3	2	1	0	
$32($52)	TCNT0[7:0]								TCNT0
读/写	R/W	R/W	R/W	R/W	R/W	R/W	R/W	R/W	
复位值	0	0	0	0	0	0	0	0	

TCNT0 是 T/C0 的计数值寄存器,对该寄存器可以直接进行读/写访问。写 TCNT0 寄存器将在下一个定时器时钟周期中阻塞比较匹配。因此,在计数器运行期间修改 TCNT0 的内容,将有可能丢失一次 TCNT0 与 OCR0 的比较匹配操作。

(3) T/C0 输出比较寄存器－OCR0

位	7	6	5	4	3	2	1	0	
$3C($5C)	OCR0[7:0]								OCR0
读/写	R/W	R/W	R/W	R/W	R/W	R/W	R/W	R/W	
复位值	0	0	0	0	0	0	0	0	

输出比较寄存器 OCR0 内存放着 8 位数据。它不断与 TCNT0 内数值进行比较,如果二者相等,则产生比较匹配中断,或者是在 OC0 引脚输出波形。

(4) 定时器/计数器中断屏蔽寄存器－TIMSK

该寄存器 OCIE0 位为升级新增(T/C0 比较匹配输出中断允许标志)位;

位	7	6	5	4	3	2	1	0	
$39($59)	OCIE2	TOIE2	TICE1	OCIE1A	OCIE1B	TOIE1	OCIE0	TOIE0	TIMSK
读/写	R/W	R/W	R/W	R/W	R/W	R/W	R/W	R/W	
复位值	0	0	0	0	0	0	0	0	

① 位 1－OCIE0:T/C0:T/C0 比较匹配输出中断允许标志位(升级新增位)

当 OCIE0 以及状态寄存器中的全局中断总使能位 I 都被设置为 1 时,将使能 T/C0 比较匹配输出中断。当 T/C0 有比较匹配事件发生时(OCF0＝1),则 MCU 转去执行 T/C0 比较匹配输出中断服务程序。

② 位 0－TOIE0:T/C0 溢出中断允许标志位

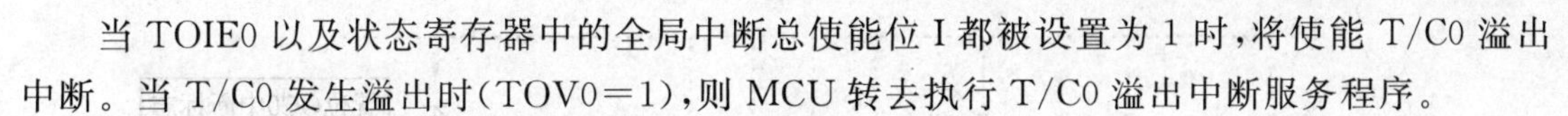

当 TOIE0 以及状态寄存器中的全局中断总使能位 I 都被设置为 1 时，将使能 T/C0 溢出中断。当 T/C0 发生溢出时(TOV0=1)，则 MCU 转去执行 T/C0 溢出中断服务程序。

(5) 定时器/计数器中断标志寄存器—TIFR

位	7	6	5	4	3	2	1	0	
$38($58)	OCF2	TOV2	ICF1	OCF1A	OCF1B	TOV1	OCF0	TOV0	TIFR
读/写	R/W	R/W	R/W	R/W	R/W	R/W	R/W	R/W	
复位值	0	0	0	0	0	0	0	0	

① 位 1—OCF0：T/C0 比较匹配中断标志位(升级新增位)

当比较匹配发生时，OCF0 将被置位。当 MCU 进入执行 T/C0 比较匹配输出中断处理程序时，OCF0 由硬件自动清零。对 OCF0 标志位写入逻辑 1 也能清除该标志位。当 TOIE0 以及状态寄存器中的全局中断总使能位 I 都被置位时，OCF0 的置位将使 T/C0 比较匹配输出中断得以响应。

② 位 0—TOV0：T/C0 溢出中断标志位

当 T/C0 产生溢出时，TOV0 位被置位。当 MCU 转入执行 T/C0 溢出中断处理程序时，TOV0 由硬件自动清零。对 TOV0 标志位写逻辑 1 将清除该标志位。当 TOIE0 以及状态寄存器中的全局中断总使能位 I 都被设置位时，TOV0 的置位将使得 T/C0 溢出中断被响应。

3. T/C0 的应用

输出波形选择标志位 WGM0[1:0]和 COM0[1:0]的组合构成 T/C0 的四种工作方式以及 OC0 不同模式的输出，为用户提供了基本的应用模式和灵活多样选择的 PWM 输出模式。

(1) 普通模式(WGM0[1:0]=0)

T/C0 工作在普通模式下时，作为通常的定时器/计数器使用(见程序清单 4-23、4-27 等)。计数器为单一加法计数模式，当寄存器 TCNT0 内数值达到 $FF 后，下一个计数脉冲到来时便恢复为 $00，并继续向上加法计数。如此周而复始；当 TCNT0 值为 $00 的同时，溢出标志位 TOV0 置位，该标志位可用于申请中断，可以其使 TCNT0 的软件扩展单元增 1。用户可以在任何时候通过改写 TCNT0 寄存器值来调整计数器溢出的时间间隔。

该模式下可以强制比较输出的方法输出 PWM 波形的初始值，并可以软件定时或定时器/计数器定时配合强制比较，输出占空比任意改变的、不具周期性的波形。

(2) 比较匹配清零计数器的 CTC 模式(WGM0[1:0]=2)

T/C0 工作在 CTC 模式时，计数器为单向加法计数器，一旦寄存器 TCNT0 内数值与 OCR0 的设定值相等，就清零计数器 TCNT0，然后再重新向上加法计数。OCR0 寄存器定义了计数器的上边界值(TOP)。通过设置 OCR0 的值，可方便地控制 OC0 比较匹配输出波形的暂空比和频率，该模式也方便用于对外部事件计数。图 1.22 为 CTC 模式的计数时序图。

每当 TCNT0 与 OCR0 匹配的同时，比较匹配标志位 OCF0 被置位。该标志位可用于申请中断。比较匹配中断被响应后，用户可以在中断服务程序中修改 OCR0 寄存器值。

当 T/C0 采用较高的计数时钟频率(例如将预分频器 1 的分频系数选为 1，即直接以 MCU 主时钟作为计数时钟)，且中断服务重新写入 OCR0 的数值与 $00 接近时，可能会错过一次比较匹配成立条件。例如：当 TCNT0 的值与 OCR0 相等时，TCNT0 被硬件清零并申请中断；在中断服务中重新改变设置 OCR0 为 $04；但中断返回后 TCNT0 的计数值已经为 $05

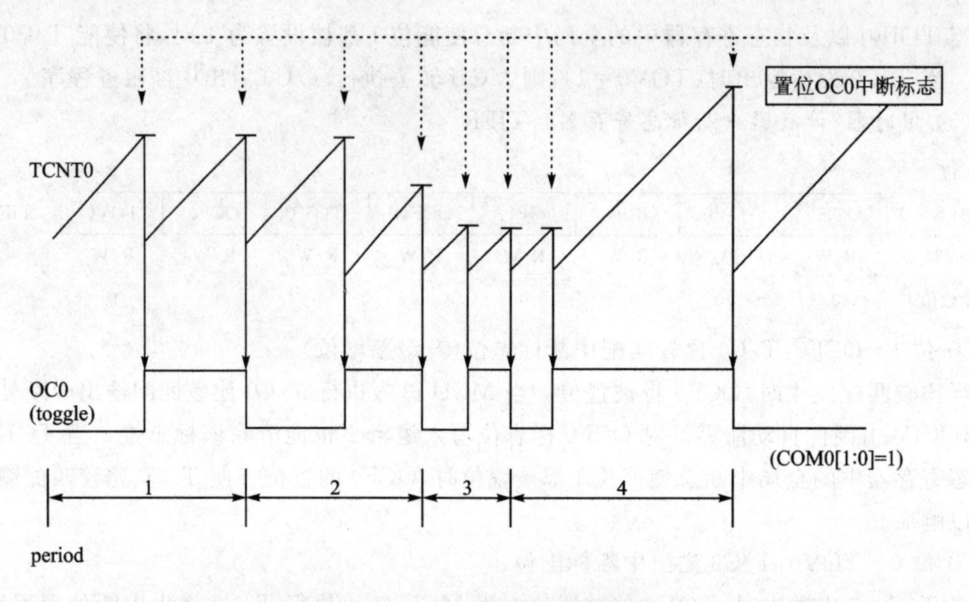

图 1.22 T/C0 CTC 模式的时序图

了。此时将丢失了一次比较匹配成立条件,计数器将继续加 1 计数到 $FF,然后返回 $00,当再次计数到 $04 时,才使得比较匹配成功。

如果允许中断嵌套并且高优先级中断服务占用较长时间,也可能发生漏掉比较匹配的情况。

在 CTC 模式下产生波形输出时,将 OC0 的输出方式设置为触发(TOGGLE)方式(COM0[1:0]=1)时,操作比较方便。OC0 输出波形的最高频率为 $f_{oc0}=f_{clk\_I/O}/2$,此时(OCR0)=$00。其他的频率输出由式(1-1)确定,式中 N 的取值为 1、8、64、256 或 1024。

$$f_{OCn}=f_{CLK\_I/O}/2N(1+OCRn) \tag{1-1}$$

此外,当计数器的计数值由 $FF 变为 $00 时,溢出标志位 TOV0 置位(与普通模式相同)。

以下简短程序给出 CTC 模式脉宽调制输出示例(主振 4MHz),PWM 的低/高电平时间皆为 10ms。如要改为可调,可增设比较匹配中断服务子程序,当比较匹配达到时,对比较匹配寄存器 OCR0 进行修改。

```
LDI     R16,$A0
OUT     TCCR0,R16                       ;强迫 OC0 输出"0"
SBI     DDRB,3                          ;允许 OC0 输出"0"
LDI     R16,$1C                         ;比较匹配清零计数器 CTC 模式(WGM0[1:0]=2)256 分频
OUT     TCCR0,R16                       ;COM0[1:0]=1 触发方式为与 OCR0 匹配时输出翻转
LDI     R16,156                         ;256 分频   156 定时 10 毫秒(低/高)
OUT     OCR0,R16                        ;装入 T/C0 比较匹配寄存器
CLR     R16
OUT     TCNT0,R16                       ;预先清除 TCNT0
;……………………
```

(3) 快速 PWM 模式(WGM0[1:0]=3)

T/C0 工作在快速 PWM 模式的主要特点是可以产生较高频率的 PWM 波形。当 T/C0

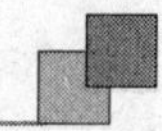

工作在此模式下时，计数器为单程加法计数器，从＄00一直加到＄FF，然后再从＄00开始加1计数。在设置正向比较匹配输出模式（COM0[1:0]=2）中，当TCNT0的计数值与OCR0的值相匹配时清零OC0，当计数器的值由＄FF返回＄00时置位OC0。而在设置反向比较匹配输出（COM0[1:0]=3）模式中，当TCNT0的计数值与OCR0的值相匹配时置位OC0，当计数器的值由＄FF返回＄OO时清零OC0。图1.23为快速PWM工作时序图。

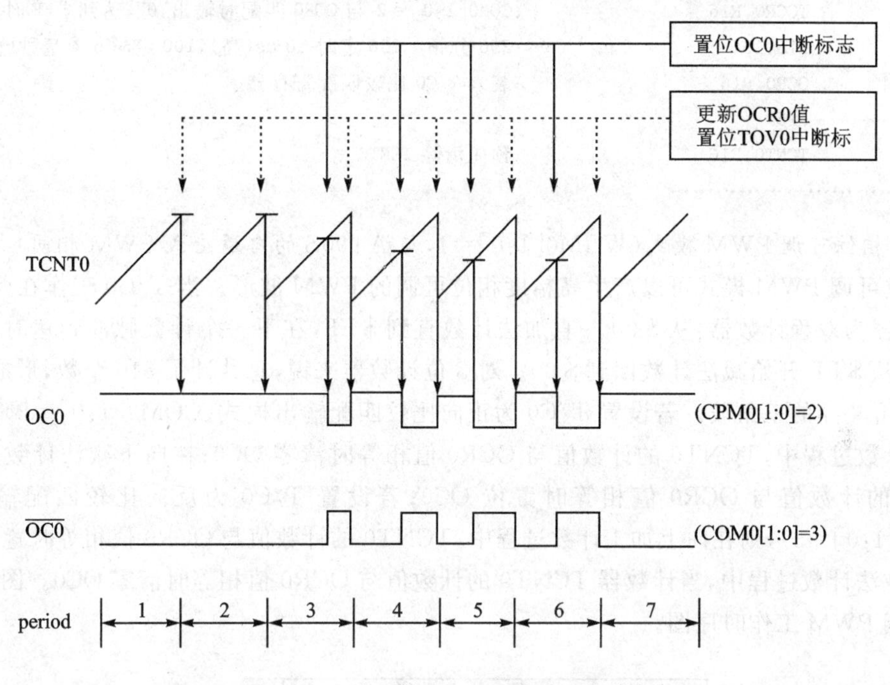

图1.23 T/C0快速PWM模式工作时序

由于快速PWM模式采用单程计数方式，所以它可以产生比相位可调PWM模式高一倍频率的PWM波形。因此快速PWM模式适用于电源调整、DAC应用等场合。

快速PWM模式的另一个特点是其输出波形频率只与定数器位数以及计数脉冲源频率有关（公式1-2）。

在TCNT0的计数值到达＄FF时，置位溢出标志位TOV_0。TOV_0可以用于申请中断。如果响应溢出中断，用户可以在中断服务程序中修改OCR0的值。

OC0输出的PWM波形的频率输出由式（1-2）确定，式中N的取值为1、8、64、256或1024。

$$f_{OCnPMW} = f_{CLK\_I/O}/256N \qquad (1-2)$$

通过设置寄存器OCR0的值，可以获得不同占空比的脉冲波形。OCR0装入某些特殊值时，会产生极端的PWM波形。例如当OCR0的装入值为＄00时，会产生周期为MAX+1的尖锋脉冲序列（脉宽为一个$f_{CLK_I/O}$周期）；而装入OCR0的值为0xFF，OC0的输出恒为高电平（COM0[1:0]=2）或恒为低电平（COM0[1:0]=3）。另外，当设置OCR0的值为＄00，且OC0的输出方式为触发模式（COM0[1:0]=1），TC0产生占空比为50%，最高频率为$f_{oc0}=f_{clk_I/O}/2$的PWM波形。

以下简短程序给出快速PWM模式脉宽调制输出示例（主振4MHz），PWM的低电平时间为10 ms，高电平时间为6.4 ms。如要改为可调，应增设比较匹配中断服务子程序，当比较匹配达到时,对比较匹配寄存器 OCR0 进行修改。

```
LDI     R16,$B0
OUT     TCCR0,R16                ;强迫 OC0 输出"1"
SBI     DDRB,3                   ;允许 OC0 输出"1"
LDI     R16,$6C                  ;T/C0 快速 PWM 模式(WGM0[1:0] = 3)256 分频
OUT     TCCR0,R16                ;COM0[1:0] = 2 与 OCR0 匹配时输出"0",达到 $FF 时输出"1"
LDI     R16,156                  ;256 分频  156 定时 10 ms(高),100 定时 6.4 毫秒(低)
OUT     OCR0,R16                 ;装入 T/C0 比较匹配寄存器
CLR     R16
OUT     TCNT0,R16                ;预先清除 TCNT0
;……………………………
```

(4) 相位可调 PWM 模式(WGM0[1:0]=1,与 AT90S 的自适应式 PWM 相同)

相位可调 PWM 模式可以产生高精度相位可调的 PWM 波形。当 T/C0 工作在此模式下时,计数器为双程计数器:从$00 一直加法计数直到$FF,在下一个计数脉冲到达时,改变计数方向,从$FF 开始减法计数回到$00。对 8 位计数器来说,总共计了 510 个数,形成一个周期为 $510f_{CLK\_I/O}$ 的三角波。若设置 T/C0 为正向比较匹配输出模式(COM0[1:0]=2),则在向上加法计数过程中,TCNT0 的计数值与 OCR0 值相等时清零 OC0;在向下减法计数过程中,TCNT0 的计数值与 OCR0 值相等时置位 OC0;若设置 T/C0 为反向比较匹配输出模式(COM0[1:0]=3),则在向上加 1 计数过程中,TCNT0 的计数值与 OCR0 值相等时置位 OC0;在向下减法计数过程中,当计数器 TCNT0 的计数值与 OCR0 值相等时清零 OC0。图 1.24 为相位可调 PWM 工作时序图。

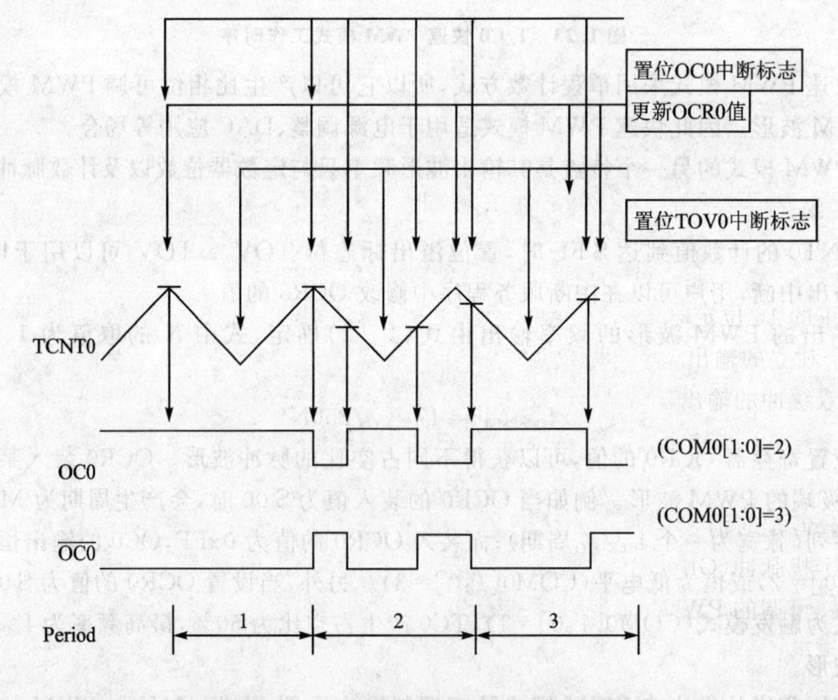

图 1.24　T/C0 相位可调 TWM 工作时序

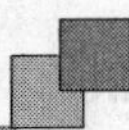

相位可调 PWM 模式的精度为 8 位。其运作过程为计数器不断累加，直到达到最大值，计数器将最大值保持一个计数器时钟周期。其后改变计数方向，进行减法计数直到 \$00。由于该 PWM 模式采用双程计数方式，所以它产生的 PWM 波形频率为快速 PWM 的一半。其相位可调的特性（即 OC0 输出逻辑电平的改变不是固定在 TCNT0＝\$00 处），适合于电动机控制等应用场合。

在 TCNT0 的计数值到达 \$00 时，置位溢出标志 TOV0。标志位 TOV0 可以用于申请溢出中断。

OC0 输出的 PWM 波形的频率由式(1－3)确定，式中 N 的取值为 1、8、64、256 或 1024。

$$f_{OCnPCPMW} = f_{CLK\_I/O}/510N \tag{1-3}$$

通过设置比较匹配寄存器 OCR0 的值，可以获得不同占空比的 PWM 波形。OCR0 的一些特定装入值，会产生极端的 PWM 波形。当设置 COM0[1:0]＝2 时，若 OCR0 的装入值为 \$FF，则 OC0 的输出恒为高电平；而若 OCR0 的装入值为 \$00 时，OC0 的输出恒为低电平。

以下简短程序给出相位可调模式脉宽调制输出示例（主振 4 MHz），PWM 的高电平时间为 20 ms，低电平时间为 12.8 ms。如要改为可调，应增设比较匹配中断服务子程序，当比较匹配达到时，对比较匹配寄存器 OCR0 进行修改。

```
        LDI     R16,$B0
        OUT     TCCR0,R16       ;强迫 OC0 输出"1"
        SBI     DDRB,3          ;允许 OC0 输出"1"
        LDI     R16,$64         ;相位可调 PWM 模式(WGM0[1:0]=1)256 分频
        OUT     TCCR0,R16       ;COM0[1:0]=2 向上计数与 OCR0 匹配时输出 0
                                ; 向下计数与 OCR0 匹配时输出 1
        LDI     R16,156         ;256 分频 156 定时 20 ms(高),100 定时 12.8 ms(低)
        OUT     OCR0,R16        ;装入 T/C0 比较匹配寄存器
        CLR     R16
        OUT     TCNT0,R16       ;预先清除 TCNT0
;……………………
```

1.10.3　16 位定时器/计数器 1—T/C1

ATmega16 的 T/C1 是一个 16 位的多功能定时器/计数器，其主要特点是：

- 真正的 16 位定时器/计数器（例如 16 位 PWM），可产生更精确的定时；
- 2 个独立的输出比较单元（A 和 B）；
- 具双缓冲的输出比较寄存器；
- 一个输入捕获单元；
- 输入捕获噪声抑制；
- 比较匹配时清零计数器（自动重装）；
- 无干扰脉冲（Glitch－Free），相位修正的脉宽调制输出（PWM）；
- 周期可调的 PWM；
- 频率发生器；
- 外部事件计数器；
- 4 个独立的中断源（TOV1、OCF1A、OCF1B 和 ICF1）。

由于 T/C1 是从以前版本 AT90S 的 16 位 T/C1 改进和升级得来的,它在如下方面与以前的版本完全兼容:

- 包括定时器中断控制寄存器在内的所有 16 位 T/C 相关的 I/O 寄存器的地址;
- 包括定时器中断控制寄存器在内的所有 16 位 T/C 相关的 I/O 寄存器功能位。

下列控制位名称已改,但具有相同的功能和寄存器单元:

- PWM10 改为 WGM10;
- PWM11 改为 WGM11;
- CTC1 改为 WGM12.

16 位的 T/C1 控制寄存器中增加了下列位:

- TCCR1A 中添加了 FOC1A 和 FOC1B;
- TCCR1B 中添加了 WGM13。

16 位 T/C1 的若干改进将在某些特殊情况下影响兼容性。

1. 16 位定时器/计数器的结构

图 1.25 为 16 位定时器/计数器的结构框图。在图中给出了 MCU 可以操作的寄存器以及相关的标志位。其中定时器/计数器寄存器 TCNT1、输出比较寄存器 OCR1A、OCR1B 以及输入捕获寄存器 ICR1 都是 16 位的寄存器。对这些 16 位寄存器的读/写操作应遵循特定的步骤(见下面说明)。定时器/计数器 1 的中断请求信号位于定时器中断标志寄存器 TIFR 之中。各自独立的中断屏蔽位位于定时器中断屏蔽寄存器 TIMSK 之中。

TCNT1、OCR1A/B 与 ICR1 是 AVR MCU 通过 8 位数据总线可以访问的 16 位寄存器,故读写 16 位寄存器需要两次操作。每个 16 位寄存器都有一个 8 位临时寄存器(TEMP)用来暂存高 8 位数据,定时器/计数器 1 所属的 16 位寄存器都公用相同的临时寄存器。访问低字节会触发 16 位读或写操作。当 MCU 写数据到 16 位寄存器的低字节时,写入的 8 位数据与预先写入临时寄存器中的高 8 位数据组成一个 16 位的数据,同步写入到 16 位寄存器中,故要求写 16 位数据时,要先写高 8 位;当 MCU 读取 16 位寄存器的低字节时,高位字节内容会与此同时被存放于临时辅助寄存器之中;之后读取 16 位寄存器高字节时即读出该辅助寄存器的内容。

并非所有的 16 位访问都需使用临时寄存器。对 OCR1A/B 寄存器的读操作就不涉及临时寄存器。

访问 16 位寄存器是一个重要的基本操作,如果主程序在读写 16 位寄存器的两条指令之间发生了中断,而该中断服务也访问同一寄存器或其他 16 位寄存器,从而改写了(公用的)临时寄存器。导致临时寄存器内容在中断返回后发生改变,造成主程序对 16 位寄存器的读写出错。为避免上述情况发生,可在访问 16 位寄存器之前禁止中断,访问完毕后再恢复中断。若在中断服务例程中涉及到使用临时寄存器,则应禁止中断嵌套;或在临时寄存器使用完毕后再开放中断。

(1) 16 位定时器/计数器 1 的时钟源

定时器时钟源可来自芯片内部,也可来自外部引脚 T1。T/C1 与 T/C0 共享一个预分频器(见 1.10.1 小节内容)。时钟源的选择由定时器/计数器控制寄存器 TCCR1B 中的功能位 CS1[2:0]确定。

(2) 16 位定时器/计数器的计数单元

16 位定时器/计数器的计数单元是一个可编程的 16 位双向计数器,图 1.26 是它的逻辑

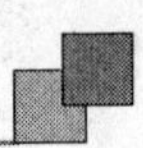

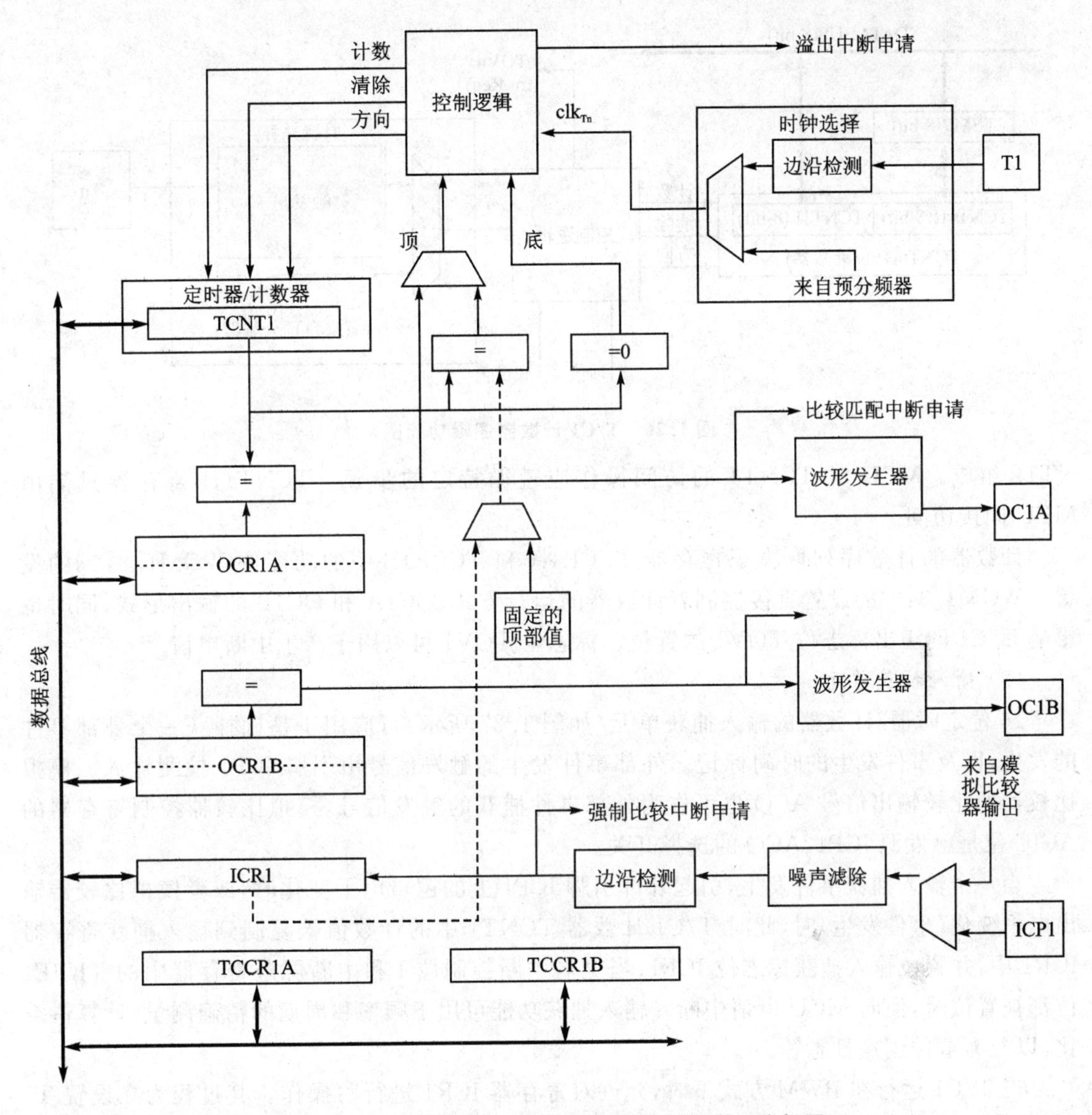

图 1.25　ATmega16/8535 16 位定时器/计数器 1 方框图

功能图。根据计数器的工作模式，在每一个 CLK_{T1} 时钟到来时，计数器进行加 1、减 1 或清零操作。CLK_{T1} 的来源由功能控制位 CS1[2:0]设定，当 CS1[2:0]=0 时，禁止计数器计数(关闭计数时钟源)。

图 1.26 中的符号所代表的意义如下：

计数(count)　　TCNT1 加 1 或减 1。

方向(direction)　　加或减计数操作的选择。

清除(clear)　　清零 TCNT1。

时钟信号(CLK_{T1})　　计数器时钟源。

顶部值(top)　　TCNT1 在特定应用条件下所能达到的最大计数值。

底部值(bottom)　　TCNT1 计数达到的最小值(零)。

计数值保存在 16 位寄存器 TCNT1 中。TCNT1 由两个 8 位寄存器 TCNT1H 和 TC-

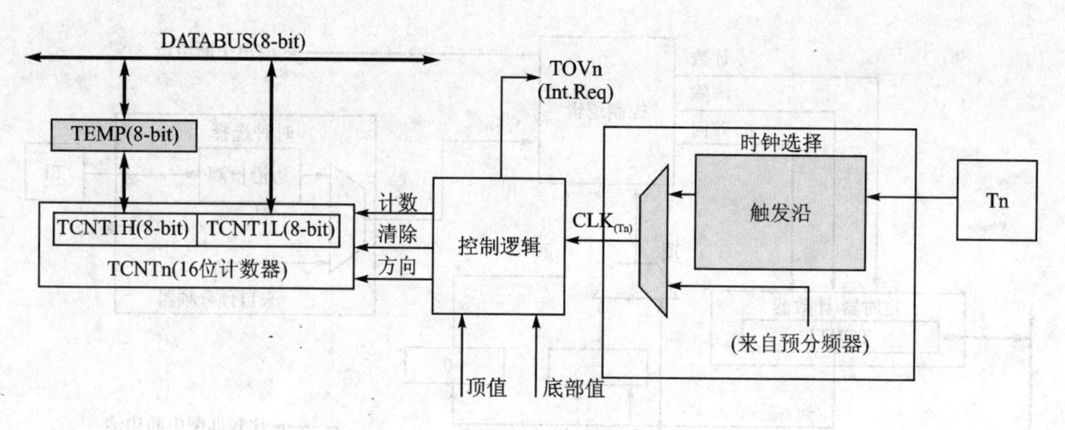

图 1.26　T/C1 计数器逻辑功能图

NT1L 组成。MCU 对 TCNT1 的访问操作应遵循特定的步骤。TCNT1H 寄存器只能由 MCU 间接访问。

计数器的计数序列取决于寄存器 TCCR1A 和 TCCR1B 中的功能位 WGM1[3:0]的设置。WGM1[3:0]的设置直接控制着计数器的运行方式、OC1A 和 OC1B 的输出形式,同时也影响 T/C1 的溢出标志位 TOV1 的置位。标志位 TOV1 可以用于产生中断申请。

(3) 输入捕获单元

16 位定时器/计数器的输入捕获单元(如图 1.27 所示)可应用于精确捕获一个外部事件的发生,以及事件发生的时间标记。外部事件发生的触发信号由引脚 ICP1 检测输入。模拟比较器的比较输出信号 ACO 也可作为外部事件捕获的触发信号,模拟比较器控制寄存器的 ACIC 位是触发源 ICP1、ACO 的选择开关。

当一个输入捕获事件发生,引起外部引脚 ICP1 上的逻辑电平变化时,或者模拟比较器输出电平变化(事件发生)时,此时 T/C1 计数器 TCNT1 中的计数值被复制到输入捕获寄存器 ICR1 中,并置位输入捕获标志位 ICF1;当全局中断控制位 I 和中断屏蔽寄存器中的 TICIE1 位都被置位时,便向 MCU 申请中断。输入捕获功能可用于频率和周期的精确测量、计算占空比,以及为事件创建日志等。

当 T/C1 运行在 PWM 方式下时,允许对寄存器 ICR1 进行写操作。其过程为在设置 T/C1 的运行方式为 PWM(写 WGM1[3:0])方式后,再设置 ICR1。此时写入 ICR1 的值将作为计数器计数序列的顶部值(TOP),此种应用场合也可触发输入捕获中断,但与 ICP1 引脚上的信号无关。

噪声抑制电路是一个数字滤波器,置位标志位 ICNC1 即使能对输入捕获触发信号的噪声抑制功能。对输入触发信号进行连续 4 次采样,当 4 次采样值相等时,才认定触发信号有效,故具有对输入触发信号噪声进行抑制功效。其负面效应是使从输入捕获触发信号的初始检测到输入捕获寄存器的更新共延迟 4 个时钟周期。输入捕获功能以及噪声抑制功能直接使用系统时钟,与预分频器无关。

输入捕获功能最直接的应用为测量频率、测量周期和测量脉宽。

① 测频率;以标准信号例如用 4.4.3 小节精确定时产生的秒号作为输入捕获之触

发信号,以被测信号作为 $TCNT_1$ 的计数输入。连续 2 次捕获值相减(若被测信号频率超过 65 535 Hz,应对溢出计数,以溢出次数为最高字节,做 24 位减法;否则只需做双字节减法,

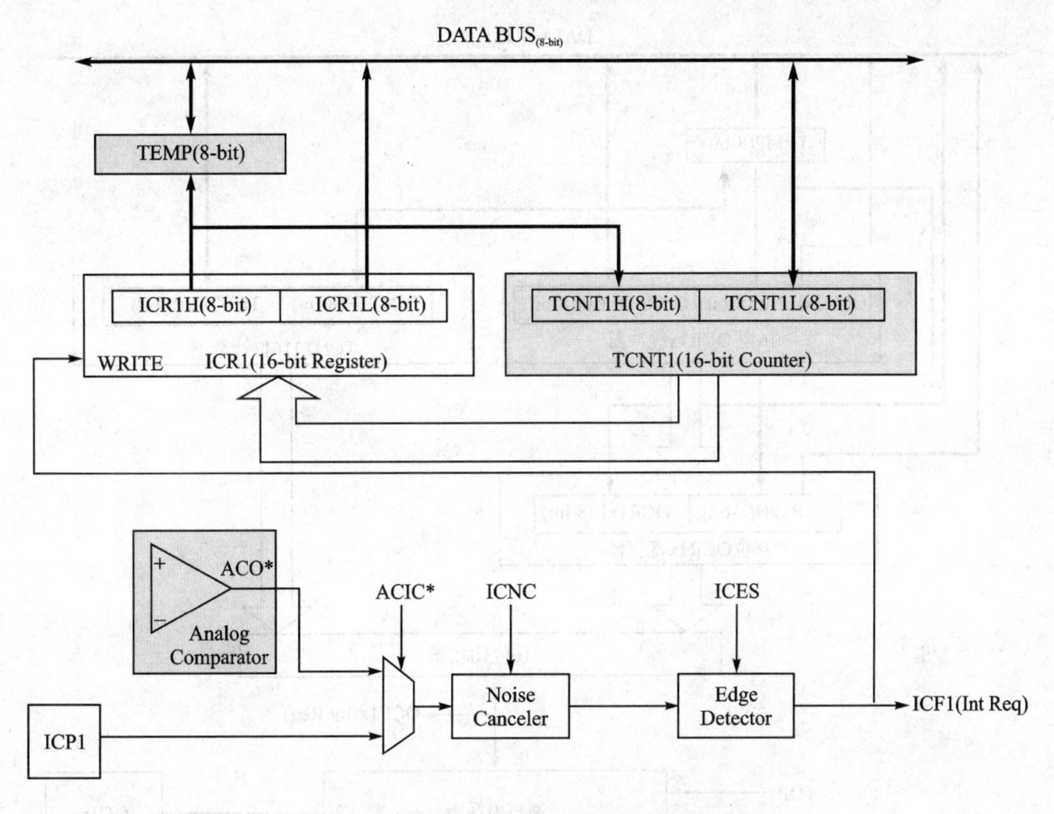

图1.27　外部事件输入捕捉单元方框图

程序将得以简化。)得到被测信号之频率(见4.10.1：AVR频率计程序)。如被测信号频率较高,也可将标准信号改为半秒、0.1 s等,但这样会使测量误差变大。

② 测周期:以被测信号上升沿(或下降沿)作为输入捕获之触发信号,以标准信号作为$TCNT_1$的计数输入。连续两次捕获值相减,将差乘以标准信号之周期,得被测信号之周期。

一般①用于测量高频率信号场合。②则用于测量低频率信号场合。被测信号应满足条件$f_{ck} < f_{clk}/2.5$。采用较高频率的MCU主时钟,被测信号频率也相应提高。

③ 测脉宽:以标准信号作为$TCNT_1$的计数输入。首先设置以被测信号上升沿作为输入捕获之触发信号,捕获发生后,再设置以被测信号下降沿作为输入捕获之触发信号。两次捕获计数值相减,将差乘以标准信号之周期,即得到被测信号之脉宽。

(4) 比较匹配单元及运作特点

图1.28为16位定时器/计数器的比较匹配单元逻辑功能图。在定时器/计数器运行期间,比较匹配单元总是将TCNT1的当前计数值与寄存器OCR1A、OCR1B的内容进行比较,一旦发现与其中之一相等,比较器即会产生一个比较匹配信号,在下一个计数时钟脉冲到达时置位OCF1A或OCF1B中断标志位。依据预先对WGM1[3:0]和COM1A[1:0]、COM1B[1:0]进行的不同设置,比较匹配信号即控制产生各种相应类型的脉冲波形(PWM)输出。

寄存器OCR1A和OCR1B都配有一个辅助缓存器。当计数器工作在非PWM模式时,禁止使用该辅助缓存器,MCU对寄存器OCR1A或OCR1B的访问是直接对其本身;仅当计数器工作在PWM模式时(无论任何一种模式),OCR1A和OCR1B的辅助缓存器才被允许使用。此时MCU访问OCR1A或OCR1B实际上访问的是与其对应的辅助缓存器。当计数器

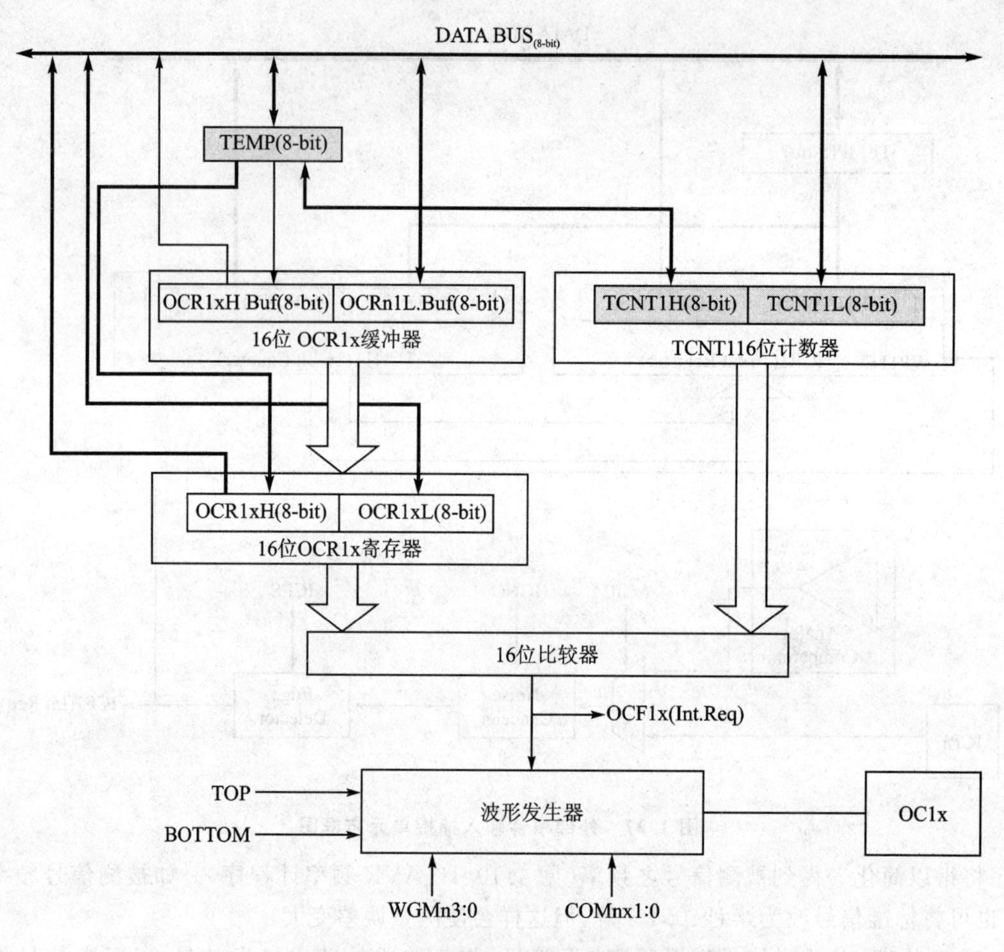

图 1.28　16 位比较匹配单元逻辑功能图

的计数值达到设定的最大值(TOP)或最小值(BOTTOM)时,辅助缓存器的内容将同步对比较寄存器 OCR1A 或 OCR1B 之值进行更新。这样便有效地防止了产生畸变非对称的 PWM 脉冲信号,滤除了输出 PWM 波形中的干扰脉冲。

比较匹配输出运作具有以下功能特点:

① 强制输出比较:在非 PWM 波形发生模式下,写"1"到强制输出比较位(FOC1X)时,将强制比较器产生一个比较匹配输出信号。强制比较输出信号不会置位 OCF1X 标志或重新装载/清零计数器,但与真正发生的比较匹配事件一样对 OC1X 引脚输出产生更新效果。

② 通过写 TCNT1 寄存器屏蔽比较匹配事件:MCU 对 TCNT1 寄存器的任何写操作都会屏蔽下一个定时器时钟周期中发生的比较匹配事件,即使在定时器暂停时也不例外。这一特征可用于以计数器 TCNT1 内容对 OCR1X 进行初始化,从而达到启动定时器/计数器时不会触发比较匹配中断之效果。

③ 正确使用输出比较单元:任何工作模式下,写 TCNT1 寄存器都会使得输出比较匹配事件被屏蔽一个定时器时钟周期,因此可能会影响比较匹配输出的正确性。例如,将 OCR1X 内容复制到 TCNT1 时,将错过一次比较匹配事件,并导致产生不正确的波形。同样,当定时器向下计数时,不要将下边界值写入 TCNT1。

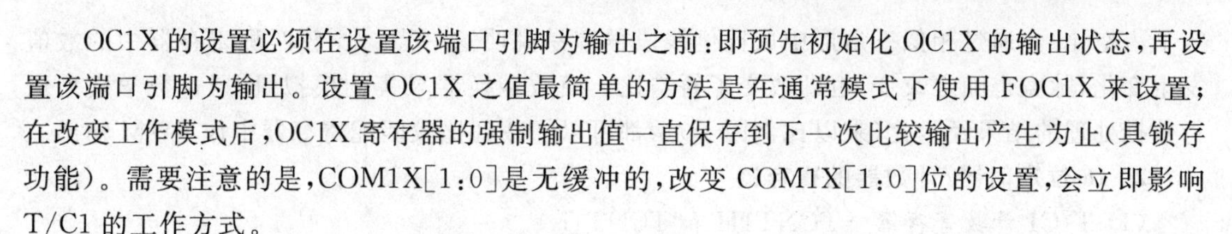

OC1X 的设置必须在设置该端口引脚为输出之前:即预先初始化 OC1X 的输出状态,再设置该端口引脚为输出。设置 OC1X 之值最简单的方法是在通常模式下使用 FOC1X 来设置;在改变工作模式后,OC1X 寄存器的强制输出值一直保存到下一次比较输出产生为止(具锁存功能)。需要注意的是,COM1X[1:0]是无缓冲的,改变 COM1X[1:0]位的设置,会立即影响 T/C1 的工作方式。

(5) 比较匹配输出单元

功能控制位 COM1A[1:0]或 COM1B[1:0]有两个作用:定义 OC1A(OC1B)的输出方式和控制 OC1A(OC1B)寄存器的值能否输出外部引脚 OC1A(OC1B)。图 1.29 为比较匹配输出单元的逻辑图。

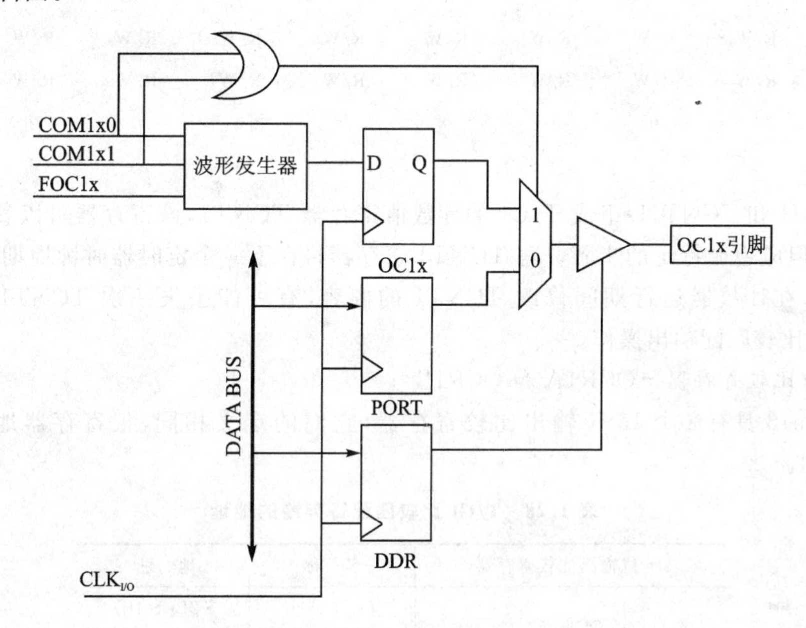

图 1.29　T/C1 比较匹配输出单元逻辑图

在图 1.29 中,当标志位 COM1A[1:0]或 COM1B[1:0]中至少有一位为"1"时,则使能 PWM 输出:或门输出为"1",选择开关为选择 OC1X 作为输出,故波形发生器的输出 OC1A(OC1B)取代引脚的 I/O 功能,但引脚的方向寄存器 DDR 仍然控制 OC1A(CO1B)引脚的输出使能。如果要在外部引脚输出 OC1A(OC1B)的逻辑电平,应设定 DDR 定义该引脚为输出脚。采用这种控制结构,用户可以先初始化 OC1A(OC1B)的状态(用强制比较输出),然后再允许其由引脚输出。

COM1A[1:0](COM1B[1:0])的设置不会影响输入捕获功能。

(6) 比较输出模式和波形发生器

对于 T/C1 的各种工作模式,COM1A[1:0](COM1B[1:0])的不同设置都会影响到波形发生器产生的脉冲波形方式。但只要设置 COM1A[1:0]=0(COM1B[1:0]=0),就切断了 OC1A(OC1B)寄存器状态到引脚外部的输出通路,它们对外部不会产生任何作用(引脚仍为通用 I/O)。

脉宽调制输出过程实质上是在对定时器/计数器已经初始化(包括运行过程中对定时器/计数器 TOP 值进行的修改)了的前提下,将比较匹配寄存器中的数值量化为脉宽(同时也决定了占空比)。通过相似三角形中成比例线段很容易说明这一点。比较匹配寄存器中的数值发生变化,脉宽也随之改变,也即改变了暂空比。模数转换器采集的模拟量、通过数学模型进行数据处理的结果经量化(乘以比例因子)后都可以加载到比较匹配寄存器中作 PWM 输出。

2. 16 位定时器/计数器的寄存器

(1) T/C1 计数寄存器—TCNT1H 和 TCNT1L

位	15	14	13	12	11	10	9	8	
\$2C(\$4C)	TCNT1[15:8]								TCNT1H
\$2D(\$4D)	TCNT1[7:0]								TCNT1L
位	7	6	5	4	3	2	1	0	
读/写	R/W	R/W	R/W	R/W	R/W	R/W	R/W	R/W	
读/写	R/W	R/W	R/W	R/W	R/W	R/W	R/W	R/W	
复位值	0	0	0	0	0	0	0	0	
复位值	0	0	0	0	0	0	0	0	

TCNT1H 和 TCNT1L 组成 T/C1 的计数值寄存器 TCNT1,该寄存器可以直接被 MCU 读/写访问,但应遵循特定的步骤。写 TCNT1 寄存器将在下一个定时器时钟周期中阻塞比较匹配。因此,在计数器运行期间修改 TCNT1 的内容,有可能丢失一次 TCNT1 与 OCR1A(OCR1B)的比较匹配输出操作。

(2)输出比较寄存器—OCR1A 和 OCR1B

ATmega16 具有 2 个 16 位输出比较寄存器,它们的定义相同,仅寄存器地址不同,如表 1.28 所列。

表 1.28 T/C1 比较匹配寄存器的地址

16 位输出比较寄存器	名 称	地 址
OCR1A	OCR1AH	\$2B(\$4B)
	OCR1AL	\$2A(\$4A)
OCR1B	OCR1BH	\$29(\$49)
	OCR1BL	\$28(\$48)

位	15	14	13	12	11	10	9	8	
	OCR1XH[15:8]								OCR1XH
	OCR1XL[7:0]								OCR1XL
位	7	6	5	4	3	2	1	0	
读/写	R/W	R/W	R/W	R/W	R/W	R/W	R/W	R/W	
读/写	R/W	R/W	R/W	R/W	R/W	R/W	R/W	R/W	
复位值	0	0	0	0	0	0	0	0	
复位值	0	0	0	0	0	0	0	0	

OCR1XH 和 OCR1XL 组成 16 位输出比较寄存器 OCR1X,该寄存器中的 16 位数据用于同 TCNT1 寄存器中的计数值连续进行匹配比较。一旦 TCNT1 的计数值与 OCR1X 的数据匹配相等,将产生一个输出比较匹配达到的中断申请,或改变 OC1X 的输出逻辑电平。

(3) 输入捕获寄存器—ICR1H 和 ICR1L

位	15	14	13	12	11	10	9	8	
$27($47)	TCR1[15:8]								ICR1H
$26($46)	TCR1[7:0]								ICR1L
位	7	6	5	4	3	2	1	0	
读/写	R/W	R/W	R/W	R/W	R/W	R/W	R/W	R/W	
读/写	R/W	R/W	R/W	R/W	R/W	R/W	R/W	R/W	
复位值	0	0	0	0	0	0	0	0	
复位值	0	0	0	0	0	0	0	0	

ICR1H 和 ICR1L 组成 16 位输入捕获寄存器 ICR1。当外部引脚 ICP1 或模拟比较器有输入捕获触发信号产生时，计数器 TCNT1 中的计数值写入寄存器 ICR1 中。

在 PWM 方式下，ICR1 的设定值将作为计数器计数上限值(TOP)。

(4) 定时器/计数器中断屏蔽寄存器—TIMSK

位	7	6	5	4	3	2	1	0	
$37($57)	OCIE2	TOIE2	TICIE1	OCIE1A	OCIE1B	TOIE1	OCIE0	TOIE0	TIMSK
读/写	R/W	R/W	R/W	R/W	R/W	R/W	R/W	R/W	
复位值	0	0	0	0	0	0	0	0	

① 位 5—TICIE1：T/C1 输入捕获中断允许标志位

当 TICIE1 被设置为 1，且状态寄存器中的 I 被设置为 1 时，将使能 T/C1 的输入捕获中断。若在 T/C1 上发生输入捕获事件(ICF1=1)，则执行 T/C1 输入捕获中断服务程序。

② 位 4—OCIE1A：T/C1 输出比较 A 匹配中断允许标志位

当 OCIE1A 被设置为 1，且状态寄存器中的 I 也被设置为 1 时，将使能 T/C1 的输出比较 A 匹配中断。若在 T/C1 上发生输出比较 A 匹配(OCF1A=1)，则执行 T/C1 输出比较 A 匹配中断服务程序。

③ 位 3—OCIE1B：T/C1 输出比较 B 匹配中断允许标志位

当 OC1E1B 被设置为 1，且状态寄存器中的 I 也被置设为 1 时，将使能 T/C1 的输出比较 B 匹配中断。若在 T/C1 上发生输出比较 B 匹配(OCF1B=1)，则执行 T/C1 输出比较 B 匹配中断服务程序。

④ 位 2—TOIE1：T/C1 溢出中断允许标志位

当 TOIE1 被设置为 1，且状态寄存器中的 I 也被设置为 1 时，将使能 T/C1 溢出中断。若在 T/C1 上发生溢出时(TOV1=1)，则执行 T/C1 溢出中断服务程序。

(5) 定时器/计数器中断标志寄存器—TIFR

位	7	6	5	4	3	2	1	0	
$36($56)	OCF2	TOV2	ICF1	OCF1A	OCF1B	TOV1	OCF0	TOV0	TIFR
读/写	R/W	R/W	R/W	R/W	R/W	R/W	R/W	R/W	
复位值	0	0	0	0	0	0	0	0	

① 位 5—ICF1：T/C1 输入捕获中断标志位

当 T/C1 由外部引脚 ICP1 触发输入捕获时，ICF1 位被设为 1。在 T/C1 运行方式为

PWM,寄存器ICR1内容作为计数器计数上限值时,一旦计数器TCNT1计数值与ICR1相等,也将置位ICF1。当转入T/C1输入捕获中断向量执行中断处理程序时,ICF1由硬件自动清零。写入一个逻辑1到ICF1标志位将清除该标志位。

② 位4-OCF1A:T/C1输出比较A匹配中断标志位

当T/C1输出比较A匹配成功(TCNT1=OCR1A)时,OCF1A位被设为1。当转入T/C1输出比较A匹配中断向量执行中断处理程序时,OCF1A由硬件自动清零。写入一个逻辑1到OCF1A标志位将清除该标志位。

设置强制输出比较A匹配(FOCIA=1)时,不会置位OCF1A标志位。

③ 位3-OCF1B:T/C1输出比较B匹配中断标志位

当T/C1输出比较B匹配成功(TCNT1=OCR1B)时,OCF1B位被设为1。当转入T/C1输出比较B匹配中断向量执行中断处理程序时,OCF1B由硬件自动清零。写入一个逻辑1到OCF1B标志位也将清除该标志位。

设置强制输出比较B匹配(FOCIB=1)时,不会置位OCF1B标志位。

④ 位2-TOV1:T/C1溢出中断标志位

当T/C1产生溢出时,TOV1位被设为1。当转入T/C1溢出中断向量执行中断处理程序时,TOV1由硬件自动清零。写入一个逻辑1到TOV1标志位将清除该标志位。

TOV1标志位置位的条件与T/C1的工作方式有关,详细见本节中有关T/C1各种运行方式的使用说明。

(6) 16位定时器/计数器控制寄存器A-TCCR1A

位	7	6	5	4	3	2	1	0	
$2F($4F)	COM1A1	COM1A0	COM1B1	COM1B0	FOC1A	FOC1B	WGM11	WGM10	TCCR1A
读/写	R/W	R/W	R/W	R/W	R/W	R/W	R/W	R/W	
复位值	0	0	0	0	0	0	0	0	

① 位[7:6]-COM A[1:0]:比较A输出模式

② 位[5:4]-COM B[1:0]:比较B输出模式

这些位控制比较匹配输出引脚OC1A(OC1B)的输出状态。如果COM1X[1:0]中至少有一位被置位,OC1X的输出将取代相对应引脚的通用I/O端口功能,但OC1X输出引脚的数据方向寄存器DDR位必须设置为输出方式。当芯片引脚作为OC1X输出引脚时,其输出模式取决于COM1X[1:0]和WGM [3:0]的设定。

③ 位3-FOC1A:强制输出比较A

④ 位2-FOC1B:强制输出比较B

FOC1A、FOC1B为只有在WGM1[3:0]设置为非PWM模式下才有效。当向FOC1X写入一个逻辑1时,将强制在波形发生器上输出一个比较匹配成功信号,使波形发生器依据COM1X[1:0]位的设置而改变OC1X输出状态。

注意:FOC1X的作用仅相当于一个选通脉冲,而OC1X的输出取决于COM1X[1:0]位的设置。

FOC1X选通脉冲不会产生任何的中断申请,也不影响计数器TCNT1、以及在CTC模式中作为计数器TOP值寄存器OCR1A的值。FOC1X的读出值总是零。

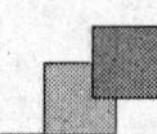

表 1.29 给出了在 WGM [3:0]设置为普通模式和 CTC 模式(非 PWM)时,COM1X[1:0]位的功能定义。表 1.30 给出了在 WGM [3:0]设置为快速 PWM 模式时,COM1X 位的功能定义。表 1.31 给出了在 WGM [3:0]设置为相位可调以及相位、频率皆为可调的 PWM 模式时,COM1X 位的功能定义。

表 1.29　T/C1 比较输出模式,非 PWM 模式

COM1A1/COM1B1	COM1A0/COM1B0	说　明
0	0	0C1A/OC1B 与外部引脚无连接(引脚仍为通用 I/O)
0	1	比较匹配时触发(TOGGLE)OC1A/OC1B(即求反 OC1X)
1	0	比较匹配时清零 OC1A/CO1B(输出低电平)
1	1	比较匹配时置位 OC1A/CO1B(输出高电平)

表 1.30　T/C1 比较输出模式,快速 PWM 模式

COM1A1 COM1B1	COM1A0/COM1B0	说　明
0	0	OC1A/OC1B 与外部引脚无连接(引脚仍为通用 I/O)
0	1	WGM1[3:0]=15: 比较匹配时触发(TOGGLE)OC1A(将 OC1A 求反) OC1B 与外部引脚无连接(引脚仍为通用 I/O) WGM1[3:0]=其他值: OC1A/OC1B 与外部引脚无连接(引脚仍为通用 I/O)
1	0	比较匹配时清零 OC1A/OC1B 计数值为 TOP 时置位 OC1A/CO1B
1	1	比较匹配时置位 OC1A/OC1B 计数值为 TOP 时清零 OC1A/CO1B

表 1.31　T/C1 比较输出模式,相位可调及相位、频率皆可调 PWM 模式

COM1A1/COM1B1	COM1A0/COM1B0	说　明
0	0	OC1A/OC1B 与外部引脚无连接(引脚仍为通用 I/O)
0	1	WGM1[3:0]=9 或 14: 比较匹配时触发(TOGGLE)OC1A(将 OC1A 求反) OC1B 与外部引脚无连接(引脚仍为通用 I/O) WGM1[3:0]=其他值: OC1A/OC1B 与外部引脚无连接(引脚仍为通用 I/O)
1	0	向上计数过程中比较匹配达到时清零 OC1A/OC1B 向下计数过程中比较匹配达到时置位 OC1A/CO1B
1	1	向上计数过程中比较匹配达到时置位 OC1A/OC1B 向下计数过程中比较匹配达到时清零 OC1A/CO1B

⑤ 位[1:0]—WGM1[1:0]:波形发生模式

这两个标志位与位于寄存器 TCCR1B 中的 WGM1[3:2])相结合,共同控制 T/C1 的计数和工作方式:计数器计数的上限值以及确定波形发生器的工作模式(见表 1.32)。T/C1 支持的工作模式有:普通模式、比较匹配时清零定时器(CTC)模式,以及不同类型的脉宽调制(PWM)模式等共 15 种。见寄存器 TCCR1B 的功能说明。

(6) 16 位定时器/计数器控制寄存器 B—TCCR1B

位	7	6	5	4	3	2	1	0	
$2E($4E)	ICNC1	ICES1	—	WGM13	WGM12	CS12	CS11	CS10	TCCR1B
读/写	R/W	R/W	R	R/W	R/W	R/W	R/W	R/W	
复位值	0	0	0	0	0	0	0	0	

① 位 7—ICNC1:输入捕获噪声滤除允许

设置 ICNC1 为 1 时,使能输入捕获噪声滤除功能。此时,外部引脚 ICP1 的输入捕获触发信号将通过噪声滤波抑制单元。使能该功能时,输入捕获触发信号比 ICP1 引脚上实际的触发信号(或由内部模拟比较器产生的触发信号)延时 4 个时钟周期。

② 位 6—ICES1:输入捕获触发方式选择

ICES1=0 时,外部引脚 ICP1 逻辑电平的下降沿触发一次输入捕获;ICES1=1 时,外部引脚 ICP1 逻辑电平的上升沿触发一次输入捕获。

外部引脚 ICP1 上的逻辑电平变化触发一个输入捕获时,T/C1 计数器 TCNT1 中的计数值被复制到输入捕获寄存器 ICR1 中,并置位输入捕获标志位 ICF1。

如果 ICR1 用做为计数比较的 TOP 值,则 ICP1 引脚与计数器脱离,将禁止输入捕获功能。否则该功能总是处于使能状态。

③ 位[4:3]—WGM1[3:2]:波形发生模式

这两个功能位与位于寄存器 TCCR1A 中的 WGM1[1:0]相结合,用于控制 T/C1 的计数和工作方式。表 1.32 给出 16 种计数器的工作方式和波形发生器模式。

表 1.32　C/T1 工作方式和波形产生模式

模　式	WGM1[3:0]	工作方式和波形发生模式	计数上限值(TOP)	写 OCR1X 数据更新时刻	TOV1 置位时刻
0	0000	普通模式	$FFFF	立即	$FFFF
1	0001	8 位 PWM,相位可调	$00FF	TOP	$0000
2	0010	9 位 PWM,相位可调	$01FF	TOP	$0000
3	0011	10 位 PWM,相位可调	$03FF	TOP	$0000
4	0100	CTC	OCR1A	立即	$FFFF
5	0101	8 位 PWM,快速	$00FF	TOP	TOP
6	0110	9 位 PWM,快速	$01FF	TOP	TOP
7	0111	10 位 PWM,快速	$03FF	TOP	TOP
8	1000	PWM,相位和频率可调	ICR1	$0000	$0000
9	1001	PWM,相位和频率可调	OCR1A	$0000	$0000
10	1010	PWM,相位可调	ICR1	TOP	$0000
11	1011	PWM,相位可调	OCR1A	TOP	$0000
12	1100	CTC	ICR1	立即	$FFFF
13	1101	保留	—	—	—
14	1110	PWM,快速	ICR1	TOP	TOP
15	1111	PWM,快速	OCR1A	TOP	TOP

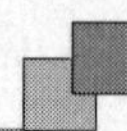

④ 位[2:0]－CS1[2:0]:时钟源选择

这 3 个标志位用于选择 T/C1 的时钟源,见表 1.33。

表 1.33　T/C1 时钟源选择

CS12	CS11	CS10	说　明
0	0	0	无时钟源(停止 T/C1)
0	0	1	$CLK_{I/O}$(系统时钟)
0	1	0	$CLK_{I/O}$/8(来自预分频器)
0	1	1	$CLK_{I/O}$/64(来自预分频器)
1	0	0	$CLK_{I/O}$/256(来自预分频器)
1	0	1	$CLK_{I/O}$/1024(来自预分频器)
1	1	0	外部 T1 脚,下降沿有效
1	1	1	外部 T1 脚,上升沿有效

当选择使用外部时钟源时,T1 引脚上逻辑电平的改变若符合有效计数沿规定,都会启动 C/T1 计数而不问 T1 引脚数据方向之预设,这一特性为用户提供利用软件实现计数的方法。

3. 16 位定时器/计数器的应用

标志位 WGM1[3:0]和 CON1X[1:0]的组合构成 16 位定时器/计数器的 15 种工作方式,以及 OC1X 各种模式的输出,为用户提供了基本的应用模式和灵活多种选择的 PWM 输出模式。

(1) 普通模式(WGM1[3:0]=0)

普通模式是 16 位定时器/计数器最简单的工作方式,此时计数器为单向加法计数器,当计数器 TCNT1 的计数值达到 $FFFF(MAX)之后,下一个计数脉冲到来时便恢复为 $0000,溢出标志位 TOV1 被置位,并重新向上开始计数。标志位 TOV1 可以用于申请中断,也可以作为计数器的第 17 位使用,即将其用于使 TCNT1 的软件扩展单元增 1(例如用于高频测量时)。用户可以随时通过写入 TCNT1 寄存器初值来修改计数器溢出的时间间隔。

在普通模式下,可以方便地应用输入捕获功能,并正确地选择计数时钟源,使得两次输入捕获触发信号的时间间隔小于计数器完成一次单程计数的时间间隔(≤$FFFF),从而应用于对频率或周期实现精确测量。

在普通模式中,可以使用输出比较单元产生定时中断信号。也可以在普通模式下使用输出比较单元来产生 PWM 波形输出(亦即 AT90S8535/8515 T/C1 的非 PWM 模式),这种模式虽然占用较多的 MCU 的时间,但是具有相位、频率和占空比都能连续、准确调整和任意设置的优点,特别是可利用定时器/计数器的不间断运行设计时基资源共享系统,做到资源的充分使用,具有实用价值。

(2) 比较匹配清零计数器 CTC 模式(WGM1[3:0]=4 或 WGM1[3:0]=12)

16 位定时器/计数器工作在 CTC 模式时,计数器为单向加法计数器,当寄存器 TCNT1 的值与 OCR1A 的设定值相等时,就将计数器 TCNT1 清零,然后继续向上加 1 计数。通过设置 OCR1A 或 ICR1 的值,可以方便地控制比较匹配输出的频率,也方便于外部事件计数的应用。图 1.30 为 CTC 模式的计数时序图。

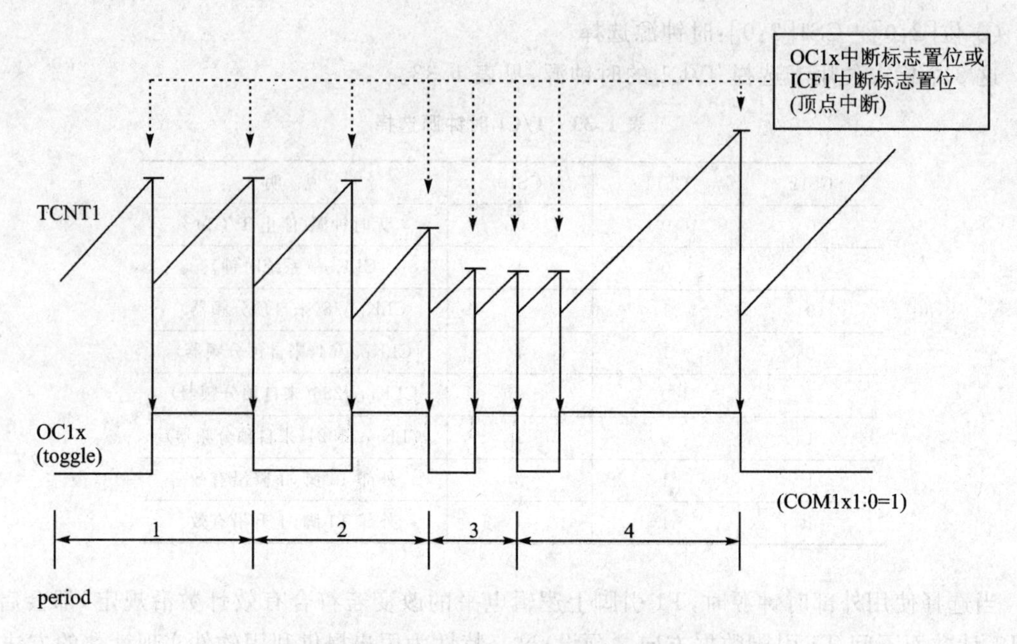

图 1.30 T/C1 CTC 模式的时序图

在 TCNT1 与 OCR1A 或 ICR1 匹配的同时,置位比较匹配标志位 OCF1A 或 ICF1。标志位 OCF1A 或 ICF1 可用于申请中断。如果 MCU 响应该比较匹配中断,用户可以在中断服务程序中修改 OCR1A/ICR1 寄存器的值,从而改变 PWM 输出波形的周期和暂空比。

当计数器采用的计数时钟频率较高(例如将预分频器 1 的分频系数选为 1,即直接以 MCU 主时钟作为计数时钟),且写入 OCR1A/ICR1 的值与 $0000 接近时,可能会丢失一次比较匹配成立条件。例如,当 TCNT1 的值与 OCR1A 相等,TCNT1 便被硬件清零并申请中断;在中断服务中重新设置 OCR1A 为 $0003;但中断返回后 TCNT1 的计数值已经为 $0004 了。此时便丢失了一次比较匹配成立条件,计数器将继续加 1 计数到 $FFFF,然后返回 $0000,当再次计数到 $0003 时,才使得比较匹配成功。

如果允许中断嵌套并且高优先级中断服务占用较长时间,也可能发生漏掉比较匹配的情况。

在 CTC 模式下产生波形输出时,设置 OC1A 的工作方式为触发(TOGGLE)方式(COM1A[1:0]=1),较为方便。此时 OC1A 输出波形的最高频率为 $f_{OC1A}=f_{CLK\_I/O}/2$(当(OCR1A)=$0000 时)。其他的输出频率由式(1-4)确定,式中 N 的取值为 1、8、64、256 或 1024。

$$f_{OC1A} = f_{CLK\_I/O}/2N(1+OCR1A) \qquad (1-4)$$

除此之外,当计数器 TCNT1 的计数值由 $FFFF 变为 $0000 时,标志位 TOV1 置位(与普通模式相同)。

(3) 快速 PWM 模式(WGM1[3:0]=5、6、7、14 或 15)

当 T/C1 工作在快速 PWM 模式时,可以产生高频率 PWM 波形。此模式下的计数器为单程向上的加 1 计数器,从 $0000 一直加到 TOP,在下一计数脉冲到来时清零,然后再从 $0000 开始加 1 计数。正向比较匹配输出(COM1X[1:0]=2)模式之下的 TCNT1,当其计数值与 OCR1X 之值匹配时,清零 OC1X;当计数值为 TOP 时,置位 OC1X。而在设置反向比较匹配输出(COM1X[1:0]=3)模式下，当 TCNT1 的计数值与 OCR1X 的值相匹配时，置位 OC1X；当计数器的值为 TOP 时，清零 OC1X。

图 1.31 为快速 PWM 工作时序图。

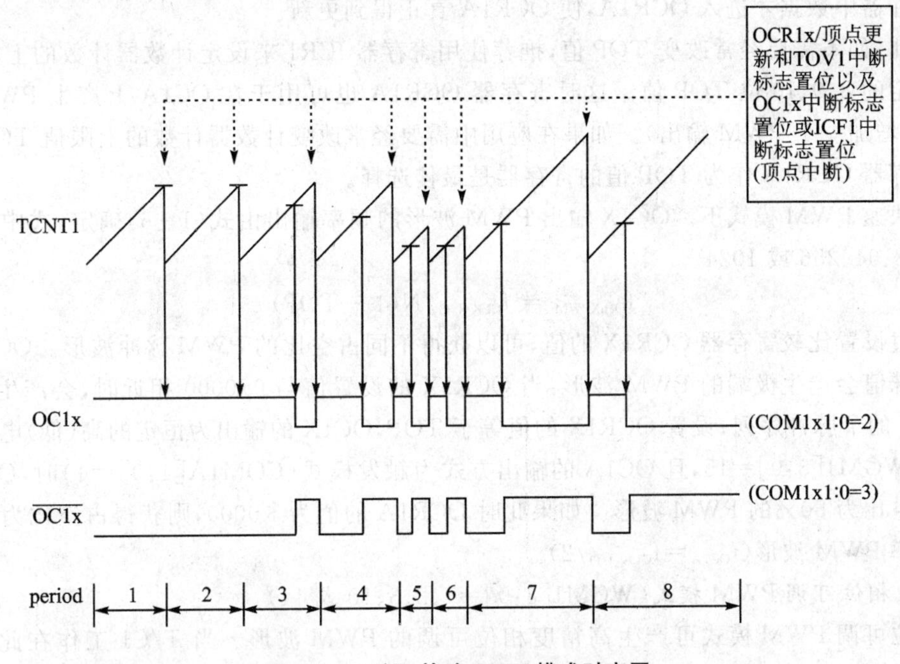

图 1.31　T/C1 快速 PWM 模式时序图

由于快速 PWM 模式采用单程计数方式，所以其产生 PWM 波的频率是另外两种 PWM 模式(相位可调以及相位频率皆可调)的 2 倍。因此快速 PWM 模式适用于电源调整、DAC 等应用场合。

快速 PWM 的(频率)精度(即 TOP 值)可以为固定的 8、9、10 位(\$00FF、\$01FF 和 \$03FF，分别对应于 WGM1[3:0]=5、6、7)，或由寄存器 OCR1A(WGM1[3:0]=15)、ICR1(WGM1[3:0]=14)设置的 TOP 值定义。最小精度为 2 位(OCR1A=\$0003 或 ICR1=\$0003)，最大精度为 16 位(OCR1A=\$FFFF 或 ICR1=\$FFFF)。其他由 OCR1A 或 ICR1 设定值所定义的精度(单位 bits)可以由公式(1-5)计算，式中 TOP 为寄存器 OCR1A 或 ICR1 的设定值。

$$R_{FPWM} = \log_2(TOP + 1) \tag{1-5}$$

当 TCNT1 的计数值到达 TOP 时，置溢出标志位 TOV1 为 1。此外，在使用寄存器 OCR1A 或 ICR1 的设定值作为计数器计数上限值 TOP 时，OC1A 或 ICF1 标志位也会与 TOV1 标志位一起置位。这些标志位都可以用于申请中断。如果响应中断，用户可以在中断服务程序中修改寄存器 OCR1A 或 ICR1 的值(即 TOP)。

当改变计数器的计数上限值 TOP 时，新的 TOP 值必须大于或等于比较寄存器 OCR1X 的设定比较值；否则比较匹配输出将不会发生。

使用寄存器 OCR1A 或 ICR1 的设定值作为计数器计数上限值 TOP 时，更新 ICR1 和 OCR1A 的过程是不同的。由于寄存器 ICR1 没有辅助缓冲器，因此当写入 ICR1 的设定 TOP 值小于当前计数器 TCNT1 的计数值时，将会丢失一次 TCNT1 与 TOP 相等匹配的产生，计

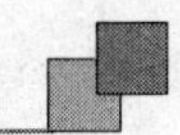

数器要一直计数到＄FFFF,再返回＄0000 后,才能产生与新的 TOP 值的比较匹配。寄存器 OCR1A 带有辅助缓冲器,当更新 OCR1A 时,数据只是写入到辅助缓冲器中,而 OCR1A 仍保持原 TOP 值。等到 TCNT1 与原 TOP 值相等匹配时,在 TCNT1 清零、TOV1 置位的同时,辅助缓冲器中数据才进入 OCR1A,使 OCR1A 真正得到更新。

因此,如不需要经常改变 TOP 值,推荐使用寄存器 ICR1 来设定计数器计数的上限值,或采用固定的 8、9、10 位 TOP 值。这时寄存器 OCR1A 也可用于在 OC1A 上产生 PWM 脉冲(相当于增加一个 PWM 输出)。如果在应用中需要经常改变计数器计数的上限值 TOP,那么使用寄存器 OCR1A 作为 TOP 值的寄存器是最佳选择。

在快速 PWM 模式下。OC1X 输出 PWM 波形的频率输出由式(1-6)确定,式中 N 的取值为 1、8、64、256 或 1024。

$$f_{OcnXPWM} = f_{CLK\_I/O}/N(1+TOP) \quad (1-6)$$

通过设置比较寄存器 OCR1X 的值,可以获得不同占空比的 PWM 脉冲波形。OCR1X 的一些特殊值会产生极端的 PWM 波形:当 OCR1X 的设置值与 0x0000 相近时,会产生周期为 TOP+1 的窄脉冲序列;设置 OCR1X 的值等于 TOP,OC1X 的输出为恒定的高(低)电平。

当 WGM1[3:0]=15,且 OC1A 的输出方式为触发模式(COM1A[1:0]=1)时,OC1A 将产生占空比为 50%的 PWM 波形。如果此时 OCR1A 的值为＄0000,则获得占空比为 50%的最高频率 PWM 波形($f_{OC1A}=f_{CLK\_I/O}/2$)。

(4) 相位可调 PWM 模式(WGM1[3:0]=1、2、3、10 或 11)

相位可调 PWM 模式可产生高精度相位可调的 PWM 波形。当 T/C1 工作在此模式下时,计数器为双程计数器:从＄0000 一直加法计数到 TOP,在下一个计数脉冲到达时,改变计数方向,从 TOP 开始减法计数到＄0000。在设置正向比较匹配输出(COM1X[1:0]=2)模式下:正向加法计数过程中,TCNT1 的计数值与 OCR1X 的值相等时,清零 OC1X;反向减法计数过程中,当计数器 TCNT1 值与 OCR1X 相等时,置位 OC1X。设置反向比较匹配输出(COM1X[1:0]=3)模式下:正向加法计数过程中,TCNT1 的计数值与 OCR1X 的值相匹配时,置位 OC1X;反向减法计数过程中,当计数器 TCNT1 的值与 OCR1X 相等时,清零 OC1X。图 1.32 为相位可调 PWM 工作时序图。

由于该 PWM 模式采用双程计数方式,所以它产生的 PWM 波的频率比快速 PWM 低。其相位可调的特性适用于电机控制等类型的应用。

计数器计数上限 TOP 值的大/小决定了 PWM 输出频率的低/高,而比较寄存器的数值则决定了输出脉冲的起始相位和脉宽。

相位可调 PWM 的精度(即 TOP 值)可以固定设为 8、9 或 10 位(＄00FF、＄01FF、＄03FF,分别对应 WGM1[3:0]=1、2、3),或由寄存器 OCR1A(WGM1[3:0]=11)、ICR1(WGM1[3:0]=10)设定值定义。最小精度为 2 位(OCR1A=＄0003 或 ICR1=＄0003),最大精度为 16 位(OCR1A=＄FFFF 或 ICR1=＄FFFF)。其他由 OCR1A 或 ICR1 设定值所定义的精度(单位为位)可以由式(1-7)计算,式中 TOP 为寄存器 OCR1A 或 ICR1 的设定值。

$$R_{PCPWM} = \log_2(1+TOP)\text{bits} \quad (1-7)$$

当 TCNT1 的计数值到达＄0000 时,置溢出标志位 TOV1 为 1。如使用寄存器 OCR1A 或 ICR1 的设定值作为计数器计数上限值 TOP,当在 TCNT1 计数到达 TOP 时,OC1A 或 ICF1 标志位置位,同时 OCR1X 自动更新(数据来源于各自的辅助缓冲器)。这些中断标志位

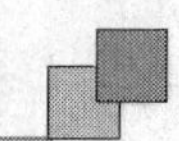

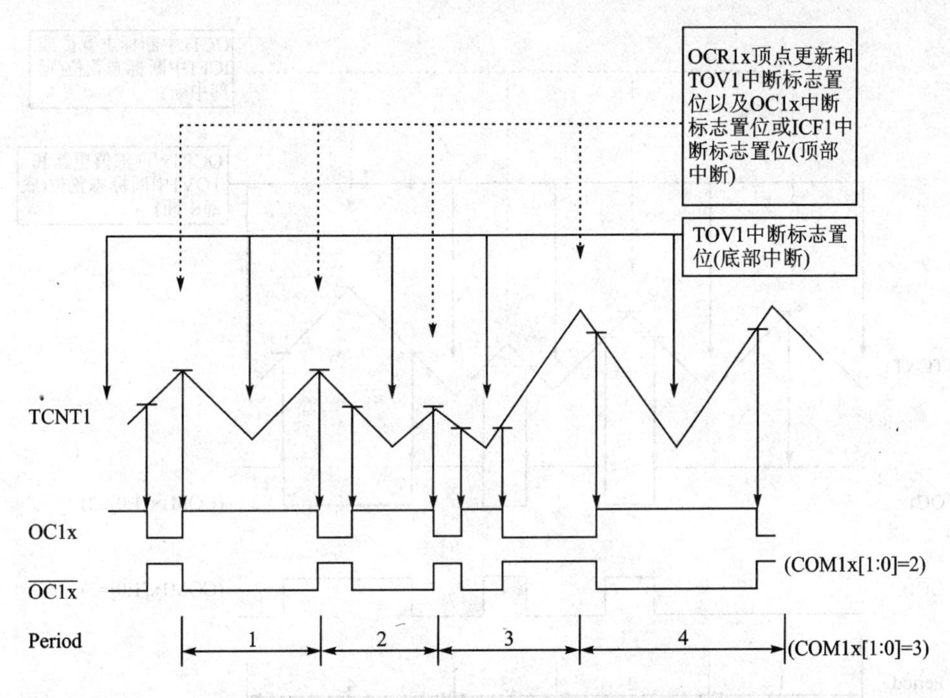

图 1.32　T/C1 相位修正 PWM 模式的时序图

都可以用于申请中断。

当改变计数器的计数上限值 TOP 时，新的 TOP 值必须大于或等于比较寄存器 OCR1X 的设定比较值；否则比较匹配输出将不会发生。

由于在相位可调 PWM 模式中，OCR1X 的更新发生在 TCNT1＝TOP（即一个 PWM 的周期起始点在 TOP 处）。因此，如果在应用中需要经常改变计数器计数的上限值 TOP，那么建议使用频率周期可调 PWM 模式。

相位可调 PWM 模式中，OC1X 输出的 PWM 波形的频率输出由公式（1－8）确定，式中 N 的取值为 1、8、64、256 或 1024。

$$f_{OC1XPWM} = f_{CLK}/(2 \times N \times TOP) \tag{1-8}$$

通过设置比较寄存器 OCR1X 的值，可以获得不同占空比的脉冲波形。OCR1X 的一些特殊值，当 COM1X[1:0]＝2，且 OCR1X 的值为 TOP 时，OC1X 的输出为恒定的高电平；而 OCR1X 的值为＄0000 时，OC1X 的输出为恒定的低电平。

（5）相位频率皆可调 PWM 模式（WGM1[3:0]＝8 或 9）

相位频率皆可调 PWM 模式可以产生高精度的，相位和频率都可调的 PWM 波形。当 T/C1 工作在此模式下时，计数器为双程计数器：从＄0000 一直加法计数到 TOP，在下一个计数脉冲到达时，改变计数方向，从 TOP 开始减法计数到＄0000。若设置正向比较匹配输出（COM1X[1:0]＝2）模式，则在正向加 1 过程中，TCNT1 的计数值与 OCR1X 的值相匹配时清零 OC1X；在反向减 1 过程中，当计数器 TCNT1 的值与 OCR1X 相同时置位 OC1X。若设置反向比较匹配输出（COM1X[1:0]＝3）模式，则在正向加 1 过程中，TCNT1 的计数值与 OCR1X 的值相匹配时置位 OC1X；而在反向减 1 过程中，当计数器 TCNT1 的值与 OCR1X 相同时清零 OC1X。图 1.33 为相位频率皆可调 PWM 工作时序图。

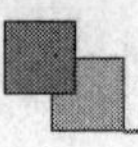

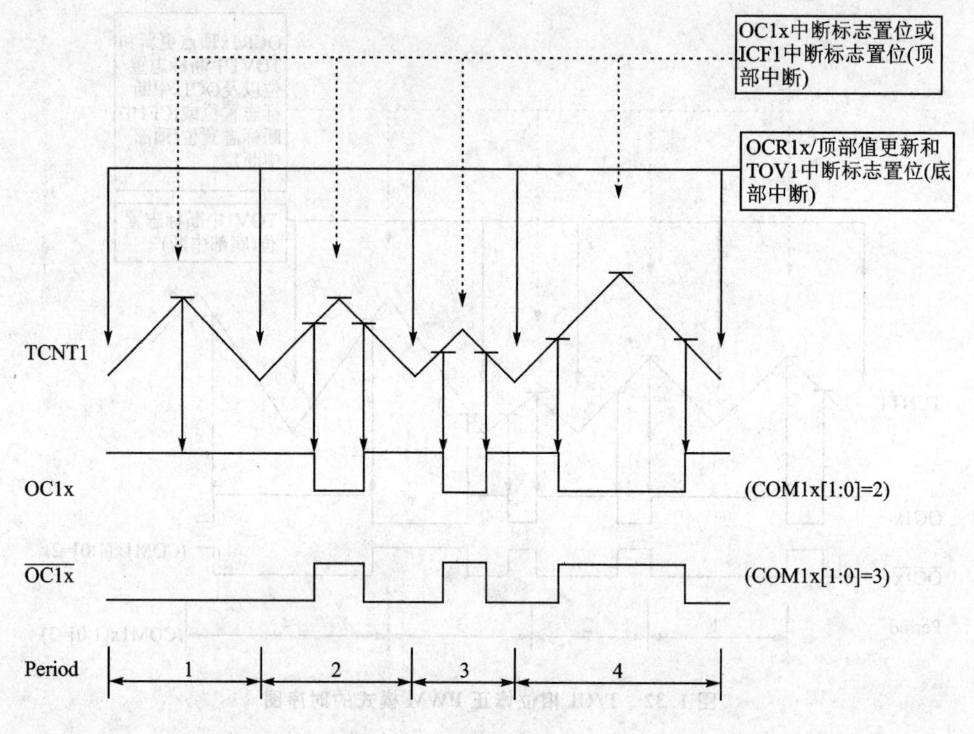

图 1.33 T/C1 相位与频率修正 PWM 模式的时序图

由于该 PWM 模式采用双程计数方式，所以它产生的 PWM 波的频率比快速 PWM 低。其相位频率可调的特性适用于电机控制一类的应用。

计数器计数上限值 TOP 的大/小决定了 PWM 输出频率的低/高，而比较寄存器的数值则决定了输出脉冲的起始相位和脉宽。

相位频率皆可调 PWM 的精度(即 TOP 值)取决于寄存器 OCR1A(WGM1[3:0]=9)、ICR1(WGM1[3:0]=8)的设定值。最小精度为 2 位(OCR1A=＄0003 或 ICR1=＄0003)，最大精度为 16 位(OCR1A=＄FFFF 或 ICR1=＄FFFF)。其他由 OCR1A 或 OCR1 设定值所定义的精度(单位为位)可以由式(1-9)计算，式中 TOP 为寄存器 OCR1A 或 ICR1 的设定值。

$$R_{PFCPWM} = \log_2(1+TOP)\text{bits} \tag{1-9}$$

当 TCNT1 的计数值到达＄0000 时，溢出标志位 TOV1 置位，同时 OCR1X 自动更新，其更新数据来源于各自的辅助缓冲器。在底部更新 OCR1X 寄存器乃是相位频率皆可调 PWM 模式与相位可调 PWM 模式的唯一区别之处！因为在后一模式下，OCR1X 自动更新发生在 TCNT1 计数到达 TOP 时。

如使用寄存器 OCR1X 或 ICR1 的设定值作为计数器计数上限值 TOP，则在 TCNT1 计数到达 TOP 时，OC1A 或 ICR1 标志位置位。这些中断标志位都可用于申请中断。

当改变计数器的计数上限值 TOP 时，新的 TOP 值必须大于或等于比较寄存器 OCR1X 的设定比较值，否则比较匹配输出将不会发生。

由于相位频率可调 PWM 模式中，OCR1X 的更新事件发生在 TCNT1=＄0000(即一个 PWM 的周期起始点在＄0000 处)时刻，因此无论如何改变计数器计数的上限值 TOP，都能产生对称的 PWM 输出波形，同时也调整了频率。

使用寄存器 ICR1 来设定计数器计数的上限值，一般应用于只需固定频率 PWM 输出的场合。这时，寄存器 OCR1A 也可用于产生 PWM 脉冲(相当于有 2 个 PWM 输出)。在需要经常改变计数器上限值 TOP 的应用场合，使用寄存器 OCR1A 设定 TOP 值是最佳选择。

相位频率皆可调 PWM 模式中，OC1X 输出的 PWM 波形的频率输出由公式(1-10)确定，式中 N 的取值为 1、8、64、256 或 1024。

$$f_{OC1XPFCPWM} = f_{CLK\_I/O}/2 \times N \times TOP \tag{1-10}$$

通过设置比较寄存器 OCR1X 的值，可以获得不同占空比的脉冲波形。OCR1X 的一些特殊值，会产生极端的 PWM 波形。当 COM1X[1:0]=2，且 OCR1X1 的值为 TOP 时，OC1X 的输出恒为高电平；而当 OCR1X 的值为 $0000 时，OC1X 的输出恒为的低电平。

1.10.4　8 位定时器/计数器 2-T/C2

ATmega16 的 T/C2 是一个 8 位的多功能定时器/计数器，其主要特点如下：

- 单通道计数器；
- 比较匹配时清零计数器(自动重装特性，Auto Reload)；
- 无输出抖动(Glitch-Free)，相位可调的脉宽调制(PWM)输出；
- 频率发生器；
- 10 位的时钟预分频器；
- 溢出和比较匹配中断源(TOV2，OCF2)。
- 可以使用外部接入 32 kHz 手表晶振作为独立的计数时钟源(实时钟源)。

1. T/C2 的组成结构

图 1.34 为 8 位 T/C2 的结构图。在图中给出了 MCU 可以读写的寄存器以及相关的标志位。其中，定时器/计数器寄存器 TCNT2 和输出比较寄存器 OCR2 都是 8 位的寄存器；定时器中断标志寄存器 TIFR 中存放着 T/C2 的中断请求信号。各种独立的中断控制屏蔽位安排在定时器中断屏蔽寄存器 TIMSK 之中。

(1) T/C2 的时钟源

C/T2 的时钟源称为 CLK_{T2S}。系统复位后，异步控制寄存器 ASSR 中的同、异步时钟选择位 AS2 被清除，故系统 I/O 时钟 $CLK_{I/O}$被选为时钟源，它等同于 MCU 时钟。通过置位 AS2，可使用 TOSC1 引脚上的时钟作为时钟源。使 C/T2 能作为实时钟计数器(RTC)使用。当 AS2 被置位时，TOSC1 和 TOSC2 以替换功能取代 PORTC[7:6]普通功能，可用一个晶体并接在 TOSC1 和 TOSC2 引脚之上，作为 T/C2 的独立时钟(即异步时钟)源。片内的振荡器电路已对 32.768kHz 手表用晶振进行了优化，因此最好不要采取在引脚 TOSC1 上单独施加一个外部时钟作为异步时钟的应用模式。CLK_{T2S}经过 C/T2 的 10 位预定比例分频器产生 CLK_{T2S}、$CLK_{T2S}/8$、$CLK_{T2S}/32$、$CLK_{T2S}/64$、$CLK_{T2S}/128$、$CLK_{T2S}/256$ 和 $CLK_{T2S}/1024$ 的时钟信号，以上时钟信号均可作为 T/C2 的时钟源。此外，还可以选择无时钟源(停止 C/T2)。通过将 SFIOR 寄存器中的 PSR2 位置位，可进行复位预分频器(PRESCALER2)、对预分频器分频除数进行修改等操作。C/T2 的时钟源 CLK_{T2S}经预分频器分频后，其输出即为 TCNT2 的计数时钟 CLK_{T2}。

(2) 8 位 T/C2 的计数单元

T/C2 的计数单元是一个可编程的 8 位双向计数器，图 1.35 为它的逻辑功能图。根据计

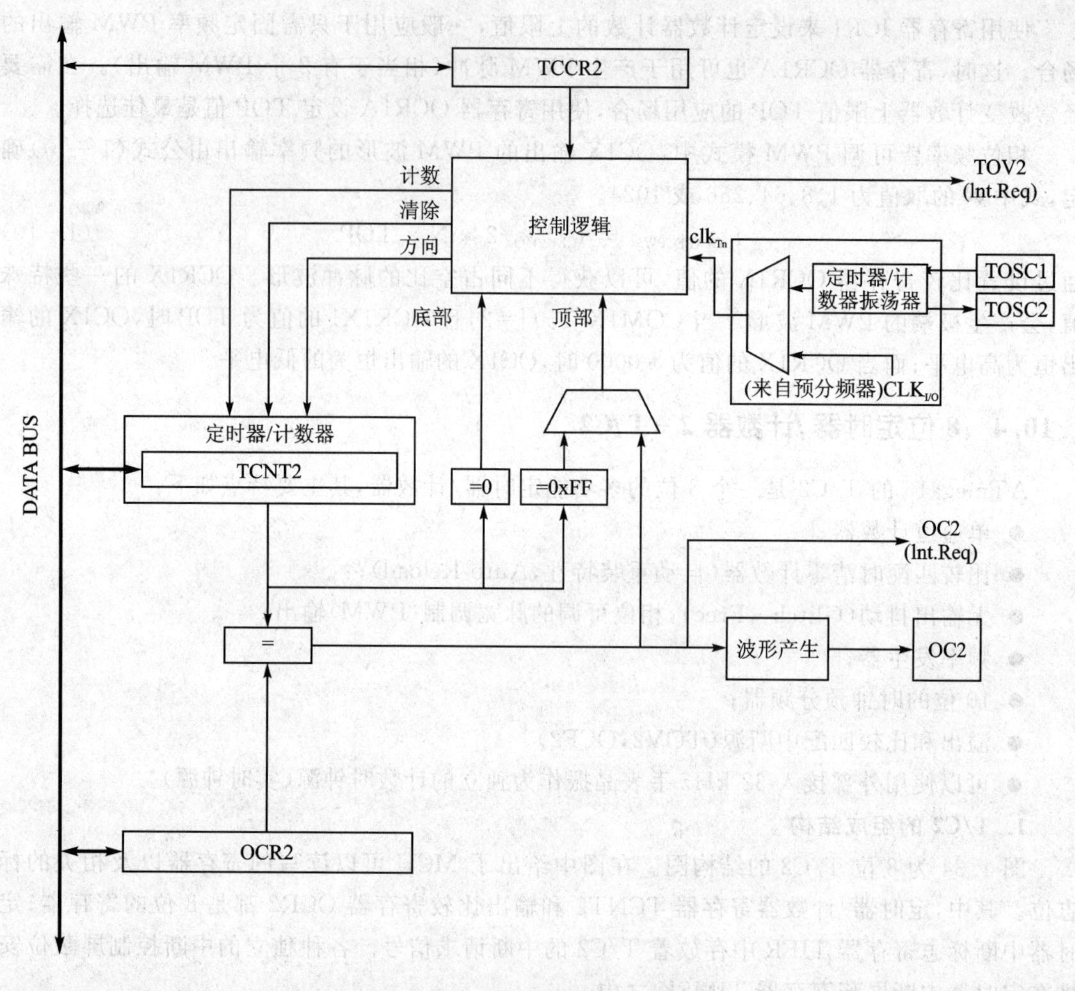

图 1.34　T/C2 计数器单元逻辑图

数器的工作模式,在每一个 CLK_{T2} 时钟到来时,计数器进行加 1、减 1 或清零操作。CLK_{T2} 的来源由标志位 CS2[2:0]设定。当 CS2[2:0]=0 时,计数器停止计数(无计数时钟源)。

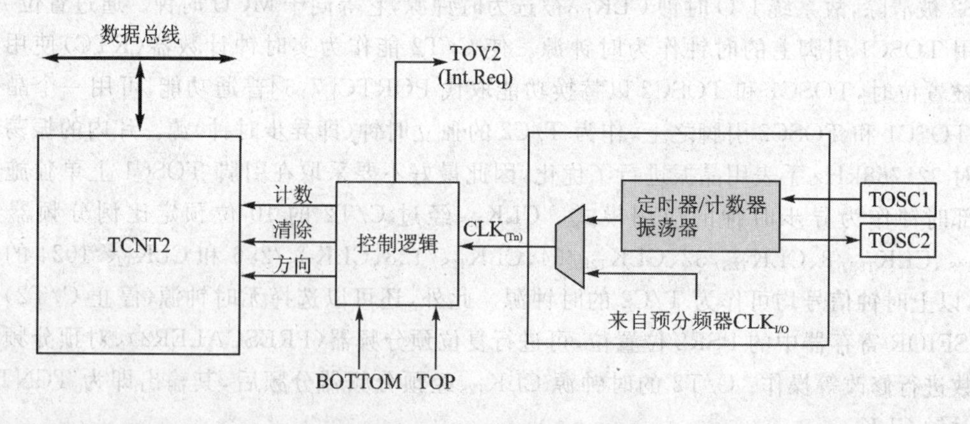

图 1.35　T/C2 计数单元方框图

图 1.35 中的符号所代表的意义如下:

- 计数(count)　　　　TCNT2 加 1 或减 1。
- 方向(direction)　　加或减计数的选择。
- 清除(clear)　　　　清零 TCNT2。
- 计数时钟(CLK_{T2})　　C/T2 时钟源
- 顶部值(top)　　　　表示 TCNT2 计数值到达上边界。
- 底部值(bottom)　　表示 TCNT2 计数值到达下边界(零)。

计数值保存在寄存器 TCNT2 中,MCU 可以在任何时间访问 TCNT2。CPU 写入 TCNT2 的值将立即覆盖其中原有的内容,并会影响计数器的运行。

计数器的计数序列取决于寄存器 TCCR2 中标志位 WGM2[1:0]的设置。WGM2[1:0]的设置直接影响到计数器的计数方式和 OC2 的输出,同时也影响和涉及 T/C2 的溢出标志位 TOV2 的置位。标志位 TOV2 可以用于产生中断申请。

(3) 比较匹配单元及运作特点

图 1.36 为 T/C2 的比较匹配单元逻辑功能图。在 T/C2 运行期间,比较匹配单元一直将寄存器 TCNT2 的计数值同寄存器 OCR2 的内容进行比较。一旦两者相等,在下一个计数时钟脉冲到达时置位 OCF2 标志位。根据 WGM2[1:0]和 COM2[1:0]的不同设置,比较匹配输出还控制产生各种类型的脉冲波形。

图 1.37 为 T/C2 比较匹配输出单元逻辑图。

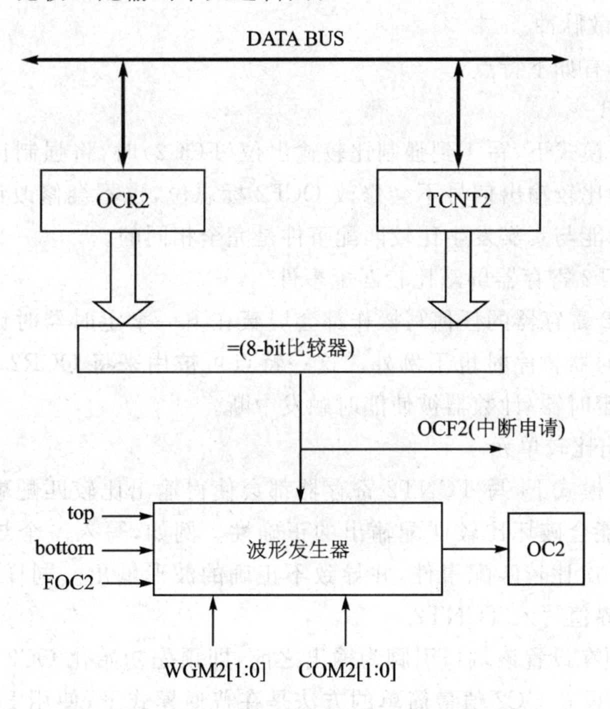

图 1.36　T/C2 8 位比较匹配单元逻辑功能图

寄存器 OCR2 配备了一个辅助缓存器。当 T/C2 工作在非 PWM 模式下时,该辅助缓存器被禁止使用,MCU 直接访问寄存器 OCR2。当 T/C2 工作在 PWM 模式时,该辅助缓存器被允许使用,这时 MCU 对 OCR2 的访问操作,实际上是对 OCR2 的辅助缓存器操作。当计数器的计数值达到设定的最大值(TOP)或最小值(BOTTOM)时,辅助缓存器中的内容将同步

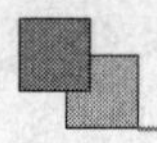

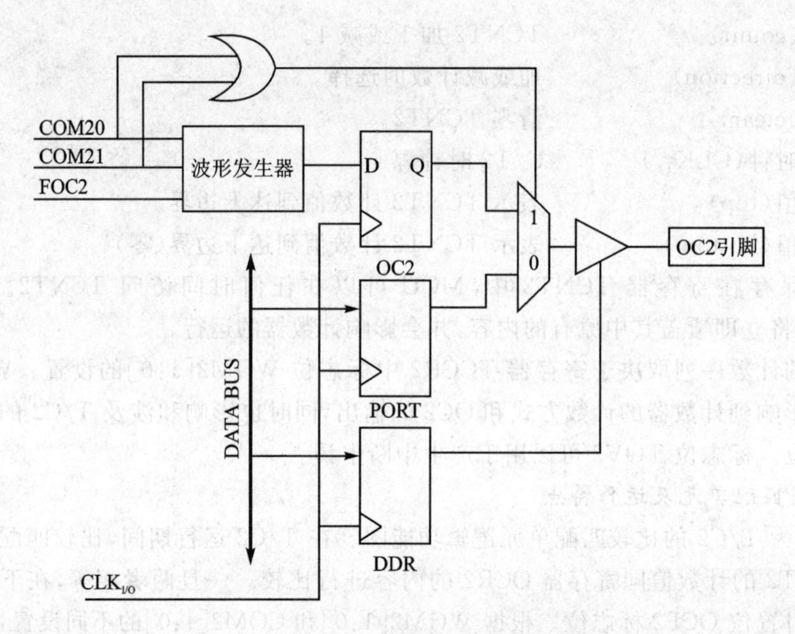

图 1.37 T/C2 比较匹配输出单元逻辑图

更新比较寄存器 OCR2 的值。这样便有效防止了畸变非对称的 PWM 脉冲的产生,使输出的 PWM 波形中没有杂散脉冲。

比较匹配运作具有如下特点:

① 强制比较输出

在非 PWM 波形模式下,写 1 到强制比较输出位(FOC2)时,将强制比较器产生一个比较匹配输出信号。强制比较输出信号不会修改 OCF2 标志位,也不会修改计数器,但对 OC2 引脚输出进行更新之功能与真实发生比较匹配事件是完全相同的。

② 利用写 TCNT2 寄存器屏蔽比较匹配事件

MCU 对 TCNT2 寄存器的任何写操作都会屏蔽在下一个定时器时钟周期中发生的比较匹配事件,即使在定时器暂停时也不例外。这一特点可被用来将 OCR2 初始化为与 TCNT2 相同的值,而不会在定时器/计数器被使能时触发中断。

③ 正确使用输出比较单元

由于在任何工作模式下,写 TCNT2 寄存器都会使得输出比较匹配事件被屏蔽一个定时器时钟周期,因此可能会破坏比较匹配输出的正确性。例如,写入一个与 OCR2 相同的值到 TCNT2 时,将丢失一次比较匹配事件,并导致不正确的波形输出。同样原因,当定时器向下计数时,不要将下边界值写入 TCNT2。

OC2 的设置必须在设置该端口引脚为输出之前:即预先初始化 OC2 的输出状态,再设置该端口引脚为输出。设置 OC2 值最简单的方法是在普通模式下,使用 FOC2 来设置;在改变工作模式时,OC2 寄存器状态不受影响(保持其原来值直到有新的比较匹配输出为止)。

COM2[2:0]是无缓冲的,改变 COM2[1:0]位的设置,会立刻影响 T/C2 的工作方式。这一点需要引起注意。

(4) 比较匹配输出单元

标志位 COM2[1:0]有两个作用:定义 OC2 的输出状态;控制外部引脚 OC2 是否输出

OC2 寄存器的值。

当标志位 COM2[1:0]中至少有一位为“1”时，或门输出为“1”，选择波形发生器的输出 OC2 取代引脚原来的 I/O 功能，但引脚的方向寄存器 DDR 仍然控制 OC2 引脚的输出使能。如果要输出 OC2 的逻辑电平到外部引脚，应设定 DDR 定义该引脚为输出脚。采用这种控制结构，用户可以先初始化 OC2 的状态，然后再允许其输出到引脚。

(5) 比较输出模式和波形发生器

T/C2 有 4 种工作模式，根据 COM2[1:0]的不同设定，波形发生器将产生各种不同的脉冲波形。但只要 COM2[1:0]=0(或门被关闭)，波形发生器与 OC2 寄存器就没有任何关系。

2. 8 位 T/C2 寄存器

(1) T/C2 计数寄存器—TCNT2

位	7	6	5	4	3	2	1	0	
$24($44)	TCNT2[7:0]								TCNT2
读/写	R/W	R/W	R/W	R/W	R/W	R/W	R/W	R/W	
复位值	0	0	0	0	0	0	0	0	

TCNT2 是 T/C2 的计数值寄存器，该寄存器可以直接被读/写访问。写 TCNT2 寄存器将在下一个定时器时钟周期中阻塞比较匹配。因此，在计数器运行期间修改 TCNT2 的内容，有可能将丢失一次 TCNT2 与 OCR2 的比较匹配操作。

(2) 输出比较寄存器—OCR2

位	7	6	5	4	3	2	1	0	
$23($43)	OCR2[7:0]								OCR2
读/写	R/W	R/W	R/W	R/W	R/W	R/W	R/W	R/W	
复位值	0	0	0	0	0	0	0	0	

该寄存器中的 8 位数据用于同 TCNT2 寄存器中的计数值进行连续匹配比较。一旦 TCNT2 的计数值与 OCR2 的数据相匹配，将产生一个输出比较匹配的中断申请，或改变 OC2 的输出逻辑电平。

(3) 定时器/计数器 2 中断屏蔽寄存器—TIMSK

位	7	6	5	4	3	2	1	0	
$37($57)	OCIE2	TOIE2	TICIE1	OCIE1A	OCIE1B	TOIE1	OCIE0	TOIE0	TIMSK
读/写	R/W	R/W	R/W	R/W	R/W	R/W	R/W	R/W	
复位值	0	0	0	0	0	0	0	0	

① 位 7－OCIE2：T/C2 输出比较匹配中断允许标志位

当 OCIE2 被置位，且状态寄存器中的 I 也被置位时，将使能 T/C2 的输出比较匹配中断。当发生输出比较匹配中断时(OCF2=1)，则执行 T/C2 输出比较匹配中断服务程序。

② 位 6－TOIE2：T/C2 溢出中断允许标志位

当 TOIE2 被置位，且状态寄存器中的 I 也被置位时，将使能 T/C2 溢出中断。当发生溢出中断时(TOV2=1)，则执行 T/C2 溢出中断服务程序。

(4) 定时器/计数器 2 中断标志寄存器—TIFR

位	7	6	5	4	3	2	1	0	
$38($58)	OCF2	TOV2	ICF1	OCF1A	OCF1B	TOV1	OCF0	TOV0	TIFR
读/写	R/W	R/W	R/W	R/W	R/W	R/W	R/W	R/W	
复位值	0	0	0	0	0	0	0	0	

① 位 7－OCF2:T/C2 输出比较匹配中断标志位

当 T/C2 输出比较匹配成功(TCNT2＝OCR2)时,OCF2 位被置位。当转入 T/C2 输出比较匹配中断向量执行中断处理程序时,OCF2 由硬件自动清零。写入一个逻辑 1 到 OCF2 标志位将清除该标志位。当寄存器 SREG 中的 I 位、OCIE2 以及 OCF2 均为 1 时,T/C2 的输出比较匹配中断服务被执行。

② 位 6－TOV2:T/C2 溢出中断标志位

当 T/C2 产生溢出时,TOV2 被置位。当转入 T/C2 溢出中断向量执行中断处理程序时,TOV2 由硬件自动清零。写入一个逻辑 1 到 TOV2 标志位将清除该标志位。当寄存器 SREG 中的 I 位、TOIE2 以及 TOV2 均为 1 时,T/C2 的溢出中断服务被执行。在 PWM 模式中,当 T/C2 计数器的值为 0x00 并改变计数方向时,TOV2 被置为 1。

(5) 定时器/计数器 2 控制寄存器—TCCR2

位	7	6	5	4	3	2	1	0	
$25($45)	FOC2	WGM20	COM21	COM20	WGM21	CS22	CS21	CS20	TCNT0
读/写	W	R/W	R/W	R/W	R/W	R/W	R/W	R/W	
复位值	0	0	0	0	0	0	0	0	

① 位 7－FOC2:强制输出比较

FOC2 位只在 T/C2 被设置为非 PWM 模式下才有效,但为了保证同以后的器件兼容,在 PWM 模式下写 TCCR2 寄存器时,该位必须被写零。当写一个逻辑 1 到 FOC2 位时,将强使波形发生器输出一个比较匹配成功信号,使波形发生器依据 COM2[1:0]位的设置而改变 OC2 的输出状态。

注意:FOC2 的作用仅同于一个选通脉冲,OC2 的输出还是要由 COM2[1:0]位的设置决定。FOC2 选通脉冲不会产生任何的中断申请,也不影响计数器 TCNT2 和寄存器 OCR2 的值。待到真正的比较匹配发生时,OC2 的输出将根据 COM2[1:0]位的设置而更新。

② 位 3.6－WGM2[1:0]:波形发生模式

这两个位控制 T/C2 的计数和工作方式以及计数器计数的上限值和确定波形发生器的工作模式(见表 1.34)。T/C2 支持的工作模式有:普通模式,比较匹配时定时器清零(CTC)模式,以及两种脉宽调制(PWM)模式。

表 1.34　T/C2 的波形产生模式

模　式	WGM21	WGM20	T/C2 工作模式	计数上限值	OCR2 更新	TOV2 置位
0	0	0	普通模式	$FF	立即	$FF
1	0	1	PWM,相位可调	$FF	$FF	$00

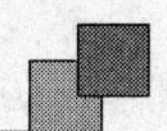

续表 1.34

模　式	WGM21	WGM20	T/C2 工作模式	计数上限值	OCR2 更新	TOV2 置位
2	1	0	CTC 模式	OCR2	立即	$FF
3	1	1	快速 PWM	$FF	$FF	$FF

③ 位 5,4－COM2[1:0]:比较匹配输出模式

这 2 位控制比较输出引脚 OC2 的输出行为。如果 COM2[1:0]中至少有一个位被置位，OC2 的输出将取代 PD7 引脚的一般 I/O 端口功能。但是 OC2 输出引脚的数据方向寄存器 DDR 位必须置为输出方式。当引脚 PD7 作为 OC2 输出引脚时,其输出方式取决于 COM2[1:0]和 WGM2[1:0]的设定。

表 1.35 给出了在 WGM2[1:0]的设置为普通模式和 CTC 模式(非 PWM)时,COM2[1:0]位的功能定义。表 1.36 给出了在 WGM2[1:0]的设置为快速 PWM 模式时,COM2[1:0]位的功能定义。表 1.37 给出了在 WGM2[1:0]设置为相位可调的 PWM 模式时,COM2[1:0]位功能定义。

表 1.35　比较输出模式,非 PWM 模式

COM21	COM20	说　明
0	0	PD7 为通用 I/O 引脚(OC2 与引脚不连接)
0	1	比较匹配时触发 OC2(OC2 为原 OC2 取反)
1	0	比较匹配时清零 OC2
1	1	比较匹配时置位 OC2

表 1.36　比较输出模式,快速 PWM 模式

COM21	COM20	说　明
0	0	PD7 为通用 I/O 引脚(OC2 与引脚不连接)
0	1	保留
1	0	比较匹配时清零 OC2,计数值为 $FF 时置位 OC2
1	1	比较匹配时置位 OC2,计数值为 $FF 时清零 OC2

表 1.37　比较输出模式,相位可调 PWM 模式

COM21	COM20	说　明
0	0	PD7 为通用 I/O 引脚(OC2 与引脚不连接)
0	1	保留
1	0	向上计数过程中比较匹配时清零 OC2 向下计数过程中比较匹配时置位 OC2
1	1	向上计数过程中比较匹配时置位 OC2 向下计数过程中比较匹配时清零 OC2

④ 位 2,1,0－CS2[2:0]:T/C2 时钟源选择

这 3 个功能位用于选择 T/C2 的时钟源,见表 1.38。

表 1.38 T/C2 的时钟源选择

CS22	CS21	CS20	说 明
0	0	0	无时钟源(停止 T/C2)
0	0	1	CLK_{T2S}(不经过分频器)
0	1	0	$CLK_{T2S}/8$(来自预分频器)
0	1	1	$CLK_{T2S}/32$(来自预分频器)
1	0	0	$CLK_{T2S}/64$(来自预分频器)
1	0	1	$CLK_{T2S}/128$(来自预分频器)
1	1	0	$CLK_{T2S}/256$(来自预分频器)
1	1	1	$CLK_{T2S}/1024$(来自预分频器)

(6) 定时器/计数器 2 异步状态寄存器－ASSR

异步方式由异步状态寄存器(ASSR)来控制时钟选择逻辑模块,决定由哪一个时钟源来提供 T/C2 加 1 或者减 1 计数的时钟。当没有时钟源被选中时,T/C2 即被关闭。

位	7	6	5	4	3	2	1	0	
$22($42)	—	—	—	—	AS2	TCN2UB	OCR2UB	TCR2UB	ASSR
读/写	R	R	R	R	R/W	R	R	R	
复位值	0	0	0	0	0	0	0	0	

① 位 3－AS2:异步 T/C2 设定位

当 AS2 被写为 0 时,T/C2 使用系统 I/0 时钟－$CLK_{I/O}$作为时钟源(同步方式)。当 AS2 被写为 1 时,T/C2 使用外接于 TOSC[1:2]引脚上的晶振作为时钟源(异步方式)。当 AS2 的值被改写时,寄存器 TCNT2、OCR2 和 TCCR2 的内容会随之改变。

② 位 2－TCN2UB:TCNT2 更新忙

当 T/C2 处于异步工作方式、且有数据被写入 TCNT2 时,该位被置位。当 TCNT2 由临时缓存寄存器完成更新后,该位由硬件自动清零,表示 TCNT2 可再被更新。

③ 位 1－OCR2UB:OCR2 更新忙

当 T/C2 处于异步工作方式、且有数据被写入 OCR2 时,该位被置位。当 OCR2 由临时缓存寄存器完成更新后,该位被硬件自动清零。该位为 0 表示 OCR2 可再被更新。

④ 位 0－TCR2UB:TCCR2 更新忙

当 T/C2 处于异步工作方式、且有数据被写入 TCCR2 时,该位被置位。当 TCCR2 由临时缓存寄存器完成更新后,该位被硬件自动清零。该位为 0 表示 TCCR2 可再被更新。

如果在以上更新忙标志位已被置位状态下,对 T/C2 的 3 个寄存器进行强制写入,那么写入操作将导致失败,并引发意外的中断。

读取 TCNT2、OCR2 和 TCCR2 寄存器的机制是不同的。当读 TCNT2 寄存器时,读取的是定时器的实际值。当读取 OCR2 和 TCCR2 寄存器时,读取的是临时缓存器中的值。

3. T/C2 的应用

T/C2 涵盖 T/C0 功能,且独具异步计数(为系统提供实时钟)功能。

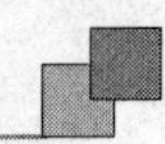

标志位 WGM2[1:0]和 COM2[1:0]的组合构成 T/C2 的 4 种工作方式以及 OC2 不同模式的输出，为用户提供了基本的应用模式和灵活多样的 PWM 输出模式。

T/C2 的 PWM 输出功能是与 T/C0 完全对应的，所以只要把对 TCCR0、OCR0、TCNT0、OC0 和 TIMSK 寄存器的设置以及中断矢量设置改为针对 T/C2 的相应设置，则得到完全相同的 PWM 输出。

T/C2 在各种 PWM 模式下的应用清参考 1.10.2 小节中第 3 条：T/C0 的应用。

(1) 普通模式(WGM2[1:0]=0)

T/C2 工作在普通模式下时，计数器为单向加法计数器，一旦寄存器 TCNT2 的值达到 $FF，下一个计数脉冲到来时便恢复为 $00，置位溢出标志 TOV2，并重新向上计数。标志位 TOV2 可以用于申请中断，也可以作为计数器的第 9 位使用，即以其对 TCNT2 的软件扩展字节增 1。用户可以随时通过写入 TCNT2 寄存器初始值的方法，来调整计数器溢出的时间间隔。

在普通模式中，可以使用输出比较单元产生定时中断信号。也可以在普通模式下使用输出比较单元来产生 PWM 波形输出(同 AT90S8535T/C2 的非 PWM 模式)。

(2) 比较匹配清零计数器 CTC 模式(WGM2[1:0]=2)

工作在 CTC 模式下的 T/C2，其计数器为单向加法计数器。一旦寄存器 TCNT2 的值与 OCR2 的设定值相等，就将计数器 TCNT2 清零，然后继续向上加法计数。通用设置 OCR2 的值，可方便地控制比较匹配输出的频率。图 1.38 为 CTC 模式下的工作时序图。

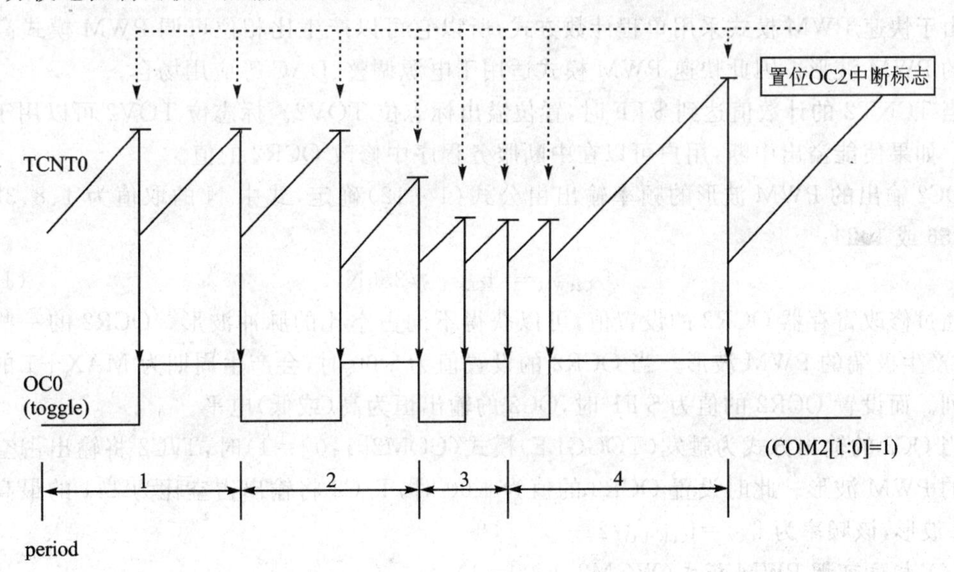

图 1.38　T/C2 CTC 模式的时序图

在 TCNT2 与 OCR2 匹配的同时，置位比较匹配标志位 OCF2。OCF2 可以用于申请中断。如果允许比较匹配中断，用户便可在中断服务程序中修改 OCR2 的值，以修改 PWM 输出。

当 T/C2 采用的计数时钟频率比较高(例如将预分频器 2 的分频系数选为 1，即直接以 MCU 主时钟作为计数时钟)，且写入 OCR2 的值与 $00 接近时，可能会漏掉一次比较匹配输出事件。例如：当 TCNT2 的值与 OCR2 相等，TCNT2 被硬件清零并申请中断。在中断服务

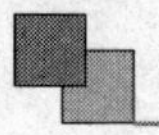

中重新设置 OCR2 为 \$05;但中断返回后 TCNT2 的计数值已经为 \$06 了。此时丢失了一次比较匹配成立条件,计数器将继续加法计数到 \$FF,然后返回 \$00,当再次计数到 \$05 时,才能产生比较匹配输出。

如果允许中断嵌套并且高优先级中断服务占用较长时间,也可能发生漏掉比较匹配的情况。

在 CTC 模式下产生波形输出时,设置 OC2 的输出方式为触发(TOGGLE)方式(COM2[1:0]=1),较为方便。OC2 输出波形的最高频率为 $f_{OC2}=f_{CLK\_I/O}/2$(OCR2=0x00)。其他的频率输出由公式(1-11)确定,式中 N 的取值为 1、8、32、64、128、256 或 1024。

$$f_{OC2}=f_{CLK\_I/O}/2N(1+OCR2) \quad (1-11)$$

在 CTC 模式下,当计数器的计数值由 \$FF 翻转为 \$00 时,标志位 TOV2 置位,这一点与普通模式相同。

(3) 快速 PWM 模(WGM2[1:0]=3)

T/C2 工作在快速 PWM 模式可以产生较高频率的 PWM 波形。当 T/C2 工作在此模式下时,计数器为单程向上的加法计数器,从 \$00 一直加到 \$FF,然后再从 \$00 开始重新加法计数。在设置正向比较匹配输出(COM2[2:0]=2)模式中,当 TCNT2 的计数值与 OCR2 的值相匹配时清零 OC2,当计数器的值由 \$FF 返回 \$00 时置位 OC2。而在设置反向比较匹配输出(COM2[1:0]=3)模式中,当 TCNT2 的计数值与 OCR2 的值相匹配时置位 OC2,当计数器的值由 \$FF 返回 \$00 时清零 OC2。图 1.39 为快速 PWM 工作时序图。

由于快速 PWM 模式采用单程计数方式,所以它可以产生比相位可调 PWM 模式高 1 倍频率的 PWM 波形。因此快速 PWM 模式适用于电源调整、DAC 等应用场合。

当 TCNT2 的计数值达到 \$FF 时,置位溢出标志位 TOV2。标志位 TOV2 可以用于申请中断。如果使能溢出中断,用户可以在中断服务程序中修改 OCR2 的值。

OC2 输出的 PWM 波形的频率输出由公式(1-12)确定,式中 N 的取值为 1、8、32、64、128、256 或 1024。

$$f_{OC2PWM}=f_{CLK\_I/O}/256N \quad (1-12)$$

通过修改寄存器 OCR2 的设置值,可以获得不同占空比的脉冲波形。OCR2 的一些特殊值,会产生极端的 PWM 波形。当 OCR2 的设置值为 \$00 时,会产生周期为 MAX+1 的窄脉冲序列。而设置 OCR2 的值为 \$FF 时,OC2 的输出恒为高(或低)电平。

当 OC2 的输出方式为触发(TOGGLE)模式(COM2[1:0]=1)时,T/C2 将输出占空比为 50% 的 PWM 波形。此时设置 OCR2 的值为 \$00 时,T/C2 将输出占空比为 1:1 的最高频率 PWM 波形,该频率为 $f_{OC2}=f_{CLK\_I/O}/2$。

(4) 相位可调 PWM 模式(WGM2[1:0]=1)

相位可调 PWM 模式可以产生高精度相位可调的 PWM 波形。当 T/C2 工作在此模式下时,计数器为双程计数器:从 \$00 一直加法计数到 \$FF,在下一个计数脉冲到达时,改变计数方向,从 \$FF 开始减法计数到 \$00。若设置正向比较匹配输出(COM2[2:0]=2)模式,则在正向加法计数过程中,TCNT2 计数值与 OCR2 值相匹配时清零 OC2;在反向减法计数过程中,当计数器 TCNT2 值与 OCR2 值相同时置位 OC2。若设置反向比较匹配输出(COM2[1:0]=3)模式:则在正向加法计数过程中,TCNT2 的计数值与 OCR2 值相匹配时置位 OC2;在反向减减法计数过程中,当计数器 TCNT2 的值与 OCR2 的值相等时清零 OC2。图 1.40 为相

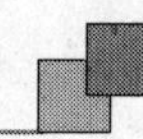

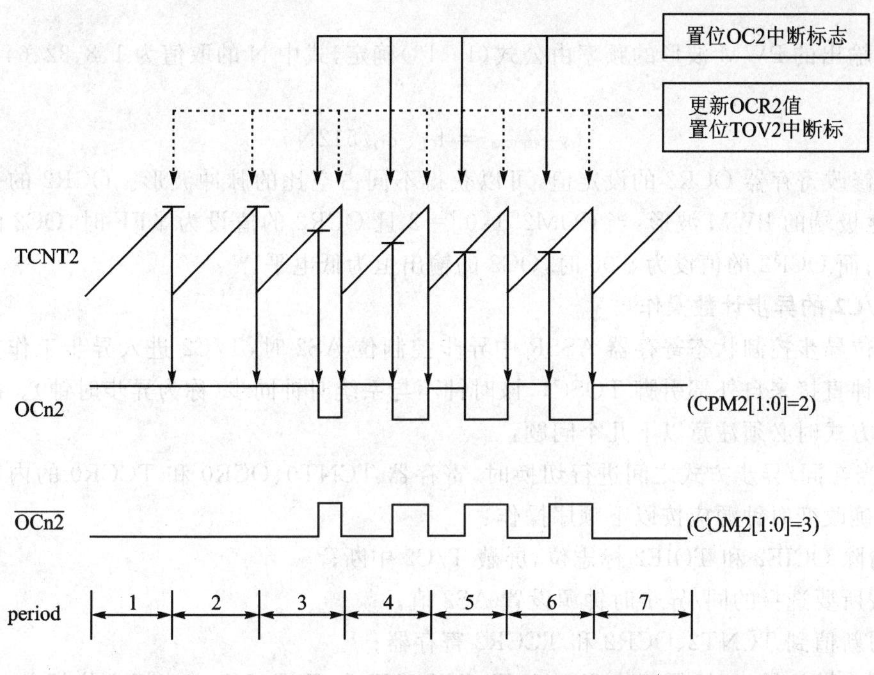

图 1.39 T/C2 快速 PWM 模式工作时序

位可调 PWM 工作时序图。

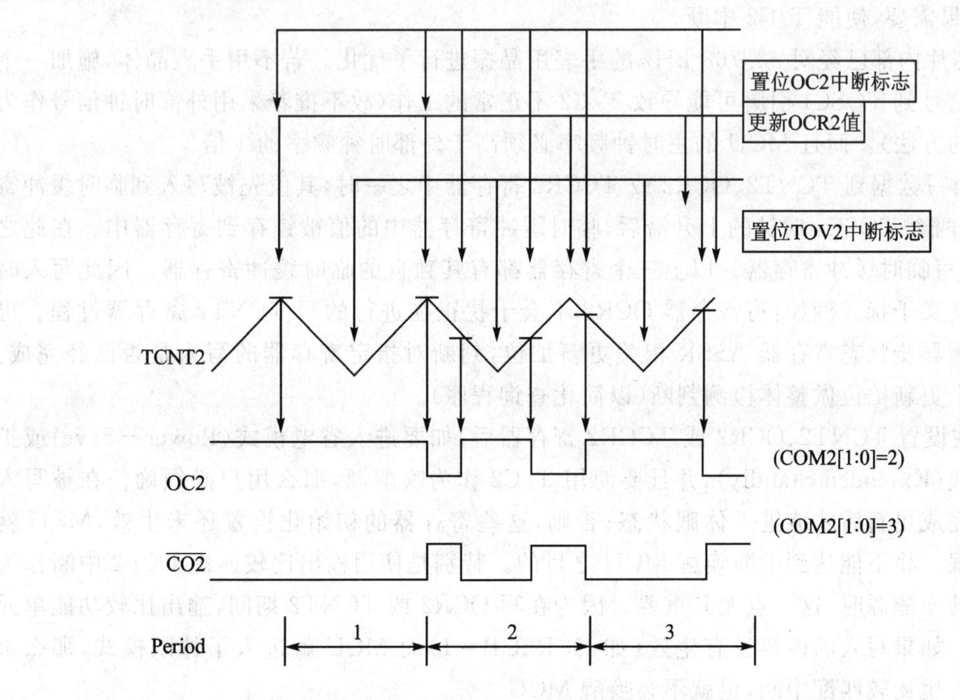

图 1.40 T/C2 相位可调 TWM 工作时序

由于该 PWM 模式采用双程计数方式，所以它产生的 PWM 波形频率比快速 PWM 低。其相位可调的特性(即 OC2 逻辑电平的改变不是固定在 TCNT2＝＄00 处)，适合于电机控制一类的应用。当 TCNT2 的计数值达到＄00 时，置位溢出标志位 TOV2。TOV2 可用于申请溢出中断。

OC2 输出的 PWM 波形的频率由公式(1-13)确定,式中 N 的取值为 1、8、32、64、128、256 或 1024。

$$f_{OC2PCPWM} = f_{CLK\_I/O}/512N \tag{1-13}$$

通过修改寄存器 OCR2 的设定值,可以获得不同占空比的脉冲波形。OCR2 的一些特殊值,会产生极端的 PWM 波形:当 COM2[1:0]=2 且 OCR2 的值设为 $FF 时,OC2 的输出恒为高电平;而 OCR2 的值设为 $00 时,OC2 的输出恒为低电平。

4. T/C2 的异步计数操作

当置位异步控制状态寄存器 ASSR 中异步控制位 AS2 时,T/C2 进入异步工作方式。此时计数时钟直接来自外部引脚 TOSC1,该时钟不与系统时钟同步(称为异步时钟)。故系统工作于异步方式时必须注意以下几个问题:

(1) 当在同/异步方式之间进行切换时,寄存器 TCNT0、OCR0 和 TCCR0 的内容会遭到破坏。正确改变时钟源应按以下顺序操作:

- 清除 OCIE2 和 TOIE2 标志位,屏蔽 T/C2 中断;
- 按所要选择的同/异步时钟源设置 AS2 值;
- 写新值到 TCNT2、OCR2 和 TCCR2 寄存器;
- 同步转为异步时,须等待 TCN2UB、OCR2UB 和 TCR2UB 三个标志位都由 1 变为 0;
- 清除 T/C2 的中断标志位;
- 如果需要,使能 T/C2 中断。

(2) 芯片内部已经对 32.768 kHz 的手表用晶振进行了优化。若不用手表晶体,施加一个外部时钟信号到 TOSC1 引脚可能导致 T/C2 不正常的工作(故不推荐采用外部时钟信号作为异步时钟的方法)。而且 MCU 的主时钟频率必须高于外部时钟频率的 4 倍。

(3) 当写数据到 TCNT2、OCR2 或 TCCR2 寄存器中之一时,其值先被写入到临时缓冲寄存器,经过两个 TOSC1 时钟的上升沿后,临时缓冲寄存器中的值被锁存到寄存器中。在此之前,不能再写临时缓冲寄存器。以上三个寄存器都有其独自的临时缓冲寄存器。因此写入时不会造成交叉干扰。例如:写寄存器 OCR2 不会干扰正在进行的写 TCNT2 寄存器过程。可以通过检测异步状态寄存器 ASSR 相关更新忙位,判断对指定寄存器的写入是否已经完成。可以对 3 个更新忙位做整体检测判断(以简化查询程序)。

(4) 在设置 TCNT2、OCR2 或 TCCR2 寄存器后,如要进入省电模式(Power-Save)或扩展待机模式(Extended Standly),并且要使用 T/C2 作为唤醒源,那么用户必须确信在被写入的寄存器完成更新后才能进入休眠状态;否则,这些寄存器的初始化设置还未生效,MCU 就已进入休眠。将不能达到中断唤醒 MCU 之目的。特别是使用输出比较匹配 OCF2 中断作为唤醒器件的唤醒源时,这一点尤其重要。因为在写 OCR2 或 TCNT2 期间,输出比较功能单元将被屏蔽。如果写入的内容没有生效(如 OCR2UB=1)而 MCU 就进入了休眠模式,那么永远都不会产生比较匹配中断,也就不会唤醒 MCU。

(5) 如果 T/C2 被用作将 MCU 从省电或扩展待机模式下的唤醒源时,必须注意,当要重新进入这些休眠模式时,中断逻辑需要一个 TOSC1 周期来复位。器件唤醒和再次进入休眠模式之时间间隔不得少于一个异步时钟周期,否则中断将不会发生,MCU 将不能被唤醒;如果不能确定再次进入省电或待机模式前的时间是否足够,可使用以下方法来保证有一个异步

时钟周期：

- 写一个合适值到TCCR2、TCNT2或OCR2寄存器；
- 等待ASSR寄存器中相应的更新标志位清零；
- 再次进入省电或待机模式。

(6) 当选择了异步工作方式时，T/C2的32.768 kHz晶振始终处在运行状态，除非进入掉电模式或待机模式。在上电复位、从掉电模式或待机模式下唤醒MCU时，晶振最长需要大约1 s的稳定时间(特别是在工作电压较低时)。建议用户在上电复位，或从掉电模式以及待机模式下唤醒后，要等待1 s后再使用T/C2。

无论T/C2使用内部计数时钟还是外部TOSC1引脚上的异步时钟，当器件从掉电或待机模式状态下唤醒后，由于时钟信号的不稳定性，所有T/C2寄存器中的内容应被认为已经丢失。

(7) 当使用异步工作方式时，从省电或待机模式下唤醒MCU的过程为：当符合中断的条件产生后，唤醒过程将在下一个计数器的时钟周期开始；MCU被唤醒后，先暂停4个时钟周期，然后才执行中断处理子程序。其返回地址为SLEEP指令后的第一条指令之地址。程序从此处重新开始执行。

(8) 当MCU被唤醒后，立即读取TCNT2寄存器将返回不正确的值。由于TCNT2是由TOSC1异步时钟驱动的，而读取TCNT2必须通过一个寄存器，并且应同内部I/O时钟同步。这个读取同步发生在每个TOSC1的上升沿。当从省电模式唤醒MCU时，I/O时钟($CLK_{I/O}$)再次有效，立即读取TCNT2则读出为进入休眠前的值。因为直到TOSC1的下一个上升沿，寄存器中的值才会更新。由于在从省电模式下唤醒后，TOSC1时钟的相位是不可预测的，一个正确读取TCNT2寄存器的方案如下：

- 写任意值到OCR2或TCCR2寄存器；
- 等待ASSR寄存器中相应的更新忙标志位返回到0；
- 读取TCNT2寄存器。

(9) 在异步操作过程中，对于异步定时器的中断标志位的同步过程需要3个MCU时钟周期加上1个定时器周期。

1.11　ATmega16/8535的I/O端口

1.11.1　概　述

AVR单片机的I/O端口作为通用数字输入/输出口使用时，都具有真正的读—修改—写功能。也就是说针对某个I/O引脚使用SBI/CBI指令就可以设置其输入/输出方向，或改变引脚的输出值，或对引脚的内部上拉电阻功能进行禁止/允许设定。以上针对某引脚的操作均不会改变其他引脚的状态。每个引脚都采用推挽驱动方式，不仅可提供输出大电流，而且也能吸收大电流，故能以AVR的I/O引脚直接驱动LED显示器(位选/段选)或继电器。ATmega16/8535采用3个8位寄存器来控制每个I/O端口，分别称为数据方向寄存器DDRx、数据寄存器PORTx和输入引脚寄存器PINx。其中DDRx和PORTx是可读写的寄存器，而PINx为只读寄存器。每个I/O引脚内部都有独立的上拉电阻电路，可通过程序设置激活/禁止上拉电阻。另外,如设置 SFIOR 寄存器中的上拉屏蔽位 PUD 为 1,则会禁止所有端口引脚中的内部上拉电阻。每个 I/O 引脚在芯片内部都有对电源(V_{CC})和对地(GND)的二极管钳位保护电路。

ATmega16/8535 单片机共有 4 个 8 位的 I/O 端口。分别为端口 A、B、C、和 D。多数 I/O 口都为复用口,这 32 个引脚都可单独设定为输入或输出口,故可最大限度、灵活地利用这一资源。各端口除具有通用输入输出功能外,都具有第二功能(8535 仅 PC[5:2]无第 2 功能),少数还具有第三功能。

使用某些口作通用输入或输出,必须先对其初始化,先写数据方向寄存器。将作为输入口的位,在其对应位 DDRx 中写 0;将作为输出口的位,在其对应位 DDRx 中写 1。即对 I/O 端口输入输出设置规则为"0 入 1 出"。外部状态可从设为输入的 PINx 引脚上读入。数据可从设定为输出的各个脚位输出,输出实际上是写端口数据寄存器 PORTx(锁存器)。输出数据(即状态)可随时读入,这一点是非常实用的;有时在从某端口输出数据之前,要了解一下当前的输出状态,就可读回端口数据寄存器之值。对于没有这种功能的输出口,必须在内存中建立一个端口输出映像才能了解当前的输出状态。

数据方向寄存器 DDRx 中的数据也是可随时读回的。

端口 A,B,C 和 D 的寄存器组成以及通用功能等都是相同的。

1.11.2 I/O 内部结构及工作原理

图 1.41 为不涉及第二功能的端口内部结构简化图,以 PORTx 代表任意一个端口,对端口所有位都是适合的。

PUD 为 SFIOR 寄存器中的上拉电阻总禁止位,其值设为 1,则禁止所有上拉电阻。其值设为 0,则由 DDxn 与 PORTxn 决定是否激活上拉电阻。

1. 作为输出口

将端口数据方向寄存器的 DDxn 位设置为 1,则定义 Pxn 为输出。由图 1.41 中可看到,DDxn 的 Q 端为高电平,与门输出为低,反相后为高(假设 PUD 设置为 0,则对与门输出无影响;若 PUD 设置为 1,则与门输出为低,反相后为高,直接关闭 MOS 管),MOS 管截止,无上拉作用。而 PORTxn 的三态门打开,PORTxn 的输出,即 Q 端电平通过三态门输出到引脚 Pxn。因此,定义 Pxn 为输出(DDxn=1)时,Pxn 之输出即为 Q 之状态:Q=1 输出为高,Q=0,输出为低。

2. 作为输入口

从图 1.41 看出,当设置 PUD 为高电平时,超越下面的激活上拉电阻(即设置[DDrn:PORTxn]=01)之操作,禁止一切上拉电阻;若 PUD 为低电平,则对与门无控制作用,上拉电阻由 DDxn 和 PORTxn 控制。此时若设置 DDxn=0,则 Pxn 被定义为输入。当 PORTxn=0 时,与门输出为低,反相后为高,MOS 管截止,无上拉作用,成为高阻状态;当 PORTxn=1 时,与门输出为高,反向后为低,激活 MOS 管上拉。Pxn 成为带上拉电阻的输入,可省去接口电路上的上拉电阻。

以上对端口内部上拉电阻的激活/禁止原理对所有端口都是相同的,即所有端口都具备这种基本的输入/输出结构和功能。

以上我们看到,每一端口都占用三个 I/O 寄存器地址。另外,在设为输出方式时,各引脚

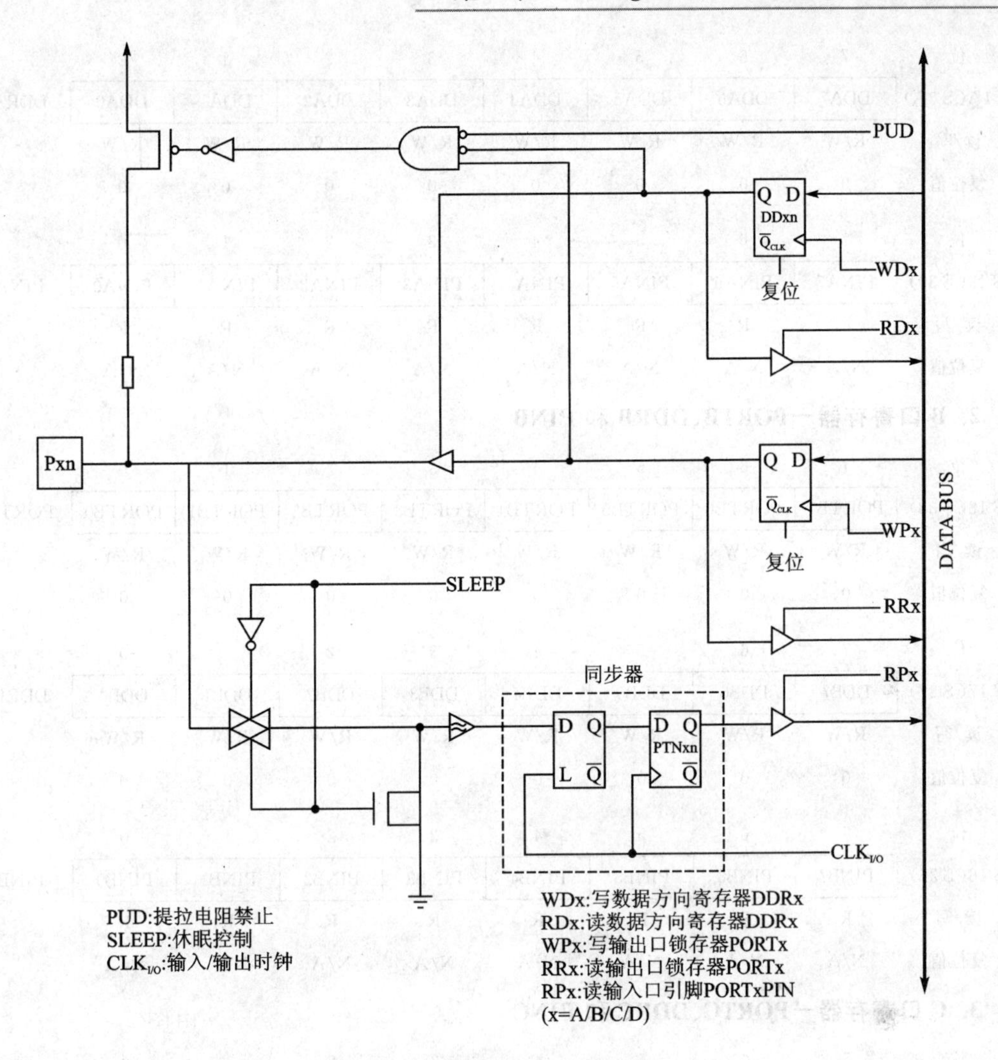

图 1.41　Pxn 内部工作原理图

可吸收 20mA 电流，若输出口电平可升至 1V 以上，灌电流高达 40 mA，故可直接驱动 LED 显示(段选或位选)、继电器等。

AVR ATmega16/8535 每个 8 位的端口都有对应的 3 个 I/O 端口寄存器，分别是数据寄存器 PORTx、方向寄存器 DDRx 和输入引脚寄存器 PINx(x 为 A～D，分别代表 A 口～D 口)。定义各引脚为输入或输出，只须写方向寄存器。输入时可选激活上拉电阻方式，禁止上拉电阻方式则为高阻方式。

1.11.3　各端口寄存器

1. A 口寄存器－PORTA、DDRA 和 PINA

位	7	6	5	4	3	2	1	0	
$1B($3B)	PORTA7	PORTA6	PORTA5	PORTA4	PORTA3	PORTA2	PORTA1	PORTA0	PORTA
读/写	R/W	R/W	R/W	R/W	R/W	R/W	R/W	R/W	
复位值	0	0	0	0	0	0	0	0	

位	7	6	5	4	3	2	1	0	
$1A($3A)	DDA7	DDA6	DDA5	DDA4	DDA3	DDA2	DDA1	DDA0	DDRA
读/写	R/W	R/W	R/W	R/W	R/W	R/W	R/W	R/W	
复位值	0	0	0	0	0	0	0	0	

位	7	6	5	4	3	2	1	0	
$19($39)	PINA7	PINA6	PINA5	PINA4	PINA3	PINA2	PINA1	PINA0	PINA
读/写	R	R	R	R	R	R	R	R	
复位值	N/A	N/A	N/A	N/A	N/A	N/A	N/A	N/A	

2. B 口寄存器－PORTB、DDRB 和 PINB

位	7	6	5	4	3	2	1	0	
$18($38)	PORTB7	PORTB6	PORTB5	PORTB4	PORTB3	PORTB2	PORTB1	PORTB0	PORTB
读/写	R/W	R/W	R/W	R/W	R/W	R/W	R/W	R/W	
复位值	0	0	0	0	0	0	0	0	

位	7	6	5	4	3	2	1	0	
$17($37)	DDB7	DDB6	DDB5	DDB4	DDB3	DDB2	DDB1	DDB0	DDRB
读/写	R/W	R/W	R/W	R/W	R/W	R/W	R/W	R/W	
复位值	0	0	0	0	0	0	0	0	

位	7	6	5	4	3	2	1	0	
$16($36)	PINB7	PINB6	PINB5	PINB4	PINB3	PINB2	PINB1	PINB0	PINB
读/写	R	R	R	R	R	R	R	R	
复位值	N/A	N/A	N/A	N/A	N/A	N/A	N/A	N/A	

3. C 口寄存器－PORTC、DDRC 和 PINC

位	7	6	5	4	3	2	1	0	
$15($35)	PORTC7	PORTC6	PORTC5	PORTC4	PORTC3	PORTC2	PORTC1	PORTC0	PORTC
读/写	R/W	R/W	R/W	R/W	R/W	R/W	R/W	R/W	
复位值	0	0	0	0	0	0	0	0	

位	7	6	5	4	3	2	1	0	
$14($34)	DDC7	DDC6	DDC5	DDC4	DDC3	DDC2	DDC1	DDC0	DDC
读/写	R/W	R/W	R/W	R/W	R/W	R/W	R/W	R/W	
复位值	0	0	0	0	0	0	0	0	

位	7	6	5	4	3	2	1	0	
$13($33)	PINC7	PINC6	PINC5	PINC4	PINC3	PINC2	PINC1	PINC0	PINC
读/写	R	R	R	R	R	R	R	R	
复位值	N/A	N/A	N/A	N/A	N/A	N/A	N/A	N/A	

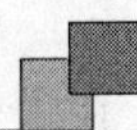

4. D口寄存器－PORTD、DDRD和PIND

位	7	6	5	4	3	2	1	0	
$12($32)	PORTD7	PORTD6	PORTD5	PORTD4	PORTD3	PORTD2	PORTD1	PORTD0	PORTD
读/写	R/W	R/W	R/W	R/W	R/W	R/W	R/W	R/W	
复位值	0	0	0	0	0	0	0	0	

位	7	6	5	4	3	2	1	0	
$11($31)	DDD7	DDD6	DDD5	DDD4	DDD3	DDD2	DDD1	DDD0	DDD
读/写	R/W	R/W	R/W	R/W	R/W	R/W	R/W	R/W	
复位值	0	0	0	0	0	0	0	0	

位	7	6	5	4	3	2	1	0	
$10($30)	PIND7	PIND6	PIND5	PIND4	PIND3	PIND2	PIND1	PIND0	PIND
读/写	R	R	R	R	R	R	R	R	
复位值	N/A	N/A	N/A	N/A	N/A	N/A	N/A	N/A	

PORTxn、DDxn和PINxn分别表示这3个I/O寄存器中相应的各个位，其中n为0～7，代表寄存器中的位值。

方向寄存器DDRx中的每个位DDxn用于控制一个I/O引脚的输入/输出方向。当DDxn为1时，对应的Pxn配置为输出引脚；而当DDxn为0时，对应的Pxn配置为输入引脚。当Pxn定义为输出引脚(DDxn＝1)时，PORTxn中的数据为引脚对外部的输出电平。即置PORTxn为1，端口引脚被强制输出高电平(输出电流)；清零PORTxn则端口引脚被强制拉低，输出低电平(吸入电流)。

当Pxn定义为输入(DDxn＝0)，置PORTxn为1时，配置该引脚的内部上拉电阻有效。要禁止内部上拉电阻，应将PORTxn清零，或将该引脚配置为输出。此外，通过对I/O特殊功能寄存器SFIOR中PUD位的设置，可以使所有引脚的上拉电阻处于无效状态。当芯片复位后，即使没有时钟脉冲，所有端口的引脚也都被置为高阻态。表1.39给出了I/O口的各种配置与功能。

表1.39　I/O口配置功能选择(n=7,6,…,1,0)

DDxn	PORTxn	PDU	I/O	上拉	说明
0	0	X	输入	无效	三态(高阻)
0	1	0	输入	有效	外部引脚拉低时输出电流
0	1	1	输入	无效	三态(高阻)
1	0	X	输出	无效	低电平推挽输出，吸收电流
1	1	X	输出	无效	高电平推挽输出，输出电流

1.11.4　I/O特殊功能寄存器SFIOR

I/O特殊功能寄存器SFIOR的定义如下：

位	7	6	5	4	3	2	1	0	
$30($50)	ADTS2	ADTS1	ADTS0	—	ACME	PUD	PSR2	PSR10	SFIOR
读/写	R	R	R	R	R	R/W	R/W	R/W	
复位值	0	0	0	0	0	0	0	0	

位 2—PUD:上拉电阻超越禁止位。

当 PUD 位被置位后,所有 I/O 引脚的上拉电阻都无效。即使在 DDxn=0、PORTxn=1 的情况下,只要 PUD=1,则上拉电阻仍旧无效(超越禁止功能,即 PUD 相当于上拉电阻的总开关,总开关断开则屏蔽所有分支开关,使全部上拉电阻皆无效)。

在将一个引脚从输入高阻态(DDxn=0,PORTxn=0)转换为高电平输出状态(DDxn=1,PORTxn=1)的过程中,会出现上拉有效输出(DDxn=0,PORTxn=1)或低电平输出(DDxn=1,PORTxn=0)的暂态过程,可能导致系统运行错误。为消除暂态过程,应先转换到上拉有效输入状态(DDxn=0,PORTxn=1),再转换为高电平输出状态(DDxn=1,PORTxn=1)。更严格的转换是先将 PUD 位置 1,再进行上述的转换。

同样,在将一个引脚从上拉有效输入(DDxn=0,PORTxn=1)转换为低电平输出状态(DDxn=1,PORTxn=0)过程中也会产生类似的问题。要根据实际情况选择高阻态输入(DDxn=0,PORTxn=0)或高电平输出(DDxn=1,PORTxn=1)作为中间转换过程,再转换为低电平输出状态(DDxn=1,PORTxn=0)。

不管数据方向寄存器 DDxn 为 0 或 1,总是可以通过读 PINxn 来获得外部引脚当前的实际电平。如图 1.41 所示,PINxn 和两个 D 触发器组成了同步锁存电路。采用这种控制结构的优点是,可以避免当外部引脚电平的改变出现在系统时钟边缘处时而产生一个不确定的值,但其同时也导致引脚电平的变化到 PINxn 寄存器位变化之间存在一个锁存延时。图 1.42 给出了读取引脚实际电平时的同步锁存时序。

同步锁存从第一个系统时钟的下降沿处开始。锁存器在时钟的低电平时为锁定状态,在时钟高电平时为导通状态,即为图 1.42 中"同步锁存"信号所示部分。当系统时钟变低时,外部引脚的值被锁入锁存器,在之后的时钟的上升沿处又被移入 PINxn 寄存器。一个引脚上电平的变化到最后锁存在 PINxn 中,有 1/2 或 3/2 个系统时钟周期的延时。

如在应用中需要立即回读刚刚由程序输出到引脚的设定值,那么应在输出和输入指令之间插入一条 NOP 指令。此时,输出指令在系统时钟的上升沿处将同步锁存信号置 1,将外部引脚实际电平锁存,在随后一个系统时钟的上升沿处再锁存到寄存器 PINxn 中,因此,此时的锁存延时时间为一个系统时钟周期。

1.11.5 端口第二功能

端口 A、B、C、D 都是 8 位双向 I/O 口,每一个引脚都带有独立可控制的内部上拉电阻。各口的输出缓冲器具有对称的双向(输出和吸收)大电流的驱动能力。当某个口设置为输入方式、且内部上拉电阻有效时,如果外部引脚被拉低,该口将输出电流;在复位过程中,即使是在系统时钟还未起振的情况下,各个口仍呈现为三态。

若要求必须使用片外 RAM 和扩展接口系统,则因 mega16/8535 不胜任这种应用要求,可采用 mega8515。其 A 口用于输出片外 SRAM 或外设地址的低八位,并作为传送片外 SRAM

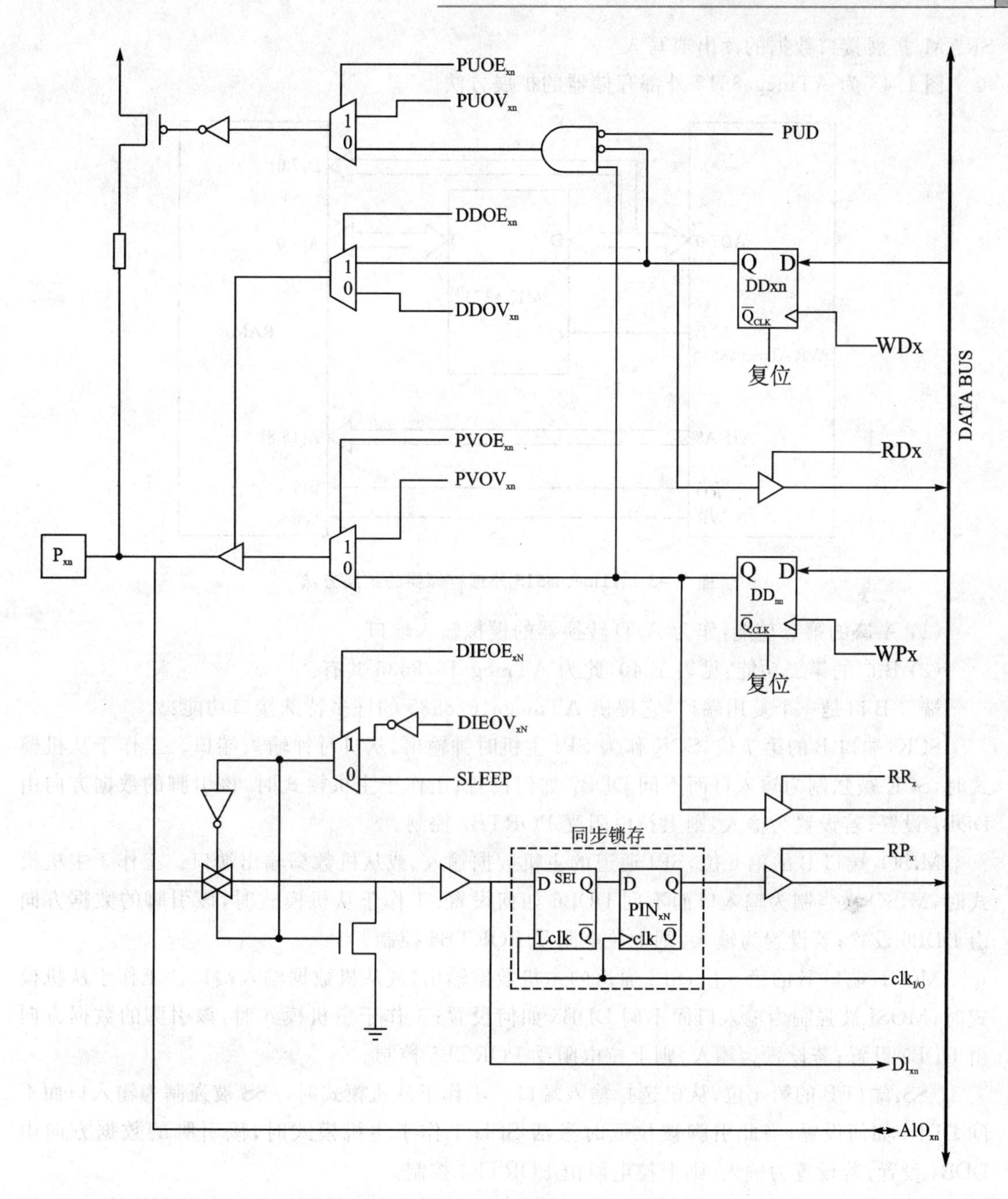

图1.42 端口第2功能控制逻辑电路

或外设的数据口;C口用于输出片外SRAM或外设地址的高8位。访问片外SRAM/扩展接口首先要设置MCU控制寄存器MCUCR以及扩展的MCU控制寄存器EMCUCR,允许扩展外部RAM,激活A、C口的第二功能以及/RD,/WR引脚的读写功能和ALE引脚的地址锁存功能。并对外部RAM进行高低端区域划分。对于低速SRAM或较高频率的MCU主振时钟,还应该按使用场合针对高低端区域设置合适的访问等待周期(参看4.8.2小节)。片外SRAM/扩展接口地址的高八位和低八位分别由C口、A口输出,其中低8位由ALE信号打入8D锁存器。A口实现分时复用,即A口兼作数据总线,由/RD/WR信号控制对外部

SRAM/扩展接口数据的读出或写入。

图 1.43 为 ATmega8515 外部存储器的扩展方法。

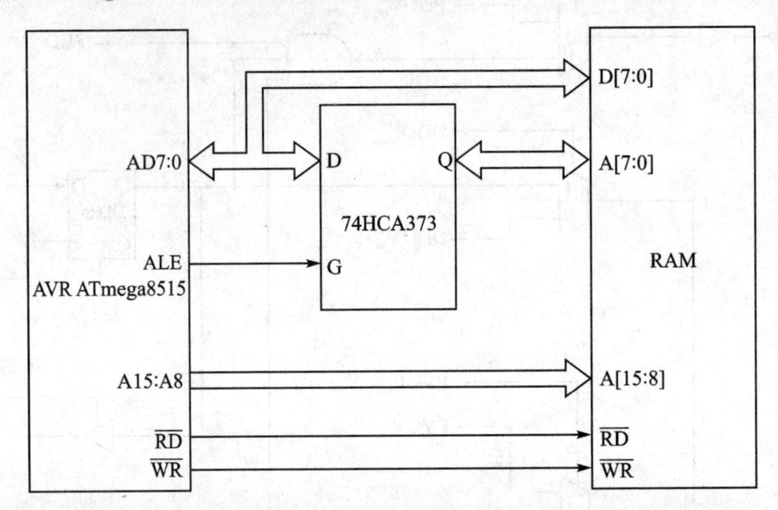

图 1.43 ATmega8515 外部存储器的扩展方法

(1) A 口的第二功能:作为 A/D 转换器的模拟输入端口。

(2) B 口的第二功能:见表 1.40,此为 ATmega16/8535 共有。

端口 B 口是一个复用端口,它提供 ATmega16/8535 的许多特殊接口功能:

SCK:端口 B 的第 7 位,SCK 作为 SPI 主机时钟输出、从机时钟输入端口。工作于从机模式时,SCK 被强制为输入口而不同 DDB7 如何设置;工作于主机模式时,该引脚的数据方向由 DDB7 设置;若设置为输入,则上拉电阻受 PORTB7 控制。

MISO:端口 B 的第 6 位,SPI 通道的主机数据输入、或从机数据输出端口。工作于主机模式时,MISO 被强制为输入口而不同 DDB6 如何设置;工作于从机模式时,该引脚的数据方向由 DDB6 设置;若设置为输入,则上拉电阻受 PORTB6 控制。

MOSI:端口 B 的第 5 位,SPI 通道的主机数据输出、或从机数据输入端口。工作于从机模式时,MOSI 被强制为输入口而不同 DDB5 如何设置;工作于主机模式时,该引脚的数据方向由 DDB5 设置;若设置为输入,则上拉电阻受 PORTB5 控制。

/SS:端口 B 的第 4 位,从机选择输入端口。工作于从机模式时,/SS 被强制为输入口而不同 DDB4 如何设置;当此引脚被拉低时激活 SPI;工作于主机模式时,该引脚的数据方向由 DDB4 设置;若设置为输入,则上拉电阻由 PORTB4 控制。

AIN1/OC0:端口 B 的第 3 位,AIN1 为模拟比较器的负输入端,配置该脚为数输入时,切断内部上拉电阻,防止模拟端口功能与数字端口功能相冲突。

OC0 为定时器/计数器 0 比较匹配输出之替换功能,欲实现该功能,必须将 DDB3 设置为 1(输出方式);在 PWM 模式的定时功能中,OC0 引脚作为输出口。

AIN0/INT2:端口 B 的第 2 位,AIN0 为模拟比较器的正输入端,设置该脚为输入时,切断内部上拉电阻,防止模拟端口功能与数字端口功能相冲突。

INT2 为外部中断源 2(异步中断)

T1:端口 B 的第 1 位,为定时器/计数器 1 的外部计数脉冲输入端。

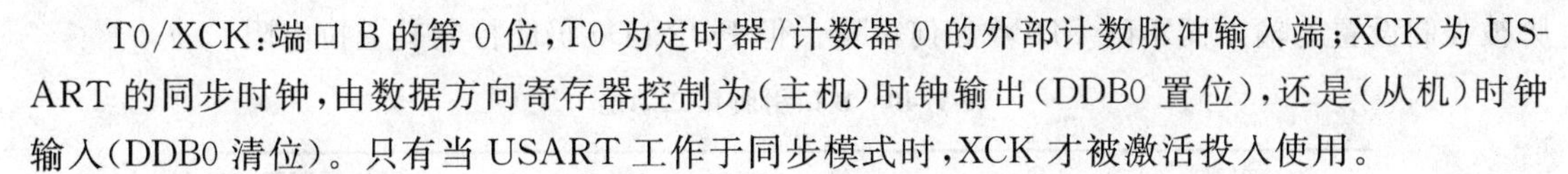

T0/XCK:端口 B 的第 0 位,T0 为定时器/计数器 0 的外部计数脉冲输入端;XCK 为 USART 的同步时钟,由数据方向寄存器控制为(主机)时钟输出(DDB0 置位),还是(从机)时钟输入(DDB0 清位)。只有当 USART 工作于同步模式时,XCK 才被激活投入使用。

(3) C 口第二功能(见表 1.41)。

C 口引脚具有如下第二功能(ATmega8535 的 PC[5:2]引脚不具有第二功能):

TOSC[2:1]:端口 C 的第[7:6]位,为异步时钟振荡器的引脚。当寄存器 ASSR 的 AS2 置位时,使能 T/C2 的异步时钟,引脚 PC[7:6]与端口断开,成为振荡放大器的反、正向输出,即外部异步时钟振荡器与该引脚相连。

TDI:端口 C 的第 5 位,为 JTAG 测试数据输入。测试数据以串行移位方式移入指令寄存器或数据寄存器(扫描链)。当 JTAG 被使能后,该引脚不能做为 I/O 引脚。

TDO:端口 C 的第 4 位,为 JTAG 测试数据输出。测试数据以串行移位方式从指令寄存器或数据寄存器中移出(扫描链)。当 JTAG 被使能后,该引脚不能做为 I/O 引脚。

TMS:端口 C 的第 3 位,为 JTAG 测试模式选择,该引脚作为 TAP 控制器状态的锁定位。当 JTAG 被使能后,该引脚不能做为 I/O 引脚。

TSK:端口 C 的第 2 位,为 JTAG 测试时钟,JTAG 测试操作是与 TSK 同步的。当 JTAG 被使能后,该引脚不能做为 I/O 引脚。

SDA:端口 C 的第 1 位,为两线串行接口数据线,当寄存器 TWCR 的 TWEN 位设置为 1 后,使能两线串行口引脚 PC1 成为两线串型接口的串型数据 I/O 引脚,该模式下在引脚处使用窄带滤波器滤除宽度低于 50 ns 的尖峰输入信号,且该脚由滑速控制的开漏驱动器驱动。当引脚做为两线串行口使用时,仍可由 PORTC1 位控制上拉。

SDL:端口 C 的第 0 位,为两线串行接口时钟线,当寄存器 TWRCR 的 TWEN 位设置为 1 后,使能两线串行口功能引脚 PC0 成为两线串行接口的时钟引脚,该模式下在引脚处使用窄带滤波器滤除宽度低于 50 ns 的尖峰输入信号,且该脚由滑速控制的开漏驱动器驱动。当引脚做为两线串行口使用时,仍可由 PORTC0 位控制上拉。

(4) 端口 D 第二功能。

D 口是一个复用端口,其替换功能如下:

OC2:端口 D 的第 7 位,为 T/C2 比较匹配输出口,即 PD7 引脚可做为 T/C2 输出比较外部输出。在该功能下 PD7 需配置为输出(DDB7 置位)。在 PWM 模式下的定时器功能中 OC2 也做为输出口。

ICP1:端口 D 的第 6 位,为定时器/计数器 1 的输入捕获引脚。

OC1A:端口 D 的第 5 位,为定时器/计数器 1 的比较匹配 A 输出,即作为脉宽调制输出(PWM)的输出口。

OC1B:端口 D 的第 4 位,为定时器/计数器 1 的比较匹配 B 输出,即作为脉宽调制输出(PWM)的输出口。

INT1:端口 D 的第 3 位,为 MCU 的外部中断源 1。

INT0:端口 D 的第 2 位,为 MCU 的外部中断源 0。

TXD:端口 D 的第 1 位,为 USART 的数据发送引脚,当使能 USART 的发送口时,该引脚被强制设置为输出而不问 DDD1 如何设置。

RXD:端口 D 的第 0 位,为 USART 的数据接收引脚,当使能 USART 的发送口时,该引

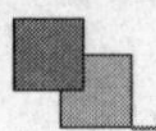

脚被强制设置为输入而不问 DDD0 如何设置。但 PORTD0 仍能控制其上拉电阻。

表 1.40　B 口引脚第二功能

端口引脚	第二功能	脚位(PDIP)
PB0	T0(定时器/计数器 0 外部计数脉冲输入端) 或 XCK(同步通信外部时钟输入/输出端)	1
PB1	T1(定时器/计数器 1 外部计数脉冲输入端)	2
PB2	A1N0(模拟比较器正输入端) 或 INT2(外部中断 2 输入)	3
PB3	A1N1(模拟比较器负输入端) 或 OC0(定时器/计数器 0 比较匹配输出端)	4
PB4	$\overline{SS}$(SPI 总线从机选择输入端)	5
PB5	MOSI(SPI 总线主机输出/从机输入端)	6
PB6	MISO(SPI 总线从机输入/主机输出端)	7
PB7	SCK(SPI 总线串行时钟主机输出/从机输入端)	8

注:XCK 为 USART 外部时钟,数据方向寄存器(DDRB0)置位为(主机)控制时钟输出,清零为控制从机时钟输入。只有当 USART 工作在同步模式时,XCK 引脚才激活。

表 1.41　C 口引脚第二功能

端口引脚	第二功能	脚位(PDIP)
PC0	SCL(两线串行接口时钟输入输出)	22
PC1	SDA(两线串行接口数据输入输出)	23
PC2	TCK(JTAG 测试时钟选择/仅 MEGA16)	24
PC3	TMS(JTAG 测试模式选择/仅 MEGA16)	25
PC4	TDO(JTAG 测试数据输出/仅 MEGA16)	26
PC5	TDI(JTAG 测试数据输入/仅 MEGA16)	27
PC6	TOSC1(异步时钟输入引脚)	28
PC7	TOSC2(异步时钟输出引脚)	29

D 口第二功能见表 1.42(为 MEGA16/8535 共有)。

表 1.42　MEGA16/8535D 口引脚第二功能

端口引脚	第二功能	脚位(PDIP)
PD0	RXD(USART 串行数据接收端)	14
PD1	TXD(USART 串行数据发送端)	15
PD2	INT0(外部中断 0 输入端)	16
PD3	INT1(外部中断 1 输入端)	17
PD4	OC1B(定时器/计数器 1 比较匹配 B 输出端)	18
PD5	OC1A(定时器/计数器 1 比较匹配 A 输出端)	19
PD6	ICP1(定时器/计数器 1 输入捕获触发端)	20
PD7	OC2(定时器/计数器 2 比较匹配输出端)	21

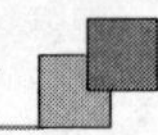

1.12 同步串行接口 SPI

利用同步串行口可实现 AVR 微控制器与外围设备,或多个 AVR 之间的高速同步数据传送。如只需单向传送数据,因不存在主机延时等待从机准备好数据问题,速度可做得更高。

SPI 同步串行口的特点如下:

(1) 全双工三线同步数据传送。

(2) 主控或从控运行方式。

(3) 数据传送可选从最高位/最低位开始的模式。

(4) 7 种位传送率可编程选择功能。

(5) 传送结束可申请中断功能。

(6) 写冲突标志保护功能。

(7) 唤醒闲置休眠模式下从机 MCU 功能。

(8) 作为主机具有倍速模式功能(可达 $f_{osc}/2$,适于对外设如串行 FLASH 寄存器、串行 ADC 数据的高速读/写)。

1.12.1 内部结构和运行原理

SPI 逻辑结构如图 1.44 所示,其核心部件为 8 位移位寄存器和 8 位接收缓存器(两者合称为 SPI 数据寄存器),由分频器、选择器和时钟逻辑所组成的时钟信号发生器,以及 SPI 状态寄存器,SPI 控制寄存器等部件。

SPI 利用 B 口的第二功能,将其中的 PB7、PB6、PB5 及 PB4 分别定义为 SCK、MOSI、MISO 和/SS。

主机发送、从机接收数据的过程是由主机启动的。当主机 SPI 数据寄存器 SPDR 内写入发送数据时,SPI 时钟发生器被激活。通过将从机的/SS 引脚拉低,主机即启动了一次通信过程。主机和从机将要发送的数据分别写入相应的移位寄存器,写入的数据便在时钟脉冲的控制下开始逐位右移或左移。若设置先传送最高位 MSB,如图 1.45 所示,主机的 MSB 自 MOSI(PB5)引脚移出,经从机的 MOSI 引脚进入其 8 位移位寄存器中,占据最低位 LSB 位置。同时从机的 MSB 由 MISO(PB6)引脚移出,通过主机的 MISO 引脚进入主机移位寄存器中,作为主机的 LSB。这样,经过 8 个 SPI 时钟,主、从移位寄存器实现 1 字节数据交换。主机通过将从机的/SS 拉高实现与从机的同步。

在主控方式下,SPI 接口不自动控制/SS 引脚,用户必须由软件来设置,对 SPI 数据寄存器写入数据即启动 SPI 时钟。同步时钟信号从 SCK(PB7)引脚输出,作为统一的时钟信号注入从控方式下的时钟信号输入脚。由主、从机两个 8 位移位寄存器组成一个 16 位环形移位寄存器,在统一的时钟控制下完成数据的接收和发送(见图 1.45)。

在主 SPI 发送完一个字节数据后,SPI 时钟发生器暂停运行,并将传送结束标志位 SPIF 位置。当 SPI 控制寄存器 SPCR 中的中断使能位 SPIE 和全局中断使能位 I 都被置位时,SPIF 置位将申请中断。主机可以继续往 SPDR 里写入数据传向从机,或者将从机的/SS 引脚拉高用以说明数据包发送完成。最后进来的数据将一直保存于缓冲寄存器里。

从控模式下,只要/SS 为高,SPI 接口将一直保持休眠状态,并保持 MISO 为三态。在这

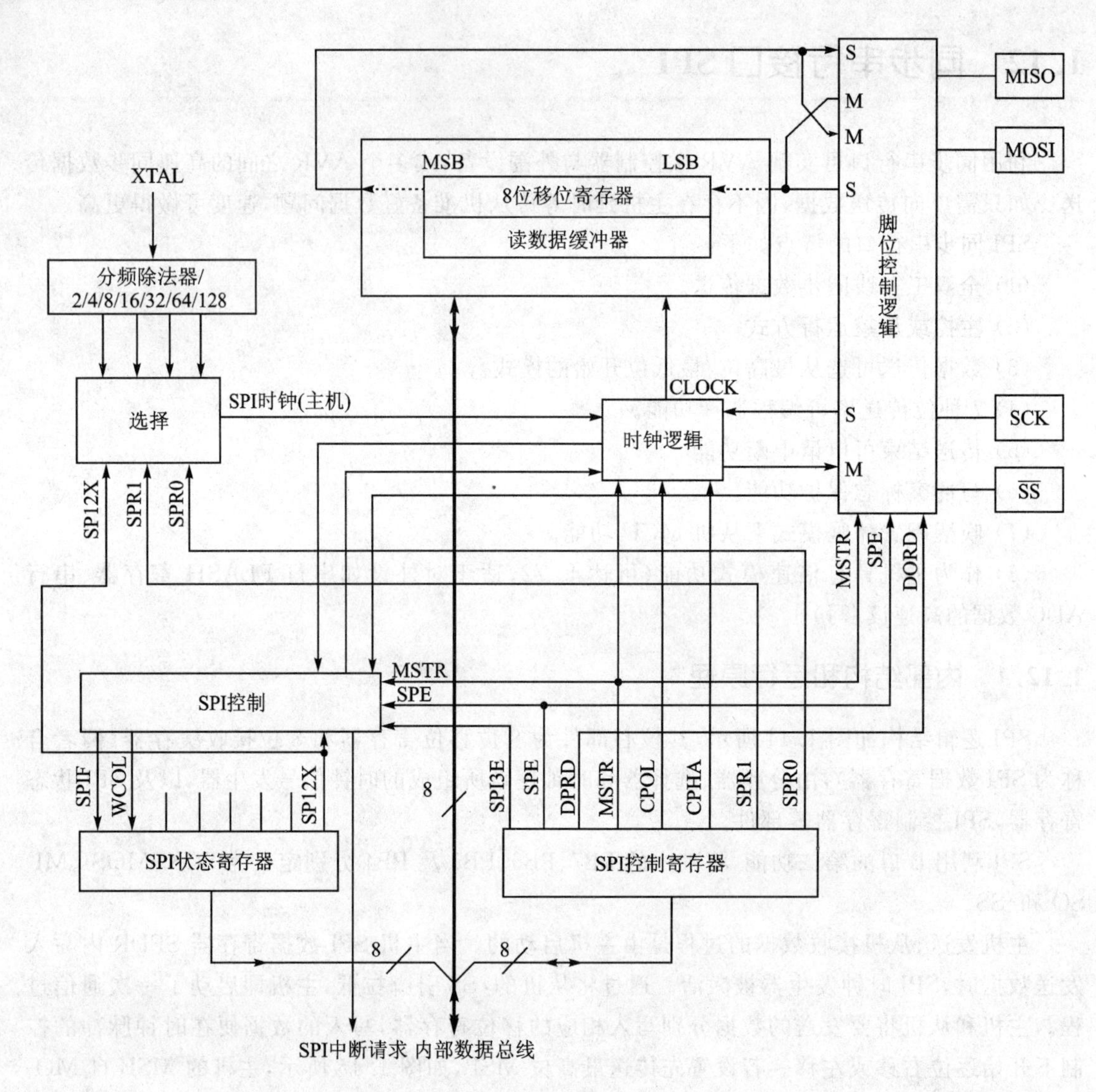

图 1.44　SPI 逻辑结构

个状态下可以软件更新 SPI 数据寄存器内容，即使此时 SCK 引脚有输入时钟，SPDR 中的数据也不会移出，直至/SS 被拉低。

SPI 系统的发送机构是单缓冲的，即上一字节尚未发送完毕时，不能向 SPI 数据寄存器 SPDR 中写入新数据(见下段，不然会发生数据碰撞)。前面已指出，数据发送完毕后 SPIF 置位，可在中断服务中读出对方数据，加载下一发送数据。SPI 接收结构是双缓冲的，读取接收数据只要在下一数据环移到位之前完成即可；否则后一数据即将前数据冲掉。双缓冲使同步串行读操作有更长的机动时间，增加了对高优先级中断或高的位传输率的承受能力。

工作于 SPI 从机模式时，控制逻辑对 SCK 引脚输入信号进行采样。此种场合 SPI 时钟频率(见表 1.43)不能超过 $f_{osc}/4$，否则可造成输入信号采样错误。

SPI 使能后，MOSI、MISO、SCK 以及/SS 引脚的数据方向将按照表 1.44 所列进行配置。

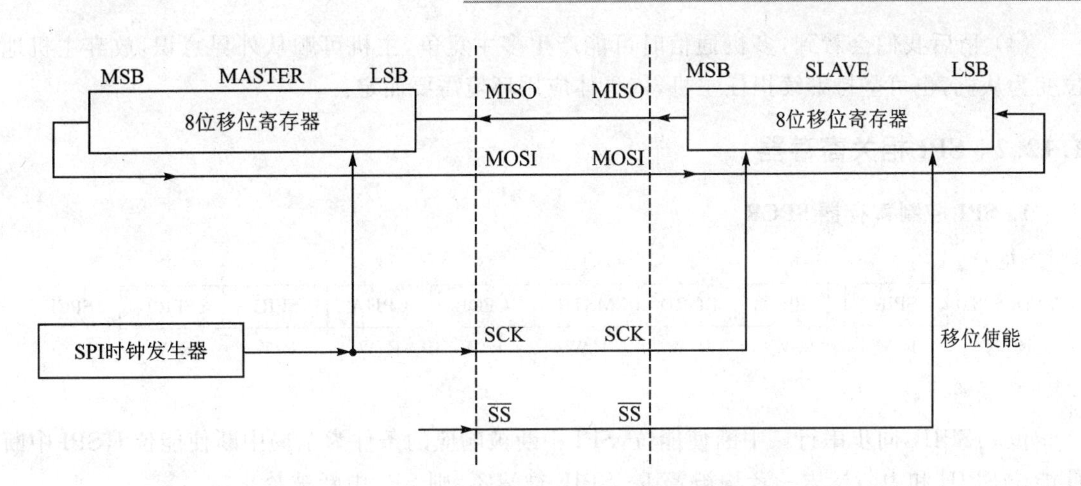

图 1.45 SPI主从连接与数据传送

表 1.43 SPI时钟频率

SPI2X	SPR1	SPR0	SCK频率	SPI2X	SPR1	SPR0	SCK频率
0	0	0	$f_{osc}/4$	1	0	0	$f_{osc}/2$
0	0	1	$f_{osc}/16$	1	0	1	$f_{osc}/8$
0	1	0	$f_{osc}/64$	1	1	0	$f_{osc}/32$
0	1	1	$f_{osc}/128$	1	1	1	$f_{osc}/64$

表 1.44 SPI引脚数据方向

SPI引脚	主机引脚数据方向	从机引脚数据方向	SPI引脚	主机引脚数据方向	从机引脚数据方向
MOSI	由用户定义	输入	SCK	由用户定义	输入
MISO	输入	由用户定义	$\overline{SS}$	由用户定义	输入

通过以上叙述我们可看到同步串口操作有以下特点：

(1) 同步是指主、从机通过环形移位寄存器同时交换数据，由主机提供共同使用的串行移位时钟。但限制从机必须先于主机准备好数据。

(2) 主机掌握着通信主动权，控制着交换数据的节拍；若有必要，发(收)数据字节间可有任意长的间歇；从机必须服从这一节拍，在环移之前将数据写入发送数据寄存器，环移完成后将对方数据读出。

(3) 如果要求：①主、从机同时通电启动；②从机接收、发送的动作与主机完全对应等条件，显得有些牵强。实用中可按以下运作规则处理主从机SPI通信：主从、机可使用不同的晶振时钟；主从、机都初始化为以中断方式传送数据；主机有发送数据间的适当延时，以保证从机写发送数据先于主机；当从机晶振高于主机时可以减小或去掉主机的延时环节；从机可以先不写SPI数据寄存器，只以完成接收主机的首帧数据造成的中断作为从机启动数据块发送的信号；主机可以规定发送特定字作为块发送的联络信号；主机忽略接收的首帧数据；从机在中断服务例程将首帧数据以及后继数据写入数据寄存器；从机的SPI中断服务程序不允许中断嵌套，必要时可以软件将SPI中断设置为最高优先级等等。

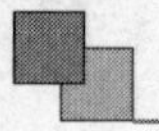

(4) 稍后我们会看到,多机通信时可能产生多主竞争,主机可顺从外界意识,放弃主机地位变为从机,也可坚持继续担任主机,依具体应用环境需要而定。

1.12.2 SPI相关寄存器

1. SPI控制寄存器SPCR

位	7	6	5	4	3	2	1	0	
$0D($2D)	SPIE	SPE	DORD	MSTR	CPOL	CPHA	SPR1	SPR0	SPCR
读/写	R/W	R/W	R/W	R/W	R/W	R/W	R/W	R/W	

复位值:$00

位7:SPIE,同步串行口中断使能位,SPI中断被响应的条件为全局中断使能位I,SPI中断使能位SPIE和中断标志三者均被置1。SPIE被清零,则SPI中断被禁止。

位6:SPE,SPI使能位,该位清除,禁止对SPI的一切操作。

位5:DORD,数据移动顺序控制位,DORD为1时,数据字节将由最低位LSB开始传送。清零时,则先从最高位MSB开始传送。

位4:主从选择位MSTR,若置为1,选中SPI主控方式;清零则设定SPI为从控方式,在某些情况下,MSTR位也会被硬件清除。如果/SS端口被设置为输入,且在MSTR为1时被外部拉低,则MSTR位将被清除,同时SPSR中的SPIF位将被置1。这说明有的从机竞争主机。可重新置位MSTR,保持主机地位。

位3:CPOL,时钟极性控制位,此位置1时,时钟信号SCK的高电平为闲置状态,清零时,SCK的低电平为闲置状态;数据移位是由时钟边缘触发的,CPOL和CPHA两位共同决定上升沿或下降沿起触发作用(图1.46和图1.47)。

位2:CPHA,时钟相位选择,此位置1时,同步时钟脉冲后沿触发移位寄存器移位操作。CPHA清0,同步脉冲的前沿为移位操作的触发边沿。

位1和0:SPI时钟选择位SPR_1和SPR_0。该两位选择主控SPI的时钟脉冲频率,它们对从SPI不起作用。SPR_1和SPR_0两位不同组合对SPI时钟频率选择如表1.43所列,其中SCK为振荡器XTAL所提供的时钟频率CLK_{MCU}。

2. SPI状态寄存器SPSR

位	7	6	5	4	3	2	1	0	
$0E($2E)	SPIF	WCOL	—	—	—	—	—	SPI2X	SPSR
读/写	R	R	R	R	R	R	R	R/W	

复位值:$00

位7:SPIF,SPI中断标志位,一次同步串行传送完成时,SPIF被硬件置位。当全局中断使能位I及SPCR寄存器中的SPIE位皆置位前提下,SPIF置位将引起中断。此外,主控SPI的$\overline{SS}$引脚若作为输入,且被外部拉成低电平时,也会将SPIF置1。SPIF标志在其中断响应过程中被硬件清零。先读SPI状态寄存器SPSR,继而再访问SPI数据寄存器SPDR,这两次操作也将把SPIF标志清0(这指出采取查询方式获得接收数据的方法)。

位6:WCOL,写冲突标志。在上一次数据尚未发送完毕时,如果向SPDR中写入待发送的新数据,那么WCOL标志就将置1,表示数据发生碰撞。但碰撞并未破坏发送的数据,先读

SPSR寄存器并再访问SPDR寄存器后，WCOL标志(以及SPIF)被自动清除。

位5～1：保留位。

位0：SPI2X，SPI倍速使能位，使同步传送速度(位率)增倍。对于主机(见表1.43)，SCK频率最高可达MCU主频fosc的一半；对于从机，限制其只能达到其主频fosc的1/4。这种升级改进有两个意义：

(1) 主机可以更高速度单纯对外设只读/只写，多数外设只需单方向传送数据。例如模数转换器AD7701/15/14/45等器件，MCU以写入串型命令/数据方式对其进行初始化，A/D转换结果以串型数据形式由MCU读出。

(2) 主机也可以更高的位率实现主、从机同步通信，而且从机可采用更高频率的晶体(例如为主机的2倍)，以尽早将所传数据写入SPDR，减少主机等待时间。从而提高数据块的整体传输效率。

2. SPI数据寄存器SPDR

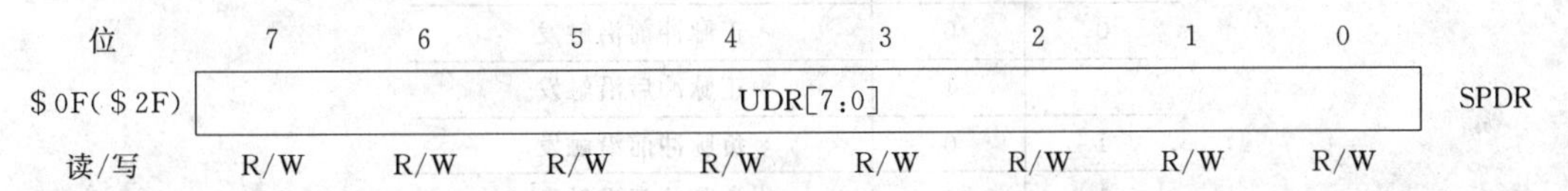

位	7	6	5	4	3	2	1	0	
$0F($2F)	UDR[7:0]								SPDR
读/写	R/W	R/W	R/W	R/W	R/W	R/W	R/W	R/W	

8位，可读可写，地址为$0F($2F)，复位后其值不定。SPDR寄存器用于与SPI移位寄存器间传送数据。自寄存器组合向SPDR中写入的数据，实际上是进入SPI移位寄存器。且此写操作自动启动数据的发送过程，而传输完成后读此寄存器将得到接收数据缓存器的内容。

1.12.3　$\overline{SS}$引脚功能

$\overline{SS}$(PB4)为从机选择输入引脚，若对其输入低电平信号，则本SPI将被选为从机。

当SPI被设定为主控方式时(SPCR中的MSTR位置为1)，用户可决定$\overline{SS}$脚的方向。若$\overline{SS}$被设定为输出，则它将是一个通用输出引脚，不影响SPI系统的操作；如果$\overline{SS}$被安排为输入，那么它必须保持为高电平，以保障本SPI的主控地位及运作。当SPI作为主机而$\overline{SS}$输入被外围电路拉成低电平时，按运作规则，这是另外主机将本SPI选为从机，并开始向该从机发送数据。

为解决这种情况下的总线竞争，SPI系统自动采取下列措施：

(1) 主机顺应外部要求，承认清除MSTR位合法，将主机改为从机。这种改变将使MOSI和SCK均变为输入脚。主程序初始化时应置位全局中断使能位I和SPI中断使能位SPIE，这样当主控转为从控并收到新主机发来的数据后，通过建立SPIF标志而申请中断，进而执行相应的中断服务程序，安排、处理新主机发来的数据(命令)。

(2) 继续维护主机地位，在中断服务程序中检查MSTR位是否变为0，若发现该位因从机选择引脚$\overline{SS}$上有低电平输入而使MSTR位清0，再次将其置为“1”，以重新坚持主机地位。

当SPI被配置为从机时，$\overline{SS}$脚应为输入。当$\overline{SS}$被置低时，SPI功能激活，MISO变为输出引脚，其他有关引脚均作为输入(见表1.44)。对于一个乃至多个字节的数据包传送，引脚$\overline{SS}$的功能是非常重要的，它保证了主、从机之间的数据传送与主机时钟保持同步。如果$\overline{SS}$脚为高，则所有相关引脚都作为输入，SPI不接收任何数据。值得注意的是，若$\overline{SS}$被拉高，SPI逻辑将复位。如在数据传送过程中$\overline{SS}$被拉高，数据传输立即停止，传送的数据丢失。

在启动 SPI 时,MOSI(主出从入),MOSI(主入从出)SCK 以及$\overline{SS}$引脚上的数据方向与主从方式的设置有关,参见表 1.44 所列。

1.12.4 SPI 数据传送模式

在 1.12.2 小节中已说明,当 SPCR 寄存器中时钟极性控制位 CPOL 被清为 0 时,同步时钟信号的低电平段为闲置态,串行数据的移位操作由时钟正脉冲触发;当 CPOL 位置 1,由时钟负脉冲触发。

时钟相位控制位 CPHA 置 1 时,设定串行数据的移位操作由时钟脉冲后沿触发;CPHA 位清 0 时,由时钟脉冲的前沿触发。

CPOL 和 CPHA 两控制位对时钟边沿的选择如表 1.45 所列。

表 1.45 SPI 数据传送同步时钟信号触发边沿选择

CPOL	CPHA	时钟脉冲触发边沿
0	0	正脉冲前沿触发
0	1	正脉冲后沿触发
1	0	负脉冲前沿触发
1	1	负脉冲后沿触发

图 1.46 和图 1.47 给出上述 4 种情况下的数据传输时序。

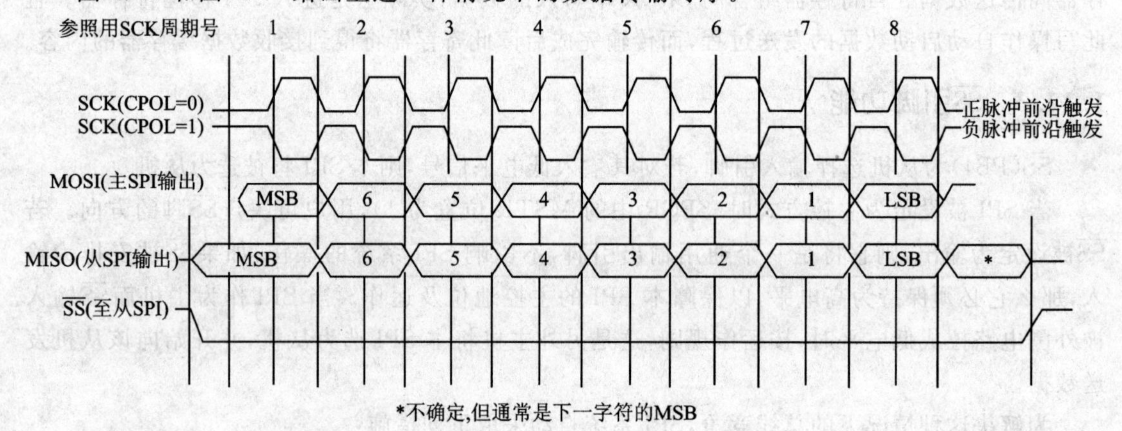

图 1.46 CPHA=0 和 DORD=0 时的 SPI 传送时序

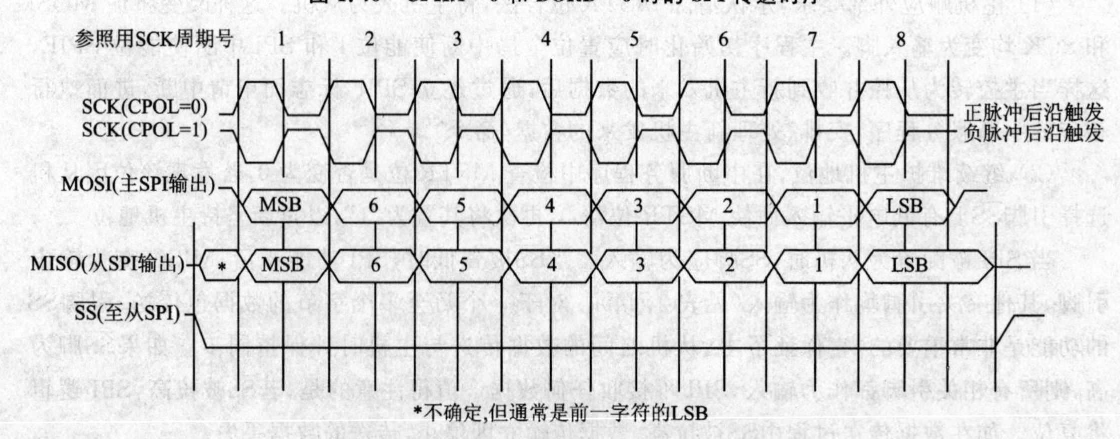

图 1.47 CPHA=1 和 DORD=0 时的 SPI 传送时序

1.13 通用同步/异步串行接口 USART

ATmega16/8535 单片机配有一个全双工通用同步/异步串行收发器 USART，该接口是一个高度灵活、功能强大的串行通信设备。主要特点如下：

● 全双工操作(具有各自独立的接收数据寄存器和发送数据寄存器)；

● 支持同步或异步通信操作；

● 同步操作时，可由主机输出同步时钟，也可由从机提供同步时钟，并可选择时钟的有效沿；

● 独立的专用高精度波特率发生器，不挤占通用定时器/计数器；

● 支持 5、6、7、8 和 9 位数据位，1 位或 2 位停止位的串行数据帧结构；

● 硬件支持产生奇偶校验位及实现校验；

● 数据过速(溢出)检测；

● 帧错误检测；

● 包括起始位检测的噪声滤波器和数字低通滤波器；

● 3 个完全独立的中断：发送数据完成、发送数据寄存器空和接收数据完成；可任选一个发送中断与接收中断配合组成高效全双工收发系统

● 支持倍速异步通信模式

● 支持多机通信模式

1.13.1 概　述

1. 关于 USART 结构特点、功能和工作过程的概略说明

图 1.48 为 USART 的简化框图，CPU 可以访问的 I/O 寄存器和 I/O 引脚以粗线表示。

虚线框将 USART 分为 3 个主要部分：时钟发生器、发送器和接收器。控制与状态寄存器 UCSRA、UCSRB 和 UCSRC 对上述 3 个主要部分运作进行综合控制并反映运行中的状态。时钟发生器包含同步逻辑，通过它将波特率发生器以及为从机同步操作所使用的外部输入时钟同步起来。XCK(发送器时钟)引脚只用于同步传输模式。发送器包括一个写缓冲器，串行移位寄存器寄存器，奇偶发生器以及处理不同帧格式所需的控制逻辑。写缓冲器可以保持连续发送数据而不会在数据帧之间引入延迟。由于接收器具有时钟和数据恢复单元，故它是 USART 中最复杂的部分。恢复单元用于异步数据的接收，除了恢复单元，接收器还包括奇偶校验，控制逻辑，移位寄存器和一个两级接收缓冲器 UDR。接收器支持与发送器相同的帧格式，而且可以检测帧错误，数据过速和奇偶校验等错误。

USART 的数据寄存器 UDR 只有一个形式 I/O 地址 $0C，虽然写发送数据和读接收数据都针对它，但读、写的物理地址是不同的。物理地址是以内部读写信号加以区别的。

系统复位之后，UCSRA 寄存器中的 UDRE 位即置位(指示发送寄存器空)。如果在程序初始化时置位全局中断总使能位 I 以及置位控制和状态寄存器 UCSRB 中的发送寄存器空中断使能位 UDRIE 和发送使能位 TXEN，则立刻激发发送寄存器空中断，引起连续的中断发送(当数据由数据寄存器移入发送移位寄存器时产生发送寄存器空中断)；若采取响应发送完成中断方式发送数据，则应在置位全局中断总使能位 I 以及寄存器 UCSRB 中的发送完成中断

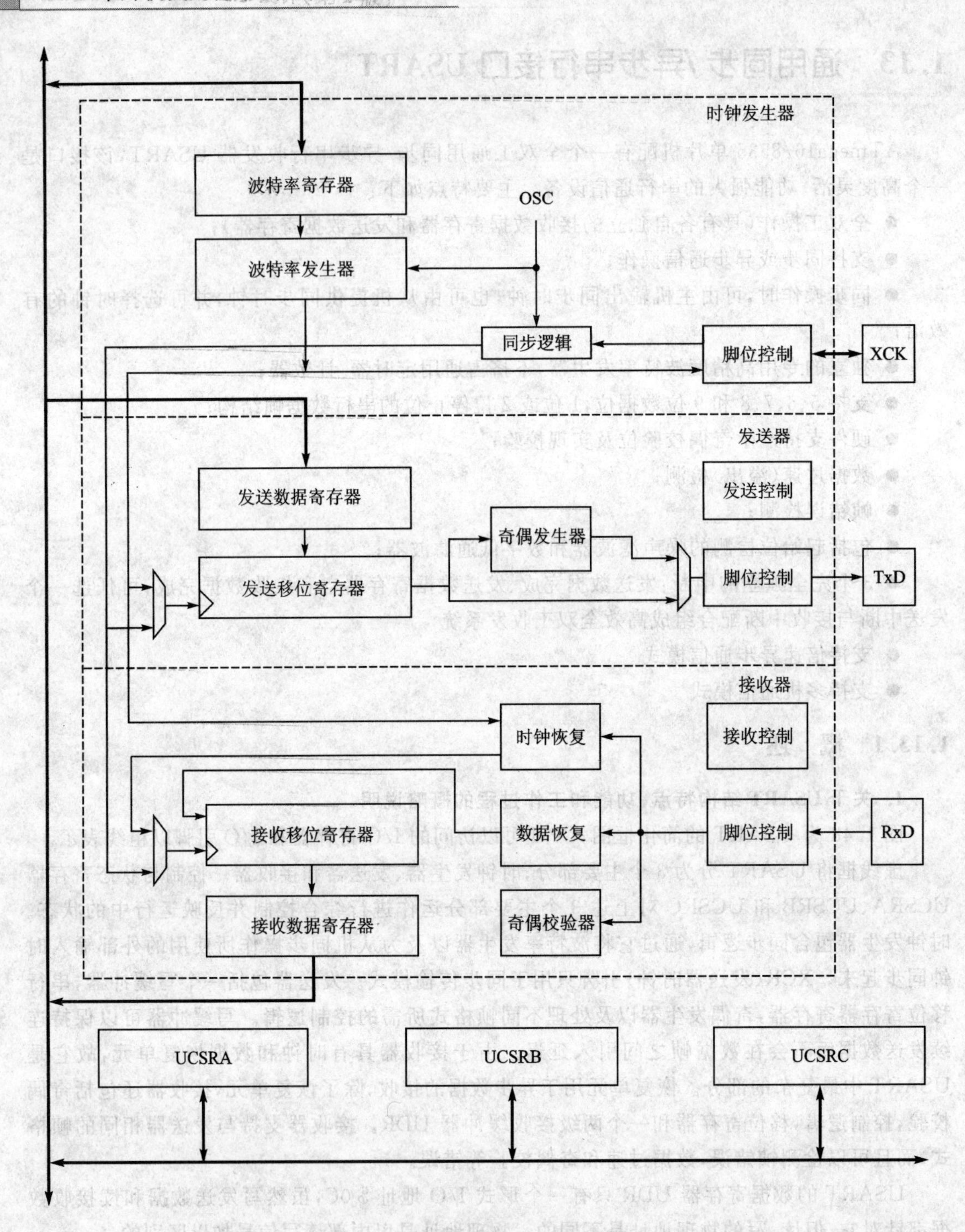

图 1.48 USART 收发器接口硬件结构

使能位 TXCIE 以及发送使能位 TXEN 后，再在主程序中写发送数据寄存器 UDR，数据在发送移位寄存器中全部移出时产生发送完成中断。不论采用哪种中断方式发送数据，都应预先准备好要发送的数据块和预设发送数据指针。

若以中断方式接收数据，应在初始化时置位全局中断总使能位 I 以及置位控制和状态寄

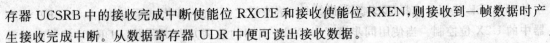

存器 UCSRB 中的接收完成中断使能位 RXCIE 和接收使能位 RXEN，则接收到一帧数据时产生接收完成中断。从数据寄存器 UDR 中便可读出接收数据。

关于帧格式、奇偶校验、波特率设置等应按照双方通信协议执行。并在启动通信之前完成设置。

2. 关于 USART 接口与 UART 接口的兼容性

AVR 系列单片机在片内集成的通用串行通信接口有两种形式：一种为普通的仅支持异步通信的 UART 接口；另一种为 ATmega16/8535 等机型配备的增强型支持同步/异步通信的 USART 接口。

升级后的 USART 首先表现在控制和状态寄存器的配置上，它以控制和状态综合功能型的 3 个寄存器 UDSRA、UCSRB 和 UCSRC 替代 UART 的控制寄存器 UCR 和状态寄存器 USR。增加了多机通信、同步/异步模式选择、奇偶校验、数据帧选择、停止位选择、异步通信增速、同步通信时钟输入输出控制及其有效沿选择等功能；另一方面将原来各自独立的接收状态和数据寄存器统一组织到循环的 FIFO 缓冲器中，必须严格按先后顺序一次性读出。

AVR 单片机的 USART 在以下几方面完全兼容 UART：

- 控制状态寄存器功能位的位置和内容(UCSRA 对 USR，UCSRB 对 UCR)；
- 波特率发生器；
- 发送器操作；
- 发送缓冲器功能；
- 接收器操作。

但是，由于 USART 接收缓冲器的两种改进，在下面特殊情况下是不兼容的，在使用 USART 时要特别引起注意：

(1) USART 增加了一个接收缓冲寄存器，两个缓冲寄存器的工作过程如同一个循环的先进先出(FIFO)缓冲器。因此对于每一个接收的数据，只能读一次数据寄存器 UDR。更重要的区别是，错误标志位(帧错误 FE、超越错误 DOR 和奇偶校验错误 UPE)以及接收到的第 9 位数据(RXB8)也保留在接收缓冲器中，因此必须按读取错误标志位、第 9 数据位，最后再读取 UDR 寄存器的顺序操作；否则，错误标志或数据(RXB8)位会因读缓冲区操作而被冲掉。

(2) USART 的接收移位寄存器可看作为第三个接收缓冲器。如果接收缓冲寄存器已满，新接收的数据可在串行移位寄存器里一直保留到下一个新的起始位被检测到为止。也就是说，最多可有 3 帧数据保存在接收缓存器中。这样，进一步提高了防止数据接收溢出的能力。因而在一次块接收过程中，允许存在一次超过占用几乎长达两帧数据传送时间的高优先级中断服务的极端事件。

以下 UART 的 2 个控制位在 USART 中改变了名称，但它们的功能以及在寄存器中的位置仍然保留：

- CHR9 位改为 UCSZ2 位；
- OR 位改为 DOR 位。

1.13.2 串行时钟的产生

时钟产生逻辑为发送器和接收器提供了时基。USART 支持 4 种时钟工作模式：普通异步模式、倍速异步模式、主机同步模式和从机同步模式。USART 控制和状态寄存器 UCSRC

中的 UMSEL 位用于选择同步或异步模式。倍速模式(只在异步模式下有效)由 UCSRA 寄存器中的 U2X 位控制。当使用同步模式时,XCK 引脚的数据方向寄存器(DDRB0)控制时钟源是来自内部(主机模式)还是由外部驱动(从机模式)。XCK 引脚只在同步模式下有效。即在同步模式下,XCK 引脚的数据方向(DDB0)设置为输出者为主机,而将其设置为输入者为从机;同步模式下的通信电缆必须增加一芯——用以传送同步时钟。图 1.49 为时钟产生逻辑的方框图。

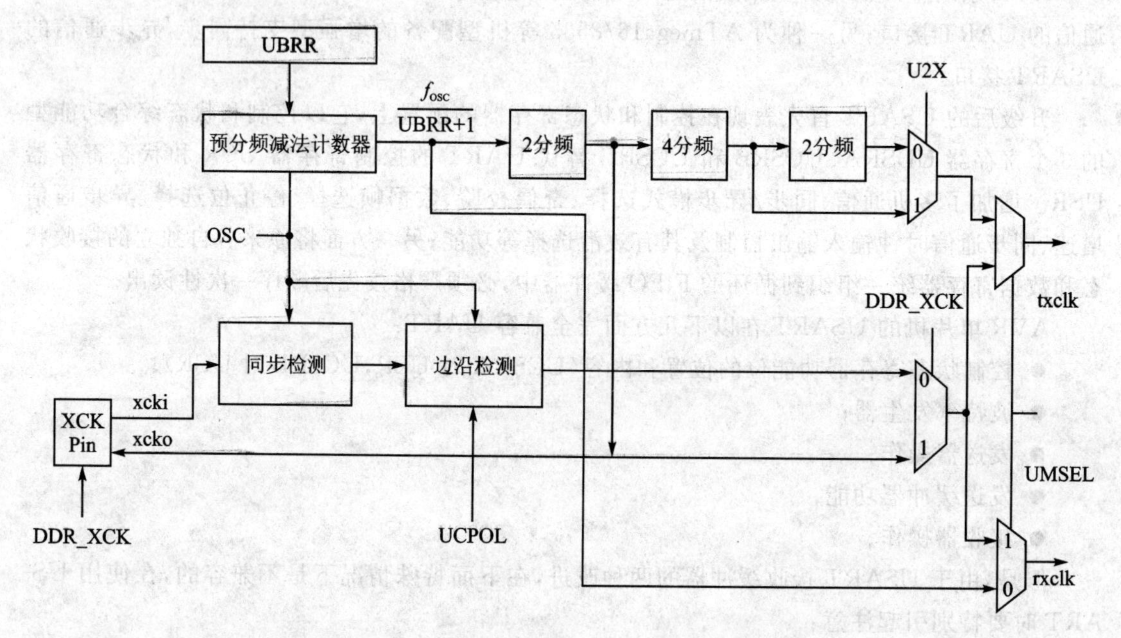

图 1.49 USART 时钟产生逻辑的方框图

图 1.49 中信号的意义如下:

txclk: 发送器时钟(内部信号);

rxclk: 接收器基本时钟(内部信号);

xcki: 同步通信从机模式从 XCK 引脚输入的时钟(外部信号输入);

xcko: 同步通信主机模式输出到 XCK 引脚的时钟(内部信号输出);

fosc: XTAL 引脚的时钟频率(系统时钟)。

1. 内部时钟产生—波特率发生器

内部产生的时钟用于异步模式和同步主机模式,参见图 1.49。USART 的波特率寄存器 UBRR 与预分频减法计数器相连接,构成可编程的预分频器—波特率发生器。减法计数器对系统时钟计数,当其计数到零或 UBRRL 寄存器被写入时,会自动与 UBRRH 预先写入值同步装入 UBRR 寄存器。当计数到零时产生一个时钟脉冲,该时钟作为波特率发生器的输出时钟,其频率为 f_{osc}/(UBRR+1)。发送器对波特率发生器的输出时钟进行 2、8 或 16 分频,具体情况取决于工作模式(见表 1.46)。波特率发生器的输出被直接用作接收器和数据接收单元的时钟。同时,接收单元还使用了一个 2、8 或 16 个状态的状态机,具体状态数由 UMSEL、U2X 和 DDR_xck(即 DDRB0)位设定的工作模式决定。表 1.46 给出了计算波特率以及计算每一种使用内部时钟源工作模式的 UBRR 值的公式。式中 BAUD 为通信速率(bps),f_{osc} 为系统时钟频率,UBRR 为写入波特率寄存器 UBRRH 和 UBRRL 中的数值(0~4095)。

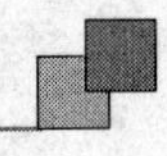

表 1.46 通信波特率计算公式

使用模式	波特率计算公式	BURR 值的计算公式
异步正常模式	BAUD＝f_{osc}/16(UBRR＋1)	BURR＝ f_{osc}/(16・BAUD)－1
异步倍速模式	BAUD＝f_{osc}/8(UBRR＋1)	BURR＝ f_{osc}/(8・BAUD)－1
同步主机模式	BAUD＝f_{osc}/2(UBRR＋1)	BURR＝ f_{osc}/(2・BAUD)－1

注：通信波特率定义为每秒位传输速度(bps)。

BAUD：波特率；f_{osc}：系统时钟频率；UBRR：UBRRH 与 UBRRL 的数值(0～4095)；表 1.52～55 给出了在某些系统时钟频率下 UBRR 数值与波特率的对照值。

2. 倍速工作模式(U2X＝1)

通过置位 UCSRA 寄存器中的 U2X 位可以使波特率增倍。但该位只对异步通信模式有效。当工作于同步模式时，应设置该位为 0。

置位 U2X 把波特率分频器的分频值从 16 降到 8，使异步通信的传输速率增倍。注意在这种情况下，接收器对数据采样和对时钟校正的频率降为一半，因此在同步模式下必需更精确地设置系统时钟和波特率。

3. 外部时钟模式

在同步模式操作下从机的接收和发送是由外部时钟驱动的，如图 1.50 所示。输入到 XCK 引脚的外部时钟由同步寄存器进行采样，用以提高稳定性。同步寄存器的输出通过一个边沿检测器后，提供给发送器和接收器。这一过程导致两个 MCU 时钟周期的延时，因此外部 XCK 的最高时钟频率由公式(1－14)限定：

$$f_{xck} < f_{osc}/4 \tag{1-14}$$

f_{osc} 由系统时钟的稳定性决定，为了防止因频率的漂移(频漂－主要因温漂引起)而丢失数据，建议留有足够余地。

4. 同步时钟操作

当使用同步模式时(UMSEL＝1)，XCK 引脚被用作时钟输出(主机模式)或时钟输入(从

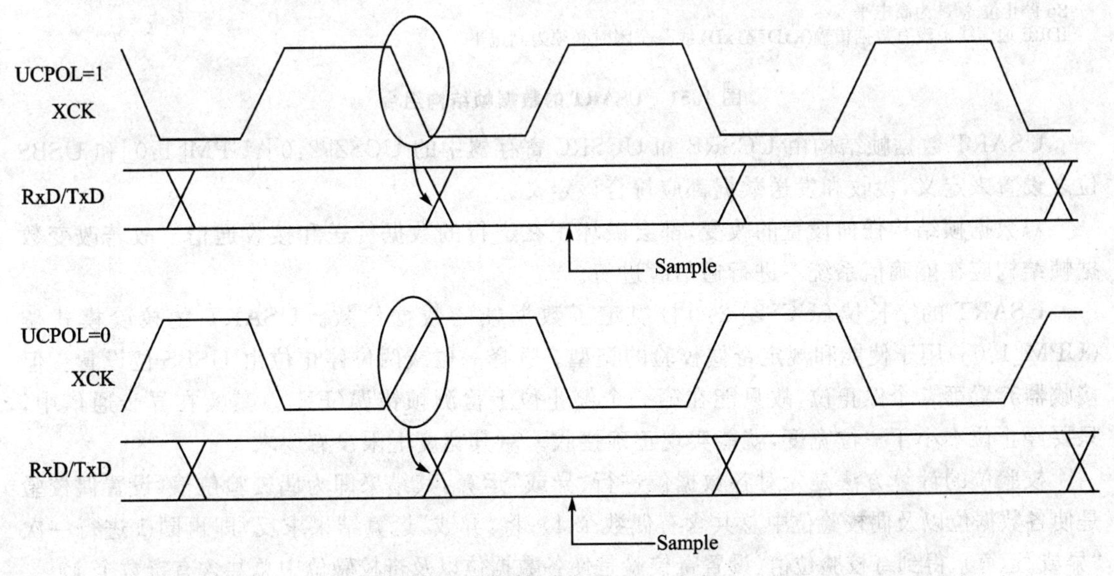

图 1.50 同步模式下的 XCK 时序

机模式)引脚。UCSRC 寄存器中的 UCPOL 位选择对输入数据采样和改变输出数据的 XCK 时钟边沿。如图 1.50 所示,当 UCPOL=0 时,在 XCK 的上升沿改变输出数据,在 XCK 的下降沿采样输入数据;而当 UCPOL=1 时,在 XCK 的下降沿改变输出数据,在 XCK 的上升沿采样输入数据。即数据输出变化和输入数据采样之间的规则是:在改变数据输出端 TxD 的 XCK 时钟的相反边沿对数据输入端 RxD 进行采样。

1.13.3 数据帧格式

USART 的数据帧是由一个数据位字加上同步位(起始位和停止位)以及执行检错功能的校验位 3 部分构成的。ATmega16/8535 的 USART 可以使用以下几种有效组合的数据帧格式:

- 1 个起始位;
- 5/6/7/8 或 9 位数据位;
- 1 个奇校验/偶校验位,或无校验位;
- 1 或 2 个停止位。

一个数据帧以起始位开始,接下来是数据字从最低位到最高位的序列。数据字最少为 5 个、最多可以有 9 个数据位,如果使用校验位,校验位将位于最高数据位(MSB)之后,最后是停止位。当一个完整的数据帧发送完成后,可以紧跟着发送下一个新的数据帧,或者使通信线路处于空闲状态。图 1.51 所示囊括了所有可能的数据帧结构组合。

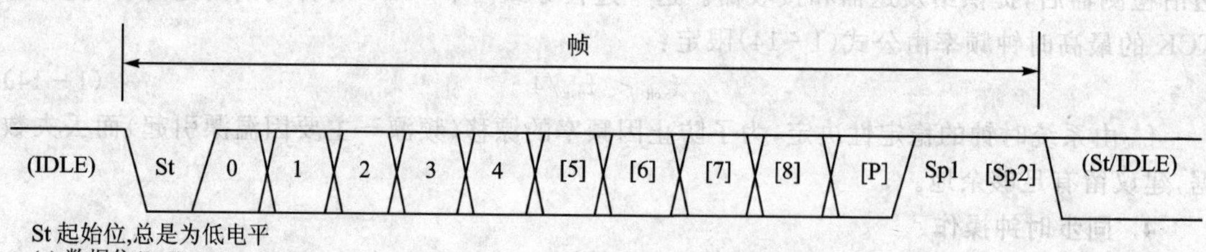

St 起始位,总是为低电平
(n) 数据位(0~8)
P 校验位,可以为奇校验或偶校验
Sp 停止位,总是为高电平
IDLE 通信线上没有数据传输(RxD或TxD),线路空闲时必须为高电平

图 1.51 USART 的数据帧结构组合

USART 数据帧结构由 UCSRB 和 UCSRC 寄存器中的 UCSZ[2:0]、UPM[1:0]和 USBS 位之设置来定义,接收和发送数据都应符合该定义。

对数据帧结构任何设置的改变,都会破坏正在进行的数据传送和接收通信。故若改变数据帧结构应在能确信系统不进行通信时进行。

USART 的字长位(UCSZ[2:0])规定了数据帧的数据位数。USART 的校验模式位(UPM[1:0])用于使能和规定奇偶校验的类型。选择一位或两位停止位由 USBS 位设置。但接收器弃置第二个停止位,故只能在第一个停止位上检测帧错误(FE)。其实在异步通信中,只要停止位不小于一位宽度,就能实现正确接收。对其宽度上限没有要求。

校验位的计算方法是先对各数据位进行"异或"运算,其结果即为偶校验位值(设置偶校验是使各数据位以及偶校验位中总共含有偶数个 1);将"异或"运算结果求反(即再同 1 进行一次"异或"运算),得到奇校验位值(设置奇校验是使各数据位以及奇校验位中总共含有奇数个 1):

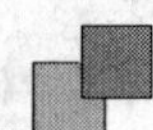

$$Peven = d_{n-1} \oplus d_{n-2} \cdots\cdots \oplus d_3 \oplus d_2 \oplus d_1 \oplus d_0$$

$$Podd = d_{n-1} \oplus d_{n-2} \cdots\cdots \oplus d_3 \oplus d_2 \oplus d_1 \oplus d_0 \oplus 1$$

式中：Peven 偶校验位值；

Podd 奇校验位值；

d_k 数据的第 k 位。

如在数据帧格式中定义使用校验位，则校验位安排在最后一个数据位和第一个停止位之间。

以上奇偶校验位的计算方法及说明也指出了如何对接收数据进行奇偶校验，判断数据是否被正确接收的方法。

1.13.4 USART 的初始化

USART 接口在通信前，必须首先对其进行初始化。初始化过程通常包括波特率、帧结构的设定以及根据需要对接收器、发送器的使能设定。对于中断驱动的 USART 操作，在初始化时，应先将全局中断标志位 I 清零，以屏蔽全局中断(但在系统通电启动后，I 已被清除，故此时对 USART 进行初始化时无再次清除之必要)，然后再对 USART 初始化(如改变波特率或帧结构)。重新改变 USART 的设置必须确信在没有数据传输的情况下进行。TXC 标志位可以用来检验一个数据帧的发送是否已经完成，RXC 标志位可以用来检验是否在接收缓冲器中还有数据未读出。在每次发送数据之前(即在写发送数据寄存器 UDR 前)，TXC 标志位必须清零。

1.13.5 数据帧的发送过程

将 UCSRB 寄存器中的发送允许位 TXEN 设置为 1，便使能了 USART 的发送功能。此时 TxD 引脚的通用 I/O 功能将被 USART 取代，作为发送器的串行输出引脚。传送的波特率、工作模式和帧结构的设置必须先于发送完成。如果使用同步发送模式，内部产生的发送时钟信号施加在 XCK 引脚上，作为串行数据同步发送的时钟。

1. 数据帧的发送

将数据装入发送缓冲器即启动了发送过程。MCU 通过写数据到发送数据寄存器 UDR 来加载发送缓冲器。当移位寄存器为发送下一帧数据准备就绪时，缓冲的数据将被移到移位寄存器中。一旦移位寄存器中装载了新的数据，就会按照设定的数据帧模式和位速率完成一帧数据的发送；而 UDR 寄存器中数据加载到发送缓冲器后，数据寄存器空标志 UDRE 置位。当以轮询(Polling)方式发送数据时，可在 UDRE=1 时向 UDR 写下一发送数据。

如果发送的数据少于 8 位，则高位数据(补入的 0)将不会被移出发送。

以上为 5～8 个数据位的数据帧的发送过程，如果要发送 9 位数据的数据帧 (UCSZ=7)，应先将数据的第 9 位写入寄存器 UCSRB 的 TXB8 标志位中，然后再将低 8 位数据写入发送数据寄存器 UDR 中。第 9 位数据在多机通信中用于表示地址帧(1)或数据帧(0)，或在同步通信中作为握手协议使用。

2. 发送器标志位和中断方式发送

USART 的发送器有 2 个标志位：数据寄存器空标志 UDRE 和发送完成标志 TXC(位于控制与状态寄存器 UCSRA 中)。两个标志位都能引发中断。

数据寄存器空标志位UDRE表示发送缓冲器是否就绪、可以接受写入下一新的数据。该位在发送缓冲器空(包括通电复位)时被置位;当数据在发送缓冲区内尚未发送完毕时,该位为0。为了与其他器件兼容,建议在写UCSRA寄存器时,对该位写0。

当置位UCSRB寄存器数据寄存器空中断允许位UDRIE时,只要UCRE被置位,就将产生USART数据寄存器空中断申请(假定全局中断总使能位I已被置位)。UDRE位在写发送寄存器UDR后被自动清零。当采用中断方式发送数据时,在数据寄存器空中断服务程序中写新的发送数据到UDR中,便清除了UDRE;或者屏蔽掉数据寄存器空中断标志UDRIE。以屏蔽产生新的中断;当以查询方式发送数据时,采用查询数据寄存器空标志UDRE较为方便。

当整个数据移出发送移位寄存器,同时发送缓冲器中又没有新的数据时,发送完成标志位TXC将置位。TXC标志位对于采用如RS485标准的半双工通信接口非常有利。因为只有在TXC置位时刻,才表示发送过程真正结束(不可用UDRE置位来判断),应用程序必须在此时释放通信总线,进入接收状态。

当发送完成中断允许位TXCIE和全局中断总使能位I均被置为1时,如果TXC标志位置位,USART发送完成中断将被响应。当进入发送完成中断服务程序时,TXC标志位即被硬件自动清零。向TXC标志位写入"1",也能清除该标志位。

3. 奇偶校验位的产生和发送

在数据发送过程中,校验位产生电路即依据发送数据和设定的校验方式自动计算、产生出相应的校验位。当使能发送校验功能时(UPM1=1),发送逻辑控制电路将计算好的校验位插在发送数据的最后一位(MSB)和第一个停止位之间。

4. 禁止发送过程

清除标志位TXEN将禁止数据发送。但TXEN被清除,并不影响将当前正在发送的数据发送完毕;即在当前数据发送完成后禁止发送才能生效。当发送被禁止后,TxD引脚将恢复为普通I/O端口功能。

1.13.6 异步串行数据的位接收时序

USART的接收器电路包括一个时钟恢复单元和数据恢复单元,用于处理对异步数据的扫描采样和接收。时钟恢复逻辑用于将从RXD引脚输入的异步串行数据与内部波特率时钟同步起来。数据恢复逻辑用于采集数据,并通过一个低通滤波器过滤所输入的每位数据,从而提高接收器的抗干扰性能。异步接收器所适应的波特率范围依赖于内部波特率时钟的精度、帧输入速度以及每帧所包含的位数。

图1.52所示为对数据帧起始位进行采样以及同步跟踪过程。在通常工作模式下,接收器的时钟恢复单元电路以16倍(倍速模式下则以8倍)波特率的采样频率扫描采样RxD引脚信号,图中每个垂直箭头线表示一次采样。当RxD处于闲置状态(无数据传送)时,采样点序列均定义为0。

当时钟恢复单元电路在RxD引脚上检测到一个由高电平(闲置)到低电平的下降沿时,便开始一个数据帧起始位的检测序列,数据恢复单元使用一个状态机来接收每一位数据。即将第一个(同步)检测到的低电平采样点初始化为序列1。普通模式下在连续16个(倍速方式为连续8个)对起始位的等间距采样点中,取第8、9、10(倍速方式为4、5、6)3个点的采样值作为

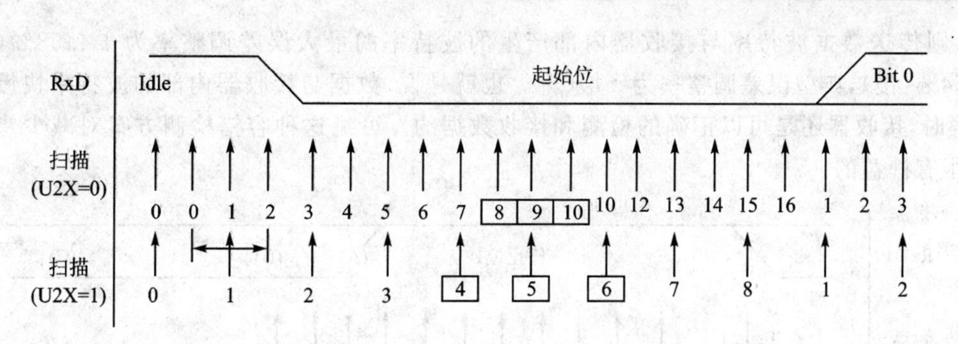

图1.52　起始位的同步检测过程

对起始位的判断值。如果3个采样值有2个或3个为高电平，则认为检测到的是一个尖峰噪声信号，而不是起始信号，时钟恢复单元电路将继续检测下一个"1"到"0"的电平变化。如果在3个采样值中有2个或3个为低电平，则判定检测到一个起始位，即以多数表决方式判断起始位的有效性。起始位有效则时钟的波特率与数据实现同步，进入接收过程的下一步——对数据位逐位扫描检测。

在一个有效的起始位被检测到后，即接收时钟与起始位同步之后，时钟恢复单元电路开始对数据位进行扫描采样。图1.53为扫描检测输入数据位的检测序列图。

数据位的检测采样序列也与起始位一样，取为16倍(8倍)波特率，对应一个数据位有16(8)个采样点。同样，在连续16个采样点中(倍速方式为8个)，取第8、9、10(倍速方式为4、5、6)3个点的采样值以多数表决方式对数据位进行判定。如果3个采样值有2个或3个为高电平，则认为检测到的数据位为1；而如果3个采样值有2个或3个为低电平，则认为检测到的数据位为0。数据位逻辑值被判定后再送入移位寄存器中。这种对数据位的扫描检测过程一直重复到所有数据位检测全部完成，并延续到对第一个停止位的扫描检测。

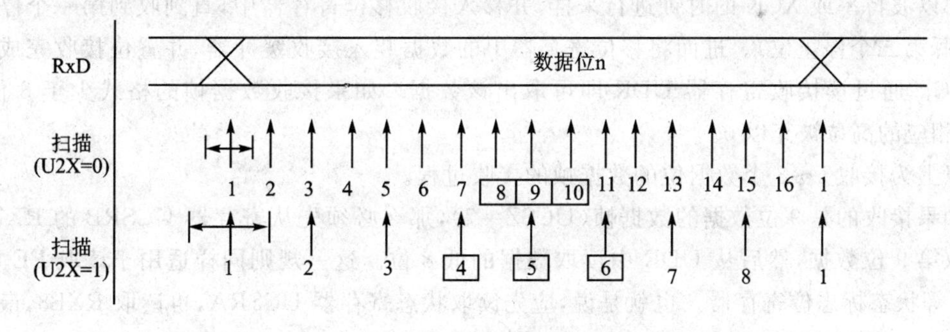

图1.53　数据位的同步检测过程

对于停止位的检测采样过程与数据位相同，也以多数表决方式对停止位进行判定。如果检测判断停止位为"0"，则帧错误标志位FE置位，表示帧接收出错。与数据位检测采样不同的是，在检测停止位的第11个(6个)采样点后，便开始了对下一个起始位("1"到"0"的下降沿)的检测，而不是在16个(8个)采样点后才进入对起始位的检测(见图1.54)。采用这种对停止位的超前检测方式，可以在一定范围内调整接收数据的波特率与内部产生的波特率的匹配误差(特别是在接收器波特率略低于被接收数据的实际波特率时，此时被接收数据帧的起始位应提前到来)。图中的A点(倍速方式为B点)表示下一个起始位允许的最早到来时刻。对于采用普通方式传送数据，如果数据帧的格式为一个起始位、8个数据位、无校验位和一个停止位，则传送数据波特率与接收器内部产生的波特率的最大误差调整率为＋4.58%(快)/－4.54%(慢)，典型误差调整率为±2.0%。也就是说，数据与接收器内部的波特率快慢相差为 4%时，接收器还是可以正确的检测和接收数据的。可见这种容错检测方案对减少错误接收是很有裨益的。

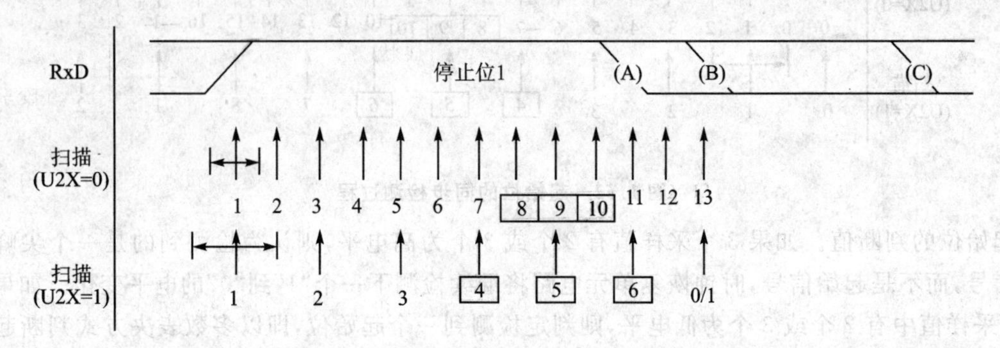

图 1.54　停止位的同步检测过程

1.13.7　数据帧接收过程

USART 数据接收使能是由 UCSRB 寄存器中的接收允许位 RXEN 设置的。当 RXEN 被使能后，RXD 引脚的通用 I/O 功能被 USART 取代，作为接收器的串行输入引脚。传送的波特率、工作模式和帧结构必须于允许接收设置之前完成。如果使用同步接收模式，外部施加在 XCK 引脚上的时钟作为串行数据接收时钟。

1. 数据帧的接收

当接收硬件电路检测到有效的数据起始位时，即启动接收数据过程。对起始位之后的每一位都以波特率或 XCK 的时钟进行采样，并移入接收移位寄存器中，直到收到第一个停止位(不理睬第二个停止位)。进而将移位寄存器中的数据装入接收缓冲器，并置位接收完成标志位 RXC。通过读接收寄存器 UDR 即可取出该数据。如果接收数据帧的格式少于 8 位，则 UDR 相应的高位被充以 0。

以上为接收 5～8 个数据位的数据帧的接收过程。

如果接收的是 9 位数据的数据帧(UCSZ＝7)，那么必须先从寄存器 UCSRB 的 RXB8 位中读取第 9 位数据，然后从 UDR 中读取数据的低 8 位。这一规则同样适用于读取 FE、DOR 和 PE 等状态标志位寄存器。也就是说，应先读取状态寄存器 UCSRA，再读取 RXB8，最后读取 UDR。因为读取 UDR 寄存器时就改变了状态寄存器中各个标志位的值。这样的读取顺序最大程度地优化了接收缓冲器的性能，UDR 中的数据被读出后，缓冲器将自动开始对下一个数据的接收。

2. 接收完成标志和中断方式接收

USART 的接收器设有一个状态标志位 RXC(安排在控制状态寄存器 UCSRA 中)。接收器接收到一个完整的数据帧后，该数据驻留在接收缓冲器中，此时 RXC 标志置位，表示接收缓冲器内已收到了一个数据。RXC 清零时，表示数据接收器为空。当设置接收器禁止接收时(RXEN＝0)，接收缓冲器中的数据将被清除，RCX 标志位自动清零。

当置位 UCSRB 寄存器中的接收完成中断允许位 RXCIE 时，只要 RXC 被置位，将产生数

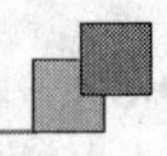

据接收完成中断申请(假定全局中断总使能位I已被置位)。RXC位在寄存器UCR数据被读出后被自动清零。当使用中断方式接收数据时,必须在接收完成中断服务程序中读取数据寄存器UDR,以清零RXC;或者当数据块接收完成时屏蔽掉数据接收完成中断标志RXCIE。否则,一旦该中断程序结束后,一个新的中断将再次产生。

3. 接收错误标志

USART的接收器有3个状态标志位(安排在控制状态寄存器UCSRA中),它们指示当前数据接收是否发生错误:帧接收错误标志位FE、数据接收溢出错误标志位DOR和校验错误标志位PE。发生以上错误不会产生中断申请,应用程序可对其进行查询。通过读取UCSRA寄存器,可获得这些标志位的内容,但这些错误标志位是不能用软件进行设置的。由于读取UDR寄存器会改变这些标志位的值,所以应在读取UDR之前读取寄存器UCSRA,获取错误信息。在重新改变USART的设置时,对这些标志位应写入0。

标志位FE表示刚接收到的数据帧中第一停止位是否正确。FE=0表示正确收到该数据帧的停止位(为1),FE=1表示收到的停止位错误(停止位为0)。该标志可用于检测数据与时钟是否同步,数据传送是否被打断以及检测握手协议等。无论数据帧采用1个还是2个停止位,FE标志是仅对第一停止位进行检测产生的,因此不受USBS位设置的影响。

标志位DOR表示接收到的数据是否产生溢出(帧丢失)的情况。当接收缓冲器满(即有两个接收到的字符,前一个字符在UDR中,移位寄存器中还有一个新接收到的字符在等待),同时接收器又检测到一个新的起始位时,则发生接收数据溢出错误,DOR置位。表示在最后一次读取UDR中接收的数据后,发生了一个或多个接收数据的溢出丢失。一旦接收缓冲器UDR被读取,DOR被自动清零。重写寄存器UCSRA的操作应将DOR标志位设置为0。

标志位PE表示刚接收到数据的奇偶检验是否正确。当设置为无校验时(UPM[1:0]=00),PE读出总是0。重写寄存器UCSRA的操作总是将PE标志位设置为0。

4. 执行奇偶校验

标志位UPM1=1使能接收器校验功能,标志位UPM2选择偶校验还是奇校验。当使能校验功能时,硬件在接收一帧数据的同时,自动计算其校验位的值,并与接收到的数据帧中的校验位进行比较。如果不相同,将置位PE,表示接收的数据发生校验错误。用户程序可以读取PE标志位,判别接收的数据是否在传输过程中发生了错误。

5. 禁止接收功能

与禁止发送功能不同,一旦设置禁止接收(RXEN=0),接收器将立即停止接收数据,因此正在接收过程中的数据将会丢失。接收功能禁止后,接收器将不再占用RXD引脚(恢复为普通I/O功能),接收缓冲器FIFO将随着接收功能的禁止而被清空,其中的数据将被丢失。一般情况下,应先检测标志位RXC,待RXC置位后,再将UDR中最后的数据读出,然后禁止接收功能。

1.13.8 多机通信的实现方法

ATmega16(8535)控制状态寄存器UCSRA里的MPCM即是专为实现多机通信所设的控制位,使用该位实现多机通信的过程如下:

(1) 当通电初始化时,多机通信系统里的主机和分机都设置9位数据模式,即设置UCSZ

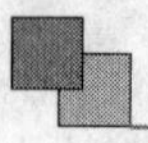

[2:0]=0B111,且将所有分机寄存器 UCSRA 里的 MPCM 位都设置为 1,使能所有分机以中断方式进行多机通信。这样当主机发送地址帧(TXB8=1)后,所有分机都以响应中断方式接收并核对是否被主机选中。

(2) 主机首先发出地址帧(分机机号)选中某个分机。该分机确认被选中后清除 MPCM 位,以便独自中断接收主机发送的数据帧(TXB8=0);由于其他分机仍然保持 MPCM=1,故其后主机发来的数据帧不会对这些分机产生中断,从而达到主机只与被选分机单独通信之目的;被选分机也可向主机发送数据。

(3) 主机与被选分机相互通信完成后,该分机将 MPCM 位置 1,以便再次接收主机发来的地址帧,进行下一个循环的通信;主机可采取上述方法与其他分机轮循通信。

1.13.9 USART 寄存器

ATmega16(8535)具有 6 个与 USART 有关的寄存器,它们是数据寄存器 UDR,控制和状态寄存器 UCSRA、UCSRB 和 UCSRC,波特率高字节寄存器 UBRRH 和波特率低字节寄存器 UBRRL。

USART 的接收数据寄存器是一个两级 FIFO 结构,只要访问了接收缓冲器 RXBn,就会改变 FIFO 的状态。由于这种特性,不要使用 SBI 和 CBI 之类的读-修改-写指令访问接收缓冲器 RXBn,并且应慎用 SBIC 和 SBIS 之类的位检测指令,因为不小心可能改变 FIFO 的状态。

1. USART 数据寄存器 UDR

它只有一个形式 I/O 地址 $0C,具双重角色。虽然接收数据取自其内,发送数据也写入其中,但读写物理地址是不同的。即以内部读、写信号分别与形式地址经逻辑组合后形成读、写物理地址,前者为接收数据寄存器地址,后者为发送数据寄存器地址。

位	7	6	5	4	3	2	1	0	
$0C($2C)	UDR[7:0]								UDR
读/写	R/W	R/W	R/W	R/W	R/W	R/W	R/W	R/W	
复位值	0	0	0	0	0	0	0	0	

2. USART 控制和状态寄存器 UCSRA

它控制异步通信波特率增速,使能多机通信;反映 USART 的工作状态,指示收发是否完成,装入 UDR 中的发送数据是否被取走,以及是否正确接收等。

位	7	6	5	4	3	2	1	0	
$0B($2B)	RXC	TXC	UDRE	FE	DOR	UPE	U2X	MPCM	UCSRA
读/写	R	R/W	R	R	R	R	R/W	R/W	

复位值 $20(复位后置位 UDRE!)。

位 7:RXC,接收完成标志。当接收字符从移位寄存器装载到数据寄存器 UDR 时,该位置位而不问帧错误是否发生;如 UCSRB 中接收中断使能位 RXCIE 被置位(并假定全局中断使能位已置位),则 RXC 置位导致接收中断激发。不论采用查询方式还是中断方式,读出接收数据才能清除 RXC 位,使接收得以继续进行。

位 6:TXC,发送完成标志。当数据从发送移位寄存器中全部移出,又没有新的数据装入

UDR时，该位置位。如果UCSRB中的TXCIE位被置位(并假定全局中断使能位I已置位)，则TXC置位将激发发送完成中断。在中断服务被执行时由硬件清除该位，也可通过对该位写“1”清除它。当用查询方式发送数据时，选查询UDRE位较方便；UDRE位在写下一发送数据时即自行清除，不须专门清除指令。

位5：UDRE，数据寄存器空标志。当装入UDR中的数据被装载到发送移位寄存器中时该位被置位，指示下一发送数据可装入UDR；当UCSRB中发送数据寄存器空中断使能位UDRIE置位时(并假定全局中断使能位I已置位)，则UDRE置位将激发发送寄存器空中断。通过写新的发送数据到UDR，即清除UDRE位；也可采用查询UDRE位来发送数据。

位4：FE，帧出错指示位。该位置位，表示检查到接收数据的帧错误(停止位为0)，发生帧错误并不影响数据的继续接收，当接收数据的停止位为1时，清除帧错误标志。读取UDR操作也会将FE标志位清除。不论何时写寄存器UCSRA，总要将FE写为0。

位3：DOR，数据超越错误。当接收缓冲器满(即有两个接收到的字符，前一个字符在UDR中，移位寄存器中还有一个新接收到的字符在等待)，同时接收器又检测到一个新的起始位时，则发生接收数据溢出错误，DOR被置位；读出UDR数据时，清除DOR位。不论何时写寄存器UCSRA，总要将DOR写为0。

位2：UPE，奇偶校验错误指示位。当使能了奇偶校验功能并检测出接收数据奇偶校验错误时，该位置位。读出UDR数据时清除UPE位。不论何时写寄存器UCSRA，总要将UPE写为0。

位1：U2X异步通信波特率增速使能位。该位设定为1时，将异步通信波特率增倍。同步通信时应将该位写为0。

位0：MPCM：多机通信使能位，多机通信系统里的分机在初始化时都将该位置1，主机发送的地址帧(9位数据帧格式，TXB8＝1)使所有分机都产生中断，以便分机判断所收地址是否与自己相符合。分机被选中后，便将UPCM位清除，以中断方式接收主机发来的数据帧(9位数据帧格式，但TXB8＝0)；数据帧对其他分机不产生中断，从而达到主机只与被选分机相互通信之目的。

3. USART控制状态寄存器UCSRB：RXB8：只读：其余皆可读可写

该寄存器控制USART发送、接收使能，发送、接收中断使能，数据帧的规模以及第9位数据的读、写等。

位	7	6	5	4	3	2	1	0	
$0A($2A)	RXCIE	TXCIE	UDRIE	RXEN	TXEN	UCSZ2	RXB8	TXB8	UCSRB
读/写	R/W	R/W	R/W	R/W	R/W	R/W	R	R/W	

复位值：$00

位7：RXCIE，接收完成中断使能。当该位被置位时，如果全局中断使能位I也置位，则UCSRA中RXC置位时(即接收完成)激发接收完成中断。

位6：TXCIE，发送完成中断使能。当该位被置位时，如果全局中断使能位I也置位，则UCSRA中TXC置位时(即发送完成)激发发送完成中断。

位5：UDRIE，数据寄存器空中断使能，当该位被设置为1时，如全局中断使能位I也置位，则UCSRA中UDRE置位时(时间上比TXC置位提前)将激发发送数据寄存器空中断。

位 4:RXEN,接收使能位。该位置位时,将 AVR RXD 引脚与 UART 的接收器接通,而不同该脚初始化设置之数据方向,该位被清除时,RXD 脚与接收器断开,故禁止接收。因此 RXC、FE、DOR 等与接收有关的标志位不会改变。若这些位被置位,只能在清除 RXEN 之前将它们清除;当接收被禁止后,RXD 恢复为普通 I/O 端口。

位 3:TXEN,发送使能位。该位置位时,将 AVR 的 TXD 引脚与 UART 发送器接通,而不同该脚予设之数据方向;该位被清除时,TXD 脚与发送器断开,故禁止发送。但清除 TXEN 操作并不影响将已在发送移位寄存器或 UDR 中的数据发送完毕;当发送被禁止后,TXD 恢复为普通 I/O 端口。

位 2:UCSZ2,该位与 UCSRC 寄存器中的 UCSZ1、UCSZ0 位一起决定通信数据位数的选择,数据位数可选为 5~9,见表 1.49。

位 1:RXB8,当 UCSZ[2:0]=7 时,为 11 位帧格式接收数据的第 9 位,在发送方将其装入 TXB8,则它即做为发送字符的第 9 位从 串行移位寄存器发出。接收方将其从 RXB8 取出。该位可做特殊使用位,如做为地址帧、数据帧的标志位,或在同步通信时作为握手信号。

位 0:TXB8,当 UCSZ[2:0]=7 时,TXB8 为发送数据的第 9 位,必须在将发送数据写入 UDR 之前写入 UCSRB。

设置波特率时,先写高 4 位寄存器 UBRRH,再写低 8 位寄存器 UBRRL。

4. 异步通信控制状态寄存器 UCSRC,与波特率高字节寄存器 UBRRH 共用一个 I/O 地址 $ 20

$ 20($ 40)	URSEL	UMSEL	UMP1	UMP0	USBS	UCSZ1	UCSZ0	UCPOL	UCSRC
	R/W	R/W	R/W	R/W	R/W	R/W	R/W	R/W	

位 7:URSEL,写 UBRRH/UCSRC 选择位,写 UCSRC 时同时将该位写为 0。

位 6:UMSEL,同/异步串行通信选择位,UMSEL=1,选择同步串行通信;UMSEL=0,选择异步串行通信,见表 1.47。

位 5-4:UPM1,UPM0,奇偶校验使能及选择位,见表 1.48。

位 3:USBS,停止位位数选择位。USBS=0,选择 1 位停止位;USBS=1,选择 2 位停止位,见表 1.49。

表 1.47 USART 工作模式

UMSEL	USART 工作模式
0	异步模式
1	同步模式

表 1.48 奇偶校验选择

UPM1	UPM0	校验选择
0	0	禁止
0	1	保 留
1	0	偶校验
1	1	奇校验

表 1.49 帧停止位个数

USBS	停止位个数
0	1
1	2

位 2、1:UCSZ1,UCSZ1。与 UCSRB 寄存器的 UCSZ2 位一起决定通信数据位数之选择(见表 1.50)。

位 0:UCPOL,同步通信串行移位时钟有效沿选择位。UCPOL=0 时发送数据(TXD 引脚输出)在 XCK 上升沿产生移位,而接收数据(采样 RXD 引脚输入)在 XCK 下降沿产生移位;UCPOL=1 时发送数据(TXD 引脚输出)在 XCK 下降沿产生移位,而接收数据(采样 RXD

引脚输入)在XCK上升沿产生移位,见表1.51。

表1.50 异/同步通讯数据帧位数的选择

UCSZ2	UCSZ1	UCSZ0	数据位数	UCSZ2	UCSZ1	UCSZ0	数据位数
0	0	0	5	1	0	0	保 留
0	0	1	6	1	0	1	保 留
0	1	0	7	1	1	0	保 留
0	1	1	8	1	1	1	9

表1.51 同步时钟极性

UCPOL	串型输出数据的变化时刻(TXD的输出)	串型输入数据的采样 时刻(RXD的输入)
0	XCK的上升沿	XCK的下降沿
1	XCK的下降沿	XCK的上升沿

5. 波特率高位字节寄存器UBRRH,可读可写。

位	7	6	5	4	3	2	1	0	
\$20(\$40)	URSEL	—	—	—	UBRR11	UBRR10	UBRR9	UBRR8	UBRRH
读/写	R/W	R/W	R/W	R/W	R/W	R/W	R/W	R/W	

复位值:\$00

位7:URSEL,写UBRRH/UCSRC选择位。因这两个寄存器共用一个地址,故以URSEL作为对两个寄存器的写入选择位:URSEL=1,选择写UBRRH寄存器;URSEL=0,选择写UCSRC寄存器。

位6~4:保留位;

位3~0:UBRR11~UBRR8,波特率寄存器的高4位。

6. 波特率低8位寄存器UBRRL:可读可写,地址为\$09(\$29),与UBRRH寄存器组成完整的12位波特率寄存器UBRR。

位	7	6	5	4	3	2	1	0	
\$09(\$29)	UBRR7	UBRR6	UBRR5	UBRR4	UBRR3	UBRR2	UBRR1	UBRR0	UBRRL
读/写	R/W	R/W	R/W	R/W	R/W	R/W	R/W	R/W	

复位值:\$00

对UBRR写入不同数值,可得相应的通讯波特率值(见表1.52~表1.55)。设置波特率时,先写高4位寄存器UBRRH,再写低8位寄存器UBRRL。

波特率计算公式为:

$$BAUD = fck/[16 \cdot (UBRR+1)] \quad (U2X=0)$$

$$BAUD = fck/[8 \cdot (UBRR+1)] \quad (U2X=1)$$

其中BAUD为波特率;f_{osc}表示晶振频率;UBRR表示USART的12位波特率寄存器中装载值(0~4095)。理论计算上讲以及实践验证,波特率综合误差在5%以内可用。因嵌入式系统多工作在强干扰环境,为增强可靠性,以及考虑到其他方面因素,强干扰环境下容错范围不可过宽,波特率允许误差最好不超过2%;采用较低的波特率可起到抗干扰功效。

表1.52~表1.55为不同晶振条件下波特率与BURR对照表。

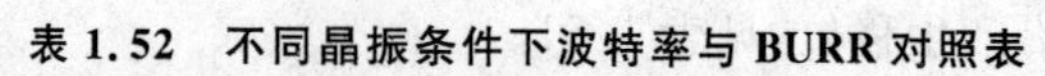

表1.52　不同晶振条件下波特率与BURR对照表

波特率	f_{osc}=1.000 MHz				f_{osc}=1.843 2 MHz				f_{osc}=2.000 0 MHz			
	U2X=0		U2X=1		U2X=0		U2X=1		U2X=0		U2X=1	
	UBRR	Error/%	UBRR	Error/%	UBRR	Error/%	UBRR	Error/%	UBRR	Error/%	UBRR	Error/%
2 400	25	0.2	51	0.2	47	0.0	95	0.0	51	0.2	103	0.2
4 800	12	0.2	25	0.2	23	0.0	47	0.0	25	0.2	51	0.2
9 600	6	−7.0	12	0.2	11	0.0	23	0.0	12	0.2	25	0.2
14.4k	3	8.5	8	−3.5	7	0.0	15	0.0	8	−3.5	16	2.1
19.2k	2	8.5	6	−7.0	5	0.0	11	0.0	6	−7.0	12	0.2
28.8k	1	8.5	3	8.5	3	0.0	7	0.0	3	8.5	8	−3.5
38.4k	1	−18.6	2	8.5	2	0.0	5	0.0	2	8.5	6	−7.0
57.6k	0	8.5	1	8.5	1	0.0	3	0.0	1	8.5	3	8.5
76.8k	—	—	1	−18.6	1	−25.0	2	0.0	1	−18.6	2	8.5
115.2k	—	—	0	8.5	0	0.0	1	0.0	0	8.5	1	8.5
230.4k	—	—	—	—	—	—	0	0.0	—	—	—	—
250k	—	—	—	—	—	—	—	—	—	—	0	0.0
Max(1)	62.5 kbps		125 kbps		115.2 kbps		230.4 Mbps		125 kbps		250 kbps	

表1.53　不同晶振条件下波特率与BURR对照表

波特率	f_{osc}=3.686 4 MHz				f_{osc}=4.000 0 MHz				f_{osc}=7.372 8 MHz			
	U2X=0		U2X=1		U2X=0		U2X=1		U2X=0		U2X=1	
	UBRR	Error/%	UBRR	Error/%	UBRR	Error/%	UBRR	Error/%	UBRR	Error/%	UBRR	Error/%
2 400	95	0.0	191	0.0	103	0.2	207	0.2	191	0.0	383	0.0
4 800	47	0.0	95	0.0	51	0.2	103	0.2	95	0.0	191	0.0
9 600	23	0.0	47	0.0	25	0.2	51	0.2	47	0.0	95	0.0
14.4k	15	0.0	31	0.0	16	2.1	34	−0.8	31	0.0	63	0.0
19.2k	11	0.0	23	0.0	12	0.2	25	0.2	23	0.0	47	0.0
28.8k	7	0.0	15	0.0	8	−3.5	16	2.1	15	0.0	31	0.0
38.4k	5	0.0	11	0.0	6	−7.0	12	0.2	11	0.0	23	0.0
57.6k	3	0.0	7	0.0	3	8.5	8	−3.5	7	0.0	15	0.0
76.8k	2	0.0	5	0.0	2	8.5	6	−7.0	5	0.0	11	0.0
115.2k	1	0.0	3	0.0	1	8.5	3	8.5	3	0.0	7	0.0
230.4k	0	0.0	1	0.0	0	8.5	1	8.5	1	0.0	3	0.0
250k	0	−7.8	1	−7.8	0	0.0	1	0.0	1	0.0	3	−7.8
0.5M	—	—	0	−7.8	—	—	0	0.0	0	−7.8	1	−7.8
1M	—	—	—	—	—	—	—	—	—	−7.8	0	−7.8
Max(1)	230.4 kbps		460.8 kbps		250 kbps		0.5M bps		460.8 kbps		921.6 kbps	

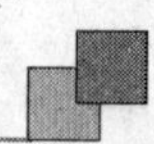

表 1.54　不同晶振条件下波特率与 BURR 对照表

波特率	f_{osc}=8.000 0 MHz				f_{osc}=11.059 2 MHz				f_{osc}=14.745 6 MHz			
	U2X=0		U2X=1		U2X=0		U2X=1		U2X=0		U2X=1	
	UBRR	Error/%	UBRR	Error/%	UBRR	Error/%	UBRR	Error/%	UBRR	Error/%	UBRR	Error/%
2 400	207	0.2	416	−0.1	287	0.0	575	0.0	383	0.0	767	0.0
4 800	103	0.2	207	0.2	143	0.0	287	0.0	191	0.0	383	0.0
9 600	51	0.2	103	0.2	71	0.0	143	0.0	95	0.0	191	0.0
14.4k	34	−0.8	68	0.6	47	0.0	95	0.0	63	0.0	127	0.0
19.2k	25	0.2	51	0.2	35	0.0	71	0.0	47	0.0	95	0.0
28.8k	16	2.1	34	−0.8	23	0.0	47	0.0	31	0.0	63	0.0
38.4k	12	0.2	25	0.2	17	0.0	35	0.0	23	0.0	47	0.0
57.6k	8	−3.5	16	2.1	11	0.0	23	0.0	15	0.0	31	0.0
76.8k	6	−7.0	12	0.2	8	0.0	17	0.0	11	0.0	23	0.0
115.2k	3	8.5	8	−3.5	5	0.0	11	0.0	7	0.0	15	0.0
230.4k	1	8.5	3	8.5	2	0.0	5	0.0	3	0.0	7	0.0
250k	1	0.0	3	0.0	2	−7.8	5	−7.8	3	−7.8	6	−7.8
0.5M	0	0.0	1	0.0	—	—	2	−7.8	1	−7.8	3	−7.8
1M	—	—	0	0.0	—	—	—	—	0	−7.8	1	−7.8
Max(1)	0.5 Mbps		1 Mbps		691.2 Mbps		1.382 4 Mbps		921.6 kbps		1.843 2 kbps	

表 1.55　不同晶振条件下波特率与 BURR 对照表

波特率	f_{osc}=16.000 MHz				f_{osc}=18.432 MHz				f_{osc}=20.000 MHz			
	U2X=0		U2X=1		U2X=0		U2X=1		U2X=0		U2X=1	
	UBRR	Error/%	UBRR	Error/%	UBRR	Error/%	UBRR	Error/%	UBRR	Error/%	UBRR	Error/%
2 400	416	−0.1	832	0.0	479	0.0	959	0.0	520	0.0	1041	0.0
4 800	207	0.2	146	−0.1	239	0.0	479	0.0	259	0.2	520	0.0
9 600	103	0.2	207	0.2	119	0.0	239	0.0	129	0.2	259	0.2
14.4k	68	0.6	138	−0.1	79	0.0	159	0.0	86	−0.2	173	−0.2
19.2k	51	0.2	103	0.2	59	0.0	119	0.0	64	0.2	129	0.2
28.8k	34	−0.8	68	0.6	39	0.0	79	0.0	42	0.9	86	−0.2
38.4k	25	0.2	51	0.2	29	0.0	59	0.0	32	−1.4	64	0.2
57.6k	16	2.1	34	−0.8	19	0.0	39	0.0	21	−1.4	42	0.9
76.8k	12	0.2	25	0.2	14	0.0	29	0.0	15	1.7	32	—
115.2k	8	−3.5	16	2.1	9	0.0	19	0.0	10	−1.4	21	1.4
230.4k	3	8.5	8	−3.5	4	0.0	9	0.0	4	8.5	10	1.4
250k	3	0.0	7	0.0.0	4	−7.8	8	0.0	4	0.0	9	−1.4
		0.0										0.0
0.5M	1	0.0	3	0.0	—	—	4	−7.8	—	—	4	0.0
1M	0	0.0	1	0.0	—	—	—	—	—	—	—	—
Max(1)	1 Mbps		2 Mbps		1.152 Mbps		2.304 Mbps		1.25 Mbps		2.5 Mbps	

注：(1) UBRR=0，ERROR=0.0%

1.14 两线串行总线接口 TWI(I^2C)

ATmega16/8535 单片机提供了实现标准两线串行总线通信的硬件接口 TWI(即 I^2C 总线接口)。其主要的性能和特点如下:

- 只需两根线的简单、强大而灵活的串行通信接口;
- 支持主控器/从控器操作模式;
- 器件可作为发送器,也可作为接收器;
- 7 位的从机地址空间,支持最多 128 个从机;
- 支持多主机模式以及总线仲裁机制;
- 高达 400 kHz 的数据传输(位)率;
- 滑速控制的输出驱动器;
- 噪声监控电路滤除总线上的毛刺;
- 从机地址以及公共地址全部可编程;
- 地址监听中断使能唤醒休眠模式下 MCU。

1.14.1 两线串行总线接口定义

ATmega16/8535 的 TWI 是与 I^2C 总线接口兼容的两线串行总线—两条双向串行总线,它们分别称为时钟线 SCL 和数据线 SDA。通过这两根双向总线最多可挂接 128 个设备,而唯一需要添加的外部器件是两根总线上的提拉电阻(见图 1.55)。对所有与总线挂接的设备都分配各自的设备地址。并由 TWI 协议解决总线仲裁问题。

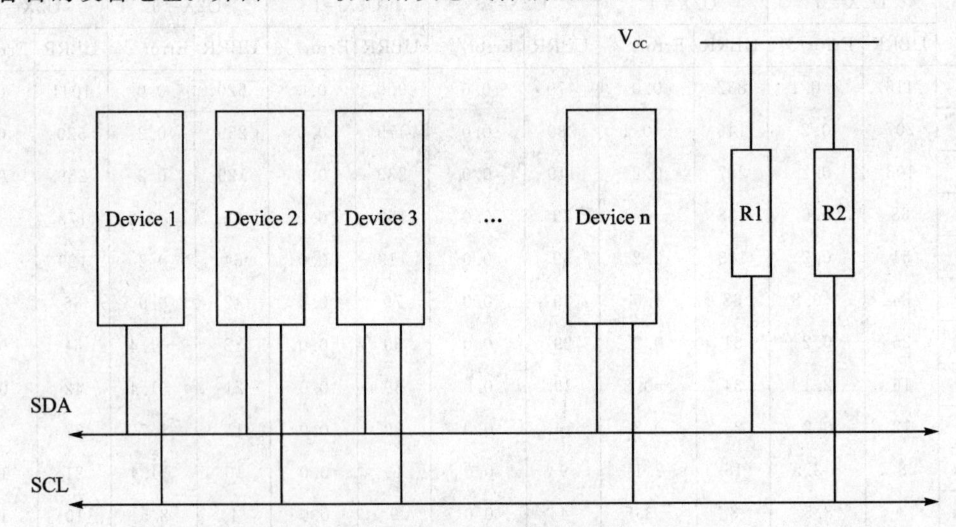

图 1.55 TWI 的总线连接

从图 1.55 中可以看出,两根线都通过上拉电阻与正电源连接,所有 TWI 兼容器件的总线驱动都是漏极开路或集电极开路的。这样就实现了对接口操作非常关键的线与功能。只要有一个 TWI 器件输出为"0"时,便屏蔽其他器件输出的高电平,使 TWI 总线输出低电平;当所有的 TWI 器件输出为三态时,由上拉电阻将电压拉高,TWI 总线输出高电平。注意,为了保证总线的正常操作,凡是挂接在TWI总线上的AVR器件必须通电(否则其低电平输出产生"钳位"作用)。

与总线连接的器件数量受下列两个条件限制:总线电容必须低于400 pF,从设备地址不能超过128个。TWI具有2种总线速率标准,即速度低于100 kHz的低速标准和速度超过400 kHz的高速标准。

由于TWI与I²C兼容,关于TWI的协议可参考有关I²C总线的定义和说明。

1.14.2 TWI模块概述

ATmega16/8535的TWI模块由几个子模块构成,如图1.56所示。图中所有寄存器都可通过MCU数据总线对其进行读/写。

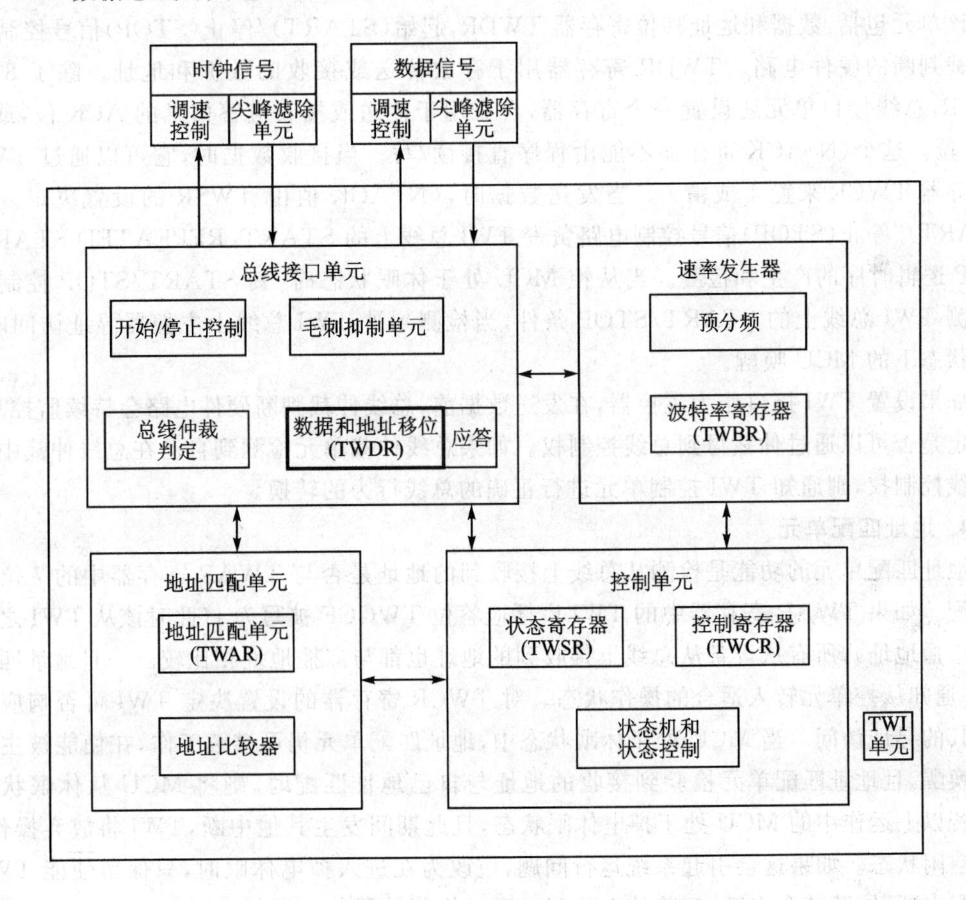

图1.56 ATmega16/8535的TWI模块结构图

1. SCL和SDA引脚

SCL和SDA为ATmega16/8535的TWI接口的引脚(PC0和PC1的替换功能)。引脚的输出驱动包含一个滑速控制器,以使其符合TWI技术规范。引脚输入部分包括尖峰滤除单元,以滤除宽度小于50 ns的尖峰脉冲。

注意:当端口PC0和PC1设置为SCL和SDA引脚时,可设定相应I/O口内部的上拉电阻有效,以省掉外部的提拉电阻。

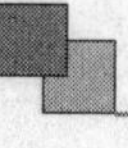

2. 波特率发生器单元

TWI 工作于主控器模式时，由该单元控制产生驱动 TWI 时钟线的时钟信号 SCL。时钟 SCL 的周期由 TWI 状态寄存器 TWSR 中的预分频位和 TWI 波特率寄存器 TWBR 设定。当 TWI 工作在从控器模式时，无需对波特率或预分频进行设定，但作为从控器，其 MCU 的时钟频率必须高于 TWI 时钟线 SCL 频率的 16 倍。SCL 的频率由以下公式决定(类似于对从机 SPI 时钟之限定)：

$$f_{scl} = f_{mcu}/(16 + 2(TWBR) \times 4^{TWPS}) \tag{1-15}$$

其中，TWBR 为 TWI 波特率寄存器的值；TWPS 为 TWI 状态寄存器预分频位的值。在主控模式下，TWBR 的值应大于 10；否则可能产生不正确的输出。

3. 总线接口单元

该单元包括：数据和地址移位寄存器 TWDR，起始(START)/停止(STOP)信号控制和总线仲裁判断的硬件电路。TWDR 寄存器用于存放传送或接收的数据和地址。除了 8 位的 TWDR，总线接口单元还设置一个寄存器，含有用于传送或接收应答信息的 ACK 位，或(N) ACK 位。这个(N)ACK 寄存器不能由程序直接读/写。当接收数据时，它可以通过 TWI 控制寄存器 TWCR 来置 1 或清 0。当发送数据时，(N) ACK 值由 TWSR 的设置决定。起始(START)/停止(STOP)信号控制电路负责 TWI 总线上的 START、REPEATED START 和 STOP 逻辑时序的产生和检测。当从控 MCU 处于休眠状态时，其 START/STOP 控制器能够检测 TWI 总线上的 START/STOP 条件，当检测到被 TWI 总线上主控器寻址访问时，将休眠状态下的 MCU 唤醒。

如果设置 TWI 接口作为主控器，在发送数据前，总线仲裁判断硬件电路会持续监控总线，以确定是否可以通过仲裁得到总线控制权。如果总线仲裁单元检测到自己在总线仲裁中丢失了总线控制权，则通知 TWI 控制单元进行正确的总线行为的转换。

4. 地址匹配单元

地址匹配单元的功能是检测从总线上接收到的地址是否与 TWAR 寄存器中的 7 位地址相匹配。如果 TWAR 寄存器中的 TWI 广播应答位 TWGCE 被写为 1(此时该从 TWI 之地址称为广播地址)，所有从设备从总线上接收到的地址也都与广播地址相比较。一旦地址匹配成功，将通知从控单元转入适合的操作状态。对 TWCR 寄存器的设置决定 TWI 可否响应主控器对其的寻址访问。当 MCU 处于休眠状态中，地址匹配单元仍可继续工作，在使能被主控器寻址唤醒，且地址匹配单元检验到接收的地址与自己地址匹配时，则将 MCU 从休眠状态唤醒。若以上运作中的 MCU 处于掉电休眠状态，且此期间发生其他中断，TWI 将放弃操作，返回至空闲状态。如果这会引起系统运行问题，应改为在进入掉电休眠时，只保留使能 TWI 地址匹配中断，屏蔽其余中断；解除掉电休眠之后才恢复被屏蔽的中断。

5. 控制单元

控制单元时时监视 TWI 总线，并根据 TWI 控制寄存器 TWCR 的设置做出相应的对策。当在 TWI 总线上发生需要应用程序进行处理的事件时，首先置位 TWI 的中断标志位 TWINT，在下一个时钟周期内，将表示这个事件的状态字写入 TWI 状态寄存器 TWSR 中；若没有需要应用程序进行处理的事件发生，TWSR 中的内容表示无事件发生之状态。一旦 TWINT 标志位置 1，就会将时钟线 SCL 拉低，暂停 TWI 总线上的传送，让用户程序处理事件。

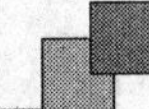

在下列状态(事件)出现时,中断标志位 TWINT 被置位:

- 在 TWI 发送完一个起动或再次起动(Start/Repeated Start)信号后;
- 在 TWI 发送完一个主控器寻址读/写(SLA+R/W)数据后;
- 在 TWI 发送完一个地址字节后;
- 在 TWI 失去总线控制权后;
- 在 TWI 被主控器寻址(地址匹配成功)后;
- 在 TWI 接收到一个数据字节后;
- 作为从控器时,当 TWI 接收到停止或再次起动信号(Stop/Repeated Start)后;
- 由于非法的起动或停止信号造成总线冲突出错时。

1.14.3 TWI 寄存器

1. TWI 波特率寄存器—TWBR

位	7	6	5	4	3	2	1	0	
\$00/\$20	TWBR7	TWBR6	TWBT5	TWBR4	TWBR3	TWBR2	TWBR1	TWBR0	TWBR
读/写	R/W	R/W	R/W	R/W	R/W	R/W	R/W	R/W	
复位值	0	0	0	0	0	0	0	0	

位 7～0—TWBRn:TWI 波特率寄存器

TWBR 用于设置波特率发生器的分频除法因子。波特率发生器是一个分频器,当工作在主控器模式时,由它产生并于 SCL 引脚上提供时钟信号。见上小节计算式(1-15)。

2. TWI 控制寄存器—TWCR

TWCR 寄存器在 TWI 接口模块操作过程中起控制作用。用以实现使能 TWI 接口、在总线上加起动信号(Start)来初始化一次主控器的寻址访问、产生 ACK 应答、产生停止信号(Stop)以及在写入数据到 TWDR 寄存器时控制总线暂停等功能。在禁止访问 TWDR 期间,如试图将数据写入到 TWDR 时会引起写入冲突,使写入冲突标志置位。

位	7	6	5	4	3	2	1	0	
\$36/\$56	TWINT	TWEA	TWSTA	TWSTO	TWWC	TWEN	—	TWIE	TWCR
读/写	R/W	R/W	R/W	R/W	R/W	R/W	R	R/W	
复位值	0	0	0	0	0	0	0	0	

(1) 位 7—TWINT:TWI 中断标志位

当 TWI 接口完成当前工作,等待应用程序响应时,该位被置位。如果 SREG 寄存器中全局中断总使能位 I 和 TWCR 寄存器中的 TWIE 位皆置位时,TWINT 标志位置位,MCU 将响应 TWI 中断。一旦置位 TWINT 标志位,时钟线 SCL 将被拉为低。在执行中断服务程序时,TWINT 标志位不会由硬件自动清零,必须通过由软件写入“1”来清零。清零 TWINT 标志位将开始 TWI 接口的操作,因此对 TWI 的地址寄存器 TWAR、状态寄存器 TWSR 和数据寄存器 TWDR 进行访问,必须在清零 TWINT 标志位前完成。

(2) 位 6—TWEA:TWI 应答(ACK)允许位

TWEA 位控制应答 ACK 信号的发生。当 TWEA 被置位时,在以下情况下 ACK 脉冲将在 TWI 总线上产生:

● 器件作为从控器时,接收到呼叫自己的地址;

● 当 TWAR 寄存器中的 TWGCE 位被置位时,接收到一个通用呼叫地址;

● 作为主控器接收器或从控器接收器时,接收到一个数据字节。

如果清除 TWEA 位,将使器件暂时"脱离"TWI 总线。地址识别匹配功能需通过置位 TWEA 来重新获得。

(3) 位 5—TWSTA:TWI 起动(Start)信号状态位

当要将器件设置为串行总线上的主控器时,必须置位 TWSTA。TWI 接口硬件将检查总线是否空闲。如果总线空闲,将在总线上发出一个起动信号(START)。但是如果总线并不空闲,TWI 将等到总线上一个停止(Stop)信号被检测到后,再发出一个新的起动信号(REPEATED START),以获得总线的控制权而成为主控器。当起始信号发出后,TWSTA 位将由硬件清零。

(4) 位 4—TWSTO:TWI 停止信号状态位

当芯片作为主控器时,设置 TWSTO 位为 1,将在总线上发出一个停止信号。当停止(STOP)信号发出后,TWSTO 位将被自动清零。当芯片作为从控器时,置位 TWSTO 位用于从错误状态恢复。此时,TWI 接口并不发出停止信号,但硬件接口模块返回到正常的初始未被寻址的从控器模式,并释放 SCL 和 SDA 线为高阻状态。

(5) 位 3—TWWC:TWI 写冲突标志位

在 TWINT 位为 0 时,试图向 TWI 数据寄存器 TWDR 写数据,TWWC 位将被置位。在 TWINT 位为 1 时,写 TWDR 寄存器将自动清零 TWWC 标志位。

(6) 位 2—TWEN:TWI 允许位

TWEN 位用于激活 TWI 接口和使能 TWI 接口操作。当 TWEN 被置位时,TWI 接口模块将 I/O 引脚 PC0 和 PC1 切换成 SCL 和 SDA 引脚,并使能滑速控制器和尖峰滤波器;如果该位被清零,TWI 接口模块将被关闭,所有 TWI 传输将被终止。

(7) 位 1—保留位

该位被保留,读出总为 0。

(8) 位 0—TWIE:TWI 中断使能

当该位被写为 1,同时 SREG 寄存器中的 I 位被置位时,只要 TWINT 标志位为 1 时,TWI 中断请求即被使能响应。

3. TWI 状态寄存器—TWSR

位	7	6	5	4	3	2	1	0	
\$01/\$21	TWS7	TWS6	TWS5	TWS4	TWS3	—	TWPS1	TWPS0	TWSR
读/写	R	R	R	R	R	R	R/W	R/W	
复位值	1	1	1	1	1	0	0	0	

(1) 位 7～3—TWS:TWI 状态

这 5 位反映了 TWI 逻辑状态和 TWI 总线的状态。不同状态码见 1.14.4 小节叙述(并参看表 1.57～60)。从 TWSR 寄存器中读取值包括了 5 位状态值和 2 位预分频值。当检查状态位时只有高 5 位是有用的。故应该将低 2 位预分频器位屏蔽,以方便对状态位的检验判断。

(2) 位 2—保留位

该位被保留,读出始终为 0。

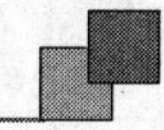

(3) 位 1～0－TWPS[1:0]:TWI 预分频器位

这些位能被读或写,用于设置波特率的预分频除数(见表 1.56)。参见波特率发生单元部分了解计算传输比特率的方法。

表 1.56　TWI 波特率预分频设置

TWPS1	TWPS0	预分频系数	TWPS1	TWPS0	预分频系数
0	0	1	1	0	16
0	1	4	1	1	64

4. TWI 数据寄存器－TWDR

与同步串行口 SPI 的数据寄存器 SPDR 相似,在发送模式下,TWDR 寄存器的内容为下一个要传送的字节数据;在接收模式下,TWDR 寄存器中的内容为最后接收的字节数据。当 TWI 处在字节移位过程中,不可以写该寄存器;当 TWI 中断标志位(TWINT)由硬件置位时,才可以写 TWDR 寄存器。注意:第一次 TWI 中断发生前 TWDR 的内容是不能由用户程序初始化的。当数据被移出时,总线上的数据同时也被移入(与 SPI 数据传输相似)。当 TWINT 位被置位时,TWDR 中(从总线上刚被移入)的数据保持稳定。因此,TWDR 的内容总是总线上最后出现的一个字节。但当 MCU 被 TWI 中断唤醒时,TWDR 中的内容是不确定的,故只有这一特殊情况除外。在丢失总线的控制权,器件由主控器转变为从控器的过程中,TWDR 寄存器内数据不会丢失。ACK 位是由 TWI 硬件逻辑电路自动处理的,MCU 不能直接对其访问。

位	7	6	5	4	3	2	1	0	
$03/$23	TWD7	TWD6	TWD5	TWD4	TWD3	TWD2	TWD1	TWD0	TWDR
读/写	R/W	R/W	R/W	R/W	R/W	R/W	R/W	R/W	
复位值	1	1	1	1	1	1	1	1	

位 7～0－TWD:TWI 数据寄存器,这 8 位为将要传送的下一个数据字节,或 TWI 总线上的最后一个接收到的数据字节。

5. TWI(从控器)地址寄存器－TWAR

TWAR 寄存器的高 7 位的内容为从控器的 7 位地址字。当 TWI 被设置为从控接收器或从控发送器时,在 TWAR 中应设置从控器的地址,以便主机能对自己寻址。而在主控器模式下,不需要设置 TWAR。在多主竞争的总线系统中,如果器件具双重角色——既可作为主控器又可作为从控器时,也必须设置 TWAR 寄存器。TWAR 寄存器的最低位用作通用地址(或广播地址 $00)的识别允许位。相应的地址比较单元将会在接收的地址中寻找从机地址或通用呼叫地址(即广播地址)。如果发现总线下发的地址与 TWAR 指示的地址相匹配,将产生 TWI 中断请求。

位	7	6	5	4	3	2	1	0	
$02/$22	TWA6	TWA5	TWA4	TWA3	TWA2	TWA1	TWA0	TWGCE	TWAR
读/写	R/W	R/W	R/W	R/W	R/W	R/W	R/W	R/W	
复位值	1	1	1	1	1	1	1	0	

(1) 位 7～1－TWA[6:0]:TWI 从控器地址寄存器

该 7 位用作存放 TWI 单元的从控器地址。

(2) 位 0－TWGCE:TWI 通用呼叫(或广播呼叫)识别使能位

如果该位被置位,将使能对 TWI 总线上的通用地址的呼叫(或广播呼叫)和识别。

1.14.4 TWI 总线的使用

挂接在 TWI 串行总线上的单片机或集成电路芯片,通过一条数据线(SDA)和一条时钟线(SCL),便可按照 TWI 通信协议(与 I^2C 兼容)进行寻址和信息传输。TWI 总线上的器件,根据它的不同工作状态,可分为主控发送器(MT－Master Translator)、主控接收器(MR)、从控发送器(ST)和从控接收器(SR)。在实际应用中,器件的工作状态可以根据要求进行转换。

AVR 的 TWI 接口是面向字节和基于中断的。无论出现何种总线事件,例如接收到一个字节或发送了一个起始信号,都将产生一个 TWI 中断。因此 TWI 接口在字节传送和接收过程中,不需要应用程序的干预。TWCR 寄存器中的 TWI 中断允许位 TWIE 和 SREG 寄存器中的全局中断使能 I 位共同决定 TWINT 标志位的有效性以及应用程序能否响应其发出的中断请求。如果 TWIE 被清零,应用程序只能采用轮询 TWINT 标志位的方法来检测 TWI 总线的状态。

当 TWINT 标志位置位时,表示 TWI 接口完成了当前的操作,等待应用程序的响应。在这种情况下,TWI 状态寄存器 TWSR 之内容表明当前 TWI 总线的状态。应用程序可以读取该 TWSR 状态码,判别此时的状态是否正确,并通过设置 TWCR 和 TWDR 寄存器,决定在下一个 TWI 总线周期中,TWI 接口应该如何操作。

关于 TWI 的协议和应用,可参考有关 I^2C 总线的定义和说明。下面给出 ATmega16 的 TWI 接口在 4 种工作状态时的相应的状态字,以及下一步相关的操作(见表 1.57～1.62)。

图 1.57 为一个展示应用程序如何使用 TWI 硬件接口进行操作的例程,该示例中主控器采用轮询方式向被控器发送一个单字节数据的程序代码。

对 TWI 运作过程的步骤详细说明如下:

(1) TWI 传输的第一步是发送 START 信号。通过对 TWCR 写入特定值,指示 TWI 硬件发送 START 信号。写入值请参见表 1.57。当写入该特定值时即置位 TWCR 寄存器的 TWINT 标志位,这一点是非常重要的。对 TWINT 写“1”清除此标志。TWINT 置位期间 TWI 不会启动任何操作。一旦 TWINT 清零,TWI 即由 START 信号启动数据传输。

(2) START 信号被发送后,TWCR 寄存器的 TWINT 标志位置位,TWSR 更新为新的状态码,表示 START 信号成功发送。

(3) 应用程序将检验 TWSR,确定 START 信号已成功发送。如果 TWSR 显示为其他状态,应用程序可以执行一些指定操作,比如调用错误处理程序。如果状态码与预期一致,应用程序必须将 SLA＋W 载入 TWDR。TWDR 既可用于载入地址也可用于载入数据。TWDR 载入 SLA＋W 后,TWCR 内必须写入特定值,指示 TWI 硬件已发送 SLA＋W 信号。写入值请参见表 1.57。在写入该特定值时 TWINT 位即置位,这非常重要。对 TWINT 写“1”清除此标志。在 TWCR 寄存器的 TWINT 置位期间 TWI 不会启动任何操作。一旦 TWINT 清零,TWI 将启动地址包的发送。

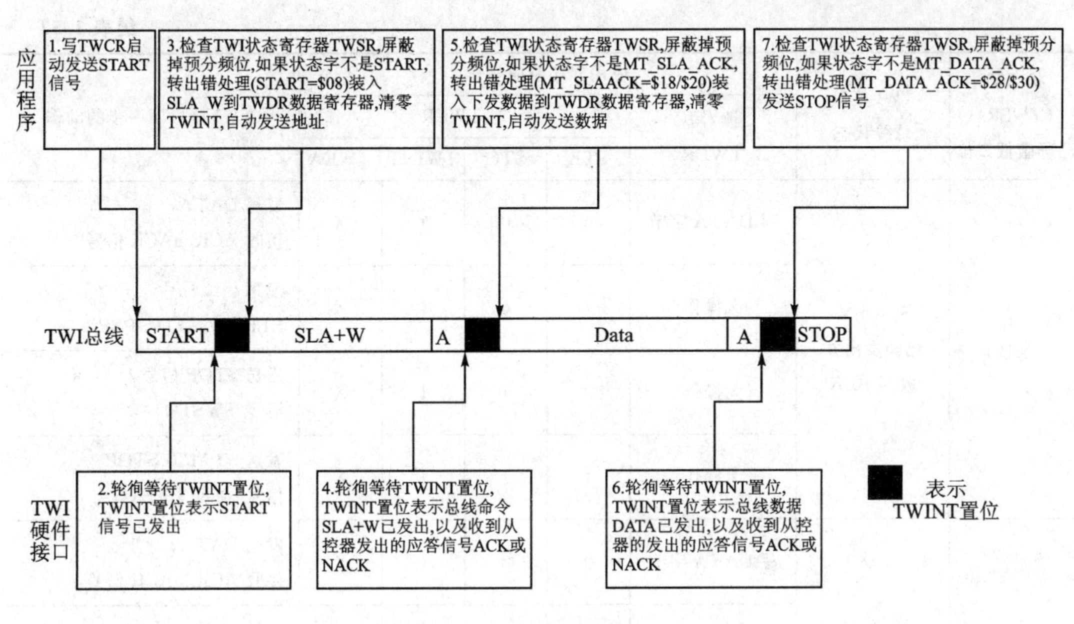

图 1.57 TWI 数据发送过程

(4) 地址包发送后,TWCR 寄存器的 TWINT 标志位置位,TWSR 更新为新的状态码,表示地址包成功发送。状态代码还会反映从机是否响应该包。

(5) 应用程序将检验 TWSR,确定地址包是否已成功发送、ACK 是否为期望值。如果 TWSR 显示为否定,应用程序可以执行一些指定操作,比如调用错误处理程序。如果状态码与预期一致,应用程序必须将数据包载入 TWDR。随后 TWCR 必须写入特定值,指示 TWI 硬件发送 TWDR 中的数据包。写入值请参见表 1.57。在写入期间 TWINT 位要置位,这非常重要。TWCR 寄存器中的 TWINT 置位期间 TWI 不会启动任何操作。一旦 TWINT 清零,TWI 即启动数据包的传输。数据包发送后,TWCR 寄存器的 TWINT 标志位置位,TWSR 更新为新的状态码,表示数据包成功发送。状态代码还会反映从机是否响应该包之发送。

(6) 数据包发送后,TWCR 寄存器的 TWINT 标志位置位,TWSR 更新为新的状态码,表示数据包成功发送。状态代码还会反映从机是否响应该数据包。

表 1.57 TWI 主控发送器模式状态字

状态字(TWSR)已屏蔽低 3 位	TWI 接口总线状态	应用程序响应操作					TWI 接口下一步的动作
		读/写 TWDR	写 TWCR				
			STA	STO	TWINT	TWEA	
$08	START 信号已经发出	写 SLA+W	0	0	1	X	发送 SLA+W 接收 ACK/nACK 信号
$10	REPEATED START 信号已经发出	写 SLA+W	0	0	1	X	发送 SLA+W 接收 ACK/nACK 信号
		写 SLA+R	0	0	1	X	发送 SLA+R 接收 ACK/nACK 信号

续表 1.57

状态字(TWSR)已屏蔽低 3 位	TWI 接口总线状态	应用程序响应操作					TWI 接口下一步的动作
		读/写 TWDR	写 TWCR				
			STA	STO	TWINT	TWEA	
$18	SLA+W 已经发出并收到 ACK	写 DATA 字节	0	0	1	X	发送 DATA,接收 ACK/nACK 信号
		无操作	1	0	1	X	发送 REKPEATED START
		无操作	0	1	1	X	发送 STOP 信号,清零 TWSTO
		无操作	1	1	1	X	发送 START、STOP 信号,清零 TWSTO
$20	SLA+W 已经发出并收到 nACK	写 DATA 字节	0	0	1	X	发送 DATA,接收 ACK/nACK 信号
		无操作	1	0	1	X	发送 REKPEATED START
		无操作	0	1	1	X	发送 STOP 信号,清零 TWSTO
		无操作	1	1	1	X	发送 START、STOP 信号,清零 TWSTO
$28	DATA 已经发出并收到 ACK	写 DATA 字节	0	0	1	X	发送 DATA,接收 ACK/nACK 信号
		无操作	1	0	1	X	发送 REPEATED START
		无操作	0	1	1	X	发送 STOP 信号,清零 TWSTO
		无操作	1	1	1	X	发送 START、STOP 信号,清零 TWSTO
$30	DATA 已经发出并收到 nACK	写 DATA 字节	0	0	1	X	发送 DATA,接收 ACK/nACK 信号
		无操作	1	0	1	X	发送 REPEATED START
		无操作	0	1	1	X	发送 STOP 信号,清零 TWSTO
		无操作	1	1	1	X	发送 START、STOP 信号,清零 TWSTO

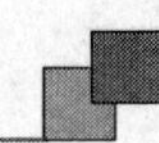

续表 1.57

状态字（TWSR）已屏蔽低 3 位	TWI 接口总线状态	应用程序响应操作					TWI 接口下一步的动作
		读/写 TWDR	写 TWCR				
			STA	STO	TWINT	TWEA	
$38	失掉总线控制权	无操作	0	0	1	X	释放总线，转入从控器初始状态
		无操作	1	0	1	X	如果总线空闲，发送 START 信号

表 1.58　TWI 主控接收器模式状态字

状态字（TWSR）已屏蔽低 3 位	TWI 接口总线状态	应用程序响应操作					TWI 接口下一步的动作
		读/写 TWDR	写 TWCR				
			STA	STO	TWINT	TWEA	
$08	START 信号已经发出	写 SLA+R	0	0	1	X	发送 SLA+R 接收 ACK/nACK 信号
$10	REPEATED START 信号已经发出	写 SLA+R	0	0	1	X	发送 SLA+R 接收 ACK/nACK 信号
		写 SLA+W	0	0	1	X	发送 SLA+W 接收 ACK/nACK 信号
$38	失掉总线控制权未收到应答信号	无操作	0	0	1	X	释放总线，转入被控器初始状态
		无操作	1	0	1	X	如果总线空闲，发送 START 信号
$40	SLA+R 已经发出并收到 ACK	无操作	0	0	1	0	接收 DATA，发送 nACK 信号
		无操作	0	0	1	1	接收 DATA，发送 ACK 信号
$48	SLA+R 已经发出并收到 aACK		1	0	1	X	发送 REPEATED START
			0	1	1	X	发送 STOP 信号，清零 TWSTO
			1	1	1	X	发送 START、STOP 信号，清零 TWSTO
$50	DATA 已收到 ACK 已发出		0	0	1	0	接收 DATA，发送 nACK 信号
			0	0	1	1	接收 DATA，发送 ACK 信号

续表 1.58

状态字(TWSR)已屏蔽低 3 位	TWI 接口总线状态	应用程序响应操作					TWI 接口下一步的动作
		读/写 TWDR	写 TWCR				
			STA	STO	TWINT	TWEA	
$58	DATA 已收到 nACK 已发出	读 DATA 数据	1	0	1	X	发送 REPEATED START
		读 DATA 数据	0	1	1	X	发送 STOP 信号，清零 TWSTO
		读 DATA 数据	1	1	1	X	发送 START、STOP 信号，清零 TWSTO

表 1.59 TWI 从控接收器模式状态字

状态字(TWSR)已屏蔽低 3 位	TWI 接口总线状态	应用程序响应操作					TWI 接口下一步的动作
		读/写 TWDR	写 TWCR				
			STA	STO	TWINT	TWEA	
$60	收到本机 SLA+W ACK 已发出	无操作	X	0	1	0	接收 DATA，发送 nACK 信号
		无操作	X	0	1	1	接收 DATA，发送 ACK 信号
$68	主控器发出 SAL+R/W 后丢失总线控制权收到本机 SLA+W ACK 已经发出	无操作	X	0	1	0	接收 DATA，发送 nACK 信号
		无操作	X	0	1	1	接收 DATA，发送 ACK 信号
$70	收到广播呼叫 ACK 已经发出	无操作	X	0	1	0	接收 DATA，发送 nACK 信号
		无操作	X	0	1	1	接收 DATA，发送 ACK 信号
$78	主控器发出 SAL+R/W 丢失总线控制权收到广播呼叫 ACK 已发出	无操作	X	0	1	0	接收 DATA，发送 nACK 信号
		无操作	X	0	1	1	接收 DATA，发送 ACK 信号
$80	已被 SLA+W 寻址 DATA 已收到 ACK 已发出	读 DATA 数据	X	0	1	0	接收 DATA，发送 nACK 信号
		读 DATA 数据	X	0	1	1	接收 DATA，发送 ACK 信号

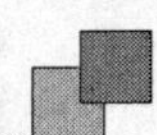

续表 1.59

状态字(TWSR)已屏蔽低3位	TWI 接口总线状态	应用程序响应操作					TWI 接口下一步的动作
		读/写 TWDR	写 TWCR				
			STA	STO	TWINT	TWEA	
$88	已被 SLA+W 寻址 DATA 已收到 NACK 已发出	读 DATA 数据	0	0	1	0	转入从控器初始状态不进行本机 SLA 和广播呼叫匹配
		读 DATA 数据	0	0	1	1	转入从控器初始状态进行本机 SLA 匹配如 TWGCE=1,进行广播呼叫匹配
		读 DATA 数据	1	0	1	0	转入从控器初始状态进行本机 SLA 和广播呼叫匹配如果总线空闲,发送 START 信号
		读 DATA 数据	1	0	1	1	转入从控器初始状态进行本机 SLA 匹配如 TWGCE=1,进行广播呼叫匹配如果总线空闲,发送 START 信号
$90	已被广播呼叫寻址 DATA 已收到 ACK 已发出	读 DATA 数据	X	0	1	0	接收 DATA,发送 nACK 信号
		读 DATA 数据	X	0	1	1	接收 DATA,发送 ACK 信号
$98	已被广播呼叫寻址 DATA 已收到 nACK 已发出	读 DATA 数据	0	0	1	0	转入从控器初始状态不进行本机 SLA 和广播呼叫匹配
		读 DATA 数据	0	0	1	1	转入从控器初始状态进行本机 SLA 匹配如 TWGCE=1,进行广播呼叫匹配
		读 DATA 数据	1	0	1	0	转入从控器初始状态进行本机 SLA 和广播呼叫匹配如果总线空闲,发送 START 信号
		读 DATA 数据	1	0	1	1	转入从控器初始状态进行本机 SLA 匹配如 TWGCE=1,进行广播呼叫匹配如果总线空闲,发送 START 信号
$A0	仍处在被寻址的被控器状态时 ATOP 或 REPEATED START 已收到	无操作	0	0	1	0	转入从控器初始状态不进行本机 SLA 和广播呼叫匹配
		无操作	0	0	1	1	转入从控器初始状态进行本机 SLA 匹配如 TWGCE=1,进行广播呼叫匹配
		无操作	1	0	1	0	转入从控器初始状态进行本机 SLA 和广播呼叫匹配如果总线空闲,发送 START 信号
		无操作	1	0	1	1	转入从控器初始状态进行本机 SLA 匹配如 TWGCE=1,进行广播呼叫匹配如果总线空闲,发送 START 信号

表 1.60　TWI 从控发送器模式状态字

状态字(TWSR)已屏蔽低 3 位	TWI 接口总线状态	应用程序响应操作					TWI 接口下一步的动作
		读/写 TWDR	写 TWCR				
			STA	STO	TWINT	TWEA	
$A8	收到本机 SLA+R ACK 已发出	写 DATA 字节	X	0	1	0	发送最后一个 DATA 接收 nACK 信号
		写 DATA 字节	X	0	1	1	发送 DATA 接收 ACK 信号
$B0	主控器发出 SAL+R/W 丢失总线控制权 收到本机 SLA+R ACK 已发出	写 DATA 字节	X	0	1	0	发送最后一个 DATA 接收 nACK 信号
		写 DATA 字节	X	0	1	1	发送 DATA 接收 ACK 信号
$B8	DATA 已经发出 收到 ACK 信号	写 DATA 字节	X	0	1	0	发送最后一个 DATA 接收 nACK 信号
		写 DATA 字节	X	0	1	1	发送 DATA 接收 ACK 信号
$C0	DATA 已经发出 收到 nACK 信号	无操作	0	0	1	0	转入从控器初始状态不进行本机 SLA 和广播呼叫匹配
		无操作	0	0	1	1	转入从控器初始状态进行本机 SLA 匹配如 TWGCE=1,进行广播呼叫匹配
		无操作	1	0	1	0	转入从控器初始状态进行本机 SLA 和广播呼叫匹配如果总线空闲,发送 START 信号
		无操作	1	0	1	1	转入从控器初始状态进行本机 SLA 匹配如 TWGCE=1,进行广播呼叫匹配如果总线空闲,发送 START 信号
$C8	最后一个 DATA 已经发出 (TWEA=0) 收到 ACK 信号	无操作	0	0	1	0	转入从控器初始状态不进行本机 SLA 和广播呼叫匹配
		无操作	0	0	1	1	转入从控器初始状态进行本机 SLA 匹配如 TWGCE=1,进行广播呼叫匹配
$C8	最后一个 DATA 已经发出 (TWEA=0) 收到 ACK 信号	无操作	1	0	1	0	转入从控器初始状态不进行本机 SLA 和广播呼叫匹配如果总线空闲,发送 START 信号
		无操作	1	0	1	1	转入从控器初始状态进行本机 SLA 匹配如 TWGCE=1,进行广播呼叫匹配如果总线空闲,发送 START 信号

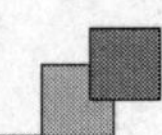

表1.61 TWI其他状态字

状态字(TWSR)已屏蔽低3位	TWI接口总线状态	应用程序响应操作					TWI接口下一步的动作
		读/写TWDR	写TWCR				
			STA	STO	TWINT	TWEA	
$F8	无相应有效状态TWINT=0	无操作	无操作				等待或继续当前传送
$00	由于非法的START和STOP信号引起总线错误	无操作	0	1	1	X	仅本机硬件STOP,并不发送到总线,释放总线,清零TWSTO

表1.62 汇编程序代码

序号	汇编程序代码	说明
1	Ldi r16,(1<<TWINT)|(1<<TWSTA)|(1<<TWEN) Out TWCR,r16	发送START信号
2	Wait1: in r16,TWCR sbrs r16,TWINT rjmp wait1	轮询等待TWINT置位, TWINT置位表示START信号已发出
3	in r16 ,TWSR andi r16,$F8 cpi r16,START brne ERROR	检验TWI状态寄存器TWSR, 屏蔽预分频位, 如果状态字不是START转出错处理(START=$08)

	Ldi r16,SLA_W
	Out TWDR,r16
	Ldi r16,(1<<TWINT)|(1<<TWEN)
	Out TWCR,r16
		装入SLA_W到TWDR数据寄存器,
		清零TWINT,启动发送地址

4	Wait2: in r16,TWCR sbrs r16,TWINT rjmp wait2	轮询等待TWINT置位, TWINT置位表示总线命令SLA+W已发出,以及收到从控器发出的应答信号ACK或NACK
5	in r16,TWSR andi r16,$F8 cpi r16,MT_SLA_ACK brne ERROR	检验TWI状态寄存器TWSR, 屏蔽预分频位, 如果状态字不是MT_SLA_ACK,转出错处理(MT_SLA_ACK=$18/$20)

	ldi r16,DATA
	out TWDR,r16
	ldi r16,(1<<TWINT)|(1<<TWEN)
	out TWCR,r16
		装入下发数据到TWDR数据寄存器
		清零TWINT,启动发送数据

续表 1.62

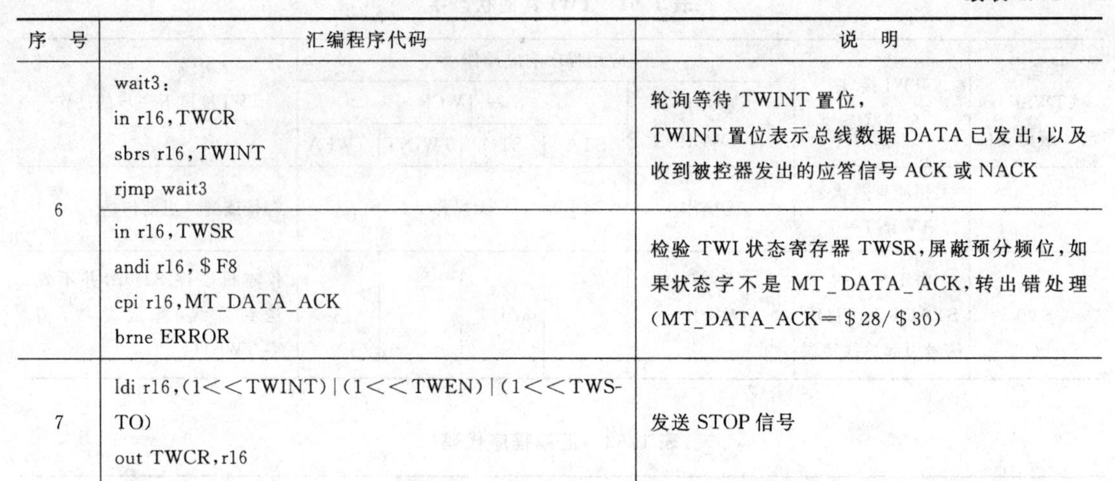

序 号	汇编程序代码	说 明
6	wait3: in r16,TWCR sbrs r16,TWINT rjmp wait3	轮询等待 TWINT 置位, TWINT 置位表示总线数据 DATA 已发出,以及收到被控器发出的应答信号 ACK 或 NACK
	in r16,TWSR andi r16,$F8 cpi r16,MT_DATA_ACK brne ERROR	检验 TWI 状态寄存器 TWSR,屏蔽预分频位,如果状态字不是 MT_DATA_ACK,转出错处理(MT_DATA_ACK=$28/$30)
7	ldi r16,(1＜＜TWINT)|(1＜＜TWEN)|(1＜＜TWS-TO) out TWCR,r16	发送 STOP 信号

(7) 应用程序将检验 TWSR,确定地址包是否已成功发送、ACK 是否为期望值。如果 TWSR 显示为否定,应用程序可以执行一些指定操作,比如调用错误处理程序。如果状态码与预期一致,TWCR 必须写入特定值指示 TWI 硬件发送 STOP 信号。写入值请参见表 1.57。在写入时 TWINT 位要置位,这非常重要。给 TWINT 写"1"清除此标志。TWCR 寄存器中的 TWINT 置位期间 TWI 不会启动任何操作。一旦 TWINT 清零,TWI 即将启动 STOP 信号的传送。注意,与上面的发送不同,TWINT 在 STOP 状态发送后不会置位。

尽管示例比较简单,但它包含了 TWI 数据传输过程中的所有规则,总结如下:

(1) 当 TWI 完成一次操作并等待反馈时,TWINT 标志置位。直到 TWINT 清零,时钟线 SCL 才会拉低。

(2) TWINT 标志置位时,用户必须用与下一个 TWI 总线周期相关的值更新 TWI 寄存器。例如,TWDR 寄存器必须载入下一个总线周期中要发送的值。

(3) 当所有的 TWI 寄存器得到更新,而且其他挂起的应用程序也已经结束,TWCR 被写入数据。写 TWCR 时,TWINT 位应置位。对 TWINT 写"1"清除此标志。TWI 将开始执行由 TWCR 设定的操作。

1.14.5 多主机系统和总线仲裁

如果有多个主控器单元都挂接在同一总线上,那么其中的两个或多个可能会同时开始传送数据。在这种情况下,TWI 协议通过一个总线仲裁过程,只允许其中的一个主控器传送数据并且不丢失数据,从而保证了总线的正常运作。如图 1.58 所示为多个主控器的 TWI 系统,总线仲裁的示例如下所述,该示例中有两个主控器试图向从接收器发送数据。

以下几种情况会产生总线仲裁过程:

(1) 两个或更多的主控器同时与同一个从控器进行通信。在这种情况下,无论主控器或从控器都不知道有总线竞争。

(2) 两个或更多的主控器同时对同一个从控器进行不同数据或方向的访问。在这种情况下,会在读/写或数据之间产生竞争,导致发生总线仲裁:当某主控器试图在 SDA 线上输出一个"1"时,如有其他的主控器业已"捷足先登"输出了"0",则欲输出"1"者在总线仲裁中失败。

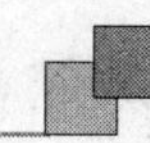

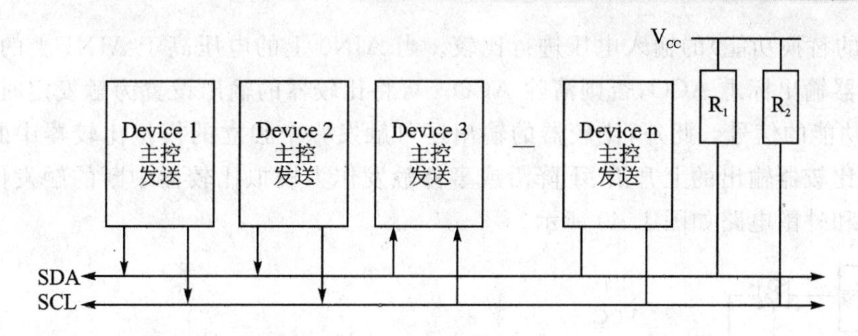

图 1.58　多主控器的 TWI 系统

例如，主器件 1 发送的高电平在 SDA 线上反映出来的是主器件 2 的低电平状态，这个低电平状态通过硬件系统反馈到数据寄存器中与原来状态比较，主器件 1 即因二者不相同而退出竞争。失败的主控器将转换成未被寻址的从控器模式，或等待总线空闲后发送一个新的起始条件，以试图维持主控器地位(取决于具体的应用程序)。

(3) 两个或更多的主控器访问不同的从控器。在这种情况下，总线仲裁在竞争传送 SLA(从控器地址)时发生。当某主控器试图在 SDA 线上输出一个"1"时，如有其他的主控器已经抢先一步输出了"0"，则前者将在总线仲裁中失败。在 SLA 总线仲裁中失败的主控器将转换到从控器模式，并检查自己是否已被获得总线控制权的主控器寻址。如是，它将进入 SR(从控接收)或 ST(从控发送)模式，由 SLA 的读/写位的值决定；如果它未被寻址，将转换到未被寻址的从控器模式，或等待总线空闲后发送一个新的起始条件，以坚持主控器地位(由具体的应用程序决定)。

图 1.59 描述了总线仲裁的过程，图中圆圈中数字为 TWI 的状态值(请对照表 1.57～表 1.60)。

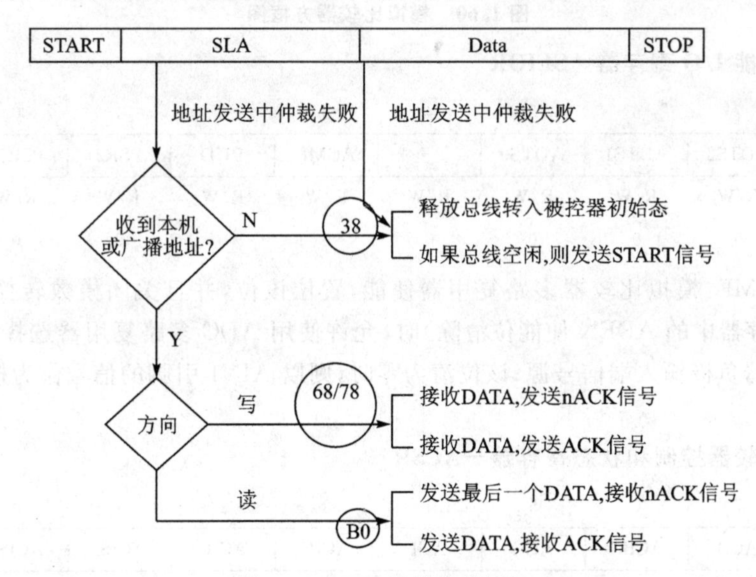

图 1.59　TWI 总线仲裁过程

1.15　模拟比较器

ATmega16/8535 的模拟比较器对其正极输入端 AIN0(PB2 的替换功能)与负极输入端

AIN1(PB3 的替换功能)的输入电压进行比较。当 AIN0 上的电压高于 AIN1 上的电压时,置位模拟比较器输出标志 ACO,否则清除 ACO。可将比较器的输出设置为触发定时器/计数器 1 输入捕获功能的信号。此外,比较器的输出还可触发一个独立的模拟比较器中断。用户可以选择使用比较器输出的上升沿、下降沿或事件触发作为模拟比较器中断的触发信号。比较器的方框图和外围电路如图 1.60 所示。

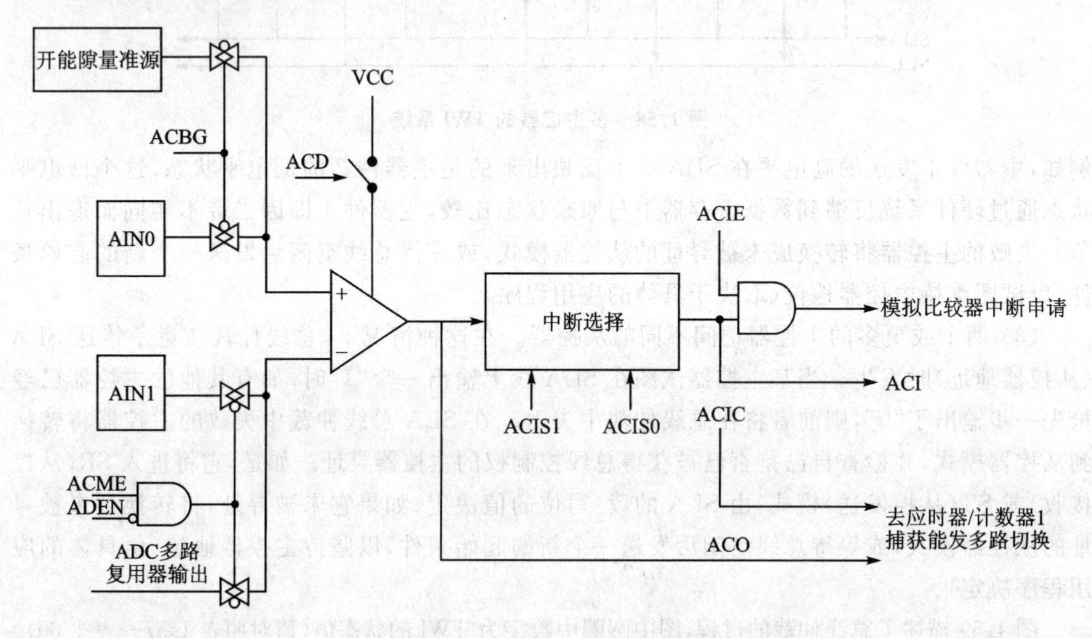

图 1.60 模拟比较器方框图

1. 特殊功能 I/O 寄存器—SFIOR

位	7	6	5	4	3	2	1	0	
$20($40)	ADTS2	ADTS1	ADTS0	—	ACME	PUD	PSR2	PSR10	SFIOR
读/写	R/W	R/W	R/W	R/W	R/W	R/W	R/W	R/W	
复位值	0	0	0	0	0	0	0	0	

位 3—ACME:模拟比较器多路复用器使能,置位该位,并且关闭模数转换(ADC)功能(ADCSRA 寄存器中的 ADEN 使能位清除)时,允许使用 ADC 多路复用器选择 ADC 的端口作为模拟比较器负极输入端信号源;该位清为零时,则以 AIN1 引脚的信号作为模拟比较器负极输入信号。

2. 模拟比较器控制和状态寄存器—ACSR

位	7	6	5	4	3	2	1	0	
$08($28)	ACD	ACBG	ACO	ACI	ACIE	ACIC	$ACIS_1$	$ACIS_0$	ACSR
	R/W	R/W	R/W	R/W	R/W	R/W	R/W	R/W	

(1) 位 7—ACD:模拟比较器禁止

当该位设为 1 时,提供给模拟比较器的电源关闭。该位可以在任何时候被置位,从而关闭模拟比较器。在 MCU 闲置模式,且无需将模拟比较器作为唤醒源的情况下,关闭模拟比较器可以减少电源的消耗。要改变 ACD 位的设置时,应首先通过清除寄存器 ACSR 中的 ACIE

位，禁止模拟比较器中断；否则，在改变ACD位设置时会产生一个中断。

(2) 位6—ACBG：模拟比较器的能隙参考源选择

当该位为1时，芯片内部一个固定的能隙(Bandgap)参考电源将代替AIN0的输入，作为模拟比较器的正极输入端。当该位被清零时，AIN0的输入仍然作为模拟比较器的正极输入端。

(3) 位5—ACO：模拟比较器比较结果输出

模拟比较器对正负两路输入信号进行比较，产生表示比较结果的输出信号，经过同步处理后直接与ACO相连。当AIN0上的电压高于AIN1上的电压时，ACO置位，否则ACO清除。因为同步处理，ACO与模拟比较器的输出之间，会有1～2个时钟的延时，编程时要注意这一延时时间。

(4) 位4—ACI：模拟比较器中断标志

当模拟比较器的输出事件符合中断触发条件时（中断触发条件由ACIS1和ACIS0定义），ACI由硬件置位。若ACIE和状态寄存器中的I都置位，则MCU响应模拟比较器中断。当转入模拟比较中断处理时，ACI被硬件自动清零。此外，对ACI标志位写入逻辑1来也能清零该位。

(5) 位3—ACIE：模拟比较器中断允许

当ACIE位被设置为1，且状态寄存器中的全局中断总使能位I被置位时，将使能模拟比较器中断。当ACIE清0时，模拟比较器中断被禁止。

(6) 位2—ACIC：模拟比较器输入捕获允许

该位实际上是定时器/计数器1输入捕获功能之触发源的选择开关。

当置位ACIC位时，定时器/计数器1的输入捕获功能将由模拟比较器的输出来触发。在这种情况下，模拟比较器的输出直接输入到捕获前端逻辑电路，从而能利用定时器/计数器1输入捕获中断的噪声消除和边沿选择的特性。当该位被清除时，ICP1引脚上的触发信号作为定时器/计数器1输入捕获功能之触发源。

定时器计数器1中断屏蔽寄存器(TIMSK)中的TICIE1位，以及全局中断总使能位I都被置位，是模拟比较器输出触发定时器/计数器1输入捕获中断的先决条件。

(7) 位1:0—ACIS[1:0]：模拟比较器中断模式选择

这些位决定哪种形式的模拟比较器输出事件可以触发模拟比较器中断。不同的设置请参见表1.63。

表1.63　模拟比较器中断模式选择

ACIS1	ACIS0	中断模式
0	0	模拟比较器输出的上升沿和下降沿都触发中断
0	1	保留
1	0	模拟比较器输出的下降沿触发中断
1	1	模拟比较器输出的上升沿触发中断

注意：当要改变ACIS1、ACIS0时，必须先清除ACSR寄存器中的中断允许位，否则，当这两个位被改变时，会产生无意义中断。

3. 模拟比较器的多路输入功能

可以选择ADC[7:0]引脚中的任一路的模拟信号代替AIN1引脚，作为模拟比较器的负极输入端。模数转换的ADC多路复用器提供这种选择功能,但此时必须停止芯片的ADC功能。当模拟比较器的多路复用使能位(SFIOR中的ACME位)置位,同时ADC被关闭时(ADCSRA中的ADEN位为0),由ADMUX中的MUX[2:0]位所选中的模拟输入引脚将代替AIN1作为模拟比较器的负极输入端,如表1.64所列。如果ACME被清零,或ADEN置1,则AIN1恢复为模拟比较器的负极输入端。

表1.64 模拟比较器多路输入选择

ACME	ADEN	MUX[2:0]	模拟比较器反向输入端	ACME	ADEN	MUX[2:0]	模拟比较器反向输入端
0	x	xxx	AIN1	1	0	011	ADC3
x	1	xxx	AIN1	1	0	100	ADC4
1	0	000	ADC0	1	0	101	ADC5
1	0	001	ADC1	1	0	110	ADC6
1	0	010	ADC2	1	0	111	ADC7

1.16 模数转换器

ATmega16/8535模数转换器(ADC)具有下列特点:

- 10位精度;
- 0.5 LSB的积分非线性度;
- ±2 LSB的绝对精度;
- 转换时间65~260 μs;
- 在最高精度下采样速率可达15 ksps;
- 8路可选的单端模拟量输入通道;而且8路模拟量都可被选为模拟比较器的负极输入端。
- 7路差分输入通道;
- 2路差分输入通道,其增益可选为10倍放大(10×)或200倍放大(200×);
- 8种事件可选作为ADC的自动触发源(表1.66);
- ADC转换结果的读取可选择为左对齐或(复位缺省)右对齐模式;
- ADC的输入电压范围为0~V_{CC};
- 可选片内2.56 V电源、片外AVcc或VREF作为ADC参考基准源;
- 连续转换模式和单次转换模式功能;
- ADC转换完成触发中断功能;
- 休眠模式下的噪声滤除功能(Noise Canceler)。

ATmega16/8535有一个10位逐次逼近(Successive Approximation)的ADC。ADC与一个8通道的模拟多路选择器连接,能够对以PORTA口作为ADC输入引脚的8路单端电压输入进行采样,也能对组合差分输入形式的双极性模拟量进行采样。单端电压输入以0V(GND)为参考。

芯片支持16种差分电压输入组合,其中2种差分输入(ADC1:ADC0和ADC3:ADC2)带有程控增益放大器,能在A/D转换前对差分输入电压进行0 dB(1×)、20 dB(10×)或46 dB

(200×)的放大。(注:分贝值 dB 等于放大倍数 K 以 10 为底的对数值乘以 20,即 $DB_K = 20LogK$。则 200 倍的分贝值 $DB_{200} = 20 \times Log200 = 20 \times (2+0.3010) = 46$)。7 种差分模拟输入通道共用一个负极端(ADC1),其他的任意一个 ADC 引脚都可作为相应的正极。若增益设置为 1×或 10×,可获得 8 位的转换精度;如果增益设置为 200×,那么转换精度也能达到 7 位。

ADC 具有采样保持电路,以确保输入模拟量在 ADC 转换过程中保持稳定。ADC 的方框图如图 1.61 所示。

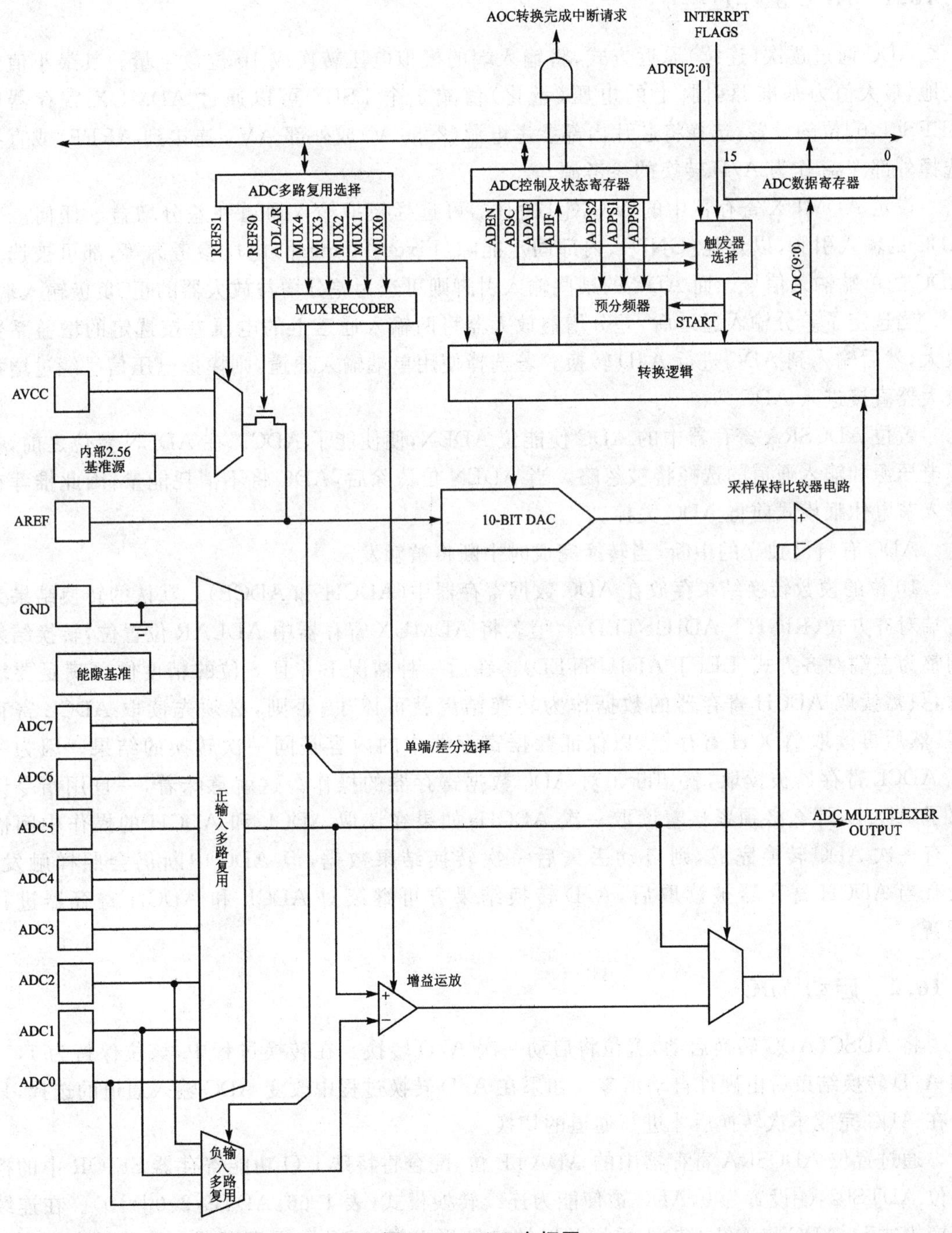

图 1.61 ADC 方框图

ADC 功能单元可由独立的专用模拟电源引脚 AV_{CC}供电。AV_{CC}和 V_{CC}的电压差不能大于±0.3 V。关于 AV_{CC}的使用和连接,参见 1.16.6 小节内容。

ADC 转换的参考电源可采用芯片内部的 2.56 V 参考电源,或采用外部的 AV_{CC}/VREF 参考电源。使用内部电压参考源时,AREF 引脚不能悬空,可以通过在 AREF 引脚上并接一个电容来提高 ADC 的噪声滤除性能。

1.16.1 ADC 工作过程

ADC 通过逐次(连续)逼近方式,将输入端的模拟电压转换成 10 位数字量。其最小值代表地,最大值为基准源引脚上的电压(量化)值减 1 个 LSB。可以通过 ADMUX 寄存器中 REFS[1:0]位的设置,选择将芯片内部参考电源(2.56 V)或外部 AV_{CC}连接到 AREF,或直接选择外部 V_{REF}作为 A/D 转换的参考源。

设定 ADMUX 寄存器中的 MUX[4:0]位,可选择模拟输入通道和差分增益。任何一个 ADC 的输入引脚,以及地(GND)、内部固定能隙(Fixed Bandgap)电压参考源等,都可被选为 ADC 的单端输入信号。而 ADC 的某些输入引脚则可选为差分增益放大器的正、负极输入端。

当选定了差分输入通道后,差分增益放大器将两输入通道上的电压差按选定的增益系数放大,然后输入到 ADC 进行 A/D 转换。若选择使用单端输入通道,则模拟电压信号绕过增益放大器直接进入 ADC。

置位 ADCSRA 寄存器中的 ADC 使能位 ADEN,便使能了 ADC。在 ADEN 置位之前,参考电压源和输入通道的选择将被忽略。当 ADEN 位清除后,ADC 将不消耗能量,因此推荐在进入节电休眠模式前将 ADC 关掉。

ADC 有自己独立的中断,当转换完成时中断将被触发。

10 位的模数转换结果存放在 ADC 数据寄存器中(ADCH 和 ADCL)。默认的转换结果为右端对齐方式(RIGHT ADJUSTED)。但若将 ADMUX 寄存器中 ADLAR 位置位,转换结果调整为左端对齐方式(LEFT ADJUSTED)。在后一种情况下并且 8 位的精度便可满足要求时,只需读取 ADCH 寄存器的数据作为转换结果就可以了;否则,必须先读取 ADCL 寄存器,然后再读取 ADCH 寄存器,以保证数据寄存器中的内容是同一次转换的结果。因为一旦 ADCL 寄存器被读取,就切断了对 ADC 数据寄存器的操作。这就意味着,一旦用指令读取了 ADCL,那么必须紧接着读取一次 ADCH;如果在读取 ADCL 和 ADCH 的操作中间恰好有一次 ADC 转换完成,则自动丢失后一次转换结果数据,但 ADC 中断仍会照样触发。只有当 ADCH 寄存器被读取后,A/D 转换结果方可继续对 ADCL 和 ADCH 寄存器进行更新。

1.16.2 启动 ADC

将 ADSC(ADC 转换启动)置位将启动一次 A/D 转换。在转换过程中,该位保持为 1,直到 A/D 转换结束后由硬件自动清零。如果在 A/D 转换过程中改变 ADC 输入通道的选择,只有在 ADC 完成本次转换后才进行通道的切换。

通过置位 ADCSRA 寄存器中的 ADATE 位,配合将特殊 I/O 功能寄存器 SFIOR 中的控制位 ADTS[2:0]设置为 0,ADC 被使能为连续转换模式(表 1.66:ADTS[2:0]=0)。在连续转换模式下,ADC 将连续对输入采样并以转换结果更新 ADC 数据寄存器。此种场合也必须

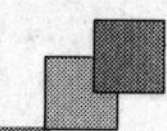

通过写入逻辑 1 到 ADCSRA 寄存器中的 ADSC 位来启动第一次的 A/D 转换；然后，ADC 将一直连续地进行逐次逼近转换，不受 ADC 中断标志位(ADIF)的控制。

1.16.3　预分频与转换时间

图 1.62 所示为 ADC 的预分频器电路。在高精度 A/D 转换的应用场合，需要一个 50～200 kHz 的采样时钟。在转换精度可低于 10 位时，采样时钟可高于 200 kHz，以获得更高的采样频率和转换速度。

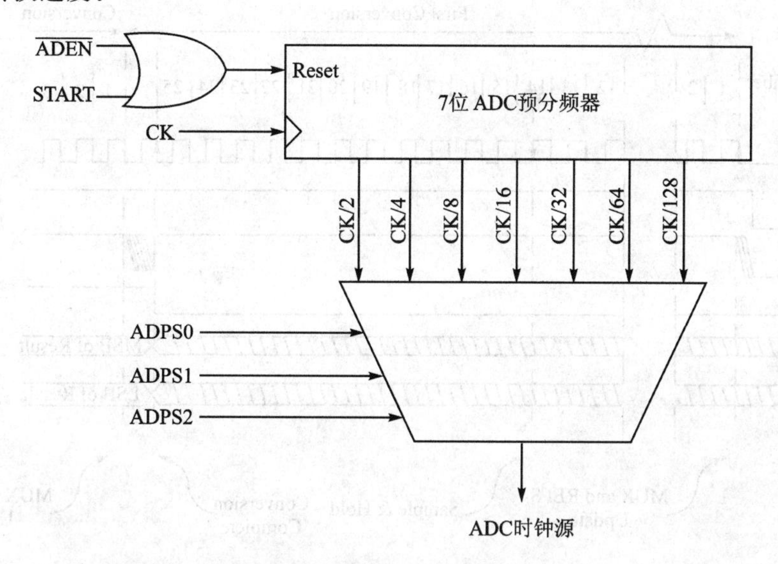

图 1.62　ADC 的预分频器电路

预分频器对输入的系统时钟 CK(＞100 kHz)进行分频，以获得合适的 ADC 时钟。预分频除数是由 ADCSRA 寄存器中的 ADPS[2:0]位设置的。一旦寄存器 ADCSRA 中的 ADC 使能位 ADEN 置位，预分频器就开始计数。ADEN 位保持为 1 时，预分频器持续工作；ADEN 位清除时，预分频器则处于复位状态。

当 ADCSRA 寄存器中的 ADSC 位置位，启动 ADC 转换时，A/D 转换将在随后 ADC 时钟的上升沿开始。一次常规的 A/D 转换需要 13 个 ADC 时钟周期。而 ADC 启动后的第一次 A/D 转换，因为要初始化模拟电路，所以需要 25 个 ADC 采样时钟周期。

一次常规的 A/D 转换开始后，需要 1.5 个 ADC 时钟周期的采样保持时间。而对于 ADC 启动后的首次 A/D 转换，则需要 13.5 个 ADC 时钟周期的采样保持时间。当一次 A/D 转换完成后，转换结果写入 ADC 数据寄存器，ADIF(ADC 中断标志位)将被置位，也同时清除单次转换模式下的 ADSC。用户程序可以再次置位 ADSC 位，新的一次转换将在下一个 ADC 时钟的上升沿开始。

在连续转换模式下，一次转换完毕后立即开始一次新的转换，此时，ADSC 位一直保持为高。表 1.65 所列为 ADC 的转换和采样保持时间。

图 1.63～图 1.64 所示分别为单次 ADC 转换时序(首次启动 ADC、常规 ADC)和连续 ADC 转换的时序。

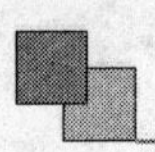

表 1.65　ADC 的转换和采样保持时间

转换形式	采样保持时间	转换时间
启动 ADC,第一次转换	13.5 个 ADC 时钟	25 个 ADC 时钟
常规单次转换	1.5 个 ADC 时钟	13 个 ADC 时钟
常规差分转换	1.5/2.5 个 ADC 时钟	13/14 个 ADC 时钟

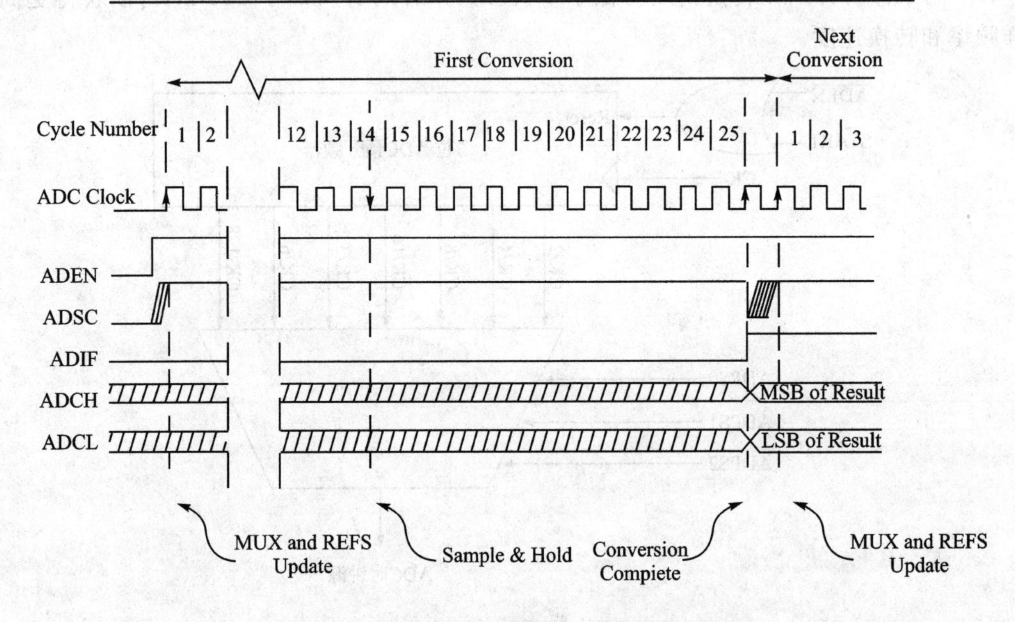

图 1.63　单次 ADC 转换时序(首次启动 ADC)

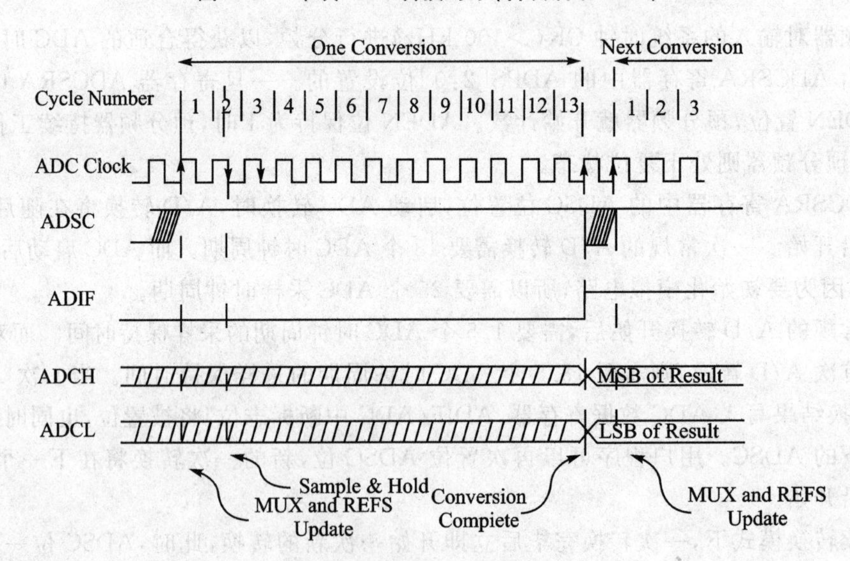

图 1.64　单次 ADC 转换时序(常规 ADC)

1.16.4　差分增益通道

使用差分增益通道时,需要仔细斟酌 A/D 转换中的某些步骤。

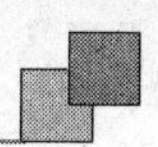

差分转换与一个内部时钟 CK_{ADC2} 同步(CK_{ADC2} 为 ADC 时钟周期的一半)。ADC 接口在 CK_{ADC2} 的特定边沿进行采样保持,并以此自动完成差分转换与 CK_{ADC2} 的同步。当 CK_{ADC2} 为低电平时,初次启动的转换(即所有的单次转换和连续转换的第一个周期)所花的时间与一个单端转换周期(13 个 ADC 时钟)相同;当 CK_{ADC2} 为高电平时,由于同步失调的存在,初次启动的转换需 14 个 ADC 时钟。由于连续转换模式下第二个转换紧接着第一次转换进行,而此时 CK_{ADC2} 处于高电平时刻,因此所有自动开始的连续转换(即第一次以外的所有转换)都需要 14 个 ADC 时钟周期。图 1.65 为连续 ADC 转换时序。

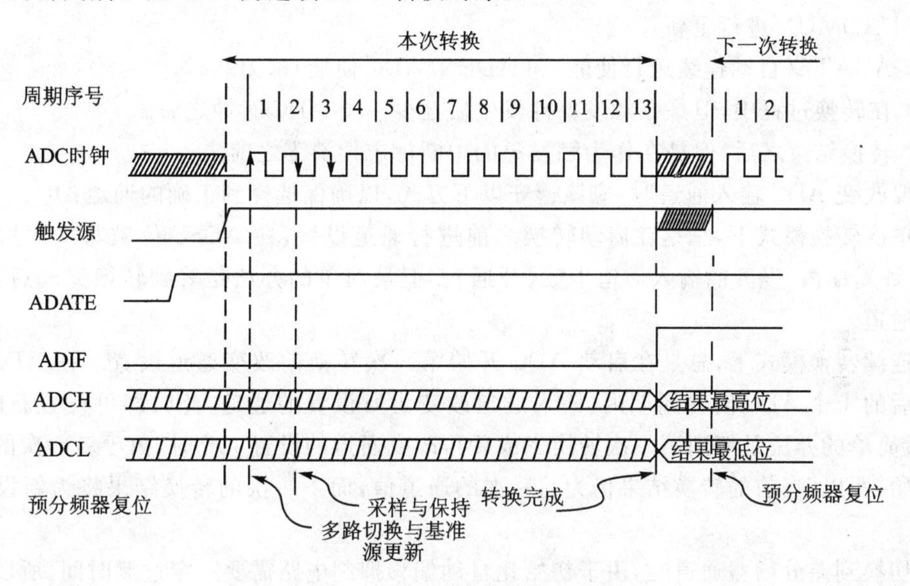

图 1.65　连续 ADC 转换时序

增益放大器对带宽为 4 kHz 的信号做了优化,以较好适应所有增益。超过带宽高端频率的信号会造成非线性放大。因此需外接低通滤波器将其滤除。另要注意,增益放大级的带宽不受 ADC 时钟频率限制。例如:ADC 时钟周期若为 6 μs,则不论输入通道的带宽是多少,采样速率都可以达到 12 ksps。

1.16.5　ADC 输入通道和参考电源的选择

多路复用寄存器 ADMUX 中的 MUX[4:0]和 REFS[1:0]位是与一个可由 MCU 随时读取的临时寄存器相接通的缓冲器,这种结构保证了 ADC 输入通道和参考电源只能在 ADC 转换过程中的安全时刻被切换。在转换开始前,通道和参考电源不断被更新。一旦转换开始,通道和参考电源将被锁定,并保持足够时间,以确保 ADC 转换的正常进行。在转换完成前的最后一个 ADC 时钟周期(ADCSRA 的 ADIF 位置 1 时),通道和参考电源才被允许更新。

注意:由于 A/D 转换开始于置位 ADSC 后的第一个 ADC 时钟的上升沿,因此,在置位 ADSC 后的一个 ADC 时钟周期内不要对通道或参考电源进行切换操作。

改变差分输入通道时需特别注意。一旦确定了差分输入通道,增益放大器需要 125 μs 的稳定时间。所以在选择了新的差分输入通道后的 125 μs 内不要启动 A/D 转换。否则应将这段时间内转换结果舍弃。

通过改变 ADMUX 中的 REFS1、REFS0 来更改参考电源后,第一次差分转换同样要遵循以上的时间处理过程。

1. ADC 输入通道

建议在置位 ADSC 之后的一个 ADC 时钟周期内,不要对 ADMUX 寄存器操作来选择新的通道及基准源。使用自动触发时,触发事件发生的时刻是不确定的,为了控制新设置通道对转换的影响,在更新 ADMUX 寄存器时一定要特别小心。

在 ADATE 和 ADEN 都置位的情况下,中断事件可以在任何时刻发生。如果在此期间内改变 ADMUX 寄存器,用户无法判断下一次转换是基于旧的还是新的设置。在以下时刻可以安全地对 ADMUX 进行更新:

(1) ADATE(自动连续运行使能)和 ADEN(ADC 使能)都为 0 时。

(2) 在转换过程中,但是在触发事件发生后至少一个 ADC 时钟之后。

(3) 转换结束之后,但是在作为触发源的中断标志位清零之前。

当要改变 ADC 输入通道时,应该遵守以下方式,以确保选择到正确的通道:

在单次转换模式下,总是在启动转换之前进行通道设置,在 ADSC 位被写入 1 后的 1 个 ADC 时钟周期内,设置的输入通道生效(开通)。但最简单的办法是等到转换完成后,再选择下一个通道。

在连续转换模式下,总是在启动 ADC 开始第一次转换前改变通道设置。在 ADSC 位被写入 1 后的 1 个 ADC 时钟周期内,输入通道改变为所设置的通道,此时即可设置新的通道。然而,最简单的办法是等到第一次转换完成后再改变通道的设置。此时,由于新一次的转换刚自动开始,所以,当前的转换结果仍为前一次的通道值,而下一次的转换结果将为新设置通道的值。

当切换到差分增益通道时,由于初始化自动偏移抑制电路需要一定过渡时间,所以改变差分增益通道后的第一次转换结果是不精确的。建议舍弃。

2. ADC 电压参考源

ADC 的参考电压(V_{REF})决定了 A/D 转换的范围。如果单端通道的输入电压超过 V_{REF},将导致转换结果达到满度值 0x3FF。ADC 的参考电压 V_{REF} 可以选择 AVCC 或芯片内部的 2.56 V 参考源,或者为外接在 AREF 引脚上的参考电压源。

从图 1.61 可看出,外部 AREF 引脚是直接与 ADC 相连的,如果在该引脚施加 ADC 的参考源,则应由 REFS0 控制关闭 MOS 管,以免内部 2.56 V 参考源(或 AV_{CC})与外部参考源短路;当不采用以 AREF 引脚外接参考源时,由 REFS1 切换开关选择 AV_{CC} 还是内部 2.56V 作为参考源,并控制 MOS 管导通,选 AV_{CC} 或内部 2.56 V 作为 ADC 的参考源。内部 2.56 V 参考源是由内部能隙参考源(VBC)通过内部的放大器产生的。无论选用什么参考源,都可以用高阻电压表测量 AREF 引脚和地之间的阻抗并据此选一个并接电容,使各种参考电源提高稳定性和抗抗噪声能力。由于 V_{REF} 是一个高阻源,因此,只可以容性负载连接到该引脚。

如果工作中改变了参考源,则改变后的第一次 ADC 转换结果可能不准确,建议舍弃该转换结果。

如果使用差分通道,则所选参考源与 AV_{CC} 的差值不应超过 2.0V～AV_{CC}－0.2 V 范围。

1.16.6 ADC 噪声抑制器

ADC 设有一个噪声抑制器(Noise Canceler)。在休眠模式下进行 A/D 转换时,使用该功能可以降低由MCU内核和I/O外围设备引入的噪声。噪声抑制器能够在ADC降低噪声(ADC Noise Reduction)模式和空闲(Idle)模式下使用。实现过程如下：

(1) 为了既要保证ADC处于使能，又不致使系统的A/D转换过于频繁。应选择ADC工作在单次转换模式下来实现噪声抑制器功能。而且必须设置使能响应ADC转换完成中断(ADEN＝1、ADSC＝0、ADFR＝0、ADIE＝1、I＝1)，以中断唤醒休眠模式下的MCU。

(2) 进入ADC噪声抑制模式(或空闲模式)。一旦MCU运行挂起，ADC就开始转换。

(3) 如果没有其他的中断在ADC转换结束前发生，ADC转换完成后的中断将唤醒MCU，并执行ADC中断服务程序。如果其他中断在ADC转换完成前把MCU唤醒，则MCU转而执行该中断服务程序；MCU被提前唤醒不影响ADC转换的继续进行。

(4) 一旦MCU被唤醒，将保持激活状态，直到下一条休眠指令被执行。

应该注意MCU进入其他休眠模式后，不会自动关闭A/D转换过程。因此，建议在进入这些休眠模式之前，将ADEN位清除，以避免更多的功率消耗；如果在这些休眠模式中ADC继续处于使能状态，那么建议在MCU被唤醒后，先关闭ADC再将其启动，产生一次新的转换，以得到较精确的转换结果。

1. 模拟输入电路

单端ADC的模拟输入通道，即ADC[7:0]引脚，不论是否被选择为ADC的输入，引脚电容和漏电流对加至该引脚的模拟信号所造成的影响都应达到忽略不计的程度。当通道被选择为ADC的输入时，模拟信号源必须能够通过引脚内部的串联电阻驱动采样(Sample)/保持(Hold)电容。

对于输出阻抗为10kΩ或更小的信号源的模拟输入信号，ADC在内部进行了优化。如果采用这样的模拟信号源，可以忽略采样的时间。如果使用高阻抗的模拟信号源，则采样时间取决于信号源对采样保持电容的充电时间(RC时间常数)，其值会在很大的范围内变化。故建议采用低阻抗和缓变型的模拟信号源，因为此时的S/H电容(采样/保持电容)充放电(过渡)时间短，信号能快速达到稳定。

如果使用差分通道，则输入电路略有不同，建议信号源阻抗为数百kΩ或更小。

如果信号中有高于奈奎斯特采样频率($f_{ADC}/2$)的成分时，为避免不可预测的信号混叠，建议使用低通滤波器将高频成分滤除。

2. 模拟噪声的抑制方法

器件外部和内部的数字电路会产生电磁干扰，因而影响模拟测量的精度。如果A/D转换精度要求很高，可以采用以下的技术来降低噪声的影响：

(1) 使模拟信号的通路尽可能短，设置专用地线，不要与数字信号混和连接；对个别模拟信号引脚或连线应加地屏蔽，并使它们尽可能远离高速数字开关信号线。

(2) 器件上的AVCC引脚应采用LC滤波网络(如图1.66所示)与数字端电源VCC相连。

(3) 采用ADC噪声抑制功能来降低来自MCU内部的噪声。

(4) 如果某些ADC引脚是作为通用数字输出口使用，那么要改变这些引脚的状态，应插在ADC转换完成后到下一次启动的间歇中进行，以避免造成干扰。这一点应特别引起注意。

3. 偏移补偿方式

增益放大器内置有偏移抑制电路，能尽量消除差分测量的偏移误差。在模拟通路中的剩

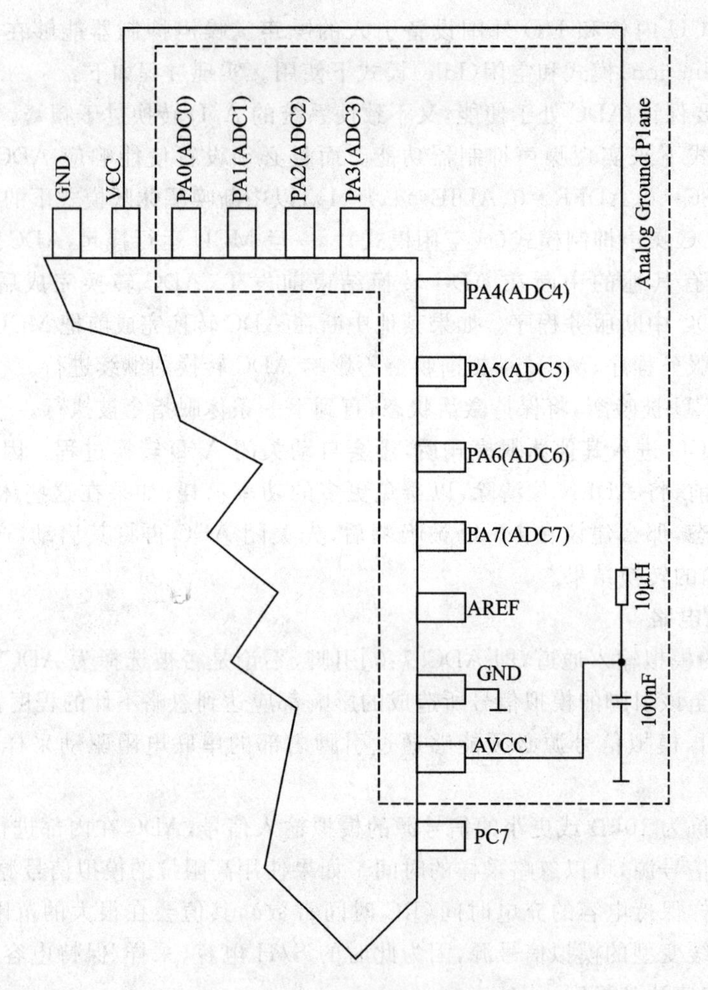

图 1.66 AVCC 引脚的连接方法

余偏移量可以通过在两个差分输入端输入相同的信号直接测量出来,进而可以通过软件在测量值中将该剩余偏移量减去。通过这种软件偏移量的修正方法,任何通道中的偏移量值都可减至 1 LSB 以下。

1.16.7 ADC 自动触发功能

对 I/O 特殊功能寄存器 SFIOR 和 ADC 控制寄存器 ADCSRA 的相关功能位进行设置(1.16.9 小节(2)),可选择 8 种 ADC 自动触发源(表 1.66),每一种触发源事件的发生都会自动启动 ADC。

I/O 特殊功能寄存器 SFIOR:

位	7	6	5	4	3	2	1	0	
$30($50)	ADTS2	ADTS1	ADTS0	—	ACME	PUD	PSR2	PSR10	SFIOR
读/写	R/W	R/W	R/W	R	R/W	R/W	R/W	R/W	
复位值	0	0	0	0	0	0	0	0	

位 7~5—ADTS[2:0],ADC 自动触发源选择;

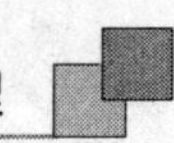

若 ADCSRA 寄存器的 ADATE(ADC 自动触发功能使能)位被置位,值 ADTS[2:0]将确定 ADC 的触发源(表 1.66,图 1.67 为 ADC 自动触发逻辑图);否则 ADTS 的设置无意义。被选中的中断源以其上升沿触发 ADC 转换。从一个中断标志位清零的触发源切换到中断标志位置位的触发源会使触发信号产生一个上升沿。如果此时 ADCSRA 寄存器的 ADEN 位为 1,ADC 转换即被启动。切换到连续转换模式(ADTS[2:0]=0)时,即使 ADC 中断标志业已置位也不会产生触发事件。

使用 ADC 自动触发模式时,触发事件的发生将复位 ADC 预分频器。这样就保证了触发事件与转换启动之间的延时是固定的。此模式下,采用保持在触发信号的上升沿之后的 2 个 ADC 时钟内发生。为了实现同步逻辑需要额外的 3 个 ADC 时钟周期。如果使用差分模式,加上不是由 ADC 转换结束实现的自然触发,每次转换需要 25 个 ADC 时钟周期。因为每次转换结束都要关闭 ADC 然后重新启动它。

表 1.66　ADC 自动触发源选择

ADTS2	ADTS1	ADTS0	触发源
0	0	0	ADC 连续转换模式
0	0	1	模拟比较器输出 ACO=1
0	1	0	外部中断请求 INT0
0	1	1	定时器/计数器 0 比较匹配
1	0	0	定时器/计数器 0 溢出
1	0	1	定时器/计数器 1 比较匹配 B
1	1	0	定时器/计数器 1 溢出
1	1	1	定时器/计数器 1 输入捕获事件

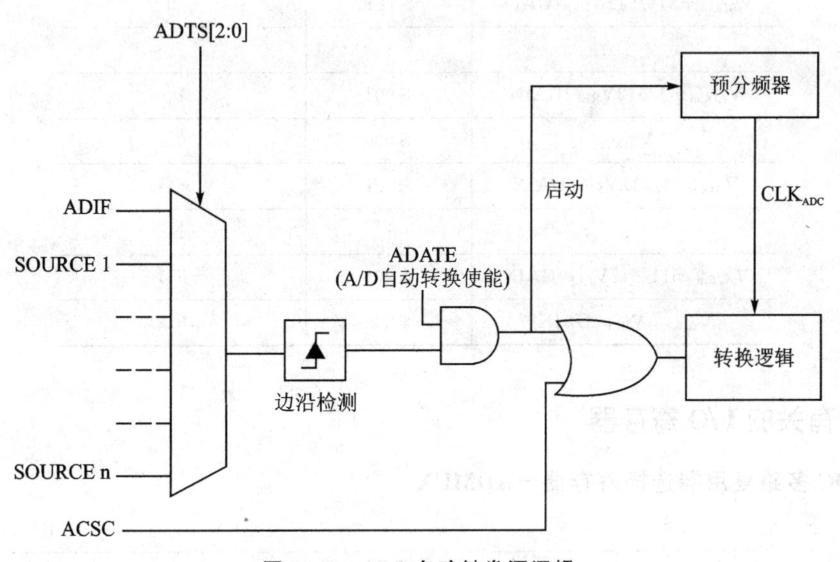

图 1.67　ADC 自动触发源逻辑

1.16.8　ADC 转换结果数据模式

A/D 转换结束后(ADIF=1),在 ADC 数据寄存器(ADCL 和 ADCH)中可以取得转换的结果。对于单端输入的 A/D 转换,其转换结果为:

$$ADC=(V_{IN}\times 1024)/V_{REF}$$

其中 V_{IN} 表示选定的输入引脚上的电压,V_{REF} 表示选定的参考电源的电压。$000 表示输入引脚的电压为模拟地,$3FF 表示输入引脚的电压为参考电压量化值减去一个 LSB。

对于差分转换,其结果为:

$$ADC=(V_{POS}-V_{NEG})\times GAIN\times 512/V_{REF}$$

其中 V_{POS} 表示输入正极引脚上的电压,V_{NEG} 表示输入负极引脚上的电压,GAIN 为选定增益系数,V_{REF} 为选定参考电压。转换结果以二进制补码形式表示,范围为$200(−512d)~$1FF(+511d)。读出转换结果的最高位(ADCH 的 MSB 即 ADC9)可以快速检查电压极性。如果 ADC9 为 1,则结果为负;反之为正。

表 1.67 列出了以 GAIN 为增益、以 V_{REF} 为参考源的差分通道的输出码组。

例:若差分输入通道选择为 ADC3~ADC2,10×增益,参考电压 2.56 V,左端对齐(ADMUX=$ED),ADC3 引脚上电压 300 mV,ADC2 引脚上电压 500 mV,则

ADCR=512×10×(300−500)/2560=−400=$270

ADCL=$00 ,ADCH=$9C

若结果为右端对齐(ADLAR=0),则

ADCL=$70,ADCH=$02

表 1.67 输入电压与输出码的关系

V_{ADCn}	输出码	对应十进制值
$V_{ADCm}+V_{REF}/GAIN$	$1FF	511
$V_{ADCm}+511/512V_{REF}/GAIN$	$1FF	511
$V_{ADCm}+511/512V_{REF}/GAIN$	$1FE	510
⋮	⋮	⋮
$V_{ADCm}+1/512V_{REF}/GAIN$	$001	1
V_{ADCm}	$000	0
$V_{ADCm}-1/512V_{REF}/GAIN$	$3FF	−1
⋮	⋮	⋮
$V_{ADCm}-511/512V_{REF}/GAIN$	$201	−511
$V_{ADCm}-V_{REF}/GAIN$	$200	−512

1.16.9 有关的 I/O 寄存器

1. ADC 多路复用器选择寄存器-ADMUX

位	7	6	5	4	3	2	1	0	
$07($27)	REFS1	REFS0	ADLAR	MUX4	MUX3	MUX2	MUX1	MUX0	ADMUX
读/写	R/W	R/W	R/W	R/W	R/W	R/W	R/W	R/W	
复位值	0	0	0	0	0	0	0	0	

(1) 位 7,6-REFS[1:0]:ADC 参考电源选择(表 1.68)

如果这些位在 ADC 转换过程中被改变,新的选择将在该次 ADC 转换完成(ADCSRA 中

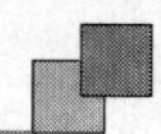

的 ADIF 被置位)后才生效。如果选择内部参考电源(AV_{CC}或 2.56 V)为 ADC 的参考电压,AREF 引脚与 GND 之间应并接抗干扰电容。

表 1.68 ADC 参考电源选择

REFS1	REFS0	ADC 参考电源
0	0	外部引脚 AREF,断开内部参考源连接
0	1	AVcc,应在 AREF 引脚并接电容
1	0	保留
1	1	内部 2.56 V,AREF 外部并接电容

(3) 位 5—ADLAR:ADC 结果左对齐选择

ADLAR 位决定转换结果在 ADC 数据寄存器中的存放形式。写 1 到 ADLAR 位,将使转换结果左对齐(LEFT ADJUST);否则,转换结果为右对齐(RIGHT ADJUST)。无论 ADC 是否正在进行转换,改变 ADLAR 位都将会立即影响 ADC 数据寄存器。

在缺省情况下,即 ADLAR 位取初始化值 0 时,转换结果将是右对齐的。

(4) 位 4～0—MUX[4:0]:模拟通道和增益选择

这些位用于对 ADC 的输入通道和差分通道的增益进行选择设置。详见表 1.69。

注意,只有转换结束(ADCSRA 的 ADIF 被置位)后,改变这些位才会生效。

表 1.69 输入通道和增益选择

MUX[4:0]	单端输入	差分正极输入	差分负极输入	增益
00000	ADC0	N/A		
00001	ADC1			
00010	ADC2			
00011	ADC3			
00100	ADC4			
00101	ADC5			
00110	ADC6			
00111	ADC7			
01000	N/A	ADC0	ADC0	10×
01001		ADC1	ADC0	10×
01010		ADC0	ADC0	200×
01011		ADC1	ADC2	200×
01100		ADC2	ADC2	10×
01101		ADC3	ADC2	10×
01110		ADC2	ADC2	200×
01111		ADC3	ADC1	200×
10000		ADC0	ADC1	1×
10001		ADC1	ADC1	1×
10010		ADC2	ADC1	1×

续表 1.69

MUX[4:0]	单端输入	差分正极输入	差分负极输入	增益
10011	N/A	ADC3	ADC1	1×
10100		ADC4	ADC1	1×
10101		ADC5	ADC1	1×
10110		ADC6	ADC1	1×
10111		ADC7	ADC2	1×
11000		ADC0	ADC2	1×
11001		ADC1	ADC2	1×
11010		ADC2	ADC2	1×
11011		ADC3	ADC2	1×
11100		ADC4	ADC2	1×
11101		ADC5	ADC2	1×
11110	1.23V(V_{BG})	N/A		
11111	0V(GND)			

2. ADC 控制和状态寄存器—ADCSRA

位	7	6	5	4	3	2	1	0	
\$06(\$26)	ADEN	ADSC	ADATE	ADIF	ADIE	ADPS2	ADPS1	ADPS0	ADCSRA
读/写	R/W	R/W	R/W	R/W	R/W	R/W	R/W	R/W	
复位值	0	0	0	0	0	0	0	0	

(1) 位 7—ADEN:ADC 使能

该位写入 1 使能 ADC,写入 0 关闭 ADC。如在 ADC 转换过程中将 ADC 关闭,该次转换随即停止。

(2) 位 6—ADSC:启动 ADC 转换

在单次转换模式下,置位 ADSC,将启动一次转换。在连续转换模式下,置位 ADSC 将启动首次转换。先置位 ADEN 位使能 ADC,再置位 ADSC;或置位 ADSC 的同时使能 ADC,都能启动 ADC 转换。第一次转换将需要 25 个 ADC 时钟周期,而不是常规转换 13 个 ADC 时钟周期,这是因为需要完成对 ADC 的初始化。

在转换进行过程中,ADSC 将始终读出为 1。当转换完成时,它将转变为 0。强制写入 0 不影响 ADC 的运作。

(3) 位 5—ADATE:ADC 自动触发功能使能

当该位被置为 1 时,使能 ADC 自动触发功能。配合 I/O 特殊功能寄存器 SFIOR 的相关功能位的设置,可选择 8 种 ADC 自动触发源(表 1.66)。

(4) 位 4—ADIF:ADC 中断标志位

当 ADC 转换完成并且 ADC 数据寄存器被更新后该位被置位。如果 ADC 转换结束中断允许位 ADIE 和 SREG 寄存器中的 I 都被置位,ADC 中断申请将被响应,其服务程序将被执行。ADIF 在执行相应的中断服务程序时被硬件自动清零;ADIF 也还可以通过写入逻辑 1 来

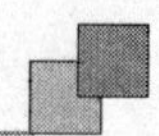

清零。

注意：如果对 ADCSRA 寄存器执行读一修改一写操作时，将屏蔽中断请求。使用 SBI 和 CBI 指令也具有同样效果。

(5) 位 3－ADIE：ADC 中断允许

当该位和 SREG 寄存器中的 I 位同时被置位时，使能 ADC 转换完成中断。

(6) 位 2、0－ADPS[2:0]：ADC 预分频选择

这些位决定了 XTAL 时钟与 A/D 转换工作时钟之间的分频除数，见表 1.70(参考图 1.62)。

表 1.70　ADC 时钟分频

ADPS[2:0]	分频除数	ADPS[2:0]	分频除数
000	2	100	16
001	2	101	32
010	4	110	64
011	8	111	128

3. ADC 数据寄存器－ADCL 和 ADCH

(1) ADLAR＝0，右对齐

位	15	14	13	12	11	10	9	8	
$05($25)	—	—	—	—	—	—	ADC9	ADC8	ADCH
$04($24)	ADC7	ADC6	ADC5	ADC4	ADC3	ADC2	ADC1	ADC0	ADCL
位	7	6	5	4	3	2	1	0	
读/写	R	R	R	R	R	R	R	R	
读/写	R	R	R	R	R	R	R	R	
复位值	0	0	0	0	0	0	0	0	
复位值	0	0	0	0	0	0	0	0	

(2) ADLAR＝1，左对齐

位	15	14	13	12	11	10	9	8	
$05($25)	ADC9	ADC8	ADC7	ADC6	ADC5	ADC4	ADC3	ADC2	ADCH
$04($24)	ADC1	ADC0	—	—	—	—	—	—	ADCL
位	7	6	5	4	3	2	1	0	
读/写	R	R	R	R	R	R	R	R	
读/写	R	R	R	R	R	R	R	R	
复位值	0	0	0	0	0	0	0	0	
复位值	0	0	0	0	0	0	0	0	

当 ADC 转换完成时，可以从这两个寄存器中读取转换结果。如果是差分输入，转换值为二进制补码。自 ADCL 寄存器被读以后，到 ADCH 寄存器被读取之前，ADC 数据寄存器一直不能被 ADC 更新；如果要求转换结果是左对齐(ADLAR＝1)，且 8 位精度已满足要求，则仅读取 ADCH 寄存器就足够了；否则，必须先读取 ADCL 寄存器，再读取 ADCH 寄存器。

注：一般模数采集之后都要做乘法运算，故选左对齐比较方便。

1.17 E^2PROM 的读写操作

ATmega16/8535 有 512B 的 E^2PROM 数据存储器，独自构成一个存储器空间。可按字节对其读取或写入。E^2PROM 的寿命至少达到 10 万次写入/擦除周期。本节介绍如何以用户程序访问 E^2PROM，与过去的 AT90S 系列不同，ATmega16/8535 增加了不能与 E^2PROM 编程同时进行的 FLASH 在线在应用编程功能，故若当前正在对 FLASH 编程时，要等待编程完成后才能开始对 E^2PROM 编程。关于如何使用 SPI、JTAG，或用并行编程方式读/写 E^2PROM 请参见第 6 章相关内容。

1.17.1 E^2PROM 的读/写访问

以程序访问 E^2PROM 是通过 I/O 寄存器寻址实现的。

ATmega16 采用芯片内部可校准的 1 MHz RC 振荡器时钟(与 CKSEL 的状态无关)作为独立访问 E^2PROM 的时钟基准。E^2PROM 单元编程时间为 8 448 个时钟周期，典型值为 8.5 ms。自定时功能的应用，使用户程序可以检测何时能够写入下一个字节。如果用户程序含有对 E^2PROM 进行写入的指令，必须注意到在通常应用场合，所用电源都有大滤波电容，V_{CC} 会在上电和掉电的过程中上升或下降得很慢。这将导致在某些时间段内，器件在低于最小工作电压之下工作，可能引起 E^2PROM 的错误写入。

为了防止 E^2PROM 的意外写入，必须规定一个规范的写入顺序。

当读取 E^2PROM 时，MCU 将暂停 4 个时钟周期，然后再执行下一条指令；当写 E^2PROM 时，MCU 暂停 2 个时钟周期，然后再执行下一条指令。

1.17.2 相关的寄存器

1. E^2PROM 地址寄存器—EEARH 和 EEARL

位	15	14	13	12	11	10	9	8	
$1F($3F)	—	—	—	—				EEAR8	EEARH
$1E($3E)	EEAR7	EEAR6	EEAR5	EEAR4	EEAR3	EEAR2	EEAR1	EEAR0	EEARL
位	7	6	5	4	3	2	1	0	
读/写	R	R	R	R	R	R	R	R/W	
读/写	R/W	R/W	R/W	R/W	R/W	R/W	R/W	R/W	
复位值	0	0	0	0	0	0	0	x	
复位值	x	x	x	x	x	x	x	x	

(1) 位 15～9—保留位

这些位读出时总为 0。

(2) 位 8～0—EEAR[8:0]：E^2PROM 地址

E^2PROM 地址寄存器(EEARH 和 EEARL)指定了 512B 的 E^2PROM 空间的地址。E^2PROM 地址空间是从 0 到 $1FF(511)线性排列的。在读取 E^2PROM 之前必须写入正确的地址值。

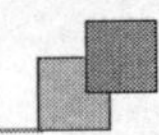

2. E^2PROM 数据寄存器－EEDR

位	7	6	5	4	3	2	1	0	
\$1D(\$3D)	MSB							LSB	EEDR
读/写	R/W	R/W	R/W	R/W	R/W	R/W	R/W	R/W	
复位值	0	0	0	0	0	0	0	0	

位 7～0－EEDR[7:0]：E^2PROM 数据，写 E^2PROM 时，EEDE 寄存器存放着将要写入 E^2PROM 中的数据，EEAR 寄存器则给出其地址。读 E^2PROM 时，EEAR 寄存器内为指定的地址，读出的数据存放在 EEDR 寄存器中。

3. E^2PROM 控制寄存器－EECR

位	7	6	5	4	3	2	1	0	
\$1C(\$3C)	—	—	—	—	EERIE	EEMWE	EEWE	EERE	EECR
读/写	R	R	R	R	R/W	R/W	R/W	R/W	
复位值	0	0	0	0	0	0	0	0	

(1) 位 7～4－保留位

这些位读出总是为 0。

(2) 位 3－EERIE：E^2PROM 就绪中断允许

如果 SREG 寄存器中的 I 被置位，置位 EERIE 将使能 E^2PROM 就绪中断。清零 EERIE 则将屏蔽该中断。当 EEWE 位从"1"变为"0"时，E^2PROM 就绪中断申请就会产生。我们知道，用查询方式写入 EEPROM 是很慢的操作，如果写入数据块较大，整块写入时间就很长。如以中断方式写入，则写入可与测控程序并行运行(即在线写入)。但要注意在写入(见下面说明)中断服务时不要恢复全局中断总使能位 I，即禁止中断嵌套。以防止高优先级中断破坏写入过程(参看 4.2.3 小节清单 4－7：EEPROM 中断写入程序)。

(3) 位 2－EEMWE：E^2PROM 主控写入使能

EEMWE 位决定当设置 EEWE 位为 1 时，是否使能 E^2PROM 被写入。当 EEMWE 被置位时，在 EEWE 为 1 的 4 个时钟周期内，将数据写到指定的地址。如果这 4 个时钟周期内未能将数据写到指定的地址(因插入了高优先级中断服务)，则写入失败；如果 EEMWE 为零，设置 EEWE 为 1 不能触发写 E^2PROM 操作。当 EEMWE 被软件设置为 1 后，在 4 个时钟周期后，硬件自动清零该位。

(4) 位 1－EEWE：E^2PROM 写允许

EEWE 位作为 E^2PROM 的写入使能位。当地址和数据被正确设置后，EEWE 位必须被写为 1 才能触发数据写入到 E^2PROM 的操作。在置 EEWE 为 1 前，EEMWE 位必须为 1(使能主控写 E^2PROM)，否则，不能触发写 E^2PROM 的操作。写数据到 E^2PROM 应该遵守以下顺序(其中第③步和第④步不是必需的)：

① 等待 EEWE 位变为零；

② 等待 SPMCSR 寄存器中的 SPMEN 位变为零；

③ 写新的 E2PROM 地址到寄存器 EEAR(可选)；

④ 写新的 E2PROM 数据到寄存器 EEDR(可选)；

⑤ 写逻辑 1 到 EEMWE 位，并同时写 0 到 EEWE 位；

⑥ 在置位 EEMWE 位后的 4 个时钟周期内,写逻辑 1 到 EEWE 位。

E^2PROM 的编程操作不能与 MCU 写 Flash 存储器同时进行。在开始一个 E^2PROM 写入前,软件必须检验 Flash 编程是否已经完成。步骤②只有当程序引导加载,允许 MCU 对 Flash 编程时才有必要。如能确信 MCU 不在编程 Flash,步骤②可以省略。

注意:在步骤⑤和步骤⑥之间发生中断将使写入过程失败,这是由于 E^2PROM 主控写入允许(EEMWE)超时。如果一个中断程序访问 E^2PROM 打断另一个对 E^2PROM 的访问,EEAR 或 EEDA 寄存器的值将被改变,导致被中断的 E^2PROM 访问操作失败。建议在所有以上步骤中清零全局中断允许标志位。

当写 E^2PROM 操作所需的时间过后,EEWE 位将被硬件自动清零。用户程序可以轮循 EEWE 标志等待其变为零。当 EEWE 被置 1 后,MCU 暂停两个时钟周期,然后再执行下一条指令。

(5) 位 0—EERE:E^2PROM 读允许

E^2PROM 读允许标志作为读取 E^2PROM 操作的触发。当 EEAR 寄存器被设置了正确的地址后,向 EERE 位写入逻辑 1,来触发 E^2PROM 的读取操作。E^2PROM 的读取访问需要一个指令,并立即可以获得访问地址的数据。当读取 E^2PROM 时,MCU 将暂停 4 个时钟周期,然后再执行下一个指令。

在开始读取 E^2PROM 前,用户程序应该轮循 EEWE 标志位,如果一个写 E^2PROM 的操作正在进行,此时既不可以读 E^2PROM,也不可以改变 EEAR 寄存器内容。

4. 在掉电睡眠模式中写 E^2PROM

在写 E^2PROM 的过程中系统可能会进入掉电睡眠模式,此时写数据的工作不会停止,直到写入完成。但此后晶振仍然处于工作状态,系统不能完全进入掉电模式,所以建议在进入掉电模式前完成对 E^2PROM 的写入工作。

5. 防止 E^2PROM 的误写入

当系统电压 Vcc 过低时,会导致 MCU 和 E^2PROM 存储器无法正常工作,而造成 E^2PROM 中的内容被破坏。形成这种情况的原因有:系统电压低于常规的 E^2PROM 写操作所需的最低电压;系统电压低于 MCU 执行指令所需的最低电压,引起 MCU 非正常执行指令。

通过以下措施可以避免 E^2PROM 被破坏:

当电源电压不足时,保持 AVR 的复位为有效(低电平)。如果工作电压与 BROWN-OUT 检测电压相匹配,使能芯片内部 BROWN-OUT 检测器;如果不匹配,使用外部低电压复位保护电路。如果在 E^2PROM 写操作过程中,出现了复位信号,在电源电压有效时,MCU 将在完成该次写操作后进入复位状态。

第2章 AVR单片机指令系统

指令系统是指计算机能够识别、执行的命令集合。然而计算机只能识别机器语言。对人来说机器语言难以记忆,也不便使用,故以助记符形式将其表达出来,称为汇编语言指令。汇编语言源程序经汇编器生成计算机可执行的机器语言,再在所开发的样机上进行运行调试或进行模拟运行调试。

AVR单片机ATmega16使用130条指令(ATmega8535只比ATmega16少JMP k和CALL k两条直接转移/转子指令),与ATmega128相比也只缺少三条很少使用的ELPM(扩展的程序空间取数)指令。故一般应用场合下,ATmega16与高档机、低档机都能兼容。

2.1 AVR单片机汇编器编程规定

用汇编语言编制程序必须按汇编工具软件的规定进行;否则会发生错误,达不到生成正确目标程序的目的。汇编语言源程序一般由伪指令、标号、指令助记符和注释等部分组成。每行不得超过120个字符,标号由字母开头的ASCII码字串组成,以冒号":"结束。标号一般作为子程序首地址、程序跳转目的地址或ROM数据表格地址等。标号应具有意义鲜明的特点,以增强程序的可读性。

2.1.1 伪指令

伪指令不属于CPU指令集,汇编时不生成机器语言操作代码,主要用于指示汇编生成目标程序代码的起始地址或常数表格,或为工作寄存器定义符号名称、外设口地址、SRAM工作区(如堆栈),规定汇编器工作内容等。但AVR指令集中的多数指令都是将操作码和操作数放在同一指令字中,而有的伪指令(如EQU)影响操作数,故伪指令除具有控制机器代码空间分配、对汇编器工作过程进行控制等功能外,也影响机器代码的产生。

1. BYTE:为变量预留字节型存储单元

特点为在伪指令BYTE之前必须有一个标号。该标号既作为变量名称,又作为符号地址,伪指令之后要带参数。BYTE伪指令功能为在RAM中预留参数所指定的单元数量;然而并未将这些RAM单元预写数值,一般只起明确界定变量存储区的作用。在汇编语言源文件中应含有涉及使用这些RAM单元的指令。

语法:LABEL:.BYTE 表达式

2. CSEG:代码段

用以声明其后为代码段,即 CSEG 之后是将要写入程序存储器中的指令代码、常数(表格)等。一个汇编源文件可有若干代码段。缺省时认为是代码段。如在代码段前有 DEF、DB 等伪指令,代码段必须以 CSEG 作声明。

语法:.CSEG(不带参数)

3. DB:在程序存储器或 EEPROM 中定义字节常数

特点为 DB 伪指令前带标号,后带参数。该伪指令只能用在以 CSEG 声明的代码段或以 ESEG 声明的 EEPROM 段内。其功能是声明 DB 之后的常数是将要写入在 DB 之前标号所指示的地址处的数据。参数的个数若多于 1,其间以逗号相隔。常数可为有符号数,也可为无符号数。前者必须在[-128,127]区间内,后者必须在[0,255]区间内。因 AVR 单片机程序空间是以字划分的(指令长度以字为单位),故汇编时将每两个字节合为一字,按字地址进行分配。如常数为奇数个,则最后所剩字节也占一字地址;或将下一个 DB 伪指令所定义的第一个字节并入其中,其余字节再两两合并处理。

语法:LABLE:.DB 表达式

4. DEF:为工作寄存器定义符号名称

是为强调某些工作寄存器功能所设,以加强程序的可读性。汇编时,凡遇到符号名称都以相应被定义的寄存器替代。

语法:.DEF 符号=寄存器

5. DEVICE:定义对何种器件进行汇编

在该伪指令之后要给出 AVR 单片机的具体型号。若程序中使用了该型号所不支持的指令或超过该型号所能使用的空间范围等,则给出警告。

语法:.DEVICE ATmega8515/ATmega8535/……/ATmega16/ATmega128

6. DSEG:数据段

声明其后为数据段。可以 BYTE 伪指令声明预留 RAM 单元的长度。

语法:.DSEG(不带参数)

7. DW:在程序存储器或 EEPROM 中定义字常数

与定义字节常数相似,只不过将字节改为字。常数范围如按无符号数看待,应在[0,65 535]区间内。

语法:LABEL:.DW 表达式表格

8. EQU:设置某标号等于某表达式

其功能与 DEF 有些相似。在汇编时凡遇到该标号都以其等值表达式替代。只要修改此表达式,就修改了目标代码中多处涉及该表达式的地方,故减少了编程修改工作量,同时也具有增强源程序可读性的作用。

语法:.EQU 标号=表达式

9. ESEG:声明 EEPROM 段

与 CSEG 相似,只不过用在 EEPROM 空间内。

语法:.ESEG(不带参数)

10. EXIT:文件出口

该伪指令使汇编器放弃对其后文件进行汇编,提前退出。

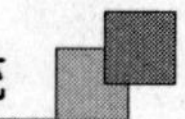

语法:.EXIT(不带参数)

11. INCLUDE:包含文件

该伪指令使主文件可借用包含文件中定义的内容。被指定的文件要以双引号引起来。

语法:.INCLUDE“文件名”

12. MACRO:宏指令开始

宏指令有点像子程序,也像一个公式。具体说宏是一段含形式参数(哑元)的程序(见下条)。在宏调用时以实参替代形参,实现若干同一类型功能(称为宏扩展),用以简化程序。

语法:.MACRO 宏名

13. ENDMACRO 宏定义结束

宏定义结束伪指令,与伪指令 MACRO 配对使用,二者之间为以形参实现特定功能的若干条指令,称为宏指令实体。

语法:.ENDMACRO(不带参数)

14. LISTMAC:在清单中列出宏扩展

其功能是在汇编后生成的列表文件(*.LIST)中,列出宏调用时宏扩展的具体内容。

语法:.LISTMAC

15. LIST:启动生成列表文件功能

汇编器在对源文件汇编后,产生机器语言与源文件相对照的列表文件。

语法:.LIST(不带参数)

16. NOLIST:停止列表生成功能

本条伪指令与上条配合使用,对列表进行控制。

语法:.NOLIST(不带参数)

17. ORG:设置程序(或 EEPROM、RAM)起始地址

ORG 其后要带参数,指明经汇编后生成目标程序的起始地址。源文件中可有多处 ORG ×××伪指令,遇到 ORG ×××,地址计数器便更换为该参数值。要注意,后一个 ORG 所带地址不能落在前一个 ORG ×××为首地址的程序代码段中,也不能小于前一个 ORG 所带地址;否则发生代码空间覆盖错误,而有的汇编器不能指出这种错误!

语法:.ORG 程序代码段起始地址

18. SET:为标号设置一个等值表达式

与 EQU 类似。但 EQU 是一惯制,不可改动。而 SET 可再设置,对 SET 改变之后的代码段采用新等值表达式值,直到遇到下一个 SET 为止。

语法:.SET 标号=表达式

2.1.2 表达式

汇编器处理对象包括表达式。表达式由操作数、运算符和函数等组成。在内部都取为 32 位数值。

1. AVR 汇编器使用以下操作数

- 用户定义的标号,即符号地址,当标号出现时,即取得当前地址计数器的值。
- 用户用 SET 伪指令定义的变量。
- 用户用 EQU 伪指令定义的常数。

● 整数常数可以下列形式表达:

十进制整数可省略数制标示符,如 27、213 等。

十六进制形式,如 0X0D、$0D、0X0ff、$ff 等。

二进制形式,如 0b01010101、0b11110010 等。

● PC——程序计数器的当前值。

2. 函　数

AVR 汇编器定义了下列函数:

● LOW(表达式):表示取该表达式的低位字节。

● HIGH(表达式):表示取该表达式的高位字节。

● BYTE2(表达式):表示取该表达式的高位字节。

● BYTE3(表达式):表示取该表达式的第 3 字节,即位 16~23。

● BYTE4(表达式):表示取该表达式的第 4 字节,即位 24~31。

● LWRD(表达式):表示取该 32 位表达式的低位字,即位 0~15。

● HWRD(表达式):表示取该 32 位表达式的高位字,即位 16~31。

● PAGE(表达式):表示取该 32 位表达式的页码值,即位 16~21。

● EXP2(表达式):函数返回值为 2^n,n 为该表达式的值。

● LOG2(表达式):函数返回值为 $\log_2 n$,n 为该表达式的值。

3. 运算符

汇编器提供部分运算符如表 2.1 所列。优先级依序号增加而降低(优先级数变小)。表达式可带括号,括号内表达式先运算,再与外部运算符号相结合,继续运算,同级不分先后。

表 2.1　AVR 单片机汇编器所使用的运算符

运算符	名　称	优先级	功　能
!	逻辑非	14	一元符,表达式值为 0,返回 1;表达式值为非 0,返回 0
~	按位取反	14	一元符,将表达式按位取反码,0 变为 1,1 变为 0
-	负号	14	一元符,返回值等于表达式对 0 之补
*	乘号	13	二元符,返回值等于两表达式之乘积
/	除	13	二元符,返回值等于左表达式除以右表达式之整数商
+	加号	12	二元符,返回值等于两表达式之和
-	减号	12	二元符,返回值等于左表达式减去右表达式之差
<<	左移	11	二元符,使左表达式左移 n 位,n 为右表达式
>>	右移	11	二元符,使左表达式右移 n 位,n 为右表达式
<	小于	10	二元符,左右两边带符号表达式中,若小于关系成立,返回 1;否则返回 0
<=	小于或等于	10	二元符,左右两边带符号表达式中,若小于或等于关系成立,返回 1;否则返回 0
>	大于	10	二元符,左右两边带符号表达式中,若大于关系成立,返回 1;否则返回 0
>=	大于或等于	10	二元符,左右两边带符号表达式中,若大于或等于关系成立,返回 1;否则返回 0
==	等于	9	二元符,若左右两边表达式相等,返回 1,否则返回 0
!=	不等于	9	二元符,若左右两边表达式不相等,返回 1;否则返回 0
&	按位与	8	二元符,返回值等于两边表达式按位相与之结果
∧	按位异或	7	二元符,返回值等于两边表达式按位异或之结果

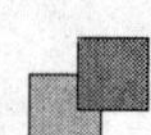

续表 2.1

运算符	名 称	优先级	功 能
|	按位或	6	二元符,返回值等于两边表达式按位相或之结果
&&	逻辑与	5	二元符,两边表达式均不为 0 时,返回 1;否则返回 0
||	逻辑或	4	二元符,两边表达式中至少有一个为 1,则返回 1;否则返回 0

2.2 操作数及指令所涉及的对象

AVR 单片机指令丰富,功能强,能对双字节、单字节、半字节及位进行多种操作。指令包括算术、逻辑运算指令 25 条,数据传送指令、条件转移指令和位操作指令各31 条。

AVR 单片机指令中的操作多种多样,状态寄存器、堆栈指针寄存器与指令执行密切相关。

2.2.1 状态寄存器 SREG

各个位皆可读可写。

位:	7	6	5	4	3	2	1	0
$3F(S5F)	I	T	H	S	V	N	Z	C

其各标志位意义如下:

I:全局中断触发禁止位,为中断总控制开关。将其清除,则禁止一切中断。

T:通用标志位,可将一对程序执行起重要作用(或常用)的标志位放在此处,通过对它测试,实现执行不同功能。AVR 单片机没有 MCS-51 单片机那样强大的布尔处理机,如将该标志放在 RAM 里,对它存、取和判断则要多用时间。可用 BLD 指令将 T 标志送至寄存器某位,或用 BST 指令将寄存器某位存于 T 标志位。

H:半进位标志位,指示加、减运算时,低四位向高四位产生的进、借位。以其与进位 C 配合,可实现十进制加减法运算软件调整功能(见 3.1.1 及 3.1.2 小节);或用于十进制数增 1 调整场合(见 4.4.7 小节)。

S:符号标志位,S=N⊕V,在正常运算条件下(V=0,不溢出)S=N,即运算结果最高位作为符号是正确的。而当产生溢出时 V=1,此时 N 已不能正确指示运算结果之正负,但 S=N⊕V 仍是正确的。对于单(或多)字节有符号数据来说,执行减法或比较操作之后,S 标志能正确指示参与相减或比较的两个数的大小。

V:溢出标志位,模 2 补码加、减运算溢出之标志,溢出表示运算结果超过了正数(或负数)所能表示的范围。加法溢出表现为正+正=负,或负+负=正;减法溢出表现为正-负=负,或负-正=正。溢出时,运算结果最高位(即 N)取反才是真正的结果符号。例如:

$30+$50=$80,正+正=负,溢出

$80+$90=$10,负+负=正,也为溢出

N:负数标志位,直接取自运算结果最高位。N=1 时运算结果为负,否则为正。但溢出时不能表示真实结果(见上条对溢出标志的说明)。

Z:零标志位,用以标示数据算术运算或逻辑运算结果是否为零,或多字节数据算术运算(包括比较)结果是否为零。运算(比较)结果为零(即所有位都清除)时,Z 标志置位。就字节型数据运算结果来说,Z 的逻辑表达式为 $Z=\overline{R7}\cdot\overline{R6}\cdot\overline{R5}\cdot\overline{R4}\cdot\overline{R3}\cdot\overline{R2}\cdot\overline{R1}\cdot\overline{R0}$。

C:进/借位标志位,为加法产生的进位,或减法产生的借位。多字节加、减法(包括比较)运算时,通过 C 将产生的进位或借位提供给高位字节,以实现多字节正确相加或相减。C 也是判断相减(比较)两个无符号数大小的标志。多字节移位操作时以 C 传递衔接。

对全部标志位都可进行置位、清位操作;都可检测各标志位,以检测结果决定程序走向,引出繁多的条件转移指令。

标志位很重要,对运算结果的判断处理,要以相应标志位为依据。它们也是分支、循环走向的路标。初学者因为不熟悉指令系统,编程时要时时检索各指令功能及其执行后对标志位的影响,故要熟记才能提高编程的速度和质量。

2.2.2 执行指令对标志位的影响

各类指令对标志位的影响归纳如下:

① 8 位加减法(包括带/不带进(借)位的加、减法,以及求补和带/不带借位比较等)指令,影响标志位 HSVNZC。

② 字加/减立即数(0~63)指令和求反指令不影响标志位 H。

③ 增、减 1 指令不影响标志位 C 和 H。

④ 逻辑运算指令都不影响标志位 C 和 H,但清除溢出标志位 V。其中 CLR 指令还清除标志位 S、N,并使 Z=1。

⑤ 逻辑左移和循环左移指令同 8 位加法指令一样影响标志位 HSNVZC。逻辑右移和循环右移指令以及算术右移指令都不影响半进位标志 H,但由于这些指令的特殊性,对标志位的影响面可进一步缩小或可简化。如算术右移指令不影响标志位 S 和 N,并使 V=0;逻辑右移指令清除标志位 N,使 S=V 等。

⑥ 转移指令中除中断返回指令 RETI 执行 SEI,置位全局中断控制标志位外,其他指令都不影响标志位。

⑦ 数据传送指令如不向状态寄存器 SREG 输出数据,对标志位无影响。

⑧ 位操作指令只影响作为操作对象的标志位。

2.2.3 操作数寄存器和操作数

最主要的操作对象为寄存器,其他为标志位、寄存器的位和各种常数、I/O 口等。

Rd:目的(有时兼源)寄存器。

Rr:源寄存器。

Rdh : Rdl:可进行字操作的寄存器对,共有 4 对:R25 : R24,R27 : R26,R29 : R28 和 R31 : R30。

R:指令执行后的结果,如和差等。

K(大写):常数或立即型数据。

k(小写):程序转移(转子)的偏移量。

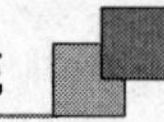

b:寄存器或I/O寄存器中的位(0b000～111)。

s(小写):状态寄存器中的位(0b000～111)。

X、Y、Z:间址寻址寄存器(X=R27:R26,Y=R29:R28, Z=R31:R30)。

P:I/O口地址。

q:间址偏移量。

2.2.4 堆 栈

堆栈是一特殊RAM区(可设在片内RAM,也可设在片外RAM)以后进先出的规则操作,为硬件中断或程序转子程序时提供断点(即返回地址)保护。也可将数据暂存(即推下)栈中,适宜时取出。AVR单片机的堆栈是倒置的,初始化时将堆栈指针设在RAM最高处(即RAMEND),随着入栈操作,堆栈指针减小,栈区向RAM内部扩展(在子程序多重嵌套时)。对堆栈使用深度要有足够估计或留出冗余量,以免与其他数据区相冲突。另外要注意,AVR低档机型只有硬件堆栈,不支持PUSH和POP指令。

2.3 寻址方式

操作数是指令的重要组成部分。指令给出操作所涉及数据(或对象)的方式称为寻址方式。AVR单片机对操作数寻址方式有如下几种:

① 单寄存器直接寻址;

② 双寄存器直接寻址;

③ I/O寄存器直接寻址;

④ 数据存储器直接寻址;

⑤ 数据存储器间接寻址;

⑥ 带预减量的数据存储器间接寻址;

⑦ 带后增量的数据存储器间接寻址;

⑧ 带偏移量的数据存储器间接寻址;

⑨ 程序存储器取常数寻址;

⑩ 带后增量的程序存储器取常数寻址;

⑪ 程序存储器写数据寻址;

⑫ 程序存储器直接寻址;

⑬ 程序存储器间接寻址;

⑭ 程序存储器相对寻址。

1. 单寄存器直接寻址

由指令指定一个寄存器的内容作为操作数,由机器码给出该寄存器的直接地址。

例:DEC Rd;操作:Rd←Rd−1,0≤d≤31。机器码为1001 010d dddd 0000,对不同的寄存器,只须将其编码替换指令编码中的5个d。

2. 双寄存器直接寻址

由指令指定两个寄存器作为操作数,机器码中给出这两个寄存器的直接地址。

例:MOV Rd,Rr;操作:Rd←Rr,0≤d≤31,0≤r≤31。机器码为0000 11rd dddd rrrr。

3. I/O 直接寻址

该指令可直接对 I/O 寄存器进行操作,I/O 寄存器地址包含在机器码中。

例:OUT P,Rd;操作:P←Rd, 0≤d≤31,0≤P≤$3F。机器码为 1011 1PPd dddd PP-PP,即某一寄存器内容输入到 64 个 I/O 寄存器之一内。

4. 数据存储器直接寻址

该指令为双字指令。高位字为片内/外 SRAM 存储器地址,将该地址的内容装入寄存器 Rd,或将寄存器 Rr 内容存入该地址 SRAM 单元中

例:LDS Rd k;操作:Rd←(k),0≤d≤31,k 为 16 位地址。机器码为 1001 000d dddd 0000 kkkk kkkk kkkk kkkk。

5. 数据存储器间接寻址

该指令为指定某一 16 位寄存器 X、Y 或 Z(称为指针寄存器)的内容当作操作数地址,对 RAM 存储器进行存取操作,称为数据存储器间接寻址。

例:LD Rd,X;操作:Rd←(X),0≤d≤31。机器码为 1001 000d dddd 1100。

6. 带预减量的数据存储器间接寻址

与第 5 条相似,但指针寄存器先减 1 而后寻址。这一寻址方式适合数据块传送,多字节数据相加、减以及检索关键数据等。

例:LD Rd,-Y;操作:Y=Y-1,Rd←(Y),即 Y 先减 1,再把 Y 所指向的 RAM 内容送到 Rd 中,0≤d≤31。机器码为 1001 000d dddd 1010。

7. 带后增量的数据存储器间接寻址

与第 6 条不同之处为:指针寄存器先寻址而后增 1。所适用操作相同。

例:LD Rd Y+;操作:Rd←(Y), Y=Y+1,即先把 Y 所指向的 RAM 内容送到 Rd 中之后 Y 增 1,0≤d≤31。机器码为 1001 000d dddd 1001。

8. 带偏移量的数据存储器间接寻址

该指令是将指针 Y 或 Z 内容加上偏移量(正数)后再对数据存储器进行存取,即操作数之地址为 Y 或 Z 寄存器内容加上机器码中的偏移量 q,指令执行后,Y 或 Z 的内容不变。

例 LDD Rd,Y+q;操作:Rd←(Y+q),0≤q≤63。机器码为 10q0 qq0d dddd qqqq。

9. 程序存储器取常数寻址

LPM 指令为从程序存储器空间取得常数之操作,常数字节的地址由地址寄存器 Z 的内容提供。因为程序存储器的数据单元以字为单位,其地址由 Z 寄存器的高 15 位确定。Z 寄存器的最低位 Z(d0)用以选择字的高/低字节:若 d0=0,选择字的低字节;d0=1,则选择字的高字节。

LPM 指令有 2 种形式:

(1) LPM

操作:R0←(Z),即把 Z 指针所指的程序存储器的内容送入 R0。

(2) LPM Rd,Z (0≤d≤31)

操作:Rd←(Z),即把 Z 指针所指的程序存储器的内容送入 Rd。

若 Z=$1002,d=8 则将地址为$0801 的程序存储器的低字节内容送入 R8。

若 Z=$1003,d=9 则将地址为$0801 的程序存储器的高字节内容送入 R9。

10. 带后增量的程序空间取常数寻址

LPM Rd,Z+ (0≤d≤31)

操作:Rd←(Z);Z←Z+1 即把以Z为指针的程序存储器的内容送入Rd,然后Z的内容加1。

若Z=$0100,d=16则把地址为$0080的程序存储器的低字节内容送入R16,指令执行后,Z=$0101。

若Z=$0101,d=17则把地址为$0080的程序存储器的高字节内容送入R17,指令执行后,Z=$0102。

11. 程序存储器写数据寻址

SPM

操作:(Z)←R1:R0,把R1:R0内容写入以Z指针指示的程序存储器单元。

12. 程序存储器直接寻址

程序存储器空间直接寻址方式用于程序的无条件转移JMP和调用指令CALL。指令中含有一个13位的操作数,指令将操作数直接装入程序计数器PC中,作为下一条要执行指令在程序存储器空间的地址。JMP类指令和CALL类指令的转移寻址相同,但CALL类的指令包括断点保护操作,即返回地址的压栈和堆栈指针SP内容减2的操作。

(1) JMP $1111

操作:PC←$1111。程序计数器PC的值设置为$1111,接下来执行程序存储器$1111单元的指令代码。

(2) CALL $1100

操作:STACK←PC+2;SP←SP−2;PC←$1100。先将程序计数器PC的当前值加2后压进堆栈,堆栈指针计数器SP内容减2(CALL指令为2字长),然后PC值被赋为$1100,接下来执行程序存储器$1100单元的指令代码。

13. 程序存储器间接寻址

它是将程序跳转的目标地址放在Z指针之中,指令执行时再将Z指针内容送入PC,即达到跳转的目的。

例:IJMP;操作:PC←(Z)。机器码为1001 0100 0000 1001。

该指令使用方法请参考程序清单26。

14. 程序存储器相对寻址

本指令在机器码中给出相对地址k。

例:RJMP k或RCALL k;操作:PC←PC+1+k,−2048≤k≤2047。初始执行本条指令时PC已指向下一条指令。故总的偏移为k+1,即PC←PC+1+k。

RJMP k的机器码为1100 kkkkkkkk kkkk。

2.4 算术和逻辑运算指令

表 2.2 为算术和逻辑运算指令。

表 2.2 算术和逻辑运算指令

指 令	操作数	说 明	操 作	操作数可取范围	影响标志	周 期
ADD	Rd,Rr	加法	Rd←Rd+Rr	0≤d≤31	S Z C N V H	1
ADC	Rd,Rr	带进位加	Rd←Rd+Rr+C	0≤d≤31	S Z C N V H	1
ADIW	Rd1,K	加立即数	Rdh:Rd1←Rdh:Rd1+K	d1 取 24 26 28 30;0≤K≤63	S Z C N V	2
INC	Rd	增 1	Rd←Rd+1	0≤d≤31	S Z N V	1
SUB	Rd,Rr	减法	Rd←Rd−Rr	0≤d≤31	S Z C N V H	1
SBC	Rd,Rr	带进位减	Rd←Rd−Rr−C	0≤d≤31	S Z C N V H	1
SUBI	Rd,K	减立即数	Rd←Rd−K	16≤d≤31;0≤K≤255	S Z C N V H	1
SBCI	Rd,K	带进位减立即数	Rd←Rd−K−C	16≤d≤31;0≤K≤255	S Z C N V H	1
SBIW	Rd1,K	字减立即数	Rdh:Rd1←Rdh:Rd1−K	d1 取 24 26 28 30;0≤K≤63	S Z C N V	2
DEC	Rd	减 1	Rd←Rd−1	0≤d≤31	S Z N V	1
COM	Rd	取反	Rd←$FF−Rd	0≤d≤31	S Z 0 N 0	1
NEG	Rd	取补	Rd←$00−Rd	0≤d≤31	S Z C N V H	1
CP	Rd,Rr	比较	Rd−Rr	0≤d≤31	S Z C N V H	1
CPC	Rd,Rr	带进位比较	Rd−Rr−C	0≤d≤31	S Z C N V H	1
CPI	Rd,K	立即数比较	Rd−K	16≤d≤31;0≤K≤255	S Z C N V H	1
AND	Rd,Rr	逻辑与	Rd←Rd·Rr	0≤d≤31	S Z N 0	1
ANDI	Rd,K	与立即数	Rd←Rd·K	16≤d≤31;0≤K≤255	S Z N 0	1
CBR	Rd,K	寄存器位清 0	Rd←Rd·($FF−K)	16≤d≤31;0≤K≤255	S Z N 0	1
TST	Rd	寄存器测试	Rd←Rd·Rd	0≤d≤31	S Z N 0	1
OR	Rd,Rr	逻辑或	Rd←Rd∨Rr	0≤d≤31	S Z N 0	1
ORI	Rd,K	或立即数	Rd←Rd∨K	16≤d≤31;0≤K≤255	S Z N 0	1
SBR	Rd,K	寄存器位置位	Rd←Rd∨K	16≤d≤31;0≤K≤255	S Z N 0	1
SER	Rd	置位寄存器所有位	Rd←$FF	16≤d≤31		1
EOR	Rd,Rr	异或	Rd←Rd⊕Rr	0≤d≤31	S Z N 0	1
CLR	Rd	寄存器清 0	Rd←Rd⊕Rd	0≤d≤31	0 1 0 0	1
MUL	Rd,Rr	无符号数乘法	R1:R0←Rd×Rr	2≤d≤31;2≤r≤31	ZC	2
MULS	Rd,Rr	有符号数乘法	R1:R0←Rd×Rr	2≤d≤31;2≤r≤31	ZC	2
MULSU	Rd,Rr	符号符号数乘法	R1:R0←Rd×Rr	2≤d≤31;2≤r≤31	ZC	2
FMUL	Rd,Rr	无符号小数乘法	R1:R0←Rd×Rr≪1	2≤d≤31;2≤r≤31	ZC	2
FMULS	Rd,Rr	有符号小数乘法	R1:R0←Rd×Rr≪1	2≤d≤31;2≤r≤31	ZC	2
FMULSU	Rd,Rr	混合符号小数乘法	R1:R0←Rd×Rr≪1	2≤d≤31;2≤r≤31	ZC	2

算术运算指令包括加、减法运算,取反、取补,比较以及增、减 1 指令等。逻辑运算有与、或、异或指令等。此类指令是对标志位影响广泛的指令(见 2.2.2 小节)。

注意,只有高端 16 个寄存器文件 R16~R31 才具有减去字节型立即数/与字节型立即数逻辑运算的功能,低端的 R0~R15 必须通过高端寄存器的“中介”,方能实现上述功能。

与一般8位机不同，AVR单片机不设加字节型立即数指令，也没有十进制加减运算调整指令DAA，初学者或许感到不便。实际上加(减)法向来都有2种方法实现。就加法操作来说，加上原码或减去补码都能实现加法运算，以不同手段达到同一目的。两举实为一得，殊途而同归。二者无共存之必要，故将加字节型立即数指令精减掉，编程时可用减负来替代加正。例如，SUBI Rd，－K是将Rd的内容加上立即数K，但要注意加上原码和减去补码对进位的影响是相反的！至于十进制加、减法调整即DAA功能，可利用加、减法产生的进(借)位C和半进(借)位H，用软件解决之(见第3章3.1节)。

2.4.1　加法指令

1. 不带进位加法

ADD Rd，Rr $0 \leqslant d \leqslant 31$，$0 \leqslant r \leqslant 31$

两个寄存器不带进位C相加，结果送目的寄存器。

操作：Rd←Rd＋Rr。机器码为0000 11rd dddd rrrr。

对标志位影响：HSVNZC。

标志位布尔表达式：

$H = Rd_3 \cdot Rr_3 + Rd_3 \cdot \overline{R3} + Rr_3 \cdot \overline{R3}$(该逻辑式见下面说明)

对于不提供半进位的计算机，可依此逻辑式确定H，再配合进位C，以软件实现加减法DAA功能。

$S = N \oplus V$(详细见2.2.1小节说明)

$V = Rd_7 \cdot Rr_7 \cdot \overline{R7} + \overline{Rd_7} \cdot \overline{Rr_7} \cdot R7$

Rd_7、Rr_7和R7分别为两个加数及和的符号，第一逻辑式表示两负数(符号位为1)相加后若和为正数(符号位为0)则V＝1，即运算溢出。第二逻辑式表示两正数(符号位为0)相加后若和为负数(符号位为1)则V＝1，即也为运算溢出。产生溢出时，有$S = \overline{N}$。

N＝R7直接取自运算结果最高位。

$Z = \overline{R7} \cdot \overline{R6} \cdot \overline{R5} \cdot \overline{R4} \cdot \overline{R3} \cdot \overline{R2} \cdot \overline{R1} \cdot \overline{R0}$

它表示只有在R7～R0 8个位都为0时才有Z＝1。

$C = Rd_7 \cdot Rr_7 + Rd_7 \cdot \overline{R7} + Rr_7 \cdot \overline{R7}$

它表示在两种情况下，产生进位C：

① 两加数最高位Rd_7和Rr_7都为1时，这是不言而喻的。

② 后两项表示，其中一个加数最高位为1，而和的最高位却为0，也产生进位，这也很明显。因为是按无符号数(绝对值)运算，不会相加后数值反倒减少，和最高位R7为0，只能解释为向高位字节产生了进位。

两加数及和之最高位对产生进位的原理与它们的第3位产生半进位的原理是一样的，故有相似的半进位H的布尔逻辑表达式。

注意：以上的解释只能说明$Rd_7 \cdot Rr_7 + Rd_7 \cdot \overline{R_7} + Rr_7 \cdot \overline{R_7}$是加法运算产生进位C的充分条件，但是不是必要条件呢？换一个角度说即是否还有别的也能产生进位C的条件被遗漏了？要回答这个问题，应列出3个变量Rd_7、Rr_7和R_7产生进位C的真值表，再从3个变量全组合逻辑000～111中挑出产生进位C的项、并用卡诺图对其化简，便可证明$C = Rd_7 \cdot Rr_7 + Rd_7 \cdot \overline{R_7} + Rr_7 \cdot \overline{R_7}$这一表达式是完备的。

其他产生标志位的布尔逻辑表达式也都可用列真值表以及卡诺图化简的方法证明其完备性。

2. 带进位加法

ADC,Rd,Rr

两个寄存器带 C 标志位相加,结果送目的寄存器。用于多字节加法之中。

操作:Rd←Rd+Rr+C。机器码为 0001 11rd dddd rrrr。

影响标志位:HSVNZC。

布尔逻辑式与上一条相同。

例:计算两个字型数相加之和,它们分别存放于寄存器对 R19:R18 和 R21:R20 之中用 2 条指令实现加法。

```
ADD R18, R20;
ADC R19, R21;
```

结果在寄存器对 R19:R18 之中。

3. 字加立即数

ADIW　Rdl,K

Rdl 为 R24、R26、R28 或 R30,$0 \leqslant K \leqslant 63$(无符号数),即寄存器对同立即数 K 相加,结果放在寄存器对中。

操作:Rdh:Rdl←Rdh:Rdl+K。机器码为 1001 0110 KKdd KKKK。

影响标志位:SVNZC。

标志位布尔逻辑式:

$S=N\oplus V$

$V=\overline{Rdh7}\cdot R15$,即只有 \$7F**+K=\$80**时产生溢出(正+正=负)。

$N=R15$

$Z=\overline{R15}\cdot\overline{R14}\cdot\overline{R13}\cdot\overline{R12}\cdot\overline{R11}\cdot\overline{R10}\cdot\overline{R9}\cdot\overline{R8}\cdot\overline{R7}\cdot\overline{R6}\cdot\overline{R5}\cdot\overline{R4}\cdot\overline{R3}\cdot\overline{R2}\cdot\overline{R1}\cdot\overline{R0}$

本指令(以及下面的 SBIW)显然适合用于 X、Y、Z 指针寄存器的调整,因编码有空余,将 R25:R24 也赋予这一功能,故 R25:R24 适于作备用指针。

例:ADIW R24,\$2E 即 R25:R24←R25:R24+\$2E

4. 增 1 指令

INC Rd;$0 \leqslant d \leqslant 31$

即寄存器 Rd 的内容增 1,对进位无影响。故 INC 指令可作为多字节加、减法运算时循环次数之控制(若它影响进借位则破坏字节间运算产生的进(借)位,导致运算错误)。对无符号数操作,有 BREQ、BRNE 等指令提供分支转移;当对二进制补码操作时,所有带符号转移指令都有效。

操作:Rd←Rd+1,$0 \leqslant d \leqslant 31$。机器码为 1001 010d dddd 0011。

影响标志位:SVNZ。

布尔逻辑表达式:

$S=N\oplus V$

$V=R7\cdot\overline{R6}\cdot\overline{R5}\cdot\overline{R4}\cdot\overline{R3}\cdot\overline{R2}\cdot\overline{R1}\cdot\overline{R0}$,表示只有当 \$7F+1=\$80 时产生溢出(正+正=负)。

$N=R7$

$Z=\overline{R7}\cdot\overline{R6}\cdot\overline{R5}\cdot\overline{R4}\cdot\overline{R3}\cdot\overline{R2}\cdot\overline{R1}\cdot\overline{R0}$

例:INC R_5

2.4.2 减法指令

1. 不带进位减法

SUB Rd,Rr;0⩽d⩽31,0⩽r⩽31

2 个寄存器内容相减,结果放在 Rd 中。

操作:Rd←Rd－Rr。机器码为 0001 10rd dddd rrrr。

影响标志位:HSVNZC。

布尔逻辑式:

$H=\overline{Rd_3}\cdot Rr_3+Rr_3\cdot R3+\overline{Rd_3}\cdot R3$,见进位 C 之逻辑式说明。

$S=N\oplus V$

$V=\overline{Rd_7}\cdot Rr_7\cdot R7+Rd_7\cdot\overline{Rr_7}\cdot\overline{R7}$

在加法运算中,溢出表现为正＋正＝负或负＋负＝正,减法运算也有等效表现,即正－负＝负或负－正＝正。第一逻辑式即表示正－负＝负,第二逻辑式表示负－正＝正。二者有一为真,即产生溢出。

$N=R7$, $Z=\overline{R7}\cdot\overline{R6}\cdot\overline{R5}\cdot\overline{R4}\cdot\overline{R3}\cdot\overline{R2}\cdot\overline{R1}\cdot\overline{R0}$

$C=\overline{Rd_7}\cdot Rr_7+R7\cdot Rr_7+R7\cdot\overline{Rd_7}$

因加、减法互为逆运算,故可借助加法的进位逻辑式反推减法的借位逻辑式。若减法 M－N＝P 有借位,则加法 N＋P＝M 必然有进位。第 2 项可视为两加数最高位皆为 1,故加法产生进位,则减法必然产生借位。第 1、3 项表示和的最高位为 0,而有一加数最高位为 1,加法必有进位产生,反过来减法必然有借位产生。

半进位 H 的逻辑式与此同理。

2. 减字节型立即数减法

SUBI R_d,K;16⩽d⩽31,0⩽K⩽255

寄存器内容与立即相减,结果仍留在寄存器中。

操作:Rd←Rd－K。机器码为 0101 KKKK dddd KKKK。

影响标志位:HSVNZC,标志位逻辑式与 1 相同。

3. 带借位减法

SBC Rd,Rr;0⩽d⩽31,0⩽r⩽31

两寄存器内容带借位 C 相减,结果放在目的寄存器 Rd 中。

操作:Rd←Rd－Rr－C。机器码为 0000 10rd dddd rrrr。

影响标志位:HSNVZC,标志位逻辑式与 1 相同。

4. 带借位减字节型立即数减法

SBCI Rd,K;16⩽d⩽31, 0⩽K⩽225

寄存器内容带借位 C 减立即数,结果放在寄存器中。

操作:Rd←Rd－K－C。机器码为 0101 KKKK dddd KKKK。

影响标志位:HSVNZC,标志位逻辑式与 1 相同。

5. 字型减立即数减法

SBIW Rd,K;Rd 只取 R25∶R24,R27∶R26,R29∶R28 或 R31∶R30,$0 \leqslant K \leqslant 63$

寄存器对内容与立即数 K 相减,差仍在寄存器对中,适合对指针寄存器的调整。

操作:Rdh∶Rdl←Rdh∶Rdl－K。机器码为 1001 0111 KKdd KKKK。

影响标志位:SVNZC。

标志位逻辑式:

$V = Rdh_7 \cdot \overline{R15}$,表示当 $80XX－K＝$7FXX 时产生溢出(负－正＝正)。

$C = \overline{Rdh_7} \cdot R15$,表示当 $00XX－K＝$FFXX 时产生借位。

$N = R15$

$S = N \oplus V$

6. 减 1 指令

DEC Rd;$0 \leqslant d \leqslant 31$

将寄存器 Rd 的内容减 1,该操作不改变 C 标志位,故主要用该指令来控制多字节加减法中的循环次数(用 DEC Rd 指令比用 INC Rd 指令方便)。对于无符号数减 1 后,可用 BREQ(等于 0 转移)和 BRNE(不等于 0 转移)等指令进行分支转移;当对二进制补码减 1 后,所有带符号分支指令都有效。

操作:Rd←Rd－1。机器码为 1001 010d dddd 1010。

影响标志位:SVNZ

布尔逻辑式:

$V = \overline{R7} \cdot R6 \cdot R5 \cdot R4 \cdot R3 \cdot R2 \cdot R1 \cdot R0$,即只有在 $80－1＝$7F 时才产生溢出(负－正＝正),其他与增 1 指令相同。

2.4.3 取反指令

COM　Rd; $0 \leqslant d \leqslant 31$

该指令完成寄存器内容二进制数取反码操作。

操作:Rd←$FF－Rd。机器码为 1001 010d dddd 0000。

影响标志位:SVNZC。

因为立即数 $FF 减去任何字节型数都不满足产生溢出和借位的条件,故该指令执行之后,有 V＝0,C＝0,S＝N。

2.4.4 取补指令

NEG　Rd;$0 \leqslant d \leqslant 31$

寄存器 Rd 内容转成二进制补码。

操作:Rd←$00－Rd。机器码为 1001 010d dddd 0001。

影响标志位:HSVNZC。

布尔逻辑式:

$H = Rd_3 + R_3$,与产生借位 C 的条件相似。

$S = N \oplus V$

$V = R7 \cdot \overline{R6} \cdot \overline{R5} \cdot \overline{R4} \cdot \overline{R3} \cdot \overline{R2} \cdot \overline{R1} \cdot \overline{R0}$,表示只有 $00－$80＝$80 时才产生溢出

(正-负=负)。

$C=\overline{Z}$,表示只有0取补才没有借位产生;或

$C=Rd_7+R7$,表示原数据最高位和求补结果最高位中有一个为1者,即产生借位。

2.4.5 比较指令

1. 寄存器内容比较

CP Rd,Rr;0≤d≤31,0≤r≤31

该指令完成两个寄存器内容比较操作,比较之后两个寄存器内容都不改变,执行该指令后影响标志位HSVNZC,故能测试以上所有标志位实现程序分支转移,但经常使用的是测试S、C和Z标志的条件转移指令。可参看下条CPC指令。

操作:Rd-Rr。机器码为0001 01rd dddd rrrr。

布尔逻辑式与减法指令相同。

注:V标志用于算术(包括比较)运算后判断是否溢出,一般很少使用;N标志只有在不发生溢出时才能正确指示运算结果的正负,否则失效;以S标志替代N标志做判断,则是万无一失的;半进位H只用于BCD码运算。故一般有符号数二进制算术运算之后对结果的判断,只须检测S、Z两个标志;而对无符号数运算结果,只须检测C和Z两个标志。

2. 寄存器内容带借位比较

指令为CPC Rd, Rr;比较操作为Rd-Rr-C,用于多字节数据的比较。该指令不改变两寄存器内容,比较完成后,可根据状态寄存器SREG中相关位S、C和Z判断多字节有符号数(或无符号数)X与Y大小或者相等的关系:倘若S=0,表示有符号数X≥Y,否则X<Y;假如C=0,表示无符号数X≥Y,否则X<Y;而当Z=1时,表示X=Y,即参与比较运算的两个多字节数据是相等的(参看清单63)。机器码为0000 01rd dddd rrrr,影响标志位及布尔逻辑或与减法指令相同。

3. 与立即数比较

CPI Rd, K;16≤d≤31, 16≤K≤255

该指令实现寄存器内容与立即数的比较操作,寄存器内容不变,指令执行后能使用所有条件转移指令。

操作:Rd-K。机器码为0011 KKKK dddd KKKK

对标志位影响和布尔逻辑式与减法指令相同。

2.4.6 逻辑与指令

逻辑操作都清除V,故V=0,S=N,对C和H不影响。

1. 寄存器内容逻辑与

AND Rd,Rr;0≤d≤31,0≤r≤31

寄存器Rd和Rr的内容进行逻辑与操作,结果放在目的寄存器Rd,当d<16时,Rd不能与立即数相与,故将立即数先装入Rr(r≥16),再进行与操作,或进行对变量的与操作。与操作的目的一般为对某些相关位进行提取,对无关位进行屏蔽。

操作:Rd←Rd·Rr。机器码为0010 00rd dddd rrrr。

影响标志位:SVNZ,V=0,S=N,对C,H不影响。

2. 与立即数与

ANDI　Rd，K；16≤d≤31，0≤K≤255

寄存器 Rd 内容与常数 K 逻辑与，结果放在目的寄存器 Rd 中。

操作：Rd←Rd · K。机器码为 0111 KKKK dddd KKKK。功能为对 Rd 中的无关位进行屏蔽而保留相关位，对应于 K 中为 0 的位被屏蔽掉。

对标志位影响和布尔逻辑式同前条。

3. 清寄存器位

CBR Rd，K；16≤d≤31，0≤K≤255

该指令功能与第 2 条相反：被清除位与 K 中的 1 对应。

操作：Rd←Rd ·（$FF－K）。机器码为 0111 $\overline{KKKK}$ dddd $\overline{KKKK}$。

对标志位影响和布尔逻辑式同第 1 条。

4. 测试数据为 0 或为负

TST　Rd；0≤d≤31

该指令实现 Rd 内容和自身相与且不改变内容，前面已提及与操作清除 V，但影响 N、Z 标志，故可用该指令揭示变量/常量之正负或是否等于 0。

操作：Rd←Rd · Rd。机器码为 0010 00dd dddd dddd。

2.4.7　逻辑或指令

1. 寄存器逻辑或

OR R_d，Rr；0≤d≤31，0≤r≤31

完成寄存器 Rd、Rr 内容的逻辑或操作，结果放在目的寄存器 Rd 中，主要用于对数据的相关位进行置位操作(用 1 与该位或)。

操作：Rd←Rd∨Rr。机器码为 0010 10rd dddd rrrr。

对标志位影响同与操作。

2. 与立即数或

ORI　Rd，K；16≤d≤31，0≤K≤255

完成寄存器 Rd 内容与常数逻辑或操作，结果放在 Rd 中。

操作：Rd←Rd∨K。机器码为 0110 KKKK dddd KKKK。

对标志位影响同与操作。当 d<16 时，Rd 不能与立即数相或，故将立即数先装入 Rr(r≥16)，再进行两个寄存器的或操作。

3. 置寄存器位

SBR Rd，K；16≤d≤31，0≤K≤255

目的寄存器的内容与立即数 K 相或，结果在 Rd 中。操作与上一条相同，只不过本指令强调对相关位的置位操作。

4. 置寄存器所有位

SER Rd；16≤d≤31

本指令直接装入立即数 $FF 到寄存器 Rd 中，只不过强调对所有位的置位效果。

操作：Rd←$FF。机器码为 1110 1111 dddd 1111，不影响标志位。

2.4.8 逻辑异或指令

1. 寄存器内容异或

EOR Rd,Rr;0≤d≤31,0≤r≤31

完成寄存器 Rd 及 Rr 内容的异或逻辑操作,结果放在目的寄存器 Rd 中,实现对某些相关位的清除或求反,也是执行不计进(借)位的加(减)法。

操作:Rd←Rd⊕Rr。机器码为 0010 01rd dddd rrrr。

对标志位影响同与指令。

注意:AVR 指令系统不设寄存器文件与立即数异或指令。

2. 清除寄存器

CLR Rd;0≤d≤31

该指令实现 Rd 内容自身相异或操作,达到清除 Rd 所有位的效果。

操作:Rd←Rd⊕Rd。机器码为 0010 01dd dddd dddd。

对标志的影响,除 Z=1 外,S、V、N 都清除。

2.4.9 乘法指令

1. 无符号数乘法

MUL Rd,Rr 0≤d≤31,0≤r≤31

说明:该指令执行将寄存器 Rd 和寄存器 Rr 的内容作为两个 8 位无符号数的乘法操作,结果为 16 位的无符号数,保存在 R1:R0 中,R1 为高 8 位,R0 为低 8 位。源操作数寄存器为 R0~R31。

如果操作数为寄存器 R1 或 R0,则结果将原操作数覆盖。

操作:R1:R0=Rd×Rr PC←PC+1 机器码:1001 11rd dddd rrrr

对标志位的影响:Z C

2. 有符号数乘法

MULS Rd,Rr 16≤d≤31,16≤r≤31

说明:该指令执行将寄存器 Rd 和寄存器 Rr 的内容作为两个有符号数之相乘操作,结果为 16 位的有符号数,并将结果保存在 R1:R0 中,R1 为高 8 位,R0 为低 8 位。源操作数为寄存器 R16~R31。

操作:R1:R0=Rd×Rr PC←PC+1 机器码:0000 0010 dddd rrrr

对标志位的影响:Z C

3. 有符号数与无符号数乘法

MULSU Rd,Rr 16≤d≤23,16≤r≤23

说明:该指令执行将寄存器 Rd(8 位有符号数)和寄存器 Rr(8 位无符号数)的内容相乘操作,结果为 16 位的有符号数,保存在 R1:R0 中,R1 为高 8 位,R0 为低 8 位。源操作数为寄存器 R16~R23。

操作:R1:R0=Rd×Rr PC←PC+1 机器码:0000 0011 0ddd 0rrr

对标志位的影响:Z C

4. 无符号定点小数乘法

FMUL Rd,Rr　　　16≤d≤23,16≤r≤23

说明:该指令执行将寄存器 Rd(其内容为 8 位无符号数)和寄存器 Rr(内容也为 8 位无符号数)的内容相乘之操作,结果为 16 位的无符号数,并将结果左移一位后保存在 R1:R0 中,R1 为高 8 位,R0 为低 8 位。源操作数为寄存器 R16～R23。

操作:R1:R0＝Rd×Rr　　　(unsigned(1.15)＝unsigned(1.7) ×unsigned(1.7))

PC←PC＋1　　　机器码:0000 0011 0ddd 1rrr

对标志位的影响:Z　C

注:(n.q)表示一个小数点左边有 n 个二进制数位、小数点右边有 q 个二进制数位的小数。以(nl.ql)和(n2.q2)为格式的两个小数相乘,产生格式为(n1＋n2).(q1＋q2)的结果。对于要有效保留小数位的处理应用,输入的数据通常采用(1.7)的格式,产生的结果为(2.14)格式。因此将结果左移一位,以使高字节数据的格式与输入数据相一致。FMUL 指令的执行周期与 MUL 指令相同,但比 MUL 指令增加了左移操作。

被乘数 Rd 和乘数 Rr 是两个包含无符号定点小数的寄存器,小数点固定在第 7 位与第 6 位之间。结果为 16 位无符号定点小数,其小数点固定在第 15 位与第 14 位之间,即(n1＋n2)＝1＋1＝2。

5. 有符号定点小数乘法

FMULS Rd,Rr　　　16≤d≤23,16≤r≤23

说明:该指令执行将寄存器 Rd(8 位带符号数)和寄存器 Rr(8 位带符号数)的内容相乘操作,结果为 16 位的符号数,并将结果左移一位后保存在 R1:R0 中,R1 为高 8 位,R0 为低 8 位。源操作数为寄存器 R16～R23。

操作:R1:R0＝Rd×Rr　　　(signed(1.15)＝signed(1.7) ×signed(1.7))

PC←PC＋1　　　机器码:0000 0011 1ddd 0rrr

对标志位的影响: Z　C

关于数据位数以及小数点位置的说明见“4.无符号定点小数乘法条”。

6. 有符号定点小数和无符号定点小数乘法

FMULSU Rd,Rr　　　16≤d≤23,16≤r≤23

说明:该指令执行将寄存器 Rd(8 位有符号数)和寄存器 Rr(8 位无符号数)的内容相乘操作,结果为 16 位的有符号数,并将结果左移一位后保存在 R1:R0 中,R1 为高 8 位,R0 为低 8 位。源操作数为寄存器 R16～R23。

操作:R1:R0＝Rd×Rr　　　(signed(1.15)＝signed(1.7) ×unsigned(1.7))

PC←PC＋1　　　机器码:0000 0011 1ddd 1rrr

对标志位的影响: Z　C

关于数据位数以及小数点位置的说明见无符号定点小数乘法条。

2.5　转移指令

所有转移指令都不影响标志位,但 RETI 指令使 I 置位(是个例外),如表 2.3 所列。

转移指令主要分为无条件转移指令、条件转移指令和转子、返回指令。

表 2.3 转移指令

指令	操作数	说明	操作	操作数可取范围	影响标志	周期
RJMP	k	相对跳转	PC←PC+k+1	2048≤k≤2047		2
IJMP		间接跳转	PC←(Z)	64K 字空间		2
JMP	k	直接转移	PC PC+k+1	64K 字空间		4
BRBS	s,k	SREG(s)位置位转移	若 SEG(s)=1, PC←PC+k+1	0≤s≤7, −64≤k≤63		1 或 2
BRBC	s,k	SREG(s)位清除转移	若 SEG(s)=0, PC←PC+k+1	0≤s≤7, −64≤k≤63		1 或 2
BREQ	k	相等转移	若 Z=1,PC←PC+k+1	−64≤k≤63		1 或 2
BRNE	k	不等转移	若 Z=0,PC←PC+k+1	−64≤k≤63		1 或 2
BRCS	k	C=1 转移	若 C=1,PC←PC+k+1	−64≤k≤63		1 或 2
BRCC	k	C=0 转移	若 C=0,PC←PC+k+1	−64≤k≤63		1 或 2
BRSH	k	大于或等于转移(无符号数)	若 C=0,PC←PC+k+1	−64≤k≤63		1 或 2
BRLO	k	小于转移(无符号数)	若 C=1,PC←PC+k+1	−64≤k≤63		1 或 2
BRMI	k	为负转移	若 N=1,PC←PC+k+1	−64≤k≤63		1 或 2
BRPL	k	为正转移	若 N=0,PC←PC+k+1	−64≤k≤63		1 或 2
BRGE	k	大于或等于转移(有符号数)	若 S=1,PC←PC+k+1	−64≤k≤63		1 或 2
BRLT	k	小于转移(有符号数)	若 S=0,PC←PC+k+1	−64≤k≤63		1 或 2
BRHS	k	H=1 转移	若 H=1,PC←PC+k+1	−64≤k≤63		1 或 2
BRHC	k	H=0 转移	若 H=0,PC←PC+k+1	−64≤k≤63		1 或 2
BRTS	k	T=1 转移	若 T=1,PC←PC+k+1	−64≤k≤63		1 或 2
BRTC	k	T=0 转移	若 T=0,PC←PC+k+1	−64≤k≤63		1 或 2
BRVS	k	V=1 转移	若 V=1,PC←PC+k+1	−64≤k≤63		1 或 2
BRVC	k	V=0 转移	若 V=0,PC←PC+k+1	−64≤k≤63		1 或 2
BRIE	k	I=1 转移	若 I=1,PC←PC+k+1	−64≤k≤63		1 或 2
BRID	k	I=0 转移	若 I=0,PC←PC+k+1	−64≤k≤63		1 或 2
CPSE	Rd,Rr	比较相等跳行	若 Rd=Rr, PC←PC+2(或 3)	0≤d≤31		1 或 2
SBRC	Rr,b	寄存器位清 0 跳行	若 Rd(b)=0, PC←PC+2(或 3)	0≤b≤7		1 或 2
SBRS	Rr,b	寄存器位置 1 跳行	若 Rd(b)=1, PC←PC+2(或 3)	0≤b≤7		1 或 2
SBIC	P,b	I/O 寄存器位清 0 跳行	若 P(b)=0, PC←PC+2(或 3)	0≤P≤31,0≤b≤7		2 或 3
SBIS	P,b	I/O 寄存器位置 1 跳行	若 P(b)=1, PC←PC+2(或 3)	0≤P≤31,0≤b≤7		2 或 3
RCALL	k	相对调用	STACK←PC+1,PC←PC+k+1	2048≤k≤2047		3
ICALL		间接调用	PC←(Z)	64K 字空间		3
CALL	k	直接调用	STACK←PC+1,PC←PC+k+1	64K 字空间		4
RET		从子程返回	PC←STACK			4
RETI		从中断返回	PC←STACK		I=1	4

注：1. 条件转移，不满足条件用一个时钟周期，否则要多用一个或两个时钟周期。

2. 转移指令都不影响标志位，只有 RETI 指令置位 I。

3. AVR 单片机没有如 MCS-51 等单片机那样的布尔处理结构，可将各种标志存在 SRAM 中，取到 Rd 后用 SBRS 或 SBRC 指令进行测试，故这两条指令是十分重要的布尔处理工具。

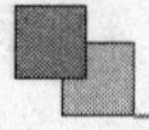

2.5.1 无条件转移指令

1. 相对转移

RJMP k;－2 048≤k≤2 047;JMP　k; －4 096≤k≤4 095

编写程序时,直接写跳到某一标号:RJMP　LABLE。只要满足上边的不等式,汇编器就会生成偏移量 k,否则应使用直接转移指令 JMP,或间接转移指令 IJMP。

操作:PC←PC＋k＋1。机器码为 1100 kkkk kkkk kkkk。

2. 间接转移

IJMP;使用该指令前要将 Z 寄存器内装入转移的目的地址,执行该指令时,PC←(Z),即达到转移目的,好处是可涉及 64K 字空间。机器码为 1001 0100 0000 1001。AVR 流行机型的程序空间都≤4K 字,故一般仅就空间跨度讲很少使用这条指令。但浮点程序库中用荷纳法计算多项式值时使用了一种特殊查表法,计算完毕后必须使用这条指令。还有功能键散转也要用到这条指令,请分别参看 5.3.3 和 4.3.3 小节。

2.5.2 条件转移指令

条件转移指令是依据某些特定条件转移的指令集合。条件满足则转移(用 2 个时钟周期),否则顺序执行下面的指令(只用 1 个时钟周期)。

AVR 单片机条件转移的跨度为－64～＋63 即 0B1000000～0B0111111,它是以字为单位来计算的,故与一般 8 位机以字节为单位计算的跨度范围－128～＋127 相当。AVR 单片机在执行某条条件转移指令时,PC 已指向下一条指令:PC←PC＋1(加 1 是因为条件转移指令都占一字长)。故在条件不满足时,AVR 单片机即顺序执行下一条指令;否则 PC←PC＋1＋k,即 PC 还要做 1 次加 k 操作,故多用一个时钟周期。在编写源程序时,只须指明满足条件时转到某一标号(注意不能超越跨度范围),汇编后才产生偏移量 k。

1. 条件符合转移指令

(1) 状态寄存器中的位置位转移

BRBS s,k;0≤s≤7,－64≤k≤63

执行该指令时,对状态寄存器 SREG 的第 s 位测试。若该位置位,则产生方向和距离由 k 指示的跳转。机器码为 1111 00kk kkkk ksss。

(2) 状态寄存器中的位清除转移

BRBC　s,k;0≤s≤7,－64≤k≤63

该指令对状态寄存器 SREG 的第 s 位进行测试。若该位被清除,则产生方向和距离由 k 指示的跳转。机器码为 1111 01kk kkkk ksss。

以上两条指令,每条都可由 S 从 0 至 7 细分为 8 条指令及 1 条派生指令,故有以下 18 条指令((3)～(20))。

(3) C 标志位置位转移

BRCS k;－64≤k≤63

该指令测试状态寄存器 SREG 的 C 标志,若 C＝1 则产生方向和距离由 k 指示的跳转。

该指令与 BRBS 0,k 相同。机器码为 1111 00kk kkkk k000。

例:

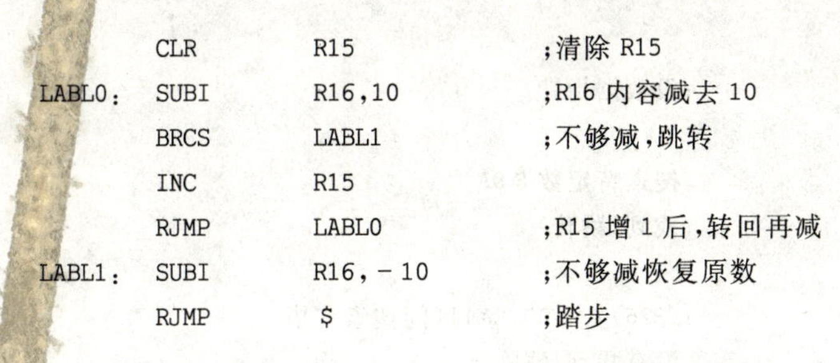

```
        CLR     R15             ;清除 R15
LABL0:  SUBI    R16,10          ;R16 内容减去 10
        BRCS    LABL1           ;不够减,跳转
        INC     R15
        RJMP    LABL0           ;R15 增 1 后,转回再减
LABL1:  SUBI    R16,-10         ;不够减恢复原数
        RJMP    $               ;踏步
```

说明：本例中若以 BRLO LABL1 指令替换 BRCS LABL1，效果相同。

本程序功能为正整数(＜＄64)二翻十。

(4) C 标志位清除转移

BRCC k；－64≤k≤63

该指令测试状态寄存器 SREG 的 C 标志，若 C＝0 则产生方向和距离由 k 指示的跳转。

例：

```
        CP      R16,100         ;将 R16 内容与立即数 100 比较
        BRCC    LABL2           ;不产生借位,跳转
        CLR     R14             ;(R16)<100,清除 R14
        ……
LABL2:  CLR     R14
        INC     R14             ;否则,置(R14) = 1
        ……
```

本例中若以 BRSH LABL2 指令替换 BRCC LABL2，效果相同。

无符号数相减或比较大小，其结果只与 C、Z 两标志有关，即仅靠 C 标志就可判断差的正负，或数值大小；靠 Z 标志判断两数是否相等；而与 S、V、N 等标志无关。与此对应，执行有符号数相减或比较大小指令，其结果只须测试 S、Z 两标志就可判断。

本指令与 BRBC 0，k 相同。机器码为 1111 01kk kkkk k000。

(5) 小于转移(无符号数)

BRLO k；－64≤k≤63

本指令与 BRBS 0，k 相同，满足其转移的条件与(6)相反，即 X＜Y 才发生转移。机器码为 1111 01kk kkkk k000。

(6) 大于或等于转移(无符号数)

BRSH k；－64≤k≤63

本指令与 BRBC 0，k 相同，但强调相减(比较)的无符号二进制数的大小关系，如X≥Y，则 X－Y≥0，进位 C 便被清除。故通过检测 C 标志，便可知 X≥Y 是否成立。机器码为 1111 00kk kkkk k000。

(7) 相等转移

BREQ k；－64≤k≤63

该指令测试状态寄存器 SREG 的 Z 标志位，若 Z＝1，则产生方向和距离由 k 指示的跳转。本指令与 BRBS 1，k 相同。机器码为 1111 00kk kkkk k001。

例：

```
        CLR     R27
        LDI     R26,$60             ;设数据指针
LABL3:  LD      R16,X+
        CPI     R16,$0A             ;搜索特定数$0A
        BREQ    LABL4               ;找到,跳转
        CPI     R26,$80
        BRNE    LABL3               ;(R26)=$80,RAM区间搜索完毕
        CLT                         ;没有找到,清除T
        ……
LABL4:  SET                         ;找到,置位T
        ……
```

说明:本程序功能为在 SRAM 区 \$60～\$80 中查找特定数\$0A,若找到置 T=1;否则将 T 清除.

将本程序写成子程序形式,在主程序调用该子程序后,通过测试 T 标志指令 BRTC 或 BRTS 就会知晓是否找到了特定数。

(8) 不相等转移

BRNE k;−64≤k≤63

该指令测试状态寄存器的 Z 标志位,若 Z=0 则产生方向和距离由 k 指示的跳转。

该指令与 BRBC 1,k 相同。机器码为 1111 01kk kkkk k001。

(9) 负数转移

BRMI k;−64≤k≤63

该指令对状态寄存器 SREG 中的 N 标志进行测试,若 N=1 则产生方向和距离由 k 指示的跳转。

本指令与 BRBS 2,k 相同。机器码为 1111 00kk kkkk k010。

(10) 正数转移

BRPL k;−64≤k≤63

该指令测试状态寄存器 SREG 中的 N 标志,若 N=0 则产生方向和距离由 k 指示的跳转。

本指令与 BRBC 2,k 相同。机器码为 1111 01kk kkkk k010。

注:一般要判断某一寄存器中数据之正负,先执行寄存器自身相与(或)指令,再使用以上两条指令之一便可判断。

(11) 溢出标志置位转移

BRVS k;−64≤k≤63

该指令测试状态寄存器 SREG 中的 V 标志,若 V=1 则产生方向和距离由 k 指示的跳转。

本指令与 BRBS 3.k 相同。机器码为 1111 00kk kkkk k011。

(12) 溢出标志位清除转移

BRVC k;−64≤k≤63

该指令测试状态寄存器 SREG 中的 V 标志,若 V=0 则产生方向和距离由 k 指示的跳转。

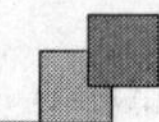

本指令与 BRBC 3,k 相同。机器码为 1111 01kk kkkk k011。

(13) 小于转移(有符号数)

BRLT k;－64≤k≤63

本指令与 BRBS 4,k 相同,满足转移的条件与(14) 相反,X＜Y 才发生转移。机器码为 1111 00kk kkkk k101。

(14) 大于或等于转移(有符号数)

BRGE k;－64≤k≤63

本指令与 BRBC 4,k 相同,但强调相减(比较)的两个有符号数之大小关系。如X≥Y,则 X－Y≥0,符号位 S 即被清除。通过检测 S 标志,便可知 X≥Y 是否成立。机器码为 1111 01kk kkkk k100。

我们做两个双字节有符号数减法的例子,来看一下有符号数减法(或比较)有什么特点。

取 2 个寄存器对 R25:R24 和 R27:R26,在 R25:R24 里装入立即数＋16384($4000),在 R27:R26 里装入立即数－32767($8001),然后执行减法运算。

程序如下:

```
        LDI      R25,HIGH(16384)
        LDI      R24,LOW(16384)
        LDI      R27,HIGH( - 32767)
        LDI      R26,LOW( - 32767)
        SUB      R24,R26
        SBC      R25,R27
        BRGE     LABL5
        ……
LABL5:  ……
```

执行以上减法得到差 $BFFF,N＝1 且减法溢出,有 V＝1,故 S＝V ⊕ N＝0,差为正,被减数＞减数(因有 Z＝0,两数不等);若按直观正数＞负数判断,结论也是相同的,故 BRGE LABL5 指令实现跳转。另外,我们注意到有符号数相减(比较)结果,与 C 的状态无关(本例 C＝1)。

若我们将减数取为＋8 193($2001),很显然＋16 384＞＋8 193,16 384－8 193＝8 191($1FFF)。执行以上减法后有 V＝0,S＝N＝0,差也为正。BRGE LABL5 指令依然执行跳转,但此次有 C＝0。

以上也说明在有符号减法(比较)操作之后,不论 V、N、C 标志如何,S 标志总能正确表示差的正负,或正确反映有符号数之间的大小关系。

(15) 半进位标志置位转移

BRHS k;－64≤k≤63

该指令测试状态寄存器 SREG 中的半进位 H,若 H＝1 则产生方向和距离由 k 指示的跳转。

本指令与 BRBS5,k 相同。机器码为 1111 00kk kkkk k101。

(16) 半进位标志清除转移

BRHC k;－64≤k≤63

该指令测试状态寄存器 SREG 中的半进位 H,若 H=0 则产生方向和距离由 k 指示的跳转。

本指令与 BRBC 5.k 相同。机器码为 1111 01kk kkkk k101。

BRHS 和 BRHC 这两条指令主要用于十进制数增 1 调整或十进制运算调整,可参考 4.4.5 小节:时钟日历走时子程序 ACLK。

(17) T 标志置位转移

BRTS k;-64≤k≤63

该指令测试状态寄存器 SREG 中的 T 标志位,若 T=1 则产生方向和距离由 k 指示的跳转。

本指令与 BRBS 6,k 相同。机器码为 1111 00kk kkkk k110。

(18) T 标志清除转移

BRTC k;-64≤k≤63

该指令测试状态寄存器 SREG 中的 T 标志位,若 T=0 则产生方向和距离由 k 指示的跳转。

本指令与 BRBC 6,k 相同。机器码为 1111 01kk kkkk k110。

(19) 中断标志置位转移

BRIE k;-64≤k≤63

该指令测试状态寄存器 SREG 中的全局中断标志位,若 I=1(全局中断开放)则产生方向和距离由 k 指示的跳转。

本指令与 BRBS 7,k 相同。机器码为 1111 00kk kkkk k111。

(20) 中断标志清除转移

BRID k;-64≤k≤63

该指令测试状态寄存器 SREG 中的全局中断标志位,若 I=0(全局中断禁止)则产生方向和距离由 k 指示的跳转。

本指令与 BRBC 7,k 相同。机器码为 1111 01kk kkkk k111。

2. 条件符合跳行转移指令

本组指令的特点是条件成立时只跳过下一条指令,否则顺序执行下一条指令,这"下条指令"可能为两字长,也可能为一字长,故条件成立时 PC←PC+2(或 3),否则 PC←PC+1,前者执行时间为 2 或 3 个时钟周期,后者只需一个时钟周期。

(1) 相等跳行

CPSE Rd,Rr;0≤d≤31,0≤r≤31

该指令完成两寄存器内容比较,若(Rd)=(Rr),跳行执行指令,否则顺执指令。机器码为 0001 00rd dddd rrrr。

(2) 寄存器位清除跳行

SBRC Rr,b;0≤r≤31,0≤b≤7

该指令测试寄存器某指定位,若该位被清除,则跳行执行指令,否则顺执指令。机器码为 1111 110r rrrr 0bbb。

(3) 寄存器置位跳行

SBRS Rr,b;0≤r≤31,0≤b≤7

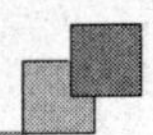

该指令测试寄存器某指定位，若该位被置位，则跳行执行指令，否则顺执指令。机器码为1111 111r rrrr 0bbb。

以上两条指令的使用可参考3.1.3小节：实现右移DAA功能子程序RSDAA的设计方法和程序清单3。

注：可将众多的标志位放在SRAM里(或寄存器文件)，放在SRAM里的标志位在使用前取到寄存器中，用SBRC Rr,b或SBRS Rr,b指令对各位进行测试，配合以下两条指令及置位、清位等操作，组成AVR的布尔处理机。

(4) I/O寄存器位清除跳行

SBIC P,b;0≤P≤31,0≤b≤7

该指令测试I/O寄存器某指定位，若该位被清除，则跳行执行指令，否则顺执指令。机器码为1001 1001 PPPP Pbbb。

(5) I/O寄存器置位跳行

SBIS P,b;0≤p≤31,0≤b≤7

该指令测试I/O寄存器某指定位，若该位被置位，则跳行执行指令，否则顺执指令。机器码为1001 1011 PPPP Pbbb。

以上两条I/O端口位测试指令使用方法请参考4.3.6小节：双键浏览、修改数据子程序KYIN2和程序清单4-14。

3. 调用和返回指令

为简化程序设计或突出模块功能，常将程序相同部分写成子程序形式，供主程序调用。调用子程序，即执行RCALL指令时，自动将返回地址推下堆栈(称为断点保护)。在子程序结束处设有RET返回指令，它恢复断点(即将断点从堆栈中弹出到PC)使程序返到RCALL指令的下一条指令处执行。转移指令是一去不返的，不涉及堆栈操作。主程序中RCALL指令是和子程序中的RET指令一一对应的，故子程序可多重嵌套(即子程序还可调子程序)。嵌套过程中，堆栈操作是先按级依次入栈，而后是按级出栈，故要考虑按最大嵌套预留栈区规模。

(1) 相对调用

RCALL k;－2 048≤k≤2 047

该指令为一字长，可涉及前后各2K字空间。执行该指令时，先把其后继指令地址推下堆找，再跳转到子程序首地址。

操作：

SP←(PC＋1)H

SP←SP－1

SP←(PC＋1)L

SP←SP－1

PC←(PC＋1)＋k

机器码为1101 kkkk kkkk kkkk。

若与子程序之间的跨度超过2K字空间，应使用下面的调用指令。

(2) 间接调用

ICALL;

执行该指令必须先将子程序首地址装入Z指针寄存器，执行时先将下一条指令地址推下堆栈,再跳转到子程序首地址。该指令可涉及到 64K 字空间。

操作:

SP←(PC+1)H

SP←SP−1

SP←(PC+1)L

SP←SP−1

PC←(Z)

机器码为 1001 0101 0000 1001。

(3) 直接调用

CALL　K　−4096≤k≤4095　为 2 字指令(mega16)

将返回地址(PC+2)压入堆栈,再调用地址为 K 值的子程序。

SP←(PC+2)h

SP←SP−1

SP←(PC+2)L

SP←SP−1

PC←K

机器码 1001 010k kkkk 111k kkkk kkkk kkkk kkkk。

对标志位无影响。

(4) 从子程序返回

RET;

从子程序返回到转子指令的下一条指令处,该地址由堆栈弹出。

操作:

SP←SP+1

PCL←(SP)

SP←SP+1

PCH←(SP)

机器码为 1001 0101 0000 1000。

(5) 从中断服务返回

RETI;

从中断服务子程序返回,返回地址由堆栈子弹出,置位全局中断标志。

操作:

SP←SP+1

PCL←(SP)

SP←SP+1

PCH←(SP)

SEI

机器码为 1001 0101 0001 1000。

注:堆栈操作错误是初学者常犯错误之一,表现为转子后经过若干指令执行,在执行 RET 指令后程序跑飞。应仔细检查堆栈栈顶随着 PUSH、POP 指令执行入栈、出栈时的变化,检查

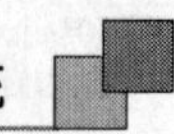

执行RET指令之前栈顶数据，该数据即为子程序的返回地址，是否还与入栈时一样保持不变，子程序内使用PUSH指令是否与POP指令一一对应等等。

2.6 数据传输指令

数据传输指令是编程时使用最频繁的一类指令，因AVR单片机克服了一般8位机中存在的瓶颈现象，提高了数据传输效率，故其执行程序整体速度再获提升，使AVR单片机完成模块功能的速度超过MCS-51单片机20倍以上。数据传输指令操作内容主要为寄存器之间、寄存器与数据存储器SRAM之间以及寄存器与I/O端口之间的数据传输。此外还有从程序存储器中取数(查ROM表)指令LPM、写程序存储器指令SPM、压栈指令PUSH、出栈指令POP等。表2.4为数据传输指令。

表2.4 数据传输指令

指令	操作数	说明	操作	影响标志	周期
MOV	Rd, Rr	寄存器传送	Rd←Rr	0≤d≤31, 0≤r≤31	1
MOVW	Rd, Rr	寄存器对传送	Rd+1:Rd←Rr+1:Rr	0≤d≤31, 0≤1≤31	2
LDS	Rd, k	从SRAM中装入	Rd←(k)	0≤d≤31, 0≤k≤64K	3
STS	k, Rr	数据送SRAM	(k)← Rr	0≤r≤31, 0≤k≤64K	3
LDI	Rd, K	装入立即数	Rd← K	16≤d≤31, 0≤K≤255	2
LD	Rd, X	X间址取数	Rd← (X)	0≤d≤31	2
LD	Rd, X+	X间址取数后增1	Rd← (X), X←X+1	0≤d≤31	2
LD	Rd, −X	X减1后间址取数	X←X−1, Rd← (X)	0≤d≤31	2
ST	X, Rr	X间址存数	(X)←Rr	0≤r≤31	2
ST	X+, Rr	X间址存数后增1	(X)←Rr, X←X+1		2
ST	−X, Rr	X减1后间址存数	X←X−1, (X)← Rr		2
LD	Rd, Y	Y间址取数	Rd← (Y)	0≤d≤31	2
LD	Rd, Y+	Y间址取数后增1	Rd← (Y), Y←Y+1	0≤d≤31	2
LD	Rd, −Y	Y减1后间址取数	Y←Y−1, Rd← (Y)	0≤d≤31	2
LDD	Rd, Y+q	Y带偏移量间址取数	Rd← (Y+q)	0≤d≤31, 0≤q≤63	2
ST	Y, Rr	Y间址存数	(Y)←Rr	0≤r≤31	2
ST	Y+, Rr	Y间址存数后增1	(Y)←Rr, Y←Y+1		2
ST	−Y, Rr	Y减1后间址存数	Y←Y−1, (Y)← Rr		2
STD	Y+q, Rr	Y带偏移量间址存数	(Y+q)← Rr	0≤q≤63	2
LD	Rd, Z	Z间址取数	Rd← (Z)	0≤d≤31	2
LD	Rd, Z+	Z间址取数后增1	Rd← (Z), Z←Z+1	0≤d≤31	2
LD	Rd, −Z	Z减1后间址取数	Z←Z−1, Rd← (Z)	0≤d≤31	2
LDD	Rd, Z+q	Z带偏移量间址取数	Rd← (Z+q)	0≤d≤31, 0≤q≤63	2
ST	Z, Rr	Z间址存数	(Z)←Rr	0≤r≤31	2
ST	Z+, Rr	Z间址存数后增1	(Z)←Rr, Z←Z+1		2
ST	−Z, Rr	Z减1后间址存数	Z←Z−1, (Z)← Rr		2

续表 2.4

指令	操作数	说明	操作	影响标志	周期
STD	Z+q, Rr	Z 带偏移量间址存数	(Z+q)← Rr	0≤q≤63	2
LPM		从程序区取数	R0←(Z)		2
LPM	Rd,Z	从程序区取数	Rd←(Z)		2
LPM	Rd,Z+	从程序区取数,地址增 1	R0←(Z),Z←Z+1		2
SPM		写程序存储器	(Z)←R1:R0		2
IN	Rd, P	从 I/O 口取数	Rd←P	0≤d≤31, 0≤P≤63	1
OUT	P, Rr	数据送 I/O 口	P←Rr	0≤P≤63	1
PUSH	Rr	压栈	(SP)←Rr,SP←SP−1		2
POP	Rd	出栈	SP←SP+1,Rd←(SP)	0≤d≤31	2

注:1. 所有传送方向都是从右到左(双操作数时),不像有的单片机那样,ST 指令是从左到右传送。

2. 带偏移量寻址是将指针内容加上偏移量作为操作数地址,寻址之后指针内容并不改变。

注意:数据传输指令不影响标志位(但向状态寄存器 SREG 输出的操作除外)。

只有高端 16 个寄存器文件 R16~R31 才具有装入字节型立即数功能,低端的 R0~R15 必须通过高端寄存器的"中介",方能实现上述功能;查表指令 LPM 取数只能送入寄存器 R0;除上两种场合外,对数据传输指令中使用的 Rd,Rr 寄存器文件没有限制。

2.6.1 直接寻址数据传输指令

1. 寄存器间传送数据

MOV Rd,Rr;0≤d≤31,0≤r≤31

该指令将源寄存器 Rr 内容拷贝给目的寄存器 Rd,Rr 内容不变。

操作:Rd←(Rr)。机器码为 0010 11rd dddd rrrr。

2. 寄存器对间传送数据

MOVW Rd,Rr, d∈{0,2,4…..30}, r∈{0,2,4…..30}

该指令将源寄存器对 Rr+1:Rr 内容复制给目的寄存器对 Rd+1:Rd ,源寄存器对内容不变。

3. SRAM 中数据直接装载到寄存器

LDS Rd,k;0≤d≤31,0≤k≤1 023(mega16)

该指令将以 k 为地址的 SRAM 单元数据加载到目的寄存器 Rd。

操作:Rd←(k)。机器码为 1001 000d dddd 0000 kkkk kkkk kkkk kkkk。

4. 寄存器内容存储到 SRAM

STS k,Rr;0≤r≤31,0≤k≤1 023(mega16)

该指令将源寄存器 Rr 的内容直接传送给以 k 为地址的 SRAM 单元。

操作:k←(Rr)。机器码为 1001 001d dddd 0000 kkkk kkkk kkkk kkkk。

5. 立即数加载到寄存器

LDI Rd,K;16≤d≤31,0≤K≤255

该指令将 8 位立即数装入寄存器。

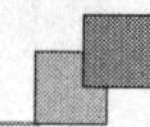

操作:Rd←K。机器码为 1110 KKKK dddd KKKK。

2.6.2 间接寻址传输指令

本小节内容为讲述 X、Y 和 Z 三个指针的间址寻址功能,其功能是一个比一个强(向上兼容):X 指针寻址功能是最基本的,Y 指针寻址是在此基础上加上偏移量寻址,Z 指针又增加了程序存储器寻址(查 ROM 表,以及写程序存储器)。

严格讲,称 Y(Z)带偏移量寻址为变址(变址寻址)是不确切的,变址必须具备二个条件:(1) 偏移量必须是一个带符号的变量偏移量(可正偏、负偏)。(2) 偏移量与指针内容(基地址)之和指向被寻址数据,但寻址之后,指针内容并不改变。Y 和 Z 所带的偏移量只能为在 0～63 范围之内,没有负偏效果,使其使用受到一定限制。然而 AVR 单片机具备指针增、减量寻址功能,且具有指针加减常数(≤63)调整指令 ADIW 和 SBIW,毕竟在多数场合下克服了 MCS-51 单片机用 P2 口和 R0/R1 拼成 16 位指针(或 DPTR 指针,减指针时也存在过页问题)寻址方式中,指针增、减量调整时,必须用软件解决过页的麻烦。

1. 使用 X 指针寄存器间址传送数据

(1) 使用 X 指针寄存器间址将 SRAM 内容取到指定寄存器

. LD Rd,X;0≤d≤31

该指令将 X 所指 SRAM 单元内容取到 Rd 中。

操作:Rd←(X)。机器码为 1001 000d dddd 1100。

. LD Rd,X+;0≤d≤31

该指令将 X 所指 SRAM 单元内容取到 Rd 中,X 指针内容加 1。

操作:Rd←(X),X←X+1。机器码为 1001 000d dddd 1101。

. LD Rd,-X;0≤d≤31

该指令将 X 指针内容减 1,再将 X 所指 SRAM 单元内容取到 Rd 中。

操作:X←X-1, Rd←(X)。机器码为 1001 000r rrrr 1110。

(2) 使用 X 指针寄存器间址将寄存器内容存储到 SRAM

. ST X,Rr;0≤r≤31

该指令将指定寄存器内容存储到 X 指针指向的 SRAM 单元。

操作:(X)←Rr。机器码为 1001 000r rrrrr 1100。

. ST X+,Rr;0≤r≤31

该指令将指定寄存器内容存储到 X 指针指向的 SRAM 单元。X 指针内容加 1。

操作:(x)←Rr,X←X+1。机器码为 1001 001r rrrr 1101。

. ST -X,Rr;0≤r≤31

该指令将 X 指针内容先减 1,再将指定寄存器内容存储到 X 指针指向的 SRAM 单元。

操作:X←X-1,(X)←Rr。机器码为 1001 001r rrrr 1110。

2. 使用 Y 指针寄存器间址传送数据

Y 指针功能兼容 X 指针功能,以上各指令中将 X 换以 Y 有效,Y 指针增加了带偏移量寻址功能。

(1) 使用地址指针寄存器 Y 间接将 SRAM 中的内容装入寄存器

① LD Rd,Y 0≤d≤31 ;将指针为 Y 的 SRAM 中的数送寄存器,Y 指针不变

操作:Rd←(Y)　PC←PC+1　机器码:1000 000d dddd 1000

② LD Rd,Y+　0≤d≤31　;先将指针为 Y 的 SRAM 中的数送寄存器,然后 Y 指针加 1

操作:Rd←(Y),Y←Y+1　PC←PC+1　机器码:1001 000d dddd 1001

③ LD Rd,-Y　0≤d≤31　;先将 Y 指针减 1,将指针为 Y 的 SRAM 中的数送寄存器,

操作:Y←Y-1,Rd←(Y)　PC←PC+1　机器码:1001 000d dddd 1010

④ LDD Rd,Y+q 0≤d≤31,0≤q≤63　;将指针为 Y+q 的 SRAM 中的数送寄存
;器 Rd,而 Y 指针不改变

操作:Rd←(Y+q) PC←PC+1　机器码:10q0 qq0d dddd 1qqq

(2) 使用地址指针寄存器 Y 间接将寄存器内容存储到 SRAM

① ST Y,Rr　0≤d≤31　;将寄存器内容送 Y 为指针的 SRAM 中,Y 指针不改变

操作:(Y)←Rr　PC←PC+1　机器码:1000 001r rrrr 1000

② ST Y+,Rr　0≤d≤31　;先将寄存器内容送 Y 为指针的 SRAM 中,然后 Y 指针加 1

操作:(Y)←Rd,Y←Y+1　PC←PC+1　机器码:1001 001r rrrr 1001

③ ST -Y,Rr　0≤d≤31　;先将 Y 指针减 1,然后将寄存器内容送 Y 为指针的 SRAM 中

操作:Y←Y-1,(Y)←Rr　PC←PC+1　机器码:1001 001r rrrr 1010

④ STD Y+q,Rr 0≤d≤31,0≤q≤63　;将寄存器 Rr 内容送 Y+q 为指针的 SRAM 中

操作:(Y+q)←Rr PC←PC+1　机器码:10q0 qq1r rrrr 1qqq

3. 使用 Z 指针寄存器间址传送数据

Z 指针间址传送数据功能兼容 Y 指针功能,以上各指令中将 X 或 Y 换以 Z,全部有效。Z 指针增加了程序空间取常数寻址功能(见下一小节)。

(1) 使用地址指针寄存器 Z 间接将 SRAM 中的内容装入到指定寄存器

① LD Rd,Z　0≤d≤31　;将指针为 Z 的 SRAM 中的数送寄存器,Z 指针不变

操作:Rd←(Z)　PC←PC+1　机器码:1000 000d dddd 0000

② LD Rd,Z+　0≤d≤31　;先将指针为 Z 的 SRAM 中的数送寄存器,然后 Z 指针加 1

操作:Rd←(Z),Z←Z+1　PC←PC+1　机器码:1001 000d dddd 0001

③ LD Rd,-Z　0≤d≤31　;先将 Z 指针减 1,将指针为 Z 的 SRAM 中的数送寄存器,

操作:Z←Z-1,Rd←(Z)　PC←PC+1　机器码:1001 000d dddd 0010

④ LDD Rd,Z+q 0≤d≤31,0≤q≤63　;将指针为 Z+q 的 SRAM 中的数送寄存器,
;而 Z 指针不改变

操作:Rd←(Z+q) PC←PC+1　机器码:10q0 qq0d dddd 0qqq

(2) 使用地址指针寄存器 Z 间接将寄存器内容存储到 SRAM

① ST Z,Rr　0≤d≤31　;将寄存器内容送 Z 为指针的 SRAM 中,Z 指针不改变

操作:(Z)←Rr　PC←PC+1　机器码:1000 001r rrrr 0000

② ST Z+,Rr　0≤d≤31　;先将寄存器内容送 Z 为指针的 SRAM 中,然后 Z 指针

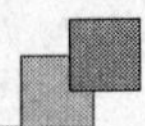

加1

操作:(Z)←Rd,Z←Z+1　　PC←PC+1　　机器码:1001 001r rrrr 0001

③ ST －Z,Rr　0≤d≤31　　;先将Z指针减1,然后将寄存器内容送Z为指针的SRAM中

操作:Z←Z－1,(Z)←Rr　PC←PC+1　　机器码:1001 001r rrrr 0010

④ STD Z+q,Rr 0≤d≤31,0≤q≤63　;将寄存器内容送Z+q为指针的SRAM中

操作:(Z+q)←Rr PC←PC+1　　机器码:10q0 qq1r rrrr 0qqq

2.6.3　Z指针寄存器程序空间取常数寻址

该类指令为3种形式的LPM指令.主要用于查ROM表格,也可用以读出FLASH中写入的指令.是Z指针寄存器的独特功能.

在查取ROM数据表格时要注意,这种表格是随同源程序一起通过汇编后写入FLASH的,而程序是以字为单位决定各指令地址的,故ROM数据表也是按字排列地址的。但LPM指令是按字节取数,因此,要将ROM表首地址乘2后,才能使用LPM指令依次取出表中各字节型常数,请参阅第五章5.3.3小节FPLNx子程序中LPM指令的使用方法。

LPM指令的3种形式是:

1. 从程序空间取常数装入寄存器R0

LPM

操作:R0←(Z),即把Z指针所指的程序存储器的内容送入R0。

若Z=＄1000,则将地址为＄0800的程序存储器的低字节内容送入R0。

若Z=＄1001,则将地址为＄0800的程序存储器的高字节内容送入R0。

2. 程序空间取常数装入寄存器

LPM Rd,Z (0≤d≤31)

操作:Rd←(Z),即把Z指针所指的程序存储器的内容送入Rd。

若Z=＄1002,d=8则将地址为＄0801的程序存储器的低字节内容送入R8。

若Z=＄1003,d=9则将地址为＄0801的程序存储器的高字节内容送入R9。

3. 带后增量的程序空间取常数装入寄存器

LPM Rd,Z+ (0≤d≤31)

操作:Rd←(Z);Z←Z+1即把Z指针所指的程序存储器的内容送入Rd,然后Z的内容加1。

若Z=＄0100,d=16则把地址为＄0080的程序存储器的低字节内容送入R16,指令执行后,Z=＄0101。

若Z=＄0101,d=17则把地址为＄0080的程序存储器的高字节内容送入R17,指令执行后,Z=＄0102。

2.6.4　程序存储器空间写数据寻址

SPM

操作:(Z)←R1:R0,把R1:R0内容写入以Z指针指示的程序存储器单元。

机器码1001 0101 1110 1000。

程序存储器空间写数据寻址主要用于在系统自我编程的 AVR 单片机,该寻址方式只有 SPM 这唯一的 1 条指令。该指令将寄存器 R1 和 R0 中的内容组成一个字 R1:R0,然后写入由 Z 指针寄存器指示的程序存储器单元中。

2.6.5 I/O 口数据传送

1. I/O 口数据装入寄存器

IN Rd,P;0≤d≤31, 0≤P≤63

该指令将 I/O 空间(输入输出口、定时器、各类控制器等)数据传送到寄存器 Rd 中。

操作:Rd←P。机器码为 1011 0PPd dddd PPPP。

2. 寄存器数据送 I/O 口

OUT P,Rr;0≤r≤31, 0≤P≤63

该指令将寄存器 Rr 的内容传送到 I/O 空间(内容同上条)。

操作:P←Rr。机器码为 1011 1PPr rrrr PPPP。

2.6.6 堆栈操作指令

AVR 单片机将堆栈指针 SP 也作为一对 I/O 寄存器($3E:$3D),它指示栈顶位置。涉及堆栈数据传送的指令有以下两条:

1. 进栈指令

PUSH Rr;0≤r≤31

该指令将寄存器 Rr 的内容存储到堆栈。

操作:(SP)←Rr,SP←SP-1。机器码为 1001 001r rrrr 1111。

2. 出栈指令

POP Rd;0≤d≤31

该指令将栈项数据传送到 Rd 中。

操作:SP←SP+1,Rd←(SP)。机器码为 1001 000d dddd 1111。

说明:AVR 单片机的堆栈与 MCS-51 单片机不同,是倒置的。凡倒置的堆栈,堆栈指针初始化时都取栈区最高地址,进栈为减地址,出栈为加地址。AVR 单片机堆栈与 Z80、MCS-96 单片机的堆栈相似,但后者是先减堆栈指针,后数据入栈(出栈时数据先弹出,之后堆栈指针加 1),故堆栈指针可设在栈区之外(即 RAMEND+1)。AVR 单片机是先进栈而后减堆栈指针,故初始化堆栈指针时令其指向 RAMEND;出栈时是先增 1 堆栈指针而后数据出栈。倒置堆栈的好处是不会发生堆栈溢出,如果子程序嵌套过多,栈区只会向 RAM 区内部扩展。但也要注意栈区是否会与其他数据区重叠,一般应留有一定的栈区冗余度。

了解堆栈结构和堆栈操作过程,有助于调试程序。初学者有时会因堆栈出问题而使程序跑掉,在单步执行或断点运行时要监视堆栈指针和栈顶的变化。

在使用 PUSH、POP 指令时要十分小心。如在子程序中某个地方使用了 PUSH 指令,意为保护一个以后要用到的数据。其后程序出现了分支,有的分支不须使用被压栈保护的数据,若直接返回,这就会因没有执行 POP 指令使返回地址错误导致程序跑飞;如在主程序中出现这种错误,也是一个隐患。故一般应用场合必须注意程序中 PUSH 指令与 POP 指令的配套性。

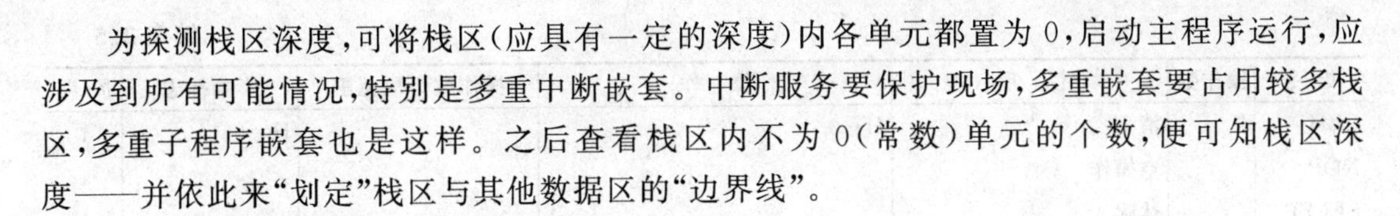

为探测栈区深度，可将栈区(应具有一定的深度)内各单元都置为0，启动主程序运行，应涉及到所有可能情况，特别是多重中断嵌套。中断服务要保护现场，多重嵌套要占用较多栈区，多重子程序嵌套也是这样。之后查看栈区内不为0(常数)单元的个数，便可知栈区深度——并依此来“划定”栈区与其他数据区的“边界线”。

2.7 位操作及其他指令

表2.5为移位指令和位操作指令。

表2.5 移位指令和位操作指令

指令	操作数	说明	操作	操作数可取范围	影响标志	周期
LSL	Rd	逻辑左移	C←b7←b6←…←b1←b0←0	0≤d≤31	SZCNVH	1
LSR	Rd	逻辑右移	0→b7→b6→…→b1→b0→C	0≤d≤31	SZC0V	1
ROL	Rd	带C循环左移	C←b7←b6←…←b1←b0←C	0≤d≤31	SZCNVH	1
ROR	Rd	带C循环右移	C→b7→b6→…→b1→b0→C	0≤d≤31	SZCNV	1
ASR	Rd	算术右移	b7→b7→b6→…→b1→b0→C	0≤d≤31	ZC 0	1
SWAP	Rd	半字节交换	b7 b6 b5 b4↔b3 b2 b1 b0	0≤d≤31		1
BST	Rd,b	寄存器指定位送T	T←Rd(b)	0≤d≤31,0≤b≤7		1
BLD	Rd,b	T送寄存器指定位	Rd(b)←T	0≤d≤31,0≤b≤7		1
BSET	s	置SREG位	SREG(s)←1	0≤s≤7	指定位置1	1
BCLR	s	清SREG位	SREG(s)←0	0≤s≤7	指定位清0	1
SBI	P,b	置I/O位	I/O(P,b)←1	0≤P≤31,0≤b≤7		2
CBI	P,b	清I/O位	I/O(P,b)←0	0≤P≤31,0≤b≤7		2
SEC		置C	C←1		C=1	1
CLC		清C	C←0		C=0	1
SEN		置N	N←1		N=1	1
CLN		清N	N←0		N=0	1
SEZ		置Z	Z←1		Z=1	1
CLZ		清Z	Z←0		Z=0	1
SEI		置I	I←1		I=1	1
CLI		清I	I←0		I=0	1
SES		置S	S←1		S=1	1
CLS		清S	S←0		S=0	1
SEV		置V	V←1		V=1	1
CLV		清V	V←0		V=0	1
SET		置T	T←1		T=1	1
CLT		清T	T←0		T=0	1
SEH		置H	H←1		H=1	1

续表 2.5

指令	操作数	说明	操作	操作数可取范围	影响标志	周期
CLH		清 H	H←0		H=0	1
NOP		空操作				1
SLEEP		休眠				1
WDR		看门狗复位				1
BREAK		中断	此指令为调试使用			N/A

注：1. 源寄存器 Rr 均可为 R0～R31，表中操作数范围省略了 0≤r≤31。

2. 影响标志栏中将操作影响的标志位都列出来，1 为指令执行后该标志位被置位，0 为指令执行后该标志被清除，或明确写出 C=1，C=0 等。

3. 指令中有功能重复者，如 BSET，0 和 SEC，BCLR 5 和 CLH 等。

2.7.1 移位指令

1. 寄存器逻辑左移

LSL　Rd；0≤d≤31

寄存器所有位都左移 1 位，第 0 位清除，第 7 位移入进位 C。该指令与 ADD　Rd，Rd 指令相同，相当于将一个无符号数(或有符号数[-64，63])乘 2。

操作：$C \leftarrow b_7 \leftarrow b_6 \leftarrow b_5 \leftarrow b_4 \leftarrow b_3 \leftarrow b_2 \leftarrow b_1 \leftarrow b_0 \leftarrow 0$。机器码为 0000 11dd dddd dddd。

影响标志：HSVNZC。

说明：该指令对标志位的影响与 ADD　Rd，Rr 指令相同，即布尔逻辑式也相同，但因本指令的特殊性(Rd=Rr)，布尔逻辑式可简化(或可直接得出)：

$H=Rd_3$　$N=R7$　$V=N \oplus C$　$S=N \oplus V=C$　$C=Rd_7$

2. 寄存器逻辑右移

LSR　Rd；0≤d≤31

寄存器 Rd 所有位都右移 1 位，0 移入 Rd 的第 7 位，而 Rd 的第 0 位移入进位 C。该指令完成一个无符号数(或有符号正数)除以 2 的操作，C 可用于舍入处理。

操作：$0 \rightarrow b_7 \rightarrow b_6 \rightarrow b_5 \rightarrow b_4 \rightarrow b_3 \rightarrow b_2 \rightarrow b_1 \rightarrow b_0 \rightarrow C$。机器码为 1001 010d dddd 0110。

影响标志：SVNZC。

布尔逻辑式：$C=Rd_0$　$N=0$　$S=V=Rd_7$

3. 寄存器带进位 C 循环左移

ROL　Rd；0≤d≤31

寄存器 Rd 的所有位都左移 1 位，旧进位 C_O 移到 Rd 的第 0 位，而 Rd 的第 7 位移入 C_N 中，作为新的进位。

操作：$C_N \leftarrow b_7 \leftarrow b_6 \leftarrow b_5 \leftarrow b_4 \leftarrow b_3 \leftarrow b_2 \leftarrow b \leftarrow b_0 \leftarrow C_O$。机器码为 0001 11dd dddd dddd。

影响标志位：HSVNZC。

布尔逻辑式与 LSL 指令相同。

4. 寄存器带进位 C 循环右移

ROR　Rd；0≤d≤31

寄存器 Rd 的所有位都右移一位，旧进位 C_O 移到 Rd 的第 7 位，而 Rd 的第 0 位移入 C 中。

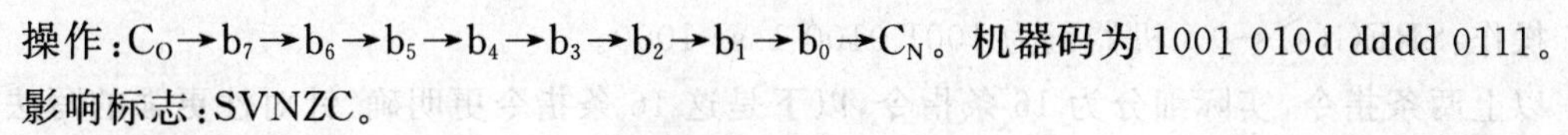

操作：$C_O \rightarrow b_7 \rightarrow b_6 \rightarrow b_5 \rightarrow b_4 \rightarrow b_3 \rightarrow b_2 \rightarrow b_1 \rightarrow b_0 \rightarrow C_N$。机器码为 1001 010d dddd 0111。

影响标志：SVNZC。

布尔逻辑式：$N=R_7=C_O$　$V=R_7 \oplus Rd_7$　$S=N \oplus V=Rd_7$　$C_N=Rd_0$

5. 寄存器算术右移

ASR　Rd；0≤d≤31

寄存器 Rd 所有位都右移一位，第 7 位保持不变，第 0 位装入进位 C。这一操作完成模 2 补码折半操作，因第 7 位保持不变，故符号依旧，进位 C 可用于舍入处理。

操作：$b_7 \rightarrow b_6 \rightarrow b_6 \rightarrow b_4 \rightarrow b_3 \rightarrow b_2 \rightarrow b_1 \rightarrow b_0 \rightarrow C$。机器码为1001 010d dddd 0101。

影响标志位：SVNZC。

布尔逻辑式：$N=Rd_7$　V=0（不会溢出）　S=N　$C=Rd_0$

6. 寄存器半字节交换

SWAP　Rd；0≤d≤31

寄存器高半字节与低半字节交换。

操作：$b_7\,b_6\,b_5\,b_4 \leftrightarrow b_3\,b_2\,b_1\,b_0$。机器码为 1001 010d dddd 0000。

对标志位无影响。

2.7.2　位操作指令

1. 位存储指令

BST　Rd，b；0≤d≤31，0≤b≤7

寄存器 Rd 的位存储到状态寄存器中的 T 标志位。

操作：T←Rd(b)。机器码为 1111 101d dddd 0bbb。

影响标志位 T。

2. 位装载指令

BLD　Rd，b；0≤d≤31，0≤b≤7

状态寄存器中的 T 标志位传送到寄存器 Rd 的 b 位。

操作：Rd(b)←T。机器码为 1111 100d dddd 0bbb。

对标志位无影响。

2.7.3　修改标志位指令

该指令对状态寄存器 SREG 各标志位中的某位进行置位或清位操作，每一条指令只针对某特定位，故只影响该特定位，对其他标志无影响。

1. 置状态寄存器某位

BSET　s；0≤s≤7

SREG 中由 s 指定位被置位。

操作：SREG(s)←1。机器码为 1001 0100 0sss 1000。

2. 清状态寄存器某位

BCLR　s；0≤s≤7

SREG 中由 s 指定位被清除。

操作:SREG(s)←0。机器码为 1001 0100 1sss 1000。

以上两条指令,实际细分为 16 条指令,以下是这 16 条指令更明确、针对性更强的写法。

3. 置进位位

SEC;置位 SREG 中的进位 C,相当于 BSET 0

操作:C←1。机器码为 1001 0100 0000 1000。

4. 清进位位

CLC;清除 SREG 中进位 C。相当于 BCLR 0

操作:C←0。机器码为 1001 0100 1000 1000。

5. 置 0 标志

SEZ;置位 SREG 中的 0 标志,相当于 BSET 1

操作:Z←1。机器码为 1001 0100 0001 1000。

6. 清 0 标志

CLZ;清除 SREG 中的 0 标志,相当于 BCLR 1

操作:Z←0。机器码为 1001 0100 1001 1000。

7. 置负标志

SEN;置位 SREG 中的负数标志,相当于 BSET 2

操作:N←1。机器码为 1001 0100 0010 1000。

8. 清负标志

CLN;清除 SREG 中的负数标志,相当于 BCLR 2

操作:N←0。机器码为 1001 0100 1010 1000。

9. 置溢出位

SEV;置位 SREG 中的溢出标志,相当于 BSET 3

操作:V←1。机器码为 1001 0100 0011 1000。

10. 清除溢出位

CLV;清除 SREG 中的溢出标志位,相当于 BCLR 3

操作:V←0。机器码为 1001 0100 1011 1000。

11. 置符号位

SES;置位 SREG 中的符号位,相当于 BSET 4

操作:S←1。机器码为 1001 0100 0100 1000。

12. 清符号位

CLS;清除 SREG 中的符号位,相当于 BCLR 4

操作:S←0。机器码为 1001 0100 1100 1000。

13. 置半进位

SEH;置位 SREG 中的半进位,相当于 BSET 5

操作:H←1。机器码为 1001 0100 0101 1000。

14. 清半进位

CLH;清除 SREG 中的半进位,相当于 BCLR 5

操作:H←0。机器码为 1001 0100 1101 1000。

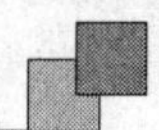

15. 置T标志位

SET;置位SREG中的T标志,相当于BSET　6

操作:T←1。机器码为1001 0100 0110 1000。

16. 清T标志位

CLT;清除SREG中的T标志位,相当于BCLR　6

操作:T←0。机器码为1001 0100 1110 1000。

17. 设置全局中断位

SEI;置位SREG中的全局中断标志位,相当于BSET　7

操作:I←0。机器码为1001 0100 0111 1000。

18. 清除全局中断位

CLI;清除SREG中的全局中断标志位,相当于BCLR　7

操作:I←0。机器码为1001 0100 1111 1000。

2.7.4 I/O寄存器操作指令

1. 置位I/O寄存器的位

SBI　P,b;0≤b≤7,0≤P≤$1F

置位I/O寄存器指定位。

操作:(P,b)←1。机器码为1001 1010 PPPP Pbbb。

2. 清除I/O寄存器的位

CBI　P,b;0≤P≤$1F,0≤b≤7

清除I/O寄存器中指定位。

操作:(P,b)←0。机器码为1001 1000 PPPP Pbbb。

2.7.5 其他指令

1. 空操作指令

NOP;完成一个周期的延时,什么都不做,机器码为$0000。

2. 休眠指令SLEEP

SLEEP;如已在MCUCR控制寄存器中设置了休眠允许及休眠方式,则执行该指令使AVR MCU进入规定的休眠方式,执行该指令需3个时钟周期,机器码为1001 0101 1000 1000。

3. 看门狗复位指令WDR

该指令使看门狗复位并重新从0开始计数,MCU必须周期性地在看门狗溢出之前复位看门狗,使其总是不断地在通向溢出的进程中夭折。机器码为1001 0101 1010 1000。

4. 中断指令BREAK(软件断点)

该指令用于在线调试程序。将BREAK指令预先设置在某些合适地方,程序运行中遇到BREAK指令即停止(软件断点),程序员可对当前的运行结果进行检查。

第3章 定点运算和定点数制转换

定点运算是计算机最基本的操作之一。多数初学者也常把熟悉掌握定点运算作为单片机入门的手段。一般情况下，嵌入式系统采用定点运算和定点数制转换即可满足数据处理要求，还可配合线性插值法近似计算函数值。本章作为实用程序的基础部分，主要介绍定点运算和定点数制转换子程序的设计方法。根据 AVR 单片机采取精简指令集的特点，首先解决的是用软件实现十进制加、减法调整子程序的设计方法（即软件 DAA）。有了这两个子程序的支持，很容易实现多字节压缩 BCD 码相加或相减。

本章讲述了多种类型的多字节乘、除法子程序以及开平方子程序的设计方法，并给出用移位调整法实现定点整数（小数）二翻十或十翻二的设计方法。

本章定点运算及数制转换程序也是对浮点运算和浮点数制转换必不可少的支持。

以本章多字节压缩 BCD 码加、减法作为支持，还可实现十进制浮点运算。十进制浮点运算虽不如二进制那样做得规范（例如 0.1 和 0.999999 都被视为规格化浮点数之尾数），速度和精度也较低（表现为离散度大，参与运算数据尾数的不同情况导致执行时间或运算结果精度参差不齐），故不适于支持函数计算。但其最大好处是避免了浮点数二翻十和十翻二的操作，在数据精度不是主要的情况下，多数应用场合在总体执行时间上优于二进制浮点运算。

对 AVR 单片机来说，不论是涉及二进制还是十进制立即数的加、减运算（包括增、减 1），多数情况下减法都比加法快捷，故以减法替代加法可优化程序。

3.1 软件 DAA 的实现方法

AVR 单片机的初学者或许感到困惑：怎么 8 位机发展到今天，连过去十分简单的十进制加、减运算都成了难题呢？产生这种想法是因为十进制运算最符合人的习惯，便于观察判断、验证计算结果，可在 AVR 单片机中却碰到拦路虎。其实，在 AVR 单片机状态寄存器中提供了进位 C 和半进位 H，根据十进制运算的规律特点，就可编出由软件实现十进制运算调整的程序。

下面简单回顾一下计算机进行十进制加、减法运算的特点。

计算机采用的十进制操作数一般为压缩型 8421BCD 码（数字电路中还有 2421、5121 以及余 3 等编码，不为计算机所采用）。这种 BCD 码每位上的 1 所代表的实际数值（称为权）分别为 8、4、2 和 1，与二进制数之权相同，故称为 8421 码。每个 BCD 代表 1 位十进制数，每 2 位 BCD 码共存于同一字节单元中。BCD 运算涉及状态寄存器中的进位 C 和半进位 H，它们分别为高、低位BCD的进(借)位。在进行BCD码的加/减运算时,计算机是按二进制数对待的,因此会产生与十进制运算规则不相符合的情况:

① 当产生进(借)位(C=1或H=1)时,该进(借)位等于16(对涉及的一位BCD码而言),而在十进制运算时应等于10,二者相差6。

② 可能产生非法BCD码($A~$F)。产生原因有二:一是在十进制加法运算时,该产生进位而按二进制运算却不能产生进位,使和成为非法BCD码;二是相减产生借位时,借位应为10而按二进制运算为16,使差多6并可能使其变为非法BCD码。

软件DAA即为纠正以上"错误"而设。从以上说明看到,"纠错"的方法是做加/减6调整以及解决相关问题。

3.1.1 实现加法DAA功能子程序ADDAA和LSDAA的设计方法

经实践考察,BCD码加法运算可产生以下3种情况,注意这里讲的进位是对C和H的泛指。

① 不须调整。特点是既不产生进位,也不产生非法BCD,如$22+$11=$33。

② 产生非法BCD,必须对非法BCD加6调整。特点是BCD码相加后不产生进位,但加6调整后产生进位,如$36+$37=$6D,加$06调整后变为$73(产生半进位H)。$68+$87=$EF,加$66调整后变为$155(产生进位C和半进位H)等。

③ 产生进位,必须加6调整。特点是BCD码相加只产生进位,不会同时产生非法BCD码;而加6调整后既不会再产生进位(而是清除了原来的进位),也不会产生非法BCD。例$99+$99=$132,进位C和半进位H都置位,故加$66来调整:$32+$66=$98,并要恢复进位C。

综合以上3种情况,得出下面加法DAA之实现方法:首先保存BCD码相加后的状态寄存器SREG(保存其中的进位C和半进位H,分别称为C_o和H_o),再将BCD码之和加上立即数$66,产生出新的进位$C_n$和半进位$H_n$。若$C_o$、$C_n$中有一个置位(只能有一个),说明高位BCD满足调整条件并调整完毕;否则为不够调整条件,应减$60恢复。若$H_o$、$H_n$中有一个置位(只能有一个),说明低位BCD满足调整条件并调整完毕;否则为不够调整条件,应减6恢复。程序中是将新旧进位、半进位对应或起来,只对或结果进行判断。注意,软件DAA功能既要保证本字节压缩BCD码相加值的正确性,又要保证对高位BCD产生进位的正确性,故要将$C_o \vee C_n$的结果返还给SREG中的进位C,使下一步能正确实现高位字节BCD带进位加。

ADDAA为BCD码相加调整子程序,使用寄存器R16作为工作单元,使用R17、R6两个寄存器作为辅助工作单元,所有调整工作都在R16中进行。

LSDAA为数制转换程序中实现BCD码左移调整的子程序,为加法DAA之特例:它在R16工作单元内实施BCD码带进位位自加并完成对和的调整。

清单3-1 加法DAA功能子程序

```
LSDAA:  ADC   R16,R16     ;十进制数(在R16中)左移调整子程序
ADDAA:  IN    R6,SREG     ;BCD码相加调整子程序,先保存相加后的状态(the old status)
        LDI   R17,$66
        ADD   R16,R17     ;将和预加立即数$66
        IN    R17,SREG    ;输入相加后新状态(the new status)
```

```
        OR      R6,R17          ;新旧状态相或
        SBRS    R6,0            ;相或后进位置位则跳行
        SUBI    R16,$60         ;否则减去$60(十位 BCD 不满足调整条件)
        SBRS    R6,5            ;半进位置位则跳行
        SUBI    R16,6           ;否则减去$06(个位 BCD 不满足调整条件)
        ROR     R6              ;向高位 BCD 返还进位位!
        RET
```

3.1.2 实现减法 DAA 功能子程序 SUDAA 的设计方法

由实践可知,减法 DAA 要比加法来得简单:只须对产生借位(范指 C 和 H)的 BCD 码进行调整。BCD 码减法运算,只有以下两种情况:

① 不产生借位,不须调整,如$22－$11＝$11。

② 产生借位,此时不论有否非法 BCD 码产生,一律对产生借位的 BCD 做减 6 调整,但减 6 清除了借位。如果清除了高位 BCD 的借位 C,必须将其恢复,以保证下一步实现高位字节 BCD 的正确相减。例如$22－$54＝$CE,因 C、H 皆置位,用减去$66 调整,$CE－$66＝$68。调整后清除了借位 C,要加 SEC 指令将其恢复。

清单 3－2　减法 DAA 功能子程序

```
SUDAA:  BRCC    SBD1            ;BCD 码减法调整子程序,差在 R16 中
        BRHC    SBD3
        SUBI    R16,$66         ;进位半进位都置位,将差减去立即数$66
        SEC                     ;并恢复借位 C
        RET                     ;ret. with seC
SBD1:   BRHC    SBD2            ;进位半进位都清位,返回
        SUBI    R16,6           ;进位清除而半进位置位,将差减去 6
SBD2:   RET                     ;ret. with clC
SBD3:   SUBI    R16,$60         ;进位置位而半进位清除,将差减去$60
        SEC                     ;并恢复借位 C
        RET                     ;ret. with seC
```

3.1.3 实现右移 DAA 功能子程序 RSDAA 的设计方法

设计方法是对右移后的 BCD 测试判断,做减 3 调整,详见 3.3 节说明。

清单 3－3　右移 DAA 功能子程序

```
RSDAA:  SBRC    R16,7           ;BCD 码(在 R16 中)右移调整子程序
        SUBI    R16,$30         ;十位 BCD 最高位为 1(代表 8),将其变为 5(否则跳行)
        SBRC    R16,3           ;
        SUBI    R16,3           ;个位 BCD 最高位为 1(代表 8),将其变为 5(否则跳行)
        RET
```

3.2 定点运算子程序

本组子程序包括多字节压缩 BCD 码加、减子程序,多字节二进制乘、除法子程序以及多

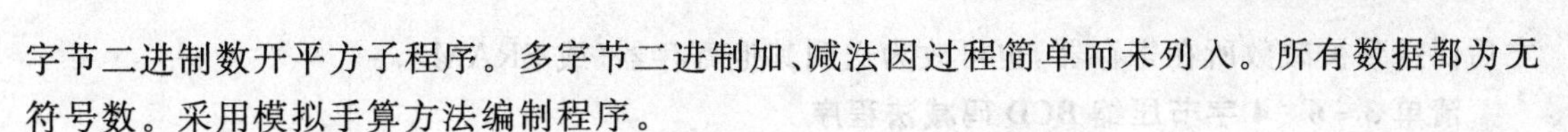

字节二进制数开平方子程序。多字节二进制加、减法因过程简单而未列入。所有数据都为无符号数。采用模拟手算方法编制程序。

3.2.1 多字节压缩 BCD 码加法子程序 $ADBCD_4$ 和 ADBCD

$ADBCD_4$ 为 4 字节压缩 BCD 码加法子程序。ADBCD 为多节字压缩 BCD 码加法子程序，以 X 指向被加数，以 Y 指向加数，R7 内为字节数。每个字节相加结果都送到 R16 中去调整，之后回送到被加数所在寄存器，也可送到其他寄存器中（或 SRAM）。

清单 3-4 4 字节压缩 BCD 码加法子程序

```
ADBCD4: MOV     R16,R15
        ADD     R16,R11         ;R12、R13、R14、R15 内为被加数，R8、R9、R10、R11 内为加数
        RCALL   ADDAA           ;相加后调整
        MOV     R15,R16         ;返还调整后结果
        MOV     R16,R14
        ADC     R16,R10
        RCALL   ADDAA
        MOV     R14,R16
        MOV     R16,R13
        ADC     R16,R9
        RCALL   ADDAA
        MOV     R13,R16
        MOV     R16,R12
        ADC     R16,R8
        RCALL   ADDAA
        MOV     R12,R16
        RET
```

清单 3-5 多字节压缩 BCD 码加法子程序

```
ADBCD:  LDI     R16,4
        MOV     R7,R16          ;(R7):字节数
        CLC
ADLOP:  LD      R16,-X          ;X-1 指向被加数
        LD      R6,-Y           ;Y-1 指向被加数
        ADC     R16,R6
        RCALL   ADDAA           ;相加后调整
        ST      X,R16           ;返还调整后结果
        DEC     R7
        BRNE    ADLOP
        RET
```

3.2.2 多字节压缩 BCD 码减法子程序 $SUBCD_4$ 和 SUBCD

$SUBCD_4$ 为 4 字节压缩 BCD 码减法子程序。SUBCD 为任意字节压缩 BCD 码减法子程序，以 X 指向被减数，以 Y 指向减数，R7 内为字节数。每字节相减后将差送到 R16 中去调整，

之后回送到被减数所在寄存器,也可改为送到其他寄存器(或 SRAM)。

清单 3-6　4 字节压缩 BCD 码减法程序

```
SUBCD4:  MOV     R16,R15
         SUB     R16,R11     ;R12、R13、R14、R15 内为被减数, R8、R9、R10、R11 内为减数
         RCALL   SUDAA       ;相减后调整
         MOV     R15,R16     ;返还调整后结果
         MOV     R16,R14
         SBC     R16,R10
         RCALL   SUDAA
         MOV     R14,r16
         MOV     R16,R13
         SBC     R16,R9
         RCALL   SUDAA
         MOV     R13,R16
         MOV     R16,R12
         SBC     R16,R8
         RCALL   SUDAA
         MOV     R12,R16
         RET
```

清单 3-7　多字节压缩 BCD 码减法子程序

```
SUBCD:   LDI     R16,4
         MOV     R7,R16      ;(R7):压缩 BCD 码字节数
         CLC
SUBLP:   LD      R16, - X    ;X - 1 指向被减数
         LD      R6, - Y     ;Y - 1 指向减数
         SBC     R16,R6
         RCALL   SUDAA       ;相减后调整
         ST      X,R16       ;返还调整后结果
         DEC     R7
         BRNE    SUBLP
         RET
```

3.2.3　乘法子程序 MUL16

本子程序实现操作为(R10R11)×(R14R15)→R12R13R14R15,采取逐次右移部分积和乘数;当乘数移出位为 1 时,将被乘数加入部分积的方法完成计算,可视为 16 位整数×16 位整数→32 位整数,也可视为 16 位整数×16 位小数→16 位整数,或视为 16 位小数×16 位小数→32 位小数。可加上舍入处理。

清单 3-8　乘法子程序

```
MUL16:   LDI     R16,16      ;(R10R11)×(R14R15)→R12R13R14R15
         ClR     R12
         ClR     R13         ;积的高位字预清除
         LSR     R14
```

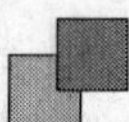

```
        LOR     R15             ;首先将乘数右移一位
MLOOP:  BRCC    MUL1            ;
        ADD     R13,R11         ;乘数右移移出位为1,将被乘数加入部分积
        ADC     R12,R10
MUL1:   ROR     R12
        ROR     R13
        ROR     R14
        ROR     R15             ;部分积连同乘数整体右移1位
        DEC     R16
        BRNE    MLOOP           ;16次右移后结束
        RET
```

3.2.4　快速乘法子程序 MUL16F

该子程序利用字节(无符号)乘法指令 MUL 将两个字型乘数按字节相乘展开,再将各乘积按权对位相加,得到32位的结果乘积,执行时间约为 MUL16 的 1/5(但占用寄存器 R0 和 R1)。

清单 3-9　快速乘法子程序 MUL16F

```
;使用字节相乘指令,快速16位被乘数*16位乘数-->32位积
MUL16F:    MOV     R16,R14      ;(r10r11)*(r14r15)-->r12r13r14r15
           MOV     R17,R15
           CLR     R12
           CLR     R13          ;积存放区高位字予清除
           MUL     R11,R17
           MOV     R14,R1
           MOV     R15,R0       ;传送低位权值乘积项
           MUL     R10,R17
           ADD     R14,R0
           ADDC    R13,R1       ;中位权值乘积项加入累加和
           MUL     R11,R16
           CLR     R17
           ADD     R14,R0
           ADDC    R13,R1
           ADDC    R12,R17      ;中位权值乘积项加入累加和
           MUL     R10,R16
           ADD     R13,R0
           ADDC    R12,R1       ;高位权值乘积项加入累加和
           RET
```

3.2.5　带舍入功能的乘法子程序 MUL165

该子程序首先调用 MUL16 子程序,再将乘积低16位舍入,可视为16位整数×16位小数→16位整数,精确到0.5。

清单 3-10　带舍入功能的乘法子程序

```
;16位整数×16位小数→16位积,精确到0.5
```

```
MUL165:  RCALL   MUL16F         ;先得到 32 位积
         SBRS    R14,7          ;积小数部分最高位为 1,将整数部分加 1
         RET                    ;否则返回
         LDI     R17,255
         SUB     R13,R17
         SBC     R12,R17        ;以减去 - 1($FFFF)替代加 1
         RET
```

3.2.6 整数除法子程序 DIV16

实现操作为(R12R13R14、R15)÷(R10R11)→R14R15,精确到 1。要求(R12R13)<(R10R11),若不满足,试用 DIV24 子程序。本子程序采取逐次左移被除数(余数)与除数相减试商、记商的方法完成除法计算,也可视为小数÷小数→小数(要求被除数小于除数)。

清单 3-11 整数除法子程序 DIV16

```
;32 位被除数/16 位除数 - - >16 位商,精确到 1
DIV16:  LDI     R16,16          ;(r12r13r14r15)/(r10r11) - - >r14r15
DLOOP:  LSL     R15
        ROL     R14
        ROL     R13
        ROL     R12             ;被除数左移 1 位
        BRCS    DI1
        SUB     R13,R11
        SBC     R12,R10         ;移出位为 0,被除数高位字减去除数试商
        BRCC    DI2             ;够减,本位商为 1
        ADD     R13,R11
        ADC     R12,R10         ;否则恢复被除数
        RJMP    DI3             ;本位商 0
DI1:    SUB     R13,R11
        SBC     R12,R10         ;移出位为 1,被除数高位字减去除数
DI2:    INC     R15             ;本位商 1
DI3:    DEC     R16
        BRNE    DLOOP
        RET
```

3.2.7 普适型 32 位除以 16 位除法子程序 DIV16a

执行运算过程为(R12R13R14R15)÷(R10R11)－－>R12R13R14R15,本子程序特点为只有当除数为零时本程序才产生溢出,此时置标志 T=1。在极端情况 $FFFFFFFF÷1 时执行本子程序也不会发生溢出。当满足(R12R13)<(R10R11)时,直接调用 DIV16 子程序执行除法。

当(R12R13)≥(R10R11)时,将被除数、除数分别左移并记下左移次数。直到当满足(R12R13)<(R10R11)条件后,调用 DIV16 子程序,之后按左移次数之差调整商数之位数。

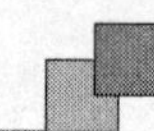

清单 3-12　普适型 32 位除以 16 位除法子程序 DIV16a

```
;(R12R13R14R15)/(R10R11) - - >R12R13R14R15
;在极端情况 $ FFFFFFFF ÷ 1 时执行本子程序也不会发生溢出
;当满足(R12R13)<(R10R11)时,直接调用 DIV16 子程序
;而当(R12R13)≥(R10R11)时,将被除数、除数分别左移
;并记下左移次数。当满足(R12R13)<(R10R11)条件后
;调用 DIV16 子程序,之后按左移次数之差调整商数之位数;
;只有在除数为零时才产生溢出,此时 T = 1
DIV16a:   CLT                        ;首先清除溢出标志
          CP        R13,R11
          CPC       R12,R10          ;被除数高位字与除数比较
          BRCC      DIVGA            ;不满足 DIV16 子程序入口条件(R12R13)<(R10R11),转
          RCALL     DIV16            ;否则,调用该子程序
          CLR       R12
          CLR       R13              ;并清除高位字节
          RET                        ;返回
DIVGA:    MOV       R16,R11
          OR        R16,R10          ;不满足 DIV16 子程序入口条件时
          BRNE      DIVGN            ;先查除数是否为零?
          SET                        ;是,溢出
          RET
DIVGN:    CLR       R8               ;记被除数左移次数
          CLR       R9               ;记除数左移次数
SHF1A:    SBRC      R12,7            ;被除数最高位左移已到位?
          RJMP      SHF2A            ;已到位,转
          LSL       R15              ;否则继续左移
          ROL       R14
          ROL       R13
          ROL       R12
          INC       R8               :左移次数增 1
          RJMP      SHF1A
SHF2A:    SBRC      R10,7            :除数最高位左移已到位?
          RJMP      SHFDN            :已到位,转
          LSL       R11              :否则继续左移
          ROL       R10
          INC       R9               :左移次数增 1
          RJMP      SHF2A
SHFDN:    CP        R13,R11
          CPC       R12,R10          :被除数高位字<除数?
          BRCS      SHF3A            :是,转
          LSR       R12
          ROR       R13
          ROR       R14
          ROR       R15
          DEC       R8               ;否则将被除数右移一位,左移次数减一
```

```
SHF3A:   RCALL   DIV16       ;调除法子程序
         SUB     R9,R8       ;左移次数相减,为商应补充的位数
         BREQ    SHFRT       ;左移次数相等,不须补充商的位数
         CLR     R12
         CLR     R13
SHFLP:   LSL     R15
         ROL     R14
         ROL     R13
         ROL     R12
         DEC     R9          ;补充商的位数
         BRNE    SHFLP
SHFRT:   RET
```

3.2.8 将最后余数舍入处理的除法子程序 DIV165

本子程序先调用 DIV16 子程序,再对余数进行舍入处理,但要注意可能产生舍入溢出。例如,$7FFFC000÷$8000=$FFFF.8,舍入取整即产生溢出(溢出位放在 R13 中)。

清单 3-13 将最后余数舍入处理的除法子程序 DIV165

```
;32 位被除数/16 位除数-->16 位商,精确到 0.5
;可能产生溢出! 例 $7FFFC000/$8000=$FFFF.8->$10000!
DIV165:  RCALL   DIV16       ;(r12r13r14r15)/(r10r11)-->r14r15
         LSL     R13
         ROL     R12         ;余数乘 2
         BRCS    D165        ;有进位,转 5 入
         SUB     R13,R11
         SBC     R12,R10     ;否则,余数乘 2 减去除数
         BRCS    D164        ;不够减,转 4 舍
D165:    CLR     R13         ;否则将商增 1
         SEC
         ADC     R15,R13
         ADC     R14,R13
         ADC     R13,R13     ;若有溢出,溢出位在 R13 中
         RET
D164:    CLR     R13
         RET
```

3.2.9 商为规格化浮点数的除法子程序 DIV16F

本子程序共调用 DIV16 子程序 2 次。首次得到商的整数部分;第 2 次是以首次除得之余数为被除数,再除以除数得到商的小数部分。最后将商规格化为浮点数(IEEE 标准)。

本子程序为一将定点运算结果转化为浮点数的范例。当采用浮点运算时,对传感器取样数据一般要先经过数学模型定点运算和规格化处理,再进行浮点运算处理。

清单 3-14 商为规格化浮点数的除法子程序 DIV16F

```
;32 位整数/16 位整数->16 整数+16 位小数->4 字节浮点数
```

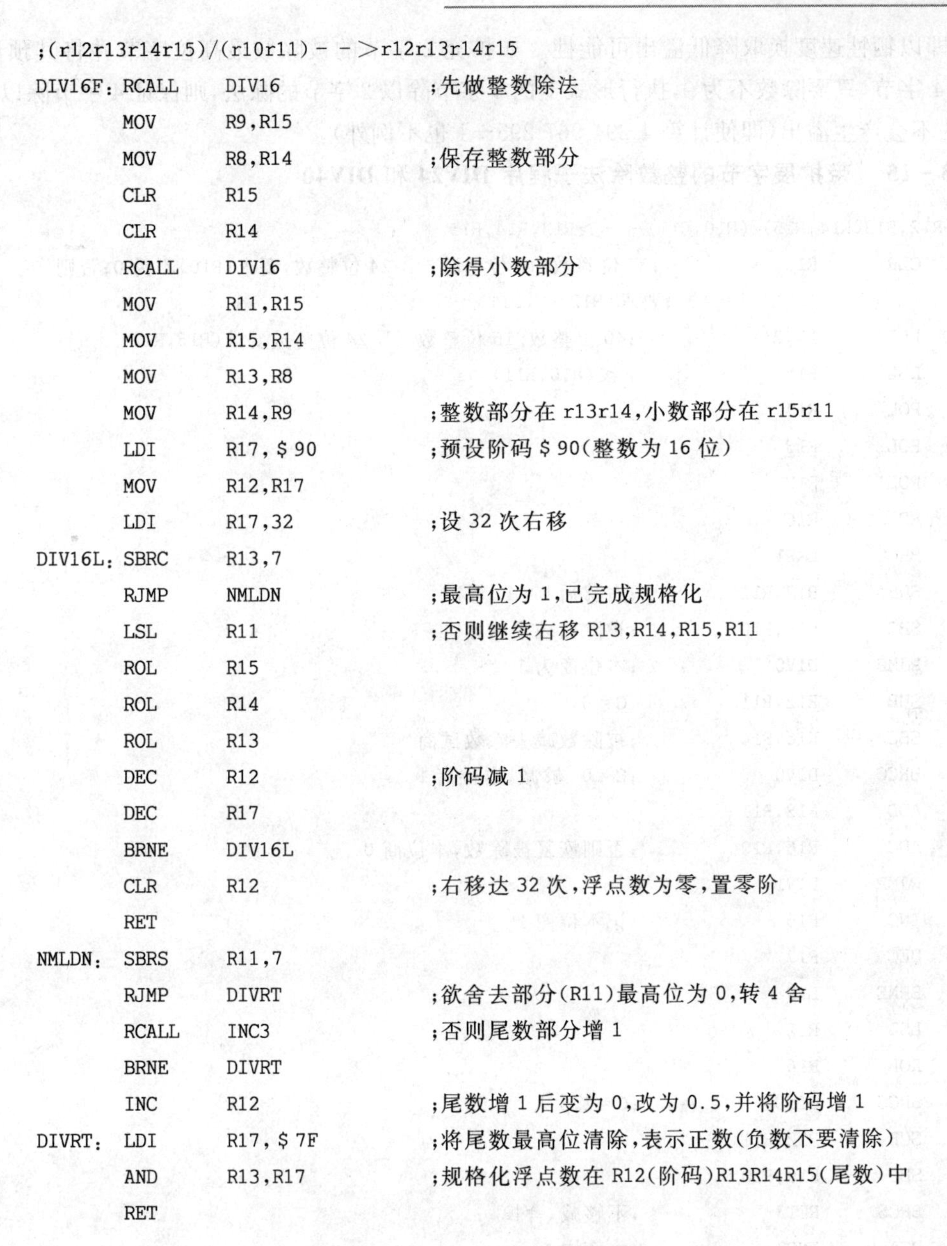

```
;(r12r13r14r15)/(r10r11)-->r12r13r14r15
DIV16F: RCALL   DIV16        ;先做整数除法
        MOV     R9,R15
        MOV     R8,R14       ;保存整数部分
        CLR     R15
        CLR     R14
        RCALL   DIV16        ;除得小数部分
        MOV     R11,R15
        MOV     R15,R14
        MOV     R13,R8
        MOV     R14,R9       ;整数部分在 r13r14,小数部分在 r15r11
        LDI     R17,$90      ;预设阶码$90(整数为16位)
        MOV     R12,R17
        LDI     R17,32       ;设32次右移
DIV16L: SBRC    R13,7
        RJMP    NMLDN        ;最高位为1,已完成规格化
        LSL     R11          ;否则继续右移R13,R14,R15,R11
        ROL     R15
        ROL     R14
        ROL     R13
        DEC     R12          ;阶码减1
        DEC     R17
        BRNE    DIV16L
        CLR     R12          ;右移达32次,浮点数为零,置零阶
        RET
NMLDN:  SBRS    R11,7
        RJMP    DIVRT        ;欲舍去部分(R11)最高位为0,转4舍
        RCALL   INC3         ;否则尾数部分增1
        BRNE    DIVRT
        INC     R12          ;尾数增1后变为0,改为0.5,并将阶码增1
DIVRT:  LDI     R17,$7F      ;将尾数最高位清除,表示正数(负数不要清除)
        AND     R13,R17      ;规格化浮点数在R12(阶码)R13R14R15(尾数)中
        RET
```

若去掉本子程序后面的规格化部分,则得到混合型商。其整数部分在R8R9中,小数部分在R14R15中。混合型商的特点为能较好兼顾数模范围和精度(适合商在较大范围变化的应用场合)。例如,某一过程的数据处理结果可能具有整数部分,也可能只有小数部分,若整数部分不会大于65535,就可以使用DIV16F子程序执行除法运算。

3.2.10 整数除法子程序 DIV24 和 DIV40

两子程序实现形式上的操作为(R16R12R13R14R15)÷(R10R11)→R13R14R15,精确到0.5。如将R16视为被除数的最高位字节,那么DIV40子程序是5字节除以2字节的除法,要求(R16R12)<(R10R11);如视为4字节除以2字节的除法,则R16为被除数的扩展字节(预清为0)。要求(R10)≠0;若(R10)=0,则要求(R12)<(R11),故条件较子程序DIV16为弱,但速度慢

50%左右,即以牺牲速度换取降低溢出可能性。如扩充 2 字节的被除数最高位字节并将其预清除,商取为 4 字节,只要除数不为 0,执行形式上的 6 字节除以 2 字节的除法,则保证 4 字节除以 2 字节的除法不会产生溢出(即使计算 4 294 967 295÷1 也不例外)。

清单 3-15　带扩展字节的整数除法子程序 DIV24 和 DIV40

```
;(R16,R12,R13,R14,R15)/(R10,R11)-->R13,R14,R15
DIV24:  CLR     R16         ;32 位整数/16 位整数->24 位整数,要求(R10)不为 0;否则
                            ;要求(R12)<(R11)
DIV40:  LDI     17,24       ;40 位整数/16 位整数->24 位整数要求(R16,R12)
LXP:    LSL     R15         ;<(R10,R11)
        ROL     R14
        ROL     R13
        ROL     R12
        ROL     R16
        BRCC    LXP1
        SUB     R12,R11     ;右移后 C=1 够减
        SBC     R16,R10     ;被除数减去除数
        RJMP    DIV0        ;本位商为 1
LXP1:   SUB     R12,R11     ;C=0
        SBC     R16,R10     ;被除数减去除数试商
        BRCC    DIV0        ;C=0 够减,本位商 1
        ADD     R12,R11
        ADC     R16,R10     ;否则恢复被除数,本位商 0
        RJMP    DIV1
DIV0:   INC     R15         ;记本位商 1
DIV1:   DEC     R17
        BRNE    LXP
        LSL     R12
        ROL     R16
        BRCS    GINC        ;C=1,5 入
        SUB     R12,R11
        SBC     R16,R10
        BRCS    RET3        ;不够减,舍掉
GINC:   RCALL   INC3        ;将商增 1
RET3:   RET
```

3.2.11　整数开平方子程序 INTSQR

开平方只不过是一种特殊的除法运算,其特殊性在于除数和商数皆为未知,但二者数值必须相等。利用这一约束条件便可实现开平方运算。

实现操作为 $\sqrt{R12R13R14R15}\rightarrow R15R8R9$,可视为双字型整数 X(≤4 294 967 295)开平方,因含有舍入处理,精度为 0.5,方根最大可达 $10000(例如 X=$FFFF0001 开平方即属此),故用 3 字节存储平方根。也可视为小数开平方,将 X 自最高位起每两位进行分割。采用模拟手算方式(X 每左移 2 位试出 1 位根)开平方。

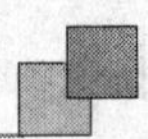

若R12和R13之内为被开平方数的整数部分，R14和R15之内为被开平方数的小数部分，则求得平方根的整数部分在R15、R8中，小数部分在R9中。

清单3-16　定点整数(最大$FFFFFFFF)开平方子程序

```
INTSQR: LDI    R16,17          ;SQR(R12R13R14R15)→(R15R8R9)
        CLR    R8              ;R8R9 存储平方根
        CLR    R9              ;R10R11R12R13R14R15
        CLR    R10             ;R8R9(根)             R16 (counter)
        CLR    R11             ;R10&R11:被开平方数扩展字节
        LDI    R17,$40         ;
SQR0:   SUB    R12,R17
        SBC    R11,R9
        SBC    R10,R8
        BRCS   SQR1
        SEC                    ;试根够减,本位根 1
        RJMP   SQR2
SQR1:   ADD    R12,R17
        ADC    R11,R9
        ADC    R10,R8
        CLC                    ;否则恢复被开平方数,本位根 0
SQR2:   DEC    R16
        BRNE   SQR3            ;when the No.17bit of root be getting
        ADC    R9,R15          ;R15 HAVE BEEN CLEARED!
        ADC    R8,R15
        ADC    R15,R15         ;将开出之根 4 舍 5 入,使根最大可达 65 536(= $10000)!
        RET                    ;for example:sqr.($ffff0001) = $10000
SQR3:   ROL    R9
        ROL    R8              ;记本位根
        LSL    R15
        ROL    R14
        ROL    R13
        ROL    R12
        ROL    R11
        ROL    R10             ;被开平方数连同其扩展字节左移一位
        LSL    R15
        ROL    R14
        ROL    R13
        ROL    R12
        ROL    R11
        ROL    R10
;被开平方数连同其扩展字节再次左移一位(移 2 位开出 1 位根)
        BRCS   SQR2
;被开平方数左移 2 位后,若进位置位,则第 17 位根 = 1,将平方根增 1
        RJMP   SQR0            ;否则转试下一位根
```

3.2.12 乘除运算的补充参考子程序

它们是(1)采用左移实现 16 位×16 位乘法的子程序 MUL16L,(2)16 位除以 8 位的除法子程序 DIV8D 以及(3)24 位除以 8 位的除法子程序 DIV8E。采用左移方式比较符合模拟手算习惯,乘法过程便于理解;DIV8D 和 DIV8E 是除数为一字节紧凑型的除法子程序,因为有的应用场合乘数或者除数只须使用 1 个字节。采用紧凑型除法,去掉了计算过程中的冗余部分,精简了程序,并节省时间。

清单 3-17 左移乘法

```
;32 位积<----16 位被乘数 * 16 位乘数
MUL16c:   LDI    R16,16        ;r12r13r14r15<----(r10r11) * (r12r13)
          CLR    R14
          CLR    R15           ;积的低位字预清除
MLOPC:    LSL    R15
          ROL    R14
          ROL    R13
          ROL    R12           ;部分积连同乘数整体左移 1 位
          BRCC   MUL1C
          ADD    R15,R11       ;乘数左移移出位为 1,将被乘数加入部分积低位字
          ADC    R14,R10
          BRCC   MUL1C
          INC    R13           ;加法有进位,积的高位字增 1
MUL1C:    DEC    R16
          BRNE   MLOPC         ;16 次左移,相加后结束
          RET
```

清单 3-18

```
;双字节除以 1 字节除法 精确到 1
DIV8D:  LDI    R16,8          ;(r14r15)/(r12)-->r15
DLP8D:  LSL    R15            ;要求(R14)<(R12)
        ROL    R14            ;被除数左移 1 位
        BRCS   DIV5           ;移出位为 1,被除数高位字节减去除数,本位商为 1
        CP     R14,R12
        BRCS   DIV6           ;被除数<除数,不够减,本位商为 0
DIV5:   SUB    R14,R12        ;否则,本位商 1
        INC    R15
DIV6:   DEC    R16
        BRNE   DLP8D
        RET
```

清单 3-19

```
;3 字节除以 1 字节除法 精确到 0.5
DIV8E:    LDI    R16,8        ;(r13r14r15)/(r12)-->r16r14r15
DLOP8:    LSL    R15          ;要求(R13)<(R12)
          ROL    R14
```

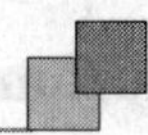

```
        ROL     R13              ;被除数左移1位
        BRCS    DI81             ;移出位为1,被除数高位字节减去除数,本位商为1
        CP      R13,R12
        BRCS    DI82             ;被除数<除数,不够减,本位商为0
DI81:   SUB     R13,R12          ;否则,本位商1
        INC     R15
DI82:   DEC     R16
        BRNE    DLOP8
        LSL     R13
        BRCS    DI83
        CP      R13,R12
        BRCS    DI84
DI83:   INC     R15
        BRNE    DI84
        INC     R14
        BRNE    DI84
        INC     R16              ;舍入后溢出,则商为$10000,溢出位在R16中
D184:   RET
```

3.3　定点数制转换子程序

定点数制转换(二翻十或十翻二)主要有3种途径实现:乘、除指令计算法,乘、除子程序计算法和移位调整法。乘、除指令计算法主要适用于MCS-96等计算功能强的单片机(具有字乘以字,长字除以字等指令)。AVR低档单片机没有乘、除法指令,而高档的ATmega系列也只有字节相乘指令,故AVR单片机数制转换主要使用后两种方式。移位调整法规律性强,也便于简化程序,故本书采用这种方式。

定点数制转换子程序由定点整数二翻十、定点整数十翻二、定点小数二翻十和定点小数十翻二等4个子程序组成,分别称为CONV1,CONV2,CONV3和CONV4,支持它们的子程序有LSDAA和RSDAA。其中,整数二翻十子程序CONV1和小数十翻二子程序CONV4采取左移调整的方法(由子程序LSDAA提供支持),而整数十翻二子程序CONV2和小数二翻十子程序CONV3采用右移调整的方法(由子程序RSDAA提供支持)。不论左移还是右移,调整总是对十进制数进行,其目的是使十进制数的移位规则符合二进制数移位规则:左移一位值增倍,右移一位值折半。当某位BCD中的最高位(8)左移移入高位BCD中时,按二进制数看待应为16,而按十进制数相邻位看待只能为10,故要在低位BCD中做加6调整。另外,左移后若产生非法BCD码时也要对其进行加6调整。BCD码左移只不过是BCD码相加的特例,调用BCD码自加调整子程序LSDAA就可完全解决左移调整问题。当右移BCD码时,若某位BCD中的1移入低位BCD中最高位,按二进制数看待,10折半应为5(或1折半为0.5),而低位BCD最高位值为8(0.8),故要对低位BCD做减3(0.3)调整。子程序RSDAA即为实现这种功能而设。因8421BCD码各位之权分别为8、4、2和1(与二进制相同),若1只在码位内部移动,符合左移一位值增倍,右移一位值折半的规则,故右移时不须调整,左移时若不产生非法BCD,也不须调整。

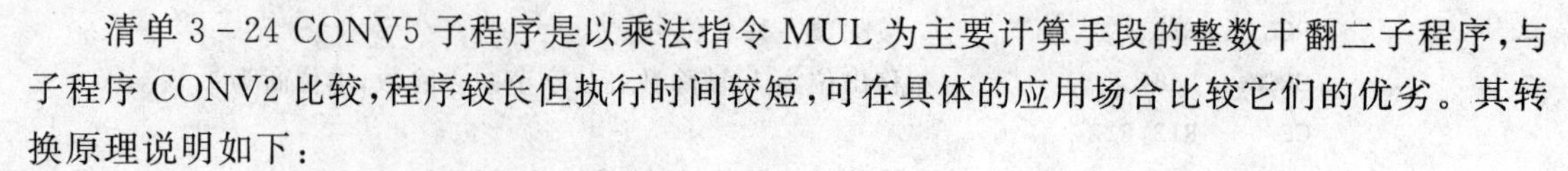

清单 3-24 CONV5 子程序是以乘法指令 MUL 为主要计算手段的整数十翻二子程序，与子程序 CONV2 比较，程序较长但执行时间较短，可在具体的应用场合比较它们的优劣。其转换原理说明如下：

取 8 位十进制整数 I=12345678，则可将其写为：

$$I=(((12\times100+34)\times100)+56)\times100+78$$
$$=(100(100(100a0+a1)+a2)+a3$$

其中 a0=＄12，a1=＄34，a2=＄56，a3=＄78。

将以上算式中压缩 BCD 码 12、34、56 和 78 逐个由 CNV5S 预先转换为二进制数，再按括号层次从最里面向外部进行二进制的乘法和加法运算，最终即得到整数十翻二结果。CONV5 子程序执行的就是以上的压缩 BCD 码十翻二和计算过程。程序的核心部分即循环体为 100 * ai+a(i+1)，第一次计算的是 100 * a0+a1. 计算过程为：将储存在 R12、R13、R14、R15 里的当前结果 100 * a(i-1)+ai 乘以 100 后预存储在 R2、R3、R4、R5 里，再取回到 R12、R13、R14 和 R15；取 ai+1 由 CNV5S 子程序翻为二进制数后加入到乘积 100 *（100 * a(i-1)+ai）之中，得到 100 *（100 * ai-1+ai）+ ai+1。如此循环进行 3 次完成转换。

本节数制转换子程序也是浮点程序库的组成部分。

表 3.1 列出了用移位调整法实现双字节整数二翻十过程的详细步骤。

表 3.2 列出了用移位调整法实现双字节小数十翻二过程的详细步骤。

表 3.1 用左移调整法实现整数二翻十具体步骤详表(二进制数为 ＄FFFF)

移位次数	BCD5	BCD4	BCD3	BCD2	BCD1	调整吗?
1	0000	0000	0000	0000	0001	
2	0000	0000	0000	0000	0011	
3	0000	0000	0000	0000	0111	
4	0000	0000	0000	0000	1111	加＄0006
	0000	0000	0000	0001	0101	调整结果为 15
5	0000	0000	0000	0010	1011	加＄0006
	0000	0000	0000	0011	0001	结果为 31
6	0000	0000	0000	0110	0011	
7	0000	0000	0000	1100	0111	加＄0060
	0000	0000	0001	0010	0111	结果为 127
8	0000	0000	0010	0100	1111	加＄0006
	0000	0000	0010	0101	0101	结果为 255
9	0000	0000	0100	1010	1011	加＄0066
	0000	0000	0101	0001	0001	结果为 511
10	0000	0000	1010	0010	0011	加＄0600
	0000	0001	0000	0010	0011	结果为 1 023
11	0000	0010	0000	0100	0111	
12	0000	0100	0000	1000	1111	加＄0006
	0000	0100	0000	1001	0101	结果为 4 095

续表 3.1

移位次数	BCD5	BCD4	BCD3	BCD2	BCD1	调整吗?
13	0000	1000	0001	0010	1011	加$0066
	0000	1000	0001	1001	0001	结果为 8 191
14	0001	0000	0011	0010	0011	加$6060
	0001	0110	0011	1000	0011	结果为 16 383
15	0010	1100	0111	0000	0111	加$6060
	0011	0010	0111	0110	0111	结果为 32 767
16	0110	0100	1110	1100	1111	加$0666
	0110	0101	0101	0011	0101	结果为 65 535

注：1. 原始二进制数据未写出，因$FFFF 每位皆为 1，故每次左移，都有 1 移入 BCD1。

2. 对加$66 调整做了简化处理，对满足调整条件(有 1 移入高位 BCD，或 BCD 值>9)的 BCD 才做加 6 调整。

3. 本表格同时得到一系列整数二翻十结果，即$F=15，$1F=31，…，$7FFF= 32 767 等。

表 3-2 用右移调整法实现小数二翻十具体步骤详表(二进制数为$0.FFFF)

移位次数	BCD5	BCD4	BCD3	BCD2	BCD1	BCD0	调整吗?
1	1000	0000	0000	0000	0000	0000	减去$0.3
	0101	0000	0000	0000	0000	0000	结果为 0.5
2	1010	1000	0000	0000	0000	0000	减去$0.33
	0111	0101	0000	0000	0000	0000	结果为 0.75
3	1011	1010	1000	0000	0000	0000	减去$0.333
	1000	0111	0101	0000	0000	0000	结果为 0.875
4	1100	0011	1010	1000	0000	0000	减去$0.3033
	1001	0011	0111	0101	0000	0000	结果为 0.9375
5	1100	1001	1011	1010	1000	0000	减去$0.33333
	1001	0110	1000	0111	0101	0000	结果为 0.96875
6	1100	1011	0100	0011	1010	1000	减去$0.330033
	1001	1000	0100	0011	0111	0101	结果为 0.984375
7	1100	1100	0010	0001	1011	1010	减去$0.330033
	1001	1001	0010	0001	1000	0111	结果为 0.992187
8	1100	1100	1001	0000	1100	0011	减去$0.33303
	1001	1001	0110	0000	1001	0011	结果为 0.996093
9	1100	1100	1011	0000	0100	1001	减去$0.333003
	1001	1001	1000	0000	0100	0110	结果为 0.998046
10	1100	1100	1100	0000	0010	0011	减去$0.333
	1001	1001	1001	0000	0010	0011	结果为 0.999023
11	1100	1100	1100	1000	0001	0001	减去$0.3333
	1001	1001	1001	0101	0001	0001	结果为 0.999511

续表 3.2

移位次数	BCD5	BCD4	BCD3	BCD2	BCD1	BCD0	调整吗?
12	1100	1100	1100	1010	1000	1000	减去＄0.333333
	1001	1001	1001	0111	0101	0101	结果为 0.999755
13	1100	1100	1100	1011	1010	1010	减去＄0.333333
	1001	1001	1001	1000	0111	0111	结果为 0.999877
14	1100	1100	1100	1100	0011	1011	减去＄0.333303
	1001	1001	1001	1001	0011	1000	结果为 0.999938
15	1100	1100	1100	1100	1001	1100	减去＄0.333333
	1001	1001	1001	1001	0110	1001	结果为 0.999969
16	1100	1100	1100	1100	1011	0100	减去＄0.333330
	1001	1001	1001	1001	1000	0100	结果为 0.999984

注 1:原始数据每位皆为 1,故右移时,每次都有 1 移入高位 BCD。

注 2:如将每移出 BCD0 的 1 做 5 入处理,则得到更精确的转换结果＄0.999985。

注 3:本例可得到一系列小数二翻十结果:＄0.8＝0.5,＄0.C＝0.75,,＄0.E＝0.875,＄0.F＝0.9375,－－－－－＄0.FF＝ 0.996093,＄0.FFF＝0.999755 和＄0.FFFF＝0.999985。

清单 3－20 定点整数二翻十子程序

```
CONV1:  LDI     R17,24          ;R12R13R14R15←(R9R10R11)左移 24 次
        MOV     R7,R17          ;例:16777215←＄FFFFFF
        CLR     R12
        CLR     R13             ;68719476735←＄FFFFFFFFF
        CLR     R14             ;1099511627775←＄FFFFFFFFFF
        CLR     R15             ;十进制数存储区预清除
CV1:    LSL     R11
        ROL     R10
        ROL     R9              ;二进制数整体左移一位
        MOV     R16,R15
        RCALL   LSDAA
        MOV     R15,R16
        MOV     R16,R14
        RCALL   LSDAA
        MOV     R14,R16
        MOV     R16,R13
        RCALL   LSDAA
        MOV     R13,R16
        MOV     R16,R12
        RCALL   LSDAA           ;十进制数左移并调整
        MOV     R12,R16
        DEC     R7
        BRNE    CV1
        RET
```

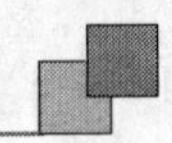

清单 3-21　定点整数十翻二子程序

```
CONV2:  LDI     R17,24          ;(R9R10R11)→R13R14R15,右移 24 次
        CLR     R31             ;例:999999→$0F423F
        MOV     R7,R17          ; 99999999→$05F5E0FF
CV2:    LSR     R9
        ROR     R10
        ROR     R11
        ROR     R13
        ROR     R14
        ROR     R15             ;十进制数连同二进制数右移一位
        LDI     R30,12          ;数据指针
CV2L:   LD      R16,-Z
        RCALL   RSDAA           ;十进制数右移调整
        ST      Z,R16
        CPI     R30,9           ;十进制数各字节调整完毕?
        BRNE    CV2L
        DEC     R7              ;右移次数(24 次)完成?
        BRNE    CV2
        RET
```

清单 3-22　定点小数二翻十子程序

```
CONV3:  LDI     R17,24          ;(R13R14R15)→R9R10R11R12 右移 24 次
CONV31: MOV     R7,R17
        CLR     R9
        CLR     R10             ;例:$0.FFFFFF→0.99999994
        CLR     R11             ;$0.FFFFFFFF→0.999999999767
        CLR     R12             ;$0.FFFFFFFF→0.999999999985448
        CLR     R31
CV3:    LSR     R13
        ROR     R14
        ROR     R15
        ROR     R9
        ROR     R10
        ROR     R11
        ROR     R12             ;二进制数连同十进制数右移一位
        LDI     R30,9
CV3L:   LD      R16,Z
        RCALL   RSDAA           ;十进制数右移调整
        ST      Z+,r16
        CPI     R30,13
        BRNE    CV3L            ;十进制数各字节调整完毕?
        DEC     R7
        BRNE    CV3             ;右移次数(24 次)完成?
        RET
```

清单 3-23　定点小数十翻二子程序

```
CONV4:  LDI     R17,32
;R12R13R14R15←R8R9R10R11←(R12R13R14R15),左移 32 次
        MOV     R7,R17          ;例:$ 0.FFFFFFD5←0.99999999
CV4:    CLC                     ;$ 0.FFFFFFFF92←0.9999999999
        MOV     R16,R15
        RCALL   LSDAA
        MOV     R15,R16
        MOV     R16,R14
        RCALL   LSDAA
        MOV     R14,R16
        MOV     R16,R13
        RCALL   LSDAA
        MOV     R13,R16
        MOV     R16,R12
        RCALL   LSDAA
        MOV     R12,R16         ;定点十进制小数左移并调整
        ROL     R11
        ROL     R10
        ROL     R9
        ROL     R8              ;定点二进制小数带进位位左移一位
        DEC     R7
        BRNE    CV4
        MOV     R12,R8          ;最终结果转入 R12～R15
        MOV     R13,R9
        MOV     R14,R10
        MOV     R15,R11
        RET
```

清单 3-24　用乘法指令运算实现定点整数十翻二

```
CONV5:  CLR     XH              ;4 字节压缩 BCD 放在 R8 R9 R10 和 R11
        LDI     XL,8            ;指向十进制数最高位字节
        RCALL   CNV5S
        CLR     R12
        CLR     R13
        CLR     R14
        MOV     R15,R16         ;高位字节转换结果存入转换结果寄存器 R12R13R14R15
        LDI     R18,3           ;3 次循环
LOPV5:  LDI     R16,100
        MUL     R15,R16         ;乘积存放在 R1(高位字节),R0
        MOV     R5,R1
        MOV     R6,R0
        CLR     R3
        CLR     R4              ;R3R4R5R6 为中间结果暂存器
```

```
        MUL     R14,R16
        ADD     R5,R0
        ADC     R4,R1
        CLR     R1
        ADC     R3,R1
        MUL     R13,R16
        ADD     R4,R0
        ADC     R3,R1
        MUL     R12,R16
        ADD     R3,R0           ;阶段乘积乘 100 后转入中间结果寄存器
        MOV     R15,R6
        MOV     R14,R5
        MOV     R13,R4
        MOV     R12,R3          ;再装回乘积寄存器
        RCALL   CNV5S           ;下 1 字节压缩 BCD 转为二进制数(<99,故有(R1) = 0)
        ADD     R15,R16         ;将其加入阶段乘积里
        ADC     R14,R1          ;(R1) = 0
        ADC     R13,R1
        ADC     R12,R1
        DEC     R18
        BRNE    LOPV5           ;最低位字节压缩 BCD 转成的二进制数
        RET                     ;加入到乘积之后,完成十翻二

CNV5S:  LD      R16,X           ;1 字节压缩 BCD 转为二进制数(<99)
        SWAP    R16             ;之后指针增 1
        CBR     R16,$F0
        LDI     R17,10
        MUL     R16,R17         ;十位乘以 10 再加上个位
        LD      R16,X+
        CBR     R16,$F0
        ADD     R16,R0          ;R16 中为转换结果
        RET
```

清单 3-25　8 位被乘数 * 8 位乘数-->16 位积

```
MUL8a:  LDI     R16,8           ;(r13) * (r15) - - >r14r15
        CLR     R14             ;积的高位字节寄存器预清除
        LSR     R15             ;第 1 次右移乘数
MLOP8:  BRCC    MUL81
        ADD     R14,R13         ;乘数右移移出位为 1,将被乘数加入部分积
MUL81:  ROR     R14
        ROR     R15             ;部分积连同乘数整体右移 1 位
        DEC     R16
        BRNE    MLOP8           ;8 次右移后结束
        RET
```

清单 3-26　16 位被乘数 * 8 位乘数——>24 位积

```
MUL8b:   MUL   R12,R15      ;(r11r12) * (r15) - - >r13r14r15
         CLR   R13          ;积的高位字预清除
         MOV   R12,R15
         MOV   R15,R0
         MOV   R14,R1       ;乘数与被乘数低位字节的乘积直接装入最终乘积
         MUL   R11.R12
         ADD   R14,R0
         ADC   R13,R1       ;乘数与被乘数高位字节的乘积加入最终乘积
         RET
```

本章提供的定点运算和数制转换子程序能适用于多数应用场合，个别场合可对其进行修改，或灵活使用。例如：整数二翻十，若二进制数为 2 字节，则应选转换结果十进制数为 3 字节，再将移位循环次数改为 16；若二进制数为 4 字节，则应选转换结果十进制数为 5 字节，并将移位循环次数改为 32。再如：某一变量其值不超过 600，但带两位小数，在将其二翻十之前先乘以 100，之后再作双字节整数二翻十，转换结果末两位即为小数位，从而避免了小数部分的二翻十操作。对其他数制转换子程序也可做类似修改。假如乘、除法数据位数不够，可将乘法改为 3 字节乘以 3 字节，将除法改为 6 字节除以 3 字节等。

第 4 章 AVR 实用程序

AVR 单片机档次齐全，其应用领域从玩具、家电、通信乃至于复杂过程控制、数字模拟测控系统，应用目的和控制对象千差万别，与其配合的软件也是多种多样。本章提供众多实用程序，如简化处理代替浮点运算的线性插值程序、仪器仪表数据功能表设计和操作程序、嵌入式系统常用的显示、打印子程序、触摸屏、液晶显示模块的使用、以定时器定时和由软件接收或发送 ASCII 码字符串程序（特别适用于少引脚低档 AVR 单片机）、同步/异步串口收发程序、多机通信程序、红外通信技术、脉宽调制输出程序、精确定时程序以及模数转换程序、软件日历时钟程序等。它们能满足多数场合下的基本应用要求，可作为具体应用项目的参考或直接引用。

本章内容与第 1 章密切相关，AVR 单片机的先进性及特点除在第 1 章中做了较详细说明外，也将主要体现在本章各实用程序之中，故应仔细参看第 1 章相关内容后，再分析使用本章程序。本章提供的主显子程序 DSPA，是经过优化了的，可以调用 DSPA 作为多数嵌入式系统的主循环（即背景）程序。该子程序中还带有复位看门狗指令 WDR，复位周期为 4.63 ms，在主程序中如对看门狗初始化（可设置溢出周期为大于 4.63 ms，若认为此溢出周期不适用可自行修改，并相应修改执行复位看门狗指令 WDR 的周期），就不须再对看门狗进行管理。

本章中对功能器件的初始化，一般都采用简化处理，即只设置与程序有关的单项功能，实际应用时应进行功能的综合设置。实用程序中使用的各个口，实际应用时应按不同场合做适当调整；为了简化，各实用程序中的背景程序多的返身循环指令 RJMP HERE 替代。使用时可仿照“AVR 频率计程序”的做法，将其改为以反复调用 DSPA 子程序、以所测最新数据的显示程序（并配合键盘管理）作为背景程序。

4.1 查表（子）程序

本节提供 3 个查表计算函数值子程序（函数值方等步距插值、不等步距插值以及 N 个点坐标直接插值）和一个功能数据表格各功能项目浏览、检索、编辑程序。

4.1.1 线性内插计算子程序 CHETA

线性内插计算是一种简单、行之有效的近似计算函数值的方法。它以折线代替曲线，使调用函数子程序等复杂的浮点运算转化为定点运算。线性内插计算的特点为将很多计算环节化解在表格构造之中（如比例常数的选择、符号处理等，构造表格的原则是保证计算既不溢出，又具有最高精度，即保证整个插值空间内具有足够的有效数据位数），从而简化计算，为实时处理赢得了时间,因此它速度快适应性广。在嵌入式系统实时性要求愈来愈强的今天,插值计算更显得重要。它也可用于无名函数(如正在研制中的传感器,只测试出特征曲线上的若干点)的计算。其缺点为精度较低,特别在曲率变化较大区间;误差不便推导,只能多次尝试改善,故对此要有足够的估计和措施(如加密取点)。考虑到实用性、方便性,本子程序采用双字节无符号数运算,并只适用于函数值单调区间(对非单调区间细分为单调区间)。

如果表格过长,可采用对分检测等措施,以提高查表速度。

在很多情况下,在函数值方按等步距取值的方案较优,因这一方案与按等步距自变量取函数值方案相比具有均衡整个插值区间误差之功效。例如,要标定铂热电阻之阻值——温度变化曲线,应在温度箱中进行,记录预定的初始温度(Y0)及其对应的电阻值(X0)和一组按等步距递增温度值(稳定后的温度读数)所对应的电阻值作为自变量 X 表格数据,就可用本子程序计算其他阻值所对应之温度。如果要利用计算机或计算器构造嵌入式系统的“数学用表”,用以计算已知函数(如正弦函数、指数函数等)的函数值,则在自变量方按等步距取值方案较为方便。此种场合在 ROM 表中存放的不是自变量 X 值,而是以等步距所取自变量 X 所对应的函数值。

1. 预处理简化计算过程

(1) 对原始数据的移轴(平移)处理

以计算温度为例。当测量范围包括 0℃以下部分时,为避免负数计算可将温度范围由 −50～+50℃改为 0～100℃。为此只要下移 x 轴 50 个单位即可。计算完毕后,再将计算结果减去 50(若差为负则求其补并冠以负号),就得到实际温度值。

(2) 对原始数据的放大处理

仍以计算温度值为例。如要数据精确到小数点后 1 位,则将函数初值 y_0 和步距 STEP 都扩大 10 倍,20.0℃取为 200,50.0℃取为 500。这样按整数计算精确到 0.5 即可。在记录和显示时,再在末位数字之前加上小数点。这样就省去小数部分的计算,简化了处理过程。

2. 单调递增函数计算方法

事先按计算的范围和计算精度要求,在函数值方按等步距 STEP 取值 $y_0, y_1, y_2, \cdots, y_n$,将它们所对应的自变量 $x_0, x_1, x_2, \cdots, x_n$ 组成一个数据表格固化在 FLASH 中,x_i 皆为无符号数,每个占一字。依照 AVR 单片机字存放规则,字的低位字节放在低位地址单元中,而高位字节放在与之相邻的高位地址单元中。程序中每条指令长度都是以字为单位,只要将程序定义的表格首地址乘 2,即变为按字节排列的数据表格首地址。x_0 至 x_n 按增地址顺序存放,STEP 和初值 y_0 也都是双字节无符号数。查表过程为依 $x_i < x \leqslant x_{i+1}$ 的条件找到插值计算区间,即 x 依次与 $x_0, x_1, \cdots, x_i$ 相比较,x 每超过一个数据,y 即跟随增加一个 STEP。比较是在 CMPR1 子程序中进行的,为提高插值查表速度,先比较高位字节,高位字节相等才比较低位字节。在 CMPR1 比较子程序中,每次比较后,指针总是指向 x 表格中下一数据的高位字节。每调用一次 CMPR1 比较子程序,当 $x_i < x \leqslant x_{i+1}$ 时,$y_i = y_0 + i \cdot \text{STEP}$。依照相似三角形中比例线段关系,可得出:

$$\Delta y = (x - x_i) \cdot \text{STEP}/(x_{i+1} - x_i) \tag{4-1}$$

则有

$$y = y_i + \Delta y = y_i + (x - x_i) \cdot \text{STEP}/(x_{i+1} - x_i) \tag{4-2}$$

此即为插值计算函数值的公式。

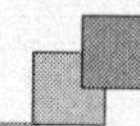

程序中有容错处理，若 $x \leqslant x_0$，取 $y = y_0$（最小值）。程序中有查表比较次数的限定，若比较 n 次仍未找到插值区间，即属 $x \geqslant x_n$（x_n 为自变量表格中最大值），取 $y = y_n$（最大值）。

线性内插计算示意如图 4.1 所示，图 4.2 则为其流程图。

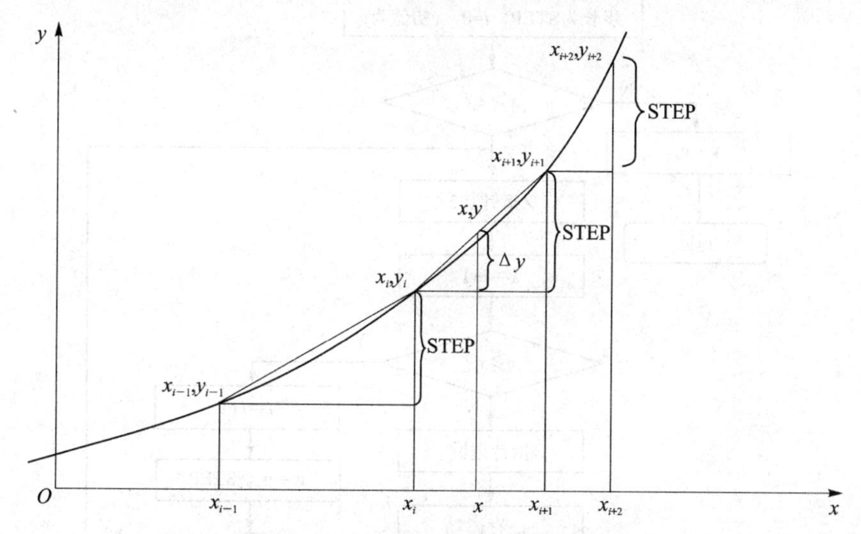

图 4.1　等步距线性内插计算示意图

入口条件：寄存器 R16 中存放自变量 x 表长（即字数）减 1，R14 和 R15 中存放 y_0，R10 和 R11 中存放步长 STEP，R12 和 R13 中存放自变量 x，Z 为数据表格指针，首指 x 表格第 2 个字节（x_0 的高位字节）。

出口条件：函数值在 R14 和 R15 之中。

如在自变量方按等步距 STEPx 取值（此法对于计算已知函数之函数值较方便），插值计算公式为

$$f(x) = f(x_i) + \frac{x - x_i}{x_{i+1} - x_i}[f(x_{i+1}) - f(x_i)]$$

即

$$f(x) = f(x_i) + [f(x_{i+1}) - f(x_i)] \cdot (x - x_i)/\text{STEPx} \qquad (4-3)$$

3. 单调递减函数计算方法

单调递减函数的 STEP 为负值，取其绝对值，用公式 $y_i = y_0 - i \cdot |\text{STEP}|$ 和 $y = y_i - (x - x_i) \cdot |\text{STEP}|/(x_{i+1} - x_i)$ 计算函数值，即将递增函数计算公式（4-1）和（4-2）中的两项相加改为两项相减。

4. 不等步距单调函数的计算方法

与单调函数等步距插值计算方法类似，只是增减的 STEP 不是常量，而是一个字型变量，为此要增加一个数据指针（放在 R6 和 R7 中）和一个 STEP 表格，其存放规则同自变量 x，但字数比 x 表少 1。每取出一个 STEPi 后，指针加 2。

在线性较好区间，STEP 可取大一些；在线性较差区间，STEP 取小一些，降低计算误差，以求在整个区间内误差均衡。与等步距插值相比，如所取变量点数相同，则精度提高；其缺点为程序准备工作略多。

入出口条件：除以 R6R7 为 STEP 数据表格指针（首指 STEP 表第 1 个字节），查取字型变量 STEPi 外，其余与等步距插值相同。

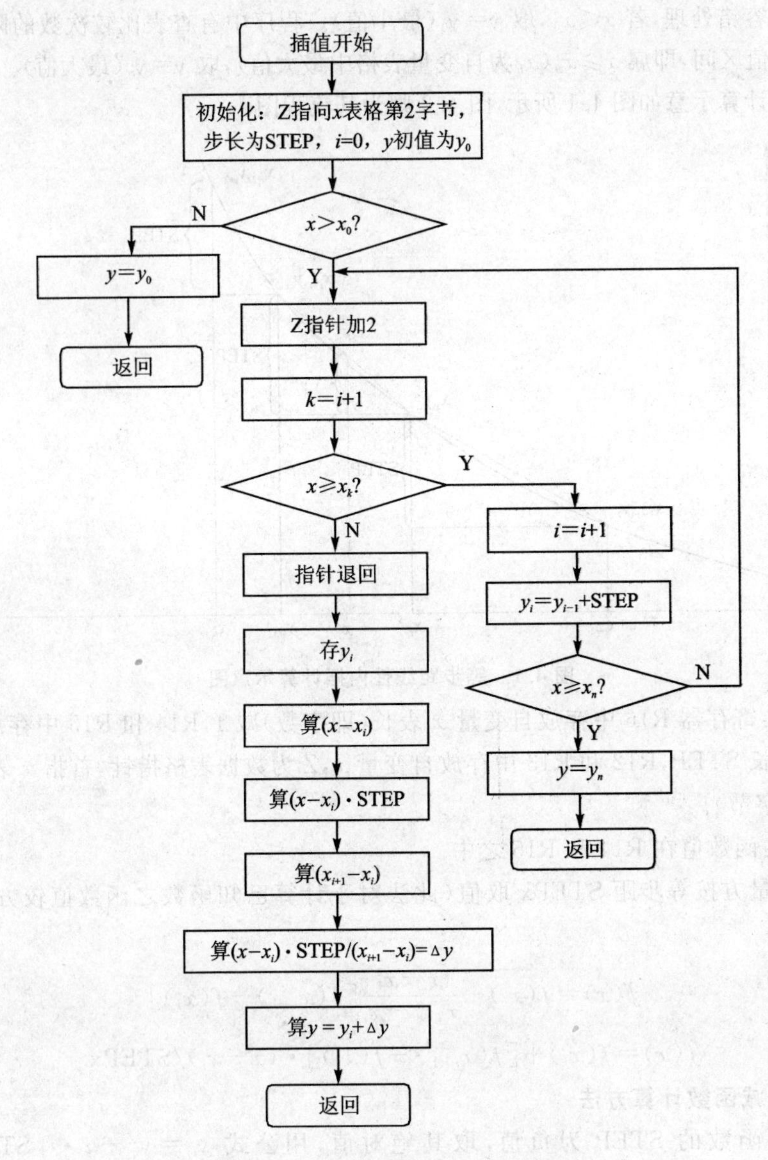

图 4.2　等步距线性内插计算流程图

CHETA 为等步距插值子程序，CHTSTP 为不等步距插值子程序。自变量首地址为 CHTBL，STEP 表首地址为 STEPL。两子程序的表格都可跨页存放。

清单 4-1　等步距线性内插计算子程序

```
.EQU  TBLGTH = 10
CHETA:LDI     R16,TBLGTH - 1 ;          R16←表长(即字数) - 1
      LDI     R31,HIGH(chtbl * 2)       ;y0(初值)在 R14R15,STEP(步长)在 R10R11& 自变量 X
                                        ;在 R12R13
      LDI     R30,LOW(chtbl * 2 + 1)    ;查表指针,首指数据表第 1 字之高位字节
      RCALL   CPMR1                     ;x 与表中第一个字型数据(x0)比较
      BRCC    CHRET                     ;x<x0 查表结束,y = y0
CHET1:RCALL   CMPR1                     ;x 与表中下一个数据比较
```

```
        BRCC    NX33             ;x<x(i+1)找到插值区间
        ADD     R15,R11          ;否则 y0 中加入一个 STEP:yk = y0 + k · STEP(步距为
                                 ;负时则减去|STEP|)
        ADC     R14,R10
        DEC     R16
        BRNE    CHET1            ;未查到表格终值,循环;否则结束,y 取得最大值 yn
CHRET:  RET
NX33:   SBIW    R30,5            ;指针退回(-5),指向 xi
        MOV     R8,R14
        MOV     R9,R15           ;保存 y0 + i · STEP
        RCALL   SUBS             ;(x - xi)→R16R17
        MOV     R15,R17
        MOV     R14,R16          ;转入 R14R15
        RCALL   MUL16            ;(x - xi) · STEP→R12R13R14R15
        MOV     R10,R12
        MOV     R11,R13          ;保存乘积高位字
        LPM                      ;x(i+1)低位字节
        MOV     R13,R0
        ADIW    R30,1
        LPM                      ;x(i+1)高位字节
        MOV     R12,R0
        SBIW    R30,3            ;指针指向 xi
        RCALL   SUBS             ;x(i+1) - xi→R16R17
        MOV     R12,R10
        MOV     R13,R11          ;取回乘积高位字
        MOV     R10,R16
        MOV     R11,R17          ;x(i+1) - xi→R10R11
        RCALL   DIV165           ;(x - xi) · STEP/(x(i+1) - xi)→R14R15
        ADD     R15,R9
        ADC     R14,R8           ;y0 + i · STEP + (x - xi) · STEP/(x(i+1) - xi)→R14R15
        RET                      ;若 STEP 为负值则改为计算(R8R9)减去(R14R15)之值
CMPR1:  LPM                      ;取数据高位字节
        ADIW    R30,2            ;指向下一数据的高位字节
        CP      R0,R12           ;与 x 高位字节相比较
        BRNE    CPRT1            ;不相等即转出
        SBIW    R30,3            ;否则调整指针
        LPM                      ;取数据低位字节
        ADIW    R30,3            ;指向下一数据的高位字节
        CP      R0,R13           ;与 x 低位字节相比较
CPRT1:  RET                      ;以进位 C 带回比较结果
SUBS:   LPM                      ;计算 x - xi 或 x(i+1) - xi 并送入 R16R17
        MOV     R5,R0            ;取 xi 低位字节
        ADIW    R30,1
        LPM                      ;取 xi 高位字节
        SBIW    R30,1            ;仍指向 xi 低位字节
```

```
        SUB     R13,R5
        MOV     R17,R13
        SBC     R12,R0
        MOV     R16,R12                 ;计算差并将其转入 R16R17
        RET
;表长为 12 字
CHTBL:DW
19214,23404,27600,32799,37009,40211,45414,48618,51821,55029,57787,60070
;表长为 11 字
STEPT:DW        356,366,379,395,415,440,471,509,555,603,670
;不等步距线性内插计算子程序,步距表首址在 R6R7 中
;自变量 x 在 R12R13 之中, y0 在 R14R15 中
```

清单 4-2　不等步距插值子程序

```
;表长(字个数)-1 在 R16 中
CHTSTP:  LDI    R31,HIGH(chtbl * 2)
         LDI    R30,LOW(chtbl * 2 + 1)   ;查表指针
         LDI    R16,LOW(stept * 2)
         MOV    R7,R16
         LDI    R16,HIGH(stept * 2)
         MOV    R6,R16                   ;步距表指针
         LDI    R16,TBLGTH - 1           ;R16←表长(字个数)-1
         RCALL  CMPR1                    ;x 与表首数据比较
         BRCC   CHSTPT                   ;x<x0 查表结束,有 y = y0
CHSTP1:  RCALL  CMPR1                    ;否则与表中下一数据比较
         BRCC   CHSTP3                   ;x<x(i+1) 找到插值区间
         RCALL  GTSTP                    ;查表取 STEP 字型变量
         ADD    R15,R11                  ;y0←y0 + STEPk
         ADC    R14,R10
         DEC    R16
         BRNE   CHSTP1                   ;未查到表格终值循环;否则结束,y 取得最大值 yn
CHSTPT:  RET
CHSTP3:  SBIW   R30,5                    ;指针退回,指向 xi 低位字节
         MOV    R8,R14
         MOV    R9,R15                   ;y0 + ∑STEPk 送入 R14R15
         RCALL  SUBS                     ;x - xi→R16R17
         MOV    R15,R17
         MOV    R14,R16                  ;x - xi 转入 R6R7
         RCALL  GTSTP                    ;查表取 STEPi→R10R11
         RCALL  MUL16                    ;(x - xi)·STEPi→R12R13R14R15
         MOV    R10,R12
         MOV    R11,R13                  ;保存积高位字
         LPM
         MOV    R13,R0
         ADIW   R30,1
```

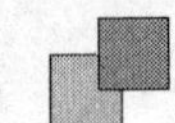

```
        LPM
        MOV     R12,R0
        SBIW    R30,3
        RCALL   SUBS                    ;(x_{i+1} - x_i)→R16R17
        MOV     R12,R10
        MOV     R13,R11
        MOV     R10,R16
        MOV     R11,R17                 ;取回积高位字 &(x_{i+1} - x_i)→R10R11
        RCALL   DIV165                  ;(x - x_i)·STEPi/[x_{i+1} - x_i]→R14R15
        ADD     R15,R9                  ;
        ADC     R14,R8                  ;y_0 + ∑STEPk + (x - x_i)·STEPi/[x_{i+1} - x_i]→R14R15
        RET
GTSTP:  MOVW    R4,R30                  ;查取 STEP 字型变量/POINTER in R6R7
        MOVW    R30,R6
        LPM     R11,Z+
        LPM     R10,Z+                  ;STEPk 取到 R10R11
        MOVW    R6,R30
        MOV     R30,R4                  ;指针增 2 后送回 R6R7
        RET
```

实际上，单调函数的不等步距插值计算所使用的自变量表格和函数表格数据，是取自该函数曲线上 n 个点的坐标值，并将函数值表格数据进行差分处理（$STEPi = y_{i+1} - y_i$）后得到的。故单调函数不等步距的插值计算方法与取 n 个点直接插值的方法是等价的。子程序 CHET3 即是由函数曲线上 n 个点的坐标值（组成两个数据表格：自变量数据表格和函数表格）直接进行插值计算的子程序，计算公式为（4－3），可参照图 4.1，$f(x_{i+1}) - f(x_i)$ 相当其中的 STEP。

清单 4－3　任意 N 个点单调区间线性内插计算子程序

```
        ;字型自变量 X 在 R12R13 之中，自变量数据表格首地址为 VARX；以表内数值所对应
        ;的函数值组成函数值表，其首地址为 FCTY。两种数据表格之长度皆为 TBLTH
        .EQU    TBLTH = 12
CHET3:  LDI     R16,TLTH - 1
        LDI     R18,HIGH(FCTY * 2)
        LDI     R19,LOW(FCTY * 2)
        LDI     ZH,HIGH(VARX * 2)
        LDI     ZL,LOW(VARX * 2 + 1)    ;指向 X0 的高字节
        RCALL   GETFX                   ;取 Y0 值；指针指向 Y1/取 Yi 之后指针指向 Yi + 1
        RCALL   CPMR1                   ;找 X 所在区间
        BRCC    CHRET                   ;X<X0，取函数值为 Y0，查表结束
CHETA1: RCALL   CPMR1                   ;X 与 Xi 比较
        BRCC    NX331                   ;X<Xi + 1，找到插值区间
        RCALL   GETFX                   ;否则跟随递进改取函数值表下一个字（增加一个"步长"）
        DJNZ    R16,CHETA1              ;已查完最后 1 点，仍未找到插值区间，取函数值为 Yn
CHRET:  RET                             ;在此处结束查表，取得最小函数值 Y0 或最大函数值 Yn
NX331:  MOVW    R8,R14                  ;保存当前查表值 Yi
        RCALL   GETFX                   ;取得下一个查表值 Yi + 1
```

```
        SUB     R15,R9
        SBC     R14,R8                  ;计算 Yi+1-Yi→R14:15
        SBIW    ZL,5                    ;指向 Xi
        LPM     R19,Z+
        LPM     R18,Z+                  ;取出 Xi
        SUB     R13,R19
        SBC     R12,R18
        MOVW    R10,R12                 ;计算 X-Xi-->R11R10
        RCALL   MUL16                   ;计算(X-Xi)*(Yi+1-Yi)->R12R13R14R15
        LPM     R11,Z+
        LPM     R10,Z+                  ;取出 Xi+1
        SUB     R11,R19
        SBC     R10,R18                 ;计算 Xi+1-Xi
        RCALL   DIV45                   ;计算△Y=(X-Xi)*(Yi+1-Yi)/(Xi+1-Xi)
        ADD     R15,R9
        ADC     R14,R8                  ;计算 Y=Yi+△Y
        RET
        ;查取函数值子程序
GETFX:  MOVW    R4,R30                  ;保护当前 Z 指针
        MOVW    R30,R18                 ;取出查函数值表指针
        LPM     R15,Z+
        LPM     R14,Z+                  ;取出 Yk 后指针增 2,指向函数值表中的下一个值 Yk+1
        MOVW    R18,R30                 ;查函数值后/返还该指针
        MOVW    R30,R4
        RET
VARX:   .DW 18314,20204,22200,27099,30009,34021
        .DW 39414,44616,49865,54023,57303,60709
FCTY:   .DW 10214,13404,17600,20799,24009,28211
        .DW 32414,35618,38021,40329,42787,45100
```

4.1.2 功能数据表格项目浏览、查找、修改程序

在仪器仪表软件设计中,经常涉及功能数据表格问题,每种仪器仪表都具有多种功能,用户可按不同使用场合选择不同的功能内容。例如:在强干扰环境下或与低速设备通信选用低的通信波特率,反之则选高的通信波特率。在衡器应用方面,如港口或集装箱货场的地磅,一般选质量单位为吨;而在小型货场,一般选质量单位为千克。我们以 ROM 和 RAM 相配合的方法,将众多的功能项目内容以代码的方式排成表格,可对这个表格进行浏览、选择功能、修改功能内容等操作。这些操作既可由上位机以串口命令方式进行,也可由仪器仪表键盘操作进行。本例中的操作是在查键一显示子程序 DSPA 支持下进行的,所用键盘参见图 4.5,但只用其中 0~9 共 10 个数字键和“清除”(键值为 10)和“回车”(键值为 11)两个功能键。另外,还使用了一只开关(可将 PA0 对地短接)。

我们规定 ROM 中每个功能名称为占一个字节的代码(代码数值可不连续,若功能名称超过 256 个,则要占两个字节),其后面两个字节为该功能内容的下限值和上限值。也就是说,每种功能占 3 个单元,功能名称代码在前,内容下限居中,内容上限在后(见表 4.1 和图 4.3)。

例如，功能名称代码 2 表示波特率选择，其内容代码可取 8 个，代表 8 种波特率：1 代表 600 波特，2 代表 1 200 波特，3 代表 2 400 波特，4 代表 4 800 波特，5 代表 9 600 波特，6 代表 19 200 波特，7 代表 38 400 波特，8 代表 115 200 波特。波特率代码只能在 1～8 之间选择，故内容代码下限为 1 而上限为 8。超越此范围(0 或大于 8)的选择无效。又如功能名称代码 4 表示质量单位的选择，其内容代码可取 2 个：0 表示选择质量单位为千克，1 表示选择质量单位为吨，故下限值为 0 而上限值为 1，大于 1 的内容代码为无效……与此对应的是将每种内容代码(1 字节)组成另一数据表格放在 SRAM 中，该表长度为 ROM 表的 1/3。系统初始化时，应给各功能代码内容以一个有效值(如选波特率为 9 600 波特，内容代码为 5 等)。若功能内容放在不断电 RAM 中，只有在首次使用仪表或必要时(例如数据遭到干扰)才对功能内容进行初始化。

为使读者更容易理解功能表的结构，还列出功能表的书面格式，如表 4.1 所列，以便同功能表各项目(功能名称、功能内容上、下限以及功能内容等)在内存中的分配相对照，如图 4.3 所示。

表 4.1　功能表的书面形式

名　称	功　能	功能内容代码								
		0	1	2	3	4	5	6	7	8
F-1	显示方式选择	2 分钟保护	正常	—	—	—	—	—	—	—
F-2	波特率选择	—	600	1 200	2 400	4 800	9 600	19 200	38 400	115 200
F-3	温度选择	摄氏	华氏	开氏	—	—	—	—	—	—
F-4	质量单位选择	千克	吨	—	—	—	—	—	—	—
F-5	打印机选择	—	微打	宽打	—	—	—	—	—	—
F-6	打印单数选择	不打	一单	二单	三单	四单	—	—	—	—
⋮	⋮	⋮	⋮	⋮	⋮	⋮	⋮	⋮	⋮	⋮

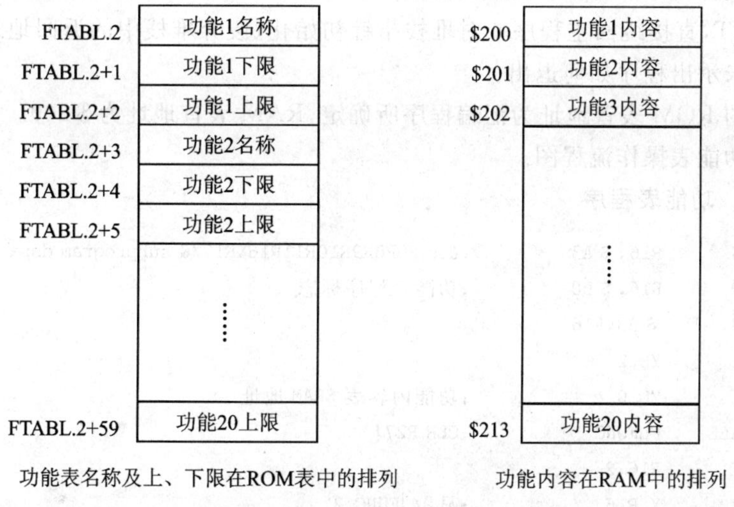

图 4.3　功能表各项在内存中的分配

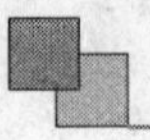

对功能数据表可进行以下操作：

1. 浏览功能表格

连续按回车键，则从当前功能开始，连续显示功能及其内容代码。当由主程序进入功能表操作时，从第一个功能开始显示；当显示最末一个功能名称及内容代码后，转入第一个功能显示。周而复始。

2. 修改功能内容

当显示某个功能名称及其内容代码时，可以一个新的内容代码置换当前内容代码，实现功能内容选择，作法是：键入内容代码(1 或 2 位数字)，再回车，程序即对新内容代码进行超限检查，如键入代码有效，则替换掉旧代码并进入下一功能显示；如代码无效，则显示“FErr. 2”表示超下限错误，或显示“FErr. 3”表示超上限错误，并返回当前功能显示。在未回车之前，可按清除键清除已键入的、用以修改当前功能内容的数字代码，重新键入数字；或不再键入数字，只按回车键，则当前功能内容代码得以继续保留。

3. 选择功能名称

当显示某个功能名称及其内容时，按清除键，显示“F—”。这时可按键输入任一有效功能名称代码，再回车，程序即对键入代码进行检索：从功能表第一个名称代码开始与键入代码逐个比较，若找到键入代码则显示该功能名称代码及内容代码，然后可转入 1 或 2 操作；若找不到键入代码，先显示“FErr. 1”表示选择功能名称错误，再返回当前功能名称及其内容代码显示。

本程序为两层次(名称、内容)表格，我们可设计更多层次、功能更复杂的表格，并规定更详尽的操作协议。如将所有的代码都放在不断电 SRAM 中，可实现功能名称及所有项目的浏览和编辑(包括增、删功能名称和对某些项目进行整体或局部修改等)。

从主程序进行功能表程序(FUNC2)的过程为：主程序中查到 PA0 对地短接时，即进入功能表程序，显示“Func. 2”，并建立功能表操作标志(＄A3,7＝1)。对功能表操作结束后，以一种特殊方式从 DSPA 子程序直接返回主程序，作法是：打开 PA0 接地开关，CPU 在 DSPA 子程序中查到开关打开，并又查到功能表操作标志(＄A3,7＝1)后清除该标志，显示“F End”，不经返回指令 RET，直接跳回主程序并对堆栈指针初始化(废弃堆栈中的返回地址)。故动能表操作流程图中未示出程序如何退出。

本程序中的 ROM 表首地址为汇编程序所确定，RAM 表首地址为＄200。

图 4.4 为功能表操作流程图。

清单 4-4　功能表程序

```
FUNC2:  LDS     R16,$A3         ;use R0R8R9R10R11R16&R17/& subprogram dspa
        SBR     R16,$80         ;功能表程序标志
        STS     $A3,R16
        LDI     YH,2
        LDI     YL,0            ;功能内容表 SRAM 地址
        RCALL   FLFUNC          ;CLR R27!
        LDI     R16,2
        ST      X,R16           ;显示 'FUNC.2'
        RCALL   DL2S
        CLR     R9              ;功能内容寻址偏移量 'R9!
```

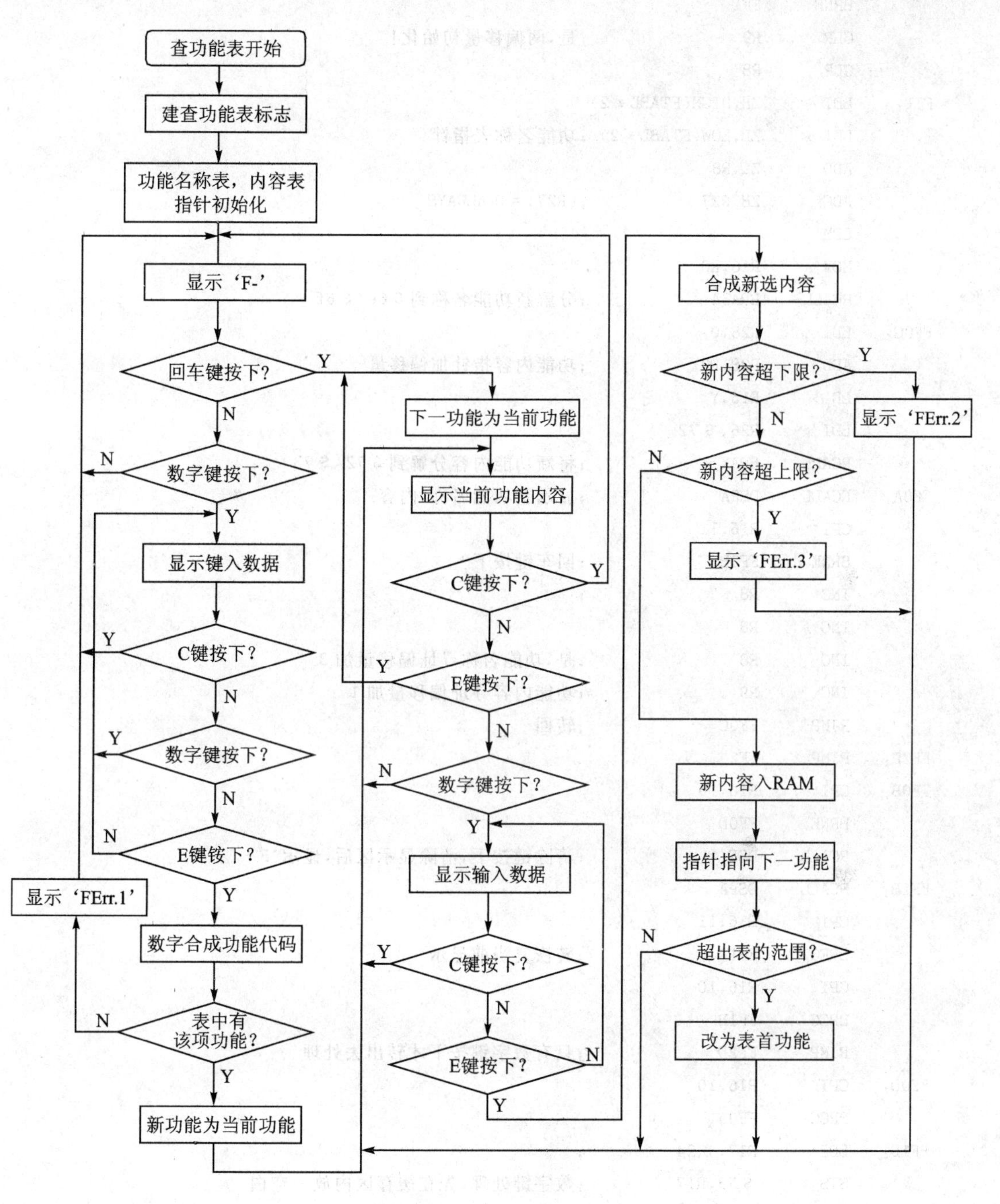

图 4.4 功能表操作流程图

```
        CLR     R8              ;功能名称寻址偏移量(R8) = (R9) × 3
FFUNC0: RCALL   DSF_            ;显示 'F- '
FF0:    RCALL   DSPA            ;in subprogram dspy clr. r27!
        CPI     R16,11          ;回车键按下?
        BRNE    FF2P
FF0C:   RCALL   COMBNO          ;合成功能名称送入 R16
        CPI     R16,20          ;是最后一个功能名称?
```

```
        BRNE    FF1
        CLR     R9              ;是,两偏移量初始化!
        CLR     R8
FF1:    LDI     ZH,HIGH(FTABL * 2)
        LDI     ZL,LOW(FTABL * 2) ;功能名称表指针
        ADD     ZL,R8
        ADC     ZH,R27          ;(R27) = 0 ALWAYS
        LPM
        MOV     R16,R0
        RCALL   BRA3A           ;分解新功能名称到 $ 6e/ $ 6f
FF0G:   LDI     R28,0
        ADD     R28,R9          ;功能内容指针加偏移量
        LD      R16,Y
        LDI     R26, $ 72
        RCALL   BRAX            ;将新功能内容分解到 $ 72/ $ 73
FF0A:   RCALL   DSPA            ;显示新功能名称/内容
        CPI     R16,11
        BRNE    FF0B            ;回车键按下?
        INC     R8              ;
        INC     R8
        INC     R8              ;是,功能名称寻址偏移量加 3
        INC     R9              ;功能内容寻址偏移量加 1
        RJMP    FF0C            ;转回
FF2P:   RJMP    FF2
FF0B:   CPI     R16,10
        BRNE    FF0D
        RCALL   DSF_            ;清除键按下,清除显示区后,显示'F-'
FF1B:   RCALL   DSPA
        CPI     R16,11
        BREQ    FF1             ;转恢复当前显示
        CPI     R16,10
        BRCC    FF1B
        RJMP    FF2D            ;只有数字键按下才转出去处理
FF0D:   CPI     R16,10
        BRCC    FF0A
FF1D:   LDI     R17, $ 24       ;
        STS      $ 73,R17       ;数字键处理,先在缓存区内放一空白
FF0E:   LDS     R17, $ 73
        STS      $ 72,R17       ;键入数字左移
        STS      $ 73,R16       ;存入新数字
FF0F:   RCALL   DSPA
        CPI     R16,10          ;
        BREQ    FF0G            ;清除键按下,恢复显示旧功能内容
        BRCS    FF0E            ;键入数字左移更新
        CPI     R16,11
```

```
        BRNE    FF0F
        LDS     R26,$72             ;回车键按下
        RCALL   COMBA               ;合成新功能内容(combin $72&$73 into binary(r16))
        MOV     R17,R8
        INC     R17
        LDI     ZH,HIGH(FTABL*2)
        LDI     ZL,LOW(FTABL*2)
        ADD     ZL,R17              ;取当前功能内容下限
        ADC     ZH,R27
FF1F:   LPM
        CP      R16,R0
        BRCS    DSER2               ;新功能内容小于下限,错误
        INC     R17
        LDI     ZH,HIGH(FTABL*2)
        LDI     ZL,LOW(FTABL*2)
        ADD     ZL,R17              ;取当前功能内容上限
        ADC     ZH,R27
        LPM
        CP      R0,R16
        BRCS    DSER3               ;新功能内容大于上限,错误

FF7:    LDI     R28,0
        ADD     R28,R9              ;功能内容表首地址为$200!
        ST      Y,R16               ;合法的新功能内容进入功能内容表
        INC     R9
        INC     R8
        INC     R8
        INC     R8                  ;调整偏移量,进入下一个功能显示
        RJMP    FF0C
FF1P:   RJMP    FF1
DSER2:  RCALL   FERR2               ;显示'F Err.2' 2 s
        RCALL   EXCH0
        RJMP    FF0G                ;恢复原数据显示
DSER3:  RCALL   FERR3               ;显示'F Err.3' 2 s
        RCALL   EXCH0
        RJMP    FF0G                ;恢复原数据显示
FF2:    CPI     R16,10
        BRCS    FF2D                ;功能键按下,转初始
        RJMP    FF0                 ;
FF2D:   LDI     R17,$24             ;数字键按下,在显示缓存区内左移
        STS     $6F,R17             ;
FF3:    LDS     R17,$6F
        STS     $6E,R17
        STS     $6F,R16
FF4:    RCALL   DSPA
```

```
        CPI     R16,10
        BRNE    FF41
        RCALL   DSF_            ;清除数字,显示'F-'
FF40:   RCALL   DSPA
        CPI     R16,11
        BREQ    FF1P            ;转回显示当前功能名称及内容
        CPI     R16,10
        BRCC    FF40            ;无效键按下,转回
        RJMP    FF2D            ;否则转数字处理
FF41:   BRCS    FF3
        CPI     R16,11
        BRNE    FF4
        RCALL   COMBNO          ;合成新功能名称
        CLR     R10             ;功能名称偏移量计数器清除
        CLR     R11             ;功能内容偏移量计数器清除
SFFLP:  LDI     ZH,HIGH(FTABL * 2)
        LDI     ZL,LOW(FTABL * 2)
        ADD     ZL,R10
        ADC     ZH,R27
        LPM
        CP      R0,R16          ;
        BREQ    SFFND           ;在功能名称表中找到新名称
        INC     R11
        INC     R10
        INC     R10
        INC     R10             ;调整偏移量
        LDI     R17,60
        CP      R10,R17         ;功能名称指针偏移量超过 59?
        BRCS    SFFLP           ;否,继续查功能名称表
        RCALL   FERR1           ;查完功能名称表未查到键入功能名称!
        RJMP    FFUNC0          ;转回恢复原显示
SFFND:  MOV     R9,R11          ;得到功能内容指针偏移量
        MOV     R8,R10          ;得到功能名称指针偏移量
        RJMP    FF0G            ;转显示新功能名称及内容
FTABL:  DB      1,0,1,2,1,8,3,0,2,4,0,1,5,1,2,6,0,4
        DB      7,1,4,8,1,2,9,2,7,10,1,5,11,1
        DB      5,12,0,5,13,1,2,14,1,7,15,1,10
        DB      16,1,4,17,2,4,18,2,5,19,1,2,20,1,3
COMBNO: LDI     XL,$6E          ;取$6E$6F中的BCD码,合成新功能名称子程序
COMBA:  LD      R16,X+
        CPI     R16,$24
        BRNE    CMBA
        CLR     R16
CMBA:   MOV     R0,R16
        LSL     R16
```

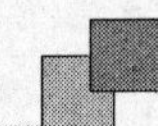

```
        LSL     R16
        ADD     R16,R0
        LSL     R16             ;高位 BCD 乘 10
        LD      R0,X
        ADD     R16,R0          ;加低位 BCD
        RET
DSF_:   RCALL   FIL8            ;准备显示 'F -    '
        LDI     R16,$0F
        STS     $6C,R16
        LDI     R16,$14
        STS     $6D,R16
        RET
BRA3A:  LDI     XL,$6E          ;二进制数转换为两位 BCD 码并显示
BRAX:   LDI     R17,$24         ;十位为 0 时显示空白
        ST      X,R17
BRHOUR: CLR     R0              ;
BRX0:   SUBI    R16,10          ;减 10
        BRCS    BRX2
        INC     R0
        RJMP    BRX0
BRX2:   SUBI    R16,-10         ;不够减恢复出十位 BCD
        TST     R0
        BREQ    BRX1
        ST      X,R0            ;放入显示区
BRX1:   INC     R26
        ST      X,R16
BRART:  RET
FERR1:  LDI     XL,$71          ;显示 'F Err.1'
        LDI     R16,1
        ST      X,R16
        RJMP    FER123
FERR2:  RCALL   MOVE1           ;显示 'F Err.2'
        LDI     R16,2
        STS     $71,R16
        RJMP    FER123
FERR3:  RCALL   MOVE1           ;显示 'F Err.3'
        LDI     R16,3
        STS     $71,R16
FER123: LDI     XL,$6C
        LDI     R16,$0F
        ST      X+,R16
        LDI     R16,$24
        ST      X+,R16
        LDI     R16,$0E
        ST      X+,R16
```

```
        LDI     R16,$1B
        ST      X+,R16
        LDI     R16,$3B
        ST      X+,R16          ;显示 'F Err.1/2/3'
        LDI     R16,$24
        STS     $72,R16
        STS     $73,R16
        RCALL   DL2S
        RET
FIL8:   LDI     R26,8           ;将显示缓存区充空白
        MOV     R10,R26
        LDI     R26,$6C
        CLR     R27
        LDI     R16,$24
FILP:   ST      X+,R16
        DEC     R10
        BRNE    FILP
        RET
FLFUNC: RCALL   FIL8            ;准备显示 'Func.'
        LDS     R26,$6C
        LDI     R16,$0F         ;'F'
        ST      X+,R16
        LDI     R16,$1E         ;'u'
        ST      X+,R16
        LDI     R16,$17         ;'n'
        ST      X+,R16
        LDI     R16,$40         ;'c.'
        ST      X+,R16
        RET
EXCH0:  LDI     ZL,$14          ;将显示缓存区内容转移 $6C～$73↔$214～$21B
        LDI     ZH,2
        LDI     XL,$6C
EXL:    LD      R16,X
        LD      R17,Z
        ST      X+,R17
        ST      Z+,R16
        CPI     R26,$74
        BRNE    EXL
        RET
MOVE1:  LDI     ZL,$14          ;将显示缓存区内容传送到 $214～$21B
        LDI     ZH,2
        LDI     XL,$6C
MV1:    LD      R16,X+
        ST      Z+,R16
        CPI     R26,$74
```

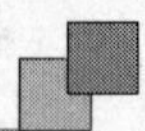

```
        BRNE    MV1
        RET
```

4.2 EEPROM 读/写子程序

在 1.17 节里已详细说明 AVR EEPROM 读出和写入的方法和过程，由此便可编出以查询方式读/写 EEPROM 的子程序。

4.2.1 EEPROM 读出子程序 REEP

该子程序中以数据指针寄存器 Y 指向 EEPROM 地址(首地址＄100)，以数据指针寄存器 X 指向数据存放区地址(首地址＄60)。首先查是否有 EEPROM 正在写入过程中，如是，等待写入结束再读。先将读出单元地址装入 EEPROM 地址寄存器，设置控制寄存器中读出允许位后，数据便被装入 EEPROM 数据寄存器 EEDR 中，从此处将数据取出，送入 SRAM，调整 X、Y 指针，循环执行读出，直到整块 EEPROM 数据读完。

清单 4-5 EEPROM 读出子程序

```
REEP:   LDI     YH,1
        LDI     YL 0                ;EEPROM 读出首地址：＄100
        LDI     XL,＄60             ;读出数据存放首地址：＄60
        CLR     XH
REEP1:  SBIC    ＄1C,1              ;查 EEWE 位，EEWE = 1 为当前尚有写入操作未结束
        RJMP    REEP1               ;等待 EEWE = 0
        OUT     ＄1F,YH
        OUT     ＄1E,YL             ;读出地址写入 EEPRO 地址寄存器
        SBI     ＄1C,0              ;设置读出使能位(EERE)
        IN      R16,＄1D            ;从 EEPROM 数据寄存器中读出数据
        ST      X + R16             ;存入缓存区
        INC     YL
        BRNE    REEP1               ;
        INC     YH
        CPI     YH,2                ;EEPROM 最末数据(地址为＄1FF)读完?
        BRNE    REEP1
        RET
```

4.2.2 查询写入 EEPROM 子程序 WEEP

写 EEPROM 时，数据传送方向与读相反。以 Y 指针指向 EEPROM 写入单元，首地址＄100；以 X 指针指向写入数据存储单元，首地址＄60。首先查是否有 EEPROM 正在写入过程中，如是，等待写入结束再写。若目前有 Flash 正在写入时应轮询等待其完成后才能进行对 EEPROM 的写入操作。设置 EEPROM 地址寄存器，从 SRAM 中读出欲写入数据，写入 EEPROM 数据寄存器 EEDR 中。首先置位总写入使能位，再置位写入使能位。调整数据指针，执行循环写入，直到将所有规定写入数据写完为止。

EEPROM 的典型写入时间为 8.5 ms,当数据块较大,以查询方式写入将占用过多机时。

清单 4-6　EEPROM 写入子程序

```
WEEP:  LDI     YH,1
       LDI     YL 0            ;EEPROM 写入之首地址:$100
       LDI     XL,$60          ;写入数据存储区首地址:$60
       CLR     XH
WEEP1: SBIC    $1C,1           ;查 EEWE 位,EEWE=1 为当前尚有写入操作未结束
       RJMP    WEEP1           ;等待 EEWE=0
       OUT     $1F,YH
       OUT     $1E,YL          ;送写入地址到 EEPRO 地址寄存器
       LD      R16,X+          ;取写入数据并调整数据指针
       OUT     $1D,R16         ;送到 EEPROM 数据寄存器
       SBI     $1C,2           ;设置 EEPROM 写入总使能位 EEMWE
       SBI     $1C,1           ;设置 EEPROM 写入使能位 EEWE
       INC     YL
       BRNE    WEEP1
       INC     YH
       CPI     YH,2            ;EEPROM 最末写入单元地址为$1FF
       BRNE    WEEP1
       RET
```

4.2.3　以中断方式写入 EEPROM 程序

以中断方式写入 EEPROM(对 MEGA8535/8515/16/128 等),可克服查询方式占用过多机时的缺点,并可在线写入。

运作过程特点如下:

(1) 主程序初始化时设置 EEPROM 就绪(ready)中断使能位和中断总使能位以及数据指针。

(2) 在主程序中写入第一个字节,写入完成后引起就绪中断,其他写入在中断服务中完成。

(3) 本程序为一写入特例,写入地址为＄100——＄1FF,可作适当修改(如设块长计数器等)。

(4) 为防止高优先级中断破坏写入过程,中断服务中不允许中断嵌套,即保证在写入 EEPROM 总控制位 EEMWE 后的 4 个主振时钟 CLK_{MCU} 里完成写入 EEPROM 使能位 EEWE。

(5) 本例为简化程序只以查询写入地址循环作为背景程序,实用时可改为具体的背景程序。

(6) 因写入 EEPROM 不能与写入 FLASH 同时进行,必须首先确信目前 FLASH 写入完毕;如能确信当前系统没有 EEPROM/FLASH 正在写入,可删除对其进行查询部分,否则必须查询等待。

本程序中,“WDON:RJMP　WDON”是组成主循环程序的唯一一条指令。

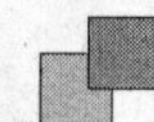

清单 4－7　中断写入 EEPROM

```
STWEEP:  LDI    R16,HIGH(ramend)
         OUT    SPH,R16
         LDI    R16,LOW(ramend)
         OUT    SPL,R16
         SBI    EECR,3              ;设置 EEPROM 就绪(ready)中断使能位 EEIE
         CLI                        ;禁止中断总使能/若经通电启动,已清除 I,该指令可省略
         RJMP   SRTW
         .ORG   $001E
         RJMP   EERDY               ;MEGA16 EEPROM 就绪(ready)中断向量
         .ORG   $002A
SRTW:    LDI    YH,1
         LDI    YL 0                ;EEPROM 写入首地址:$100
         LDI    XL,$60              ;源数据块首地址:$60
         CLR    XH
         RCALL  WREEP               ;写入第一个字节,($60)->$100,写入完成后,EEWE=0 时
         SEI                        ;等写入操作完成后才设置中断总使能
         INC    YL                  ;调整写入地址指针
HHWEEP:  TST    YL
         BRNE   HHWEEP
         CPI    YH,2                ;写入地址达到$200 后,写入完成
         BRNE   HHWEEP
         CBI    EECR,3              ;禁止 EEPROM 就绪(ready)中断
WDON:    RJMP   WDON                ;踏步
EERDY:   IN     R6,SREG             ;中断服务不开放中断(不设 SEI 指令)
         PUSH   R16
         RCALL  WREEP               ;写入一个字节
         INC    YL
         BRNE   WRETI
         INC    YH                  ;EEPROM 末地址为$1FF
WRETI:   POP    R16
         OUT    SREG,R6
         RETI
WREEP:   SBIC   EECR,EEWE           ;当前有 EEPROM 写入操作?
         RJMP   WREEP               ;有则等待写入完成
         PUSH   R17
WREEP2:  IN     R17,SPMCSR          ;FLASH 控制与状态寄存器
         SBRC   R17,0               ;查 SPMEN 位,0 为 FLASH 写入已完成
         RJMP   WREEP2              ;当前有 FLASH 写入操作?,有则等待写入完成
         OUT    EEARH,YH
         OUT    EEARL,YL            ;写入地址送入 EEAR
         LD     R17,X+              ;取数据,调指针
         OUT    EEDR,R17            ;数据写入 EEPROM 数据寄存器
         SBI    EECR,2              ;设置 EEPROM 写入总控制位 EEMWE
         SBI    EECR,1              ;设置 EEPROM 写入使能位 EEWE
```

```
        POP     R17
        RET
```

4.3 输入输出子程序

4.3.1 时钟日历芯片 OKI MSM 62×42×的读/写子程序

ATmega8535/16 有定时器/计数器 2 即 T/C2,可用做实时钟,但 ATmega8515 等没有 T/C2。这时可采用实时钟芯片 RTC62×42×,将其与不断电 SRAM 一起用备用电池供电,为系统提供实时钟,参见图 4.32。

1. 62×42×主要特点

- 数据及地址总线皆为 4 位,与 4/8 位机接口方便。
- 有读、写、片选等输入信号,内置晶振、透明型锁存器,锁存地址信号的方式灵活,可用 ALE 信号锁存,也可将 ALE 引脚接电源 V_{CC},让地址信号穿透锁存器直接输出。
- 读、写时冻结 64×42×,不用查忙。
- 自动闰年处理。
- ±30 s 误差调整。
- 单电源,不断电备用电池电压 2.4 V。

2. 寄存器分配

MSM62×42×共有 16 个寄存器,由图 4.32 可知 62X42X 的地址空间为 \$4000～\$400F,其中时钟日历单元共 13 个,地址从 \$00～\$0C,分别为秒个位及十位、分个位及十位、时个位及十位、日个位及十位、月个位及十位、年个位及十位和星期单元;控制寄存器有 3 个,地址从 \$0D～\$0F,分别为 D、E 和 F 寄存器。它们的作用是冻结计数器,使 MSM62×42×能正确进行时钟日历的读/写、使能中断、设置中断间隔、设置 12/24 小时制以及±30 s 误差调整等。时钟日历读/写子程序清单如下:

清单 4-8 时钟日历芯片 62×42×读/写程序

```
;时钟日历数据读入到显示缓存区 $6C～ $73
;USE 8515! 使用 DSPA 子程序
.EQU    RTCH = $40                      ;RTC 地址高 8 位
RDATE:  RCALL   BSYT                    ;初始化,兼冻结 RTC
        LDI     XL,$6D                  ;数据缓存区首地址
        LDI     YL,$06                  ;首指日单元
RDLP:   LD      R16,Y+                  ;$6B 6C 6D   6E 6F 70   71 72 73
        ANDI    R16,15                  ;     2 9(D) - 1 0(M) - 0 2(Y)
        CPI     R16,10
        BRCS    RDL1
        ANDI    R16,$7F                 ;容错处理
RDL1:   ST      X,R16$
        DEC     R26
        CPI     R26,$6B
```

```
        BRNE    RDLP1
        LDI     XL, $70
RDLP1:  CPI     R26, $6E
        BRNE    RDLP2
        LDI     R16, $14            ;送'-'到$6E单元
        ST      X,R16
        LDI     XL, $73
RDLP2:  CPI     R26, $71
        BRNE    RDLP
        LDI     R16, $14
        ST      X,R16               ;送'-'到$71单元并结束子程序
RDINVL: RJMP    WCRT

RTIME:  RCALL   FIL2                ;清除缓存区
        RCALL   BSYT
        LDI     XL, $73
        LDI     YL, $02             ;指向分单元(只读时分)
RCL:    LD      R16,Y+
        ANDI    R16,15
        CPI     R16,10
        BRCS    RCL0
        ANDI    R16, $7F            ;容错处理
RCL0:   ST      X,R16
        DEC     R26
        CPI     R26, $71
        BRNE    RCL1
        LDI     R16, $14            ;写入'-'
        ST      X,R16
        DEC     R26
RCL1:   CPI     R26, $6E            ;$6C 6D 6E 6F 70 71 72 73
        BRNE    RCL                 ;        1  6  -  3  5
        CLR     R16
        ST      Y,R16
        LDS     R17, $9FFB          ;时制存储单元
        LDS     R16, $6f
        SWAP    R16
        LDS     R15, $70
        ADD     R16,R15             ;合成小时
        SUBI    R16, $24            ;模24
        RCALL   SUDAA               ;BCD码减法调整
        BRCC    RCL2                ;够减,转
        SUBI    R16, -36            ;否则恢复被减数
RCL2:   CPI     R17,2
        BRNE    PRTD1               ;24小时制,转
        SUBI    R16, $12
```

```
        RCALL   SUDAA
        BRCC    PRTD1           ;12 小时制处理
        SUBI    R16,-18
PRTD1:  MOV     R17,R16
        SWAP    R16
        ANDI    R16,$0F
        ANDI    R17,$0F
        STS     $6F,R16
        STS     $70,R17         ;小时数据送入显示区
        RJMP    WCRT

WDATE:  RCALL   WRTC            ;将显示缓存区中日期数据写入 RTC
        LDI     XL,$6F
        LD      R16,X
        CPI     R16,10
        BRCC    WDRT            ;非法数据,退出
        LDI     YL,6
WDLP:   LD      R16,X
        DEC     R26
        CPI     R16,$24         ;SPC?
        BRNE    WD0
        CLR     R16             ;变为 0
WD0:    ST      Y+,R16
        CPI     R26,$6D
        BRNE    WD1             ;$6D 6E 6F    70 71    72 73
        LDI     XL,$71          ;      2  9(日) 1  1(月) 0  2(年)
        RJMP    WDLP
WD1:    CPI     R26,$6f
        BRNE    WD2
        LDI     R26,$73
WD2:    CPI     R26,$71
        BRNE    WDLP
LWDRT:  RJMP    WCRT

WTIME:  RCALL   WRTC            ;将显示缓存区中时间数据写入 RTC
        LDI     R26,$73
        LD      R16,X
        CPI     R16,10
        BRCC    WCRT            ;非法数据,退出
        LDI     YL,2
WLOP:   LD      R16,X
        CPI     R16,$24
        BRNE    WT1
        CLR     R16             ;容错处理
WT1:    ST      Y+,R16
```

```
        DEC     R26
WLP:    CPI     R26,$6F
        BRNE    WLOP            ;$6E 6F 70 71 72 73
WCRT:   CLR     R16             ;       1  5  3  8
        LDI     YL,$0D
        ST      Y,R16           ;解除对 RTC 的冻结
        IN      R16,MCUCR
        CBR     R16,$C0
        OUT     MCUCR,R16       ;禁止读/写外部 RAM
        RET
                                ;对 RTC 初始化/冻结时钟
BSYT:   LDI     YH,RTCH         ;RTC 地址高 8 位
        LDI     YL,$0D          ;指向 D 寄存器
        IN      R16,MCUCR
        SBR     R16,$C0         ;允许读/写外部 RAM 并选一个时钟周期等待时间
        OUT     MCUCR,R16
        LDI     R16,5           ;设置冻结位和中断申请位
        ST      Y,R16
        CLR     XH
BSRT:   RET
                                ;写 RTC 初始化子程序
WRTC:   RCALL   BSYT
        LDI     YL,$0E          ;指向寄存器 E
        LDI     R16,6
        ST      Y+,R16          ;指向寄存器 F
        LDI     R16,1           ;设置时制位
        ST      Y,R16
        LDI     R16,4           ;选 24 小时制
        ST      Y,R16
        CLR     R16             ;清除时制位
        ST      Y,R16
        RJMP    BSYT
```

4.3.2 显示保护程序 DSPRV

有些嵌入式系统应用在长期或长时间无人值守的场合,因此没必要时刻都维持显示;关显也可以延长设备使用寿命,并节省能源。

本显示保护程序以 DSPA 主显子程序为支持,因该子程序已经优化,故本程序短小精悍。

本程序开始执行时即启动看门狗,设置溢出周期为大于 4.63 ms,在循环入口处设置定时常数。用二级寄存器控制调用 DSPA 次数(为 $6583=25 986),调一次 DSPA 约用 4.63 ms(在没有键按下时,每个 DSPA 子程序只调一次 DSPY 子程序,耗时4.63 ms),故定时时间为 4.63 ms×25 986=120 s(外层寄存器内装入 $66,内层寄存器装入 $83)。

本程序功能为:完成程序规定的采样数据的显示更新。若无按键操作达2 min,则关闭显示;若按下关闭显示键(键值为 12),也进入关闭显示状态。关闭显示不是停止显示程序的执

行,只是让它显示空白(段选码为＄24)而已,其仍在按位扫描各 LED,并检查键盘。在此期间按键照常起作用。程序规定,只要按下任一键都会从关闭显示态转出,对功能键、数字键分别处理,之后重新进入显示定时。

正常显示时,除关闭显示键外,任何键按下时,都在执行键功能后(可参看 DEALKY 程序)转 2 min 定时初始化处。程序中的显示更新数据,可取自模数转换(见 4.7.1 小节,或其他数据采集处理,如 4.9.1 小节:AVR 频率计程序中的频率量)结果,将其翻为十进制数送入显示缓存区显示。本例为演示数据变化,采用将显示缓存区内数据不断加 1 的方法,表现为一个 8 位的不断增 1 的计数过程。

DSPA 子程序调用的 DSPY 子程序中有复位看门狗的指令,复位周期为0.462 s。主程序中若以调 DSPA 为背景程序,则不必对看门狗再作管理。

可依不同应用场合设定看门狗溢出周期并同时修改复位看门狗周期,后者由计数器 R2 对调用 DSPY 子程序的计数次数决定(见 DSPY 子程序即清单 4-12)。

清单 4-9　显示保护子程序/晶振 4 MHz

```
DSPRV:  LDI     R16,HIGH(ramend)
        OUT     SPH,R16
        LDI     R16,LOW(ramend)
        OUT     SPL,R16
        CLR     R2                      ;调 DSPY 次数寄存器清除
        WDR
        LDI     R16,$0D                 ;启动看门狗,溢出时间为 0.49 s
        OUT     WDTCR,R16               ;写入看门狗控制寄存器
        CLR     XH
        LDI     XL,$6C
DSPVL:  ST      X+,XH                   ;清显示缓存区($6C~$73)
        CPI     XL,$74
        BRNE    DSPVL
DSPV0:  LDI     R16,$66
        MOV     R9,R16
        LDI     R16,$82                 ;$6582 = 25 986,高位字节增 1 为 $66
        MOV     R10,R16                 ;调 25 986 次 DSPA 耗时 120 s
DSNEX:  LDI     XL,$74                  ;将显示区十进制数据增 1 以演示数据变化
DSLOP:  LD      R16,-X                  ;实用时可以采样数据更新显示(参考清单 96)
        INC     R16
        ST      X,R16
        CPI     R16,$0A
        BRNE    DSPRV1
        CLR     R16
        ST      X,R16
        CPI     R26,$6C
        BRNE    DSLOP                   ;增 1 后如有进位则调整
DSPRV1: DEC     R10
        BRNE    DSPGN
        DEC     R9
```

```
        BRNE    DSPGN               ;2 min定时到?
DSCLOS: RCALL   FIL2                ;将显示缓存区充入空白($24)
        RCALL   DSPA                ;其效果相当于关闭显示
        SBRC    R16,7
        RJMP    DSCLOS
        RJMP    DLFUNC              ;有键按下,转出;否则继续关闭显示
DSPGN:  RCALL   DSPA                ;未到,显示数据
        SBRC    R16,7
        RJMP    DSNEX               ;无键按下,继续显示

DLFUNC: CPI     R16,12              ;关显键键值为12
        BEEQ    DSCLOS              ;关显键按下,转关闭显示
        ;.
        ;.
        ;.
        ;.
        ;(其他键值处理,参考清单26 DEALKY程序)
        RJMP    DSPV0               ;执行功能后转入2 min定时
```

4.3.3 键处理程序 DEALKY

本程序为键值(即调用 DSPA 子程序带回之功能键/数字键键值)处理程序,在不同的层次中可对各键功能重新定义(实现功能扩展:即数字键可作为功能键,功能键也可改为数字键等)。本程序中对功能键的处理采用了常用的散转处理法,即将功能键按键值由小到大排列组成一个散转表,该表以一系列相对转移指令(长度为1字节的 RJMP)构成,以最小功能键(键值为10)相对转移指令地址为该表的首地址,作为间接转移指令的基地址,以功能键键值与10之差(偏移量)与该基地址相加赋值Z指针,再以间接转移指令 IJMP 跳入散转表,最后跳转至相应的执行功能程序。若散转表以长度为2字节的 JMP(mega16)构成,则应以基地址与偏移量*2之和赋值Z指针,再执行 IJMP 跳转指令。

当要处理的功能键较多时,利用散转处理法可简化程序,加快转移速度;当功能键较少时,也可采用依次与键值比较的方法检测功能,转入相应功能的处理。

本程序对 DSPRV 程序提供支持,可作为 DSPRV 的一部分,也可独立使用。

本程序在开始处启动看门狗电路,由 DSPY 子程序控制复位看门狗的周期(若作为 DSPRV 程序的一部分,可省去启动看门狗)。

进入本程序第一层次,调用 DSPA 子程序,如无按键,维持原来显示;如有键按下,判断是数字键还是功能键,进入第二层次,分别对数字键或特定功能键进行处理。

数字键:调用输入数字序列左移处理子程序 LSDD8,配合调用 DSPA 子程序,将依次输入的数字左移形成数字序列并显示。此段程序中,定义了清除键(键值为10)和回车键(键值为11)。按清除键,则清除输入的数字序列,再重新输入。按回车键,对输入数字进行处理(如将其翻为二进制数,转入内存等),之后返回第一层次。这段程序中,只有数字键(0~9)、清除键和回车键为有效键,其他键皆无效。

特定功能键:以其键值对应散转表中的不同转移指令,转移到不同的处理程序中执行特定

功能,之后返回本程序的第一层次。

本程序中的第一层次称为主循环程序,因为在没有按键操作(或未执行中断服务例程)时系统总是在执行该程序,占据系统绝大多数运行时间;第二层次中对数字键和对各种特定功能键的处理则都称为子循环程序。系统初始化后若开放中断则发生中断事件并得到响应时由硬件保存断点,从主循环程序或子循环程序中转出,执行规定的中断服务例程之后,仍返回到相应的主(子)循环程序(从哪里来回到哪里去)。

在最简应用场合,主循环程序只含有一条指令——返身循环指令,即 WDON: RJMP WDON(见 4.2.3 小节:以中断方式写入 EEPROM 程序),而且不存在子循环程序。

清单 4-10　键值处理程序

```
DEALKY:  LDI     R16,HIGH(ramend)
         OUT     SPH,R16
         LDI     R16,LOW(ramend)
         OUT     SPL,R16
         CLR     R2                          ;调 DSPY 次数寄存器清除
         WDR
         LDI     R16,$0D                     ;启动看门狗,溢出时间为 0.49 s
         OUT     WDTCR,R16                   ;写入看门狗控制寄存器
DEALK0:  RCALL   DSPA
         SBRC    R16,7
         RJMP    DEALK0                      ;无键按下,反复查询
         CPI     R16,10
         BRCC    FNCKY                       ;功能键按下,跳转
         RCALL   FIL2                        ;键值<10 为数字键,先清除显示缓存区
NUMKY:   RCALL   LSDD8                       ;8 位数字左移,新键值加入序列尾
DSLP:    RCALL   DSPA
         SBRC    R16,7
         RJMP    DSLP                        ;无键按下,继续显示
         CPI     R16,11
         BRCS    NUMKY
;键入数字形成左移序列/按清除键则清除所有键入数据
         BRNE    DSLP                        ;键值大于 11 无效
         ;.
         ;.
;11 为回车键,对键入数字进行处理(如将其两两合并为 BCD 码,再转为二进制数等)
         RJMP    DEALK0                      ;转回

FNCKY:   SUBI    R16,10                      ;功能键散转处理,先计算键值偏移量
         LDI     R31,HIGH(FKYTB)
         LDI     R30,LOW(FKYTB)              ;散转表表首
         ADD     R30,R16
         CLR     R16
         ADC     R31,R16                     ;偏移量加入指针
         IJMP                                ;散转
```

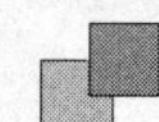

```
FKYTB:  RJMP    CLTTL               ;10:清除累加和
        RJMP    DSTTL               ;11:显示累加和
        RJMP    DSCLS               ;12:关闭显示
        RJMP    SLFTS               ;13:自检
        RJMP    FDPAP               ;14:打印机走纸
        RJMP    PRSMP               ;15:打印采样
        RJMP    PRTTL               ;16:打印累加和
        RJMP    DSCLK               ;17:显示系统时钟
        ;..............            ;.........
        ;..............            ;.........

CLTTL:  ;..............            ;程序内容略
        ;..............
        RJMP    DEALK0              ;程序执行完毕,转回
DSTTL:  RCALL   BRTTL               ;分解累加和送显示缓存区
        RCALL   DSPA                ;显示累加和
        SBRC    R16,7
        RJMP    DSTTL               ;任一键按下,结束显示累加和
        RJMP    DEALK0              ;程序执行完毕,转回
DSCLS:  RJMP    DSCLOS              ;转去关闭显示
SLFTS:  ;..............
        ;..............
        RJMP    DEALK0              ;程序执行完毕,转回

FDPAP:  ;..............
        ;..............
        RJMP    DEALK0              ;程序执行完毕,转回
PRSMP:  ;..............
        ;..............
        RJMP    DEALK0              ;程序执行完毕,转回
PRTTL:  ;..............
        ;..............
        RJMP    DEALK0              ;程序执行完毕,转回

DSCLK:  RCALL   BRCLK               ;分解系统时钟送入显示缓存区
        RCALL   DL1S                ;延时 1 s
        RCALL   DSPA                ;显示时钟
        SBRC    R16,7               ;任一键按下,结束显示时钟
        RJMP    DSCLK               ;
        RJMP    DEALK0              ;程序执行完毕,转回
        ;..............
        ;..............            ;其他功能键处理略
        ;..............
```

4.3.4 计算键值——LED 显示管理子程序 DSPA 和 DSPY

本程序是对简易键盘和显示管理进行优化设计的程序。功能表程序、显示保护程序、键处理程序等都由 DSPA 提供支持。图 4.5 为与之配合的电路图。

DSPA 子程序对本章多种实用程序,如功能数据表、显示保护程序、功能键散转处理、日历时钟芯片数据读写、电脑钟初始值的设置、AVR 测频率以及 DS18B20 多点测温显示等程序都提供支持。

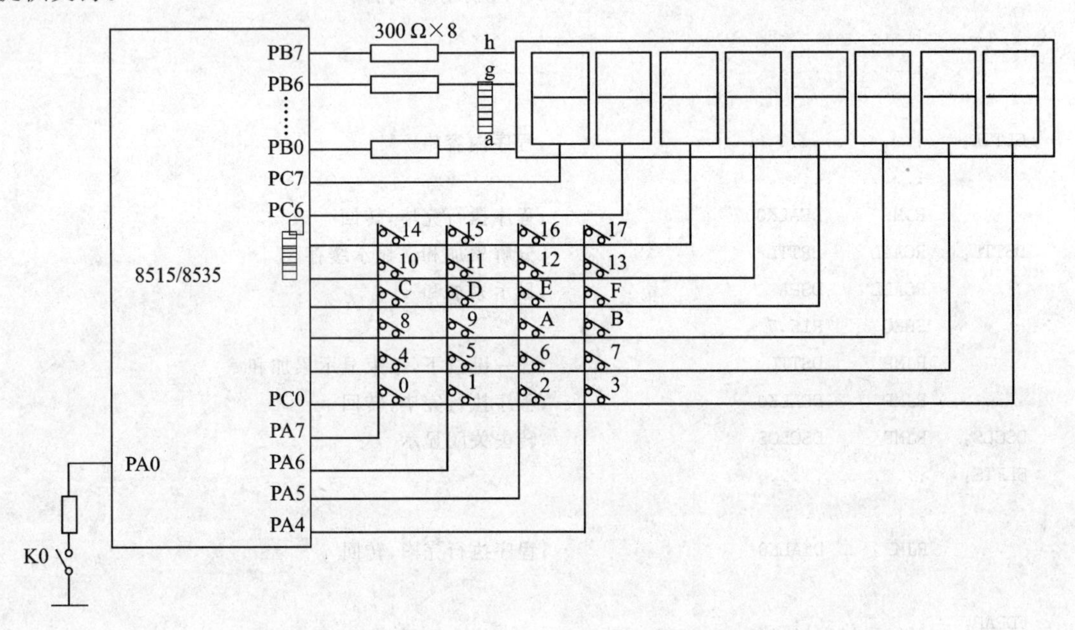

图 4.5 LED 显示器及键盘接口

本程序设计特点为:将显示扫描、计算键值、查键释放和测试去抖等功能分配给整体控制和具体管理两个子程序来完成,并采用流水线作业法,从而彻底解决旧式简易键盘低速的查键释放和去抖与显示稳定之间的矛盾,同时也解决了由于上述原因导致按键响应必然慢的弊病。主程序在调用 DSPA 子程序时,除以相等时间延时扫描各位 LED,维持其稳定显示外,返回后还由 R16 带回键值。对其最高位测试便可知是否有键按下,如进一步将键值与立即数比较,可确定是数字键还是功能键按下或是哪个功能键按下等。另外,将定时清除看门狗定时器功能也设在 DSPY 子程序中。

本程序占用 AT90S8515/8535 单片机的 B 口、C 口和部分 A 口(PA7～PA4),其中 B 口为段选驱动,C 口为位选驱动(用 8 只共阴极 LED),PA7～PA4 为键列值读入口,不须使用上拉电阻。PA0 为一接地开关(功能表用)。键盘采用 4 列×6 行(最大可扩展为 8×8)阵列,不须使用驱动元件。程序特点如下:

① 仍延用简易键盘中以 LED 位选驱动兼作键盘行值的方法,以节省资源,但摒除了去抖和查键释放时的延时关闭显示,使按键操作和无键按下时一样稳定显示。

② 采用主显子程序 DSPA 和基显子程序 DSPY 相配合的方法。执行 DSPY 子程序,将每位 LED 都扫描一遍,完成一次显示循环,并带回键值。DSPA 子程序采用多次调 DSPY 的方法,达到查键释放和去抖并维持稳定显示的目的。

③ DSPY 子程序中还加了记录 DSPY 被调次数计数器 R2(在主程序中启动看门狗时应将 R2 清除),当达到 100 次时即复位看门狗一次,并将 R2 重复清除。故当以调用 DSPA 作为背景程序(主循环程序)时,具有周期性复位看门狗功能。当 CPU 时钟为 4 MHz 时,复位看门狗周期为 4.63 ms。主程序应设看门狗溢出周期大于 4.63 ms;也可将看门狗是时器溢出周期修改长一些,在调若干次 DSPY 子程序后再复位看门狗。

④ 以流水线作业法查算键值,判断键释放及去抖:在按键前沿抖动时即将键值查算出(插在位选延时中进行,计算键值勿须等待按键稳定),一旦调 DSPA 子程序从前沿抖动的"毛刺缝隙"中返回,马上执行按键功能(响应快、实时性强),而将查键释放和去抖交给主程序中再次调 DSPA 时解决。在查键释放和去抖完成后带回新的键值;键未释放及去抖时,DSPY 中查到有键按下,则不断将计数器 R12 增 1,待返回 DSPA 后以计数器内容确定调 DSPY 的次数,等待键释放或去抖。实践证明,传统的以软件延时滤除按键前,后沿毛刺的做法是完全多余的,在 DSPY 中无论何时查到有键按下即计算键值总是正确的。

⑤ 不采用对行、列值编码查算键值代码的麻烦做法,以行、列值直接计算键值代码,再查 ROM 表转换为键值;小键盘可不查表,以行、列值直接计算键值。

⑥ 定义的显示字符丰富,可显示带或不带小数点的数字、符号以及大、小写字母等。

基显子程序 DSPY 与一般的显示程序一样,采用段选与位选相配合的方法,段选口共用,按位扫描驱动 LED 发光。以位选驱动作为键盘行值,以 PA7～PA4 读回列值,配合行值计算键值代码,再按 TABL0 表格查出键值并以 R16 带回该值(简化处理时可以键值代码直接作为键值)。因 DSPY 子程序在一开始即将键值置空(255),故无键按下时,R16 带回键值 $FF;有键按下时(R16)＜24,可用 R16 最高位判断有无键按下,有键按下时将计数器 R12 增 1,以备主显子程序中判断键释放。DSPY 子程序被调用一次,则每只 LED 都被扫描一次,被点亮的字段发光,最后关闭显示并带键值返回。

位选延时可在 0.5～2 ms 之间选择,以达到较佳显示效果。若位选延时过短,则显示程序中与位选无关部分的执行时间(具不确定性)与位选时间相比不可忽视,影响显示稳定;若位选时间过长,不但影响显示更新速度,也可能影响按键反应速度,并有闪烁感觉(特别是当观测者与显示器有相对运动时)。DSPY 子程序的执行时间主要取决于位选延时和 LED 的位数(每位延时×位数),约 4.63 ms。

DSPA 为主显子程序,其功能主要为调 DSPY 子程序,得到返回的键值,延时等待键释放及去抖(当查到上一次调 DSPA 键未释放时),并在此期间内维持稳定显示。如键一直按着,则 DSPA 反复调 DSPY 等待放开,这也是简易键盘的缺点(其正面是节省了中断源)之一,但操作上也无长时间按键之必要!

以键值代码按表格查求键值的方法,可使功能、数字键重新排列位置,实现方便按键操作的目的。一般大一些的键盘都这样做,但小键盘无此必要,同时也省去一个 ROM 表。

与一般的键盘扫描运作不同,DSPY 子程序不是先总体查键,当查到有键按下时再逐行逐列扫描找到按键在键阵列中的位置。而是预设空键值,有、无键按下照样逐行逐列扫描键盘,当查到有键按下时即计算键值并以其取代空键值。但此后并不提前结束该子程序,仍与无键按下时一样继续扫描,直到完成最后一位扫描才关显退出,保证在调 DSPY 子程序时每位 LED 都被等时间地点亮一次,维持了显示的稳定性。

主程序中要显示某些数据时，将其代码装入显示缓存区（＄6C～＄73)内，最高有效位之前的 0 可用空码＄24 代替(不显示)。调用 DSPA 子程序，如无键按下，反复调用 DSPA 子程序维持稳定显示(作为主程序中的背景程序)；当有键按下时，如为数字键，配合左移子程序 LSDD8(见 4.3.5 小节)进行显示更新；如为功能键，启动相应功能(如关闭显示、打印、清除数据等，见 4.3.3 小节)，执行功能完毕后，一般仍返回背景程序。

DSPA 既可作为背景程序中调用的子程序，又可在主程序/子程序中需要键控和显示的任何地方被调用。在进入不同的程序段中调用 DSPA(也可调 DSPY，但不具备查键释放、去抖功能，须另做处理)，可对数字键、功能键重新定义，实现键功能的扩展，并兼有周期性地复位看门狗——对看门狗进行管理的功能。

本程序中也可定义复合按键功能，但因是简易键盘，若双键同时按下难以区分先后，故最好定义按键先后次序。DSPY 行扫描顺序是从上到下，查询列值顺序是从左至右，故上面第一行最先被扫描，而左上角那个键最先被查询。因此，最好将复合功能的第一按键放在第一行上，将第二按键定义在其他行上，并要依按键先后次序存储两个键值。

若系统中还有一个低速设备，如 CPU 还要管理一个打印机，则二者时间上发生矛盾，这时可以一个 CPU 专门管理打印机，两 CPU 之间以中断方式交换信息，也可采用带中断功能的键盘，但要对查键、显示程序进行修改。

DSPA 子程序的最后部分是为从功能表操作返回主程序所设(见 4.1.2 小节)，如应用系统不需要功能表格，可将该部分删去。

对于较大应用系统，本显示程序可不占用 A、B、C 三个多功能口，应采用 AT90S8515 单片机(可完整地取代 89C51/52 单片机)，扩展三个 8 位口。其中用 2 片 74LS377 替代 B 口、C 口，以一片 74LS244 取代 PA7～PA4(读键盘列值)。可采用一片译码器 74LS138(139)，以其输出给扩展口分配地址。当然此时应对 MCUCR 等寄存器进行设定，以使外部 SRAM 或扩展口读、写有效，并对位选加驱动器。如一组 LED 显示器不够用，可再扩展一输出口(用 74LS377)作为第二组 LED 的段选驱动，位选与第一组共用驱动。第一组 LED 主要用于指示功能名称，第二组主要用于显示数据。

也可以采用廉价单片机(例如 AT89C51)设计为智能化键盘管理 LED 显示功能模块(类似 7279)，还可以该单片机的丰富资源增加其他方面的功能内容。该智能化键盘管理 LED 显示模块以中断方式与主 MCU 交换数据，这样主 MCU 就可将对键盘的查询管理转移到其他慢速设备之上。例如，以软件延时方式产生控制异步电机的时序脉冲(见 4.3.10 小节：步进电机控制程序)。

DSPA 子程序(清单 27)下面附带的 DL2S、DL1S 是两个延时分别为 2 s、1 s 的子程序，它们都以调用 DSPA 子程序、耗时 4.63 ms 为基本延时单元，改变调用 DSPA 的次数，可实现任意长时间延时(软件定时)，同时还可兼顾显示某些特定符号、数据，并可加入按键提前退出延时功能。

下面是在延时 1 s 子程序 DL1S 基础上修改成的延时 n 秒子程序，还加了监视键盘功能，在延时过程中如有键按下即退出延时；否则，执行 n 秒延时完毕后才结束子程序。调用完该子程序后可查 R16 内容，判断是否有键按下，或是哪个键按下，依此决定调用该子程序后程序之走向。

以下是延时 n 秒子程序：

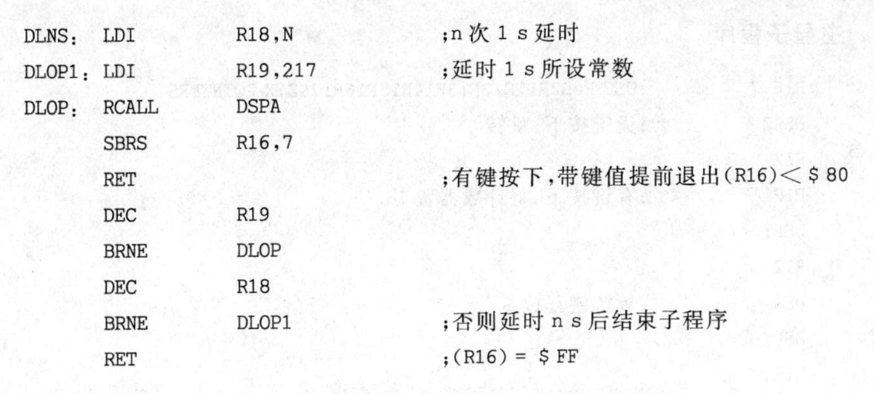

```
DLNS:   LDI     R18,N           ;n 次 1 s 延时
DLOP1:  LDI     R19,217         ;延时 1 s 所设常数
DLOP:   RCALL   DSPA
        SBRS    R16,7
        RET                     ;有键按下,带键值提前退出(R16)< $ 80
        DEC     R19
        BRNE    DLOP
        DEC     R18
        BRNE    DLOP1           ;否则延时 n s 后结束子程序
        RET                     ;(R16) = $ FF
```

图 4.6 和图 4.7 分别为主显子程序和基显子程序流程图。

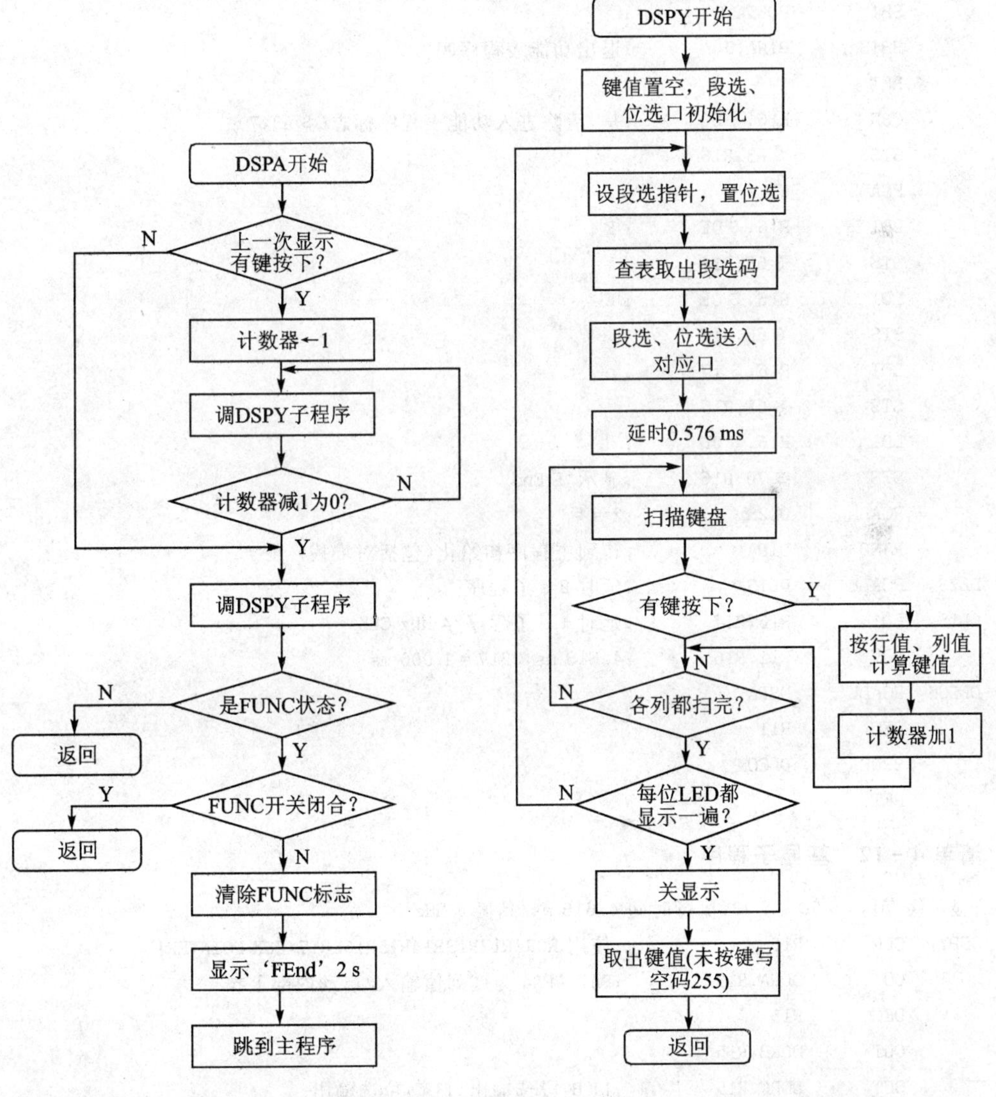

图 4.6　主显示子程序流程图

图 4.7　基显子程序流程图

清单 4-11　主显子程序

```
DSPA:  SBRC    R16,7           ;USE R0R2R11R12R13R14R15R16R17&Z,X POINTERS
       RJMP    DSA2            ;无键按下,跳转
DSA0:  CLR     R12
       INC     R12             ;有键按下,将计数器置 1
DSA1:  RCALL   DSPY
       DEC     R12
       BRNE    DSA1            ;等待键释放
DSA2:  RCALL   DSPY
       LDS     R16,$A3
       SBRS    R16,7           ;有进入功能表程序标志?
       RET                     ;没有返回
       SBI     PORTA,0         ;
       SBIS    PINA,0          ;退出功能表程序吗?
       RET
       CBR     R16,$80         ;是,清除进入功能表程序标志($A3,7)
       STS     $A3,R16
       RCALL   FIL2
       LDI     R16,$0F         ;'F'
       STS     $6C,R16
       LDI     R16,$0E         ;'E'
       STS     $6E,R16
       LDI     R16,$17         ;'n'
       STS     $6F,R16
       LDI     R16,$0D         ;'d'
       STS     $70,R16         ;显示'F End'
       RCALL   DL2S            ;2 s 后
       RJMP    DIPA1           ;转到主程序初始化(包括对堆栈)
DL2S:  RCALL   DL1S            ;延时 2 s 子程序
DL1S:  LDI     R16,217         ;延时 1 s 子程序/4 MHz CLK
       MOV     R11,R16         ;4.618 ms×217 = 1 000 ms
DLCOM: RCALL   DSPA
       DEC     R11
       BRNE    DLCOM
       RET
```

清单 4-12　基显子程序

```
;显示缓存区:$6C～$73,执行时间 4.618 ms/晶振 4 MHz
DSPY:  CLR     R15             ;使用 R0R2R12R13R14R15R16&R17/Z&X POINTER!
       OUT     DDRA,R15        ;PA7～PA4 为键列值输入/启动内部上拉
       DEC     R15
       OUT     DDRB,R15
       OUT     DDRC,R15        ;口 B:段选输出,口 C:位选输出
       OUT     PORTC,R15       ;关闭显示
DPY1:  LDI     R26,$6C         ;指向显示缓存区首址:$6C
```

```
        CLR     R27
        LDI     R17,$7f
        MOV     R13,R17             ;位选初始化(首显最高位)
LOD:    LD      R17,X+
        LDI     R31,HIGH(table*2)
        LDI     R30,LOW(table*2)
        ADD     R30,R17
        ADC     R31,R27
LOC:    LPM     ;取段选码
        OUT     PORTB,R0            ;送段选口
        OUT     PORTC,R13           ;位选口
        SEC     ;
        ROR     R13                 ;指下一位位选
        LDI     R17,3               ;4 MHz (6 if 8 MHz)
        CLR     R14
DLOP:   DEC     R14
        BRNE    DLOP
        DEC     R17
        BRNE    DLOP                ;延时 0.576 2 ms
        LDI     R16,$F0
        OUT     PORTA,R16           ;提拉 PA7～PA4
        IN      R14,PINA            ;读入列值
NEX:    ROL     R14                 ;use high 4bits!
        BRCC    L1                  ;有键按下,转
NEX1:   INC     R17                 ;下一列
        CPI     R17,4
        BRNE    NEX                 ;各列都查完?
NEX2:   SER     R17
        OUT     PORTC,R17           ;将$FF写入位选口(关显)
        CPI     R26,$74
        BRNE    LOD                 ;每位 LED 都显示一遍?
        MOV     R16,R15             ;YES,传送键值
        INC     R2                  ;增一调 DSPY 次数寄存器
        MOV     R17,R2
        CPI     R17,100             ;到 100 次?
        BRNE    NEX3
        CLR     R2
;清除看门狗定时器时间到寄存器/4.618 ms×100 = 0.462 s(<0.49 s)
        WDR                         ;看门狗定时器复位
NEX3:   RET
L1:     LDS     R16,$73             ;计算键值代码/查键值
        SUB     R16,R26             ;$73-(R26)→R16
        LSL     R16
        LSL     R16                 ;行值×4
        ADD     R16,R17             ;键值代码=行值×4+列值
```

```
         LDI     R30,LOW(TABL0 * 2)
         ADD     R30,R16
         LDI     R31,HIGH(TABL0 * 2)
         ADC     R31,R27
LA00:    LPM                        ;查出键值
         MOV     R15,R0             ;放在 R15
LA10:    INC     R12                ;计数器增 1 以备判断键释放
         RJMP    NEX1               ;转回查下一列
TABLE:   .DB     $3F,$06,$5B,$4F,$66,$6D,$7D,$07,$7F,$67,$77,$7C,$39 ;0~C
         .DB     $5E,$79,$71,$6F,$74,$04,$1F,$40,$38,$37,$54,$5C
         .DB     $73,$67,$50,$6D,$78,$1C,$3E,$7E,$F8,$6E,$49,$00
         .DB     $48,$52,$D3,$76;$25(=),$26(/)$27(?) END AT $28(H)
         .DB     $BF,$86,$DB,$CF,$E6,$ED,$FD,$87,$FF,$E7;THE 0.($29)~9.($32)
         .DB     $D7,$C9,$80;THE 'X.''Z.'&'.'($33~$35)
         .DB     $DE,$EF,$B8,$F3,$E7,$D0,$DC,$ED,$86,$F9,$B9H,$F7,$F1,$B7,$D4
                 ;the d.,g.,L.,p.,q.,r.,o.,s.,l.,E.,C.,A.,F.,M.,n.(36~44h)
```

4.3.5 键入数字序列左移处理子程序 LSDD8

本子程序是与 DSPA 主显子程序配合使用,将键入数字序列左移规范处理的子程序。

键入数字最多为 8 位数。占用显示缓存区 $6C~$73,键入数字时,首先将缓存区内数据都按减地址左移一位,表现为显示数据依次左移一位(当键入第一个数字时,先清除显示缓存区)再将该数字存入缓存区之末位单元$73。键入数字过程中,若按了清除键(键值 10),则将全部键入数字清除,并建立标志。当有数字键按下后,该标志便被清除。键入数字超过 8 位,最高位数字被移掉。

键入数字可有多种类型,如十进制数(可改为十六进制数),带或不带符号数,带或不带小数点数等等。

片内 SRAM $A0 用于存储小数点位置单元(0 表示无小数点,即数据为整数,1~4 表示数据小数位数分别为 1~4 位)。数字序列左移之前,将小数点去掉。带小数点的十进制段选码为$29~$32(见 DSPY 子程序段选编码表)。去掉小数点后还原为段选码 0~9,左移完成后再将小数点加上。

接下来子程序对数字序列从高位到低位逐位进行检查:放过空白码($24)和负号($14),将最高有效位之前的 0 充以空白码,遇到带小数点的 BCD 码或非零 BCD 码则结束检查,否则待到指针指向$73 单元时结束检查。在重新加上小数点时若将空白(代码为$24)加上了小数点,则要将它改为带小数点的零即$29,并将其后所有的空白都改为 0。

注意,本子程序的处理方法对数据 0 的显示也是指出小数点位置的,即没有小数位的 0 只显示 0,有一位小数的 0 显示 0.0,有两位小数的 0 显示 0.00 等。

本子程序的使用方法为:在主程序中先调 DSPA 子程序,如有数字键按下,再调本子程序,在显示缓存区内形成数字序列,并以$A0 单元内容指示小数位数的有无:($A0)=0,无小数位;($A0)≠0,按其内容加小数点。

如果只须将键入的数字序列当作整数来处理,可把子程序最后加小数点部分(从标号 DD9 到标号 DDRT 间的指令)去掉。

清单 4-13　键入数字系列左移处理子程序

```
LSDD8:  LDI     R26,$6C         ;8BCD码($6C~$73H)
        LDS     R27,$A3
        CBR     R27,8           ;清$A3,3
        STS     $A3,R27
        CLR     R27
        CPI     R16,10          ;10为清除键
        BRNE    DDL
        RCALL   FIL2            ;清除显示缓存区($6C~$73)!
        LDS     R16,$A3
        SBR     R16,8
        STS     $A3,R16         ;建清除显示缓存区标志$A3,3=1
        RET
DDL:    INC     R26             ;数字键按下,序列左移
        LD      R16,X           ;
        SUBI    R16,$29         ;数字带小数点?
        BRCC    DD4             ;若带则将其复原(参考DSPY子程序段码表)
        SUBI    R16,$D7         ;恢复
DD4:    ST      -X,R16          ;移入左邻单元
DD5:    INC     R26
        CPI     R26,$73
        BRNE    DDL             ;各数字都左移了一位?
        ST      X,R15           ;新键入数字进入数字序列末位
        LDI     R26,$6C
DEL:    LD      R16,X
        CPI     R16,10          ;是BCD码?
        BRCS    DEL2
        CPI     R16,$29
        BRCC    DELRT           ;大于$29为错误!
DELA:   INC     R26             ;0~9/$24/$14为有效!
        CPI     R26,$73
        BRNE    DEL             ;缓存区检查完毕?
        RJMP    DELRT
DEL2:   CPI     R16,0
        BRNE    DELRT
        LDI     R16,$24         ;0改为空白
        ST      X,R16
        RJMP    DELA            ;
DELRT:  LDS     R16,$A0         ;小数点位置单元
        TST     R16
        BREQ    DDRET           ;($A0)=0,无小数点
        NEG     R16
        ADD     R16,$73
        MOV     R26,R16         ;找到缓存区内带小数点的数据位
        LD      R16,X
```

```
        SUBI    R16,$D7         ;加上小数点
        ST      X,R16
        CPI     R16,$4D         ;在空白码加了小数点($24(空白)+$29=$4D)?
        BRNE    STLR1
        LDI     R16,$29
        ST      X,R16           ;是,将其改为'0.'
STLR1:  CPI     R26,$73
        BREQ    DDRET           ;并将其后所有空白都改为0
        INC     R26
        LD      R16,X
        CPI     R16,$24
        BRNE    DDRET
        CLR     R16
        ST      X,R16
        RJMP    STLR1
DDRET:  RET

FIL2:   LDI     R26,8           ;在显示缓存区内填充空白
        MOV     R14,R26
FIL2A:  LDI     R26,$6C
FIL:    CLR     R27
        LDI     R16,$24
FILP:   ST      X+,R16
        DEC     R14
        BRNE    FILP
        RET
```

4.3.6 双键浏览、修改数据子程序 KYIN2

微型设备(如密码锁、微型打印机等)也需要查看内部数据,修改数据或重新输入数据、设置控制功能等,但不需要也不可能带有仪器仪表通常使用的多功能键盘。本程序提供一个只有两个按键的最简键盘——只用 KY1、KY2 两只键,占用 AVR PB7、PB6(可改为其他)口,可对密码、控制码进行浏览或修改,所用显示段选码与 DSPY 子程序使用的相同。采用内部上拉电阻,不用外接。该子程序在调试时可用一只共阳极 LED 监视,使用时可将其去掉,图 4.8 所示。

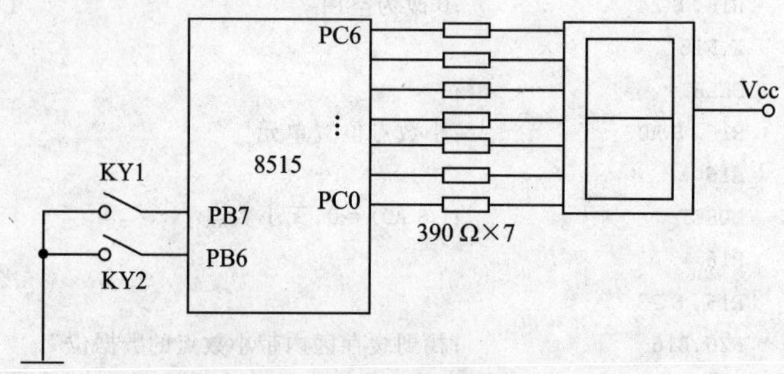

图 4.8 双键操作及 LED 监视

本程序可采用不断电 SRAM 或 EEPROM 来存储数据，也可不保存数据，上电时在主程序初始化中清除数据区。

两个按键中，KY1 用于选择数据，KY2 用于回车。进入该子程序后，首先将数据区的第一个数字取出显示，如不需修改，按 KY2，显示下一个数字；若按 KY1，则每按一次，数字加 1，加到 $A 时归为 0。故按 KY1 键可选 0～9 共 10 个数字，按 KY2 则将所选数字送入内存，数据指针加 1，取出下一数字显示。因此，只按 KY2 可浏览数字，按 KY1 若干次后再按 KY2 可修改数字。程序中对 KY2 按下次数进行计数，达到规定次数(程序中设为 16，可改)显示“E”(即 End)，表示浏览或修改数字完毕。这时若按 KY2，则关闭显示并结束子程序；若按 KY1，返回到子程序初始处，可对修正后(或新输入)数据检查一遍，对不正确的数字进行修改。当再次显示“E”时，可按 KY2 结束子程序。如想在浏览、修改数字过程中提前退出，要先按下 KY1 不放开，再按下 KY2，直接关闭显示并结束子程序。主程序中调用本子程序后，即对数字进行处理，如检验密码是否符合等。

本程序中为防止键抖动，采用软件延时去抖反复查询的方法，确保键释放后才执行按键功能。

少键键盘除了可由复合按键定义功能外，还可由单键按下维持多长时间(如超过2 s。不超过 2 s，定义为一个功能；超过 2 s 为另一功能)来分别定义功能。

流程图如图 4.9 所示。

清单 4-14　双键输入检查数据子程序

```
KYIN2:  LDI     R26,$60             ;寄存器地址:PROTB:$18/DDRB:$17/PINB:$16
        CLR     R27                 ;
        CBI     DDRB,7
        CBI     DDRB,6              ;PB7 和 PB6 皆为输入口
        SER     R17
        OUT     DDRC,R17            ;C 口为数据显示口
LA0:    LD      R17,X               ;取数据
        CPI     R17,$0A
        BRCS    LA1
        CLR     R17
LA1:    LDI     R31,HIGH(table*2)
        LDI     R30,LOW(table*2)    ;DSPY 段选码表
        ADD     R30,R17
        ADC     R31,R27
        LPM
        COM     R0                  ;段选码取出并取反
        OUT     PORTC,R0            ;送 C 口
        SBI     PORTB,7
        SBIC    $16,7
        RJMP    NXA1                ;数字键未按下,转
        RCALL   DL50                ;否则延时
XA2:    SBI     PORTB,6
        SBIC    $16,6
        RJMP    XA0                 ;只有数字键按下,转
```

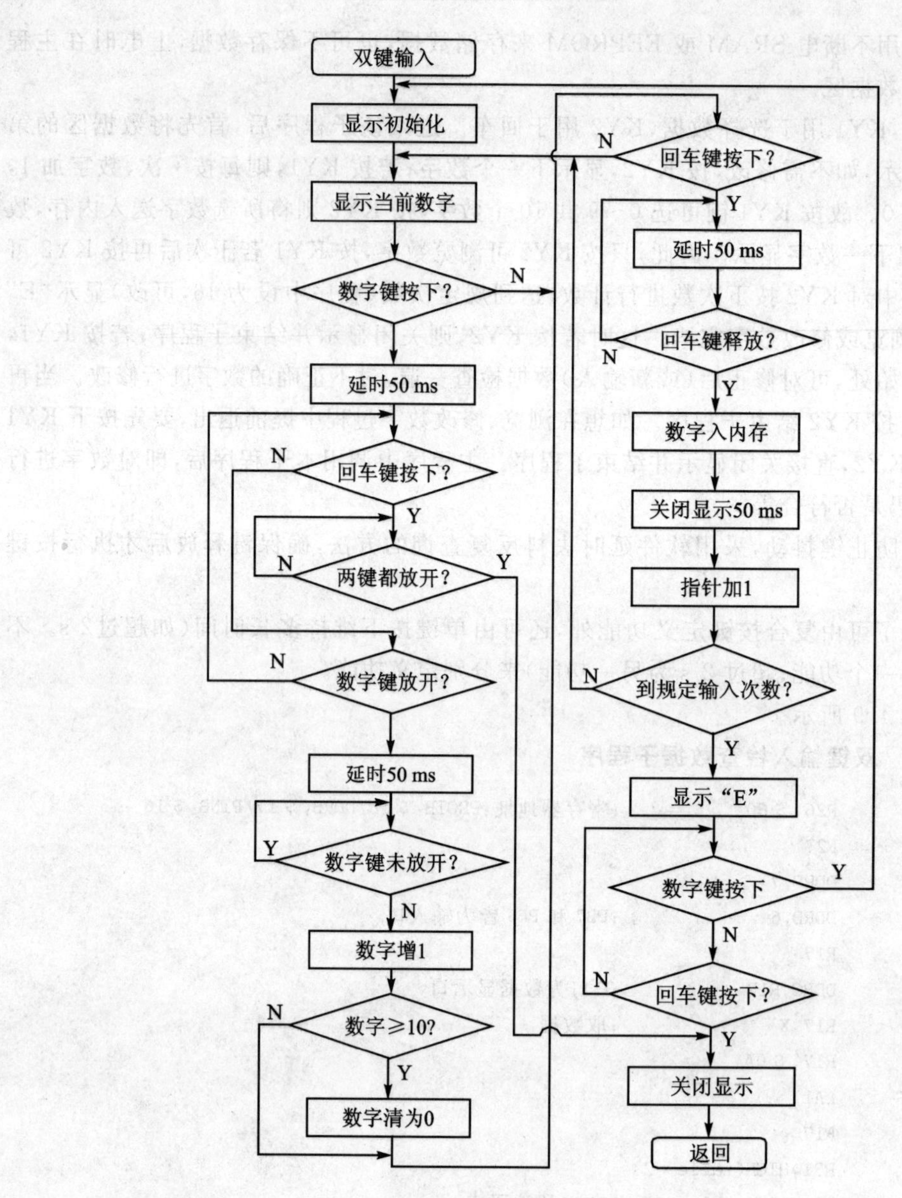

图 4.9　双键操作流程图

```
XA20:   RCALL   DL50            ;两键都按下,先延时 50 ms
        SBI     PORTB,6
        SBIS    $16,6
        RJMP    XA20
        SBI     PORTB,7
        SBIS    $16,7
        RJMP    XA20            ;等两键都释放
        RCALL   DL50
XA21:   SBI     PORTB,6
        SBIS    $16,6
        RJMP    XA21            ;等待释放
```

```
        SBI     PORTB,7
        SBIS    $16,7
        RJMP    XA21                ;再次等待释放
        RJMP    NXA6
;先按数字键,再按回车键,待2键都释放后退出子程序
XA0:    SBI     PORTB,7
        SBIS    $16,7
        RJMP    XA2                 ;等待数字键释放
XA1:    RCALL   DL50                ;延时
        SBI     PORTB,7
        SBIS    $16,7
        RJMP    XA1                 ;再次等待释放
        INC     R17                 ;数字增1
        CPI     R17,10
        BRCS    NXA1
        CLR     R17                 ;超过10,将键值归为0
NXA1:   SBI     PORTB,6
        SBIC    $16,6
        RJMP    LA1                 ;回车键也未按下,重新查键
        RCALL   DL50                ;延时
NXA3:   SBI     PORTB,6
        SBIS    $16,6
        RJMP    NXA3                ;再次等待回车键释放
        RCALL   DL50
        SBI     PORTB,6
        SBIS    $16,6
        RJMP    NXA3
        ST      X+,R17              ;数字转入缓存区
        SER     R17
        OUT     PORTB,R17           ;关显
        RCALL   DL50
        CPI     R26,$70             ;到规定数字个数?
        BRNE    LA0                 ;
        LDI     R17,$86             ;显示 'E'nd
        OUT     PORTC,R17           ;
NXA4:   SBI     PORTB,6
        SBIS    $16,6
        RJMP    NXA5                ;回车键按下,转
        SBI     PORTB,7
        SBIC    $16,7               ;数字键按下,转
        RJMP    NXA4                ;否则反复查键
NXA40:  RCALL   DL50
        SBI     PORTB,7
        SBIS    $16,7
        RJMP    NXA40
```

```
        SBI     PORTB,7
        SBIS    $16,7
        RJMP    NXA40           ;等待键释放
        RJMP    KYIN2           ;转检查键入数据
NXA5:   RCALL   DL50
        SBI     PORTB,6
        SBIS    $16,6
        RJMP    NXA5
        SBI     PORTB,6
        SBIS    $16,6
        RJMP    NXA5            ;等回车键释放
NXA6:   SER     R17
        OUT     PORTB,R17       ;关闭显示,结束子程序
        RET
DL50:   ;RCALL  DL25            ;延时 50 ms 子程序/8 MHz(去掉指令前“;”号)
DL25:   CLR     R14             ;延时 50 ms 子程序/4 MHz
        CLR     R15
DL50L:  DEC     R15
        NOP
        BRNE    DL50L
        DEC     R14
        BRNE    DL50L
        RET
```

4.3.7 触摸屏键值算法子程序

带触摸屏的液晶显示器(LCD)是近期发展起来的一项人机界面新技术,它将测量(控制)结果之输出和键控输入融为一体。主要特点如下:

① 简洁紧凑,显示内容丰富,操作方便,功耗低,接口容易。克服旧式 LED 和键盘结构庞大(加驱动器、电阻等)、显示内容贫乏单调等缺点。

② 以模数转换结果输出作为触摸点所在之 X、Y 方向坐标,按设计的键盘行、列数很容易判断每一触摸点处在哪个键的覆盖范围之内,亦即确定出按了哪个键。

③ 触摸屏可按任意行列数灵活划分键阵列,更改容易,旧式键盘不能与之相比。

④ 按触摸点所在之 X、Y 坐标(即对模拟量采样值)可直接计算按键所在的行值和列值,从而进一步计算出键值,避免繁冗的建立 ROM 表和查 ROM 表过程。

本子程序采用清华蓬远公司的 PDA240160 触摸屏,为 240×160 点阵,X、Y 坐标值均取自 8 位 A/D 转换器采样。采用美国 Burr－Brown 公司的 ADS7843 作为控制器,它是一种新一代 4 线制电阻式触摸屏控制器。该控制器通过 4 条与 PDA240160 连线,将表示触摸点位置的模拟量转换为数字量,并以串行数据方式发送出给单片机。

下面以一短小子程序直接计算 8×8 键阵列(见图 4.10)之键值;若修改键盘阵列的行、列时只须修改除数、乘数。

文中 X、Y 坐标都采用 8 位模数转换器,转换结果范围为 0～255。设 X 坐标放在 R6 中,Y 坐标放在 R7 中,设触摸屏相当为 8×8 键,240÷8＝30,160÷8＝20,每键包含 30×20 点

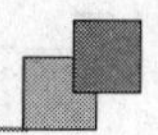

阵。以下是键值算法子程序。注意,由 Y 坐标算出的是键的行值,由 X 坐标算出的是键的列值,由键所在的行值、列值直接计算键值。键值=行值×8+列值并以 R16 带回键值,键值范围是 0～63。程序如下:

清单 4-15

```
KEYNO:MOV    R16,R6          ;取 X 坐标采样
      SWAP   R16             ;高低半字节交换
      CBR    R16,$F0         ;屏蔽高 4 位
      LSR    R16             ;将 X 坐标采样除以 32 得到键列值(相当于逻辑右移 5 位)
      MOV    R17,R7          ;取 Y 坐标采样
      SWAP   R17             ;◎
      CBR    R17,$F1         ;◎
      LSR    R17             ;◎将 Y 坐标采样除以 32 得到键行值(相当于逻辑右移 5 位)
      LSL    R17             ;◎
      LSL    R17             ;◎
      LSL    R17             ;◎行值×8
      ADD    R16,R17         ;行值×8+列值=键值
      RET                    ;键值由 R16 带回
```

作为本子程序特例,计算行值时先将行值采样除以 32,计算键值时再将商乘以 8。故可以除以 4 替代(将 R17 内容逻辑右移 2 位,并屏蔽掉最低 3 位,即可替代子程序中打◎的指令),使子程序更为简化。但考虑到每键所占点阵可任意设置,故保留通用移位乘、除法处理方法为好。

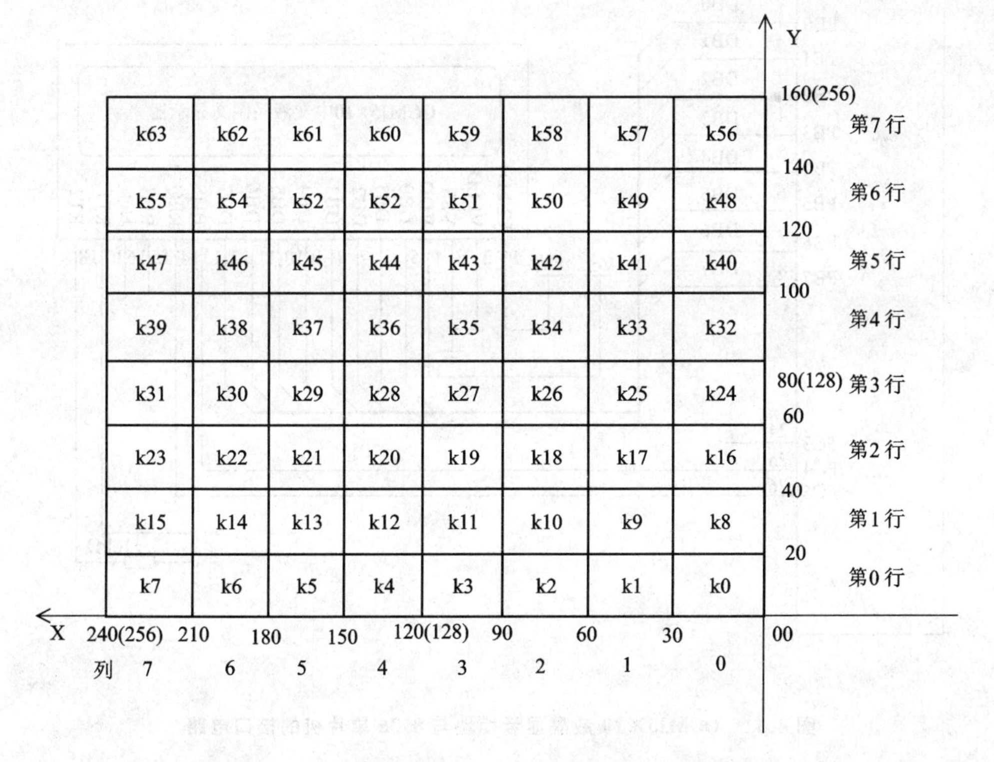

图 4.10 触摸屏坐标按 8×8 键阵列划分图

若将键阵列改为 4×4,则在 KEYNO 子程序对行值、列值采样都除以 #64(逻辑右移 6 位),再将乘以 8 改为乘以 4,此时计算键值公式应改为:键值=行值×4+列值。

也可在触摸屏的边缘处留出无效区,例如规定 Y 坐标(在 R7 中)有效值范围取 15~242,键盘阵列为 6 行,则可对行值做如下处理:(R7)<15 或(R7)>242 时为无效按键;否则将 Y 坐标值减去 15 后除以 38,即得到行值(取值范围 0~5)。对列值也可做类似选择处理。

为了使功能键、数字键规范排列,方便操作,可用查 ROM 表方法,将键值重新定义。

以下是采用 8×8 阵列键盘计算键值示例。

某次按触摸屏,采得 Y 坐标为 91,X 坐标为 138。调用 KEYNO 子程序,91÷32=2 余 27,138÷32=4 余 10,行值为 2 而列值为 4,故所按之键位于第 2 行与第 4 列之交叉处,该键值为 2×8+4=20。键覆盖的 30×20 点阵范围是:40≤Y 坐标值<60,120≤X 坐标值<150。与触摸屏坐标 8×8 键阵列的划分图对照无误。

4.3.8 中文液晶显示模块 OCMJ5×10 的应用

1. 概　述

中文液晶显示模块 OCMJ5×10(见图 4.11),其屏幕为 160×80 点阵。可显示 16×16 点阵汉字 50 个(5 行×10 列),是当前业内佼佼者。它功能强,适用性广,很容易实现与单片机 AVR ATmega16/8535/8515 接口。它可接收 F0~F9 等 10 种带或不带参数的用户命令,实现在规定的坐标位置处显示汉字、英文字符、绘图以及清屏、滚屏等功能,使操作方便简洁,实现傻瓜化操作。主要优点如下:

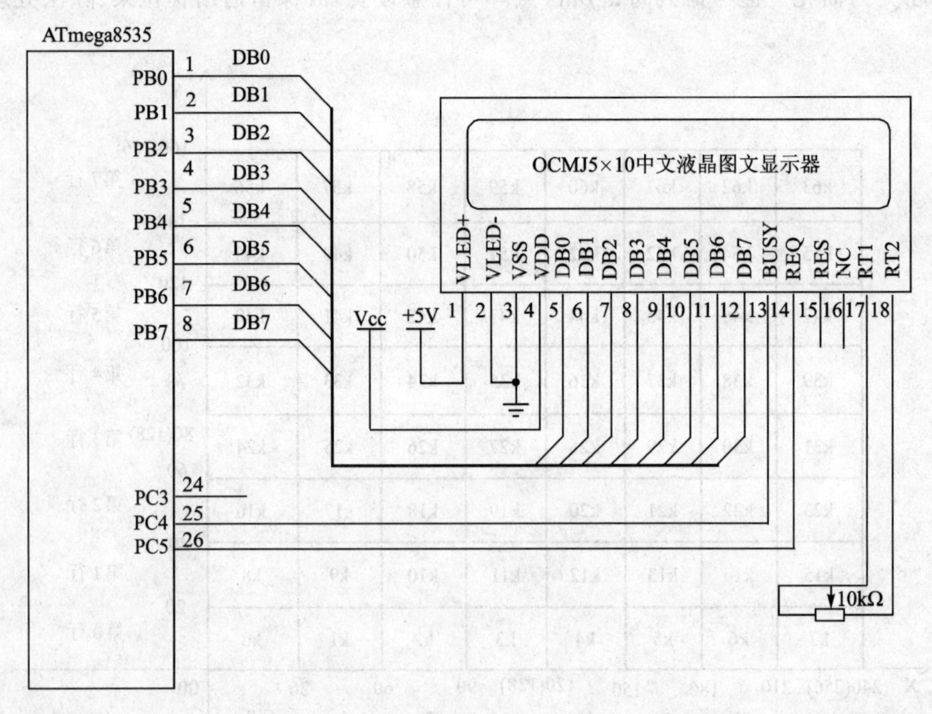

图 4.11 OCMJ5×10 液晶显示模块与 8535 单片机的接口电路

(1) 显示内容丰富,可显示汉字、ASCII码字符、图形、曲线等。

(2) 模块内含GB2312国际一级16×16点阵简体汉字和8×8、8×16点阵英文字符集的大容量字库,用户只要输入区位码或ASCII码即可实现文本显示。从而避免使用外部字库时,字模对于显示RAM缓存区必须采用映射算法,以及必须传送数据块等麻烦操作,

(3) 可实现汉字、英文字符以及图形的同屏显示,还可自造图形和特殊要求的字型。

(4) 液晶显示模块OCMJ5×10上电后即自动完成初始化工作(即插即用)。且设有复位引脚,单片机可通过定义一个输出口,随时对其实行软件复位。

(5) 克服以往液晶显示模块接口、使用时序复杂的缺点。液晶显示模块OCMJ5×10不采用命令/数据选择、读/写选择和使能选择等联络线以及复杂的操作指令(如对数据、光标的开关及左右移位、对ROM或对各种RAM的选择等)。OCMJ5×10与单片机接口只须DB7~DB0等8条数据线和忙信号BUSY、请求信号REQ两条联络线(见图4.11),从而克服LED显示器占用I/O口过多、功耗高、要求MCU频繁关照扫描以及功率驱动等缺陷。只要通过以下步骤,单片机即完成将一字节命令或参数写入液晶显示模块OCMJ5×10:

① 设置BUSY为单片机的输入信号,设置REQ为单片机的输出信号并将其置低。

② 设置8位数据输出口

③ 查询等待忙信号为低(液晶显示模块不忙)

④ 将命令或参数写入数据口

⑤ 置位请求信号

⑥ 查询等待忙信号变高(即表示数据已被OCMJ5×10接受)后,撤消请求信号。

可将①和②写成子程序形式,在主程序对接口初始化时调用;其余4条写成一个子程序形式,调用该子程序,即可将一字节命令(参数)写入液晶显示模块。

(6) 液晶显示模块OCMJ5×10所接受的10个命令如下,所带参数均为十六进制数:

① 显示国标汉字(5字节命令)

命令格式F0 XX YY QQ WW:其中XX是以汉字(16×16点阵)为单位的屏幕行坐标值,YY是以汉字为单位的屏幕列坐标值,QQ WW是在坐标位置上要显示的GB2312汉字区位码(参考GB2312字符集编码表)。

② 显示半高8×8 ASCII字符(4字节命令)

命令格式F1 XX YY AS:其中XX是以ASCII码为单位的屏幕行坐标值,YY是以ASCII码为单位的屏幕列坐标值,AS是在坐标位置上要显示的ASCII字符代码。

③ 显示全高8×16 ASCII字符(4字节命令)

命令格式F9 XX YY AS:操作意义同上。要注意的是因字符所占阵列与上一条不同,故以增量递进方式计算屏幕行、列坐标值的公式是不同的。

④ 绘点(3字节命令)

命令格式F2 XX YY:其中XX和YY为绘点所在坐标。该命令可对组成液晶屏的任意基本元素绘制。

⑤ 绘制字节点阵(4字节命令)

命令格式F3 XX YY BB:以字节(BB)为基本点阵单元绘图,XX和YY为该字节坐标。

以下5个命令都是一字节命令,不带参数:

⑥ 清屏命令F4,功能为将屏幕清空。

⑦ 上移命令 F5,功能为将屏幕向上移动一个点阵行。

⑧ 下移命令 F6,功能为将屏幕向下移动一个点阵行。

⑨ 左移命令 F7,功能为将屏幕向左移动一个点阵列。

⑩ 右移命令 F8,功能为将屏幕向右移动一个点阵列。

注意:液晶显示模块 OCMJ5×10 虽然提供了傻瓜化的、对各种显示单元都可独立操作的方法,但除了对孤立汉字、字符显示外,对要连续显示的汉字或字符,其坐标应采取公式递推算法(参见下面汉字、ASCII 码显示、绘制正弦曲线、圆的示例);汉字的区位码和 ASCII 代码等也应排为表格形式(供显示程序查取)。只有这样才便于将显示程序写成模块子程序,达到优化显示程序设计之目的。

以下 2~5 为 OCMJ5×10 基本操作子程序(包括初始化、写命令/数据、显示汉字、显示 ASCII 码、点绘图等)。

清单 4-16 基本操作子程序

2. 主程序中的初始化子程序 INIT:

其功能为设堆栈指针,定义 PC5 作为输出请求信号 REQ、PC4 作为输入忙信号 BUSY,并将请求信号 REQ 置低;设置 B 口作为数据输出口。

```
INIT:LDI        R16,HIGH(RAMEND)          ;设堆栈指针
OUT        SPH,R16
LDI        R16,LOW(RAMEND)
OUT        SPL,R16
LDI        R16,$20
OUT        DDRC,R16                  ;PC4 为 BUSY(输入)/PC5 为 REQ(输出)
CBI        PORTC,5                   ;REQ 输出为低
SER        R16
OUT        DDRB,R16                  ;B 口为输出口
RET
```

3. 写一字节数据(命令/参数,已放在 R16 中)到 OCMJ5×10 子程序 WRB

```
WRB: SBI        PORTC,4               ;激活提拉电阻
     SBIC       PINC,4                ;查询等待 BUSY 变低
     RJMP       WRB
WRB1:OUT        PORTB,R16             ;输出数据
     NOP
     NOP
     NOP
     NOP                              ;等待输出数据稳定
     SBI        PORTC,5               ;设置请求
WRB2:SBI        PORTC,4               ;提拉电阻有效
     SBIS       PINC,4                ;等待 BUSY 变高
     RJMP       WRB2
     CBI        PORTC,5               ;撤消请求
     RET
```

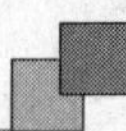

4. 显示一个汉字子程序 DSCC

在写入显示汉字命令＄F0之后连续写入显示位置坐标的行值和列值以及该汉字区位码的高、低位值，即可显示一个汉字；改变F0命令之后的坐标值和地址值，最多可在OCMJ5中显示出50个汉字。

欲在OCMJ5×10中显示汉字之位置坐标XX存于R19，YY存于R20，汉字的区位码值QQ存于R21，WW存于R22，显示汉字命令＄F0放在R18中。

需要显示较多汉字时可按排列顺序将其区位码组成RAM(ROM)表格，在显示子程序中将其对号送出；

对于显示位置坐标可根据初值和增量值通过递推公式来计算.从而避免对每一汉字采用孤立写入法引起的繁冗操作，而且便于对显示子程序进行模块化设计；这一点对绘制函数曲线特别重要。

```
DSCC:CLR      XH
     LDI      XL,18
WRL: LD       R16,X+
     RCALL    WRB
     CPI      XL,23
     BRNE     WRL
     RET
```

5. 显示一个16×8(全高)ASCII码子程序 DSASC

在写入显示英文字符命令＄F9之后连续写入显示位置坐标的行值和列值以及该字符的ASCII码后，即可显示一个16×8英文字符；改变F9命令之后的坐标值和地址值，最多可在OCMJ5中显示出100个全高字符。显示ASCII码子程序也可仿照汉显子程序那样，进行规范化模块设计。

显示命令＄F9放在R18中，显示位置坐标XX放在R19中，YY放在R20中，ASCII编码放在R21中。

```
DSASC:    CLR     XH
          LDI     XL,18
WRA:      LD      R16,X+
          RCALL   WRB
          CPI     XL,22
          BRNE    WRA
          RET
```

6. 显示汉字、ASCII码字符示范子程序 DSCA

本子程序调显示汉字子程序和显示ASCII码字符子程序，分两行显示“液晶显示”四个汉字以及“ABCD”四个ASCII字符。“液晶显示”位于第一行，左边预留两个汉字空位；“ABCD”为全高字符，位于第二行，其左边预留6个ASCII码空位。

“液晶显示”的区位码分别为＄D2BA、＄BEA7、＄CFD4和＄CABE，先将它们装入＄60～＄67共8个SRAM单元再将“ABCD”的ASCII码＄41、＄42、＄43和＄44装入＄68～＄6B四个SRAM单元。以供显示子程序查取。

汉字点阵为 16×16,在连续显示批量汉字时,同行汉字列坐标保持不变,而行坐标以汉字点阵列值 16 逐字递增;当行坐标值超过行最大值时(对 OCMJ5×100 来说该值为 159),下一字的行坐标值变为 0 而列坐标值增加 16(即下一行的最左端位置,见本程序中的带"*"指令和注释)。对连续 ASCII 码显示也可照此处理:当越行发生时,下一字符的行坐标变为 0;全(半)高 ASCII 码列坐标值增加 16(8)。

清单 4-17　显示汉字、ASCII 码字符示范子程序

```
DSCA:   LDI     R16,$F4
        RCALL   WRB             ;清屏
        LDI     R18,$F0         ;显示汉字命令
        LDI     R19,32          ;X=32,左边留两个空字
        LDI     R20,0           ;Y=0,在第一行上显示
        CLR     YH
        LDI     YL,$60          ;区位码指针
        LDI     R16,$D2
        ST      Y+,R16
        LDI     R16,$BA         ;"液"的区位码
        ST      Y+,R16
        LDI     R16,$BE
        ST      Y+,R16
        LDI     R16,$A7         ;"晶"的区位码
        ST      Y+,R16
        LDI     R16,$CF
        ST      Y+,R16
        LDI     R16,$D4         ;"显"的区位码
        ST      Y+,R16
        LDI     R16,$CA
        ST      Y+,R16
        LDI     R16,$BE         ;"示"的区位码
        ST      Y+,R16
        LDI     R16,$41
STLOP:  ST      Y+,R16
        INC     R16
        CPI     R16,$45         ;装入"ABCD"的 ASCII 码$41~$44
        BRNE    STLOP
        LDI     YL,$60          ;恢复指针
DSCNX:  LD      R21,Y+
        LD      R22,Y+          ;取汉字区位码
DSCLP:  RCALL   DSCC            ;显示一个汉字
        SUBI    R19,-16         ;调整为下一个汉字的横坐标(X、Y 坐标在发生越行时再次调整)
        CPI     R19,160         ;*本条和下面 3 条指令的功能为
        BRNE    CONT1           ;*判断汉字连续显示是否越行
        CLR     R19             ;*以及发生越行时对坐标的处理方法:
        SUBI    R20,-16         ;*行坐标清除,列坐标增加 16
CONT1:  CPI     R19,96          ;已显示完四个汉字?
```

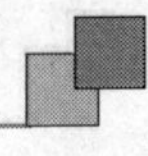

```
        BRCS   DSCNX               ;未完转显示下一个汉字
        LDI    R18,$F9             ;显示全高ASCII命令
        LDI    R19,48              ;X=48,左边留6个ASCII码空格
        LDI    R20,16              ;Y=16,在第二行上显示
DSCX1:  LD     R21,Y+              ;取ASCII码
        RCALL  DSASC               ;显示一个ASCII码
        SUBI   R19,-8              ;*下一个ASCII码的X坐标(Y坐标不变)
        CPI    R19,80              ;已显示完四个ASCII码?
        BRCS   DSNX1               ;未完转显示下一个ASCII码
        RET                        ;否则结束显示
```

7. 点绘图子程序 DSDT

该子程序可对组成OCMJ5×10液晶屏的任意1个点阵元素进行置位操作,在清屏指令之后,可用该子程序在屏幕某些地方绘点,以组成所需要的图形。该子程序最适合绘制函数曲线。

在写入点绘图命令$F2之后连续写入显示位置坐标的行值和列值,即实现在该位置绘点。

以下是点绘图子程序DSDT,绘点命令$F2放在R18中,显示位置坐标XX已放在R19中,YY已放在R20中。

清单 4-18

```
DSDT:   CLR     XH
        LDI     XL,18
WRD:    LD      R16,X+
        RCALL   WRB
        CPI     XL,21
        BRNE    WRD
        RET
```

下面第8、9两例为在平面直角坐标系中绘制坐标轴、正弦曲线以及圆周的示例,调用了第5章浮点程序库中的正弦、余弦函数、浮点运算、浮点数取整以及定点运算等子程序。请参阅第5章有关部分。

8. 绘制正弦曲线子程序 DSIN

此为绘制曲线示范子程序,正弦函数设为 $y=a-a\cdot\sin(x\cdot\pi/50)$,a为振幅,设a=40。从X轴原点开始以等步距STEP=5取值(STEP可取更小值,使绘图更精细),来计算Y值;采用定点运算与浮点运算相结合的方法算出Y坐标值,并按(X,Y)坐标值调绘点子程序绘出每1点。自变量X按5递增,折算成弧度是按π/10递增;程序中将递增后的X规格化,再乘以π/50的浮点常数得到弧度,调用正弦函数等浮点运算子程序算出Y值,经舍入取整,再调用绘点子程序DRDT按坐标值绘点。当X=100时,得到一个完整周期正弦波形。本示例中的正弦函数可改为任意输入变量,对每一取样自变量计算其函数值,即可绘出所测函数曲线。

调用的浮点运算子程序取自第5章AVR浮点程序库。

若液晶屏复位后即开始绘图,程序中可不设清屏操作。

清单 4-19　绘制正弦曲线子程序 DSIN

```
DSIN：  LDI     R16,$F4
        RCALL   WRB                 ;清屏
        LDI     R18,$F3             ;字节绘图
        CLR     R19
        LDI     R20,40
        SER     R21                 ;每次绘制 8 点
        CLR     XH
DROX1： LDI     XL,18
DROCX： LD      R16,X+              ;绘制 X 轴(直线 Y=40)
        RCALL   WRB
        CPI     XL,22
        BRNE    DROCX
        SUBI    R19,-8              ;X 坐标加 8,指向下一个字节绘图坐标
        CPI     R19,80
        BRNE    DROX1
        LDI     R18,$F2             ;改为点绘图
        CLR     R19
        CLR     R20
DROCY： RCALL   DSDT                ;绘制 Y 轴(直线 X=0)
        INC     R20
        CPI     R20,80              ;绘到 Y=79,总共 80 点停止
        BRNE    DROCY
        LDI     R19,5               ;首取 X=5
        RJMP    DRNX                ;正弦曲线第一点坐标:X=0,Y=40 省略不画(坐标轴上已画出)
DRLP：  RCALL   DSDT                ;绘出 1 点
        SUBI    R19,-5              ;加 1 个步距
        CPI     R19,105
        BRLO    DRNX                ;X>100 时
        RET                         ;绘图完毕
DRNX：  MOV     R13,R19             ;否则绘出下一点
        RCALL   NRML                ;自变量 X 规格化为浮点数
        LDI     R16,$7D
        MOV     R8,R16
        CLR     R9                  ;按 IEEE 浮点数约定,正数符号位(尾数最高位)为 0
        LDI     R16,$AD             ;故 $80 为 $00
        MOV     R10,R16
        LDI     R16,$FD
        MOV     R11,R16             ;取浮点数 π/50=0.062831853=$7D80ADFD
        RCALL   FPMU                ;调浮点乘法子程序,得到 x·π/50
        RCALL   SINX                ;计算 SIN(x·π/50)
        RCALL   G1                  ;取浮点数 1
        RCALL   FPSU                ;执行浮点减法,得到(1-SIN(x·π/50))
        DEC     R12
        DEC     R12                 ;将差浮点数缩小 4 倍(<1)
```

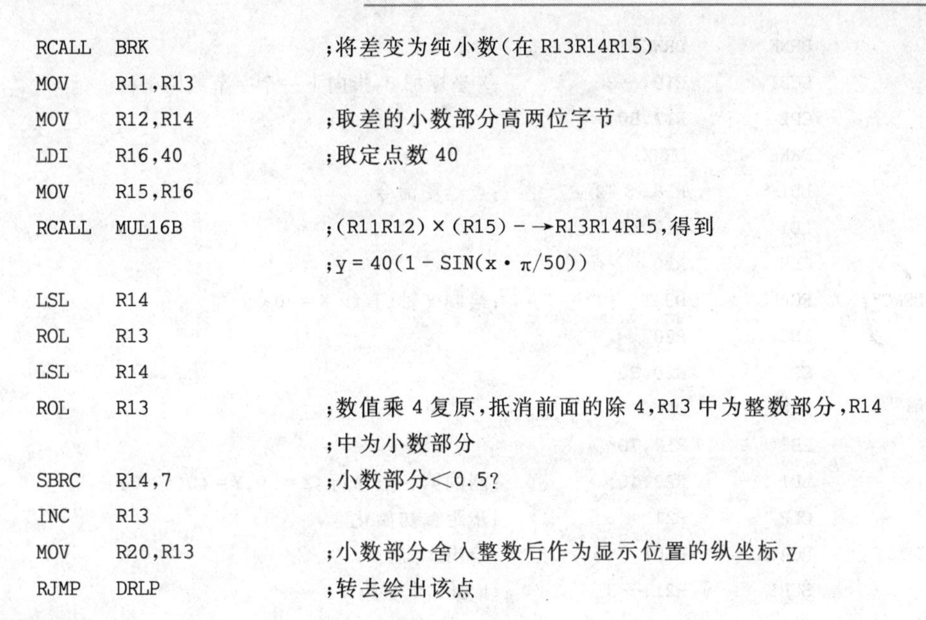

```
RCALL   BRK             ;将差变为纯小数(在R13R14R15)
MOV     R11,R13
MOV     R12,R14         ;取差的小数部分高两位字节
LDI     R16,40          ;取定点数40
MOV     R15,R16
RCALL   MUL16B          ;(R11R12)×(R15)--→R13R14R15,得到
                        ;y=40(1-SIN(x·π/50))
LSL     R14
ROL     R13
LSL     R14
ROL     R13             ;数值乘4复原,抵消前面的除4,R13中为整数部分,R14
                        ;中为小数部分
SBRC    R14,7           ;小数部分<0.5?
INC     R13
MOV     R20,R13         ;小数部分舍入整数后作为显示位置的纵坐标y
RJMP    DRLP            ;转去绘出该点
```

9. 画圆子程序 DSCCL

此为一绘制正圆圆周子程序,圆方程取参数形式:$x=a+r\cdot\cos(n\cdot\pi/180)$, $y=b-r\cdot\sin(n\cdot\pi/180)$其中a、b为圆心坐标,设a=40,b=40;r为半径,r=30;n为角度整数,初始值为0,以步距6递增;对于每一个n值,以浮点运算计算出绘点坐标(x,y),经舍入取整,再调用绘点子程序DRDT按坐标值绘点。当n=360时,得到一个完整圆周。

为简化计算,设t=n/2,则参数方程变为:$x=a+r\cdot\cos(t\cdot\pi/90)$, $y=b-r\cdot\sin(t\cdot\pi/90)$;t取值过程为:从0开始,步距增量为3,最终取值为180。

程序中在计算出浮点数$(t\cdot\pi/90)$之后将其保存,以供计算$\sin(t\cdot\pi/90)$时再次使用。

与绘制正弦曲线不同,本例是在所有的浮点运算进行完毕后才对坐标值定点化和取整的,故绘图速度稍慢。

X轴采用字节绘图方法绘制以简化程序、节省时间,Y坐标轴采用点绘图方法绘制。

子程序中设置了清屏操作,该操作也可在调用绘图子程序之前,在主程序中完成。

AVR.ASM文件中采用的是将正弦(或余弦)函数值浮点数记符号、取绝对值、取整,再与定点加减运算统一处理数符的计算方法,故提高了绘图速度。

清单4-20 画圆子程序 DSCCL

```
DSCCL:  LDI     R16,$F4
        RCALL   WRB             ;清屏
        LDI     R18,$F3         ;字节绘图
        CLR     R19
        LDI     R20,40
        SER     R21             ;每次绘制8点
        CLR     XH
DRWX1:  LDI     XL,18
DRWCX:  LD      R16,X+          ;绘制X轴(直线Y=40)
        RCALL   WRB
        CPI     XL,22
```

```
        BRNE    DRWCX
        SUBI    R19,-8          ;X 坐标加 8,指向下一个字节绘图坐标
        CPI     R19,80
        BRNE    DRWX1
        LDI     R18,$F2         ;点绘图命令
        LDI     R19,40
        CLR     R20
DRWCY:  RCALL   DSDT            ;绘制 Y 轴(直线 X=40)
        INC     R20
        CPI     R20,80
        BRNE    DRWCY
        LDI     R19,70
        LDI     R20,40          ;圆的第一点坐标:X=70,Y=40(t=0)
        CLR     R21             ;步距 t 初始化
DRCLP:  RCALL   DSDT            ;绘出 1 点
        SUBI    R21,-3          ;t 加 1 个步距
        CPI     R21,180
        BRLO    DRCNX           ;t=180 时
        RET     ;绘图完毕
DRCNX:  MOV     R13,R21         ;否则计算下一绘点坐标,首先计算浮点数(t·π/90)
        RCALL   NRML            ;将 t 规格化为浮点数
        RCALL   PI18            ;取浮点数 π/180
        INC     R8              ;阶码增 1,浮点数数值增倍,变为 π/90
        RCALL   FPMU            ;调浮点乘法子程序,得到 t·π/90
        RCALL   LD1             ;保存浮点数 t·π/90
        RCALL   COSX            ;计算 COS(t·π/90)
        RCALL   DDSB            ;由浮点运算计算横坐标 x,将其定点化、取整
        MOV     R19,R11         ;得到绘点横坐标定点数 x
        RCALL   GET1            ;取出浮点数(t·π/90)
        RCALL   EXCH
        RCALL   SINX            ;计算 SIN(t·π/90)
        LDI     R16,$80
        EOR     R13,R16         ;将 SIN(t·π/90)取负
        RCALL   DDSB            ;由浮点运算计算中纵坐标 y,将其定点化、取整
        MOV     R20,R11         ;得到绘点纵坐标定点数 y
        RJMP    DRCLP           ;转去绘出该点
DDSB:   LDI     R16,$85
        MOV     R8,R16
        MOV     R16,$70
        MOV     R9,R16
        CLR     R10
        CLR     R11             ;取浮点数 30
        RCALL   FPMU            ;得到 30·COS(t·π/90)或-30·SIN(t·π/90)
        RCALL   G10             ;取浮点数 10
        INC     R8
```

```
INC     R8      ;得到浮点数 40(即取圆心坐标 a 或 b)
RCALL   FPAD    ;计算 x = a + r · cos(t · π/90)或 y = b - r · sin(t · π/90)
RCALL   BRK     ;将和分解为整数(在 R11)和小数(在 R13R14R15)
SBRC    R13,7   ;小数部分(R13)舍入
INC     R11     ;取整后作为显示位置的坐标 x 或 y
RET
```

4.3.9 通用宽行打印机检测及打印子程序 LPRNT

本程序特点为：先使 PD3($\overline{INT1}$)在禁止中断条件下作为一个普通输入口，限时查询打印机 BUSY 信号的状态，若打印机可以接收数据，再将 PD3 转为替换功能并允许中断，以响应中断方式完成打印数据的输出工作。

在单片机应用项目中，有时要求打印批量较大数据或较大表格、图形，微打可能因为内存不够、打印幅面所限或打印速度慢等原因而不能胜任。这时，可采用带 Centronics 标准并行接口的宽行打印机(如 EPSON LQ－550/FX－800 型)来完成打印工作。程序中首先对宽行打印机进行检测，若打印机状态正常连接完好，则以响应中断方式向打印机传送数据。使用宽行打印机，还可利用其诸如预留空格、改变字体、调整行距……多种命令功能，使打印格式灵活多样。

单片机与宽打的接口可有多种方案，如早期微处理器(当时只有数据、地址、控制总线)那样，是将打印口片选信号和写信号组合起来，单片机在向打印口写数据的同时就形成了对打印机的数据选通信号$\overline{STB}$，其缺点是要添加硬件。单片机一般都会有剩余的输出口(对 8515 来说，还可用 74LS377 扩展一个 8 位口)，不但可用于输出数据，还可模拟$\overline{STB}$信号输出。本例即以 C 口作为数据输出口，以 PD7 模拟$\overline{STB}$。输出数据先用 OUT 指令锁入 C 口，再发出$\overline{STB}$选通，将数据打入打印机。

单片机的外部中断$\overline{INT1}$(PB3)引脚与打印机的忙信号(BUSY)输出连接。为提高 CPU 的利用效率，一般以打印机忙信号(BUSY)低下来向单片机申请中断的方式传输数据，当然也可以查询 BUSY 低下来时向打印机传输下一数据。后者缺点为占用 CPU 时间较多，特别是当传送的数据块长度超过打印机数据缓存区容量时，BUSY 一直为高，直到该缓存区数据被打印空出为止。这段时间内单片机因反复查忙而不得脱身，放弃了背景程序的执行，故本程序不采用查询方式。

输出打印数据之前，应对打印机状态进行测试。这种测试是必要的，有时因操作上的疏忽，或打印机的故障状态未被发现，打印机不能接收、打印数据，结果造成数据丢失。另外，打印机自检也可发现、指示故障。打印机能正常工作的特点为：

① 首查 BUSY 为低。

② 传送一个数据给打印机，BUSY 会很快就高起来(表示忙)。

如不满足以上两个条件，打印机处于非正常状态(包括非正常连接)，不能进行打印工作。造成非正常状态的原因有多种，如：

① 打印机未挂接(打印口悬空)。

② 打印机挂接但处于离线状态(OFF LINE)或故障状态(Err. Status，如断线、短路等)。

③ 打印机挂接但未接通打印机电源。

①和②的特点为:单片机还未向打印机输出数据,BUSY 即已为高,故这种状态很容易判断。③的特点为:BUSY 一直为低,在向打印机传输数据之前为低,传输数据之后仍高不起来。我们可对 BUSY 信号进行限时检测:先向打印机发一个回车命令($ OD),再预设测试 BUSY 50 次。50 次内 BUSY 高起来为打印机正常,此时即设定单片机在外部中断 1 下工作。当 BUSY 低下来时单片机即响应中断,在中断服务时传送数据给打印机,调整数据指针,周而复始,直到数据传完为止。

如查到打印机处于非正常状态,先由显示程序指示打印机错误状态,按下任一键后返回主程序,待排除故障后重新调用打印子程序。

在组织打印数据时应将其以回车($ 0D)、换行($ 0A)命令分隔成行,每当打印机收到这两个命令后便自动回车、换行实现分行打印。可以 $ 03(ETX)为打印结束标志,当单片机查到打印数据为 $ 03 时,停止传送数据,禁止 $\overline{\text{INT1}}$ 中断,返回主程序。

入口条件:主程序中已设置外部中断 $\overline{\text{INT1}}$ 及其服务引导指令和全局中断 SEI,打印数据放在片内 SRAM 之中,首地址放在 R24、R25 中,每行打印数据以回车、换行命令分隔,以 $ 03 为打印结束标志。

出口条件:$\overline{\text{INT1}}$(GIMSK,7)=0,打印结束。

实际上,本子程序对带 Centronics 标准接口的打印机都适用。以打印机的 $\overline{\text{ACK}}$ 信号代替 BUSY 信号,单片机也可以响应中断方式向打印机传输数据,但无本程序中的对打印机测试功能。

图 4.12 为 AVR 单片机与宽行打印机的接口。

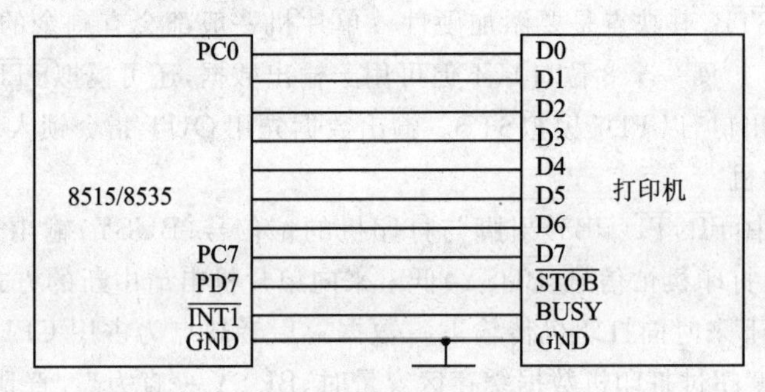

图 4.12 AVR 单片机与宽行打印机的接口

清单 4-21 宽行打印机检测及打印子程序

```
LPRNT:  SER     R17
        OUT     DDRC,R17        ;C 口为打印机输出口!
        SBI     DDRD,7
        CBI     DDRD,3          ;PD7 为选通输出口,PD3(INT1)查忙输入口
        SBI     PORTD,3
        SBIC    PIND,3          ;查打印机忙信号
        RJMP    ERR5            ;打印机尚未工作忙信号即已为高,打印机不能打印
        LDI     R17, $ 0D       ;写回车命令给打印机
        OUT     PORTC,R17
        CBI     PORTD,7         ;发出选通信号
        NOP
```

```
        NOP
        NOP
        SBI     PORTD,7         ;STROBE
        LDI     R16,50
TSPRT:  SBI     PORTD,3
        SBIC    PIND,3
        RJMP    LPRT2           ;50 次内忙信号高起来为正常
        DEC     R16             ;否则为非正常状态
        BRNE    TSPRT
ERR5:   LDI     R16,5
        RCALL   ERRX            ;显示 5 号错误
        RJMP    DIPA1           ;转主程序初始化
LPRT2:  LDI     R25,1
        CLR     R24             ;point to $ 100
        LDI     R17,$ 80
        OUT     GIMSK,R17       ;允许 INT1 中断
        LDI     R17,$ 0A
        OUT     MCUCR,R17       ;INT1 下降沿中断
        SEI                     ;general interrupt enable
        RET
EX_INT1:PUSH    R26
        PUSH    R27
        IN      R27,SREG
        PUSH    R27
        PUSH    R17             ;保护现场
        MOV     R27,R25         ;取数据指针
        MOV     R26,R24
        LD      R17,X+          ;
        MOV     R25,R27
        MOV     R24,R26         ;增 1 后将指针送回
        CPI     R17,3           ;是停止符?
        BRNE    INT1SD
        CLR     R17
        OUT     GIMSK,R17       ;禁止 INT1 中断
        RJMP    INT1ED
INT1SD: OUT     PORTC,R17       ;打印数据输出到打印口
        CBI     PORTD,7         ;CLR ( $ 12,7)
        NOP
        NOP
        NOP
        SBI     PORTD,7         ;向打印机发出选通
INT1ED: POP     R17
        POP     R27
        OUT     SREG,R27
        POP     R27
```

```
POP     R26          ;恢复现场
RETI
```

下面给出关于 BUSY 信号的详细解释。

① 当打印缓存区未充满数据时,BUSY 作为与主机 CPU 的联络信号,高表示打印机正忙于安排刚接收的数据(写入缓存区,调指针,判断打印数据是否已充满缓存区或充满程序如何等),暂不能接收数据。此时,BUSY 高电平的宽度很窄,即打印机 CPU 安排好数据,对指针调整,判断完毕后立刻将 BUSY 置低,以使主 CPU 快速响应中断马上发送下一字节数据,打印机忙信号 BUSY 和主机选通信号 $\overline{\text{STB}}$之间实际上是互动制约关系(见 1.5 节第 4 条:中断响应过程)。此时 BUSY 信号高电平宽度与打印头动作的快慢无关。此期间内,打印机 CPU 如收到满行字符或收到回车(CR)和换行(LF)命令即控制打印头开始打印,并以打印程序为主要背景程序,以响应中断方式继续接收主 CPU 的数据。打印机 CPU 接收数据的速度是很高的,可达几万字节/秒以上,而打印速度很低,为 80 字符/秒(窄字符可 132 字符/秒不等),一行字符未打完整个打印缓存区即可被充满!

② 打印缓存区已满或已到满限,停止接收数据(当主机传来的数据块很大时可能出现这种情况),BUSY 一直为高,直到缓存区内数据完全或部分被打印空出为止。此段时间内 BUSY 宽度与打印速度有关,也与缓存区大小有关:若缓存区容量大,那么较大数据块就不会充满它,也就不会出现打印机长时间拒收数据的情况(BUSY 长时间居高不下)。但若数据块很大,超过打印缓存区长度,则打完这个"很大数据块"的时间也长,即 BUSY 高电平维持时间也长;若数据块长度超过两倍缓存区容量,则 BUSY 将很少在两个较长时间段上维持高电平。

由此可见,BUSY 信号宽度具有两种不同含意,前者与打印速度无关,其作用是以字节为单位连续快速接收打印数据过程中的间歇调整(这种间歇调整几乎是与主 CPU 同步进行的,即不存在相互长时间等待的问题);后者宽度与"打印缓存区长度/打印速度"为大致成正比关系乃真正意义的拒收数据。

实际上打印缓存区是一种环形(缓存)工作区(见 4.11 节)。有两个指针在缓存区内"运动":一为接收数据指针,一为打印数据指针。通电初始化时,两指针都指向 RAMSRT(RAM 数据缓存区起始地址)。当打印机接收到数据后,两指针先后开始"运动",但速度相差悬殊。接收数据指针可从后面追上打印数据指针(当打印数据块很大时),可以此作为打印缓存区满的判断条件,BUSY 信号长时间居高不下即从此时开始;一般应用情况下,当打印数据指针从后面追上接收数据指针(两指针重合)时,打印停止打印,但指针内容是随机的。

4.3.10 步进电机控制程序

步进电机是一种能实现快速启停、精确定位的设备,用途很广。以单片机输出数字脉冲控制步进电机,可使它旋转预定角度。本程序是对一种四相四步(每步持续 2 ms)电机(见图 4.13(a))进行控制的例子:以四相四步为一基本运作单元,按图 4.13(b)中时序波形对各相进行控制,即可使电机连续转动。改变控制顺序可使步进电机反转。

该步进电机的四个相位即四组绕阻,每相位都设有功率开关元件(ULN2068B),另外还设一总相位开关(主要由复合开关管组成),即每一相通断都受两个开关控制。设置总相位开关

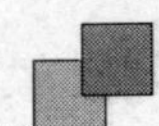

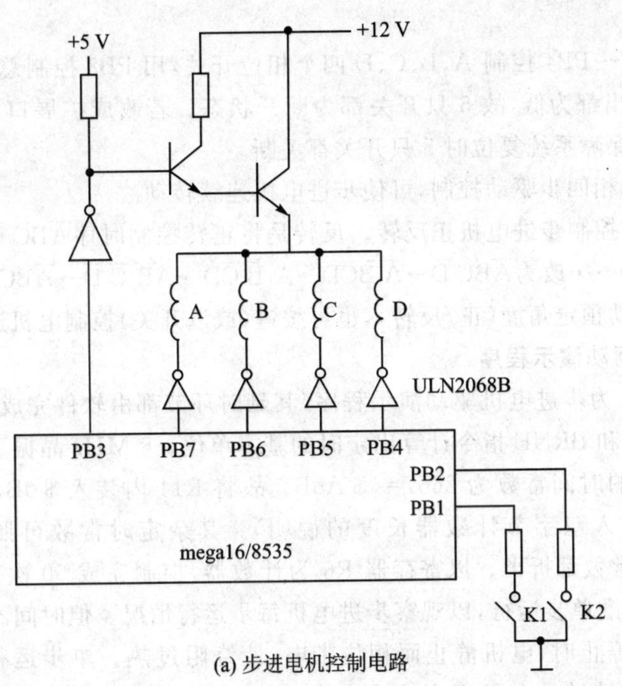

(a) 步进电机控制电路

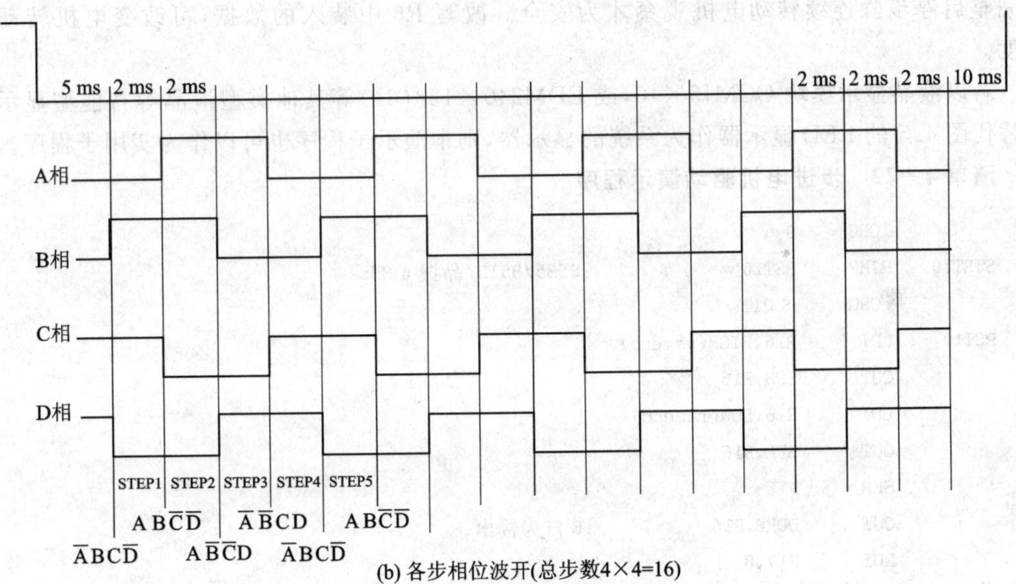

(b) 各步相位波开(总步数4×4=16)

注意：本书AVR时钟取为4 MHz，若改为其他晶振，应注意修改延时软件和装入TCNT0内的时间常数，必要时还得修改分频系数。

图 4.13　步进电机控制电路和各相位波形

的好处是使步进电机工作更安全，并提高控制质量。

步进电机由静止到启动，先使总相位开关接通。延时 5 ms 后，再接通各相位开关。当停止电机工作时，先关掉四个相位开关，延时 10 ms 后，才关掉总相位开关，结束整个控制过程。这样使步进电机运行安全，平稳，精确，提高了控制质量。

步进电机运行在任一步都可提前结束控制过程，停止电机，但关断总开关前 10 ms 延时环节仍要保留执行。

本例中用 PB7～PB4 控制 A、B、C、D 四个相位开关,用 PB3 控制总相位开关。通电复位后,单片机 B 口输出都为低,故 5 只开关都为断开状态。若改成扩展口替代 B 口,必须具软/硬件清口功能,以保障系统复位时 5 只开关都关断。

如重复这种四相四步驱动控制,可使步进电机连续转动。

可由程序设定控制步进电机正反转。反转是将正转控制时序$\overline{A}BC\overline{D}\rightarrow AB\overline{C}\overline{D}\rightarrow A\overline{B}\overline{C}D\rightarrow\overline{A}\overline{B}CD\rightarrow\overline{A}BC\overline{D}$……改为$\overline{A}BC\overline{D}\rightarrow\overline{A}\overline{B}CD\rightarrow A\overline{B}\overline{C}D\rightarrow AB\overline{C}\overline{D}\rightarrow\overline{A}BC\overline{D}$……设定基本运作次数,可使电机转动预定角度(正/反转),也可按键(或以开关)控制电机连续正/反转及停转。

1. 步进电机驱动演示程序

程序 STRT10 为步进电机驱动演示程序,其延时环节都由软件完成。注意对定时常数的优化方法,按 DEC 和 BRNE 指令计算出定时的基本单位。8 MHz 晶振下该值为 0.375 μs,由此算出定时 2 ms 的时间常数为 2667＝＄A6B。故将 R14 内装入＄0B,R15 内装入＄6B(见 4.8.4 小节中对装入双字节计数器长度的说明)。其余定时常数可照此推出。若晶振为 4 MHz,所有定时常数都折半。以寄存器 R6 为计数器,控制完成 50 次基本运作单元。该子程序的优点为便于准单步运行,以观察步进电机每步运行情况。但时间不要过长,否则电机发烫,因准单步运行停止时,电机静止而相位带电,使绕阻过热。单步运行时间以短为好。故按完整启停步骤连续转动电机观察才为安全。改写 R6 中装入的数据,可改变电机转动的角度。

若以液晶显示模块 OCMJ5×10,或 EDM240×128(64)等其他类型液晶等智能型显示模块替代图 4.5 的 LED 显示器作为系统的显示器,则本演示子程序也可以作为实用子程序。

清单 4－22　步进电机驱动演示程序

```
        .ORG    0
STRT10: RJMP    RST10               ;8535/8515/晶振 4 MHz
        .ORG    $ 011
RST10:  LDI     R16,HIGH(ramend)
        OUT     SPH,R16
        LDI     R16,LOW(ramend)
        OUT     SPL,R16
        SER     R16
        OUT     DDRB,R16            ;B 口为输出
        LDI     R17,8
        OUT     PORTB,R16           ;接通总开关
        LDI     R16,50              ;50 次基本运作
        RCALL   DELAY5              ;延时 5 ms
LOOPX:  LDI     R17,$ 68            ;STEP1 时序脉冲控制
        OUT     PORTB,R17
        RCALL   DELAY2              ;延时 2 ms
        LDI     R17,$ 38            ;STEP2 时序脉冲控制
        OUT     PORTB,R17
        RCALL   DELAY2              ;延时 2 ms
        LDI     R17,$ 98            ;STEP3 时序脉冲控制
```

```
        OUT     PORTB,R17
        RCALL   DELAY2              ;延时 2 ms
        LDI     R17,$C8             ;STEP4 时序脉冲控制
        OUT     PORTB,R17
        RCALL   DELAY2              ;延时 2 ms
        DEC     R16
        BRNE    LOOPX               ;到 50 次？
        LDI     R17,8
        OUT     PORTB,r17           ;关闭各相位开关
        RCALL   DELAY5
        RCALL   DELAY5              ;延时 10 ms
        CLR     R17
        OUT     PORTB,R17           ;关闭所有相位开关和总开关
HH0:    RJMP    HH0                 ;踏步
DELAY1: LDI     R17,$06             ;延时 1 ms
        MOV     R15,R17             ;1000/0.75 = 1333 = $535,外层计数器装入$06
        LDI     R17,$35             ;DEC + BRNE = 0.75 ms
        RJMP    DLCOM
DELAY2: LDI     R17,$0B             ;延时 2 ms
        MOV     R15,R17             ;2000/0.75 = 2666 = $0A6A,外层计数器装入$0B
        LDI     R17,$6A
DLCOM:  DEC     R17
        BRNE    DLCOM
        DEC     R15
        BRNE    DLCOM
        RET
DELAY5: LDI     R17,$1B             ;延时 5 ms
        MOV     R15,R17             ;5000/0.75 = 6666 = $1A0A,外层计数器装入$1B
        LDI     R17,$0A
        RJMP    DLCOM
```

2. 步进电机驱动实用程序

程序 STRT11 为步进电机驱动实用程序。该程序由主程序和中断服务程序组成。启始、各步和结束定时都由定时器 T/C0 完成。除启始定时外,其余各种对步进电机的控制时序及停止前 10 ms 定时都在 TCNT0 中断服务程序中设定,只占用 CPU 很少时间,R6 内仍装入基本运作次数。各步时序脉冲都由前步右循环移位产生,以寄存器 R7 为其存储单元。本程序可与上一程序对照电机的步进运行情况。

清单 4-23　步进电机驱动实用程序

```
        .ORG      0
;8515 采用定时器中断输出时序脉冲方式控制步进电机转动
STRT11: RJMP      RST11             ;晶振 4 MHz
        .ORG      $007
        RJMP      T0_OVF            ;中断服务程序(与 STRT12 共用)
        .ORG      $00D
```

```
RST11:   LDI      R17,HIGH(ramend)
         OUT      SPH,R17
         LDI      R17,LOW(ramend)
         OUT      SPL,R17
         LDI      R17,$68
         MOV      R7,R17              ;初始脉冲为 0B01101000
         SER      R17
         OUT      DDRB R17            ;B 口为输出
         LDI      R17,N               ;运作次数 N(N>0)
         RCALL    STPDRV              ;初始化子程序
HH20:    RJMP     HH20                ;实用时改为具体的背景程序!
STPDRV:  TST      R17
         BRNE     STPDR1
         INC      R17                 ;N=0 时,将其改为 1
STPDR1:  MOV      R6,R17
         INC      R6                  ;N+1→R6(max. is 256;"植树问题",N 必须增 1!
         LDI      R17,$A4
         CBR      R17,$20
         STS      $A4,R17             ;清除连续转动电机标志
         LDI      R17,$08
         OUT      PORTB,R17           ;接通总开关
         LDI      R17,4               ;0B00000100/ 256 分频(4 MHz/256 = 1 MHz/64)
         OUT      TCCR0,R17
         LDI      R17,178             ;78×64 μs = 4.992 ms
         OUT      TCNT0,R17           ;时间常数,首定时为 5 ms
         LDI      R17,$02
         OUT      TIMSK,R17           ;允许 T/C0 溢出中断
         SEI
HH21:    SJMP     HH21
```

3. 步进电机手动控制正/反转及停止程序

程序 STRT12 为步进电机手动控制正/反转及停止程序。本程序使用了两只开关 K0、K1,分别使 PB1、PB2 与地接通,从而控制步进电机连续正向或反向转动。K0 接通,使 PB1 对地短接,单片机查到此信号后,设置连续转动标志 $A4,5=1,并在 R6 内装入 1。在中断服务子程序(与程序 STRT11 共用)中查到连续转动标志,不减计算器 R6,使电机不停转动;当要停止电机时将开关 K0 打开,主程序中查到 K0 打开后将连续转动标志撤消。故在中断服务子程序中,查不到该标志即将 R6 减 1,使(R6)=0,将控制电机停止。

欲使步进电机反向连续转动及停止,将 K1 接通,使 PB2 对地短接,单片机查到此信号后,与控制电机正向转动过程相比,除须设置连续转动标志 $A4,5=1,并在 R6 内装入 1 外,有以下不同:在主程序中建立反转标志 $A4,6=1,在中断服务子程序中控制电机反转(见本小节前部分中的说明),当查到开关 K1 被打开时将连续转动标志清除掉。反转标志在结束电机控制时清除。

本例中的开关 K0、K1 也可用键盘上的两个键代替,第一次按下时启动电机正(反)向转动,再次按下后停止电机。电机的启停是与完整的基本运作相同步的。

清单 2-24　步进电机手动控制正/反转及停止程序

```
         .ORG      $ 000              ;8515,晶振 4 MHz
STRT12:  RJMP      RST12
         .ORG      $ 007
         RJMP      T0_OVF
         .ORG      $ 00D
RST12:   LDI       R17,HIGH(ramend)
         OUT       SPH,R17
         LDI       R17,LOW(ramend)
         OUT       SPL,r17
         LDI       R17, $ 68
         MOV       R7,R17             ;第一个时序脉冲
         LDI       R17, $ F8
         OUT       DDRB,R17           ;PB7～PB3 输出,PB2～PB0 输入
         CLR       R17
         OUT       PORTB,R17          ;输出为低电平
         LDS       R17, $ A4
         SBR       R17, $ 20          ;设置连续转动标志
         CBR       R17, $ 40          ;设置电机正转标志
TSTLP1:  SBI       PORTB,1            ;PB1 接地,正转
         SBIS      PINB,1
         RJMP      TSTL11             ;
TSTL10:  SBI       PORTB,2
         SBIC      PINB,2             ;PB2 接地,反转
         RJMP      TSTLP1             ;PB1 和 PB2 都未接地,反复查询
         SBR       R17, $ 40          ;设置电机反转
TSTL11:  STS       $ A4,R17           ;保存标志
         CLR       R6
         INC       R6                 ;R6 中装入 1,减一次即为 0!
         LDI       R17, $ 08
         OUT       PORTB,R17          ;接通总开关
         LDI       R17,4              ;0B00000100/256 分频(256/4 MHz = 64 μs)!
         OUT       TCCR0,R17
         LDI       R17,178            ;178 之补为 78,78×64 μs = 4.992 ms
         OUT       TCNT0,R17          ;
         LDI       R17, $ 02
         OUT       TIMSK,R17          ;允许 T/C0 中断(toie1 = $ 39,7 toie0 = $ 39,1)
                                      ;8535:toie1: $ 39,2 toie0: $ 39,0
         SEI                          ;
TSTLP2:  SBI       PORTB,1
         SBI       PORTB,2
         IN        R17,PINB
         ANDI      R17,6
         CPI       R17,6
         BRNE      TSTLP2             ;两开关未全部打开,查询等待
```

```
         LDS      R17,$A4
         CBR      R17,$20          ;清除连续转动标志
         STS      $A4,R17          ;
TSTLP3:  IN       R17,TIMSK
         SBRC     R17,1            ;已禁止 8515 中断?(8535:timsk,0)
         RJMP     TSTLP3           ;未,查询等待
         RJMP     $                ;是,查步

T0_OVF:  PUSH     R17              ;电机控制中断服务子程序
         IN       R17,SREG
         PUSH     R17
         LDS      R17,$A4
         SBRC     R17,7
         RJMP     T0SV2            ;$A4,7 关电机前 10 ms 延时标志
         MOV      R17,R7
         CPI      R17,$68
         BRNE     T0SV0
         LDS      R17,$A4
         SBRC     R17,5
         RJMP     T0SV0            ;电机连续转动,不减 R6
         DEC      R6               ;R6 减为 0,将停止电机
         BREQ     T0SV1            ;
T0SV0:   LDI      R17,225          ;每步进延时(256-225)×64 μs=1.984 ms er.<0.8%
         OUT      TCNT0,R17        ;
         OUT      PORTB,R7         ;步进控制脉冲输出
         LDS      R17,$A4
         SBRC     R17,6
         RJMP     T0SVA            ;$A4,6=1 为连续反转
         CLC
         SBRC     R7,4             ;组织下一步控制脉冲
         SEC
         ROR      R7
         LDI      R17,$08          ;
         OR       R7,R17
;01101***→00111***→10011***→11001***→01101***
         RJMP     T0RET
T0SVA:   MOV      R17,R7           ;
         SBR      R17,$04
         ROL      R17              ;组织下一步控制脉冲(反转)
         BRCS     T0SVB
         CBR      R17,$10
;01101***←00111***←10011***←11001***←01101***
T0SVB:   MOV      R7,R17
         RJMP     T0RET
T0SV1:   LDS      R17,$A4
```

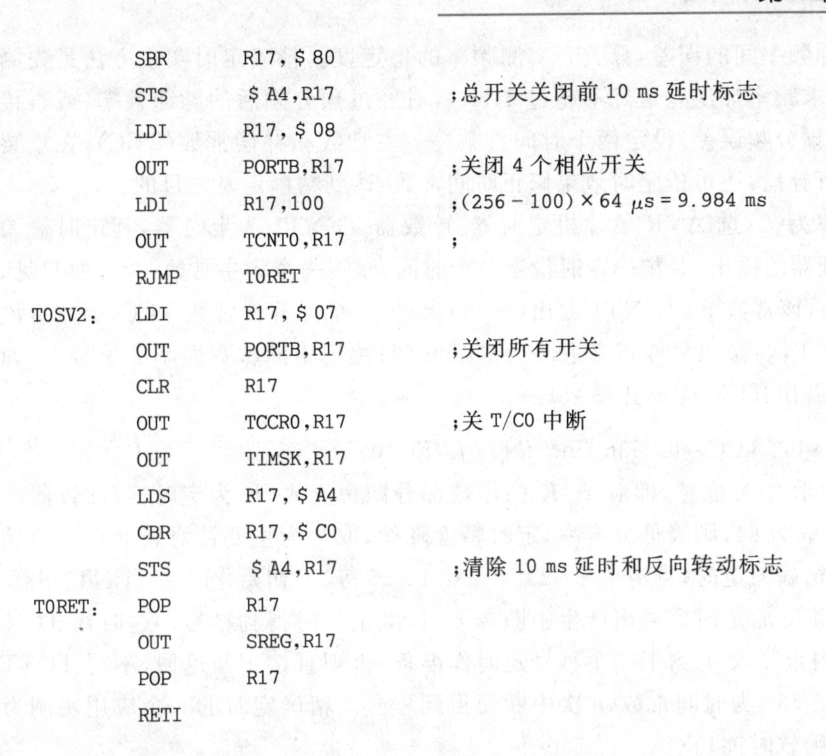

```
        SBR     R17,$80
        STS     $A4,R17          ;总开关关闭前 10 ms 延时标志
        LDI     R17,$08
        OUT     PORTB,R17        ;关闭 4 个相位开关
        LDI     R17,100          ;(256 - 100) × 64 μs = 9.984 ms
        OUT     TCNT0,R17        ;
        RJMP    T0RET
T0SV2:  LDI     R17,$07
        OUT     PORTB,R17        ;关闭所有开关
        CLR     R17
        OUT     TCCR0,R17        ;关 T/C0 中断
        OUT     TIMSK,R17
        LDS     R17,$A4
        CBR     R17,$C0
        STS     $A4,R17          ;清除 10 ms 延时和反向转动标志
T0RET:  POP     R17
        OUT     SREG,R17
        POP     R17
        RETI
```

4.4 精确定时及日历时钟走时程序

AVR mega8515/8535/16 等升级档或高档单片机设有波形发生器模式控制位，T/C0、T/C2 都具有 2 个波形发生器模式控制位 WGMn[1:0]；T/C1 具有 4 个波形发生器模式控制位 WGM1[3:0]。当 WGMn[1:0]＝0 或 WGM1[3:0]＝0、并设置比较匹配输出控制位 COMn[1:0]＝0(禁止比较匹配状态输出到对应的引脚上)时，相应的定时器/计数器即被选为定时器/计数器模式。

AVR 单片机是高性能、废除机器周期的高速单片机，其定时器/计数器可直接以主频为计数时钟源。对 AVR 单片机提高定时精度档次的要求，不仅是嵌入式应用系统精确采样的需要，也是精确时间控制的需要，而且也是切实可行的。“好马配好鞍”。故对 AVR 单片机系统使用的晶体，对频率的稳定性以及标称偏差等品质指标也应有严格要求。

在嵌入式应用系统中，一般是按晶振标称值设置晶振的预分频系数和定时器的固定时间常数，对主振时钟 CLK_{mcu} 预分频后的输出进行计数，当定时器产生溢出中断时得到时间信号。这种传统的定时方法有以下缺点：

1. 晶体实测频率并不与标称值相符(有的误差较大，超过万分之一)，导致定时时间误差。

2. 即使晶体实测频率与标称值接近，采用固定时间常数也存在分频余数问题，同样影响定时精度。

3. 为提高定时精度，预分频档次不能太粗，即预分频系数要适当小些，以降低分频余数产生的误差。但这样导致定时时间短，要取得较长定时信号(如秒号)须对短定时(中断)信号计数获得，致使累计误差变大。

精确定时是针对以上缺陷的一种新概念定时，它废除了只对主频做整数除法的分频方法；它不关心实测频率与标称频率间的误差,只关心实测频率的稳定度。精确定时实现方法是先测出晶体的实际频率(要求频率计误差最好不超过 1 Hz),对经过预分频后的脉冲频率(或直接对主频,好处是不存在预分频误差)设定两个时间常数——主常数和补偿常数(TCC),在重装时间常数时对常数进行补偿;还可依定时效果修正时间常数,达到精确定时之目的。

设晶体实测频率为 f_i,选 AVR 单片机定时器/计数器 TCNT1 为定时器,其定时输入为 f_{ct1} 信号(主频经分频器的输出)。精确定时设定 2 个时间常数:一个为主常数,为方便起见,设为 65 536(相当于 0),该常数下,TCNT1 溢出($n-1$)次;另一个为补偿常数 TCC(余数),该常数下 TCNT1 只溢出 1 次,溢出后即将常数改为 65 536(只须记中断次数而不必重装)。如要定出秒信号,由下式解出 TCC 及 n(正整数):

$$0 \leqslant \mathrm{TCC} = 65\,536 \cdot n - \mathrm{INT}(f_i/K + 0.5) < 65\,536 \tag{4-4}$$

其中 INT(X)表示对 X 取整,即对 f_i/K 的小数部分四舍五入,K 为定时器/计数器 1 的分频系数,取为 8(若取为 64,则降低分辨率,定时精度降低,取 1 为主要针对较低频率的晶体如 1 MHz 或实现更精确的定时,见清单 4-29、4-30、4-66 等)。初始化时在 TCNT1 内写入 TCC,寄存器 R6 内写入 n,定时器溢出产生中断,n 减 1,减至 0 时得到秒号。这时在 TCNT1 内重写入 TCC,R6 内重写入 n,为下一个秒号定时作准备;否则直接中断返回,不写 TCNT1,那么 TCNT1 即以 65 536 为时间常数,n 次中断便得到秒号。精确定时的一个应用实例为时钟日历走时程序(电脑软时钟)。

4.4.1 MCU 主频 4 MHz 用 TCNT1 精确定时程序

某晶体标称值为 4 MHz,而实测为 4 000 119 Hz,选 $K=8$,按公式(4)算出 $n=8$,TCC=24 273=$5ED1。初始化时将 TCC 写入 TCNT1,再将 R6 内装入 8,8 次中断得到秒信号,考虑到中断响应及重装时间常数都要占用时间,可对重写入的时间常数进行修正:将 TCNT1 最后一次溢出到重装 TCC 这段时间内的自然计数值加上 TCC,再增 1(修正指令 8 条也占 TCNT1 的一个计数单位(2 μs/主振 4 MHz;1 μs/主振 8 MHz)后,作为修正后的 TCC 写入 TCNT1。

本例中对 TCC 的修正效果为:TCC 每增 1,定时时间减少 2 μs。可按修正的实际效果(如与标准时钟对照)重新修正 TCC(注意写 TCNT1 的顺序是先写高 8 位,后写低 8 位,读出顺序与此相反)。

即使有长达 40 ms 的高级中断服务,只要不影响第 8 次(即最后一次)中断的实时性,就不会影响精确定时。

清单 4-25　精确定时及时钟日历走时子程序一

```
.EQU    DTPNT = $75                    ;年年月日时分秒(from $7B to $75)
        .ORG     $000
STRT20: RJMP     RST20                 ;晶体实测频率 4.000 119 MHz
        .ORG     $006                  ;8515 t1 overflow INT.vector
        RJMP     T1_OVF
        .ORG     $00D
RST20:  LDI      R16,HIGH(ramend)
        OUT      SPH,R16
```

```
        LDI     R16,LOW(ramend)
        OUT     SPL,R16
        LDI     R16,2               ;8 分频,4 000 119 Hz/8 = 500 015 Hz
        OUT     TCCR1B,R16
        LDI     R16,$5E             ;500 015 = 65 536 × 8 - 24 273 = 8 × $10000 -
                                    ;$5ed1/TCC = $5Ed1
        OUT     TCNT1H,R16          ;
        LDI     R16,$D1             ;
        OUT     TCNT1L,R16          ;将 TCC 写入 TCNT1
        LDI     R16,$80
        OUT     TIMSK,R16           ;允许 T/C1 溢出中断
        LDI     R16,8               ;8 次中断出秒号
        MOV     R6,R16
        SEI
HH10:   RJMP    HH10                ;可改为具体的实用程序
T1_OVF: PUSH    R16
        PUSH    R17
        IN      R7,SREG
        DEC     R6                  ;到 8 次中断?
        BRNE    GOON1
        IN      R17,TCNT1L          ;*
        IN      R16,TCNT1H          ;*读回 TCNT1 自然计数值
        SUBI    R17,$2F             ;* $5ED1 之补为 $A12F,以减法替代加法修正 TCC
        SBCI    R16,$A1             ;*减去 $A12E 可不做下面的加 1 修正
        SUBI    R17,$FF             ;*8 条修正指令占用一个计数单位时间
        SBCI    R16,$FF             ;*修正后 TCC = $5ED1 + (TCNT1) + 1
        OUT     TCNT1H,R16          ;*
        OUT     TCNT1L,R17          ;*将修正后 TCC 写入 TCNT1
        LDI     R16,8
        MOV     R6,R16              ;重装中断次数 8
        ;.
        ;.
        RCALL   ACLK                ;时钟走时
GOON1:  POP     R17
        POP     R16
        OUT     SREG,R7
        RETI
```

4.4.2 MCU 主频 8 MHz 用 TCNT1 精确定时程序

某晶体频率标称值为 8 MHz 而实测为 8 000 267 Hz,如选 $K=8$,8 000 167 Hz÷8≈1 000 033 Hz。按公式(4)算出 $n=16$,TCC=48 555。TCC 过大使产生秒号之后很短时间便再次发生溢出中断,可能因数据处理时间不够而影响下次中断,有必要重新设定主常数和余数 TCC,以使 TCC 变小,使得数据处理时间足够。

经试验,仍取分频系数 $K=8$,取 $n=16$,即 16 次中断后得到秒号。取主常数为62 332,

TCC＝62 332×16－1 000 033＝495＝＄01E3。而(65 536－483)×1 μs≈65 ms,即重装 TCC 后,可有约 65 ms 的数据处理时间,可认为是足够的。

主常数 62 332＝＄F37C,其补为＄0C84。初始化时,将 TCC＝＄01E3 写入 TCNT1,在 R6 中装入 16,在第 1～15 次中断服务中将主常数之补＄0C84 写入 TCNT1,第 16 次中断时得到秒定时信号,重新写 TCC 到 TCNT1 和重装中断次数 n。本例中对两个时间常数的修正方法同上小节,即将 TCNT1 当前的计数值加上主常数(补码)或 TCC 后再增 1,将修正结果写回 TCNT1。

TCC 每增 1,定时时间减少 1 μs。

清单 4-26　精确定时及时钟日历走时子程序二

```
..EQU    DTPNT = $75                   ;yyyy mm dd hh mm ss(from $7B～$75)
         .ORG    $000
;晶体实测频率 8.000 267 MHz,8 分频,INT(8 000 267/8) = 1 000 033
STRT21:  RJMP    STRT21
         .ORG    $006                  ;8515 t1 overflow INT. vector
         RJMP    T1_OVF
         .ORG    $00D
STRT21:  LDI     R16,HIGH(ramend)
         OUT     SPH,R16
         LDI     R16,LOW(ramend)
         OUT     SPL,R16
         LDI     R16,2
         OUT     TCCR1B,R16            ;8 分频
         LDI     R16,1
;1 000 033 = 62 332 × 15 + 65 053 = ($10000 - $0C84) × 15 - $10000 - $1E3
         OUT     TCNT1H,R16            ;主常数 62 332(补码为$0C84)补尝常数 TCC = $01E3
         LDI     R16,$E3               ;$FE1D = 65 053 + 62 332 * 15 = 1 000 033
         OUT     TCNT1L,R16
         CLR     R16
         OUT     TCCR1A,R16            ;DISABLE CMPA/CMPB/PWM!
         LDI     R16,$80               ;8515
         OUT     TIMSK,R16             ;允许 T/C1 溢出中断
         LDI     R16,16                ;16 次中断
         MOV     R6,R16
         SEI
HH11:    RJMP    HH11                  ;
T1_OVF:  PUSH    R17
         PUSH    R16
         IN      R7,SREG
         DEC     R6                    ;中断次数到? 未到转装入主常数
         BRNE    COMP                  ;否则重装入 TCC
         IN      R17,TCNT1L            ;*
         IN      R16,TCNT1H            ;*读回自然计数值
         SUBI    R17,$1D               ;*
```

```
        SBCI    R16,$FE             ;*减去 TCC 之补码
        SUBI    R17,255             ;*再加 1
        SBCI    R16,255             ;*修正后 TCC = $01E3 + (TCNT1) + 1
        OUT     TCNT1H,R16          ;*
        OUT     TCNT1L,R17          ;*
        LDI     R16,16
        MOV     R6,R16              ;重写中断次数
        ;.
        ;.
        RCALL   ACLK                ;时钟走时
        RJMP    GOON2
COMP:   IN      R17,TCNT1L          ;*
        IN      R16,TCNTIH          ;*读回 TCNT1 自然计数值
        SUBI    R17,$7C             ;*先减去 $0C84 的补码 $F37C
        SBCI    R16,$F3
        SUBI    R17,$FF             ;*再作加 1 补偿
        SBCI    R16,$FF             ;*修正后重装值 = [$0C84 + (TCNT1) + 1]
        OUT     TCNT1H,R16          ;*
        OUT     TCNT1L,R17          ;*
GOON2:  POP     R16
        POP     R17
        OUT     SREG,R7
        RETI
```

4.4.3 MCU 主频 4 MHz 用 TCNT0 精确定时程序

某晶体频率标称值为 4 MHz 而实测频率为 4 000 133 Hz，TCNT0 为 8 位定时器/计数器，故选分频系数 $K=64$，$4\ 000\ 133\div 64\approx 62\ 502$，则 $62\ 502=245\times 256-218$，主常数为 256(0)，TCC=218，$n=245$。初始化时，将 TCC=218 写入 TCNT0，R6 内写入 245，第 245 次中断产生秒信号，重写 TCC 和重装入中断次数；而其他 244 次中断都直接返回，以 256 为时间常数。

也可参照前两个小节对 TCC 进行修正。

清单 4-27 精确定时及时钟日历走时子程序三

```
;8515 使用 T/C0 定时,64 分频,晶振频率 4 000 133 Hz
        .ORG    $000
        .EQU    DTPNT = $75
STRT22: RJMP    RST22
        .ORG    $007
        RJMP    T0_OVF              ;INT(4 000 133/64) = 62 502 = 245 × 256 - 218
        .ORG    $00D
RST22:  LDI     R16,245             ;245 次中断
        MOV     R6,R16
        LDI     R16,3
        OUT     TCCR0,R16           ;主频 fCK(4 000 133 Hz)64 分频
```

```
        LDI     R16, $ 02
        OUT     TIMSK,R16           ;允许 T/C0 溢出中断
        LDI     R16,218
        OUT     TCNT0,R16           ;TCC = 218
        SEI
HH12:   RJMP    HH12                ;
T0_OVF: IN      R7,SREG
        DEC     R6
        BRNE    DECL1               ;
        IN      R16,TCNT0           ;1 s 时间到!
        SUBI    R16,38              ;218 之补
        OUT     TCNT0,R16           ;
        LDI     R16,245
        MOV     R6,R16              ;重装中断次数
        RCALL   ACLK                ;时钟走时
DECL1;  OUT     SREG,R7
        RETI
```

4.4.4 以外部时钟(32 768 Hz)用 T/C2 定时直接产生秒号程序

本程序是以 T/C2 为系统提供实时钟的例子。其在节电休眠模式下工作,以 T/C2 直接产生秒号中断唤醒 MCU,完成软时钟的走时操作。在系统初始化后,MCU 进入节电休眠状态。

本例中设分频系数为 128,TCNT2 时间常数为 256(即 0),而 128×256=32 768,故 TCNT2 溢出中断直接产生秒信号,唤醒休眠 MCU,调 ACLK 子程序,完成时钟日历的走时。ACLK 子程序中对闰年 2 月 29 日、大小月的 31 日及对过百年千年的判断、处理等都进行了优化。故本软件实时钟是一种功能很强的电脑日历时钟。

被唤醒的 MCU 首先执行中断服务程序,中断返回后,执行 SLEEP 指令下面的 RJMP HH13 转移指令,重新进入休眠,等待下一次中断。实用时可改为先执行特定(例如显示采样数据 1 秒)程序后,再进入休眠。

清单 4-28　8535 异步时钟定时程序

```
        .ORG    $ 000               ;时钟频率 32 768 Hz
        .EQU    DTPNT = $ 75
STRT23: RJMP    RST23
        .ORG    $ 004
        RJMP    T2_OVF
        .ORG    $ 011
RST23:  LDI     R16,8
        OUT     ASSR,R16            ;选异步时钟
        LDI     R16,5
        OUT     TCCR2,R16           ;128 分频
        CLR     R16
        OUT     TCNT2,R16           ;时间常数 256( $ 00)
```

```
        LDI     R16,$40
        OUT     TIMSK,R16               ;允许T/C2溢出中断
        ;............
        SEI
HH13:   LDI     R16,$70                 ;掉电休眠模式
        OUT     MCUCR,R16
        SLEEP   ;进入休眠
        RJMP    HH13                    ;
T2_OVF  IN      R7,SREG                 ;
        RCALL   ACLK                    ;时钟走时
        ;...........
        OUT     SREG,R7
        RETI
```

4.4.5 精确定时产生0.1 s信号程序

本示例用定时/计数器1定时，不分频定出0.1s信号，由PC5脚输出正脉冲。晶振4.000119 MHz，计400012个数定出0.1s信号。对定时/计数器1重装常数进行加法补偿（扣除自然计数和补偿占用时间）.

加法补偿若产生进位，将中断次数减1。

清单4-29 精确定时产生0.1s信号

```
        ;用定时/计数器1定时，不分频定出0.1s信号，由PC5脚输出正脉冲。
        ;晶体4.000119MHz，计400012个数定出0.1s信号
        ;对定时/计数器1重装常数进行加法补偿(扣除自然计数和补偿占用时间).
        ;加法补偿若产生进位，将中断次数减1
        .ORG    $000                    ;精确定时产生0.1s信号
STRT24: RJMP    RST24
        .ORG    $008                    ;MEGA8535 t1 overflow vector
        RJMP    T1_OVFL                 ;400012 = 65536 * 7 - 58740 = 7 * $10000 - $E574/
                                        ;故TCC = $E574
        .ORG    $011
RST24:  LDI     R16,HIGH(ramend)
        OUT     SPH,R16
        LDI     R16,LOW(ramend)
        OUT     SPL,R16
        SBI     DDRC,5                  ;PC5,0.1s号输出(高有效)
        CBI     PORTC,5                 ;0.1s号初始输出为低
        CLR     R16
        OUT     TCCR1A,R16              ;
        LDI     R16,1                   ;不分频 直接使用主频
        OUT     TCCR1B,R16              ;选T/C1为定时器
        LDI     R16,$E5
        OUT     TCNT1H,R16
        LDI     R16,$74
```

```
            OUT     TCNT1L,R16          ;写入时间常数 TCC
            LDI     R16,$4
            OUT     TIMSK,R16           ;允许定时/计数器 1 溢出中断
            LDI     R16,7               ;7 次中断输出 0.1s 号
            MOV     R6,R16
            MOV     R19,10              ;秒信号定时计数
            SEI                         ;中断总使能
HH1A:       RJMP    HH1A                ;以返身循环为背景程序
T1_OVFL:    PUSH    R16
            PUSH    R17
            IN      R7,SREG
            DEC     R6                  ;中断次数减一
            BRNE    GOON10              ;0.1s 时间到?
            LDI     R16,7
            MOV     R6,R16              ;重新装入中断次数
            SBI     PORTC,5             ;0.1s 号输出前沿
            IN      R17,TCNT1L          ;*
            IN      R16,TCNT1H          ;*读入 TCNT1 自然计数值
            LDI     R18,$7C             ;*TCC = $E574
            ADD     R17,R18             ;*TCC + 8 = $E57C
            LDI     R18,$E5             ;*8 条单周期补偿指令占用 8 个时钟周期
            ADC     R16,R18             ;*修正后 TCC = $E574 + (TCNT1) + 8
            OUT     TCNT1H,R16          ;*
            OUT     TCNT1L,R17          ;*重新装入补偿修正后的 TCC
            BRCC    GOON09
            DEC     R6                  ;加法补偿若产生进位,将中断次数减 1
GOON09:     ;.                          ;数据处理略
            ;.
            ;.
            ;.
            DEC     R19
            BRNE    GOON11
            RCALL   ACLK                ;1s 走时软时钟
            RJMP    GOON11
GOON10:     CBI     PORTC,5             ;输出信号后沿
GOON11:     POP     R17
            POP     R16
            OUT     SREG,R7
            RETI
```

4.4.6 精确定时产生 1 s 信号程序

mega16 用 TCNT1 对主频直接计数定出 1 s 信号,由 PC5 脚输出正脉冲。晶振 4.000 133 MHz,计 4 000 133 个数定出 1 s 信号对定时/计数器 1 重装常数进行加法补偿(扣除自然计数和补偿占用时间)。

加法补偿若产生进位，将中断次数寄存器减1。

清单4-30 mega16用TCNT1对主频直接计数定出1s信号，由PC5脚输出正脉冲

```
          ;晶体 4.000133MHz,计 4000133 个数定出 1s 信号
          ;对定时/计数器 1 重装常数进行加法补偿(扣除自然计数和补偿占用时间).
          ;加法补偿若产生进位,将中断次数寄存器减 1
          .ORG    $000                  ;精确定时产生秒号
STRT25:   RJMP    RST25
          .ORG    $0010
          RJMP    T1_OVFB               ;4000133 = 62 * 65536 - 63099 = 62 * $10000 - $F67B
                                        ;故 TCC = $F67B
          .ORG    $002A
RST25:    LDI     R16,HIGH(ramend)
          OUT     SPH,R16
          LDI     R16,LOW(ramend)
          OUT     SPL,R16
          SBI     DDRC,5                ;PC5 输出秒信号(正脉冲)
          CBI     PORTC,5
          CLR     R16
          OUT     TCCR1A,R16
          LDI     R16,1                 ;不分频,普通模式
          OUT     TCCR1B,R16
          LDI     R16,$F6               ;
          OUT     TCNT1H,R16            ;写入 TCNT1 高 8 位
          LDI     R16,$7B               ;
          OUT     TCNT1L,R16            ;写入 TCNT1 低 8 位
          LDI     R16,$04               ;
          OUT     TIMSK,R16             ;允许 TCNT1 溢出中断
          LDI     R16,62                ;62 次中断定出秒号
          MOV     R6,R16
          SEI                           ;
HH1B:     RJMP    HH1B                  ;等待中断,可改为真正的背景程序
T1_OVFB:  PUSH    R16
          PUSH    R17
          IN      R7,SREG
          DEC     R6                    ;到 62 次中断?
          BRNE    GOON12
          LDI     R17,62
          MOV     R6,R17                ;重装中断次数
          SBI     PORTC,5               ;输出秒信号
          IN      R17,TCNT1L            ;*
          IN      R16,TCNT1H            ;*读入 T/C1 自然计数值
          LDI     R18,$83               ;*TCC = $F67B
          ADD     R17,R18               ;*TCC + 8 = $F683
          LDI     R18,$F6               ;*8 条单周期补偿指令占用 8 个时钟周期
          ADC     R16,R18               ;*
```

```
        OUT     TCNT1H,R16              ;*
        OUT     TCNT1L,R17              ;*重新装入补偿修正后的 TCC

        BRCC    GOON19
        DEC     R6                      ;加法补偿若产生进位,将中断次数减 1
GOON19: ;.                              ;数据处理略
        ;.
        ;.
        ;.
        ;.
        RJMP    GOON13
GOON12: CBI     PORTC,5                 ;秒号后沿
GOON13: POP     R17
        POP     R16
        OUT     SREG,R7
        RETI
```

4.4.7 时钟日历走时子程序 ACLK(软时钟)

本子程序是以精确定时产生的秒信号,使时钟秒单元加 1,用软件完成时钟日历各单元间的进位调整,实现正确走时。其中难点是对闰年和大小月的 31 日的判断和处理。

1. 闰年的判断方法

按天文观测推算,一年,即地球围绕太阳运行一周的时间略小于 365 $\frac{1}{4}$天。若每年都按 365 天计算,则产生约 1/4 天的误差。若按每 4 年补加 1 天处理(2 月有 29 日),又补充过头。而以每 400 年补加 96.8796 天为佳,故选 400 年 97 闰的算法方案。该算法很精确,在公元 3300 年之前不必修改。

我们知道,每连续 400 年中有 100 个 4 的倍数年,其中包括 4 个 100 的倍数年。但这 4 年里只有一个是 400 的倍数,若把其余 3 个从 4 的倍数年中去掉,即达到 400 年 97 闰目的。例如公元 2006～2405 共计 400 个年中,4 的倍数有 100 个。其中 2100、2200 和 2300 三个年虽为 100 的倍数,却不为 400 的倍数,故不为闰年,只有 2400 年为闰年。日历、时钟走时程序即按此判断闰年。若年的十、个位都为 0(日历、时钟各单元都取为十进制数),而年的千、百位组成的二位十进制数为 4 的倍数,该年份为闰年,否则为平年;若年的十、个位数组成的 2 位十进制数不为 0 而为 4 的倍数时,该年份也为闰年,否则为平年。程序中为方便判断,实际上是将年的千、百位或十、个位 2 位十进制数翻为二进制数后进行的,并且使用了简化处理方法。

2. 大小月 31 日的处理

我们注意到:2 月是个特殊月,不涉及 31 日的处理;除去 2 月后,1～7 月中奇数月为大月,有 31 日,其余为小月只有 30 日;8～12 月中偶数月为大月,有 31 日,其他月为小月,只有 30 日。故在对 2 月进行特殊处理后对其余月份进行如下判断:先判断月份是否小于 8,小于 8 的月份都加 1,奇数、偶数发生对换,这样就可以与 8～12 月份统一判断:偶数月为大月,有 31 日,在日达到 32 时改为下月 1 日,否则返回;奇数月只有 30 日,在日达到 31 时即改为下月 1 日,否则返回。

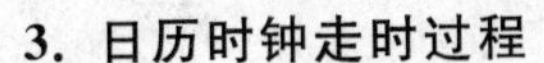

3. 日历时钟走时过程

为直观检查显示时钟日历各单元，数据采用压缩BCD码形式，共7个RAM单元($7B～$75)。其中年的千百位位于$7B单元，其余为年的十个位、月、日、时、分、秒单元，依减地址存放，皆为2位BCD码。系统初始化时，应按冷、热启动做不同处理，只有冷启动才将日历的时钟内容初始化。

当精确定时产生秒信号时，调ACLK子程序。执行过程如下：先使秒单元加1调整，未到60秒返回；否则清秒单元，分单元加1调整，未到60分返回；否则清分单元，将时单元加1调整，未到24时返回；否则清时单元，使日单元加1调整。加1调整不同于一般的BCD加法，可简化处理，不必调用十进制加法调整子程序ADDAA，只须判断加1后个位BCD是否变为$A：是，对该BCD所在单元做减$FA(即加$06)处理，即是将个位BCD变为0而十位BCD增1，否则不须处理。

时钟日历走到29日零点，先对月判断：非2月返回；是2月进一步判断是否为闰年，闰年返回；否则变为3月1日。当走到30日零点，判断是否为2月：非2月返回，否则调整为闰年的3月1日。当走到31日零点，对大小月判断处理：小月的31日为下月的1日，大月则返回。当走到32日，则一律变为下月的1日。每当日变为1时，月加1；月变为$13，则将月置为1，将年份加1，因年份取为4位BCD码，年份内部也有进位调整处理，故可自动过百年、千年。

在主程序初始化时，可在DSPA和LSDD8子程序的支持下将键入的日历时钟的初值BCD码直接装入片内SRAM $75～$7B工作单元，再对主程序作热启动，便可通过调用日历时钟子程序ACLK来进行走时运行了。

目前的各种实时钟芯片多具有走时误差大的缺点，故本精确定时软件日历时钟具明显的优越性。

精确定时电脑钟应用在电池供电的低功耗休眠系统里，省去时钟日历芯片，降低成本开销。该系统若采用4.8.3小节断电保护软、硬件设计，更换电池(只须数秒)时电脑钟停止运行时间可不做修正，或只须略加修正。

精确定时要测出晶体的实际振荡频率，但工作量不会增加很多。因用同一种工艺(主要是对晶体的切割方式)加工出来的同一批晶体，离散度是很小的，可抽样取几只测其频率再取平均值，则该平均值具有代表性。

晶体频率的不稳定主要是由于存在温漂。如能解决温漂则本节的精确定时方法将提供高精度的时钟。缩小分频系数或增大定时信号周期(如5 s、10 s、60 s等等)，都可降低定时相对误差。因为定时信号周期不论大小，其绝对误差都是相同的；故不宜以0.01/0.1 s之类的短周期信号作为软时钟的走时信号，这样会造成较高的时间累计误差。

图4.14为时钟日历走时子程序流程图。

清单4-31　时钟日历走时子程序

```
ACLK:  PUSH    R16
       PUSH    R27
       PUSH    R26
       PUSH    R7
       LDI     R26,LOW(dtpnt)    ;
       LDI     R27,HIGH(dtpnt)   ;时钟日历单元指针
```

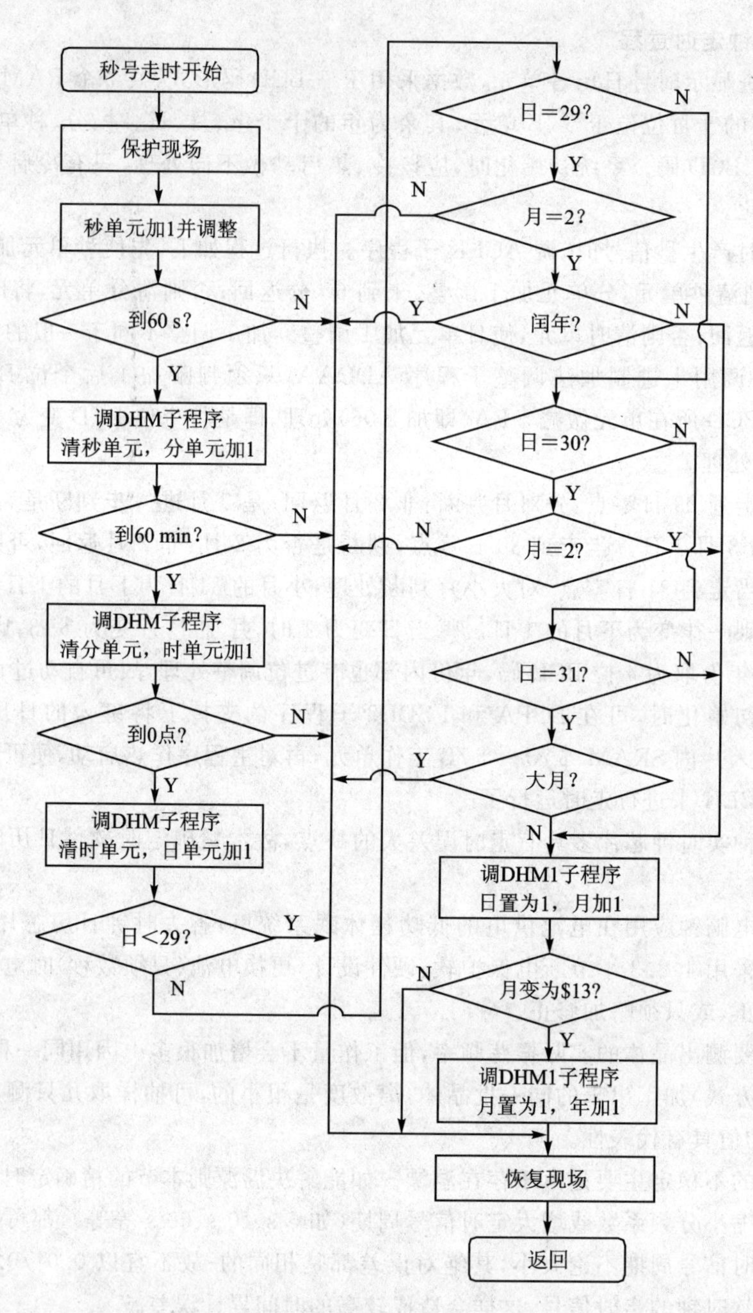

图 4.14　时钟日历走时子程序流程图

```
        RCALL    DHM3          ;秒单元加 1 调整
        CPI      R16, $ 60     ;
        BRNE     COM0          ;未到 60 s 返回
        RCALL    DHM           ;分单元加 1 调整
        CPI      R16, $ 60
        BRNE     COM0          ;未到 60 min 返回
        RCALL    DHM           ;时单元加 1 调整
        CPI      R16, $ 24
```

```
        BRNE    COM0            ;未到 24 h 返回
        RCALL   DHM             ;日单元加 1 调整
        SUBI    R16,$29
        BRCS    COM0            ;小于 29 返回
        BRNE    T30             ;转继续测试 30/31/32 日
        ADIW    R26,1           ;29,指向月
        LD      R16,X
        CPI     R16,2
        BRNE    COM0            ;非 2 月返回
        ADIW    R26,1           ;指向年
        LD      R16,X           ;取年十个位
        TST     R16
        BRNE    TYLB
        ADIW    R26,1
        LD      R16,X           ;年十个位为 0,取年千百位
TYLB:   SWAP    R16
        ANDI    R16,15
        MOV     R7,R16
        LSL     R7
        LSL     R7              ;高位 BCD 乘 4
        ADD     R16,R7          ;乘 5
        LSL     R16             ;乘 10
        LD      R7,X            ;加个位 BCD
        ADD     R16,R7          ;年十个位(千百位)转成二进制数
        ANDI    R16,3           ;该二进制数末两位皆为 0,为闰年
        BREQ    COM0            ;返回(2 月有 29 日)
        RJMP    DAY1            ;否则为 3 月 1 日
T30:    SUBI    R16,7           ;减 7 调整
        BRNE    T31             ;$30-$29-7=0,$31-$29-7=1&$32-$29-7=2
        ADIW    R26,1           ;指向月
        LD      R16,X
        CPI     R16,2
        BRNE    COM0            ;非 2 月返回
        RJMP    DAY1            ;闰年的 2 月 30 日为 3 月 1 日
T31:    DEC     R16
        BRNE    DAY1            ;日为 32,为下月 1 日
        ADIW    R26,1           ;日为 31,指向月
        LD      R16,X
        SUBI    R16,8           ;月份减去 8
        BRCC    SCHY
        INC     R16             ;月份小于 8,差增 1,奇数↔偶数
SCHY:   SBRS    R16,0
        RJMP    COM0
;1~7 月奇数月为大月/8~12 月偶数月为大月,有 31 日,返回
DAY1:   LDI     R26,LOW(dtpnt+3)
```

```
        LDI     R27,HIGH(dtpnt+3);指向日
        LDI     R16,1           ;
        RCALL   DHM1            ;日置为1,月加1
        CPI     R16,$13
        BRNE    COM0
        LDI     R16,1           ;月变为13,改为1
        RCALL   DHM1            ;年十个位加1调整,可能有$99+1=$A0
        CPI     R16,$A0
        BRNE    COM0            ;
        RCALL   DHM             ;年千百位加1调整
COM0:   POP     R7
        POP     R26
        POP     R27
        POP     R16
        RET
DHM:    CLR     R16             ;秒、分、时单元清除,高位加1
DHM1:   ST      X+,R16
DHM3:   LD      R16,X
        INC     R16             ;
        CPI     R16,$0A         ;个位BCD码若未变成$0A
        BRHS    DHM2            ;例如$58+1=$59,不须调整
        SUBI    R16,$FA         ;否则做减$FA调整:$49+1-$FA=$50
DHM2:   ST      X,R16           ;并将调整结果送回
        RET
```

时钟日历读出方法:为防止在读出时钟日历各单元过程中遇到秒信号中断,致使读数出错,可用连续对比读出法,即将时钟日历各单元读出到寄存器,再将各对应单元作比较,如对应相等,读出正确;否则说明读出或比较过程恰遇时钟日历单元间有进位调整,程序再次进入读出对比循环,再次读出即应是正确的(因日历时钟是以秒信号走时的,而读出比较的时间都非常短,第2次读出不可能与第1次读出或比较都遇到秒号中断)。

注:如果手头上没有频率计,可用实验法估算定时误差,重新设置TCC(必要时也要修改n值)做到精确定时,方法如下:

取某晶体标称值8 MHz为其实测频率,分频系数选为8,8 000 000÷8=1 000 000=65 536×16−48 576 ,n=16,TCC=48 576=＄BDC0。参照4.4.1小节,以n=16为中断次数,以TCC=＄BDC0为时间常数由TCNT1定出秒信号,调时钟日历走时子程序。以中央电视台(广播电台)北京标准时间做参照,针对走时误差修正TCC,也能得到较高精度秒信号及时间值。例如,若24小时内电脑钟比标准时间快3.5 s,则每秒误差为3 500 000÷86 400=41 μs。走时过快说明实际晶振频率比标称值8 MHz高,使按标称值定出的秒信号周期不足1 s,故应减少TCC值(TCC为补码,减少TCC实际上是增加了计数值)。本例中TCC每减1,定时时间增加1 μs,故应将旧时间常数TCC减去41修正后作为新时间常数,再以TCC=48 576−41=48 535=＄BD97重新设计秒号定时程序。并可选48/72小时或更长时间间隔继续做对比、修正,直到精度满意为止。

本例中若电脑钟比标准时钟慢,应对TCC做加法修正。

4.5 通信程序

AVR 单片机具有异步串行通信口 UART，还具有高速同步串口 SPI、两线串行口 TWI，还可由定时器与输入/输出口配合组成模拟串口。由于 AVR 单片机高速，这些模拟串口的通信速度也很高。可以数据块长度控制串行通讯发送、接收的过程，也可以采用特殊字符来作为串行通讯发送、接收过程的开始和结束的标志。

采用模拟串口时，可设置一个位计数器来控制每一数据位的发送或接收：该计数器初始化为零，以其计数值作为发送（接收）起始位、数据位和停止位之标志；在发送（接收）某位之后，将其递进增一；而每一数据位的发送（接收），一般都是经由进位 C 传递实现的。

4.5.1 异步串行口中断接收和发送 ASCII 码字串程序

本程序是在对 1.9 节 UART 功能分析的基础上编制出来的。它由主程序、发送中断服务子程序及接收中断服务子程序组成。主程序中设置中断服务引导指令，按双方通信协议初始化控制寄存器 UCSRA、UCSRB 和 UCSRC，写 UBRRH、UBRRL 寄存器设置波特率。设置允许发送和接收，允许发送寄存器空中断和接收完成中断，并设置全局中断。欲发送的数据块在 \$180～\$1AF 中共 \$30 个字节。接收数据缓存区为 \$1D0～\$1FF，也为 \$30 个字节。发送数据指针存于 R6 和 R7 中，首地址为 \$180。接收数据指针存于 R8 和 R9 中，首地址为 \$1D0。各数据块最末两字节为回车（\$0D）和换行（\$0A）控制符。首先将要发送的字符（共 \$30 个）除以生成多项式 $P(x)=x^{16}+x^{15}+x^{2}+1$，即调 CRC 循环冗余检测子程序 CRC0 一次。产生的 CRC 余式（即校验码）占据原来 \$0D、\$0A 所在单元，在该余式后面加两字符 \$0D、\$0A，共 \$32 个字符，为发送数据做好了准备。由于复位后 UDRE 位被置为 1，在设置允许发送寄存器空中断和全局使能中断后立即激发发送中断。在中断服务子程序中，将指针所指数据写入数据寄存器 UDR 进行发送，调整指针送回 R6 和 R7。数据写入 UDR 后，清除了 UDRE 位。待数据进入发送移位寄存器后，使发送寄存器空，UDRE 置位，引起接力式的连续中断，如此周而复始，一直到将数据块发完为止。此时禁止发送中断（当检查到发送换行命令 LF，即字符 \$0A 时，清除 UCR 寄存器中的 UDRIE 位）。注意，当发送数据中的最后一个数据（换行命令）被发送出去后（即从数据寄存器 UDR 移入发送串行移位寄存器）UDRE 又被置位，因禁止发送中断不能执行中断服务程序（没有新数据写入 UDR），该位一直保留着。待再次允许发送寄存器空中断后立即激发发送中断，引起新一轮数据块的发送。故要求每次发送完数据块后都要将发送指针指向发送缓存区的第一个字节，并做好计数器、标志位的初始化。

在接收中断服务子程序中，读出每一接收字符时，RXC 状态位便被清除，检查有否帧错误（FE）或超限（OR）错误。正确接收则将字符存入接收缓存区内，并对字符计数，计算数据块长度，为 CRC 检测做准备。故要求对方发来的数据块也带 CRC 校验余式。对接收数据的 CRC 检测是从收到第 3 个字节开始的，以后每中断接收一字节数据，就完成 1 字节异或除法（对回车、换行控制符除外）。当收到换行控制符 LF 后，对接收数据进行的 CRC 校验已完成。返回主程序后检查校验结果，若不正确可要求对方重新发送数据。对 FE、OR 和 PE 之类的错误也在返回主程序后处理。

若认为通信环境不存在干扰或干扰轻微不足以影响通信,可将发送方的 CRC 校验码生成程序和接收方 CRC 检测程序删去,以简化发送和接收过程。也可以采用奇偶校验等简化处理方法。

AVR 单片机 UART 具有收发双缓冲,收发数据可从容灵活。特别是在高级中断服务占用时间较长的场合,波特率仍可取得很高。在串口结构简化处理的设备中,可将发送缓冲去掉。因发送时 CPU 具有主动权,如高级中断延误发送,顶多只是加大停止位的宽度。接收时 CPU 则是被动的,若有接收缓冲,CPU 可有一帧机动时间读取接收数据;若无接收缓冲,CPU 只能有一位时间从串行数据链上截下每帧数据。如波特率选为 19 200 波特,每帧 10 位,每位时间只有 52 μs,故接收缓冲一般是不可省的。

发送数据也可以设置允许发送完成中断,在中断服务子程序中发送下一字符的方法。它在数据从发送移位寄存器中全部移出时激发发送中断(响应中断时清除发送完成标志 TXC)。产生中断的条件是设置全局中断使能位 I=1,发送完成中断使能位 TXCIE=1 及发送完成标志位 TXC=1。故必须在主程序中先发送一个数据(写入 UDR)才能引起接力式的连续中断。在发送完最后一个字符($0A)后,清除 TXCIE 位,禁止发送完成中断,使得最后字符发送完成后产生的 TXC 位不能被清除(因不能再响应中断),故此种情况下的 TXC=1 一直保留着,下一轮发送时只要位置允许发送完成中断使能位(TXCIE=1),若全局中断使能位仍被置位,就马上激发发送完成中断。故要求在设置允许发送完成中断之前要进行设定字符指针及计数器、标志等的初始化工作。采用设置允许发送完成中断发送数据的方法与采用设置允许发送寄存器空中断的方法相比,前者显得麻烦,故一般采用后一种方法发送数据。

也可用查询标志位的方法接收和发送数据,但要注意发送完成标志的清除方法是对其写“1”。

如将接收到的 ASCII 码数据块发送给串行打印机(如 TP—μp 系列/炜煌 16 系列等),可将数据打印出来。

清单 4-32 异步串行口中断接收和发送 ASCII 码字串程序

```
          .ORG      0                     ;mega16 USART 串行通信程序,晶振 8 MHz
 .EQU     DTPINT = $180                   ;UBRR = 51 波特率 9600(相对误差 REL.ERR. = 0.16 %)
 .EQU     DRPINT = $1D0
 STRT30:  RJMP      RST30
          .ORG      $0016
          JMP       U_RXC                 ;USART 接收完成中断
          .ORG      $0018
          JMP       U_TXC                 ;USART 发送寄存器空中断
          .ORG      $002A
 RST30:   LDI       R16,HIGH(ramend)
          OUT       SPH,R16
          LDI       R16,LOW(ramend)
          OUT       SPL,R16
          LDS       R16,$A3               ;
          CBR       R16,3                 ;清完整 ASCII 数据块接收到标志($A3,1)
          STS       $A3,R16               ;以及错误(FE/OR)标志 ($A3,0)
          LDI       R16,$80
          OUT       UBRRH,R16             ;首先写入波特率高位寄存器
```

```
        LDI     R16,51
        OUT     UBRRL,R16           ;BAUD RATE = 8000000/16(51 + 1) = 9600
        LDI     R27,HIGH(DIPINT)
        MOV     R6,R27
        LDI     R26,LOW(DTPINT)
        MOV     R7,R26              ;发送数据指针在 r6r7(dtpint)
        CLR     R11
        INC     R11
        LDI     R16,$2E             ;发送数据块长度为$30(不算$0D&$0A 为$2E)
        MOV     R12,R16
        RCALL   CRC0                ;得到 CRC 检测之余式(冲掉$0D&$0A)
        LDI     R16,$0D
        ST      X+,R16
        LDI     R16,$0A
        ST      X+,R16              ;在数据块末尾加$0D&$0A,实际发送数据块长度为$32
        CLR     R16
        OUT     UCSRA,R16           ;禁止加速异步波特率,禁止多机通信模式
        LDI     R16,$B8             ;允许 USART 发送和接收,允许接收中断,发送寄存器空中断
        OUT     UCSRB,R16           ;
        LDI     R16,06              ;异步通信,禁止奇偶校验,1 位停止位,
        OUT     UCSRC,R16           ;8 位数据(UCSZ[2:0] = 011)
        LDI     R16,HIGH(DRPINT)
        MOV     R8,R16
        LDI     R16,LOW(DRPINT)
        MOV     R9,R16              ;r8,r9:接收缓存区指针(FIRST POINT TO $1D0)
        CLR     R10                 ;接收数据块长计数器预先清除
        SEI                         ;
HH30:   LDS     R16,$A3
        SBRC    R16,0               ;错误接收?
        RJMP    RCVER               ;错误处理
        SBRS    R16,1               ;接收数据完成?
        RJMP    HH30                ;否,转再查询
RCVEF:  LDI     R16,$0D
        CP      R16,R14
        BRNE    CRCER
        LDI     R16,$0A
        CP      R16,R15             ;恢复出$0D$0A 为正确接收
        BREQ    HH30
CRCER:  ;.                          ;循环冗余检测错误处理
        ;.
        ;.
        RJMP    STRT30
RCVER:  CBI     UCSRB,RXCIE
        ;.                          ;接收错误(FE/OR)处理
        ;.                          ;过程略
```

```
        ;.
        RJMP    STRT30
        ;USART 接收数据块程序
U_RXC:  PUSH    R16
        IN      R16,SREG
        PUSH    R16
        PUSH    R26
        PUSH    R27
RSC1:   IN      R17,UCSRA           ;USART 状态寄存器
        IN      R16,UDR
        ANDI    R17,$18             ;FE/OR ERROR?
        BRNE    RVERR               ;错误转
        INC     R10                 ;块长加 1
        MOV     XH,R8
        MOV     XL,R9               ;r8r9:接收数据指针,首指$1D0
        ST      X+,R16              ;
        MOV     R8,XH
        MOV     R9,XL
        MOV     R19,R10
        CPI     R19,3               ;已收到第三个字符?
        BRCS    RSCOM               ;未到,跳转
        BRNE    RSC2
        LD      R16,-X              ;收到第三个字符,开始 CRC
        LD      R15,-X
        LD      R14,-X              ;第 1、2、3 个字符取到 R14R15R16
RSC20:  LDI     R17,$80
        LDI     R18,$05             ;P(X) = $18005
        LDI     R19,8
RSCLP:  LSL     R16
        ROL     R15
        ROL     R14
        BRCC    RSC21
        EOR     R14,R17
        EOR     R15,R18             ;在 R14R15 里异或立即数$8005
RSC21:  DEC     R19
        BRNE    RSCLP               ;8 次移位处理完一字节
        RJMP    RSCOM
RSC2:   CPI     R16,$0D             ;收到回车命令不处理
        BREQ    RSCOM               ;此时,CRC 检测已完成
        CPI     R16,$0A             ;收到最末字符(换行命令 LF)?
        BRNE    RSC20
        LDS     R16,$A3
        SBR     R16,2               ;建立数据块接收完毕标志
        STS     $A3,R16
        CBI     UCSRB,RXCIE         ;禁止接收中断
```

```
        RJMP    RSCOM
RVERR:  LDS     R16,$A3
        SBR     R16,1
        STS     $A3,R16         ;$A3,0:FE/OR 错误接收标志
RSCOM:  POP     R27
        POP     R26
        POP     R16
        OUT     SREG,R16
        POP     R16
        RETI
;       UART 发送数据块程序
U_TXC:  PUSH    R16
        IN      R16,SREG
        PUSH    R16
        PUSH    R26
        PUSH    R27
SPSV1:  MOV     XH,R6
        MOV     XL,R7           ;发送数据指针,首指 $180
        LD      R16,X+          ;取发送数据,调指针
        MOV     R6,XH
        MOV     R7,XL
SPS11:  OUT     UDR,R16         ;送入数据寄存器,写入发送移位寄存器后即
        CPI     R16,$0A         ;引起数据寄存器空中断
        BRNE    SPCOM
        CBI     UCSRB,UDRIE     ;发送最末字符后禁止发送寄存器空中断
        LDI     R16,HIGH(DRPINT)
        MOV     R8,R16
        LDI     R16,LOW(DRPINT)
        MOV     R9,R16          ;接收数据指针初始化,指向 $1D0
SPCOM:  POP     R27
        POP     R26
        POP     R16
        OUT     SREG,R16
        POP     R16
        RETI
        .DSEG
        .ORG    $180
DTPINT: .BYTE   $30     ;原始数据为 $30 个,生成 CRC 校验码(冲掉 $0D $0A)后,再加 $0D $0A
                        ;总共为 $32 个
        ;$41 $45 $65 $73 $46 $42 $40 $6F $33 $44 $66 $8C $4D $4B $74 $67
        ;$42 $4F $66 $78 $47 $45 $44 $63 $32 $48 $60 $7C $6D $45 $76 $63
        ;$43 $56 $55 $53 $4D $4F $40 $2E $31 $42 $67 $4C $47 $4A $0D $0A
        .EQU    DRPINT=$1D0
        .ORG    $1D0
DRPINT: .BYTE   $32             ;(内容略)
```

4.5.2 用外部中断配合查询接收串行 ASCII 码字串程序

当单片机异步串行口被占用(或低档机没有串行口)仍要求能接收串行数据时,可用外部中断$\overline{\text{INT0}}$($\overline{\text{INT1}}$)配合软件查询接收 ASCII 码字符串。程序初始化时,清除 ASCII 码字符存储区,清除 ASCII 码接收结束、接收出错等标志,并将数据指针初始化。允许$\overline{\text{INT0}}$在外部信号下降沿激发中断。利用对中断的快速响应启动接收程序,避免延误时间。第一个 ASCII 码的起始位下降沿引发中断,响应中断后以$\overline{\text{INT0}}$作为普通输入引脚,以查询方式接收 ASCII 码的每一位。因$\overline{\text{INT0}}$具最高优先级,如在中断服务程序中接收字符,将屏蔽其他中断的产生。故采用一种特殊的方式,快速从中断服务转至主程序再开始接收字符:将中断返回地址托出堆栈,将接收字符程序开始的地址压入堆栈。这样在执行 RETI 指令后程序直接返到接收字符开始处,按照以下协议来判断接收完成或接收出错等:ASCII 码字符串以字母 P 打头,以换行控制符 LF($0A)结束,每组字符个数为 18 个,波特率为 19 200 波特,每字符起始位一位,数据位 8 位,停止位一位,无奇偶校验位。当然也可以约定以其他大或小写字母开头,可加入奇偶校验位,将数据改为 7 位;或数据位仍为 8 位,将每帧改为 11 位。

本程序是以停止位检测超宽作为接收结束的条件。当发送方停止发送数据后,发送线处于高电平。在收到最末字符停止位后因再无字符串发来,表现为停止位超宽,对停止位检测结果如表现为超宽即作为接收结束处理。

波特率为 19 200 波特时,每位所占时间为 $10^6 \div 19\,200 = 52\ \mu s$。晶振为 8 MHz。每位、半位延时主要由 DEC 和 BRNE 两条指令决定。这两条指令的执行时间为$(0.125+0.25)\ \mu s = 0.375\ \mu s$(DEC 为单周期指令耗时 0.125 μs;定时未到,BRNE 指令为真,故耗时 2 个时钟周期共 0.25 μs,总共耗时 0.375 μs),故每位定时常数为 $5.2/0.375 \approx 139$,半位定时为 70。考虑到延时环节外部指令的执行时间,可将这两个常数适当改小。每位定时误差控制在 5%之内(当环境干扰轻微时),十位累计误差在 50%之内(小于半位),才能正确收到停止位。定时常数应做负偏修改,以 5%为限,用以平衡系统内中断服务所占时间引起的误差,保证正确查询接收。

接收程序开始时,设定数据缓存区指针,以软件延时,查询接收每一位。在接收、判断起始位正确(半位延时后测得逻辑 0)后,按 1 位宽度检测数据位和停止位,第 9 位为停止位(应为逻辑 1)。一个完整的 ASCII 码接收完毕后,转接收下一个。RVBYT1 为接收第一个字符子程序,RVBYT2 为接收第二个及其后各字符子程序。两个子程序不同之处为:接收第一个字符时,已经过中断响应、中断服务并要压栈等操作,占用了时间。故起始半位定时要比其后短一些。查询起始位是有时间限制的,如超时仍未查到(即前一字符停止位超宽),当作结束处理,并建立标志($A3,5),进行数据处理后即结束一次接收处理数据过程。如收到空码($00),或出现其他超时错误、无效起始位、无效停止位(0)等,建立标志($A3,6),转重新接收。

本程序主要适用于只须被动接收,不须应答的场合,也可省下外中断源改为普通输入口查询接收。其缺点是放弃了背景程序的执行,且响应速度慢。

降低本程序中的波特率可提高按收可靠性。如将晶振改为 4 MHz 且保持各定时常数不变(或仍保留 8 MHz 晶振但将半位或整位定时常数增倍),则可接收 9 600 波特的串行数据。

入口条件：清除＄A3单元中的第6位和第5位。

出口条件：＄A3、5＝1，接收到的数据已在首地址为＄100的内部SRAM之中，每一组ASCII码字串数据已翻为二进制数据并加至其对应的累加和之中，累加次数已增1；若＄A3、6＝1，接收失败。

图4.15为用外部中断查询接收ASCII码数据块流程图；图4.16为接收一个ASCII码流程图。

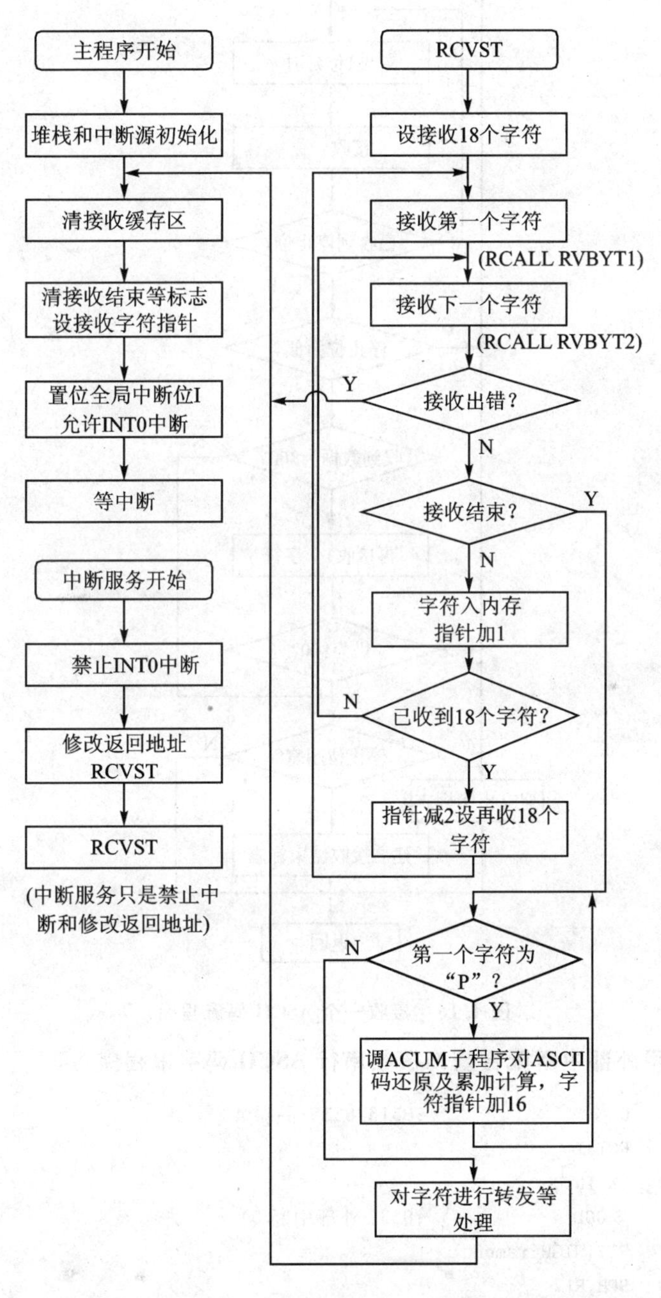

图4.15　用外部中断查询接收ASCII码数据块流程图

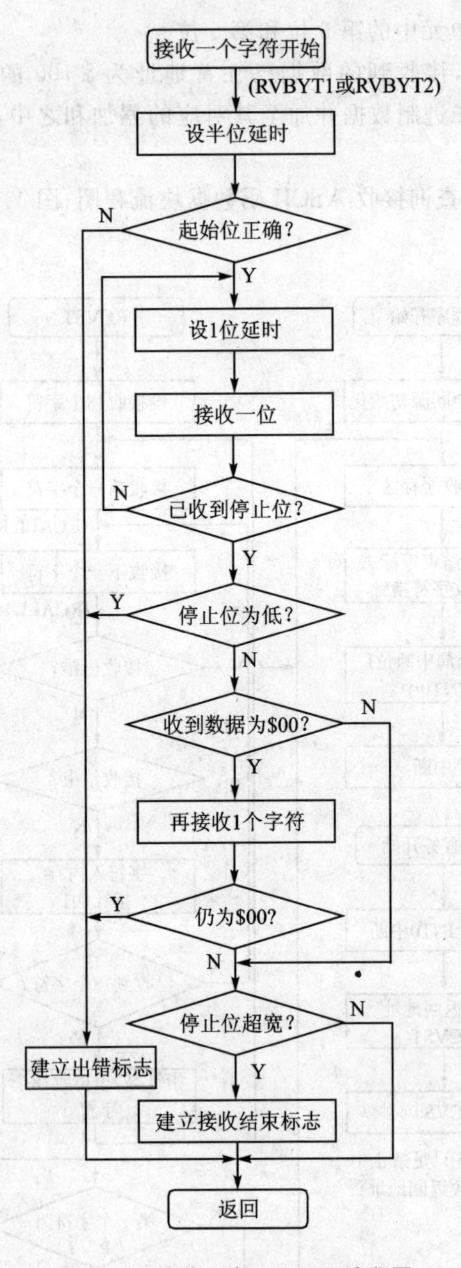

图 4.16　接收一个 ASCII 码流程图

清单 4－33　用外部中断配合查询接收串行 ASCII 码字串程序

```
        .ORG    0               ;8515/8535/晶振 4 MHz
STRT31: RJMP    RST31
        RJMP    EX_INT0
        .ORG    $00D            ;8535 外部中断 0
RST31:  LDI     R17,HIGH(ramend)
        OUT     SPH,R17
        LDI     R17,LOW(ramend)
        OUT     SPL R17
```

```
        LDI     R17,2
        OUT     TCCR1B,R17          ;4 MHz/8 分频,计数单位为 2 μs,TCCR1B:$2E
        LDI     R17,$40
        OUT     GIMSK,R17           ;GIMSK,6(允许 INT0 中断)
        LDI     R17,2
        OUT     MCUCR,R17           ;设 INT0 为下降沿中断(MCUCR'B1&B0 = 10)
        CBI     DDRD,2              ;INT0 为输入
        ;.
        ;.                          ;其他初始化略
        SEI                         ;
CLRBUF: LDI     R27,1
        CLR     R26                 ;接收数据缓存区首址 $100
        LDI     R17,$40
        OUT     GIMSK,R17           ;GIMSK,6
        CLR     R17
CLRLOP: ST      X+,R17
        CPI     R26,$48
        BRNE    CLRLOP              ;清接收缓存区($100～$147)
        LDS     R16,$A3
        CBR     R16,$60
        STS     $A3,R16             ;接收错误($A3、6)和接收完成($A3、5)标志清除
CLR5:   ;.
        ;.                          ;背景程序略
        RJMP    CLR5                ;
RCVST:  SER     R16                 ;接收开始
        OUT     PORTC,R16           ;关闭显示
        LDI     R27,1
        CLR     R26                 ;接收数据指针,首地址 $100
        LDI     R17,18              ;接收 18 个字符,其末尾为 $0D$0A
        MOV     R14,R17
        RCALL   RVBYT1              ;接收第一个字符
        RJMP    RVBYT
RVBLOP: RCALL   RVBYT2              ;接收第二个字符及其后字符
RVBYT:  LDS     R17,$A3
        SBRC    R17,6
        RJMP    CLRBUF              ;接收出错,转去清除 $100～$14F
        SBRC    R17,5
        RJMP    DTCOM               ;接收完整数据块,转去处理
        ST      X+,R16
        DEC     R14
        BRNE    RVBLOP              ;未收完 18 个字符,继续
        CPI     R26,$42             ;指针达到 $142 了吗
        BREQ    DTCOM               ;接收完整数据块,转去处理
        DEC     R26
        DEC     R26                 ;$0D$0A(CR&LF)丢掉
RCVLP:  LDI     R17,18              ;
        MOV     R14,R17
```

```
        RJMP    RVBLOP
DTCOM:  LDI     R27,1
        CLR     R26             ;接收数据首地址 $ 100
DLLOP:  CLR     R29
        LDI     R28,$ 90        ;处理 ASCII 码程序 ACUM 要求将数据放在 $ 90～ $ 9f
        LD      R16,X
        CPI     R16,$ 50        ;第一个字符约定为"P"才有效
        BRNE    RVCOM1          ;也是判断处理结束符
DLLOP1: LD      R16,X+
        ST      Y+,R16
        CPI     R28,$ A0
        BRNE    DLLOP1          ;传 16 个字符
        PUSH    R26
        PUSH    R27
        RCALL   ACUM            ;ASCII 变 BCD 再变为二进制数,累加
        POP     R27
        POP     R26
        BRTS    RVCOM1          ;ASCII 码无效,转出!
        RJMP    DLLOP
RVCOM1:
        CLT
        RJMP    CLRBUF          ;转去清缓存区,重新接收
                                ;晶振采用 4 MHz,指令(DEC+BRNE)耗时 0.75 μs)
EX_INT0:POP     R16             ;INT0 中断服务子程序
        POP     R16             ;废弃返回地址
        LDI     R16,HIGH(RCVST)
        PUSH    R16
        LDI     R16,LOW(RCVST)
        PUSH    R16             ;设置返回地址
        IN      R16,GIMSK       ;禁止 INT0 中断
        CBR     R16,$ 40
        OUT     GIMSK,R16
        RETI
RVBYT1: LDI     R17,2           ;查到 0 接收时,再做一次接收
        MOV     R15,R17
        LDI     R17,50          ;第一个起始位半位延时(50×0.75 μs=38 μs)
        MOV     R12,R17
        RJMP    RVBCM
RVBYT2: LDI     R17,2
        MOV     R15,R17
RVBY2:  LDI     R17,147         ;110 μs>1 位宽/9 600 baud,110/0.75=147
        MOV     R12,R17
TEST3:  SBI     PORTD,2
        SBIS    PIND,2          ;停止位超宽测试
        RJMP    RVST
        DEC     R12
```

```
        BRNE    TEST3
        LDS     R16,$A3         ;110 μs 内查到低电平为起始位
        ORI     R16,$20
        STS     $A3,R16         ;否则为接收结束,令$A3、5 = 1
        RET
RVST:   LDI     R17,60          ;60 × 0.75 μs = 45 μs(半位延时)
        MOV     R12,R17
RVBCM:  DEC     R12
        BRNE    RVBCM
        LDI     R17,9           ;1 位起始 + 8 位数据
        MOV     R13,R17
        SBI     PORTD,2
        SBIC    PIND,2
        RJMP    RVER1           ;无效起始位(半位测试)
RVLOP:  LDI     R17,130         ;may be 128～132/位延时常数
        MOV     R12,R17
RVLP1:  DEC     R12             ;0.25 μs
        BRNE    RVLP1           ;0.5 μs/if condition is true
        SEC
        SBI     PORTD,2
        SBIS    PIND,2
        CLC
        DEC     R13
        BRNE    OVRRC           ;不是停止位,转数据位接收
        BRCC    RVER1           ;无效停止位,出错
        TST     R16             ;
        BRNE    RBYRT           ;不为 0,收到一个有效字符
        DEC     R15
        BRNE    RVBY2           ;2 次接收到$00,出错
RVER1:  LDS     R16,$A3
        ORI     R16,$40         ;接收出错标志
        CBR     R16,$20
        STS     $A3,R16
RBYRT:  RET
OVRRC:  ROR     R16             ;组织数据
        RJMP    RVLOP           ;100.7 μs/程序位宽
```

4.5.3 以定时器和输出口配合用中断方式发送 ASCII 码字串程序

我们可以定时器 TCNT0 和一个输出口 PB0(T0)配合,以软件发送串行 ASCII 码字符串。例如发送 9 600 波特的 ASCII 码字符串,由上一小节,当波特率为 9 600 波特时,每位宽度为 104.2 μs, AVR 单片机晶振 4 MHz,T/C0 取分频系数为 8,故 TCNT0 计数脉冲周期为 2 μs,定时常数为 52,其补为 204,此即是装入 TCNT0 的实际数值。以 TCNT0 定时,在中断服务时将 ASCII 码以循环右移方式,将其各位以低位到高位的顺序依次发送出去,在发送 B0 位之前加发起始位(逻辑 0),当发完最高位 B_7 之后发送停止位(逻辑 1)。发完一帧完整的 ASCII 码后转下一帧发送,直到发完回车(CR)和换行(LF)命令为止。建立标志 $A3、2=1,

表示一组 ASCII 码字串发送完毕,关闭 TCNT0 并返回主程序。

本程序中设置一个位计数器来识别和控制各个位的发出。注意当一组 ASCII 码发送完毕时,要等字符 $0A 的停止位发完才能结束整个发送过程,故须对该位进行特殊处理——多做一次定时(位计数器计到 10)。如提前结束发送过程,主程序接下来可能有对 PB0 口的清除操作,使对方收不到 LF($0A)的停止位,导致接收出错。

发送流程图如图 4.17 所示。

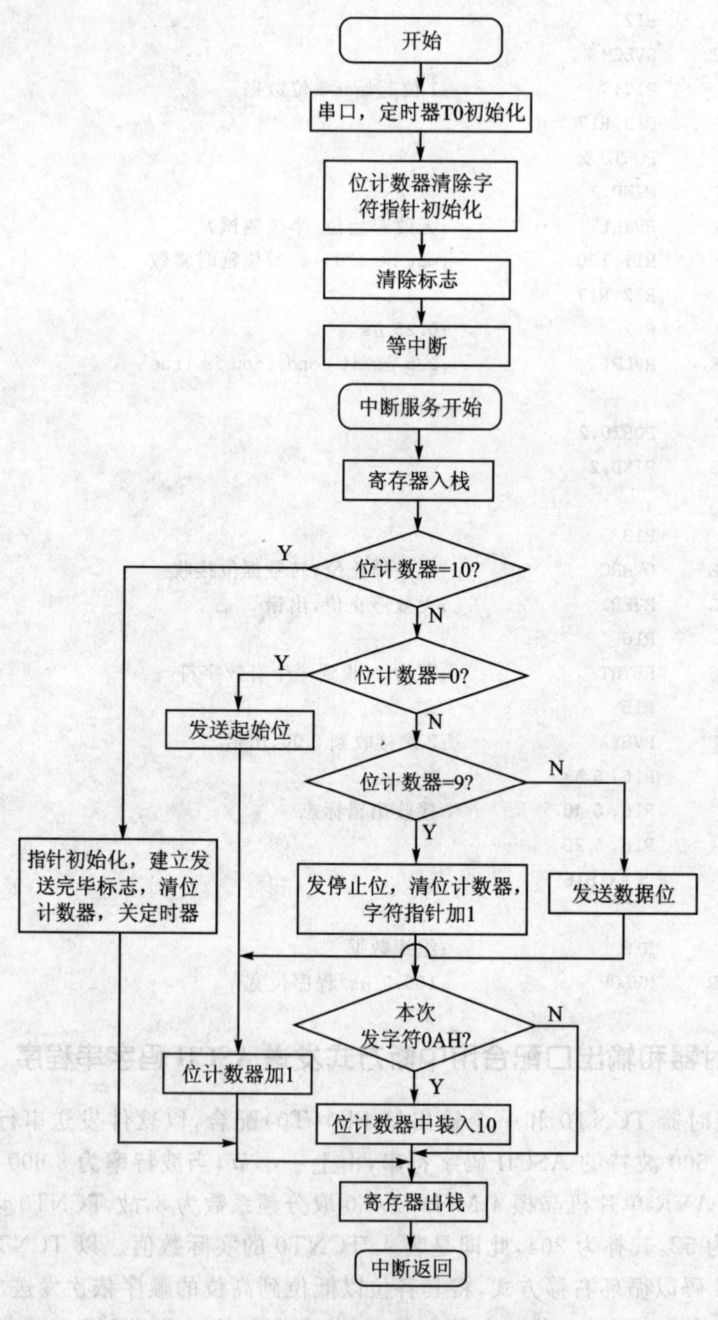

图 4.17 软件中断发送 ASCII 码流程图

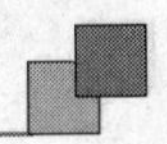

入口条件：ASCII码字符串已存于片内SRAM之中，以回车（＄0D）和换行（＄0A）命令结尾。首地址在R24和R25之中，位计数器R17已清除。发送完毕及发送出错标志＄A3、2和＄A3、4都清除。

出口条件：＄A3、2=1，发送结束；＄A3，4=1，发送出错。

清单4-34　8535T0中断发送ASCII码字串程序

```
        .EQU    DATA2 = $ 150
        .ORG    $ 000
STRT32: RJMP    RST32
        .ORG    009
        RJMP    T0_OVF
        .ORG    $ 011
RST32:  SER     R17
        OUT     DDRB,R17                ;B口为输出
        OUT     PORTB,R17               ;输出高电平
        LDI     R16,2                   ;0B00000010/8 DIVIDED(4fc/8:2 μs)
        OUT     $ 33,R17                ;写入tccr0
        LDI     R16,204                 ;(256 - 204) × 2 = 104 μs/9 600 baud,104 μs/位!
        OUT     TCNT0,R17               ;
        LDI     R17,HIGH(ramend)
        OUT     SPH,R17
        LDI     R17,LOW(ramend)
        OUT     SPL,R17
        LDI     R25,HIGH(DATA2)
        LDI     R24,LOW(DATA2)          ;发送数据指针
        LDS     R17,$ A3
        CBR     R17,$ 14
;发送出错标志($ A3,4)/发送完毕标志位($ A3,2)清除!
        STS     $ A3,R17
        SEI
        LDI     R17,1
        OUT     TIMSK,R17               ;允许T/C0溢出中断
        CLR     R17                     ;位计数器清除
HH32:   LDS     R16,$ A3
        SBRC    R16,4
        RJMP    HHER32                  ;出错
        SBRS    R16,2                   ;
        RJMP    HH32                    ;查询等待数据块发送完成
        ;.                              ;其他程序略
        ;.                              ;可安排接收对方发来数据程序,见STRT33
        RJMP    RST32
HHER32: ;.
        ;.                              ;错误处理略
        RJMP    RST32
T0_OVF: PUSH    R16
```

```
        IN      R16,SREG
        PUSH    R16
        PUSH    R26
        PUSH    R27
        IN      R16,TCNT0
        INC     R16
        SUBI    R16,52              ;重写入一位定时常数(带修正)
        OUT     TCNT0,R16
        MOV     R26,R24             ;数据指针
        MOV     R27,R25
        CPI     R17,10
        BREQ    SND10
        TST     R17
        BRNE    SND9
SND0:   CBI     PORTB,0             ;发起始位(0)
        RJMP    SVCOM
SND9:   CPI     R17,9
        BRNE    SND18               ;1~8 为数据位
        SBI     PORTB,0             ;9 为停止位(1)
        CLR     R17                 ;停止位发完后,位计数器清除
        ADIW    R24,1               ;指针增 1,指下一位数据
        LD      R16,X
        CPI     R16,$0A             ;本次发送的是$0A 吗
        BRNE    SVCOM1
        LDI     R17,10              ;停止位标志
        RJMP    SVCOM1
SND10:  LDS     R16,$A3
        SBR     R16,4               ;发送完成标志
        STS     $A3,R16             ;
SND11:  CLR     R16
        OUT     TCCR0,R16           ;关闭 T/C0
        CLR     R17                 ;清位计数器
        LDI     R24,LOW(DATA2)      ;发送指针初始化
        LDI     R25,HIGH(DATA2)
        RJMP    SVCOM1
SENDER: LDS     R16,$A3
        SBR     R16,$10
        STS     $A3,R16             ;建出错标志
        RJMP    SND11
SND18:  BRCC    SENDER              ;大于 10 为错误
        LD      R16,X
        ROR     R16                 ;发送位传到进位 C
        BRCC    S182
        SBI     PORTB,0             ;C(=1)→PB0($18,0)
        BRCS    S183
```

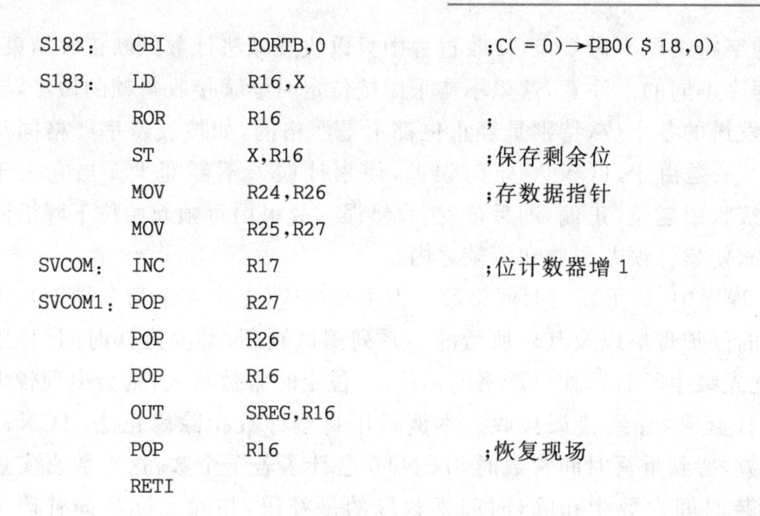

```
S182:   CBI     PORTB,0         ;C(=0)→PB0($18,0)
S183:   LD      R16,X
        ROR     R16             ;
        ST      X,R16           ;保存剩余位
        MOV     R24,R26         ;存数据指针
        MOV     R25,R27
SVCOM:  INC     R17             ;位计数器增1
SVCOM1: POP     R27
        POP     R26
        POP     R16
        OUT     SREG,R16
        POP     R16             ;恢复现场
        RETI
```

4.5.4 以定时器和输入口配合用中断方式接收ASCII码字串程序

本程序可与上一小节程序组成完整的软件双半工串行口程序，即仅用T0引脚和定时器TCNT0就可实现软件半双工串行口。

在4.5.2小节已介绍了以外部中断$\overline{\text{INT0}}$引脚接收串行数据程序，它以中断方式查到起始位下降沿后，改为采用软件定时、查询的方法接收整个数据块，放弃了其他背景程序。本例为以TCNT0中断定时，以T0引脚接收串行数据每一位(设位计数器)的方式完成整个数据块的接收，故可与背景程序同时进行。

本程序利用了T0引脚的双重功能——既可作为外部计数脉冲输入端，检测起始位的下跳沿，又可作为普通输入口，查询接收串行数据每一位，而对接收数据每位采样时刻由TC-NT0定时决定。

主程序初始化时，将接收数据缓存区清除，初始化数据指针，使其指向缓存区首址。设位计数器R16，指示接收每帧数据当前位序号(见图4.18)，其初始值为0。设R18为标志寄存器，其第2、1、0位分别表示整个数据块收到，第一字符收到和接收出错(错误起始位，停止位等)，初始值也为0。T/C0首先初始化为计数器，时间常数为$FF，外部脉冲下降沿计数。设置允许全局中断和T/C0溢出中断后，起始位下降沿即引发溢出中断。在中断服务程序中将其改为定时器(串行字符波特率为9 600波特，每位定时104.2 μs)，并依位序列先后装入两种时间常数——半位定时常数(判断起始位有效性)和整位定时(接收各数据位和停止位)，常数值分别为230(26)和204(52)。从起始位下降沿中断开始半位定时，时间到如起始位有效则将定时改为整位定时，起始位无效转出错处理：置位R18的第0位，重新开始接收。整位定时中断接收每一位数据，即右循环移位组织每帧数据，先接收低位而后接收高位，最后接收停止位(应为1)。收到正确停止位时一帧完整数据收到，将T/C0再次初始化为计数器，将TCNT0内装入$FF，寻找下一字符的起始位下降沿。若收到0停止位，转出错处理。正确接收的字符若为第一帧，约定它为块长，将其装入块长计数器，建立标志(置R18、1=1)。其后每收到一个字符，就将其转入内存，修改数据指针，块长减1，减为0时表示完整数据块收到，建立标志(R18、2=1)，返回主程序后对接收到的数据块调ACUM子程序处理。

本程序要求对方发来数据第一个字符为块长，并定义块长为第2个字符及其后所接收字符的总数。对数据块以何种字符结尾不做规定,接收过程中只以块长减法计数判断接收结束。这一点是和以上几个接收程序不同的。注意,这里不能采用按位定时继续接收每帧的做法,异步接收而非同步接收,异步发送的各个位,特别是停止位都不是严格的,如按波特率严格同步接收,一是由于各位的误差,二是由于 TCNT0 定时误差,使累计误差不断变大。当它大于 50%时,就产生重位(负偏)接收或越位(正偏,即丢位)接收错误。故采用每帧起始位下降沿同步(以其为定时起点)的方法,使累计误差限制在一帧之内。

在 T/C0 溢出中断服务程序中,要重新写时间常数。但中断响应(至少 4 个指令周期)、中断服务引导、中断服务开始的保护现场以及其后所做的一系列测试判断,都要延误时间(特别是遇到服务时间较长的高优先级中断时),如以严格的半位/一位定时常数写入,则会出现较大定时误差,此误差可能会累计起来,导致错误接收。本例采用自然计数扣除修正法:TCNT0 溢出中断后,即从 0 开始计数,待到重写时间常数时,TCNT0 已计了若干个数,这个数真实反映了延时时间,如将它从重装时间常数中扣除(时间常数取的是补码,扣除实际是向补码里加),同时也考虑扣除操作本身所占用的时间,就能达到精确定时。做法如下(参看本小节清单):

```
IN R17,TCNT0            ;读回自然计数
INC R17                 ;修正操作本身耗时
SUBI R17,52             ;定时时间常数理论值为 52
OUT TCNT0,R17           ;重装入
```

半位定时经特殊处理补偿后,因当时处于外部计数状态,所以不会像定时器那样计数。

图 4.18 为位序列(计数器值)与每帧各数据位对照图;图 4.19 为以 T/C0 定时,以 T0 引脚接收 ASCII 码流程图。

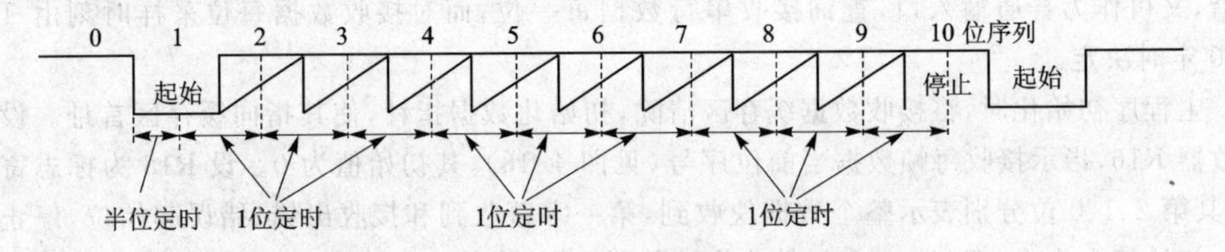

图 4.18 位序列(计数器值)与每帧各数据位对照图

清单 4-35 以定时器和输入口配合用中断方式接收 ASCII 码字串程序

```
        .EQU    DATA3 = $100     ;USE R11(save SREG) R12 R13:DATA3 R14:BLOCK LENGTH
                                 ;R15:RCV.CHAR.
        .ORG    0                ;R16:THE BIT SEQUENCE COUNTER R17:WORKING REG. R18:
                                 ;FLAG UNIT
STRT33: RJMP    RST33            ;X&Y:POINTER/接收数据缓存区首地址:$100   BAUD
                                 ;RATE:9600
        .ORG    $009             ;$007(8515)
        RJMP    T0_OVF1
        .ORG    $011             ;$00D(8515)
RST33:  LDI     R17,HIGH(ramend)
        OUT     SPH,R17
        LDI     R17,LOW(ramend)
```

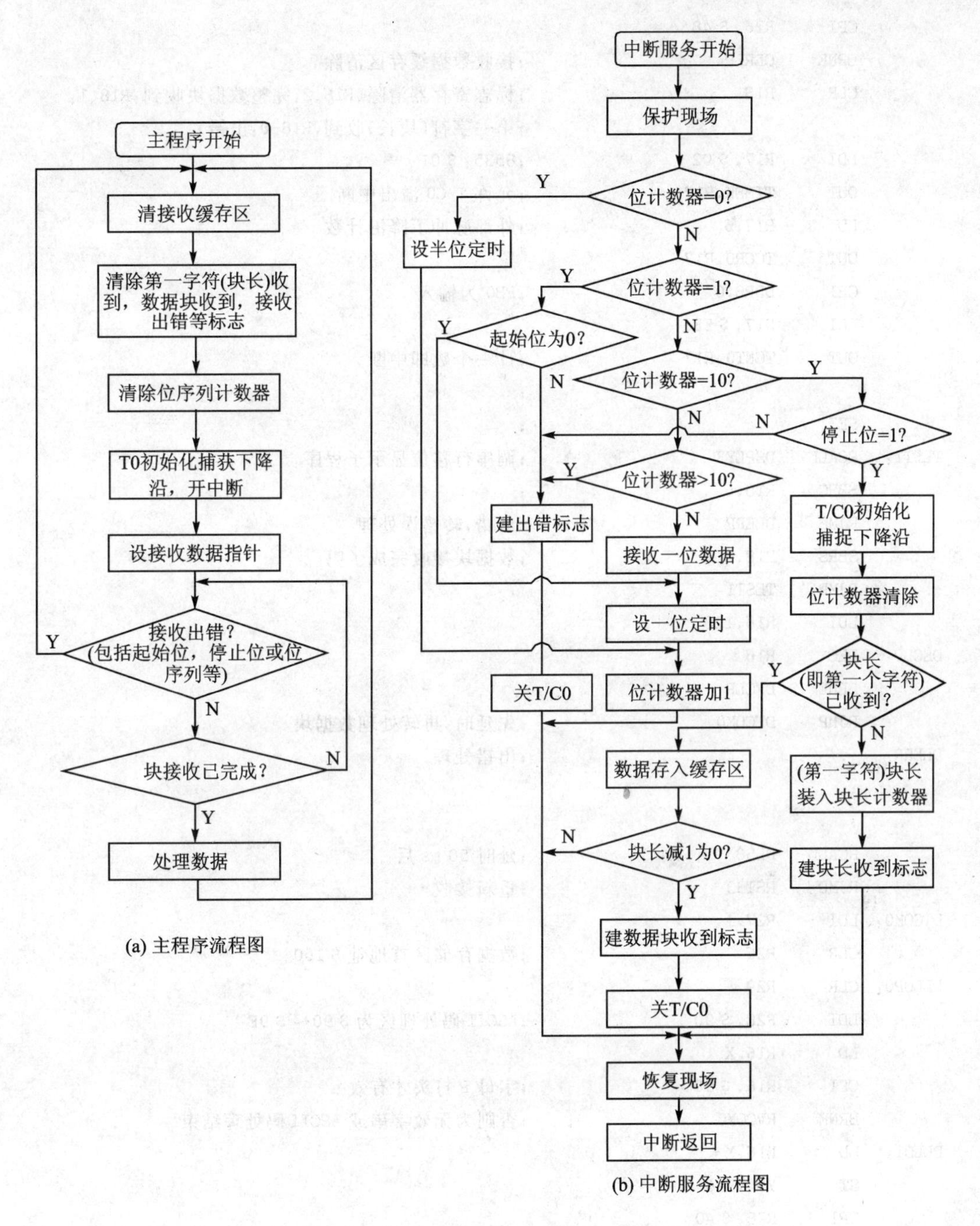

图 4.19　以 T/C0 定时，以 T0 引脚接收 ASCII 码流程图

```
        OUT     SPL,R17
        LDI     R17,HIGH(DATA3)
        MOV     R12,R17
        LDI     R17,LOW(DATA3)
        MOV     R13,R17                         ;R12R13:接收数据指针
CLRBF1: CLR     R16
CLRLP:  ST      X+,R16
```

```
        CPI     R26, $ 48
        BRNE    CLRLP                    ;接收数据缓存区清除
        CLR     R18                      ;标志寄存器清除(R18、2:完整数据块收到,R18、1:
                                         ;第一字符(块长)收到,R18、0:出错)
        LDI     R17, $ 02                ;8535: $ 01
        OUT     TIMSK,R17                ;允许 T/C0 溢出中断
        LDI     R17,6                    ;外部脉冲下降沿计数
        OUT     TCCR0,R17
        CBI     DDRB,0                   ;PB0 为输入
        LDI     R17, $ FF
        OUT     TCNT0,R17                ;计一个数即中断
                                         ;
        SEI                              ;
TEST1:  RCALL   DSPLY3                   ;调串行移位显示子程序
        SBRC    R18,0                    ;
        RJMP    DLERR                    ;出错,转错误处理
        SBRS    R18,2                    ;数据块接收完成了吗
        RJMP    TEST1
        LDI     R16,128
DECLP:  DEC     R16
        BRNE    DECLP
        RJMP    DTCOM0                   ;先延时,再转处理数据块
DLERR:  ;.                               ;出错处理
        ;.
        ;.
        RCALL   DL50                     ;延时 50 ms 后
        RJMP    RST33                    ;重新接收
DTCOM0: LDI     R27,1
        CLR     R26                      ;数据存储区首地址 $ 100
DLLOP0: CLR     R29
        LDI     R28, $ 90                ;ASCII 码处理区为 $ 90～ $ 9F
        LD      R16,X
        CPI     R16, $ 50                ;字母 P 打头才有效
        BRNE    RVCOM0                   ;否则为无效字串或 ASCII 码处理结束
DLLO1:  LD      R16,X+
        ST      Y+,R16
        CPI     R28, $ A0
        BRNE    DLLO1                    ;传送 16 个字符
        PUSH    R26
        PUSH    R27
        RCALL   ACUM                     ;处理一组 ASCII 码数据
        POP     R27
        POP     R26
        BRTC    DLLOP0                   ;T=1,ASCII 码数据无效
        CLT
```

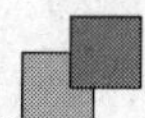

```
        ;.                              ;错误处理
        RJMP    STRT33
RVCOM0: ;.                              ;错误处理
        ;.
        RJMP    STRT33
T0_OVF1:IN      R11,SREG                ;T/C0 中断服务
        PUSH    R17
        CPI     R16,0                   ;起始位下降沿中断吗
        BRNE    T0SV10
        LDI     R17,2                   ;YES
        OUT     TCCR0,R17               ;改为内定时(4 MHz/8 分频)
        LDI     R17,232                 ;半位时间常数 24,定 48 μs(<52 μs)
        OUT     TCNT0,R17
        RJMP    T0SV6
T0SV10: CPI     R16,1                   ;1,半位定时到
        BRNE    T0SV2
        SBI     PORTB,0
        SBIC    PINB,0
        RJMP    T0ERR                   ;高电平,错误
        RJMP    T0SV60                  ;低电平,有效起始位
T0SV2:  CPI     R16,10                  ;
        BRNE    T0SV3
        SBI     PORTB0                  ;10,接收停止位
        SBIS    PINB,0
        RJMP    T0ERR                   ;低电平,错误
        LDI     R17,6
        OUT     TCCR0,R17               ;改为外部脉冲下降沿计数,为接收下一位字符准备
        LDI     R17,$FF                 ;计一个数即中断
        OUT     TCNT0,R17
        CLR     R16                     ;位计数器清除
        SBRC    R18,1                   ;是第一个字符(R18,1=0)吗
        RJMP    T0SV21                  ;否,为块内数据
        MOV     R14,R15                 ;块长转入 R14
        SBR     R18,2                   ;块长已收到
        RJMP    T0SV61
T0SV21: PUSH    XL
        PUSH    XH
        MOV     XH,R12
        MOV     XL,R13                  ;取缓存区指针
        ST      X+,R15                  ;字符送入缓存区
        MOV     R12,XH
        MOV     R13,XL
        POP     XH
        POP     XL
        DEC     R14
```

```
        BRNE    T0SV61
        SBR     R18,4                   ;块长减为 0,完整数据块收到
        CLR     R16
        OUT     TCCR0,R16               ;停止 T/C0
        RJMP    T0SV61
T0SV3:  BRCC    T0ERR                   ;出错(大于 10)
        CLC                             ;2~9:数据位
        SBI     PORTB,0                 ;接收一位数据
        SBIC    PINB,0
        SEC
        ROR     R15                     ;数据组织到 R15
T0SV60: IN      R17,TCNT0               ;读 TCNT0 计数值
        INC     R17                     ;
        SUBI    R17,52
        OUT     TCNT0,R17               ;写入补偿后的时间常数
T0SV6:  INC     R16                     ;位序列计数器增 1
T0SV61: POP     R17
        OUT     SREG,R11
        RETI
T0ERR:  CLR     R16
T0ERL:  SBR     R18,1                   ;错误接收标志
        OUT     TCCR0,R16               ;停止 TCNT0
        RJMP    T0SV61
```

必要时,也可以模拟串口实现两个单片机之间的全双工通信,例如采用定时器/计数器 0 作为位接收定时,以定时器/计数器 1 作为位发送定时,以中断方式实现数据块的发送与接收;也可用一个定时器/计数器中断作为位接收(发送)定时,但以软件延时和查询方式进行位发送(接收)。后者的优点为节省了一个定时器/计数器,缺点为系统内不能再含有其他以查询方式管理的慢速设备。

4.5.5 主从多机通信程序

本小节多机通讯方法主要利用 AVR USART 同异步串行口的多机通信功能,并在被主机选中的分机中建立标志,以标示被选分机与主机通信的进程。主机发出地址帧选中某个分机(分机号最灵活的设置方法是采用 DIP 开关,以并行口读入由该开关所设置的分机号,此法缺点为占用宝贵的端口资源)。被选中的分机可与主机交换数据,而未被选中的分机对主机发来的数据帧不予理睬,从而达到主机只与被选分机相互通讯之目的。

多机通信主要过程如下:

- 为了简化程序,主机通讯程序采用查询方式,从机通讯程序采用中断方式。
- 初始化时,所有从机必须使能多机通信方式,并选用 9 位数据帧。
- 通信过程由主机发起:主机发出 9 位数据帧(RXB8=1),含分机机号选中某分机。
- 所有分机都中断接收此分机号,并与本机机号对比,被选分机建立选中标志(R18,1=1)。
- 其他分机的选中标志仍然为 0,继续等待主机的呼号选择。
- 被选分机将主机的呼号返还给主机,表示已接受主机的命令,并将多机通信使能位

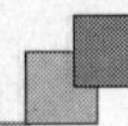

清除。

● 被选分机仍然保留 9 位数据帧模式，以便中断接收主机发来的数据块。

● 主机收到被选分机返还的机号后，保留 9 位数据帧模式，但设置 TXB8=0。

● 以上主、从机通信模式的改变使得主机发来的数据块只能使被选分机中断接收，而其他分机仍处于多机通信模式之下，主机发来 TXB8=0 的 9 位数据帧不能对其产生中断，故不接收。

● 分机接收到主机发出的完整数据块后，建立标志 R18,7=1，并向主机发送数据块。

● 分机发送数据块完成后(R18,6=1)，禁止发送数据寄存器空中断；转初始化，等待下一轮通信，主机接收到分机发来的完整数据块后，进入对下一分机的轮询通信，直到所有分机轮询完毕。

分机在清除选中标志后，即可进行对主机数据的处理，包括执行主机命令等内容。

为了更合理更有效工作，应补充一些通信协议，例如：主机向分机发送机号或数据，对方响应有时间限制，如超限，可认为分机故障，记录故障分机号，放弃对其通信；在查询环中加入背景程序等。

清单 4-36 为多机通信主机程序。

清单 4-37 为多机通信 1#分机程序(其他分机程序只须修改地址号，即改写涉及分机地址号的指令)。

图 4.20 为主从多机通信原理图。

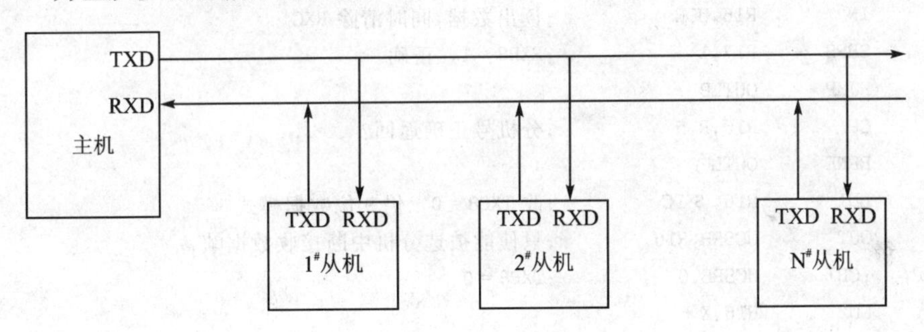

图 4.20　AVR 主从多机通信原理图

清单 4-36　多机通信主机程序

```
        .ORG     0              ;利用多机通信功能/主机接收简化处理，未查错误标志
.EQU    DTPINT = $180           ;UBRR = 25 波特率 19200(REL.ERR. = 0.16%)
.EQU    DRPINT = $1C0           ;主机对 1#，2#，3#，4#分机发送数据块在
                                ;$180 - 18F,$190 - 19F,$1A0 - 1AF)和$1B0 - 1BF
STRT38: RJMP     RST38          ;主机从 1#，2#，3#，4#分机接收数据块在
                                ;$1C0 - 1CF,$1D0 - 1DF,$1E0 - 1EF)和$1F0 - 1FF
        .ORG     $0016          ;
        JMP      STRT38
        .ORG     $0018
        JMP      STRT38         ;主机不设串口中断，只以查询接收
        .ORG     $02A
RST38:  LDI      R16,#80H       ;UBRR 的高 4 位(皆为 0)，最高位为 1 为选中 UBRRH
        OUT      UBRRH,R16
```

```
        LDI     R16,25
        OUT     UBRRL,R16           ;设波特率:8MHZ/16(25+1)=19200
        CLR     R15                 ;初始化分机号
        LDI     R27,HIGH(DTPINT)
        LDI     R26,LOW(DTPINT)     ;发送数据指针(首指$180)
        LDI     R29,HIGH(DRPINT)
        LDI     R28,LOW(DRPINT)     ;接收数据指针(首指$1C0)
                                    ;堆栈指针初始化略
NEXTNO: CLR     R16
        OUT     UCSRA,R16           ;不加速(U2X=0);主机的多机通信使能位 MPCM 设为 0
        LDI     R16,$1D             ;
        OUT     UCSRB,R16           ;允许 UART 接收和发送,9 位数据模式,TXB8=1
        LDI     R16,6
        OUT     UCSRC,R16           ;异步通信,无奇偶校验,1 个停止位,9 位数据
        INC     R15                 ;首次指向 1#分机
OUTLP:  ;SBI    UCSRB,0             ;TXB8=1
        OUT     UDR,R15             ;呼分机号,1:1#/2:2#/03:3#/04:4#...
TSLOP:  IN      R16,UCSRA
        SBRS    R16,7
        RJMP    TSLOP               ;分机返回机号?
        IN      R17,UCSRB
        IN      R16,UDR             ;读出数据,同时清除 RXC
        SBRS    R17,1               ;RXB8=1, 正确
        RJMP    OUTLP
        CP      R16,R15             ;分机号正确返回?
        BRNE    OUTLP
        LDI     R16,$1C             ;改 TXB8=0, 仍 9 位数据模式
        OUT     UCSRB,R16           ;只使能被选分机中断接收数据帧
TXLOP:  ;CBI    UCSRB,0             ;TXB8=0
        LD      R16,X+
        OUT     UDR,R16             ;向分机发送数据块
TESTL:  IN      R17,UCSRA
        SBRS    R17,5
        RJMP    TESTL               ;等待一帧发送完成
        CPI     R16,$0A
        BRNE    TXLOP               ;
RXTST:  IN      R17,UCSRA
        SBRS    R17,7               ;RXC=1  收到数据
        RJMP    RXTST               ;等待接收分机返回数据块
        IN      R16,UDR
        ST      Y+,R16              ;存储接收数据
        CPI     R16,$0A             ;分机数据块发完?
        BRNE    RXTST
        MOV     R16,R15
        CPI     R16,4               ;与分机轮询通信完毕?
        BRNE    NEXTNO              ;未完转对下一分机通信
```

```
HH38:   RJMP    HH38          ;否则踏步(可改为处理分机返回的数据,之后再进行下一个轮询)
        .DSEG
        .ORG    $180
DTPINT: .BYTE   $40
        ;$41 $45 $65 $73 $46 $42 $40 $6F $33 $44 $66 $5C $4D $4B $0D $0A
        ;$42 $4F $66 $78 $47 $45 $44 $63 $32 $48 $60 $7C $6D $45 $0D $0A
        ;$43 $56 $55 $53 $4D $4F $40 $2E $31 $42 $67 $4C $47 $4A $0D $0A
        ;$45 $54 $59 $63 $3D $4B $48 $2F $35 $48 $69 $3C $77 $43 $0D $0A
        .ORG    $1C0
DRPINT: .BYTE   $40
```

清单4-37　多机通信1#分机程序

```
        .ORG    0
.EQU    DTPIT1 = $180         ;(UBRR) = 25 波特率为 19200(REL.ERR. = 0.16%)
.EQU    DRPNT1 = $1C0
                              ;R19:错误接收状态寄存器
                              ;R18:工作进程寄存器,R18,1:主机呼号收到
                              ;R18,7:收到主机发来的数据块/R18,6:向主机发送数据块完成
                              ;R17:(主机发来的)机号寄存器
STRT39: JMP     RST39
        .ORG    $0016
        RJMP    UARXC         ;MEGA16 UART 接收完成中断
        .ORG    $0018
        RJMP    UATXC         ;USART 发送寄存器空中断
        .ORG    $002A
RST39:  CLR     R18           ;清除分机被选中(R18,6)和主机数据块接收完毕(R18,7)标
        CLR     R19           ;接收错误标志寄存器清除
        LDI     R16,$80
        OUT     UBRRH,R16
        LDI     R16,25
        OUT     UBRRL,R16     ;设波特率[BAUD RATE = 8000000/16*(25+1) = 19200]
        LDI     R16,HIGH(ramend)
        OUT     SPH,R16
        LDI     R16,LOW(ramend)
        OUT     SPL,R16
        LDI     R16,HIGH(DRPNT1)
        MOV     R8,R16
        LDI     R16,LOW(DRPNT1)
        MOV     R9,R16        ;r8,r9:接收数据指针(FIRST POINT TO $1C0)
        LDI     R16,1
        OUT     UCSRA,R16     ;分机的 MPCM 位设为 1(使能多机通信)
        LDI     R16,$9D       ;允许 UART 中断接收,允许发送(但不允许发送中断)
        OUT     UCSRB,R16     ;9 位数据模式,TXB8 = 1
        LDI     R16,6         ;选异步通信模式 不加速(U2X = 0)
        OUT     UCSRC,R16     ;无奇偶校验,1 个停止位,9 位数据
```

```
        SEI
RXDTS:  TST     R19
        BRNE    ERRCV           ;(R19)>0,接收错误
        SBRS    R18,1           ;R18,1 = 1 主机呼号已收到(若收到,机号在 R17 中)
        RJMP    RXDTS
        ;SBI    UCSRB,0         ;TXB8 = 1
        OUT     UDR,R17         ;返还该机号给主机
TXDON:  IN      R16,UCSRA
        SBRS    R16,5
        RJMP    TXDON           ;该机号发送完成?(完成后 UDRE = 1)
        CLR     R16             ;清除多机通信使能位,以中断接收主机发来的数据
        OUT     UCSRA,R16
RCVBLK: TST     R19
        BRNE    ERRCV           ;接收错误,转错误处理
        SBRS    R18,7
        RJMP    RCVBLK          ;主机发来数据块已接收完毕?
        LDI     R16,HIGH(DTPIT1)
        MOV     R6,R16
        LDI     R16,LOW(DTPIT1)
        MOV     R7,R16          ;设发送数据指针 r6r7,首指 $ 180
        LDI     R16,$ 3C        ;允许 USART 发送寄存器空中断发送,9 位数据模式,TXB8 = 0
        OUT     UCSRB,R16
TXDN:   SBRC    R18,6           ;UDRIE 位被清除时,数据块发送完毕,以 R18,6 为标志
        RJMP    TXDN            ;发送完毕?
        RJMP    RST39           ;
ERRCV:  ;错误处理略
        ;……………………

        RJMP    STRT39
        ;UART 中断接收程序
UARXC:  IN      R19,UCSRA       ;读错误状态标志
        IN      R18,UCSRB       ;读 RXB8
        IN      R17,UDR         ;读取接收数据
        ANDI    R19,$ 18        ;分离出错误接收标志位 FE/DOR(奇偶校验未用)
        BREQ    UARXC1
        RETI                    ;错误接收返回(R19)>0
UARXC1: IN      R14,SREG        ;保存当前状态
        ANDI    R18,2           ;分离出 RXB8
        BRNE    NUMB            ;R18,1  即 RXB8 = 1 只可能是机号,转去核实
        PUSH    R26             ;否则为主机向本分机发来数据块(9 位模式,机号已符合)
        PUSH    R27
        MOV     XH,R8
        MOV     XL,R9           ;取接收数据指针
        ST      X + ,R17        ;转入 RAM
        MOV     R8,XH
```

```
        MOV     R9,XL           ;存数据指针
        CPI     R17,$0A         ;是数据块结束符 LF?
        BRNE    RSCOM1
        SBR     R18,$80         ;收到完整数据块标志
RSCOM1: POP     R27
        POP     R26
DRETI:  OUT     SREG,R14
        RETI
NUMB:   CPI     R17,1           ;是1#分机? 2#分机与$02比较/3#分机与$03比较...
        BREQ    DRETI           ;机号符合,转!(R18)=2保留
        CLR     R18             ;机号不符合 清除R18 重新查找
        RJMP    DRETI
;       UART中断发送程序
UATXC:  PUSH    R16             ;r6 r7:发送数据指针,首指$180
        IN      R16,SREG
        PUSH    R16
        PUSH    R26
        PUSH    R27
        MOV     XH,R6
        MOV     XL,R7           ;取出发送指针
        LD      R16,X+          ;取数据,调指针
        MOV     R6,XH
        MOV     R7,XL
        ;CBI    UCSRB,0         ;TXB8=0/主程序中已设TXB8=0! 故不重复
        OUT     UDR,R16         ;送入发送寄存器
        CPI     R16,$0A
        BRNE    SDCOM
        SBR     R18,$40         ;发送最后1个字符后
        CBR     UCSAB,UDRIE     ;禁止发送寄存器空中断(CLR UDRIE)
        LDI     R16,HIGH(DRPINT)
        MOV     R8,R16
        LDI     R16,LOW(DRPINT)
        MOV     R9,R16          ;接收数据指针初始化(POINT TO $1C0)
SDCOM:  POP     R27
        POP     R26
        POP     R16
        OUT     SREG,R16
        POP     R16
        RETI
        .DSEG
        .ORG     $180
DTPIT1: .BYTE    $40
        .ORG     $1C0
DRPNT1: .BYTE    $10
        ;$41 $45 $65 $73 $46 $42 $40 $6F $33 $44 $66 $5C $4D $4B $0D $0A
```

4.5.6 智能型 RS-232 与 RS-485 标准转换程序

本标准转换程序由 AVR 单片机 mega16/8535 监视、接收 RS—232 标准串行数据,初始化时允许 RS—485 接收,禁止 485 发送。

由 TCNT0 配合 PB0 以软件接收 RS—232 数据对 485 进行监控:PB1 接 DE 和/RE。AVR 对 485 远程发来数据不予接收,该数据经 MAX483'RO —>MAX232' T1IN ——>RS—232 远程端。

每一帧数据起始位的下降沿引起中断接收。中断服务一开始,马上将对 RS—485 的控制改为允发禁收,使 RS—232 发来数据直接通过 RS—485 向远程发送。同时检测所收到的字符是否为约定的结束符 $ 03(ETX),若不是,继续接收、检测,直到找到该结束符。

当收到 RS—232 数据结束符 $ 03 后,经半位延时,对 RS—485 的控制立即改为允收禁发、使能接收 RS—485 远程发来数据(故要求 RS—232 远程数据须以 $ 03 为结束符,对来自 RS—485 数据无此要求)。AVR 单片机并不对该数据进行接收,它直接传向到远程 RS—232。当远程 RS—232 再次发来数据后,才将对 485 芯片的控制改为允许 RS—485 发送,重复上述过程(电路图见图 4.21)。

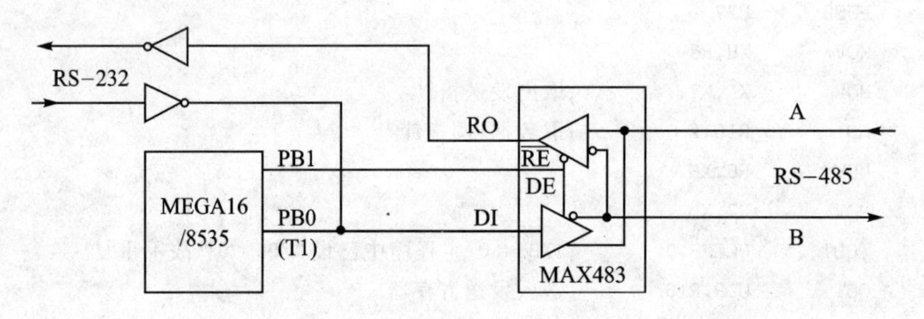

图 4.21 智能型 RS-232 与 RS-485 标准转换电路

我们看到,当从 RS—232 转换到 RS—485 过程中,AVR 单片机起监视和控制作用。在从 RS—485 转换到 RS—232 标准时,AVR 单片机只起控制作用。实现以上功能对 AVR 单片机档次要求不高,不要求具串行口,没有延迟,ATtiny 系列少脚单片机就可胜任。

可采用 AVR 单片机专门管理两种标准转换方案,也可采取主 AVR 单片机兼管方案。主 AVR 单片机兼管时,它既接收处理完整串行数据块(及执行其他程序),又控制通信标准转换。也可以对 RS—232/485 远程发来数据进行接收,这样 AVR 掌握双方全部通信数据。

清单 4-38 智能型 RS-232 和 RS-485 标准转换程序

```
.EQU        DATA4 = $ 100
            .ORG       0                  ;R16:位序列计数器 R17:工作寄存器,晶振 4 兆
                                          ;R18:标志位寄存器
STRT3S:     RJMP       RST3S              ;BAUD RATE:9600 USE 8535/may REPLACE BY ATtiny serials
            .ORG       $ 009              ; $ 007(8515)
            RJMP       T0_OF
            .ORG       $ 011
RST3S:      LDI        R17,HIGH(ramend)
            OUT        SPH,R17
            LDI        R17,LOW(ramend)
```

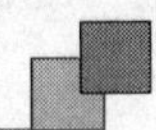

```
        OUT     SPL,R17
        LDI     R17,$01         ;8515:$02
        OUT     TIMSK,R17       ;timsk,0(允许tcnt0中断)
        LDI     R17,6           ;设外部脉冲计数
        OUT     TCCR0,R17
        CBI     DDRB,0          ;T0 为输入
        LDI     R17,$FF
        OUT     TCNT0,R17       ;计1个数即中断
        SBI     DDRB,1          ;PB1输出,控制DE和/RE
        CBI     PORTB,1         ;禁止485发送
        SEI
        CLR     R18
        CLR     R16
HERE0:  SBRC    R18,0
        RJMP    RST3S           ;有错误标志转重新开始接收
        SBRS    R18,1
        RJMP    HERE0           ;未收到数据块结束符($03)循环
        LDI     R16,64
HERE1:  DEC     R16
        BRNE    HERE1           ;延时48+3.5=52微秒(超过半位,以等待半个停止位发去)
        RJMP    RST3S           ;以使远程485正确收到停止位;转下一轮通信
T0_OF:  SBI     PORTB,1         ;允许485发送
        IN      R11,SREG
        PUSH    R17
        CPI     R16,0           ;接收起始位?
        BRNE    T0SV11
        LDI     R17,2           ;YES
        OUT     TCCR0,R17       ;改为内定时,8分频(4MHZ/8)
        LDI     R17,232         ;半位定时常数24,定出48微秒(<52微秒)
        OUT     TCNT0,R17
        RJMP    T0SV7
T0SV11: CPI     R16,1           ;半位定时后,查起始位有效性
        BRNE    T0SV12
        SBI     PORTB,0
        NOP
        SBIC    PINB,0          ;低电平为有效
        RJMP    T0ER            ;否则转错误处理
        RJMP    T0SV62          ;
T0SV12: CPI     R16,10          ;停止位?
        BRNE    T0SV3S
        CLR     R16             ;是
        SBI     PORTB,0         ;停止位为1?
        NOP
        SBIS    PINB,0
        RJMP    T0ER            ;否,转错误处理
```

```
        MOV     R17,R15
        CPI     R17,3           ;收到结束符 $ 03?
        BRNE    T0SV13
        ORI     R18,2           ;结束符收到
        OUT     TCCR0,R16       ;停止 TCNT0
        RJMP    T0SV63
T0SV13: LDI     R17,6
        OUT     TCCR0,R17       ;改为外定时
        LDI     R17,$ FF        ;停止位下降沿即中断
        OUT     TCNT0,R17
        RJMP    T0SV63
T0SV3S: BRCC    T0ER            ;出错(位计数器超过 10)
        CLC                     ;2 - - 9:接收一位数据
        SBI     PORTB,0         ;本位为 1?
        NOP
        SBIC    PINB,0
        SEC
        ROR     R15             ;接收数据组织到 R15
T0SV62: IN      R17,TCNT0       ;读入 TCNT0 自然计数值
        INC     R17
        SUBI    R17,52          ;1 位时间常数为 52
        OUT     TCNT0,R17       ;补偿后回送定时常数
T0SV7:  INC     R16             ;位计数器增 1
T0SV63: POP     R17
        OUT     SREG,R11
        RETI
T0ER:   SBR     R18,1           ;出错标志 ERR. FLAG
        CLR     R16
        OUT     TCCR0,R16       ;停止 TCNT0
        RJMP    T0SV63
```

4.5.7 串行通信红外接口技术和通信程序

1. 概　述

本红外接口技术一改以前定义脉宽(高电平)和间歇(低电平)各占多长时间为某种有效(模拟)信号的传统方法,使红外载波传输设备成为标准串行通信的一个组成环节(见图 4.22),故本例是一个在嵌入式系统中应用红外调制发射技术和接收解调技术实现规范化无线数字通信的范例。

红外通信的显著特点为:设备简单,容易实现,成本低廉,通信可靠性高、功耗低,对环境无污染等。

本示例中采用的红外通信设备,发送部分主要由 NE555 定时器、红外发射管以及电阻、电容等组成,用以产生某种脉冲序列作为载波信号;红外发射管 D1、D2 选用 Vishay 公司的 TSAL6238,它可产生 950 纳米的红外光束。发送端采用脉冲相位调制(PPM)方式,将二进制数字信号调制成为某一频率的脉冲序列。发射过程为,单片机通过 TXD 引脚输出串行数据

作为晶体管 T1 的开关控制:数位'0'使其导通,数位'1'使其截止。当 T1 导通时由 NE555 的 OUT 引脚控制晶体管 T2 的导通或截止,从而使红外发射管 D1、D2 产生 38.4KHZ 的脉冲序列作为载波信号(即调制)。当传送的波特率为 1200bps,每个数位'0'对应 32 个载波脉冲调制信号序列,数位'1'对应于停止发射(或断挡的)载波脉冲调制信号。为可靠接收,每个数位'0'对应的脉冲序列个数不得少于 14,故要采用标准波特率通信,最高只能采用 2400bps(数位'0'对应的脉冲序列个数为 16)。

红外接收电路选用 Vishay 公司的专用红外接收模块 TSOP1738,由它对载波脉冲调制信号序列进行接收、解调、滤波、整形和放大,将 32 个脉冲序列(波特率为 1200bps 时)还原为数位'0',而将脉冲序列'断档'处还原为数位'1'。

为保证可靠接收,除波特率不能过高外,还要求发送端载波信号频率应尽可能接近 38.4 KHZ,只有这样,波特率为 1200bps 时,数位'0'才能对应于完整的 32 个脉冲序列;波特率为 2400bps 时,数位'0'才能对应于完整的 16 个脉冲序列。故要选精密原器件设计稳定的振荡器和稳压电源。另外,由于发射红外光可被反射接收,故红外通信只能采用半双工方式。红外通信还有一个限制,即有效距离不能超过 8 米。

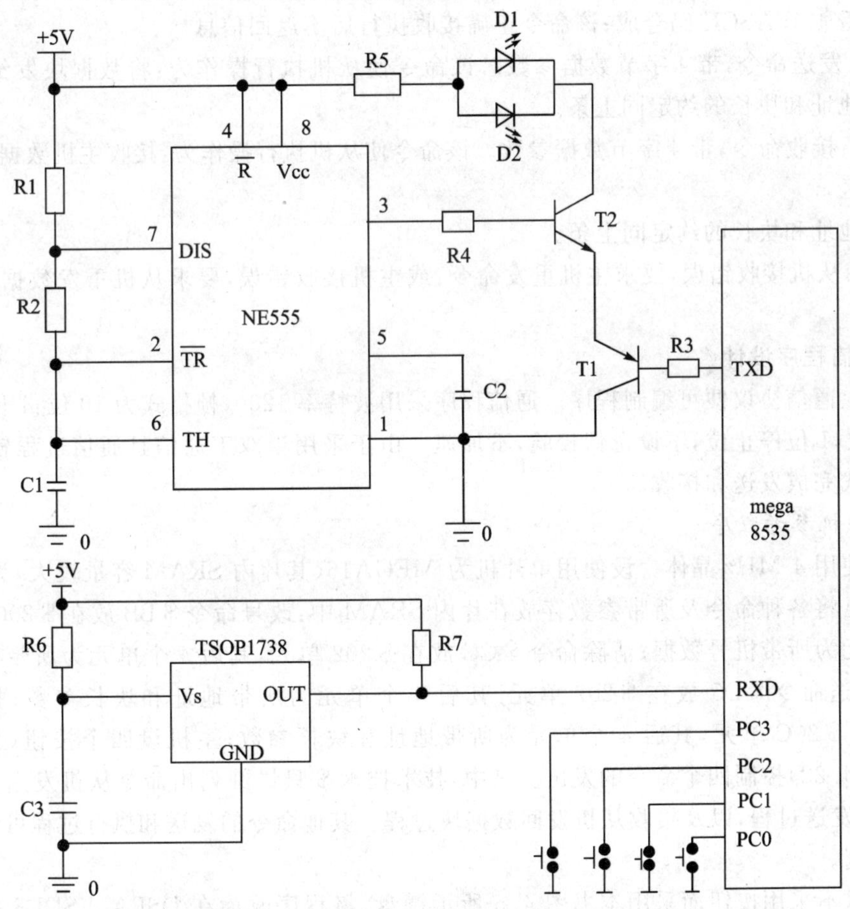

图 4.22 红外串行通信接口原理图

2. 通信协议

通信协议内容包括通信双方约定的波特率,帧格式;规定命令本身编码必须大于＄80(必须采用扩展的 ASCII 码),命令可带参数,也可以不带参数(例如＄EE 命令);所带参数以及数据块在发送时必须将每一个字节拆开转为 2 个 ASCII 码,即必须是十六进制数＄00～＄0F 对应的 ASCII 码——＄30～＄39 或＄41～＄46;接收时除命令码外,将后继数据两两合成还原为原始数据,对接收的数据块也如此处理。保证传送的数据中除命令码外皆为非扩展的 ASCII 码(小于＄80);命令一般都为主机向从机发出(＄BB、＄CC、＄D5、＄DA),即主机是通信的始发者,从机收到命令后执行之;只有＄EE 命令是双向的。各命令定义如下:

＄AA:呼号命令,带 2 字节 ASCII 码。为从机(设备)之机号,机号由所带 2 个 ASCII 码合成。

＄BB:改号命令,带 1 字节机号参数,命令从机(设备)改设机号。机号在发送之前转为 2 个 ASCII 码再发送。

从机接收后再合成复原;改号成功后返回该命令,告诉主机改号完成;主机应对修改的从机机号进行登录。

＄CC:清除命令,带 4 字节数据参数,发送前先将其转为 8 个 ASCII 码。该命令使从机执行操作为:清除数据存储区,其首地址由从机收到命令所带的前 4 个 ASCII 码合成,块长由命令所带的后 4 个 ASCII 码合成;该命令正确接收执行后不返回信息。

＄D5:发送命令,带 4 字节数据参数。该命令使从机执行操作为:将数据块发给主机,该数据块首地址和块长的约定同上条。

＄DA:接收命令,带 4 字节数据参数。该命令使从机执行操作为:接收主机数据块并存入数据存储区,

其首地址和块长的约定同上条。

＄EE:从机接收错误,要求主机重发命令;或主机接收错误,要求从机重发数据。该命令不带参数。

3. 通信程序设计

按以上通信协议便可编制程序。通信程序采用波特率 1200,帧格式为 10 位:1 位起始位,8 位数据位,1 位停止位,不设奇偶校验,不加速。由于采用半双工通信且通信过程较简,故采用查询方式完成发送和接收。

(1) 主机参考程序

主机使用 4 MHz 晶体。设使用单片机为 MEGA16(其片内 SRAM 容量较大,为 1 KB)。初始化时已将各种命令及所带参数存放在片内 SRAM 中:改号命令＄BB 放在＄200 单元,其后 1 个单元为所带机号数据;清除命令＄CC 放在＄202 单元,其后 4 个单元为所带地址和块长参数;发送命令＄D5 放在＄207 单元,其后 4 个单元为所带地址和块长参数;接收命令＄DA 放在＄20C 单元,其后 4 个单元为所带地址和块长参数;主机设四个按钮(接 PC3～PC0,见图 4.22)控制四个命令的发出。其中,技术技术＄只详细列出命令从机发送数据之命令＄D5 的发送过程,以及接收从机发回数据块过程。其他命令的发送和执行过程可仿照本参考程序编制。

也可以不采用按钮而采用本书图 4.5 所示键盘,将程序改为在 DSPA、LSDD8 等子程序支持下定义各个命令按键,以及数字键。通过键盘操作将所需参数置入内存,再控制其成组发出。具体过程请读者自行完成。

清单 4－39　红外技术通信程序

```
        .ORG     $ 000
STR6:   LDI      R16,HIGH(RAMEND)
        OUT      SPH,R16
        LDI      R16,LOW(RAMEND)
        OUT      SPL,R16
        CLT                          ;清除出错标志
        LDI      R16, $ F0
        OUT      DDRC,R16            ;PC7～PC4 为输出,PC3～PC0 为输入
        COM      R16
        OUT      PORTC,R16           ;PC3～PC0 上拉
        IN       R16,PINC
        SBRS     R16,3
        RJMP     SNDBB               ;改号命令
        SBRS     R16,2
        RJMP     SNDCC               ;清除命令
        SBRS     R16,1
        RJMP     SNDD5               ;发送数据命令
        SBRS     R16,0
        RJMP     SNDDA               ;接收数据命令
        RJMP     STR6
SNDBB:;……                           ;略
SNDCC:;……                           ;略
SNDDA:;……                           ;略
SNDD5:  LDI      XH,2
        LDI      XL, $ 07            ;X 指向命令所在单元,增 1 后指向参数第一个单元
        LDI      R5,X+
        CLR      YH
        LDI      YL,6                ;首指向 R6
        RCALL    BTOA                ;地址高位字节变为 2 个 ASCII 码
        RCALL    BTOA                ;地址低位字节变为 2 个 ASCII 码
        LD       R14,X               ;块长高位字节
        RCALL    BTOA
        LD       A15,X               ;块长低位字节
        RCALL    BTOA
        AND      R15,R15             ;块长在 R14R15 中
        BRNE     SD5A
        AND      R14,R14
        BREQ     BKER                ;数据块长度为零,错误
        INC      R14
SD5A:   LDI      R17,9               ;命令及所带参数共 9 字节
        LDI      XH,0
        LDI      XL,5                ;X 首指命令所在单元,R5～R13 共 9 个字节
        LDI      R16, $ 80
        OUT      UBRRH,R16
```

```
        LDI     R16,207
        OUT     UBRRL,R16           ;波特率 1200( = 4000000/16 * 208)
        CLR     R16
        OUT     UCSRA,R16           ;禁止多机通信,不加速
        LDI     R16,$18
        OUT     UCSRB,R16           ;允许 USART 接收和发送,
        LDI     R16,6
        OUT     UCSRC,R16           ;8 位数据模式,停止位 1 位,禁止奇偶校验
SD50:   LD      R16,X+
        OUT     UDR ,R16            ;发送命令及所带参数
SD51:   IN      R16,UCSRA
        SBRS    R16,5
        RJMP    SD51                ;查询等待发送缓存器空
        DEC     R17
        BRNE    SD50                ;将 9 字节数据(命令及参数)发完
        LDI     XH,3
        LDI     XL,0                ;接收从机数据指针 $300
SD52:   RCALL   RCVB                ;接收一个 ASCII 码
        BRTS    SD53                ;接收出错转
        RCALL   ATOB                ;否则将其转为一个 BCD 码
        SWAP    R16
        MOV     R4,R16              ;BCD 码转至高 4 位并保存
        RCALL   RCVB
        BRTS    SD53
        RCALL   ATOB
        ADD     R16,R4
        ST      X+,R16              ;数据入 SRAM
        DEC     R15
        BRNE    SD52
        DEC     R14
        BRNE    SD52                ;块长减 1 为 0,接收结束
        BRTC    SD54
        ;………                      显示分机接收主机命令错误,或主机接收分机发回数据错误
SD53:   RCALL   DL49                ;延时 40 毫秒后
        LDI     R16,$EE             ;发出错命令,要求分机重新发送数据
        OUT     UDR,R16
        CLT
        RJMP    SENDD5              ;返回重新发出命令,并查询接收
SD54:   ACALL   DL49
        ;……                        显示主机正确接收分机发回数据
        RJMP    STR6                ;返回重新检查按键,发出命令
BKER:   ;……                        显示数据块长度错误,修正后
        RJMP    STR6                ;返回重新检查按键,发出命令
BTOA:   LD      R16,X               ;将 X 指向的 1 字节数据转为 2 个 ASCII 码
        SWAP    R16
```

```
        CBR     R16,$F0          ;屏蔽高 4 位
        SUBI    R16,-$30         ;加上 $30
        CPI     R16,$3A          ;高 4 位转成 ASCII 码
        BRCS    BTA1
        SUBI    R16,-7           ;小于 $3A,转换完毕;否则再加上 7
BTA1:   ST      Y+,R16           ;存入 SRAM
        LD      R16,X+
        CBR     R16,$F0
        SUBI    R16,-$30
        CPI     R16,$3A          ;低 4 位转成 ASCII 码
        BRCS    BTA2
        SUBI    R16,-7
BTA2:   ST      Y+,R16
        RET
RCVB:   IN      R17,UCSRA
        IN      R16,UDR
        SBRS    R16,7
        RJMP    RCVB             ;等待接收 1 帧数据
        SBRC    R17,4
        RJMP    RCVE             ;帧错误标志
        SBRC    R17,3
        RJMP    RCVE
        CPI     R16, $80         ;收到的数据大于 $80
        BRCS    RCVT             ;可能是主机接收出错,也可能是从机发回的 EE
RCVE:   SET     ;错误接收
RCVT:   RET
ATOB:   SUBI    R16,$30          ;1 字节 ASCII 码变为二进制数
        CPI     R16,10
        BRCS    ABRT
        SUBI    R16,7
ABRT:   RET
DL49:   CLR     R15              ;延时 49 毫秒子程序
        CLR     R16
DL4A:   DEC     R16
        BRNE    DL4A
        DEC     R15
        BRNE    DL4A
RET
```

(2) 分机(设备)参考程序

```
.ORG    $000
;分机使用 4MHz 晶体,使用单片机为 AVR MEGA16(片内 RAM 容量为 1K 字节);本程序只
;详细列出分机如何收到发送数据块命令及其后如何发送数据,其他略。
;
STR6A:  LDI     R16,HIGH(RAMEND)
```

```
            OUT     SPH,R16
            LDI     R16,LOW(RAMEND)
            OUT     SPL,R16
            CLT                             ;清除出错标志
            LDI     R16,$80
            OUT     UBRRH,R16
            LDI     R16,207
            OUT     UBRRL,R16               ;波特率 1200
            CLR     R16
            OUT     UCSRA,R16               ;不选多机通信,波特率不加速
            LDI     R16,$18
            OUT     UCSRB,R16               ;允许 USART 接收和发送
            LDI     R16,6
            OUT     UCSRC,R16               ;8 位数据模式,1 位停止位,禁止奇偶校验

            LDI     XH,0
            LDI     XL,5                    ;X 首指命令存放单元,R5～R9 共 5 个字节
RV52:       RCALL   RCVB                    ;收到命令
            CPI     R16,$BB
            BRNE    RV53
            ;…………                          ;BB 命令处理略
RV53:       CPI     R16,$CC
            BRNE    RV54
            ;…………                          ;CC 命令处理略
RV54:       CPI     R16,$D5
            BREQ    RV56
RV55:       CPI     R16,$DA
            BRNE    SDEE
            ;…………                          ;DA 命令处理略/以上个命令可参考 D5 命令处理
RV56:       ST      X+,R16                  ;首存 $D5 发送数据块命令于 R5
RV5L:       RCALL   RCVB                    ;后继参数第一个 ASCII 码
            BRTS    SDEE
            RCALL   ATOB
            SWAP    R16
            MOV     R4,R16
            RCALL   RCVB
            BRTS    SDEE
            RCALL   ATOB
            ADD     R16,R4                  ;前两个 ASCII 码合成一个字节为地址高八位
            ST      X+,R16                  ;地址块长数据存入寄存器
            CP      XL,10                   ;参数都已收到放入 R6R7R8R9?
            BRNE    RV5L
            BRTS    SDEE                    ;参数接收错误,请求再发
            AND     R9,R9
            BRNE    SDATA
```

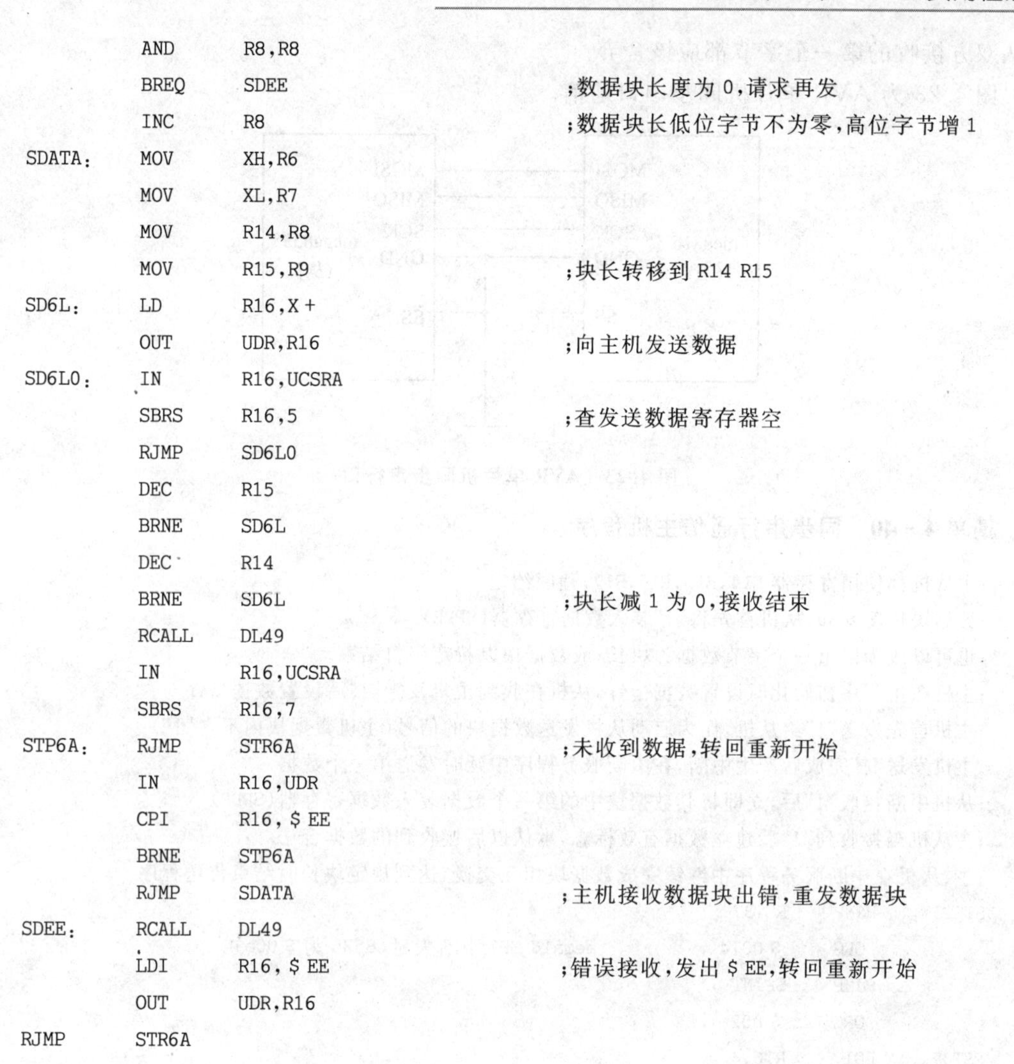

```
            AND     R8,R8
            BREQ    SDEE                ;数据块长度为 0,请求再发
            INC     R8                  ;数据块长低位字节不为零,高位字节增 1
SDATA:      MOV     XH,R6
            MOV     XL,R7
            MOV     R14,R8
            MOV     R15,R9              ;块长转移到 R14 R15
SD6L:       LD      R16,X +
            OUT     UDR,R16             ;向主机发送数据
SD6L0:      IN      R16,UCSRA
            SBRS    R16,5               ;查发送数据寄存器空
            RJMP    SD6L0
            DEC     R15
            BRNE    SD6L
            DEC     R14
            BRNE    SD6L                ;块长减 1 为 0,接收结束
            RCALL   DL49
            IN      R16,UCSRA
            SBRS    R16,7
STP6A:      RJMP    STR6A               ;未收到数据,转回重新开始
            IN      R16,UDR
            CPI     R16,$EE
            BRNE    STP6A
            RJMP    SDATA               ;主机接收数据块出错,重发数据块
SDEE:       RCALL   DL49
            LDI     R16,$EE             ;错误接收,发出 $EE,转回重新开始
            OUT     UDR,R16
RJMP        STR6A
```

4.5.8　高速同步串行口通信程序

同步串行口通信是将主、从机的数据寄存器组成一个闭合环路,在主机提供时钟的驱动下同时完成主、从机数据的接收与发送,避免了两套独立系统中必须解决追踪同步的处理环节,使硬件设备得以简化。但要求从机必须服从主机动作节拍,起配合作用,为此一般情况下主机在发送数据之前要有一个延时等待,以保证在主机启动环形移位之前,从机有足够时间准备好发送数据。

升级档 AVR 对通信的位速率做了修订,规定主机产生的位速率可达主振时钟的 1/2,而从机的主振时钟上限必须达到或超过位速率的 4 倍。这样,不但主机可以设置更高的位速率来提高通信速度以及单向读写外设操作的速度,而且从机可以使用频率更高的晶振,减少主机启动发送前的等待时间。

高速同步串行口通信不一定都设计为从机必须先于主机准备好数据、主机才能启动发送以及主从机必须对等交换数据的模式,可以主机首发任意字节(作为联络信号的特定符号)引起从机中断作为从机接收/发送的启动信号,之后主、从机才开始正式进入交换数据程序。而主从双方接收的第一个字节都应该舍弃。

图 4.23 为 AVR 单片机同步串口通信。

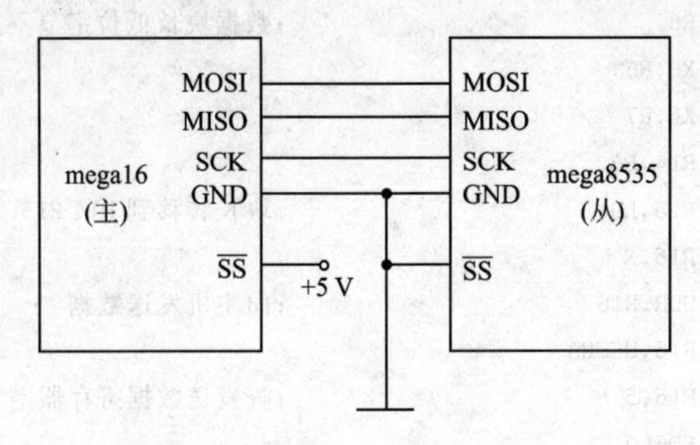

图 4.23 AVR 单片机同步串行口

清单 4-40 同步串行通信主机程序

```
;主从机都使用寄存器 R14,R15,R16,R17,程序约定
;数据块长度$30,从机首先将"!"装入数据寄存器(SPDR)
;也可以改为以第一个字节数据为块长;或数据块以特定字符结束
;主机在主程序初始化时设置数据指针,从机在收到主机发来"!"后设置数据指针
;主机首先发送"!"给从机,作为启动从机发送数据块的信号(主机数据块内不含"!")
;主机发送"!"完成后产生中断,在中断服务程序中延时发送第一个数据
;从机中断接收"!"后,立即将其数据块中的第一个数据装入数据寄存器(SPDR)
;主从机当接收到"!"后建立数据有效标志,承认以后接收到的数据合法
;主、从机在中断服务程序中继续完成数据块相互交换,达到规定块长时结束传送程序
STRT37:  RJMP    RST37
         .ORG    $0014          ;mega16 SPI 中断矢量(8535 为$00a)
         RJMP    SPINT
         .ORG    $002a
RST37:   LDI     R16,4
         OUT     SPH,R16
         LDI     R16,$5f
         OUT     SPL,R16        ;堆栈指针初始化
         LDI     R16,$A0
         OUT     DDRB,R16       ;SCK,MOSI 为输出
         SBI     PORTB,6        ;MISO 上拉
         LDI     R16,$DC
         OUT     SPCR,R16       ;允许 SPI 中断,先发送高位,主控方式,时钟为主频 4 分频,后沿有效
         CLR     R16
         OUT     SPSR,R16       ;SPI 传送数据不加速
         LDI     XH,HIGH(DATA4)
         LDI     XL,LOW(DATA4)  ;数据指针
         LDI     R16,$30        ;数据块长
         CLR     R15
         LDI     R17,"!"        ;首发联络符,从机收到后开始发送数据
         OUT     SPDR,R16       ;写发送数据寄存器,启动发送
```

```
         SEI                      ;允许发送结束中断
HH37:    RJMP     HH37            ;背景程序略
SPINT:   IN       R14,SREG
         IN       R17,SPDR        ;读出接收数据
         CPI      R17,"!"
         BREQ     SPI10           ;第一次中断,分机传来"!",不预接收,但建立标志,发送第一个数据
         TST      R15
         BREQ     SPI1B           ;没有收到"!",其后字符无效,不予接收
         ST       X+,R17          ;接收从机数据,调整指针
         DEC      R16
         BRNE     SPI1            ;数据收发完毕?
         OUT      SPCR,R16        ;是,停止收发
         OUT      SREG,R14
         RETI
SPI10:   INC      R15             ;其后接收字符有效标志
SPI1:    LDI      R16,20          ;0.125 微秒
SPI1A:   DEC      R16             ;0.125 微秒
         BRNE     SPI1A           ;0.25 微秒,总共延时 7.5 微秒;发送数据之前必须的延时;待从
                                  ;机准备好数据
         LD       R17,X
         OUT      SPDR,R17        ;发下一个数据
SPI1B:   OUT      SREG,R14
         RETI

;主机使用寄存器 R14,R15,R16,从机使用寄存器 R14,R15,R16,R17.主程序约定数据块长度 $30
;也可以改为以第一个字节数据为块长;或数据块以特定字符为结束符来进行同步通信
;从机在主程序初始化时预先写"!"到 SPDR 寄存器
;主机在主程序初始化时设置数据指针,从机在收到主机发来"!"后设置数据指针
;主机首先发送"!"给从机,作为启动从机发送数据块的信号(主机数据块内应不含"!")
;主机发送"!"完成后产生中断,在中断服务程序中延时发送第一个数据,舍弃接收数据
;从机中断接收"!"后,立即将其数据块中的第一个数据装入数据寄存器(SPDR)
;并且建立数据有效标志,承认以后接收到的数据合法
;主从机在中断服务程序中继续完成数据块相互交换,达到规定块长时结束传送程序
STRT37:  RJMP     RST37
         .ORG     $0014           ;mega16 SPI 中断矢量(8535 为 $00a)
         RJMP     SPINT
         .ORG     $002a
RST37:   LDI      R16,4
         OUT      SPH,R16
         LDI      R16,$5f
         OUT      SPL,R16         ;堆栈指针初始化
         LDI      R16,$A0
         OUT      DDRB,R16        ;SCK,MOSI 为输出
         SBI      PORTB,6         ;MISO 上拉
         LDI      R16,$DC
```

```
        OUT     SPCR,R16          ;允许 SPI 中断,先发送高位,主控方式,时钟为主频 4 分频,后沿有效
        CLR     R16
        OUT     SPSR,R16          ;SPI 传送数据不加速
        LDI     XH,HIGH(DATA4)
        LDI     XL,LOW(DATA4)     ;数据指针
        LDI     R16,$30
        MOV     R15,R16           ;数据块长
        LDI     R16,"!"           ;首发联络符,从机收到后开始发送数据
        OUT     SPDR,R16          ;写发送数据寄存器,启动发送
        SEI                       ;允许发送结束中断
HH37:   RJMP    HH37              ;背景程序略
SPINT:  IN      R14,SREG
        IN      R16,SPDR          ;读出接收数据
        CPI     XL,LOW(DATA4)
        BREQ    SPI1              ;第一次中断,分机传来无意义数据,不预接收,但发送第一个数据
SPI0A:  ST      X+,R16            ;接收从机数据,调整指针
        DEC     R15
        BRNE    SPI1              ;数据收发完毕?
        OUT     SPCR,R15          ;是,停止收发
        OUT     SREG,R14
        RETI
SPI1:   LDI     R16,20            ;0.125 微秒
SPI1A:  DEC     R16               ;0.125 微秒
        BRNE    SPI1A             ;0.25 微秒总共延时 7.5 微秒;发送数据之前必须的延时,待从
                                  ;机准备好数据
        LD      R16,X
        OUT     SPDR,R16          ;发下一个数据
        OUT     SREG,R14
        RETI
        ;同步串口通信从机程序(mega8535) 晶振 8MHZ;使用寄存器:R14,R15,R16,R17
        .ORG    $000
STRT37S: RJMP   RST37S            ;同步串口通信从机程序(mega8535)晶振 8 MHz
        .ORG    $00A              ;$008(8515)
        RJMP    SPINTS            ;同步串口中断矢量
        .ORG    $011              ;$00D(if mega8515)
RST37S: LDI     R16,2
        OUT     SPH,R16
        LDI     R16,$5f
        OUT     SPL,R16
        LDI     R16,$40
        OUT     DDRB,R16          ;MISO 为输出
        SBI     PORTB,5           ;MOSI 上拉
        LDI     R16,$CC
        OUT     SPCR,R16          ;允许 SPI 中断,先发送高位,从控方式(对时钟设置无意义)
        CLR     15H               ;接收到"!"标志((R15)=1 其后接收字符有效)
```

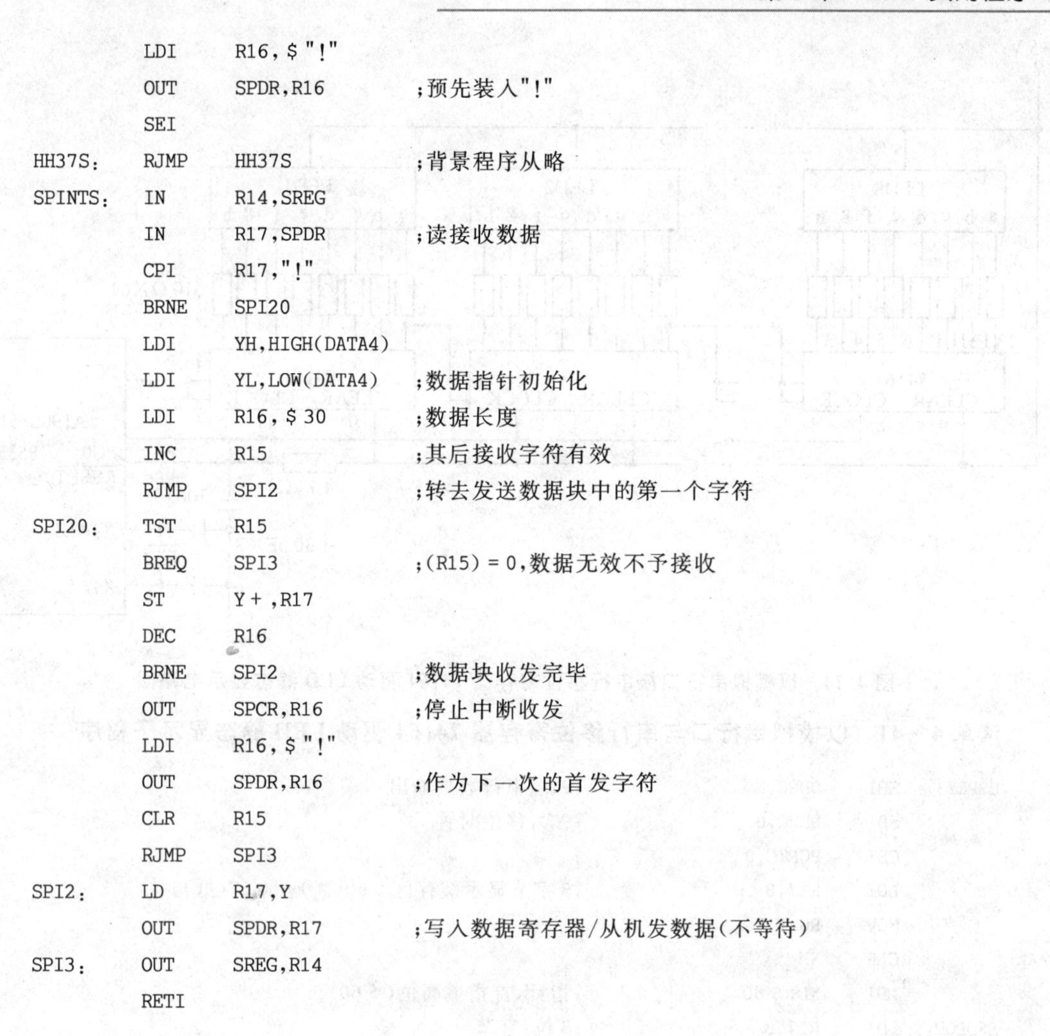

```
        LDI     R16,$"!"
        OUT     SPDR,R16        ;预先装入"!"
        SEI
HH37S:  RJMP    HH37S           ;背景程序从略
SPINTS: IN      R14,SREG
        IN      R17,SPDR        ;读接收数据
        CPI     R17,"!"
        BRNE    SPI20
        LDI     YH,HIGH(DATA4)
        LDI     YL,LOW(DATA4)   ;数据指针初始化
        LDI     R16,$30         ;数据长度
        INC     R15             ;其后接收字符有效
        RJMP    SPI2            ;转去发送数据块中的第一个字符
SPI20:  TST     R15
        BREQ    SPI3            ;(R15) = 0,数据无效不予接收
        ST      Y+,R17
        DEC     R16
        BRNE    SPI2            ;数据块收发完毕
        OUT     SPCR,R16        ;停止中断收发
        LDI     R16,$"!"
        OUT     SPDR,R16        ;作为下一次的首发字符
        CLR     R15
        RJMP    SPI3
SPI2:   LD      R17,Y
        OUT     SPDR,R17        ;写入数据寄存器/从机发数据(不等待)
SPI3:   OUT     SREG,R14
        RETI
```

4.5.9 模拟串行口配合 74164 驱动 LED 静态显示程序

本程序中,AT90S8515/8535 以模拟串行口将显示段选码输入至 8 片串行移位寄存器 74164 中,以 74164 直接驱动共阳极 LED 作 8 位静态显示,其优点为占用 AVR 单片机资源少(只用 PC1、PC0 两输出口),显示更新时只须串行移位,不用扫描,简化操作。共阳极 LED 公共端接+5 V,故显示段选码应为反码(1 对应段熄灭,0 对应段点亮),以 PC1 和 PC0 模拟串口输出。

PC1 模拟串行数据,PC0 模拟时钟,其上升沿有效,将 74164 中数据都移位一次,并同时将 PC1 状态打入 74164 的最末位。输出模拟串行数据应在模拟时钟有效沿之前就绪。

在片内 SRAM 内 8 个单元$60～$67 中存放要显示的数据,$60 内为高位数字。最高有效位前的 0 可用空白码$24 代替。更新显示时,先将$60 内数字取出,查段选码表,将查得的段选码取反后从模拟口发出,先低位而后高位。先使数据位有效;再以 PC0 上升沿使串行数据向前移动一位,移位 8 次就输出一个段选码;再查取下一段选码,继续移位输出。经 64 次移位,8 位数字的段选码全部输出,显示更新一次。

图 4.24 为以模拟串行口接串行移位寄存器 74164 驱动 LED 静态显示电路图。

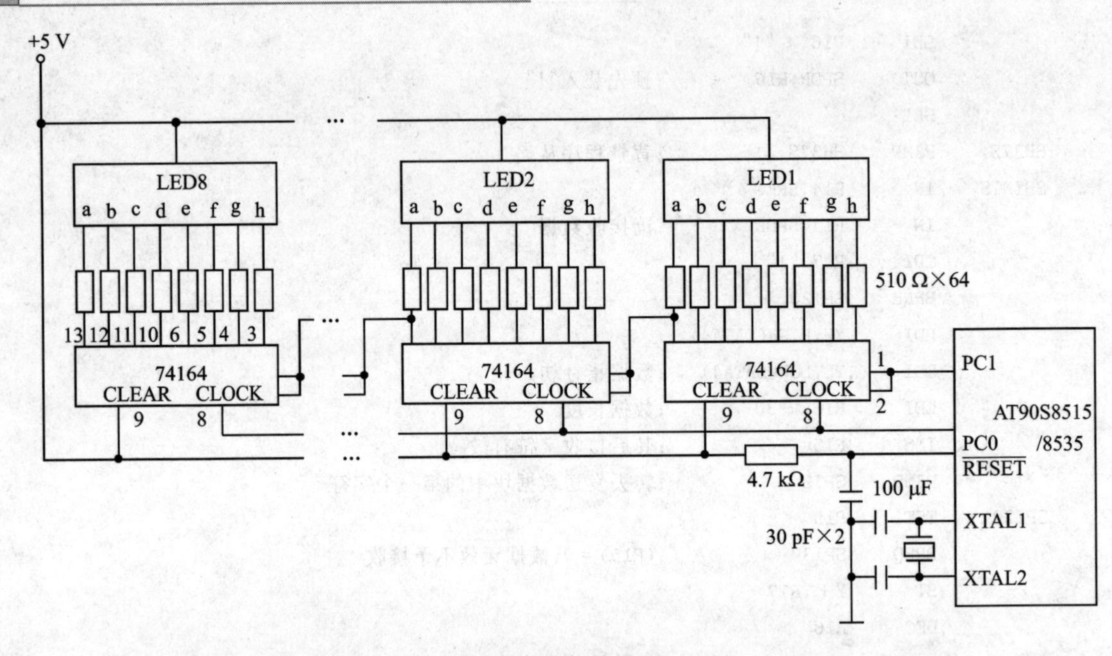

图 4.24 以模拟串行口接串行移位寄存器 74164 驱动 LED 静态显示电路图

清单 4-41 以模拟串行口与串行移位寄存器 74164 驱动 LED 静态显示子程序

```
DSPLY3:  SBI   DDRC,1              ;PC1,串行数据输出
         SBI   DDRC,0              ;PC0,移位时钟
         CBI   PORTC,0             ;
         LDI   R17,8               ;8 字节显示缓存区 $60(高)～$67(低))
         MOV   R8,R17
         CLR   XH
         LDI   XL,$60              ;指针,首指最高位($60)
SRDLOP:  LDI   R17,8               ;8 位/字节
         MOV   R9,R17
         LD    R10,X+
         LDI   ZH,HIGH(TABLE*2)
         LDI   ZL,LOW(TABLE*2)     ;使用 DSPY 子程序段选表
         ADD   ZL,R10              ;加代码寻址
         BRCC  DSPL1
         INC   ZH
DSPL1:   LPM                       ;取段选码
         COM   R0                  ;取为反码
SENDLP:  ROR   R0                  ;段选码右移一位 C←R0 最低位
         CBI   PORTC,1
         BRCC  SNDL1               ;进位 C 传给 PC1
         SBI   PORTC,1
SNDL1:   SBI   PORTC,0             ;移位时钟,上升沿有效
         NOP
         CBI   PORTC,0             ;移位时钟变低
         DEC   R9
         BRNE  SENDLP              ;8 位段选码左移循环
```

```
        DEC     R8
        BRNE    SRDLOP                  ;8 位 LED 显示数据都更新一遍吗
        RET                             ;是,结束
```

4.5.10　具有中断定时告警功能的实时钟芯片 DS1305 应用程序

不能中断只能查询的时钟芯片 DS1302 与中断采样时钟的对时存在缺陷,解决方案是用 DS1305 替代 DS1302,并兼作采样时钟。串行日历/时钟芯片 DS1305 是 DS1302 的升级产品,能产生定时中断,功能显著提高。AVR 单片机与 DS1305 接口请参看图 4.25。

1. 芯片功能特点

(1) 可以对秒、分、时、日、星期、月和年计数走时,自动处理大小月以及闰年 2 月等,在 2100 年之前有效。

(2) 除以上日历时钟单元外,芯片内还含有 96 字节非易失性 RAM.以备用电池支持作为系统断电保护数据存储单元。

(3) 通过程序设置可在秒、分、时、星期中选择 2 种定时告警中断源,参见表 4.2 和表 4.3。

(4) 读写日历时钟和 RAM 单元可以并发(BURST)模式进行。也可以对单个单元进行。

(5) 单个读/写日历/时钟以及 RAM 单元之前必须写入该单元的读/写地址。例如,秒、分、小时的读地址为＄00、＄01、＄02,而写地址为＄80、＄81、＄82(即写地址＝读地址＋＄80,详见表 4.2)。

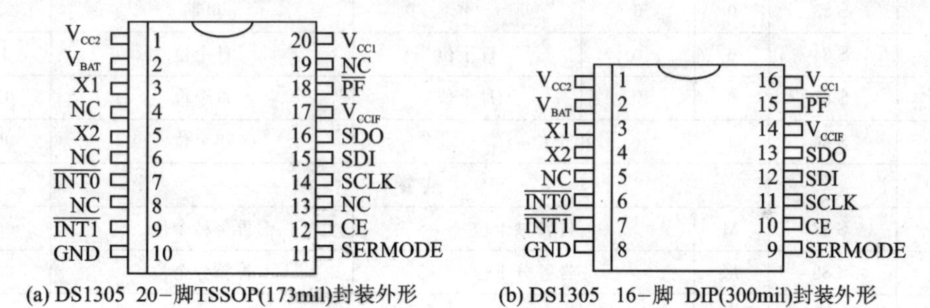

(a) DS1305 20－脚TSSOP(173mil)封装外形　　(b) DS1305 16－脚 DIP(300mil)封装外形

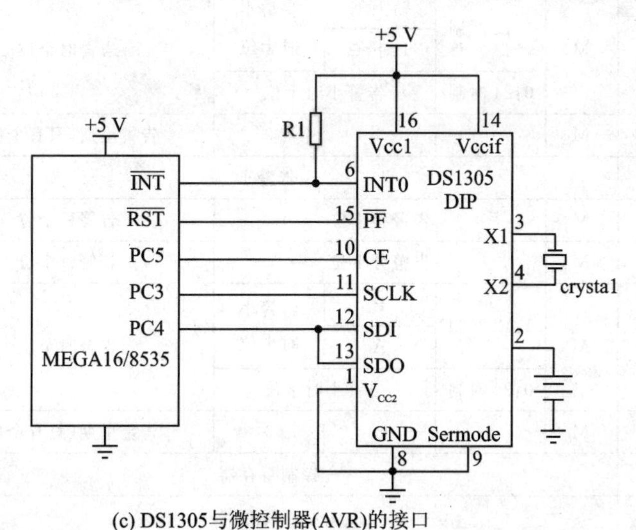

(c) DS1305与微控制器(AVR)的接口

图 4.25　日历时钟芯片 DS1305 与 AVR 接口电路

(6) 采用标准 32 768 Hz 晶体,走时精度高。

(7) 12/24 小时时制可选。

(8) 支持 MOTOLORA(FREESCALE)四线 SPI 外围串行口模式,以及 3 线标准串行口模式。

(9) 由主电源和备用电源双重电源供电。

(10) 可由程序设置涓流充电限流二极管和电阻,控制充电效果。

(11) 工作电压 2.0～5,5 V。

(12) 任选的工业标准温度范围－40℃～85℃。

(13) 通过 UL 认证

表 4.2 DS1305 寄存器及其地址分配

<table>
<tr><th colspan="2">十六进制地址
读 写</th><th>位 7</th><th>位 6</th><th>位 5</th><th>位 4</th><th>位 3</th><th>位 2</th><th>位 1</th><th>位 0</th><th>时间寄存器
数值范围</th></tr>
<tr><td>$00</td><td>$80</td><td>0</td><td colspan="3">秒十位</td><td colspan="4">秒个位</td><td>00－59</td></tr>
<tr><td>$01</td><td>$81</td><td>0</td><td colspan="3">分十位</td><td colspan="4">分个位</td><td>00－59</td></tr>
<tr><td rowspan="3">$02</td><td rowspan="3">$82</td><td rowspan="3">0</td><td rowspan="2">1:12 时制</td><td>0:上午</td><td rowspan="2">小时十位</td><td colspan="4" rowspan="3">时个位</td><td rowspan="2">01－12＋P/A</td></tr>
<tr><td>1:下午</td></tr>
<tr><td>0:24 时制</td><td colspan="2">小时十位</td><td>00－23</td></tr>
<tr><td>$03</td><td>$83</td><td>0</td><td>0</td><td>0</td><td>0</td><td colspan="4">星期</td><td>1－7</td></tr>
<tr><td>$04</td><td>$84</td><td>0</td><td>0</td><td colspan="2">日十位</td><td colspan="4">日个位</td><td>1－31</td></tr>
<tr><td>$05</td><td>$85</td><td>0</td><td>0</td><td colspan="2">月十位</td><td colspan="4">月个位</td><td>01－12</td></tr>
<tr><td>$06</td><td>$86</td><td colspan="4">年十位</td><td colspan="4">年个位</td><td>00－99</td></tr>
<tr><td colspan="11">告警 0</td></tr>
<tr><td>$07</td><td>$87</td><td>M</td><td colspan="3">告警秒十位</td><td colspan="4">告警秒个位</td><td>00－59</td></tr>
<tr><td>$08</td><td>$88</td><td>M</td><td colspan="3">告警分十位</td><td colspan="4">告警分个位</td><td>00－59</td></tr>
<tr><td rowspan="3">$09</td><td rowspan="3">$89</td><td rowspan="3">M</td><td rowspan="2">1:12 时制</td><td>0:上午</td><td rowspan="2">告警小时十位</td><td colspan="4" rowspan="3">告警时个位</td><td rowspan="2">01－12＋P/A</td></tr>
<tr><td>1:下午</td></tr>
<tr><td>0:24 时制</td><td colspan="2">告警小时十位</td><td>00－23</td></tr>
<tr><td>$0A</td><td>$8A</td><td>M</td><td>0</td><td>0</td><td>0</td><td colspan="4">告警星期(只有个位)</td><td>01－07</td></tr>
<tr><td colspan="11">告警 1</td></tr>
<tr><td>$0B</td><td>$8B</td><td>M</td><td colspan="3">告警秒十位</td><td colspan="4">告警秒个位</td><td>00－59</td></tr>
<tr><td>$0C</td><td>$8C</td><td>M</td><td colspan="3">告警分十位</td><td colspan="4">告警分个位</td><td>00－59</td></tr>
<tr><td rowspan="3">$0D</td><td rowspan="3">$8D</td><td rowspan="3">M</td><td rowspan="2">1:12 时制</td><td>P</td><td rowspan="2">告警小时十位</td><td colspan="4" rowspan="3">告警时个位</td><td rowspan="2">01－12＋P/A</td></tr>
<tr><td>A</td></tr>
<tr><td>0:24 时制</td><td colspan="2">告警小时十位</td><td>00－23</td></tr>
<tr><td>$0E</td><td>$8E</td><td>M</td><td>0</td><td>0</td><td>0</td><td colspan="4">告警星期(只有个位)</td><td>01－07</td></tr>
<tr><td>$0F</td><td>$8F</td><td colspan="9">控制寄存器</td></tr>
<tr><td>$10</td><td>$90</td><td colspan="9">状态寄存器</td></tr>
</table>

续表4.2

十六进制地址 读	写	位7	位6	位5	位4	位3	位2	位1	位0	时间寄存器数值范围
$11	$91	涓流充电寄存器								
$12－$1F	$92－$9F	保留								
$20－$7F	$A0－$FF	96个用户RAM								00－FF

注:(1)M表示如果某告警单元寄存器的最高位被设置为1,则屏蔽低7位时间数值(无意义)。故可将低7位清为0;被屏蔽的寄存器单元不参加对时间寄存器的比较匹配。例如,对秒、分、小时和星期告警寄存器分别写入$22、$80、$80和$80,则每达到22秒时产生告警信号(分钟告警);对秒、分、小时和星期告警寄存器分别写入$22、$12、$80和$80,则每达到12分22秒时产生告警信号(小时告警);余类推。

(2)小时单元十位中的次高位(位6)作为12/24小时时制选择,1为选择12小时制,0为选择24小时制。当选择12小时制时,位5作为上、下午(P/A)指示,位4为小时单元的十位数值(最大值为1);选择24小时制时,因为没有上、下午区别,位5和位4都作为小时单元的十位数值(最大值为2)。

表4.3 DS1305告警时间选择

告警寄存器的屏蔽位(位7) 秒	分	时	星期	告警选择
1	1	1	1	每秒告警
0	1	1	1	秒匹配告警(即分告警)
0	0	1	1	分、秒同时匹配告警(小时告警)
0	0	0	1	小时、分以及秒同时匹配告警(日或上/下午告警)
0	0	0	0	星期、小时、分以及秒同时匹配告警(星期告警)

2. 专用寄存器简介

DS1305具有控制、状态以及涓流充电等3个附加寄存器,其功能为对实时钟,告警中断和涓流充电进行控制。

(1) 控制寄存器:读地址$0F,写地址$8F

位	7	6	5	4	3	2	1	0
	/EOSC	WP	0	0	0	INTCN	AIE1	AIE0
读/写	R/W	R/W	R/W	R/W	R/W	R/W	R/W	R/W

位7－/EOSC:振荡器使能位。该位清除,允许振荡器工作;该位置1,振荡器停振,DS1305进入待机状态,其电流消耗降至0.1 μA(以V_{BAT}或V_{CC2}供电).上电时其状态不定。

位6－WP:写保护位。该位清除,允许对DS1305日历/时钟以及RAM单元的写操作;该位置1,禁止写上述各单元以及本控制寄存器的/EOSC、INTCN、AIE1和AIE0位。上电时其状态不定,故应在对DS1305写操作之前将其清除。

位2－INTCN:中断控制位,该位控制2种告警中断源与中断输出引脚之间的联系。当清除该位时,不论时间保持寄存器与告警0还是与告警1寄存器的匹配都将激活/INT0引脚作为中断触发源,/INT1则无中断功能;当该位置位时,时间保持寄存器与告警0寄存器的匹配将激活/INT0引脚作为中断触发源。而与告警1寄存器的匹配将激活/INT1引脚作为中断触发源。

位 1—AIE1:使能告警中断 1。该位置位,允许状态寄存器中的中断申请标志位 IRQF1 维持/INT1 中断申请(INTCN=1 时),或/INT0 中断申请(INTCN=0 时);该位清除时,IRQF1 位不能激发产生中断信号。

位 0—AIE0:使能告警中断 0。该位置位,允许状态寄存器中的中断申请标志位 IRQF0 维持/INT0 中断申请;而当该位被清除时,IRQF0 位不能激发产生中断信号。

(2) 状态寄存器:读地址 $10

位	7	6	5	4	3	2	1	0
	0	0	0	0	0	0	IRQF1	IRQF0
读/写	R	R	R	R	R	R	R	R

位 1—IRQF1:中断 1 申请标志。该位置位,表示当前时间与告警 1 寄存器产生匹配,这个标志位既可用于产生中断 0,也可以产生中断 1,具体依赖于控制寄存器中 INTCN 位的设置:如果设置 INTCN=1,当 IRQF1 置位时(假如 AIE1 已被设置为 1),则/INT1 引脚被拉低;如果设置 INTCN=0,当 IRQF1 置位时(假如 AIE1 已被设置为 1),则/INT0 引脚被拉低。对告警 1 寄存器中的任一个读/写操作都会清除 IRQF1。

位 0—IRQF0:中断 0 申请标志。该位置位,表示当前时间与告警 0 寄存器产生匹配,如果 AIE0 被设置为 1,则/INT0 引脚被拉低。对告警 0 寄存器中的任一个读/写操作都会清除 IRQF0。

以上两个中断申请标志必须在中断服务例程中以读或写任一个告警寄存器方式清除,否则影响下次中断信号的产生。

(3) 涓流充电寄存器:读地址 $11,写地址 $91

位	7	6	5	4	3	2	1	0
	TCS3	TCS2	TCS1	TCS0	DS1	DS0	RS1	RS0
读/写	R/W	R/W	R/W	R/W	R/W	R/W	R/W	R/W

位 7~4—TCS[3:0]:允许/禁止涓流充电选择,惟有设置 TCS[3:0]=$A,才允许进行涓流充电.

位 3~2—DS[1:0]: 充电二极管选择,详见表 4.4。

位 1~0—RS[1:0]:充电参数选择,详见表 4.4。

表 4.4 涓流充电电路串入电阻和二极管选择

TCS3	TCS2	TCS1	TCS0	DS1	DS0	RS1	RS0	功能
X	X	X	X	X	X	0	0	禁止涓流充电
X	X	X	X	0	0	X	X	禁止涓流充电
X	X	X	X	1	1	X	X	禁止涓流充电
1	0	1	0	0	1	0	1	接入 1 只二极管和 2KΩ 电阻
1	0	1	0	0	1	1	0	接入 1 只二极管和 4KΩ 电阻
1	0	1	0	0	1	1	1	接入 1 只二极管和 8KΩ 电阻
1	0	1	0	1	0	0	1	接入 2 只二极管和 2KΩ 电阻
1	0	1	0	1	0	1	0	接入 2 只二极管和 4KΩ 电阻
1	0	1	0	1	0	1	1	接入 2 只二极管和 8KΩ 电阻

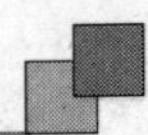

3. 应用程序清单

清单 4-42　DS1305 实时钟(RTC)芯片应用程序

读写数据时序请参见图 4.26。

以下程序中 AVR 以 PC5 作为 DS1305 的片选信号，注意片选信号为高有效。以 PC3 为 DS1305 的串行时钟信号 SCLK，以 PC4 作为 DS1305 的数据口(见图 4.25c)

(1) DS1305 初始化子程序 INITRTC

功能为使 DS1305 与 32768HZ 晶体接通、解除 DS1305 写保护、设置秒中断等。

```
INITRTC:    LDI     R17,$8F         ;指向中断允许寄存器
            RCALL   WRB             ;
            MOV     R17,$01         ;$01 允许 INT0 中断
            RCALL   WRB;
            CBI     PORTC,5         ;使 1305'片选无效
            LDI     R17,$91         ;指向消流充电寄存器
            RCALL   WRB             ;写入寄存器地址
            LDI     R17,$A9
            RCALL   WRB             ;消流充电模式,接入 2 只二极管和 8KΩ 电阻
            CBI     PORTC,5         ;使能 DS1305(片选有效)
            CLR     XH
            LDI     XL,$87          ;告警秒单元写入地址为$87
            LDI     R16,$80
WBLP:       LD      R17,XL
            RCALL   WRB             ;秒单元地址写入
            MOV     R17,R16
            RCALL   WRB             ;告警模式数据写入
            CBI     PORTC,5         ;禁止 DS1305
            INC     XL
            CPI     XL,$8B          ;秒单元,和以后各单元($87~8A)都写入$80
            BRNE    WBLP            ;使能秒号告警
            RET
```

(2) 读出告警设置单元子程序(选告警秒单元，也可选其他告警单元)

功能：清除中断申请标志

```
RBS2:   LDI     R17,7           ;指向秒告警设置单元
        RCALL   WRB             ;写入欲读出单元的地址
        RCALL   RDB             ;读出 1 字节,清除中断申请标志
        CBI     PORTC,5         ;禁止 DS1305
        RET
```

(3) 读出年月日时分秒单元子程序

功能：将年、月、日、时、分和秒单元数据读出到$68～6DH

```
RTIME:      CLR     R16             ;读秒地址
RTIME1:     LDI     XL,$6E          ;存放秒地址+1(因读出前减 1)
            CLR     XH
            SBI     PORTC,5         ;使能 DS1305
```

```
RRTCLP:  MOV     R17,R16
         RCALL   WRB              ;写入读寄存器地址
         RCALL   RDB              ;读出寄存器内容
         ST      X-,R17
         INC     R16
         CBI     PORTC,5
         CPI     R16,3
         BRNE    OVDATE
         INC     R16              ;越过星期
OVDATE:  CPI     R16,7
         BRNE    RRTCLP
         RET
```

(4) 写年、月、日、时、分和秒单元子程序

```
功能:将缓存区$68～6DH数据写入DS1305年月日时分秒单元
WTIME:   LDI     R16,$80          ;写秒地址
         LDI     XL,$6E           ;缓存区秒地址+1(因写入前减1)
         CLR     XH
         CBI     PORTC,5
WRTCLP:  MOV     R17,R16
         RCALL   WRB              ;写入写寄存器地址
         LD      R17,X-
         RCALL   WRB              ;写入缓存区数据
         CBI     PORTC,5
         INC     R16
         CPI     R16,$83
         BRNE    OVDAT1
         INC     R16              ;越过星期
OVDAT1:  CPI     R16,$87
         BRNE    WRTCLP
         RET
```

(5) 将一字节数据(在 R17 中)写入到时钟日历单元子程序,时钟上升沿写入一位数据

```
WRB:     CBI     PORTC,3          ;
         LDI     R18,8            ;8位/字节
         SBI     PORTC,5          ;片选有效
         RCALL   DELAY            ;延时29uS
WB1:     CBI     PORTC,3          ;时钟后沿
         RRC     R17
         BRCC    WB10
         SBI     PORTC,4          ;PC4:数据输出
         RJMP    WB11
WB10:    CBI     PORTC,4
WB11:    RCALL   DELAY
         SBI     PORTC,3          ;有效时钟沿
```

```
        ACALL      DELAY
          DEC     R18
        BRNE    WB1                         ;8 位写入完成了吗?
        RET
```

(6) 读出时钟日历单元一字节数据(到 R17)子程序,时钟下降沿读出一位数据

```
RDB:    LDI     R18,8
RB1:    CBI     PORTC,3     ;下降时钟沿读出数据
        SBI     PORTC,4
        SEC
        SBIS    PINC,4
        CLC
RB10:   RRC     R17
        RCALL   DELAY
        DEC     R18
        BRNE    RB11
        CBI     PORTC,5     ;禁止 DS1305
        RET
RB11:   SBI     PORTC,3     ;
        RCALL   DELAY
        RJMP    RB1
```

(7) 延时 29 μs 子程序(控制位读写时钟周期)

```
DELAY:  LDI     R19,76      ;DELAY  about 29uS/8MHZ
DELOP:  DEC     R19
        BRNE    DELOP
        RET
```

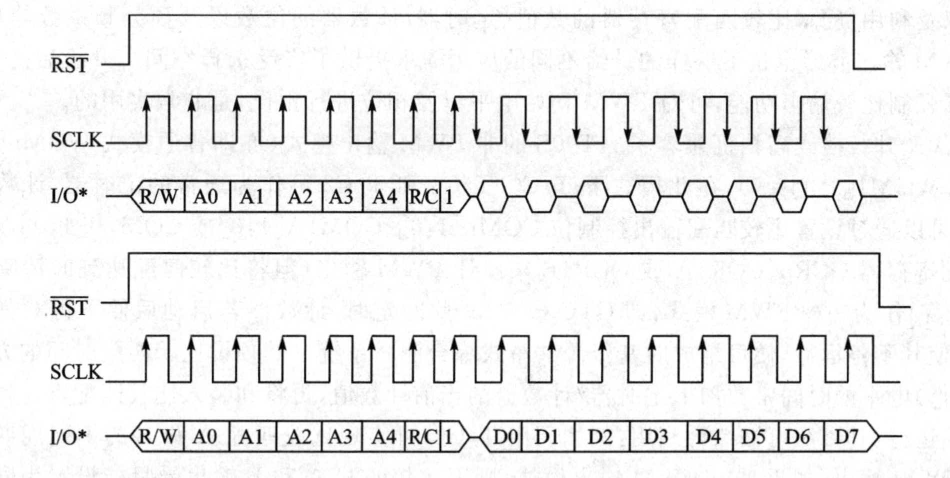

图 4.26 DS1305 三线模式下单字节数据读出(上)写入(下)时序

4.6 脉宽调制(PWM)输出

工业生产过程中常以模拟输出对执行机构(如电机)进行控制。某些测量控制仪表也带有数摸转换(DAC)输出,供仪表二次开发使用,或给用户提供一个直观显示。但是这些传统模拟输出难免遭受工业生产环境不同程序的干扰,故以脉宽调制输出取代传统的模拟输出是一种优化选择。

脉宽调制输出是先将模拟量转换为数字量,再将数字量、或直接将数字量转化为某种占空比的脉冲序列输出,是一种优良抗强干扰、可经长线传输的数字输出。该脉冲序列经平滑滤波后即还原为模拟电压。

脉宽调制输出包含 3 个要素:相位、频率和占空比,其中最重要的是占空比。一般说来脉宽调制就是将模拟量的幅值转化为某种占空比的方波。其频率主要由 MCU 主时钟、定时器/计数器预分频器之设置(频率粗调),以及 PWM 模式中对相关比较匹配寄存器的设置和计数模式的规定(单向计数、双向计数、计数 TOP 值、比较匹配清除 T/Cn 等频率细调环节)共同决定。其中后者主要功能为决定占空比,此外还决定 PWM 输出的相位。可采用设置强制比较匹配输出的方法来初始化 PWM 输出,以控制其初始相位。

脉宽调制输出,可采用定时器和输出口相配合的传统方法,以输出口确定高、低电平输出,以定时器设定输出的高低电平各占多长时间。但更常用的是自运行比较匹配 PWM 的输出方式。mega16/8535 的 T/C0、T/C2 都增设了 PWM 输出功能,由 2 个波形发生器控制位同 2 个比较输出控制位 COMn[1:0]配合,控制 TC0/TC2 产生 3 种 PWM 输出模式:CTC 模式、快速 PWM 模式和相位可调模式;而 T/C1 具有 4 个波形发生器控制位,以其与 2 个比较输出控制位 COM1A[1:0](或 COM1A[1:0])配合,并对 T/C1 资源进行充分灵活选择,可控制定时器/计数器 1 产生 14 种 PWM 输出模式:包括 2 种 CTC 模式、5 种快速 PWM 模式、5 种相位可调 PWM 模式和 2 种相位频率可调 PWM 模式(表 1.32)。即使在相同的工作模式下,由于控制方式以及利用资源(比较匹配寄存器的数值、定时器/计数器的位数以及预分频系数等)的区别,PWM 输出波形也是不一样的。给不同的应用需求提供了广泛选择空间。升级后的 AVR 增加了强制比较输出功能,可对 PWM 初始电平以及相位进行预设,是非常实用的。

AVR 升级挡或高档机兼容了 AT90S 的非 PWM 输出模式(亦即普通模式 WGMn[1:0]=0 或 WGM1[3:0]=0),在此模式下 T/C0、T/C1 和 T/C2 可作为通常的定时器/计数器使用,也可以通过设置比较匹配输出控制位 COMn[1:0]、COM1A[1:0]或 COM1B[1:0]以及比较匹配寄存器 OCRn、COR1A 或 OCR1B 来设计 PWM 输出(但将比较匹配达到时清除 TC-NTn 专门作为一种 PWM 模式,即 CTC 模式)。此时定时/计数器若启动后便不再对其进行干预,使其不停运行,便可组成时基资源共享式综合测量系统。其预设比较匹配时间的方法是将高(低)电平的时间常数加上定时器/计数器的当前计数值,再将和装入比较匹配寄存器。因其不断运行,其资源可被综合利用:例如利用 T/C1,可实现比较匹配 A 和 B 的不同周期和暂空比 PWM 输出(如果采用 PWM 输出模式,则因比较匹配 A 和 B 输出受只能设置为同一种波形发生器模式之限制,波形周期必然相同,波形不同只能以正反向输出来区分)、定时器溢出定时信号的获取以及输入捕获等功能的并行执行(参看 4.10.2 小节);尽管这种比较匹配输出模式需要不断地在中断服务例程中判断当前输出状态并据此改写比较匹配寄存器,占用较多

MCU时间,但其对脉宽、占空比宽范围的随意调整、设定性质,以及对资源充分利用的优点是不可替代的。

AVR PWM输出模式特点主要表现为自运行方式,即经过设定后MCU不再对其干预,它就输出恒定的脉冲波形;如果预设允许比较匹配中断、定时器溢出中断,并在这些中断的服务例程中修改相关寄存器的内容,或在主程序中直接修改比较匹配寄存器的内容,那么PWM输出波形也随之发生变化。此时装入输出比较匹配寄存器中的数值可视为某种变量,PWM暂空比的变化则反映了该变量的大小变化。模数转换器采集的数字量、通过某些数学模型计算出来的结果等经量化后都可加载到输出比较寄存器做自运行PWM输出。

以下的示范程序中如不使能中断,即不对PWM的参数值(比较匹配寄存器内容、计数器的TOP值等)进行修改,则得到恒定的波形输出。

T/C2的PWM输出功能是与T/C0完全对应的,所以只要把对TCCR0、OCR0、TCNT0、OC0和TIMSK寄存器的设置以及中断矢量设置改为针对T/C2的相应设置,则得到完全相同的PWM输出。

4.6.1 T/C0比较匹配清零计数器CTC模式(WGM0[1:0]=2)

T/C0工作在CTC模式时,计数器为单向加1计数方式。一旦寄存器TCNT0计数值与OCR0的预先设定值相等,就将计数器TCNT0清除,并同时置位比较匹配标志位OCF0。该标志位可用于申请中断,用户可在中断服务程序中修改OCR0寄存器的值,也就修改了PWM的周期和占空比;若不对OCR0寄存器的值进行修正,则PWM的占空比总是1:1。

本程序中OCR0装入的数据定义了计数器上边界值TOP,并设置COM0[1:0]=1,即设置为触发方式,因而比较匹配发生时总是将OC1A求反。此种模式下将得到频率较高的PWM输出波形(参见图1.22)。

本程序使用4 MHz晶体,设分频系数为256,OCR0装入值为156,脉宽为10ms,并用强制比较输出操作输出低电平初始化输出。

清单4-43 T/C0脉宽调制输出(CTC模式)

```
                                        ;$A0->TCCR0 强出 0
                                        ;$B0->TCCR0 强出 1
          .ORG    $000                  ;晶体频率为 4000167HZ
STRT40:   RJMP    RST40                 ;USE mega16
          .ORG    $0026                 ;T/C0  比较匹配中断矢量
          RJMP    T0_COMP
          .ORG    $002A
RST40:    LDI     R16,HIGH(ramend)
          OUT     SPH,R16
          LDI     R16,LOW(ramend)
          OUT     SPL,R16
          LDI     R16,$A0               ;FOC0 = 1, WGM0[1:0] = 0& COM0[1:0] = 2
          OUT     TCCR0,R16             ;强迫 OC0 输出"0"
          SBI     DDRB,3                ;允许 OC0 输出"0"到引脚
          LDI     R16,$1C               ;比较匹配清零计数器 CTC 模式(WGM0[1:0] = 2)256 分频
          OUT     TCCR0,R16             ;COM0[1:0] = 1 触发方式与 OCR0 匹配时输出翻转
```

```
        LDI     R16,156             ;256 分频  156 定时 10 毫秒(低)或(高)
        OUT     OCR0,R16            ;T/C0 比较匹配寄存器
        CLR     R16
        OUT     TCNT0,R16           ;预先清除 TCNT0
        ;以下程序为对 PSW 参数进行修改,以改变其输出,可去掉!
        LDI     R16,$02
        OUT     TIMSK,R16           ;允许 T/C0 比较匹配中断
        CLR     R16
        OUT     TIFR,R16            ;清除定时/计数器中断标志
        SEI                         ;
HH40:   RJMP    HH40                ;背景程序略
T1_COMP:IN      R5,SREG             ;保存状态寄存器
        PUSH    R17
        IN      R17,OCR0
        SUB     R17,$C0             ;调整 OCR0 值
        OUT     OCR0,R17
        POP     R17
        OUT     SREG,R5
        RETI
```

4.6.2 T/C0 快速 PWM 模式(WGM0[1:0]=3)

T/C0 工作在快速 PWM 模式的主要特点是可以产生较高频率的 PWM 波形。此时计数器 TCNT0 为单程加法计数器,其值从 $00 开始一直加到 $FF,并置位溢出标志位 TOV0,TOV0 可用于申请中断。用户可以在中断服务程序中通过修改 OCR0 的值来修改 PWM 波形,TCNT0 回零后重新开始加 1 计数。在设置正向比较匹配输出模式(COM0[1:0]=2)中,当 TCNT0 的计数值与 OCR0 的值相匹配时清零 OC0,当计数器的值由 $FF 返回 $00 时置位 OC0。若设置 T/C0 为反向比较匹配输出模式(COM0[1:0]=3),则运做特点与正向相反,输出反向的 PWM 波形(参见图 1.23)。

由于快速 PWM 模式采用单程计数方式,所以它可以产生比相位可调 PWM 模式高一倍频率的 PWM 波形。因此快速 PWM 模式适用于电源调整、DAC 应用等场合。

快速 PWM 模式的另一个特点是其输出波形频率只与定时器位数以及计数脉冲源频率有关(式 1-2)。

清单 4-44 T/C0 脉宽调制输出(快速 PWM 模式)

```
        .ORG    $000                ;晶体实测频率为 4000167HZ
STRT4A: RJMP    RST4A               ;USE mega16
        .ORG    $0026               ;t/C0  比较匹配中断矢量
        RJMP    T0_CMPA
        .ORG    $002A
RST4A:  LDI     R16,HIGH(ramend)
        OUT     SPH,R16
        LDI     R16,LOW(ramend)
        OUT     SPL,R16
```

```
            LDI     R16,$B0          ;FOC0 = 1, WGM0[1:0] = 0& COM0[1:0] = 3
            OUT     TCCR0,R16        ;强迫 OC0 输出"1"
            SBI     DDRB,3           ;允许 OC0 输出"1" 到引脚
            LDI     R16,$6C          ;T/C0 快速 PWM 模式(WGM0[1:0] = 3)256 分频
            OUT     TCCR0,R16        ;COM0[1:0] = 2 与 OCR0 匹配时输出"0",$FF 时输出"1"
            LDI     R16,156          ;256 分频 156 定时 10 毫秒(高),100 定时 6.4 毫秒(低)
            OUT     OCR0,R16         ;T/C0 比较匹配寄存器
            CLR     R16
            OUT     TCNT0,R16        ;预先清除 TCNT0
            ;以下程序为对 PSW 参数进行修改,以改变其输出,可去掉!
            LDI     R16,$02
            OUT     TIMSK,R16        ;允许 T/C0 比较匹配中断
            CLR     R16
            OUT     TIFR,R16         ;清除定时/计数器中断标志
            SEI                      ;
HH4A:       RJMP    HH4A             ;背景程序略
T1_CMPA:    IN      R5,SREG          ;保存状态寄存器
            PUSH    R17
            IN      R17,OCR0
            SUB     R17,$C0          ;调整 OCR0 值
            OUT     OCR0,R17
            POP     R17
            OUR     SREG,R5
            RETI
```

4.6.3 T/C0 相位可调 PWM 模式(WGM0[1:0]=1)

使用该模式可以产生高精度相位可调的 PWM 波形。当 T/C0 工作在此模式下时,计数器为双程计数器:从 $00 一直加法计数直到 $FF,在下一个计数脉冲到达时,改变计数方向,从 $FF 开始减法计数回到 $00。对 8 位计数器来说,总共计了 510 个数,形成一个周期为 $510f_{CLK_I/O}$的三角波。若设置 T/C0 为正向比较匹配输出模式(COM0[1:0]=2),则在向上加法计数过程中,TCNT0 的计数值与 OCR0 值相等时清零 OC0;在向下减法计数过程中,TCNT0 的计数值与 OCR0 值相等时置位 OC0;若设置 T/C0 为反向比较匹配输出模式(COM0[1:0]=3),则运做特点与正向相反,输出反向的 PWM 波形(参见图 1.24)。

相位可调 PWM 模式的精度为 8 位。其运作过程为计数器不断累加,直到达到最大值,计数器将最大值保持一个计数器时钟周期.其后改变计数方向,进行减法计数直到 $00。由于该 PWM 模式采用双程计数方式,所以它产生的 PWM 波形频率为快速 PWM 的一半。其相位可调的特性(即 OC0 输出逻辑电平在 TCNT0 计数值达到 TOP 处改变而不是在 TCNT0=$00 处),适合于电机控制等应用场合。

在 TCNT0 的计数值到达 $00 时,置位溢出标志 TOV0。标志位 TOV0 可以用于申请溢出中断。

清单 4-45 T/C0 脉宽调治输出(T/C0 相位可调 PWM 模式)

```
         .ORG     $000               ;晶体实测频率为 4000167HZ
```

```
STRT4B: RJMP    RST4B           ;USE mega16
        .ORG    $ 0026          ;t/C0 比较匹配中断矢量
        RJMP    T0_CMPB
        .ORG    $ 002A
RST4B:  LDI     R16,HIGH(ramend)
        OUT     SPH,R16
        LDI     R16,LOW(ramend)
        OUT     SPL,R16
        LDI     R16,$ B0        ;FOC0 = 1,WGM0[1:0] = 0& COM0[1:0] = 3
        OUT     TCCR0,R16       ;强迫 OC0 输出"1"
        SBI     DDRB,3          ;允许 OC0 输出"1" 到引脚
        LDI     R16,$ 64        ;相位可调 PWM 模式(WGM0[1:0] = 1)256 分频
        OUT     TCCR0,R16       ;COM0[1:0] = 2  向上计数与 OCR0 匹配时输出 0
                                ;向下计数与 OCR0 匹配时输出 1
        LDI     R16,234         ;256 分频,234 定时 15 * 2 毫秒(高),22 定时 1.4 * 2 毫秒(低)
        OUT     OCR0,R16        ;T/C0 比较匹配寄存器
        CLR     R16
        OUT     TCNT0,R16       ;预先清除 TCNT0
        ;以下程序为对 PSW 参数进行修改,以改变其输出,可去掉(则只输出不变波形)!
        LDI     R16,$ 02
        OUT     TIMSK,R16       ;允许 T/C0 比较匹配中断
        SEI                     ;
HH4B:   RJMP    HH4B            ;背景程序略
T1_CMPB:IN      R5,SREG         ;保存状态寄存器
        PUSH    R17
        IN      R17,OCR0
        SUBB    R17,$ C0        ;调整 OCR0 值(增加 $ 40)
        OUT     OCR0,R17
        POP     R17
        OUT     SREG,R5
        RETI
```

4.6.4 T/C1 比较匹配清零计数器 CTC 模式

T/C1 工作在 CTC 模式时,计数器采用单程向上加 1 方式计数。一旦寄存器 TCNT1 计数值与 OCR1A(WGM1[3:0]=4 或与 ICR1(WGM1[3:0]=12)的设定值相等,就将计数器 TCNT1 清除,并同时置位比较匹配标志位 OCF1A 或 ICF1。这两个标志位可用于申请中断,用户可在中断服务程序中修改 OCR1A/ICR1 寄存器的值,也就修改了 PWM 的周期和占空比。

本程序设置 WGM1[3:0]=4,晶振 4MHZ,分频系数 64,以 OCR1A 装入的数据及对 COM1A[1:0]之设置来控制 PWM 的占空比、周期和脉宽(OCR1A 装入数值 625,脉宽 10ms,周期 20ms),并将 COM1A[1:0]设置为触发方式(COM1A[1:0]=1),即比较匹配发生时总是将 OC1A 求反。CTC 模式下可得到频率较高的 PWM 输出波形(参见图 1.30)。

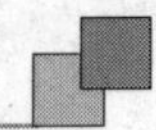

清单 4-46 CTC 模式,比较匹配 A 达到时交替输出高/低电平

```
         .ORG    $000             ;比较匹配达到时修改脉宽和周期实现脉宽调制输出
STRT41:  RJMP    RST41            ;首次输出脉宽 10ms(高),周期约为 20ms: 晶振 4MHZ
         .ORG    $006
         RJMP    T1_CMPA          ;USE mega8535
         .ORG    $011
RST41:   LDI     R16,HIGH(RAMEND)
         OUT     SPH,R16
         LDI     R16,LOW(RAMEND)
         OUT     SPL,R16
         LDI     R16,$0B          ;64 分频, ctc 模式(WGM1[3:0]=0100)
         OUT     TCCR1B,R16
         MOV     R16,$C8
         OUT     TCCR1A,R16       ;强迫 OC1A 输出高电平
         SBI     DDRD,5           ;输出 OC1A 到引脚
         LDI     R16,$40          ;T/C1 比较匹配 A 达到时,求反 oc1a
         OUT     TCCR1A,R16
         CLR     R16
         OUT     TCNT1H,R16       ;予清除 tcnt1
         OUT     TCNT1L,R16
         LDI     R16,2
         OUT     OCR1AH,R16
         LDI     R16,$71          ;写比较匹配寄存器(625*0.25*64=10.00MS)
         OUT     OCR1AL,R16
         LDI     R16,$10
         OUT     TIMSK,R16        ;允许比较匹配 A 中断
         SEI
HH41:    RJMP    HH41             ;背景程序略
T1_CMPA: IN      R5,SREG          ;实用中应以测量变量或数学模型计算结果装入 OCR1A
         PUSH    R16
         IN      R16,OCR1AH
         SUBI    R16,-1           ;比较匹配常数在达到匹配时以步距 256 递增
         OUT     OCR1AH,R16       ;输出波形的脉宽和周期不断增加 16/32us,OCR1AH 从$FF
         POP     R16              ;变为 0 后脉宽和周期达到最小 1.8/3.6ms,其后又不断增
         OUT     SREG,R5          ;加,周而复始
         RETI
```

4.6.5 T/C1 快速 PWM 模式

本程序设为 10 位快速 PWM 输出程序:WGM1[3:0]=0111,TOP=$3FF.晶振 8MHZ,mega16 快速 PWM 输出周期为 8.192ms、占空比变化(由 OCR1A 内装入的数据决定脉宽)的调制波形。快速 PWM 输出采用单程计数方式,所产生的波形频率比相位可调及相位频率可调高 1 倍。其运作特点为在正向比较匹配输出(COM1X[1:0]=2)模式之下,当 TCNT1 的计数值与 OCR1X 的值相匹配时,清零 OC1X;当计数器值达到 TOP 时,置位 OC1X。而在设置反向比较匹配输出的(COM1X[1:0]=3)模式下,输出反向的 PWM 波形。输出比较匹配 A

达到时可修改脉宽,当 T/C1 溢出时在其中断服务子程序中修改 TOP 值,就可获得不同脉宽和周期的脉宽调制波形输出。本例中若禁止 T/C1 溢出中断,只修改脉冲宽度,则得到周期固定的脉宽调制波形输出。当对脉宽或周期作修改时,注意脉宽不能大于周期(参见图 1.31)。

清单 4-47　快速 PWM 模式

```
;10 位快速 PWM 输出演示程序. WGM1[3:0] = 0111,TOP = $3FF.晶振 8MHZ,mega16 快速
;PWM 输出周期为 8.192ms、暂空比变化(由 OCR1A 内装入的数据决定脉宽)的调制波形
;快速 PWM 输出采用单程计数方式,所产生的波形频率比相位可调及相位频率可调高 1 倍.其
;运作特点为在正向比较匹配输出(COM1X[1:0] = 2)模式之下,当 TCNT1 的计数值与 OCR1X 的值
;相匹配时,清零 OC1X;当计数器值达到 TOP 时,置位 OC1X。而在设置反向比较匹配输出的
;(COM1X[1:0] = 3)模式下,当 TCNT1 的计数值与 OCR1X 的值相匹配时,置位 OC1X;当计数
;器值达到 TOP 时,清零 OC1X。 输出比较匹配 A 达到时可修改脉宽,当 T/C1 溢出时在其中
;断服务子程序中修改 TOP 值,就可获得不同脉宽和周期的脉宽调制波形输出,本例中若禁止
;T/C1 溢出中断,只修改脉冲宽度,则得到周期固定的脉宽调制波形输出,当对脉宽或周期作
;修改时,注意脉宽不能大于周期!
          .ORG    $000            ;OCR1A 内装入高电平维持时间数据
STRT42:   RJMP    RST42
          .ORG    $000C
          JMP     T1_CMPA         ;输出比较匹配 A 中断矢量
          .ORG    $0010
          JMP     T1_OVER         ;T/C1 溢出中断      矢量
          .ORG    $002A
RST42:    LDI     R16,HIGH(ramend)
          OUT     SPH,R16
          LDI     R16,LOW(RAMEND)
          OUT     SPL,R16
          LDI     R16,3
          OUT     TCCR1B,R16
          LDI     R16,$C8         ;首先设置在普通模式下
          OUT     TCCR1A,R16      ;强迫 OC1A 输出高电平
          SBI     DDRD,5          ;高电平输出到外部引脚
          LDI     R16,$83         ;设置快速 10 位 PWM 模式,TOP 值 $3FF
          OUT     TCCR1A,R16      ;与 OCRIA 匹配时,置位 OC1A;达到 TOP 时,清除 OC1A
          LDI     R16,$0B         ;64 分频 CLKI/O , WGM1[3:0] = 7
          OUT     TCCR1B,R16
          CLR     R16
          OUT     TCNT1H,R16      ;清除 tcnt1
          OUT     TCNT1L,R16
          OUT     OCR1AH,R16
          LDI     R16,$10
          OUT     OCR1AL,R16      ;初始化 OCR1A,低电平时间 16 * 8 = 128us
                                  ;高电平时间 8064us
          LDI     R16,$14
          OUT     TIMSK,R16       ;允许比较匹配 A 中断和 TCNT1 溢出中断
          SEI
```

```
HH42:      RJMP    HH42            ;背景程序略
T1_CMPA:   IN      R5,SREG         ;在中断服务修改 OCR1A,即修改低电平时间常数
           PUSH    R16
           PUSH    R17
           IN      R16,OCR1AL      ;使产生不同暂空比波形,但频率固定
           IN      R17,OCR1AH
           SUB     R16,$C0
           SBC     R17,$FF         ;加上常数$40,当选 10 位 PWM 波形输出时,脉宽变化如下:
           ANDI    R17,$3          ;高电平变化:$10->$50->$90->$D0->
                                   ;$110->…………->$350
           OUT     OCR1AH,R17      ;$390->$3D0->$10->
                                   ;$50…………循环产生 16 种暂空比波形
           OUT     OCR1AL,R16
           POP     R17
           POP     R16
           OUT     SREG,R5
           RETI
T1_OVER:   IN      R6,SREG
           PUSH    R16
           LDI     R16,$82
           OUT     TCCR1A,R16
           LDI     R16,$0B         ;WGM1[3:0]=0110
           OUT     TCCR1B,R16      ;9 位快速 PWM 模式
           POP     R16
           OUT     SREG,R6
           RETI
```

4.6.6　T/C1 相位可调 PWM 输出程序

此为 mega16 十位相位可调 PWM 输出程序:WGM1[3:0]=0011,TOP=$3FF。晶振 8MHZ,由于相位可调 PWM 输出采取双程计数,并设置对主时钟 64 分频,PWM 周期为 16.384 ms。由 OCR1A 内装入的数据决定脉宽以及暂空比的变化。

相位可调 PWM 输出可在计数值达到 TOP 时对其进行更新,故得到不对称的波形输出。

相位可调 PWM 输出采用双程计数方式,所产生的波形频率比快速 PWM 频率高 1 倍。其运作过程为:从$000 一直加法计数直到$3FF,在下一个计数脉冲到达时,改变计数方向,从$3FF 开始减法计数回到$000。对 10 位计数器来说,总共计了 2046 个数,形成一个周期为 2046$f_{CLK_I/O}$的三角波。若设置 T/C1 为正向比较匹配输出模式(COM1A[1:0]=2),则在向上加法计数过程中,TCNT1 的计数值与 OCR1A 值相等时清零 OC1A;在向下减法计数过程中,TCNT1 的计数值与 OCR1A 值相等时置位 OC1A;若设置 T/C1 为反向比较匹配输出模式(COM1A[1:0]=3),则输出反向 PWM 波形。

输出比较匹配 A 达到时可在中断例程中修改脉宽;当计数值达到 TOP 时产生中断,在其中断服务子程序中修改 TOP 值,就可获得不同脉宽和周期的脉宽调制波形输出。正是因为在顶部修改 TOP 值(也同时改写比较匹配寄存器),它产生的 PWM 波形是不对称的。本例中

若对 TOP 值不作修改,只修改脉宽宽度,则得到周期固定且对称的脉宽调制波形输出。当对脉宽和周期作修改时,注意脉宽不能大于周期(参见图 1.32)!

清单 4-48　相位可调 PWM 输出程序

```
;mega1610 位相位可调 PWM 输出程序 WGM1[3:0] = 0011,TOP = $3FF。晶振 8MHZ,由于
;双程计数,对主时钟 64 分频,PWM 周期为 16.384ms。由 OCR1A 内装入的数据决定脉宽以及
;暂空比的变化。
;相位可调 PWM 输出采用双程计数方式,所产生的波形频率比快速 PWM 频率高 1 倍。其运作过程为:
;从 $000 一直加法计数直到 $3FF,在下一个计数脉冲到达时,改变计数方向,从 $3FF 开始减法计数
;回到 $000。对 10 位计数器来说,总共计了 2046 个数,形成一个周期为 2046fCLK_I/O 的三角波。若
;设置 T/C1 为正向比较匹配输出模式(COM1A[1:0] = 2),则在向上加法计数过程中,TCNT1 的计数值
;与 OCR1A 值相等时清零 OC1A;在向下减法计数过程中,TCNT1 的计数值与 OCR1A 值相等时置位 OC1A
;若设置 T/C1 为反向比较匹配输出模式(COM1A[1:0] = 3),则在向上加 1 计数过程中,TCNT1 的计
;数值与 OCR1A 值相等时置位 OC1A;在向下减法计数过程中,当计数器 TCNT1 的计数值与 OCR1A 值相
;等时清零 OC1A。输出比较匹配 A 达到时可在中断例程中修改脉宽;当计数值达到 TOP 时产生中断,
;在其中断服务子程序中修改 TOP 值,就可获得不同脉宽和周期的脉宽调制波形输出。本例中若对 TOP
;值不作修改,只修改脉宽宽度,则得到周期固定的脉宽调制波形输出。当对脉宽和周期作修改时,
;注意脉宽不能大于周期!
          .ORG     $000            ;OCR1A 内装入高电平维持时间数据
STRT42:   RJMP     RST42
          .ORG     $000C
          JMP      T1_CMPA         ;输出比较匹配 A 中断矢量
          .ORG     $0010
          JMP      T1_OVER         ;T/C1 溢出中断矢量
          .ORG     $002A
RST42:    LDI      R16,HIGH(ramend)
          OUT      SPH,R16
          LDI      R16,LOW(RAMEND)
          OUT      SPL,R16
          LDI      R16,3
          OUT      TCCR1B,R16
          LDI      R16,$C8         ;首先设置在普通模式下
          OUT      TCCR1A,R16      ;强迫 OC1A 输出高电平
          SBI      DDRD,5          ;高电平输出到外部引脚
          LDI      R16,$83         ;设置相位修正 10 位 PWM 模式,TOP 值 $3FF
          OUT      TCCR1A,R16      ;向上计数与 OCRIA 匹配时,清除 OC1A;向下计数匹
                                   ;配时,置位 OC1A
          LDI      R16,$03         ;64 分频 CLKI/O ,WGM1[3:0] = 0011/10 位相位可调 PWM
          OUT      TCCR1B,R16
          CLR      R16
          OUT      TCNT1H,R16      ;清除 tcnt1
          OUT      TCNT1L,R16
          OUT      OCR1AH,R16
          LDI      R16,$10
          OUT      OCR1AL,R16      ;初始化 OCR1A,高电平时间 16 * 8 = 128us
```

```
                                    ;即向上计数达到比较匹配的时间为 128us
            LDI       R16,$14
            OUT       TIMSK,R16    ;允许比较匹配 A 中断和 TCNT1 溢出中断
            SEI
HH42:       RJMP      HH42         ;背景程序略
T1_CMPA:    IN        R5,SREG      ;在中断服务修改 OCR1A,即修改低电平时间常数
            PUSH      R16
            PUSH      R17
            IN        R16,OCR1AL   ;使产生不同暂空比波形,但频率固定
            IN        R17,OCR1AH
            SUB       R16,$C0
            SBC       R17,$FF      ;加上常数$40,当选 10 位 PWM 波形输出时,装入 OCR1A
                                   ;数据变化如下::$10->$50->$90->
                                   ;$D0->$110->…………->$350
            ANDI      R17,$3       ;$390->$3D0->$10->$50…………
                                   ;循环产生 16 种暂空比波形
            OUT       OCR1AH,R17
            OUT       OCR1AL,R16
            POP       R17
            POP       R16
            OUT       SREG,R5
            RETI
T1_OVER:    IN        R6,SREG
            PUSH      R16
            LDI       R16,$82
            OUT       TCCR1A,R16
            LDI       R16,$03      ;WGM1[3:0]=0010
            OUT       TCCR1B,R16   ;9 位 PWM 模式(OCR1A 中写入数据最大也只能 9 位)
            POP       R16
            OUT       SREG,R6
            RETI
```

4.6.7 T/C1 相位频率可调 PWM 输出程序

此为 mega16 相位频率可调 PWM 输出程序:WGM1[3:0]=1000,计数器的 TOP 值由输入捕获寄存器 ICR1 内所装入的数据决定,最大可达 $FFFF,采用双程计数。程序中计数时钟源直接取自主时钟,在输入捕获寄存器 ICR1 内装入 $FFFF。晶振 8MHZ 时,PWM 周期最大可达 16.384 ms。以 OCR1A(或 OCR1B)作为比较匹配寄存器,当 ICR1 装入特定数后,由 OCR1A(或 OCR1B)内装入的数据决定脉宽以及暂空比的变化。注意装入 OCR1A(B)和 ICR1 内的数据要满足(OCR1A)≦(ICR1)的关系。

相位可调 PWM 输出采用双程计数方式,所产生的波形频率比快速 PWM 周期高 1 倍。其运作过程为:TCNT1 从 $0000 一直加法计数直到 TOP,在下一个计数脉冲到达时,改变计数方向,从 TOP 值开始减法计数回到 $0000。并且在此时对比较匹配寄存器和 TOP 值进行更新。若设置 T/C1 为正向比较匹配输出模式(COM1A[1:0]=2),则在向上加法计数过程

中,TCNT1 的计数值与 OCR1A 值相等时清零 OC1A;在向下减法计数过程中,TCNT1 的计数值与 OCR1A 值相等时置位 OC1A;若设置 T/C1 为反向比较匹配输出模式(COM1A[1:0]=3),则输出反向的 PWM 波形。

输出比较匹配 A 达到时可在比较匹配中断例程中修改脉宽;当计数值达到 TOP 时产生中断,本示例是以 ICR1 内数据作为 TOP 值,故计数器达到该值时产生输入捕获中断,在此中断服务子程序中修改 TOP 值,并同时修改比较匹配寄存器值,就可获得不同脉宽和周期的脉宽调制波形输出。本例中若对 TOP 值不作修改,只修改脉宽宽度,则得到周期固定的脉宽调制波形输出。

相位频率可调 PWM 输出的特点是其 TOP 值的更新在计数值达到底部时进行,尽管对 TOP 值和比较匹配寄存器都进行修改,总能得到对称的波形输出。这也是相位频率可调 PWM 输出与相位可调 PWM 输出的唯一区别之处(参见图 1.33)。

清单 4-49　相位频率可调 PWM 输出程序

```
; mega1610 位相位频率可调 PWM 输出程序 WGM1[3:0] = 1000,TOP 值由输入捕获寄存器 ICR1 内所装入的
; 数据决定,最大可达 $ FFFF。由于双程计数,且计数时钟源直接取自主时钟,晶振 8MHZ 时,PWM 周期可
; 达 16.384 ms。以 OCR1A 作为比较匹配寄存器,当 ICR1 装入特定数后,由 OCR1A(或 OCR1B)内装入的数
; 据决定脉宽以及暂空比的变化。
; 相位可调 PWM 输出采用双程计数方式,所产生的波形频率比快速 PWM 周期高 1 倍。其运作过程为:TCNT1
; 从 $ 0000 一直加法计数直到 TOP,在下一个计数脉冲到达时,改变计数方向,从 TOP 值开始减法计数回
; 到 $ 0000。并且在此时对比较匹配寄存器和 TOP 值进行更新对 10 位计数器来说,总共计了 2046 个
; 数,形成一个周期为 2046fCLK_I/O 的三角波。若设置 T/C1 为正向比较匹配输出模式(COM1A[1:0] =
; 2),则在向上加法计数过程中,TCNT1 的计数值与 OCR1A 值相等时清零 OC1A;在向下减法计数过程中,
; TCNT1 的计数值与 OCR1A 值相等时置位 OC1A;若设置 T/C1 为反向比较匹配输出模式(COM1A[1:0] = 3),
; 则在向上加 1 计数过程中,TCNT1 的计数值与 OCR1A 值相等时置位 OC1A。在向下减法计数过程中,当
; 计数器 TCNT1 的计数值与 OCR1A 值相等时清零 OC1A。
; 输出比较匹配 A 达到时可在比较匹配中断例程中修改脉宽;当计数值达到 TOP 时产生中断,本示例是
; 以 ICR1 内数据作为 TOP 值,故计数器达到该值时产生输入捕获中断,在此中断服务子程序中修改 TOP
; 值,并同时修改比较匹配寄存器值,就可获得不同脉宽和周期的脉宽调制波形输出.本例中若对 TOP
; 值不作修改,只修改脉宽宽度,则得到周期固定的脉宽调制波形输出.当对脉宽和周期作修改时,注意
; 脉宽不能大于周期!
; 相位频率可调 PWM 输出的特点是其 TOP 值的更新时刻位于底部值处,故总能得到对称的波形输出.这
; 也是相位频率可调 PWM 输出与相位可调 PWM 输出的唯一区别之处!
        .ORG    $ 000               ;OCR1A 内装入高电平维持时间数据
STRT42: RJMP    RST42
        .ORG    $ 000A
        JMP     T1_ICPR             ;输捕获中断矢量
        .ORG    $ 0010
        JMP     T1_OVER             ;T/C1 溢出中断矢量
        .ORG    $ 002A
RST42:  LDI     R16,HIGH(ramend)
        OUT     SPH,R16
        LDI     R16,LOW(RAMEND)
        OUT     SPL,R16
        LDI     R16,1
```

```
        OUT     TCCR1B,R16
        LDI     R16,$C8         ;首先设置在普通模式下
        OUT     TCCR1A,R16      ;强迫 OC1A 输出高电平
        SBI     DDRD,5          ;高电平输出到外部引脚
        LDI     R16,$80         ;设置相位频率修正 PWM 模式,WGM1[3:0] = 1000
        OUT     TCCR1A,R16      ;向上计数与 OCRIA 匹配时,清除 OC1A;向下计数匹
                                ;配时,置位 OC1A
        LDI     R16,$11         ;直取 CLKI/O ,WGM1[3:0] = 1000,相位频率可调 PWM
        OUT     TCCR1B,R16
        CLR     R16
        OUT     TCNT1H,R16      ;清除 tcnt1
        LDI     R16,$10
        OUT     OCR1AL,R16      ;初始化 OCR1A,高电平时间 16 * 8 = 128us
                                ;即向上计数达到比较匹配的时间为 128us
        LDI     R16,255
        OUT     ICR1H
        OUT     ICR1L           ;装入 TOP 值
        LDI     R16,$20
        OUT     TIMSK,R16       ;允许 T/C1 输入捕获中断
        SEI
HH42:   RJMP    HH42            ;背景程序略
T1_ICPR:IN      R5,SREG         ;在中断服务修改 OCR1A,即修改低电平时间常数
        PUSH    R16
        PUSH    R17
        IN      R16,ICR1L       ;使产生不同暂空比波形,但频率固定
        IN      R17,ICR1H
        SBC     R17,$F0         ;加上常数$1000,当选 16 位 PWM 波形输出时,装入
                                ;ICR1 数据变化如下::$FFF->$1FFF->
                                ;$2FFF->$3FFF…->
                                ;$EFFF->$FFFF…………循环产生 16 种频率波形
        OUT     ICR1H,R17
        OUT     ICR1L,R16
        IN      R16,OCR1AL      ;修正 TOP 值和 OCR1A 寄存器的值,使产生不同暂空比波形
        IN      R17,OCR1AH
        SUB     R16,$C0
        SBC     R17,$FF         ;加上常数$40,当选 10 位 PWM 波形输出时,装入 OCR1A
                                ;数据变化如下::$10->$50->$90->
                                ;$D0->$110->…………->$F50
        ANDI    R17,$F          ;$F90->$FD0->$10->$50…………循环产生
                                ;16 种暂空比波形
        OUT     OCR1AH,R17
        OUT     OCR1AL,R16
        POP     R17
        POP     R16
        OUT     SREG,R5
```

```
        RETI
T1_OVER: IN     R6,SREG
        PUSH    R16
        LDI     R16,$82
        OUT     TCCR1A,R16
        LDI     R16,$0B          ;WGM1[3:0] = 0110
        OUT     TCCR1B,R16       ;9 位 PWM 模式
        POP     R16
        OUT     SREG,R6
        RETI
```

4.6.8 T/C2 脉宽调制输出程序的设计方法(本小节示范程序不列入清单)

由于 T/C2 的 PWM 输出功能是与 T/C0 完全对应的,所以只要把对 TCCR0、OCR0、TCNT0、OC0 和 TIMSK 寄存器的设置以及中断矢量设置改为针对 T/C2 的相关寄存器以及相应功能控制位的设置,则得到 T/C2 的 PWM 输出。以下为 T/C2 快速 PWM 模式(WGM2[1:0]=3)输出示范程序。请对照 4.6.2 小节:

```
        .ORG    $000             ;晶体实测频率为 4000167HZ
STRT4C: JMP     RST4C            ;USE mega16
        .ORG    $0006            ;T/C2 比较匹配中断矢量
        JMP     T0_CMPC
        .ORG    $002A
RST4C:  LDI     R16,HIGH(ramend)
        OUT     SPH,R16
        LDI     R16,LOW(ramend)
        OUT     SPL,R16
        LDI     R16,$B0          ;FOC2 = 1, WGM2[1:0] = 0& COM2[1:0] = 3
        OUT     TCCR2,R16        ;强迫 OC2 输出"1"
        SBI     DDRB,7           ;允许 OC2 输出"1" 到引脚
        LDI     R16,$6C          ;T/C2 快速 PWM 模式(WGM2[1:0] = 3),256 分频
        OUT     TCCR2,R16        ;COM2[1:0] = 2 与 OCR2 匹配时输出"0",$FF 时输出"1"
        LDI     R16,156          ;256 分频 156 定时 10 毫秒(高),100 定时 6.4 毫秒(低)
        OUT     OCR2,R16         ;T/C2 比较匹配寄存器
        CLR     R16
        OUT     TCNT2,R16        ;预先清除 TCNT2
        ;以下程序为对 PSW 参数进行修改,以改变其输出,可去掉(则只输出不变波形)!

        LDI     R16,$80
        OUT     TIMSK,R16        ;允许 T/C2 比较匹配中断
        CLR     R16
        OUT     TIFR,R16         ;清除定时/计数器中断标志
        SEI                      ;
HH4C:   RJMP    HH40             ;背景程序略
T1_CMPC: IN     R5,SREG          ;保存状态寄存器
```

```
PUSH    R17
IN      R17,OCR2
SUB     R17,$C0                 ;调整 OCR2 值
OUT     OCR2,R17
POP     R17
OUR     SREG,R5
RETI
```

4.7 模数转换

ATmega16/8535 等单片机带 8 路 A/D 转换器，精度为 10 位，对于要求有模拟采集功能的嵌入式系统，应优先考虑使用 ATmega16/8535。只有在精度要求更高的场合才使用外接 A/D 转换器。

本节给出一个 A/D 采集和 PWM 输出的综合程序；对于模拟比较器的使用，也给出一个以 R-2R 网络数模转换再逐次比较、进行模数转换的例子。

4.7.1 A/D 转换和自运行的 PWM 输出综合程序

本例采用 AVR 单片机 mega16/8535，使用其 8 路 10 位精度的 A/D 转换器，对温度场内 8 点温度进行采集。每采得 8 点温度做一次平均，将平均值以自运行脉宽调制(PWM)方式输出：将 T/C1 比较匹配输出 A 设置为正向快速 PWM 模式，比较匹配输出 B 设置为反向快速 PWM 模式，将 T/C2 设置为 CTC PWM 模式；并首先对于每路 PWM，都以强制比较输出方式对输出进行初始化。

自运行 PWM 的特点为要按输出位数(精度)、频率要求设置定时/计数器的长度(即位数)以及对主时钟的分频系数，而装入比较匹配寄存器中的数据同定时计数器长度一起决定 PWM 的暂空比，对 COM1A[1:0]和 COM1B[1:0]以及 COM2[1:0]的设置(见表 1.29、1.30 和 1.36)则决定 PWM 的输出相位(正相/反相)。以上的设置是分别对控制寄存器 TCCR1A、TCCR1B 和 TCCR2 进行的。

ADC 设置为连续转换方式，允许转换完成中断。在 A/D 转换完成中断服务子程序里将当前通道的转换结果加入累加和。并将通道号切换到下一个，使能进入下一通道的转换；通道号变为 8 时则将其改为 1。程序中是首先启动 0 通道开始转换，按通道顺序依次启动各个通道，在当前通道号再次变为 0 时，0 号通道正在转换，而 7 号通道转换结果刚被加入到累加和之中，故累加和为 8 点温度采样之和，将其除以 8，将结果装入 OCR1A，OCR1B 寄存器中进行比较匹配输出。同样将平均结果低 2 位舍入后装入 OCR2 寄存器进行比较匹配输出。之后返回下一个温度采集—PWM 输出循环。注意：等待 8 点温度采集、累加完毕的过程是分两次进行的，即有两个等待循环，不然会有一个无意义的 0 输出。

升级后的 ADC 增加了对基准源的选择、ADC 模式、ADC 结果数据模式等功能的扩展，表现为在原有的控制寄存器基础上增加了扩展功能位，还增添了特殊 I/O 功能寄存器 SFIOR 对 ADC 连续工作方式的选择功能。但升级后 ADC 相关 I/O 寄存器以及各个功能位是兼容 AT90S8535 的。

图 4.27 为 8 路 A/D 转换和 3 路 PWM 输出电路图。

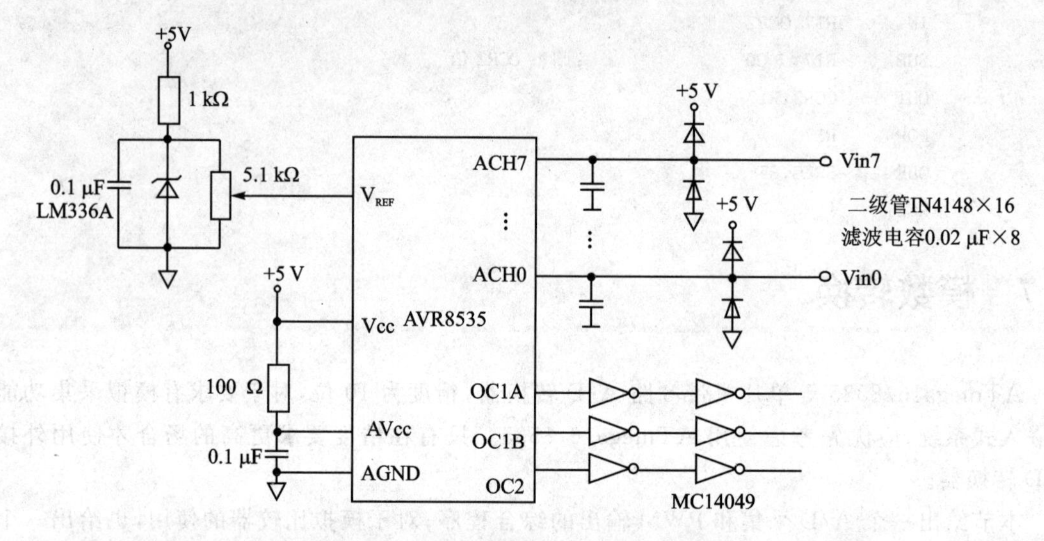

图 4.27　8 路 A/D 转换和 3 路 PWM 输出

清单 4-50　A/D 转换和自运行的 PWM 输出综合程序

```
;模拟量采集 3 路脉宽调制输出综合程序/晶振 4 MHz
          .ORG     $000
STRT50:   JMP      RST50            ;avr is ATmega16
          .ORG     $001C
          JMP      ADCOM            ;模数转换完成中断
          .ORG     $002A
RST50:    LDI      R16,HIGH(ramend)
          OUT      SPH,R16
          LDI      R16,LOW(ramend)
          OUT      SPL,R16          ;堆栈指针初始化
          LDI      R17,$00          ;通道号初始化(0),ADC 右对齐,选从 VREF 引脚接入参考源
          CLR      R12
          CLR      R13              ;累加和予清除
          OUT      DDRA,R13         ;A 口输入
          OUT      PORTA,R13        ;输入为高阻态,不上拉
          OUT      ADMUX,R17        ;ADC 通道初始化,指向 0#通道,VREF 引脚接入参考源
          LDI      R16,$B0
          OUT      TCCR2,R16
          SBI      DDRD,7           ;强制比较输出"1"到 OC2 引脚,以初始化其输出
          CLR      R16
          OUT      TCCR1B,R16
          LDI      R16,$EC          ;设置 WGM1[3:0] = 0
          OUT      TCCR1A,R16       ;在 WGM1[3:0] = 0 模式下强制比较输出"1"
          SBI      DDRD,5           ;到 OC1A 引脚和强制比较输出"0"
          SBI      DDRD,4           ;到 OC1B 引脚,以初始化 OC1A/OC1B 之输出
          LDI      R16,$B3          ;COM1A[1:0] = 2,比较匹配 A 输出正向 PWM
```

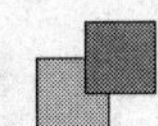

```
        OUT     TCCR1A,R16      ;COM1B[1:0] = 3,比较匹配 B 输出反向 PWM
        LDI     R16,$0B         ;WGM1[3:0] = 0111,10 快速 PWM 模式
        OUT     TCCR1B,R16      ;对晶振 64 分频
        LDI     R16,$1C         ;T/C2 为 CTC 模式 pwm 输出,比较匹配时清除 TCNT0
                                ;并使输出求反;对晶振 64 分频,WGM2[1:0] = 01
        OUT     TCCR2,R16       ;tccr2' ADDR.:$25
        CLR     R16
        OUT     SFIOR,R16       ;配合 ADCSRA 中的自动触发使能位 ADATE,使能自动 ADC
        LDI     R16,$ED         ;使能并启动 ADC/自动运行/转换完成中断/对晶振 32 分频
        OUT     ADCSRA,R16      ;ADDR.:$06 adc 控制状态寄存器
        IN      R16,ASSR
        CBR     R16,8
        OUT     ASSR,R16        ;TCNT2 用主时钟!

        LDI     R16,0
        OUT     TCNT1H,R16      ;wr.high B at first
        OUT     TCNT1L,R16      ;清除 TCNT1
        OUT     TCNT2,R16       ;清除 TCNT2
        SEI
COMLP:  CPI     R17,0
        BREQ    COMLP           ;通道号初始为 0,等待切换过去
COML0:  CPI     R17,0
        BRNE    COML0           ;通道号再次为 0 时,0#通道正在转换,7#通道已转换完毕,
                                ;已得到 8 个 A/D 采样累加和
        ASR     R12
        ROR     R13
        ASR     R12
        ROR     R13
        ASR     R12
        ROR     R13             ;累加和除以 8
        BRCC    COML1
        CLR     R16
        ADC     R13,R16
        ADC     R12,R16         ;四舍五入
COML1:  OUT     OCR1AH,R12
        OUT     OCR1AL,R13
        OUT     OCR1BH,R12
        OUT     OCR1BL,R13      ;10 位数据写入比较匹配寄存器
        ASR     R12
        ROR     R13
        ASR     R12
        ROR     R13
        BRCC    COML2
        INC     R13
        BRNE    COML2           ;若$FF
```

```
            DEC     R13              ;舍入后变为 0,再改回来
COML2:      OUT     OCR2,R13         ;8 位数据写入比较匹配寄存器
            CLR     R12
            CLR     R13              ;累加和清除
            RJMP    COMLP
ADCOM:      IN      R11,SREG
            IN      R15,ADCL         ;ADC 完成中断
            IN      R14,ADCH
            ADD     R13,R15          ;模拟数值加入累加和
            ADC     R12,R14
            INC     R17
            ANDI    R17,7            ;total 8 chanales! &8 BE CHANGED TO 0
            OUT     $ 07,R17         ;admux'address REGISTER
            OUT     SREG,R11
            RETI

;           .ORG    $ 000
;STRT50:    RJMP    RST50            ;avr is AT90S8535
;           .ORG    $ 00E
;           RJMP    ADCOM            ;模数转换完成中断
;           .ORG    $ 011
;RST50:     LDI     R16,HIGH(ramend)
;           OUT     SPH,R16
;           LDI     R16,LOW(ramend)
;           OUT     SPL,R16          ;堆栈指针初始化
;           CLR     R17              ;通道号初始化
;           CLR     R12
;           CLR     R13              ;累加和予清除;
;           OUT     DDRA,R13         ;A 口输入
;           OUT     PORTA,R13        ;输入为高阻态
;           OUT     $ 07,R17         ;ADC 通道初始化,指向 0# 通道
;           LDI     R16,$ 6C         ;T/C2 为自运行 pwm 输出,加法计数匹配清除 OC2,减法计
;                                    ;数匹配置位 OC2(正向 PWM);对晶振 64 分频
;           OUT     TCCR2,R16        ;tccr2' ADDR.:$ 25
;           LDI     R16,$ ED         ;使能,启动 ADC/自由运行/转换完成中断/对晶振 32 分频
;           OUT     ADCSR,R16        ;ADDR:$ 06 adc 控制状态寄存器
;           IN      R16,ASSR
;           CBR     R16,8
;           OUT     ASSR,R16         ;TCNT2  用主时钟!
;           INC     R17
;           OUT     $ 07,R17         ;预切换到 1 号 ADC 通道
;           SBI     DDRD,4
;           SBI     PORTD,4          ;pd4:oc1b
;           SBI     DDRD,5           ;pd5:oc1a pd4,pd5  皆为输出 oc1b 初始输出为高
;           SBI     DDRD,7           ;oc2  输出
```

```
;       LDI     R16,$E3         ;0B11100011,自运行 PWM,COM1A1/0 = 11,COM1B1/0 = 10
;       OUT     TCCR1A,R16      ;减法计数匹配清除 OC1A,加法计数匹配置位 OC1A(反向 PWM);
                                ;加法计数匹配清除 OC1B,减法计数匹配置位 OC1B(正向 PWM)
;       LDI     R16,2
;       OUT     TCCR1B,R16      ;tcnt1 8 分频
;       LDI     R16,0
;       OUT     TCNT1H,R16      ;wr.high B at first
;       OUT     TCNT1L,R16      ;清除 TCNT1
;       OUT     TCNT2,R16       ;清除 TCNT2
;
;       SEI
;COMLP: CPI     R17,1
;       BREQ    COMLP           ;通道号初始为 1,等待切换过去
;COML0: CPI     R17,1
;       BRNE    COML0           ;通道号再次为 1 时,0#通道正在转换,7#通道已转换完毕,
;                               ;已得到 8 个 A/D 采样累加和
;       ASR     R12
;       ROR     R13
;       ASR     R12
;       ROR     R13
;       ASR     R12
;       ROR     R13             ;累加和除以 8
;       BRCC    COML1
;       CLR     R16
;       ADC     R13,R16
;       ADC     R12,R16         ;四舍五入
;COML1: OUT     OCR1AH,R12
;       OUT     OCR1AL,R13
;       OUT     OCR1BH,R12
;       OUT     OCR1BL,R13      ;10 位数据写入比较匹配寄存器
;       ASR     R12
;       ROR     R13
;       ASR     R12
;       ROR     R13
;       BRCC    COML2
;       INC     R13
;       BRNE    COML2
;       DEC     R13
;COML2: OUT     OCR2,R13        ;8 位数据写入比较匹配寄存器
;       CLR     R12
;       CLR     R13             ;累加和清除
;       RJMP    COMLP
;ADCOM: IN      R11,SREG;
;       IN      R15,ADCL        ;ADC 完成中断
;       IN      R14,ADCH
```

```
;       ADD     R13,R15         ;模拟数值加入累加和
;       ADC     R12,R14
;       INC     R17
;       SBRC    R17,3
;       CLR     R17             ;total 8 chanales! &8 CHANGED TO 0
;       OUT      $ 07,R17       ; $ 07:admux'address REGISTER
;       OUT     SREG,R11
;       RETI
```

4.7.2 利用模拟比较器进行 A/D 转换程序

本程序以 AVR 单片机 C 口输出配合 R-2R 电阻网络组成 ADC 电路，以其输出与被测模拟量 V_{in} 逐次比较，完成对 V_{in} 的量化，如图 4.28 所示。

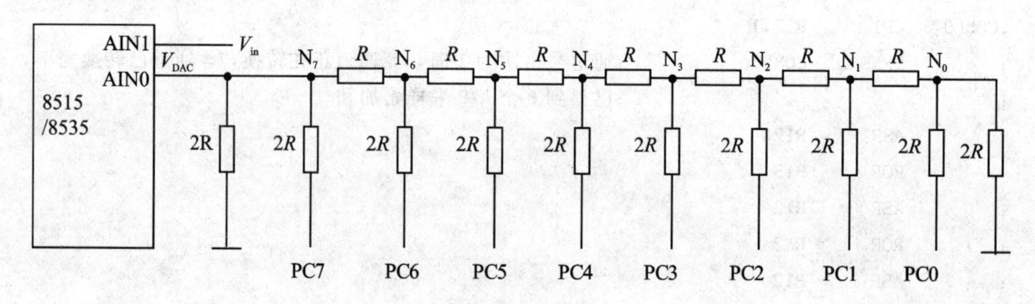

图 4.28 逐次比较 A/D 转换(R=10 kΩ)

1. 对电路的说明

该 ADC 电路由 AVR 单片机内部模拟比较器高输入阻抗放大器、C 口以及 R-2R 电阻网络组成。由于模拟比较器为高输入阻抗，该电路可视为与电阻网络断开。我们先分析 R-2R 电阻网络的特性。

假设 C 口各位都被清除，相当各路数字信号皆为 0(接地)，则从任一节点 N_i(i=0～7)向左和向右看进去的电阻都为 $2R$。例如：从 N_0 向右看为 $2R$，从 N_1 向右看，PC0 接地，两个 $2R$ 并联后再与 R 串联，结果为 $2R$。故从 N_i 点向右看，总是归结为两个 $2R$ 电阻并联之后再与 R 电阻串联，总电阻为 $2R$。因电阻网络是对称的，与 AVR 单片机连接可视为断开，故从任一节点 N_i 向左和向右看进去，其电阻都是 $2R$，此为 R-2R 电阻网络能作为 D/A 转换电路根本原理之所在。

电压 V_i(即 PC_i 之输出，$PC_i=1$ 时，$V_i=5$ V，$PC_i=0$ 时，$V_i=0$ V)在节点 N_i 处产生的电压为 $2R$ 与 R 分压值。其中 R 是节点左右两个 $2R$ 电阻之并联值，其另一端接地。根据等效电源原理：多个电源在某支路上产生的总压降等于每一单个电源(令其他电源都为 0 V，即接地)，在此支路上独自产生压降的迭加值。各 V_i 在其节点 N_i 处产生电压信号为 $\frac{R}{3R}\cdot V_i=\frac{1}{3}V_i$，该电压信号向左传递，每过一个电阻 R，降为原来的 1/2(被两个串联电阻 R 分压)，达到模拟比较器输入端时，降为 $\frac{V_i}{3}\times 2^{i-7}$。例如，$V_6$ 达到模拟输入端时降为 $\frac{V_6}{3}\times\frac{1}{2}$，$V_5$ 降为 $\frac{V_5}{3}\times\frac{1}{4}$ ……，V_0 降为 $\frac{V_0}{3}\times\frac{1}{128}$。

V_i 可写为 5 V·D_i，D_i=0 或 1，即 PC_i 输出为高电平时，D_i=1，V_i=5 V；输出为低电平时，D_i=0，V_i=0 V。

故
$$V_{ADC}=\sum_{i=0}^{7}\frac{5\text{ V}}{3}\cdot D_i\cdot 2^{i-7}=\frac{5\text{ V}}{3\cdot 2^7}\sum_{i=0}^{7}D_i\cdot 2^i \tag{4-5}$$

V_{ADC}最大值（PCi 输出全部为高电平时，V_{ADC}＝5(128＋64＋…＋2＋1)/384）为 3.32 V，8 位 ADC 最大应达到 4.98 V（满度值）。为达到此值，可将 ADC 输出通过一放大倍数为 1.5 的直流放大器（见图 4.29）后，再将其输出接模拟比较器输入。此时，V_{in}可测范围为 0～4.98 V，超过 4.98 V，则 A/D 结果只能是 4.98 V。

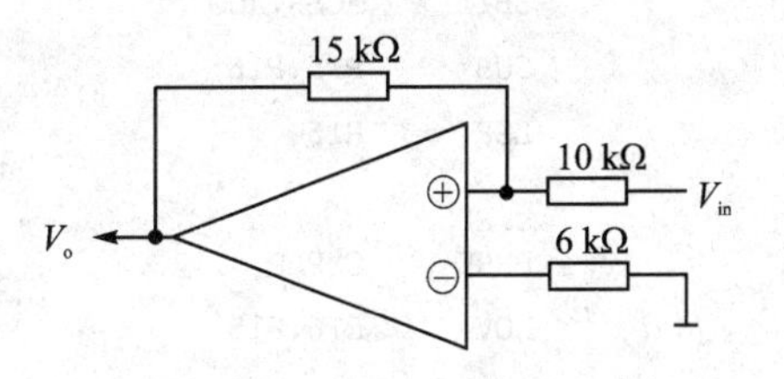

图 4.29　1.5 倍放大运放电路图

若不接此 1.5 倍运放，输入模拟量可测范围只能达到 3.32 V。若先取模拟量 2/3 分压值再作为模拟输入 V_{in}，则输入模拟量也可达到满度值，但要对转换结果乘以 1.5，使其恢复原值（程序清单 4-51 采用这种方法）。

2. 对软件的说明

A/D 转换过程是逐次比较逼近。程序中设置两个数值寄存器：A/D 转换值寄存器和增量寄存器。前者初始化为 0，后者初始值为＄80（中值）。转换具体步骤为：

将 A/D 转换值加上增量值，将其和从 C 口输出，使 V_{ADC}与输入模拟量 V_{in}相比较，若前者小于后者，保留 A/D 转换结果，否则减去增量值，此即为完成 1 位 A/D 转换。之后将转换增量折半，作为下一位转换的增量值。若该增量值变为 0，A/D 转换结束，否则进入下一位转换循环。

清单 4-51　利用模拟比较器进行 A/D 转换程序

```
;以 R-2R 电阻网络和 C 口配合组成 ADC 与输入模拟量比较实现模数转换
         .ORG     $000
;电阻网络 ADC 最大输出(AIN0)只能达到 3.32 V(PCi 输出只能达到 5 V)
STRT51:  RJMP     RST51
;输入模拟量最大为 4.98 V,故应将 ADC 输出放大 1.5 倍再与前者比较
         .ORG     $011                  ;也可将输入模拟量衰减为 2/3 再与 ADC 输出比较
RST51:   LDI      R16,2                 ;但应将转换结果乘以 1.5 以使其复原,程序取后者
         OUT      SPH,R16               ;堆栈指针初始化
         LDI      R16,$5F
         OUT      SPL,R16
         SER      R16
         OUT      DDRC,R16              ;C 口全部为输出,ADC 输出为 AIN0 输入
         CLR      R16
         OUT      DDRB,R16              ;B 口为输入
         LDI      R16,$F3
         OUT      PORTB,R16             ;PB2(AIN0),PB3(AIN1)输入为高阻状态
         CLR      R15                   ;模数转换结果预清除
         LDI      R16,$80               ;逼近增量初始值
CMPLP:   ADD      R15,R16               ;模数转换阶段值加逼近增量
```

```
        OUT     PORTC,R15       ;转成模拟量
        NOP
        NOP
        NOP                     ;4 MHz/等待 1 μs
        SBIC    ACSR,ACO        ;输入模拟量大于 ADC 模拟量,清除 ACO
        SUB     R15,R16         ;否则去掉逼近增量
        LSR     R16             ;逼近增量折半
        BRNE    CMPLP           ;逼近增量变为 0 吗
        MOV     R16,R15         ;*是,转换结束
        LSR     R15             ;*
        ADC     R15,R16         ;*将转换结果乘以 1.5
HH50:   RJMP    HH50            ;背景程序略
```

4.8 可靠性程序

可靠性是嵌入式系统应用的重要课题。AVR 单片机在硬、软件可靠性方面已有很大提高,如低功耗休眠、多复位源等。我们知道 AVR 单片机处于休眠状态时,对干扰的敏感性远比正常工作时弱。而在复位时,数据总线处于高阻状态,有效地防止了在上、下电或遭到干扰时对 SRAM(不断电)或 EEPROM 的非法写入。本节提供的程序,主要是从软件方面抗干扰或检测干扰。

4.8.1 滑动平均子程序 SLPAV

滑动平均是取最新 N 次连续采样的平均,具有很好滤除干扰的作用,计算公式为

$$y_k = \frac{1}{n}\sum_{i=0}^{n-1} x_{k-i} \tag{4-6}$$

其中 x_{k-i} 为第 $(k-i)$ 次采样,y_k 为第 k 个平均,n 为参加平均计算的总采样数。

本子程序设计为具有计算 20 点和 40 点两种滑动平均功能,应用时可按实际情况修改平均点数。40 点平均计算方法如下:

在片内开辟一块数据存储区(两种滑动平均共用的环形工作区),首地址为 DATA1(本例为 \$150),在 \$14F 单元内保存该数据指针,初值为 DATA1。约定采样数据为双字节定点数据,n 取为 40,则数据长度为 80(\$50)字节。可约定在系统运行初期采样未满 40 个时不进行输出,或输出最新采样数据。每采得一个数据,就将其加入累加和(累加和共 3 个字节,存于 R5(高位)、R6 和 R7 之中)一次,并将采样数据按增地址存放于存储区。因采样为双字节,每存放一个采样,指针即增 2。该数据存储区循环使用,故放满数据,即当指针指向 DATA1+80 时,将它改为 DATA1,建立 40 点滑动平均时间到标志(SA4,4),计算 n 次平均(累加和除以 40),对其后采样做如下处理:将新采样值加入累加和之后,以新采样换出存储区中最早采样(即当前指针所指采样),并将其从累加和中减掉。计算平均值,调整数据指针,为下次存放采样和计算平均值做准备。

参与平均的总采样次数 n,依实际需要而设,如设为 32、64 等特殊次数。可用右移实现除

法，运算速度快，若采样为浮点数，也可实现快速除法。例如，除以 32 只须将累加和之阶码减去 5($2^5=32$)。采样数据也可放在片外 SRAM 之中(8515)，这时应对 MCUCR 寄存器设置，激活对片外 SRAM 的寻址及读/写功能。

滑动平均的特点为 n 取值越大，对输入变化反应越滞后但对干扰(阵发性突变)滤除效果越好。故滑动平均使用的要点为在滤除效果和反应速度之间取得平衡。本子程序除设置了 40 点滑动平均外，还设置 20 点滑动平均(累加和在 R1、R3、R4 三个寄存器中)，通过对比来了解这两种平均的滤除效果及对输入变化的反应速度。

图 4.30 和图 4.31 分别为 40 点和 20 点滑动平均流程图。

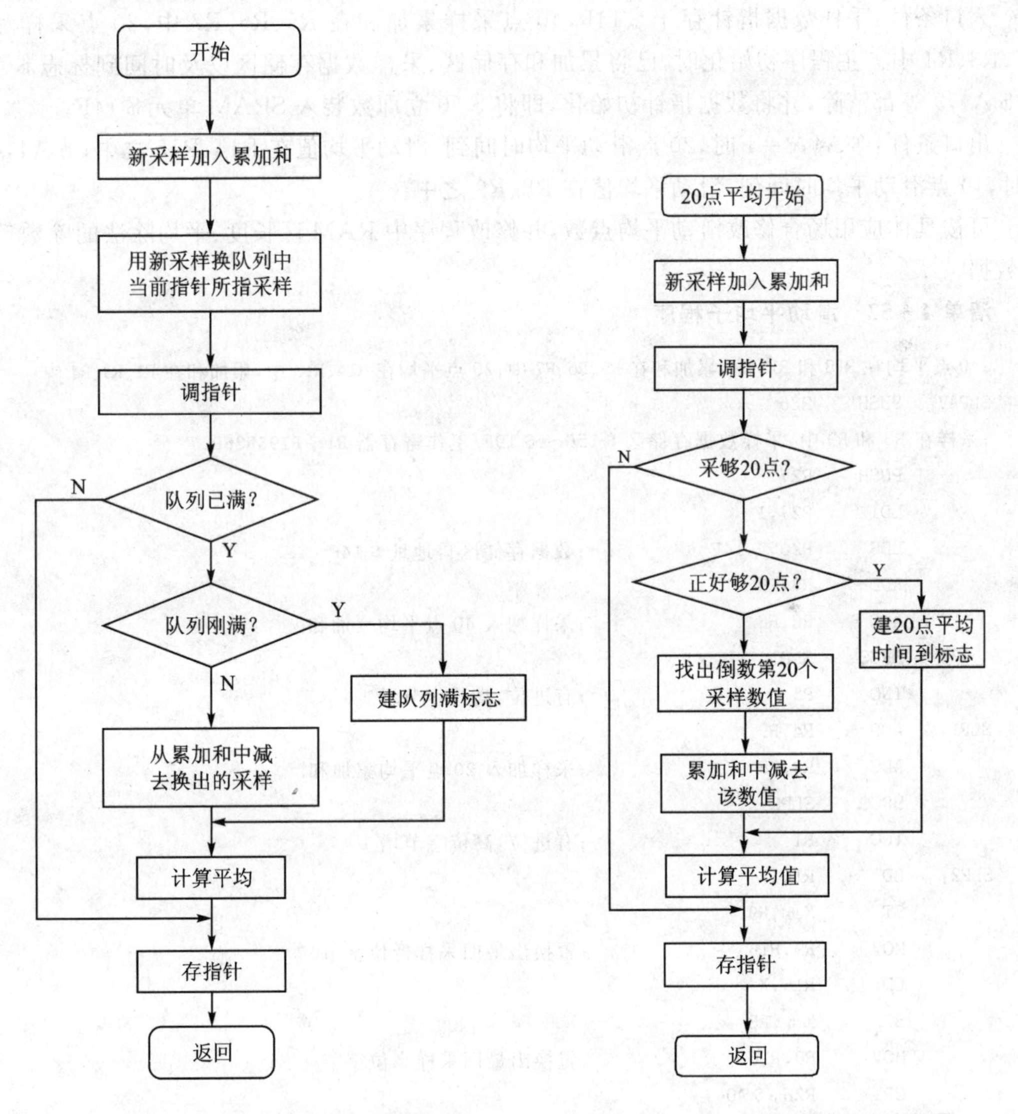

图 4.30　40 点滑动平均流程图　　**图 4.31　31 点滑动平均流程图**

为了节省资源，两种滑动平均共用一个采样数据环形存放区，以及同一采样数据指针。

与 40 点滑动平均不同，20 点滑动平均存在指针越限问题。采样够 40 点之后，指针复取初始化值。在将新采样加入累加和(指针加 2)后，从新采样存放地址开始向后倒退 40 个单元

(即倒数 20 个采样),将该地址内采样从累加和中减掉。为寻出这一采样,须将当前指针减去 42(因指针已预增 2)。由于指针依照环形区地址循环变化,故指针内容减去 42 之差可能变为小于环行区首地址＄150,超出环行数据存放区。这时只要将指针内容加上环形区长度 80 即纠正过来。

要取得更好的滤除效果,可做如下改进:将新采样与当前滑动平均值相减(如采样还未达到平均点数,可不做此项工作),若所得差之绝对值超过预设门限(此门限依干扰信号的强弱、采样速度的快慢以及平均点数的多少等具体应用环境而定),则新采样为不可靠值,将其舍去(可以当前平均替代该采样)。这实质上是一种多数表决,可取得优良滤除干扰的效果。

入口条件:采样数据指针存于＄14F,40 点采样累加和在 R5、R6、R7 中,20 点采样和在 R1、R3、R4 中。主程序初始化时,已将累加和存储区、采样数据存储区以及时间到标志＄A4,4、＄A4,3 等都清除,并将数据指针初始化,即将＄50 立即数装入 SRAM 单元＄14F。

出口条件:＄A4,3＝1 时,20 点滑动平均时间到,滑动平均值在 R14、R15 之中;＄A4,4＝1 时,40 点滑动平均时间到,滑动平均值在 R8、R9 之中。

可按具体应用场合修改滑动平均点数,并修改程序中 RAM 区长度、平均除法的除数等相关数据。

清单 4-52　滑动平均子程序

```
;40 点平均在 R18 和 R19 中,累加和在 R5、R6、R7 中;20 点平均在 R14、R15 中,累加和在 R1、R3、R4 中
SLPAV:  PUSH    R26
;采样在 R8 和 R9 中,采样数据存储区＄150～＄19F/工作寄存器 R1～R19&R26R27
        PUSH    R27
        LDI     R27,1
        LDS     R26,＄14F           ;数据存储区首地址＄14F
        ADD     R7,R9
        ADC     R6,R8               ;采样加入 40 点平均累加和
        BRCC    SLP1
        INC     R5                  ;有进位,高位字节增 1
SLP1:   ADD     R4,R9
        ADC     R3,R8               ;采样加入 20 点平均累加和
        BRCC    SLP2
        INC     R1                  ;有进位,高位字节增 1
SLP2:   LD      R16,X
        ST      X+,R9
        MOV     R9,R16              ;置换出最旧采样低位字节
        LD      R16,X
        ST      X+,R8
        MOV     R8,R16              ;置换出最旧采样高位字节
        CPI     R26,＄A0
        BRNE    SLPA1
        LDI     R26,＄50            ;采样放满存储区后,指针初始化(＄1A0 = ＄150)
        STS     ＄14F,R26
        LDS     R16,＄A4
        SBRC    R16,4
```

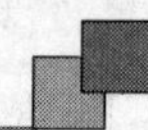

```
        RJMP    SLPA2            ;40点平均时间达到,转
        SBR     R16,$10          ;设置40点平均时间达到标志
        STS     $A4,R16
        RJMP    SLDIV            ;转去计算40点平均
SLPA1:  STS     $14F,R26         ;暂存指针
        LDS     R16,$A4
        SBRS    R16,4
        RJMP    SLPB0            ;还未到40点平均,转
SLPA2:  SUB     R7,R9
        SBC     R6,R8            ;到40点平均后除加上新采样外,还要减去最旧采样
        BRCC    SLDIV            ;够减
        DEC     R5
SLDIV:  CLR     R12
        LDI     R16,40
        MOV     R11,R16
        CLR     R10
        MOV     R13,R5
        MOV     R14,R6
        MOV     R15,R7
        RCALL   DIV165           ;计算40点平均
        MOV     R18,R14
        MOV     R19,R15          ;存入R18和R19中
SLPB0:  CPI     R26,$78
        BRNE    SLPB1
        LDS     R16,$A4
        SBRC    R16,3
        RJMP    SLPB2
        SBR     R16,8            ;建20点平均时间到标志
        STS     $A4,R16
        RJMP    SLPDV            ;
SLPB1:  LDS     R16,$A4
        SBRS    R16,3
        RJMP    SLRET            ;20点平均时间未到
SLPB2:  SUBI    R26,42           ;指针退回42字节,指向20点平均最旧数据
        CPI     R26,$50          ;不小于80,未超出采样数据存储区
        BRCC    SLPB20
        SUBI    R26,-80          ;否则加80调整回$150～$19F
SLPB20: LD      R11,X+           ;
        LD      R10,X
        SUB     R4,R11
        SBC     R3,R10           ;找到20点平均最旧采样,并将其从累加和中减去
        BRCC    SLPDV
        DEC     R1
SLPDV:  LDI     R16,20
        MOV     R11,R16
```

```
        CLR     R10
        CLR     R12
        MOV     R13,R1
        MOV     R14,R3
        MOV     R15,R4
        RCALL   DIV165                    ;20 点平均在 R14 和 R15 中
SLRET:  POP     R27
        POP     R26
        RET
```

4.8.2 带外部 SRAM(不断电)的 ATmega8515 系统断电保护程序

1. ATmega8515 的相关寄存器

本小节系统断电保护使用了扩展外部 RAM 的 ATmega8515 系统,下面将首先介绍 ATmega8515 与外扩和休眠有关的 I/O 寄存器。

(1) MCU 控制寄存器 MCUCR

位	7	6	5	4	3	2	1	0	
$35($55)	SRE	SRW10	SE	SM1	ISC11	ISC10	ISC01	ISC00	MCUCR
读/写	R/W	R/W	R/W	R/W	R/W	R/W	R/W	R/W	
复位值	0	0	0	0	0	0	0	0	

位 7－SRE:扩展外部 RAM 允许.该位置位,允许扩展外部 RAM。AVR 的 C 口、A 口以及相关的引脚将转换为 AD[15:8]、AD[7:0]、ALE、/WR 和/RD。SRE 被置位后,以上引脚方向寄存器的设置被屏蔽;一旦清除 SRE,扩展外部 RAM 功能被禁止。以上引脚恢复为普通 I/O 引脚,方向寄存器设置的功能也被恢复。

位 6－SRW10:与 SRW11 配合,即 SRW1[1:0],选择 SRAM 高端区访问时插入的等待周期(见表 4.7)。

位 5－SE:休眠使能位,该位置位,允许 MCU 进入休眠状态。

位 4－SM1:休眠状态选择位,SM[2:0]三个位选择 MCU 进入的休眠模式(表 4.9)。

位 3～0－ISC[3:0]:外部中断源 INT[1:0]中断方式选择(表 4.5)。

(2) MCU 控制与状态寄存器 MCUCSR

位	7	6	5	4	3	2	1	0	
$34($54)	—	—	SM2	—	WDRF	BORF	EXTRF	PORF	MCUCSR
读/写	R/W	R/W	R/W	R/W	R/W	R/W	R/W	R/W	
复位值	0	0	0	0	0	0	0	0	

位 7、6、4－保留位。

位 5－SM2:休眠状态选择位,SM[2:0]三个位选择 MCU 进入的休眠模式。

(3) 扩展的 MCU 控制寄存器 EMCUCR

位	7	6	5	4	3	2	1	0	
$36($56)	SM0	SRL2	SRL1	SRL0	SRW01	SRW00	SRW11	ISC2	EMCUCR
读/写	R/W	R/W	R/W	R/W	R/W	R/W	R/W	R/W	
复位值	0	0	0	0	0	0	0	0	

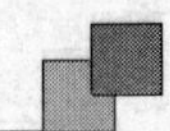

位7－SM0:休眠状态选择位,SM[2:0]三个位选择MCU进入的休眠模式。

位6、5、4－SRL[2:0]选择SRAM低、高端区域划分(表4.8)。

位3、2－SRW01、SRW00,即SRW0[1:0],选择SRAM低端区访问时插入的等待周期(表4.6)。

位1－SRW11:与SRW10配合,即SRW1[1:0],选择SRAM高端区访问时插入的等待周期。

表4.5 MEGA8515 INT1～0中断方式

ISCx1	ISCx0	中断方式
0	0	INTx的低电平产生一个中断请求
0	1	两次连续采样检测到INTx的下降沿或上升沿,产生一个中断请求
1	0	两次连续采样检测到INTx下降沿,产生一个中断请求
1	1	两次连续采样检测到INTx上升沿,产生一个中断请求

表4.6 MEGA8515SRAM低端区等待周期的选择

SRW0[1:0]	读/写等待周期的选择
00	无等待周期
01	插入1个等待周期
10	插入2个等待周期
11	插入2个等待周期;输出地址之前再插入1个等待周期

表4.7 MEGA8515SRAM高端区等待周期的选择

SRW1[1:0]	读/写等待周期的选择
00	无等待周期
01	插入1个等待周期
10	插入2个等待周期
11	插入2个等待周期;输出地址之前再插入1个等待周期

表4.8 MEGA8515 SRAM低、高端分区域划分选择

SRL2	SRL1	SRL0	低地址存储区	高地址存储区
0	0	0	N/A	$260～$FFFF
0	0	1	$260～$1FFF	$2000～$FFFF
0	1	0	$260～$3FFF	$4000～$FFFF
0	1	1	$260～$5FFF	$6000～$FFFF
1	0	0	$260～$7FFF	$8000～$FFFF
1	0	1	$260～$9FFF	$A000～$FFFF
1	1	0	$260～$BFFF	$C000～$FFFF
1	1	1	$260～$DFFF	$E000～$FFFF

表4.9 MEGA8515休眠模式选择

SM2	SM1	SM0	选择的休眠模式
0	0	0	空闲模式
0	0	1	保留
0	1	0	掉电模式
0	1	1	保留
1	0	0	保留
1	0	1	保留
1	1	0	使用外部晶体或谐振器时的闲置模式
1	1	1	保留

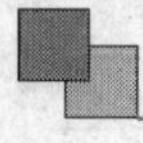

2. 断电保护的特点及实现过程

断电保护程序是一种预防程序。当电力系统突然发生故障,造成停电,数据欲遭破坏时,将数据(程序计数器 PC 值、堆栈指针、数据指针、通用寄存器、片内数据等)转移到 SRAM(不断电)中进行保护。来电启动时,恢复数据并按断点启动,从而完成被中止的生产过程,避免了残次品的产生,这就是断电保护的目的。对软件、硬件环境要求如下:

① 在进入生产过程中要立即建立生产标志,退出生产过程要清除该标志。

② 采用软件、硬件配合以及主程序与中断服务程序相配合的方法,要求有相应的软件、硬件资源:硬件方面,有能侦测出电源电压下降到下限幅值,以一定宽度负脉冲向 AVR 单片机申请中断(最高优先级),并完成由电源 V_{CC} 向 SRAM UT62(L)64(读/写时间 70 ns)供电向备用电池对其供电切换的芯片 MAX704(或同类芯片),SRAM UT62(L)64(也可改为 UT62256,但后者只有一个片选引脚,为保证在上电、断电时不被冲掉数据,要另做处理,不如用 UT6264 方便),以及备用电池(3.6 V)等。在 AVR 单片机方面要提供最高中断优先级的外中断源$\overline{\text{INT0}}$(选下降沿中断)。启动主程序对 I/O 寄存器、内部 SRAM 初始化后,检查是否有生产标志,没有,转非生产启动;有,则转断电启动。在生产过程中,若检测到断电则响应断电中断申请,将片内 SRAM 全部转移到不断电 SRAM UT62(L)64 中保护。

断电保护过程如下:

当电力系统发生故障停电时,AVR 单片机控制系统的电源电压开始下降,由于电路中有大容量电解电容,电压不会很快降到 0 V。但为了尽量减少电压下降速度,应将执行机构和显示等外设尽早断开或关闭来尽量减少系统电流消耗,以使 MCU 有足够时间完成数据转移。当 MAX704 侦测到电压降压 1.26 V(未稳电压在电阻上的分压值,它的下降速度要比 V_{CC} 快)时,便将向 SRAM UT62(L)64 供电电源切换到备用电池,同时以负脉冲向 AVR 单片机发出中断申请。由于外部中断$\overline{\text{INT0}}$的优先级最高(且低优先级中断服务时允许嵌套),故能得到快速响应,转入中断服务。

中断服务开始,先将状态寄存器 SREG 推下堆栈保护,再将数据指计 X、Y 和寄存器 R0、R1、R16、R17 等推下堆栈。程序中使用它们将片内 RAM 全部转移到 SRAM UT62(L)64,并计下累加和。注意,做检查和时不包括 R26~R29 和 SREG,因它们在数据转移过程中是不断变化的。最后将检查和也存于 SRAM UT62(L)64,进入软件延时,等待断电完成。

断电启动过程如下:

通电后启动主程序,完成初始化后,如检查到生产标志,转入断电启动,执行与断电中断服务相反过程:将数据从 SRAM UT62(L)64 中取回片内 SRAM,通过对检查和测试判断数据是否遭破坏。如果检查和数据遭到破坏,最简单的处理方法就是放弃断点启动,转非生产启动,所有数据都被清除,也可按数据被破坏的程度,关键数据是否被破坏等情况采取相应措施,决定采取哪一种启动。检查和正确则按断点启动,先指示断点启动(LED 亮),将在中断服务推下堆栈的寄存器逐个托出,最后以 RETI 指令弹出断电时程序计数器 PC 的内容,程序从该地址开始执行,从而完成从断点处启动。此处必须使用 RETI 指令,不可以 RET 指令替式,不然 MCU 不会响应断电中断。

程序中在读写片外 SRAM UT6264 没有加入等待周期,这是因为 UT6264 是读写时间为 70ns 的高速 RAM;为了兼容低速 SRAM,可按本小节开头部分的介绍对低速 SRAM 进行高

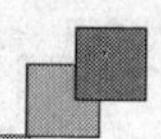

低端区域划分，并对断电保护数据所在区域设置合适的读写等待周期。另外，本程序初始化时可将堆栈设在片外 SRAM 中，好处是省去了断电保护过程中堆栈数据的块传送。

本断电保护电路中用线选法分配 SRAM UT6264 的存储空间，该空间为＄8000～＄9FFF。图 4.32 为断电保护电路图。

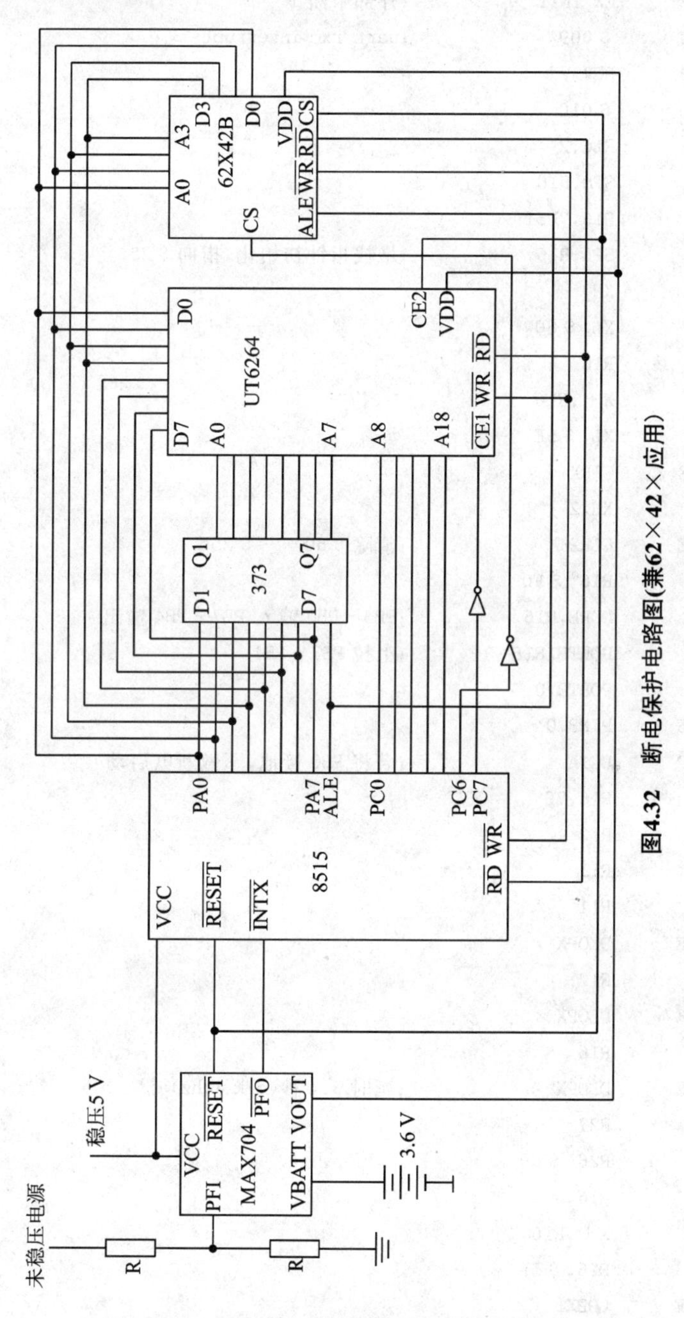

图 4.32　断电保护电路图(兼 62×42×应用)

清单 4－53　带外部 SRAM 的 8515 系统断电保护程序

```
;断电保护芯片 MAX704,/RESET 脚接 MEGA8515 同名脚/4.8.2 小节
```

```
;/PFO 接 INT0,由 VOUT 脚给 UT6264(或 UT62256)/62x42x 供电,本程序不涉及休眠!
        .ORG    $000            ;ATmega8515/时钟 4MHZ
STRT60: RJMP    RST60
        RJMP    EX_INT0         ;外部中断 0
        RJMP    EX_INT1         ;外部中断 1
        .ORG    $009            ;uart_rxc interrupt
        RJMP    RCVSV
        .ORG    $010
RST60:  LDI     R16,2
        OUT     SPH,R16
        LDI     R16,$5f
        OUT     SPL,R16         ;堆栈指针初始化,指向 $25f
        CLR     XH
        LDI     XL,$60
        CLR     R16
CLRX:   ST      X+,R16
        CPI     XL,$5E
        BRNE    CLRX
        CPI     XH,2
        BRNE    CLRX            ;清除 $60--$25d
        LDI     R16,$F0
        OUT     DDRB,R16        ;PB3-PB0 输入 PB7-PB4 输出
        OUT     PORTB,R16       ;上拉 PB7-PB4
        SBI     PORTB,0
        SBIS    PINB,0
        RJMP    BG1A            ;若将 PB0 接地,不做断电启动
        LDI     R16,70
        CLR     R12
        CLR     R11
DLOPX:  DEC     R11
        BRNE    DLOPX
        DEC     R12
        BRNE    DLOPX
        DEC     R16
        BRNE    DLOPX           ;延时 3.4 秒(clk 4mhz)
        CLR     R27
        LDI     R26,$60
        CLR     R16
LOPX1:  ST      X+,R16
        CPI     R26,$5E
        BRNE    LOPX1
        CPI     R27,2           ;清除 $60--$25d
        BRNE    LOPX1
        CLI
        LDI     R16,$80
```

```
        OUT     GICR,R16            ;int1 中断使能
        LDI     R16,$8A             ;允许访问外部 RAM,禁止休眠,int0/int1 下降沿中断
        OUT     MCUCR,R16
        LDI     R16,0
        OUT     EMCUCR,R16          ;整个外部 RAM 皆为高端区域;不插入读写等待周期
        ;.
        ;.
        ;.                          ;
        LDS     R16,$9FFE           ;片外 sram $8000 - $9fff)
        CPI     R16,$55
        BRNE    BG1A                ;查断电标志
        LDS     R16,$9FFF
        CPI     R16,$AA
        BREQ    BG2B                ;查到
BG1A:   LDI     R27,$80
        LDI     R26,0
        CLR     R16
CLOPX:  ST      X+,R16
        CPI     R27,$A0
        BRNE    CLOPX               ;清除 $8000 - - $9FFF
        LDI     R16,$AA
        ST      -X,R16              ;$AA - ->($9fff)
        COM     R16
        ST      -X,R16              ;$55 - ->($9ffe)
BG1A0:  IN      R16,GICR
        SBR     R16,$40
        OUT     GICR,R16            ;允许 int0 中断
        RJMP    NRMST

BG2B:   LDS     R16,$9FFD           ;$9FFD:最高位为生产标志
        SBRS    R16,7
        RJMP    NRMST               ;无生产标志转平常启动
BG5C:   CBI     PORTB,7             ;指示断电启动
        LDI     R27,$80
        LDI     R26,2               ;SRAM 8002 - 825F 传回片内
        LDI     R29,0
        LDI     R28,2
        CLR     R0                  ;检查和清除
APX0:   LD      R1,X+
        ST      Y+,R1               ;传送数据块
        ADD     R0,R1
        CPI     R28,26              ;指向 r26?
        BRNE    APX0
        LD      R1,X+               ;取 r26
        ADD     R0,R1
```

```
        LD      R1,X+           ;取 r27
        ADD     R0,R1
        LD      R1,X+           ;取 r28
        ADD     R0,R1
        LD      R1,X+           ;取 r29/ r26 - - r29 为数据指针,不能当作数据传送
        ADD     R0,R1
        LDI     R28,30
APX2:   LD      R1,X+
        ADD     R0,R1
        ST      Y+,R1
        CPI     R28, $ 5F
        BRNE    APX2
        INC     XL
        INC     YL              ;SREG 不断变化,不能加入累加和!
APX3:   LD      R1,X+
        ADD     R0,R1
        ST      Y+,R1
        CPI     R28, $ 60
        BRNE    APX3
        CPI     R29,2
        BRNE    APX3            ;到 $ 25f?
        LDS     R1, $ 9FFC      ;取检查和
        ADD     R0,R1           ;检查和(CHECKSUM)正确?
        BREQ    BG5D
        RJMP    BG1A            ;错,转总清
BG5D:   WDR
        LDI     R16, $ 0D       ;看门狗初始化,溢出时间 0.49"
        OUT     WDTCR,R16

        IN      R16,GICR
        SBR     R16, $ 40
        OUT     GICR,R16        ;允许 int0 中断
        LDS     R26, $ 235
        OUT     SPH,R26
        LDS     R26, $ 234
        OUT     SPL,R26
        POP     R26
        POP     R27
        POP     R28
        POP     R29             ;数据指针出栈
        POP     R1
        OUT     SREG,R1         ;
        POP     R1
        POP     R0
        RETI                    ;弹出断点,开放中断
```

```
NRMST:  WDR
        LDI     R16,$0D         ;看门狗初始化,溢出时间 0.49"
        OUT     WDTCR,R16
        CLR     R2
        ;.......
        SEI
        ;(略)
RCVSV:  ;.
        ;.
        ;.
EX_INT0: PUSH   R0              ;断电中断服务 I BE CLEARED!
        PUSH    R1
        IN      R1,SREG
        PUSH    R1
        PUSH    R29
        PUSH    R28
        PUSH    R27
        PUSH    R26             ;保护 X,Y 指针
        LDI     R26,$1D
        OUT     WDTCR,R26
        LDI     R26,$15
        OUT     WDTCR,R26       ;禁止看门狗
        IN      R26,SPL
        STS     $234,R26
        IN      R26,SPH
        STS     $235,R26        ;保护堆栈指针
        LDI     R27,0
        LDI     R26,2
        LDI     R29,$80
        LDI     R28,2           ;SRAM $002-25F  转片外 $8002-$825f
        CLR     R0              ;检查和予清除
ALPX1:  LD      R1,X+
        ST      Y+,R1
        ADD     R0,R1           ;加入累加和
        CPI     R26,26          ;
        BRNE    ALPX1           ;
        POP     R1              ;R26～R29 从堆栈中取!
        ADD     R0,R1
        ST      Y+,R1
        POP     R1              ;取 R27
        ADD     R0,R1
        ST      Y+,R1
        POP     R1              ;取 R28
        ADD     R0,R1
        ST      Y+,R1
```

```
        POP     R1              ;取 R29
        ADD     R0,R1
        ST      Y+,R1
        IN      R26,SPL
        SUBI    R26,4           ;恢复堆栈指针,抵消 4 个 POP
        OUT     SPL,R26
        LDI     R26,30          ;越过 R26 - R29,指向 R30
APX10:  LD      R1,X+
        ST      Y+,R1
        ADD     R0,R1
        CPI     R26,$5F
        BRNE    APX10
        INC     XL              ;SREG 越过!
        INC     YL
APX20:  LD      R1,X+
        ST      Y+,R1
        ADD     R0,R1
        CPI     R26,$60
        BRNE    APX20
        CPI     R27,2
        BRNE    APX20           ;完成到 $8002 - 825F 之转移
        NEG     R0
        STS     $9FFC,R0        ;SAVE THE CHECKSUM TO $9FFC
        LDI     R26,62
        CLR     R27
        CLR     R28
DLPX5:  DEC     R28
        BRNE    DLPX5
        DEC     R27
        BRNE    DLPX5
        DEC     R26
        BRNE    DLPX5           ;延时 3 秒(49.16ms * 62 = 3")
        LDI     R27,$80
        LDI     R26,2           ;$8002 - $825F
        LDI     R29,0
        LDI     R28,2           ;$002 - 25F
        CLR     R0
APX1A:  LD      R1,X+
        ST      Y+,R1           ;将片外 SRAM 数据传回片内
        ADD     R0,R1
        CPI     R28,26
        BRNE    APX1A
        LD      R1,X+           ;R26
        ADD     R0,R1
        LD      R1,X+           ;R27
```

```
        ADD     R0,R1
        LD      R1,X+           ;R28
        ADD     R0,R1
        LD      R1,X+           ;R29
        ADD     R0,R1
        LDI     R28,30
APX1B:  LD      R1,X+
        ST      Y+,R1
        ADD     R0,R1
        CPI     R26,$5F
        BRNE    APX1B
        INC     XL              ;越过 SREG!
        INC     YL
APX2A:  LD      R1,X+
        ADD     R0,R1
        ST      Y+,R1
        CPI     R28,$60
        BRNE    APX2A
        CPI     R29,2
        BRNE    APX2A           ;到 $25f?
        LDS     R1,$9FFC
        ADD     R0,R1
        BRNE    ERRDL
        RJMP    BG5D            ;检查和正确
ERRDL:  (略)                    ;错误处理
```

4.8.3 ATmega16L/8535L 工作于掉电模式下小系统的断电保护程序

如图 4.33 所示，仍用 MAX704 检测断电信号，只利用该芯片的复位信号、断电信号输出。ATmega16L/8535L 的电源由主电源经二极管 5818 后供给，断电后由备用电池供给。主电源还对液晶显示(未画)供电，同时也给备用电池充电。与 ATmega8515 大系统断电保护不同，本例是在断电发生时，将 ATmega16L/8535L 的 SRAM 数据以及寄存器文件和重要 I/O 寄存器内容就地保存，由备用电池供电，并进入掉电式休眠模式，以最大限度降低维持电流。来电时，以复位方式启动程序并恢复数据，再由断点启动。

本例为在掉电模式下工作的低功耗(休眠)系统，由市电供电，也可用电池供电，但要将电池电压降压后给 ATmega16L/8535L 和液晶显示供电，将电池直接给检测电源电压的分压电阻供电。

本例设 4 个按键，分别为 K0、K1、K2 和 K3，按键可与地短接。按键产生的低电平信号通过 4 输入端与门 74HCT21，以其输出在 $\overline{\text{INT1}}$ 脚产生电平中断，唤醒休眠的 MCU，执行 4 种数据采集、处理程序。之后返回背景程序对处理结果进行显示，等待下一电平中断。为防止键抖动产生“毛刺”，加了 RC 滤波网络；为防止按键在中断返回后仍未释放产生重复中断，在中断服务后，先禁止 $\overline{\text{INT1}}$ 中断再返回。在背景程序(显示数据处理结果)中查到键已释放后才重新允许 $\overline{\text{INT1}}$ 中断，使能响应下一次按键中断。

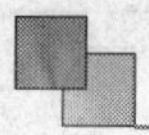

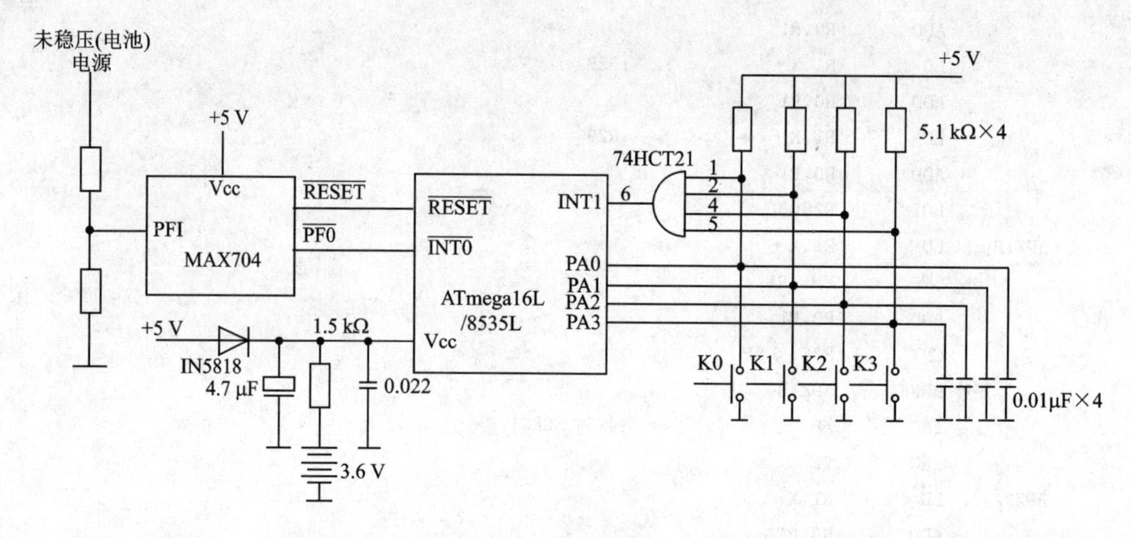

图 4.33 ATmega16L/8535L 工作在掉电模式下的小系统

在$\overline{INT1}$中断服务子程序开始处,即执行 SEI 指令,以允许$\overline{INT0}$中断嵌套。当检测到主电源断电信号时,进入断电中断服务。先将通电初始化要使用的寄存器、状态寄存器 SREG 等推下堆栈保护,关断外设,停止看门狗,建立断电标志,保存堆栈指针。在禁止$\overline{INT0}$和$\overline{INT1}$中断后,进入掉电休眠,等待掉电完成,只有通电启动才能解除休眠。

通电复位后,启动初始化程序,如查到有键按下(须先按任一键再通电等待1 s),放弃断点启动,转去总清,对系统重新进行初始化;如无键按下,且有断电标志则由断点启动。主程序初始化后,跳到断电中断服务程序中休眠指令的下一条指令处执行,恢复堆栈指针和寄存器,最后恢复断点(弹出 PC 内容),从断点处启动主程序。

在用电池作为电源的便携式设备中,本程序提供更换电池时的断电保护。在本例通电初始化时,只能使用断电中断服务时推下堆栈的那些寄存器。

以上两种断电保护程序,也可将数据写入 EEPROM。但要注意:EEPROM 写入速度很慢,每字节写入的典型时间为 8.5 ms(1 MHz 时钟 8448 个周期),特别是低写入电压时,故断电保护数据规模不能很大。

清单 4-54 掉电模式下小系统的断电保护程序

```
;使用干电池便携系统断电保护程序,MAX704 RESET 引脚接 8535 同名引脚
;PF0接 8535 INT0,断电时由电池给 ATmega16L/8535L 供电,晶振 4 MHz
         .ORG     $ 000          ;AT90LS8535 只使用片内 sram;在片内 RAM 中保护数据
STRT61:  RJMP     RST61
         RJMP     EX_INT0
         RJMP     EX_INT1
         .ORG     $ 00B
         RJMP     RVCMPLT        ;串行数据接收完成
         .ORG     $ 011
RST61:   LDI      R16, $ 00
         OUT      DDRA,R16       ;PA7～PA0 为输入
         LDI      R16,21
         CLR      R12
```

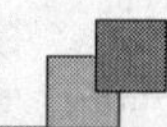

```
        CLR     R13
DLPX:   DEC     R13
        BRNE    DLOPX
        DEC     R12
        BRNE    DLPX
        DEC     R16
        BRNE    DLOPX               ;延时 1 s(CLK 4 MHz)
        LDI     R16,2
        OUT     SPH,R16
        LDI     R16,$5f
        OUT     SPL,R16             ;堆栈指针 $25F
        CLR     R2                  ;调 DSPB 次数预清
        WDR
        LDI     R16,$0D             ;设置看门狗溢出时间 0.49 s
        OUT     WDTCR,R16
        LDI     R16,$0F
        OUT     PORTA,R16
        IN      R16,PINA
        CBR     R16,$F0             ;清除无用的高 4 位
        CPI     R16,15
        BRNE    BG3A                ;K0~K3 有键按下,转
        LDS     R16,$23E            ;
        CPI     R16,$55
        BRNE    BG3A
        LDS     R16,$23F
        CPI     R16,$AA
        BRNE    BG3A                ;无断电标志,转
        CLR     R16
        STS     $23E,R16            ;清除断电标志
        CLI
        LDI     R16,$C0
        OUT     GIMASK,R16          ;
        LDI     R16,$60             ;掉电休眠
        OUT     MCUCR,R16           ;INT0 电平中断
        ;.
        ;.                          ;其他初始化程序略
        ;.                          ;
        RJMP    REST2               ;转断电启动
RVCMPLT: ;(MISSING)
BG3A:   CLR     R27
        LDI     R26,$60
        CLR     R16
LOPX1:  ST      X+,R16
        CPI     R26,$60
        BRNE    LOPX1
```

```
        CPI     R27,2
        BRNE    LOPX1           ;清除 $ 60～ $ 25F
        LDI     R16,2
        OUT     SPH,R16
        LDI     R16, $ 5FH
        OUT     SPL,R16
        CLI
        LDI     R16, $ C0
        OUT     GIMSK,R16       ;允许 INT0/INT1 中断
        LDI     R16, $ 60       ;掉电休眠
        OUT     MCUCR,R16       ;INT0/INT1 电平中断
        ;.
        ;.                      ;其他初始化程序略
        ;.
        SEI
HH61:   RCALL   DSPB            ;液晶显示子程序略
        LDI     R16, $ 0F       ;激活上拉电阻
        OUT     PORTA,R16       ;
        IN      R16,PINA        ;读入键状态
        CBR     R16, $ F0
        CPI     R16, $ 0F       ;有键按下吗
        BRNE    HH61            ;等待释放
        IN      R16,TIMSK
        SBR     R16, $ C0
        OUT     TIMSK,R16       ;重新允许 INT1 中断
        SLEEP                   ;进入掉电休眠
        RJMP    HH61            ;唤醒后显示新采集的数据

EX_INT1: SEI                    ;允许 INT0 中断
        PUSH    R16
;K0/K1/K2/K3 有按下者,产生电平中断唤醒 MCU,采集数据
        IN      R16,SREG
        PUSH    R16
        SBI     PORTA,3
        SBIS    PINA,3
        RJMP    DLK63           ;K3 按下采集数据
        SBI     PORTA,2
        SBIS    PINA,2
        RJMP    DLK62           ;K2 按下采集数据
        SBI     PORTA,1
        SBIS    PINA,1
        RJMP    DLK61           ;K1 按下采集数据
        RJMP    DLK60           ;K0 按下采集数据
DLKRT:  IN      R16,TIMSK
        CBR     R16, $ 80
```

```
        OUT     TIMSK,R16           ;禁止 INT1 中断(键未释放或抖动时不引起中断)
        POP     R16
        OUT     SREG,R16
        POP     R16
        RETI
DLK60:  ;采集、处理数据,数据处理后送入显示缓存区
        ;.
        ;.
        RJMP    DLKRT
DLK61:  ;采集、处理数据,数据处理后送入显示缓存区
        ;.
        ;.
        RJMP    DLKRT
DLK62:  ;采集、处理数据,数据处理后送入显示缓存区
        ;.
        ;.
        RJMP    DLKRT
DLK63:  ;采集、处理数据,数据处理后送入显示缓存区
        ;.
        ;.
        RJMP    DLKRT
EX_INT0: PUSH   R0                  ;掉电中断服务子程序
        PUSH    R2
        PUSH    R12
        PUSH    R13                 ;CLI ALREADY
        PUSH    R14
        PUSH    R15
        PUSH    R16
        PUSH    R17
        PUSH    R26
        PUSH    R27
        PUSH    R30
        PUSH    R31
        IN      R16,SREG
        PUSH    R16                 ;保护状态寄存器
        LDI     R16,$1D
        OUT     WDTCR,R16
        LDI     R16,$15
        OUT     WDTCR,R16           ;停止看门狗
        IN      R16,SPL
        STS     $23C,R16
        IN      R16,SPH
        STS     $23D,R16            ;保护堆栈指针
        LDI     R16,$55
        STS     $23E,R16
```

```
            COM      R16
            STS      $23F,R16          ;写断电标志
            SER      R16
            OUT      PORTC,R16         ;关闭显示
            CLR      R16
            OUT      GICR,R16          ;禁止外部中断(INT0&INT1)
            SLEEP                      ;进入掉电休眠
REST2:      LDS      R16,$23D
            OUT      SPH,R16
            LDS      R16,$23C
            OUT      SPL,R16           ;取出堆栈指针
            POP      R16
            OUT      SREG,R16          ;恢复状态寄存器
            POP      R31
            POP      R30
            POP      R27
            POP      R26
            POP      R17
            POP      R16
            POP      R15
            POP      R14
            POP      R13
            POP      R12
            POP      R2
            POP      R0
;恢复工作寄存器,主程序初始化时只能使用这些寄存器
            RETI                       ;弹出断点,开放中断
```

本断电保护小系统中的 MAX704 芯片也可用 ATmega16/8535 片内模拟比较器代替。

4.8.4 循环冗余检测原理以及实现方法

1. CRC 检测的特点以及实现方法

目前已有多种方法揭示通信信道存在的干扰,长期沿用的有对传输的数据加奇偶校验,计算检查和等。但它们的可靠性都不高,如有偶数个位发生改变则奇偶校验失效,若局部数据增、减相抵则检查和校验失效。其它如海明纠错编码等方法,功能强但过程较为复杂,也较多耗费机时。而 CRC(Cyclic Redundance Check)循环冗余检测对数据处理方法独特,能有效揭露干扰,成为增强通信可靠性的有力手段。也经常被用于嵌入式系统 ROM/RAM 的自检。

CRC 检测程序有多种,本小节程序将介绍使用整体相除法和查表法实现 CRC 检测的方法。CRC 校验码根据不同需要可取为单字节、双字节或多字节。

从首地址开始把要发送的数据块按字节一个接一个地连接起来,就组成一个原始位序列多项式 G(X),在其尾部增加 2 个字节 \$00。G(X)与这 2 个字节 \$00 组成一个新的数字序列,称之为 F(X),其长度为 G(X)原始长度加 2,有 $F(X)=X^{16}\cdot G(X)$。另选一除数多项式 P(X),也称生成多项式,用它去除位序列多项式 F(X),除法产生的 16 位余式 R(X)即为发送方

的CRC校验码,。本程序选 $P(X)=X^{16}+X^{15}+X^{2}+1=\$18005$,总共17位。P(X)的位数总比F(X)尾部所添加的0的位数多1,P(X)为17位,F(X)尾部添加的2个字节$00总共是16位。若P(X)位数改变,则F(X)尾部添加的0个数也要改变,故P(X)选为17位(CRC校验码选为16位)是适中、方便的。

在发送方,将数字序列F(X)除以生成多项式P(X),即调用CRCST子程序一次(左移除法),得到生成位序列,它是由原始位序列G(X)与16位余式R(X)即CRC校验码组成的,其中CRC校验码被放在最末两个字节中,冲掉了原来的两个字节$00。然后将生成位序列发送出去。接收方收到该位序列后,以同样的生成多项式P(X)来除它,即也调用CRCST子程序一次。若除得16位余式R(X)=$0000(可查R14,R15,也被放在数据块最末两字节中),说明数据被正确接收;否则数据被干扰,可要求对方重发。

除以P(X)不是通常从被除数中减去除数的除法运算,是用不计借位的减法。即位异或,也称半加。程序中以指针寄存器X为数据指针,首指F(X)的第一个字节,在R14,R15中执行移位和异或操作,只将最高移出位C=1作为在R14R15中对P(X)低16位——立即数$8005进行异或操作的条件。当一字节及其后继字节执行完8位左移后,取出下一字节,直到将F(X)最后一个字节取完为止。

程序入口时,数据块长度放在R11、R12之中,为优化程序,兼顾数据块大小,只要数据长度不超过65536个字节,一律将数据长度视为字型数放在R11、R12之中并对其进行予处理:若低位字节(R12)≠0将R11增1。例如当数据长度为300字节时,R11、R12中装的不是$12C而是$22C(即R11中装入2,R12中装入$2C),若数据长度为100字节,R11中装入1,R12中装入$64;若数据长度为256字节,R11中装入1而R12中装入$00,如此类推。这样当R12减1为0时,对R11减1判0,简化了判断,提高了运行速度。

入口条件:数据块首地址在指针X中(如为发送方,F(X)最末两字节已清为$00),数据长度(即原始位序列G(X)之字节数)在R11、R12之中(已经过予处理)。

出口条件:CRC校验结果余式R(X)在R14,R15之中,也在F(X)最末两个字节之中。

程序清单4-55　300字节数据CRC校验(或生成校验码)子程序

```
         .EQU    DPOINT = $100            ;DATA BLOCK from $100 to $22b
CRCST:   LDI     R16,2                    ;$22C$22D两字节在发送方已清为零(或仍为$0D$0A)
         MOV     R11,R16                  ;在接收方则为对方计算出的CRC校验码(余式)
         LDI     R16,$2C
         MOV     R12,R16                  ;(r11r12)内装入$22C,块长为$12C
CRCST1:  LDI     R26,HIGH(DPOINT)
         LDI     R27,LOW(DPOINT);数据指针
CRC0:    LD      R14,X+
         LD      R15,X+
         LDI     R17,$80                  ;      16    15    2
         LDI     R18,$05                  ;P(X) = X   + X   + X  + 1 = $18005
CRC1:    LDI     R16,8
         MOV     R13,R16                  ;8位/字节
         LD      R16,X+
CRC2:    LSL     R16
         ROL     R15
```

```
        ROL     R14
        BRCC    CRC3
        EOR     R14,R17
        EOR     R15,R18             ;移出位为 1 时,将寄存器 r14r15 内容异或立即数 $ 8005
CRC3:   DEC     R13                 ;位数减 1
        BRNE    CRC2
        DEC     R12                 ;字节数减 1
        BRNE    CRC1
        DEC     R11
        BRNE    CRC1
        ST      X+,R14
        ST      X+,R15              ;除得余数放在数据块尾部(或将原始数据恢复)!
        RET
```

当位序列数据块较小场合,可选用一字节 CRC 校验码,以简化程序,减少校验过程所消耗的时间。例如可选生成多项式 $P(X)= X^8 + X^4 + X^3 + 1 = \$119$。对 DALLAS 公司 DS18B20 测温芯片带 CRC 校验码温度数据进行 CRC 检测就是这样例子。该数据组共为 9 字节,包括 2 字节温度值,设置的温度上、下限以及校验码等。其 CRC 校验码产生公式为 $X^8 \cdot F(X)/P(X)=Q(X)+R(X)/P(X)$,注意该组数据以低位字节之最低位首先发出,以高位字节之最高位结尾,故 CRC 校验算法为执行右移除法:将读出的 9 字节位序列逐次右移,当移出位为 1 时,将位序列与立即数 \$8C 异或(P(X)右移 1 位后,最低位 1 移出,而高 8 位变为 $X^7 + X^3 + X^2 = \$8C$)。完成 8 字节除法后若得到余式 $R(X) = \$00$ 为温度数据正确,程序见清单4-56。

程序清单 4-56　整体相除法实现 DS18B20 温度数据 CRC 校验

```
;清单 4-56                   ;DS18B20 读出温度数据 CRC 检测子程序(整体右移相除法),生成多项式为
                             ;P(X) = X8 + X4 + X3 + 1 = $ 119
CRCSTA:  LDI    XL,$ 70      ;温度数据指针
         CLR    XH
         LDI    R16,8        ;温度数据,上、下限...等共 8 字节(CRC 校验码不在其内)
         LD     R14,X+       ;第一字节装入异或除法工作单元
         LDI    R18,$ 8C
CRC1A:   LD     R15,X+
         LDI    R17,8
CRC2A:   LSR    R15
         ROR    R14          ;位序列右移
         BRCC   CRC3A
         EOR    R14,R18      ;移出位为 1 时,位序列异或立即数 $ 8C
CRC3A:   DEC    R17
         BRNE   CRC2A        ;右移次数减 1
         DEC    R16
         BRNE   CRC1A        ;块长减 1
         RET                 ;(R15) = 0 接收正确!
```

2. 关于 CRC 检测原理的说明

以上 CRC 校验程序示例采用的是整体相除法,速度较慢。而采用查表法可以提高 CRC

校验速度.处理相同长度的位序列所耗时间,查表法约为整体相除法的 1/8(对应于采用 8 位的 CRC 校验码),这是因为查表法将每一字节的 8 次移位、异或相除操作变为简单地一次查表和 1 字节的异或运算,节省了时间,故特别适用于测点多或信息量较大场合(信息量大时也可采用 16/32 位的校验码)。缺点为必须经预处理组建表格,即必须事先计算好＄00～＄FF 总共 256 个字节的 CRC 校验码表格并将其固化在 FLASH 备用。这种表格当选取 16 位 CRC 校验码时其长度达 512 字节,选取 32 位 CRC 校验码时长度达到 1024 字节,占用的 RAM 或 FLASH 空间也是很可观的.但准备工作以及空间方面牺牲的代价换取的是校验过程的高速度。

可利用各种类型的仿真器或模拟调试软件产生单字节或多字节 CRC 校验码数据表格,这些测试工具不但带有大容量的数据空间,存储多字节 CRC 校验码表格不成问题,而且可以利用其功能将产生的 CRC 校验码表格转换为文件保存.还可用以实现各种 CRC 检测的演示。

对位序列较长、且对实时性要求较强的场合,CRC 校验可考虑使用查表法;否则应使用整体相除法。

整体相除法虽然速度慢,却是快速查表法的基础:因后者是从前者演化出来的,从原理上讲二者是相同的;而且查表法使用的 CRC 校验码表也是由每一字节数据(位序列)采用整体相除法得到的。

位序列 CRC 校验码的生成算法,或进行 CRC 校验的过程,是将位序列数据除以选定的生成多项式,计算出余式。而除法既可以选用左移除法,也可以选用右移除法。但要注意:(1)对位序列进行 CRC 校验执行除法的移位方向,必须与生成位序列 CRC 校验码执行除法的移位方向相同,即必须同为左移或右移;由于 DALLAS 公司提供的 DS18B20 温度数据之 CRC 校验码是用右移除法产生的,本小节对 DS18B20 温度数据进行 CRC 校验也是基于右移除法的。(2)对于同一生成多项式,左移或右移除法所使用的异或常数是不同的。以 17 位的生成多项式 $P(X)=X^{16}+X^{15}+X^{2}+1=$＄18005 为例,采用左移除法时,以 P($X$)的低 16 位作为异或常数(见清单 4－60),该常数为＄8005。采用右移除法时,将 P(X)的高 16 位右移 1 位(折半)后作为异或常数,该常数为＄C002。本小节给出的 CRC 校验码表,8 位 CRC 是用右移除法生成的,而 16 位和 32 位 CRC 则是用左移除法生成的。如改为反方向除法,那么由于异或除法所取常数的改变,将产生完全不同的 CRC 数据表格。但是不论左移还是右移,CRC 校验的功能与效果是相同的.

位序列整体相除法是将位序列依次左移(8 位 CRC 为右移)通过异或运算器、除以生成多项式的方法计算 CRC 校验码,因此消耗机时较多。优点是程序短小简洁,适用于数据块不太大的场合;考虑到串行通信接收、发送每一字节时间间隔较长的特点,若数据块较大,可在接收(发送)位序列第 3 个字节后(设采用 2 字节 CRC 校验码),即开始在此间隔时间里进行 CRC 校验码的计算(或校验)工作:将每个已发送(接收到)的字节数据按先后顺序逐次移位通过异或运算器、除以生成多项式(每 8 次移位完成一字节除法)。此法缺点为计算时保护现场的数据规模较大,但因采取了“化整为零”手段,克服了整体相除法耗时集中、处理时间过长的缺点(若采用 8MHZ 时钟,处理一字节数据时间仅需 10 余微秒,参看程序清单 4－32);另一提高 CRC 校验速度的措施是采用查表法,该方法要点为:预先计算每一字节(＄00～＄FF)的 CRC 校验码,即分别在(＄00～＄FF)字节后面加一字节的＄00,计算出 256 个 CRC 校验码(取生成多项式为 $P(X)=$＄18005),将其排列成一个表格写入 FLASH 备用;按原始位序列排列顺

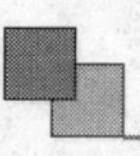

序计算整体位序列的 CRC 校验码,或对接收到的数据块位序列进行 CRC 校验的过程如下:即假设位序列从高位字节到低高位字节按 m0,m1,m2,m3,…,mi 之顺序排列,程序开始时先将 m1m2 装入 CRC 校验码暂存器 R14R15,首先查取 m0 的 CRC 校验码,并将其与校验码暂存器相异或。此为完成位序列首位字节异或除法运算,暂存器中的数据和其后的位序列则是第一次除法运算产生的余数;再查取暂存器高位字节 R14 的 CRC 校验码,将 R15 移入 R14,并将后续的位序列移入 CRC 校验码暂存器(R15)一字节,将新查得之 CRC 校验码再与暂存器相异或……依此类推,直到算出位序列整体的 CRC 校验码(余式)为止。

对 CRC 校验的原理可做如下解释:

设原始位序列为 $G(X)$,在其尾部添加 2 字节的 \$00,相当于将 $G(X)$ 乘以 \$10000,即是得到位序列 $X^{16} \cdot G(X)$。现在我们不添加 2 字节的 \$00 而是以两字节被称为初始余式的 $R_0(X)$ 取代之,得到新位序列 $F(X) = X^{16} \cdot G(X) + R_0(X)$。将位序列 $F(X)$ 除以 17 位的生成多项式 $P(X) = X^{16+} X^{15} + X^2 + 1$(\$18005)得到的余式(即 CRC 校验码)$R(X)$,其实质相当于将 $X^{16} \cdot G(X)$ 除以生成多项式 $P(X)$ 所得余式 $R_1(X)$,再与初始余式 $R_0(X)$ 相异或之结果(因除法是以异或操作进行的,两余式之间也应以异或操作来计算 CRC 校验码),即 $R(X) = R_0(X) \oplus R_1(X)$。发送方将位序列 $X^{16} \cdot G(X) + R(X)$ 发送出去,接收方如将此位序列正确接收并将其除以 $P(X)$,与上同理,所得余式 $R_2(X)$ 应等于 $R(X) \oplus R_1(X)$,即 $R_2(X) = R_0(X) \oplus R_1(X) \oplus R_1(X)$。因相同的两个多项式异或结果为零,而零与任何数据变量异或即是该数据本身.故有 $R_2(X) = R_0(X)$。以上表明,若位序列被正确接收,CRC 校验结果应是将初始余式恢复出来。

取 $R_0(X) =$ \$0000 只是个特例,目的是使校验结果醒目、方便校验与判断。

注意,(1)以上参与异或除法的位序列长度是原始位序列 $G(X)$ 之长度,例如 RCST 子程序中数据块长度取为 $G(X)$ 所占字节数。(2)所述校验原理对任何长度的 CRC 校验码都是正确的,但要取与校验码相对应的生成多项式:当取 1 字节 CRC 校验码时,生成多项式取为 $P(X) = X^8 + X^4 + X^3 + 1$(但以"1"为最高位,执行右移除法);当取 2 字节 CRC 校验码时,生成多项式取为 $P(X) = X^{16+} X^{15} + X^2 + 1$;当取 4 字节 CRC 校验码时,生成多项式取为 $P(X) = X^{32} + X^{26} + X^{23} + X^{22} + X^{16} + X^{12} + X^{11} + X^{10} + X^8 + X^7 + X^5 + X^4 + X^2 + X + 1$,即生成多项式的位数总是比 CRC 校验码的位数多 1。(3)以上对 CRC 校验的原理的解释同时指出了 CRC 校验码生成方法以及实现 CRC 检测的方法。

3. CRC 校验码表格生成子程序与查表法 CRC 检验子程序

以下给出 3 对配合使用的 8/16/32 位 CRC 校验码表格生成子程序与使用查表法实现快速 CRC 校验子程序。

(1) CRC-8 校验码表格生成子程序

生成多项式取为 $P(X) = X^8 + X^4 + X^3 + 1 =$ #119H,该多项式右移一位,最高位 1 移出,低 8 位变为 #8CH,故将某字节位序列通过异或除法器 ACC 右移时,如有 1 移出,将异或计算器中的位序列异或 $P(X)$ 的低 8 位,即执行一次异或立即数 \$8C 的运算.完成 8 次右移后得到一字节的 CRC 校验码。再进行下一个字节的 CRC 校验码的计算工作。

设 1 个寄存器(R15)变量,从 0 开始,逐个计算其 CRC 校验码,该变量递增到 0 时,256 个字节的 CRC 校验码整体计算工作完成。

将此表格数据固化在 FLASH 中备用,其首地址为 TABLE。

清单 4-57 8位校验码表格生成子程序

```
;生成多项式取为P(X) = X8 + X4 + X3 + 1 = #119H,该多项式右移一位,最高位1移出,
;低8位变为#8CH,故将字节位序列通过异或除法器ACC右移时,如有1移出,
;将异或计算器中的位序列异或P(X)的低8位,即执行一次异或立即数$8C的运算.
;完成8次右移后得到一字节的CRC校验码。将R15增1,再进行下一个字节的CRC
;校验码的计算工作.
;当R15再次变为零时,生成8位CRC表整体工作完成.
;将此表格数据固化在FLASH中备用,其首地址为TABLE.
PRTBL:   LDI    XH,1             ;存放CRC表数据指针
         CLR    XL
         LDI    R18,$8C
         CLR    R15              ;从0开始计算0～255共256字节的CRC表
LOOP1:   LDI    R16,8            ;每字节为8位位序列
         MOV    R17,R15
LOOP2:   LSR    R17              ;在异或计算器中右移
         BRCC   LPNX
         EOR    R17,R18          ;有1移出,执行异或计算,否则只移位
LPNX:    DEC    R16
         BRNE   LOOP2            ;8次移位后,产生1字节的CRC校验码
         ST     X+,R17           ;将其存于RAM并调整数据指针
         INC    R15              ;转对下一数据计算
         BRNE   LOOP1            ;(R15) = 0,计算结束,否则继续
         RET
```

(2) *用查表法实现DS18B20温度数据CRC校验*

本程序(清单4-58)是与清单4-57配合使用的CRC校验(或生成校验码)子程序,前提是已将清单4-57产生的CRC校验码表格固化在FLASH之中.

查表法是对逐次移位、异或运算的整体相除法的简化,即以查一次表和一次异或运算替代循环8次的移位以及异或运算,故显著提高速度.程序中以Z指针寄存器作为查取CRC表格数据指针,以当前CRC校验结果(异或计算器R14之内容)为索引查取表格数据,与位序列下一个字节相异或并以其结果作为索引再次查表。直到与位序列最后一个字节异或完毕。查表CRC校验工作完成。

产生的CRC校验码(发送方的第9字节应预先清除)或校验结果放在寄存器R14中;在接收方(R14)=0为校验正确。

清单 4-58 用查表法实现DS18B20温度数据CRC校验

```
CRCTBL:   CLR    XH
          LDI    XL,$80               ;DS18B20温度数据(9字节)指针
          LDI    R16,8
          LD     R14,X+               ;取第一个字节
LOP1C:    LDI    ZH,HIGH(TABLE*2)     ;查表指针
          LDI    ZL,LOW(TABLE*2)
          ADD    ZL,R14
          CLR    R14
```

```
        ADC     ZH,R14
        LPM     R14,Z                   ;查出 CRC 校验码
        LD      R15,X+                  ;取后继字节
        EOR     R14,R15                 ;与后继字节异或,并以异或结果为索引继续查表
        DEC     R16                     ;再与后继字节异或,直到达到规定字节数
        BRNE    LOP1C                   ;8 次异或后,得到 CRC 校验码(第 9 字节应预清除)
        RET                             ;或 R14 内为 CRC 校验结果(0 为正确接收)
        ;0～255 共 256 字节数据 CRC 校验码表格
TABLE:  .DB   $00,$5E,$BC,$E2,$61,$3F,$DD,$83      ;0-7
        .DB   $C2,$9C,$7E,$20,$A3,$FD,$1F,$41      ;8-15
        .DB   $9D,$C3,$21,$7F,$FC,$A2,$40,$1E      ;16-23
        .DB   $5F,$01,$E3,$BD,$3E,$60,$82,$DC      ;24-31
        .DB   $23,$7D,$9F,$C1,$42,$1C,$FE,$A0      ;32-39
        .DB   $E1,$BF,$5D,$03,$80,$DE,$3C,$62      ;40-47
        .DB   $BE,$E0,$02,$5C,$DF,$81,$63,$3D      ;48-55
        .DB   $7C,$22,$C0,$9E,$1D,$43,$A1,$FF      ;55-63
        .DB   $46,$18,$FA,$A4,$27,$79,$9B,$C5      ;64-71
        .DB   $84,$DA,$38,$66,$E5,$BB,$59,$07      ;72-79
        .DB   $DB,$85,$67,$39,$BA,$E4,$06,$58      ;80-87
        .DB   $19,$47,$A5,$FB,$78,$26,$C4,$9A      ;88-95
        .DB   $65,$3B,$D9,$87,$04,$5A,$B8,$E6      ;96-103
        .DB   $A7,$F9,$1B,$45,$C6,$98,$7A,$24      ;104-111
        .DB   $F8,$A6,$44,$1A,$99,$C7,$25,$7B      ;112-119
        .DB   $3A,$64,$86,$D8,$5B,$05,$E7,$B9      ;120-127
        .DB   $8C,$D2,$30,$6E,$ED,$B3,$51,$0F      ;128-135
        .DB   $4E,$10,$F2,$AC,$2F,$71,$93,$CD      ;136-143
        .DB   $11,$4F,$AD,$F3,$70,$2E,$CC,$92      ;144-151
        .DB   $D3,$8D,$6F,$31,$B2,$EC,$0E,$50      ;152-159
        .DB   $AF,$0F,$13,$4D,$CE,$90,$72,$2C      ;160-167
        .DB   $6D,$33,$D1,$8F,$0C,$52,$B0,$EE      ;168-175
        .DB   $32,$6C,$8E,$D0,$53,$0D,$EF,$B1      ;176-183
        .DB   $F0,$AE,$4C,$12,$91,$CF,$2D,$73      ;184-191
        .DB   $CA,$94,$76,$28,$AB,$F5,$17,$49      ;192-199
        .DB   $08,$56,$B4,$EA,$69,$37,$D5,$8B      ;200-207
        .DB   $57,$09,$EB,$B5,$36,$68,$8A,$D4      ;208-215
        .DB   $95,$CB,$29,$77,$F4,$AA,$48,$16      ;216-223
        .DB   $E9,$B7,$55,$0B,$88,$D6,$34,$6A      ;224-231
        .DB   $2B,$75,$97,$C9,$4A,$14,$F6,$A8      ;232-239
        .DB   $74,$2A,$C8,$96,$15,$4B,$A9,$F7      ;240-247
        .DB   $B6,$E8,$0A,$54,$D7,$89,$6B,$35      ;248-255
```

(3) CRC-16 校验码表格生成子程序

本子程序为生成$00——$FF 共 256 个数据之双字节 CRC-16 校验码表子程序,生成多项式为 $P(X)=X^{16}+X^{15}+X^{2}+1=\$18005$。因每一字节都生成两字节的 CRC 校验码,故 CRC 校验码表格长度为 512 字节。程序中规定将其放在片内 SRAM $100——$2FF 之中。

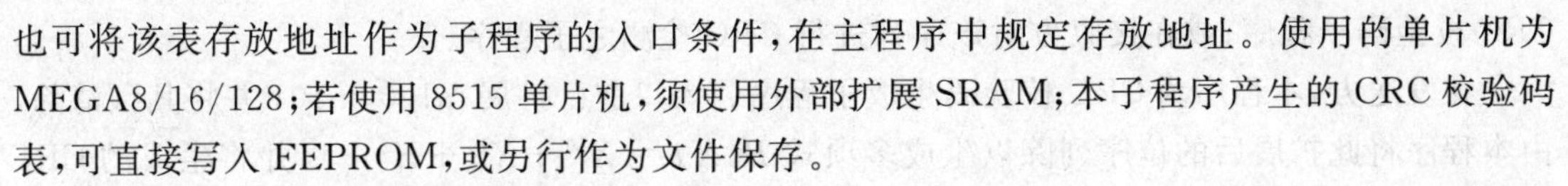

也可将该表存放地址作为子程序的入口条件,在主程序中规定存放地址。使用的单片机为MEGA8/16/128;若使用8515单片机,须使用外部扩展SRAM;本子程序产生的CRC校验码表,可直接写入EEPROM,或另行作为文件保存。

本子程序中若将生成多项式改为 $P(X)=X^{16}+X^{12}+X^{5}+1=\$11021$,即将对立即数$80和$05的异或运算改为对$10和$21进行,则得到对应于该生成多项式的双字节CRC－16校验码表,见清单4－60之下的附录。如若使用此CRC校验码表格对某数据块位序列进行CRC校验(或用于对原始位序列生成CRC校验码),只要将清单4－60中数据表首地址DATA5改为此附录表首地址data50即可。

程序清单4-59　CRC16校验码表格生成

```
;本子程序为生成$00--$FF共256个数据之双字节CRC-16校验码表子程序,生成多项式为
;P(X)=X16+X15+X2+1=$18005。因每一字节都生成两字节的CRC校验码,故CRC校
;验码表格长度为512字节。程序中规定将其放在片内SRAM$100--$2FF之中。也可将该
;表存放地址作为子程序的入口条件,在主程序中规定存放地址。使用的单片机为MEGA8
;/16/128;若使用8515单片机,须使用外部扩展SRAM;本子程序产生的CRC校验码表,
;可直接烧录到FLASH,或写入EEPROM,或另行作为文件保存。
;若采用4字节的CRC校验码,表格长度达1024字节,则必须使用MEGA103/128等高档AVR
;单片机,或外扩SRAM的(MEGA)8515;故若处理的位序列信息不是很长,或对CRC检测的
;实时性要求不是很强,不必采用查表处理方式。
CRCTABL:    LDI     XH,$01          ;CRC16-CODE-TABLE -GENERATING SUBPROGRAM
            CLR     XL              ;CRCDATA TABLE FROM $100 TO $2FF
            CLR     R16             ;USE MEGA8/16/128;第一个字节为0
            LDI     R17,$80
            LDI     R18,$05         ;P(X)=$18005
CRCT0:      LDI     R19,8
            MOV     R14,R16         ;取一字节,逐一算出0～255每一字节的CRC校验码
            CLR     R15             ;add  1bytes $00 behind a Bi(from $00 to $FF)
CRCT1:      LSL     R15
            ROL     R14
            BRCC    CRCT2
            EOR     R14,R17
            EOR     R15,R18
CRCT2:      DEC     R19
            BRNE    CRCT1
            ST      X+,R14          ;CRC校验码高字节
            ST      X+,R15          ;CRC校验码低字节
            INC     R16
            BRNE    CRCT0
            RET
```

(4) 生成位序列CRC校验码/或对接收位序列进行循环冗余检测子程序

本程序(清单4-60)是与清单4-59配合使用的CRC校验(或生成校验码)子程序,前提是已将清单4－59产生的CRC校验码表格固化在FLASH之中。

本程序为100字节位序列m0,m1,m2,m3,m4,... m98,m99在发送方以递进方式生成

CRC 校验码子程序;或在接收方对该序列进行 CRC 检测之子程序。

在发送方,本程序为 CRC 校验码生成子程序。入口前已扩展 m100、m101 并将其预清除,由本程序将此扩展后的位序列除以生成多项式 $P(X)= X^{16}+X^{15}+X^{2}+1$,并将生成的 CRC 校验码(即余式,在 R14R1 之中)取代位序列的最高位的两个字节 m100、m101,返回主程序后将最终处理后的位序列 m0～m101 发送出去。

在接收方,本程序为 CRC 检测子程序。将接收到的位序列 m0～m101 共 102 字节除以生成多项式 $P(X)= X^{16}+X^{15}+X^{2}+1$,若除得的余式(在 R14R15 中)为 $ 0000,则为正确接收。

本子程序中以一字节索引查表获得双字节 CRC－16 校验码、以及双字节异或运算之操作取代 8 次循环逐次移位以及异或运算。故缩短检测时间,提高系统对信息处理的实时性。

指针寄存器 X 为按字节寻址位序列指针。

查取 CRC 校验码表格先按字计算其地址(基地址＋偏移量),地址增倍后变为由 Z 指针按字节寻址。

执行此对 100 字节位序列 CRC 检测子程序,共需 2 310 个时钟周期(含 RCALL、RET 指令);使用 8 MHz 晶体,总共耗时 289 μs。

若使用的 AVR 单片机内部 RAM 空间较大而有富裕(MEGA8/16/128),也可以将查 ROM 表格改为查 RAM 表格。此种场合应在进行 CRC 检测之前调用一次 CRCTABL 子程序,以生成备用的 CRC 校验码数据表格;但是生成该数据表格占用的时间是相当可观的(特别是产生 4 字节 CRC 校验码表时),故上述方法最适合于 CRC 检测演示。

程序清单 4-60　16 位 CRC 校验码生成或 CRC 校验子程序

```
;100 字节位序列 m0,m1,m2,m3,m4,...m98,m99 在发送方以递进方式生成 CRC 校验码子程序
;或在接收方对该序列进行 CRC 检测之子程序
;在发送方,本程序为 CRC 校验码生成子程序。扩展 m100,m101 并将其预清除,再将此位序列除
;以生成多项式 P(X) = X16 + X15 + X2 + 1,并将生成的 CRC 校验码(即余式,在 R14R15 之中)取代
;位序列的最高位的两个字节 m100、m101,将最终处理后的位序列 m0～m101 发送出去。
;在接收方,本程序为 CRC 检测子程序。将接收到的位序列 m0～m101 共 102 字节除以生成多项式
;P(X) = X16 + X15 + X2 + 1,若除得的余式(在 R14R15 中)为 $ 0000,则为正确接收。
;X 为按字节寻址位序列指针,
;查取 CRC 校验码表格先按字计算其地址(基地址 + 偏移量),地址增倍后变为按字节寻址。
;执行此对 100 字节位序列 CRC 检测子程序,共需 2310 个时钟周期(含 RCALL、RET 指令);使用
;8MHZ 晶体,总共耗时 289 微秒。
CRCOUT:  LDI     XL,$80            ;THE BIT SEQUENCE IS IN $80 - - - $E5(102 BYTES TOTAL)
         CLR     XH                ;$80 - - - $E3 为原始位序列,$E4、$E5 在发送方预清除,
         LDI     R16,100           ;(用以生成 CRC 校验码)而在接收方为对方发来的 CRC 校验码
         LD      R13,X+
         LD      R14,X+
CRC01:   LD      R15,X+            ;R14R15 作为 CRC 校验码或 CRC 校验余式之暂存器
         LDI     ZH,HIGH(DATA5)
         LDI     ZL,LOW(DATA5)     ;CRC 校验码表首字地址
         ADD     R30,R13           ;偏移量加入表首地址
         CLR     R13
         ADC     R31,R13
         LSL     R30
```

```
        ROL     R31             ;指向 CRC 校验码高位字节地址
        LPM     R0,Z+           ;指针增一,指向 CRC 校验码低位字节地址
        EOR     R14,R0
        LPM                     ;查取两字节 CRC 校验码,并将它们异或到 CRC 暂存器
        EOR     R15,R0          ;里,R14 为高位字节,R15 为低位字节!
        DEC     R16             ;100 字节查算完毕?
        BREQ    CRC02
        MOV     R13,R14         ;否,位序列移动一个字节
        MOV     R14,R15
        RJMP    CRC01           ;转继续取位序列以后各字节到 CRC 暂存器的低位字节
CRC02:  ST      -X,R15
        ST      -X,R14
        RET                     ;R14R15 中为发送方生成的 CRC 校验码,在接收方为 CRC 校验
                                ;结果余式,等于 $0000 为正确接收。
DATA5:  ;THE CRC CODE TABLE(与清单 4-58 中 SRAM $100--$2FF 单元内容完全相同)!
        .DB   $00,$00,$80,$05,$80,$0F,$00,$0A,$80,$1B,$00,$1E,$00,$14,$80,$11
        .DB   $80,$33,$00,$36,$00,$3C,$80,$39,$00,$28,$80,$2D,$80,$27,$00,$22
        .DB   $80,$63,$00,$66,$00,$6C,$80,$69,$00,$78,$80,$7D,$80,$77,$00,$72
        .DB   $00,$50,$80,$55,$80,$5F,$00,$5A,$80,$4B,$00,$4E,$00,$44,$80,$41
        .DB   $80,$C3,$00,$C6,$00,$CC,$80,$C9,$00,$D8,$80,$DD,$80,$D7,$00,$D2
        .DB   $00,$F0,$80,$F5,$80,$FF,$00,$FA,$80,$EB,$00,$EE,$00,$E4,$80,$E1
        .DB   $00,$A0,$80,$A5,$80,$AF,$00,$AA,$80,$BB,$00,$BE,$00,$B4,$80,$B1
        .DB   $80,$93,$00,$96,$00,$9C,$80,$99,$00,$88,$80,$8D,$80,$87,$00,$82
        .DB   $81,$83,$01,$86,$01,$8C,$81,$89,$01,$98,$81,$9D,$81,$97,$01,$92
        .DB   $01,$B0,$81,$B5,$81,$8F,$01,$BA,$B1,$AB,$01,$AE,$01,$A4,$81,$A1
        .DB   $01,$E0,$81,$E5,$81,$EF,$01,$EA,$81,$FB,$01,$FE,$01,$F4,$81,$F1
        .DB   $81,$D3,$01,$06,$01,$DC,$81,$D9,$01,$C8,$81,$CD,$81,$C7,$01,$C2
        .DB   $01,$40,$81,$45,$81,$4F,$01,$4A,$81,$5B,$01,$5E,$01,$54,$81,$51
        .DB   $81,$73,$01,$76,$01,$7C,$81,$79,$01,$68,$81,$6D,$81,$67,$01,$62
        .DB   $81,$23,$01,$26,$01,$2C,$81,$29,$01,$38,$81,$3D,$81,$37,$01,$32
        .DB   $01,$10,$81,$15,$81,$1F,$01,$1A,$81,$1B,$01,$1E,$01,$04,$81,$01
        .DB   $83,$03,$03,$06,$03,$0C,$83,$09,$03,$18,$83,$1D,$83,$17,$03,$12
        .DB   $03,$30,$83,$35,$83,$3F,$03,$3A,$83,$2B,$03,$2E,$03,$24,$83,$21
        .DB   $03,$60,$83,$65,$83,$6F,$03,$6A,$83,$7B,$03,$7E,$03,$74,$83,$71
        .DB   $83,$53,$03,$56,$03,$5C,$83,$59,$03,$48,$83,$4D,$83,$47,$03,$42
        .DB   $03,$C0,$83,$C5,$83,$CF,$03,$CA,$83,$DB,$03,$DE,$03,$D4,$83,$D1
        .DB   $83,$F3,$03,$F6,$03,$FC,$83,$F9,$03,$E8,$83,$ED,$83,$E7,$03,$E2
        .DB   $83,$A3,$03,$A6,$03,$AC,$83,$A9,$03,$B8,$83,$BD,$83,$B7,$03,$B2
        .DB   $03,$90,$83,$95,$83,$9F,$03,$9A,$83,$8B,$03,$8E,$03,$84,$83,$81
        .DB   $02,$80,$82,$85,$82,$8F,$02,$8A,$82,$9B,$02,$9E,$02,$94,$82,$91
        .DB   $82,$B3,$02,$B6,$02,$BC,$82,$B9,$02,$A8,$82,$AD,$82,$A7,$02,$A2
        .DB   $82,$E3,$02,$E6,$02,$EC,$82,$E9,$02,$F8,$82,$FD,$82,$F7,$02,$F2
        .DB   $02,$D0,$82,$D5,$82,$DF,$02,$DA,$82,$CB,$02,$CE,$02,$C4,$82,$C1
        .DB   $82,$43,$02,$46,$02,$4C,$82,$49,$02,$58,$82,$5D,$82,$57,$02,$52
        .DB   $02,$70,$82,$75,$82,$7F,$02,$7A,$82,$6B,$02,$6E,$02,$64,$82,$61
```

```
         .DB   $02,$20,$82,$25,$82,$2F,$02,$2A,$82,$3B,$02,$3E,$02,$34,$82,$31
         .DB   $82,$13,$02,$16,$02,$1C,$82,$19,$02,$08,$82,$0D,$82,$07,$02,$02

;附录:P(X) = X16 + X12 + X5 + 1 为生成多项式的 CRC 校验码表格
data50:  .DB   $00,$00,$10,$21,$20,$42,$30,$63,$40,$84,$50,$A5,$60,$C6,$70,$E7
         .DB   $81,$08,$91,$29,$A1,$4A,$B1,$6B,$C1,$8C,$D1,$AD,$E1,$CE,$F1,$EF
         .DB   $12,$31,$02,$10,$32,$73,$22,$52,$52,$B5,$42,$94,$72,$F7,$62,$D6
         .DB   $93,$39,$83,$18,$B7,$7B,$A3,$5A,$D3,$BD,$C3,$9C,$F3,$FF,$E3,$DE
         .DB   $24,$62,$34,$43,$04,$20,$14,$01,$64,$E6,$74,$C7,$44,$A4,$54,$85
         .DB   $A5,$6A,$B5,$4B,$85,$28,$95,$09,$E5,$EE,$F5,$CF,$C5,$AC,$D5,$8D
         .DB   $36,$53,$26,$72,$16,$11,$06,$30,$76,$D4,$66,$F6,$56,$95,$46,$B4
         .DB   $B7,$5B,$A7,$7A,$97,$19,$87,$38,$F7,$DF,$E7,$FE,$D7,$9D,$C7,$BC
         .DB   $48,$C4,$58,$E5,$68,$86,$78,$A7,$08,$40,$18,$61,$28,$02,$38,$23
         .DB   $C9,$CC,$D9,$ED,$E9,$8E,$F9,$AF,$89,$48,$99,$69,$A9,$0A,$B9,$2B
         .DB   $5A,$F5,$4A,$D4,$7A,$B7,$6A,$96,$1A,$71,$0A,$50,$3A,$33,$2A,$12
         .DB   $DB,$FD,$CB,$DC,$FB,$BF,$EB,$9E,$9B,$79,$8B,$58,$BB,$3B,$AB,$1A
         .DB   $6C,$A6,$7C,$87,$4C,$E4,$5C,$C5,$2C,$22,$3C,$03,$0C,$60,$1C,$41
         .DB   $ED,$AE,$FD,$8F,$CD,$EC,$DD,$CD,$AD,$2A,$BD,$0B,$8D,$68,$9D,$49
         .DB   $7E,$97,$6E,$B6,$5E,$D5,$4E,$F4,$3E,$13,$2E,$32,$1E,$51,$0E,$70
         .DB   $FF,$9F,$EF,$BF,$DF,$DD,$CF,$FC,$BF,$1B,$AF,$3A,$9F,$59,$8F,$78
         .DB   $91,$88,$81,$A9,$B1,$CA,$A1,$EB,$D1,$0C,$C1,$2D,$F1,$4E,$E1,$6F
         .DB   $10,$80,$00,$A1,$30,$C2,$20,$E3,$50,$04,$40,$25,$70,$46,$60,$67
         .DB   $83,$B9,$93,$98,$A3,$FB,$B3,$DA,$C3,$3D,$D3,$1C,$E3,$7F,$F3,$5E
         .DB   $02,$B1,$12,$90,$22,$F3,$32,$D2,$42,$35,$52,$14,$62,$77,$72,$56
         .DB   $B5,$EA,$A5,$CB,$95,$A8,$85,$89,$F5,$6E,$E5,$4F,$D5,$2C,$C5,$0D
         .DB   $34,$E2,$24,$C3,$14,$A0,$04,$81,$74,$66,$64,$47,$54,$24,$44,$05
         .DB   $A7,$DB,$B7,$FA,$87,$99,$97,$B8,$E7,$5F,$F7,$7E,$C7,$1D,$D7,$3C
         .DB   $26,$D3,$36,$F2,$06,$91,$16,$B0,$66,$57,$76,$76,$46,$15,$56,$34
         .DB   $D9,$4C,$C9,$6D,$F9,$0E,$E9,$2F,$99,$C8,$89,$E9,$B9,$8A,$A9,$AB
         .DB   $58,$44,$48,$65,$78,$06,$68,$27,$18,$C0,$08,$E1,$38,$82,$28,$A3
         .DB   $CB,$7D,$DB,$5C,$EB,$3F,$FB,$1E,$8B,$F9,$9B,$D8,$AB,$BB,$BB,$9A
         .DB   $4A,$75,$5A,$54,$6A,$37,$7A,$16,$0A,$F1,$1A,$D0,$2A,$B3,$3A,$92
         .DB   $FD,$2E,$ED,$0F,$DD,$6C,$CD,$4D,$BD,$AA,$AD,$8B,$9D,$E8,$8D,$C9
         .DB   $7C,$26,$6C,$07,$5C,$64,$4C,$45,$3C,$A2,$2C,$83,$1C,$E0,$0C,$C1
         .DB   $EF,$1F,$FF,$3E,$CF,$5D,$DF,$7C,$AF,$9B,$BF,$BA,$8F,$D9,$9F,$F8
         .DB   $6E,$17,$7E,$36,$4E,$55,$5E,$74,$2E,$93,$3E,$B2,$0E,$D1,$1E,$F0
```

(5) CRC－32 校验码表格生成子程序

本子程序为生成＄00——＄FF 共 256 个数据之 4 字节 CRC－32 校验码表子程序，生成多项式为

$P(X)= X^{32}+X^{26}+X^{23}+X^{22}+X^{16}+X^{12}+X^{11}+X^{10}+X^{8}+X^{7}+X^{5}+X^{4}+X^{2}+X+1=$ ＄104C11DB7。采用左移除法计算每一字节位序列的 CRC－32 校验码：即先将字节位序列装入除法器的高位字节单元，并将除法器低 3 个字节单元清除，作为位序列扩展单元。左移 4 字节位序列(末位补零)．当有 1 从除法器中移出时，在除法器中执行对立即数＄04C11DB7 的异

或运算。8 次移位后，得到 1 字节位序列数据所对应的 4 字节 CRC－32 校验码。将其装入内存，转入对下一字节位序列的计算。

因每一字节都生成 4 字节的 CRC 校验码，故 CRC 校验码表格长度为 1024 字节。程序中规定将其放在片内 SRAM $100－－$4FF 之中。使用的单片机为 MEGA103/128 (4KBSRAM)，若使用 MEGA8515 单片机，须使用外部扩展 SRAM；本子程序产生的 CRC 校验码表，可写入 EEPROM，或另行作为文件保存。

程序清单 4-61　CRC-32 校验码表格生成

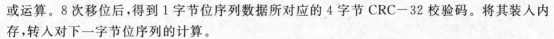

```
;本子程序为生成$00--$FF共256个数据之4字节CRC-32校验码表子程序,生成多项式为
;P(X) = X32+X26+X23+X22+X16+X12+X11+X10+X8+X7+X5+X4+X2+X+1 = $104C11DB7。采
用左移除法
;计算每一字节位序列的CRC-32校验码:即先将字节位序列装入除法器的高位字节单元,并将
;除法器低3个字节单元清除,作为位序列扩展单元。左移4字节位序列(末位补零),当有1从
;除法器中移出时,在除法器中执行对立即数$04C11DB7的异或运算。8次移位后,得到1字节位
;序列数据所对应的4字节CRC-4校验码。将其装入内存,转入对下一字节位序列的计算。
;因每一字节都生成4字节的CRC校验码,故CRC校验码表格长度为1024字节。程序中规定将其
;放在片内SRAM$100--$4FF之中。使用的单片机为MEGA103/128(4KBSRAM),若使用mega8515单
;片机,须使用外部扩展SRAM;本子程序产生的CRC校验码表,可写入EEPROM,或另行作为文
;件保存。
CRCT32:  LDI   XH,$01          ;CRC-CODE-TABLE -GENERATING SUBPROGRAM
         CLR   XL              ;CRCTABLE FROM $100 TO $4FF
         CLR   R12             ;USE MEGA103/128;第一个字节为0
         LDI   R17,$04
         LDI   R18,$C1
         LDI   R19,$1D
         LDI   R20,$B7         ;P(X) = $104C11DB7
CRCTB0:  LDI   R21,8
         CLR   R13
         CLR   R14
         CLR   R15             ;add 3bytes $00 behind a Bi(from $00 to $FF)
CRCTB1:  LSL   R15
         ROL   R14
         ROL   R13
         ROL   R12
         BRCC  CRCTB2
         EOR   R12,R17
         EOR   R13,R18
         EOR   R14,R19
         EOR   R15,R20
CRCTB2:  DEC   R21
         BRNE  CRCTB1
         ST    X+,R12          ;CRC校验码高字节
         ST    X+,R13
         ST    X+,R14
```

```
        ST      X + ,R15                ;CRC 校验码低字节
        INC     R12
        BRNE    CRCTB0
        RET
```

子程序 4-62 为 100 字节位序列 m0,m1,m2,m3,m4,…,m98,m99 在发送方以递进查表方式生成 CRC 校验码子程序。或在接收方对该序列进行 CRC 检测之子程序.

在发送方,程序入口条件是对位序列扩展 4 字节 m100,m101,m102,m103 并将预清除。本子程序执行的是将此扩展了的位序列除以生成多项式 $P(X)$ = $104C11DB7,并将生成的 CRC 校验码(即余式,在 R12、R13、R14 和 R15 之中)取代位序列的 4 个扩展字节 m100、m101、m102 和 m103,返回主程序后将最终处理后的位序列 m0～m103 发送出去。

在接收方,本程序为 CRC 检测子程序。将接收到的位序列 m0～m103 共 104 字节除以生成多项式 $P(X)$ = $104C11DB7,若除得的余式(在 R12R13R14R15 中)为 $00000000,则为正确接收。

本子程序与子程序 4－61 配套使用,将后者产生的 CRC 校验码表固化在 FLASH 中(从 DATA6 开始)。

本子程序中以一字节索引查表获得 4 字节 CRC－32 校验码、以及 4 字节异或运算之操作取代 8 次循环逐次移位以及异或运算。故显著缩短检测时间,提高系统对信息处理的实时性。

指针寄存器 X 为按字节寻址位序列指针。查取 CRC 校验码表格先按字计算其地址(基地址＋2 * 偏移量),再将地址乘 2 后由 Z 指针按字节寻址。

执行此对 100 字节位序列 CRC 检测子程序,共需 3712 个时钟周期;使用 12MHZ 晶体,总共耗时 309 微秒。注释行括号内的数为该条指令之执行时钟周期数。执行 4 字节 CRC 校验码的校验工作明显地比单/双字节校验码的校验工作耗费时间,而且准备工作也较为麻烦,必要时可以设计专用硬件替代软件进行校验工作。

程序清单 4-62　CRC-32 校验码生成或 CRC 校验子程序

```
;100 字节位序列 m0,m1,m2,m3,m4,...m98,m99 在发送方以递进查表方式生成 CRC 校验码子程序
;或在接收方对该序列进行 CRC 检测之子程序.在发送方,本程序为 CRC 校验码生成子程序。
;扩展 m100,m101,m102,m103 并将其预清除,再将此位序列除以生成多项式 P(X) = $104C11DB7,
;并将生成的 CRC 校验码(即余式,在 R12R13R14R15 之中)取代位序列的最低位的 4 个字节 m100、
;m101、m102 和 m103,将最终处理后的位序列 m0～m103 发送出去。在接收方,本程序为 CRC 检
;测子程序。将接收到的位序列 m0～m103 共 104 字节除以生成多项式 P(X) = $104C11DB7,若除
;得的余式(在 R12R13R14R15 中)为 $00000000,则为正确接收。
;本子程序与子程序 4-61 配套使用,将后者产生的 CRC 校验码表固化在 FLASH 中(从 DATA6 开始)
;本子程序中以一字节索引查表获得 4 字节 CRC-32 校验码、以及 4 字节异或运算之操作取代 8
;位逐次移位以及异或运算。故显著缩短检测时间,提高系统对信息处理的实时性。
;X 为按字节寻址位序列指针,
;查取 CRC 校验码表格先按字计算其地址(基地址 + 2 * 偏移量),将地址乘 2 后变为按字节寻址。
;执行此对 100 字节位序列 CRC 检测子程序,共需 3712 个时钟周期;使用 12MHZ 晶体,总共耗时
;309 微秒。注释行括号内的数为该条指令之执行时钟周期数。执行 4 字节 CRC 校验码的校验工
;作明显地比 1/2 字节校验码的校验工作耗费时间,必要时可以硬件替代软件进行校验工作.
CRC32:  LDI     XL,$80          ;(1)THE BIT SEQUENCE IS IN $80---$E7(104 BYTES TOTAL)
        CLR     XH              ;(1) $80---$E3 为原始位序列,$E4-$3E7 在发送方预清除,
```

```
        LDI     R16,100             ;(1)(用以生成 CRC 校验码);而在接收方为对方发来的 CRC 校验码
        LD      R11,X+              ;(2)
        LD      R12,X+              ;(2)
        LD      R13,X+              ;(2)
        LD      R14,X+              ;(2)
CR321:  LD      R15,X+              ;(2)R12,R13,R14,R15 作为 CRC 校验码或 CRC 校验余式之暂存器
        LDI     ZH,HIGH(DATA6)      ;(1)
        LDI     ZL,LOW(DATA6)       ;(1)CRC 校验码表首字地址
        CLR     R10                 ;(1)
        LSL     R11                 ;(1)
        ROL     R10                 ;(1)
        ADD     R30,R11             ;(1)索引量×2 加入表首地址
        ADC     R31,R10             ;(1)
        LSL     R30                 ;(1)
        ROL     R31                 ;(1)地址增倍后指向 CRC 校验码高位字节地址
        LPM     R11,Z+              ;(2)
        EOR     R12,R11             ;(1)取出 CRC 校验码高位字节并作异或运算,指针递增
        LPM     R11,Z+              ;(2)
        EOR     R13,R11             ;(1)
        LPM     R11,Z+              ;(2)
        EOR     R14,R11             ;(1)
        LPM     R11.Z               ;(2)共查取 4 字节 CRC 校验码,并将它们异或到 CRC 暂存器
        EOR     R15,R11             ;(1)里,R12 为高位字节,R15 为低位字节!
        MOV     R11,R12             ;(1)
        MOV     R12,R13             ;(1)
        MOV     R13,R14             ;(1)否,位序列左移一个字节
        MOV     R14,R15             ;(1)
        DEC     R16                 ;(1)100 字节查算完毕?
        BRNE    CR321               ;(2)转继续取位序列以后各字节到 CRC 暂存器的低位字节
CR322:  ST      -X,R14
        ST      -X,R13
        ST      -X,R12
        ST      -X,R11
        RET                         ;(4)R11R12R13R14 中为发送方生成的 CRC 校验码;在接收方为 CRC
                                    ;校验结果余式,等于 $00000000 为正确接收。
DATA6: ;THE CRC-32 CODE TABLE;与清单 4-60 中 SRAM $100--$4FF 单元内容完全相同!

.DB     $00,$00,$00,$00,$04,$C1,$1D,$B7,$09,$82,$3B,$6E,$0D,$43,$26,$D9
.DB     $13,$04,$76,$DC,$17,$C5,$6B,$6B $1A,$86 $4D,$B2 $1E,$47,$50,$05
.DB     $26,$08 $ED,$B8 $22,$C9 $F0,$0F $2F,$8A $D6,$D6 $2B,$4B $CB,$61
.DB     $35,$0C $9B,$64 $31,$CD $86,$D3 $3C,$8E $A0,$0A $38,$4F $BD,$BD
.DB     $4C,$11 $DB,$70 $48,$D0 $C6,$C7 $45,$93 $E0,$1E $41,$52 $FD,$A9
.DB     $5F,$15 $A,D$AC $5B,$D4 $B0,$1B $56,$97 $96,$C2 $52,$56 $8B,$75
.DB     $6A,$19 $36,$C8 $6E,$D8 $2B,$7F $63,$9B $0D,$A6 $67,$5A $10,$11
.DB     $79,$1D $40,$14 $7D,$DC $5D,$A3 $70,$9F $7B,$7A $74,$5E $66,$CD
```

```
.DB  $98, $23 $B6, $E0 $9C, $E2 $AB, $57 $91, $A1 $8D, $8E $95, $60 $90, $39
.DB  $8B, $27 $C0, $3C $8F, $E5 $DD, $8B $82, $A5 $FB, $52 $86, $64 $E6, $E5
.DB  $BE, $2B $5B, $58 $BA, $EA $46, $EF $B7, $A9 $60, $36 $B3, $68 $7D, $81
.DB  $AD, $2F $2D, $84 $A9, $EE $30, $33 $A4, $AD $16, $EA $A0, $6C $0B, $5D
.DB  $D4, $32 $6D, $90 $D0, $F3 $70, $27 $DD, $B0 $56, $FE $D9, $71 $4B, $49
.DB  $C7, $36 $1B, $4C $C3, $F7 $06, $FB $CE, $B4 $20, $22 $CA, $75 $3D, $95
.DB  $F2, $3A $80, $28 $F6, $FB $9D, $9F $FB, $B8 $BB, $46 $FF, $79 $A6, $F1
.DB  $E1, $3E $F6, $F4 $E5, $FF $EB, $43 $E8, $BC $CD, $9A $EC, $7D $D0, $2D
.DB  $34, $86 $70, $77 $30, $47 $6D, $C0 $3D, $04 $4B, $19 $39, $C5 $56, $AE
.DB  $27, $82 $06, $AB $23, $43 $1B, $1C $2E, $00 $3D, $C5 $2A, $C1 $20, $72
.DB  $12, $8E $9D, $CF $16, $4F $80, $78 $1B, $0C $A6, $A1 $1F, $CD $BB, $16
.DB  $01, $8A $EB, $13 $05, $4B $F6, $A4 $08, $08 $D0, $7D $0C, $C9 $CD, $CA
.DB  $78, $97 $AB, $07 $7C, $56 $B6, $B0 $71, $15 $90, $69 $75, $D4 $8D, $DE
.DB  $6B, $93 $DD, $DB $6F, $52 $C0, $6C $62, $11 $E6, $B5 $66, $D0 $FB, $02
.DB  $5E, $9F $46, $BF $5A, $5E $5B, $08 $57, $1D $7D, $D1 $53, $DC $60, $66
.DB  $4D, $9B $30, $63 $49, $5A $2D, $D4 $44, $19 $0B, $0D $40, $D8 $16, $BA
.DB  $AC, $A5 $C6, $97 $A8, $64 $DB, $20 $A5, $27 $FD, $F9 $A1, $E6 $E0, $4E
.DB  $BF, $A1 $B0, $4B $BB, $60 $AD, $FC $B6, $23 $8B, $25 $B2, $E2 $96, $92
.DB  $8A, $AD $2B, $2F $8E, $6C $36, $98 $83, $2F $10, $41 $87, $EE $0D, $F6
.DB  $99, $A9 $5D, $F3 $9D, $68 $40, $44 $90, $2B $66, $9D $94, $EA $7B, $2A
.DB  $E0, $B4 $1D, $E7 $E4, $75 $00, $50 $E9, $36 $26, $89 $ED, $F7 $3B, $3E
.DB  $F3, $B0 $6B, $3B $F7, $71 $76, $8C $FA, $32 $50, $55 $FE, $F3 $4D, $E2
.DB  $C6, $BC $F0, $5F $C2, $7D $ED, $EB $CF, $3E $CB, $31 $CB, $FF $D6, $86
.DB  $D5, $B8 $86, $83 $D1, $79 $9B, $34 $DC, $3A $BD, $ED $D8, $FB $A0, $5A
.DB  $69, $0C $E0, $EE $6D, $CD $FD, $59 $60, $8E $DB, $80 $64, $4F $C6, $37
.DB  $7A, $08 $96, $32 $7E, $C9 $8B, $85 $73, $8A $AD, $5C $77, $4B $B0, $EB
.DB  $4F, $04 $0D, $56 $4B, $C5 $10, $E1 $46, $86 $36, $38 $42, $47 $2B, $8F
.DB  $5C, $00 $7B, $8A $58, $C1 $66, $3D $55, $82 $40, $E4 $51, $43 $5D, $53
.DB  $25, $1D $3B, $9E $21, $DC $26, $29 $2C, $9F $00, $F0 $28, $5E $1D, $47
.DB  $36, $19 $4D, $42 $32, $D8 $50, $F5 $3F, $9B $76, $2C $3B, $5A $6B, $9B
.DB  $03, $15 $D6, $26 $07, $D4 $CB, $91 $0A, $97 $ED, $48 $0E, $56 $F0, $FF
.DB  $10, $11 $A0, $FA $14, $D0 $BD, $4D $19, $93 $9B, $94 $1D, $52 $86, $23
.DB  $F1, $2F $56, $0E $F5, $EE $4B, $B9 $F8, $AD $6D, $60 $FC, $6C $70, $D7
.DB  $E2, $2B $20, $D2 $E6, $EA $3D, $65 $EB, $A9 $1B, $BC $EF, $68 $06, $0B
.DB  $D7, $27 $BB, $B6 $D3, $E6 $A6, $01 $DE, $A5 $80, $D8 $DA, $64 $9D, $6F
.DB  $C4, $23 $CD, $6A $C0, $E2 $D0, $DD $CD, $A1 $F6, $04 $C9, $60 $EB, $B3
.DB  $BD, $3E $8D, $7E $B9, $FF $90, $C9 $B4, $BC $B6, $10 $B0, $7D $AB, $A7
.DB  $AE, $3A $FB, $A2 $AA, $FB $E6, $15 $A7, $B8 $C0, $CC $A3, $79 $DD, $7B
.DB  $9B, $36 $60, $C6 $9F, $F7 $7D, $71 $92, $B4 $5B, $A8 $96, $75 $46, $1F
.DB  $88, $32 $16, $1A $8C, $F3 $0B, $AD $81, $B0 $2D, $74 $85, $71 $30, $C3
.DB  $5D, $8A $90, $99 $59, $4B $8D, $2E $54, $08 $AB, $F7 $50, $C9 $B6, $40
.DB  $4E, $8E $E6, $45 $4A, $4F $FB, $F2 $47, $0C $DD, $2B $43, $CD $C0, $9C
.DB  $7B, $82 $7D, $21 $7F, $43 $60, $96 $72, $00 $46, $4F $76, $C1 $5B, $F8
.DB  $68, $86 $0B, $FD $6C, $47 $16, $4A $61, $04 $30, $93 $65, $C5 $2D, $24
.DB  $11, $9B $4B, $E9 $15, $5A $56, $5E $18, $19 $70, $87 $1C, $D8 $6D, $30
```

```
.DB  $02,$9F $3D,$35 $06,$5E $20,$82 $0B,$1D $06,$5B $0F,$DC $1B,$EC
.DB  $37,$93 $A6,$51 $33,$52 $BB,$E6 $3E,$11 $9D,$3F $3A,$D0 $80,$88
.DB  $24,$97 $D0,$8D $20,$56 $CD,$3A $2D,$15 $EB,$E3 $29,$D4 $F6,$54
.DB  $C5,$A9 $26,$79 $C1,$68 $3B,$CE $CC,$2B $1D,$17 $C8,$EA $00,$A0
.DB  $D6,$AD $50,$A5 $D2,$6C $4D,$12 $DF,$2F $6B,$CB $DB,$EE $76,$7C
.DB  $E3,$A1 $CB,$C1 $E7,$60 $D6,$76 $EA,$23 $F0,$AF $EE,$E2 $ED,$18
.DB  $F0,$A5 $BD,$1D $F4,$64 $A0,$AA $F9,$27 $86,$73 $FD,$E6 $9B,$C4
.DB  $89,$B8 $FD,$09 $8D,$79 $E0,$BE $80,$3A $C6,$67 $84,$FB $DB,$D0
.DB  $9A,$BC $8B,$D5 $9E,$70 $96,$62 $93,$3E $B0,$BB $97,$FF $AD,$0C
.DB  $AF,$B0 $10,$B1 $AB,$71 $0D,$06 $A6,$32 $2B,$DF $A2,$F3 $36,$68
.DB  $BC,$B4 $66,$6D $B8,$75 $7B,$DA $B5,$36 $5D,$03 $B1,$F7 $40,$B4
```

关于采用查表产生 CRC 校验码方法请参看参考文献 12、13。

4. 整体相除法 CRC 循环冗余检测演示程序

本程序为读者理解 CRC 原理和操作过程而设。为兼顾 mega8535 等 AVR 单片机，将演示程序中的模拟数据放在片内 SRAM 中，其地址从＄100～＄22B 共 300 字节，此即为 $G(X)$ 数字序列。而＄22C 和＄22D 两个单元内为由原始数据“加工”出来的 CRC 余式(即校验码)。是为接收方判断数据是否被正确接收时用的。

演示程序中的第一个调 CRCST 子程序是在发送方执行的，在此之前已将＄22C、＄22D 两 RAM 单元清除。调 CRCST 子程序后，在该两单元内生成余式 R(X)，此即 CRC 校验码。发送方将原始数据连同余式 R(X)一起发送出去。接收方收到该数据块后，也调一次 CRCST 子程序(演示程序中第二次调 CRCST)，如果第二次得到的 CRC 余式为＄0000，证明接收无误。否则为接收有误，可要求对方重发一次。

演示程序中的数据产生过程是有规律性的，即 RAM 单元中的每一个数据都与该单元地址的低 8 位相等。用一简短程序即可生成这一数据块。演示表明，发送方生成的 CRC 余式(校验码)为＄58D5(旧为 F1F0)，该数据块被正确接收时，CRC 检测结果余式为＄0000。

可对发送数据进行修改，那末其生成的校验码也随之变化。但 CRC 检测结果(即第 2 次调 CRCST 子程序后的余式)总为＄0000。

也可不加 2 字节的＄00，以原始数据末尾两个字节做为 CRC 余式 R(X)的存放单元，调 CRCST 子程序后，在最末两字节中生成余式 R(X)，将该数据块发出，对方接收后调 CRCST 子程序，如能将原始数据的末两字节(一般为回车，换行命令＄0D 和＄0A)还原出来，即为正确接收。注意，后一种简化处理方法中数据块长比前一种少 2。

F(X)序列中所加的＄0000 可改为任意十六进制数＄WXYZ，对于本演示程序来说是将＄WX、＄YZ 两字节数据分别装入＄22C 和＄22D 两个 RAM 单元，即是将 CRC 校验码生成公式改为 $[X^{16}\cdot F(X)+\$WXYZ]/P(X)=Q(X)+R(X)/P(X)$。发送方按以上公式运算(即调 CRCST 子程序)生成 CRC 校验码 $R(X)$，发送的位序列为 $X^{16}\cdot F(X)+R(X)$。接收方收到后再调用 CRCST 子程序，若能将＄WXYZ 恢复出来即为正确接收。

ROM 自检也可采用 CRC 检测的方法，如程序最末单元地址为 RUTEND，将其 CRC 校验码(字型)放在 RUTEND+1 中，该字型码为予先以程序代码为位序列算出，再随同程序一起固化在 FLASH 中。只要将 CRCST 子程序中从 RAM 中取数改为查 ROM 表取数，就可将 CRC 检测程序用于 ROM 自检用。如将原始数据(一般都是取为＄0000)还原出来，证明程序是完好的。

RAM 采用 CRC 方式自检时,每次写 RAM 之后都更新 CRC 校验码一次。对 RAM 进行周期性的 CRC 检测,就可揭露干扰是否存在。对于不断电的 RAM,除进行周期性 CRC 检测外,还应在断电启动时对 RAM 进行 CRC 检测。

程序清单 4-63　CRC 演示程序(校验码 16 位)

```
DEMCRC:  LDI    R27,1           ;CRC 演示程序(校验码 16 位)
         CLR    R26             ;数据块首地址为 $100
DEMLP:   ST     X+,R26
         CPI    R26,$2C         ;在 $100-$22B 中充入数据
         BRNE   DEMLP
         CPI    R27,2
         BRNE   DEMLP           ;$100--$22B 中充入 $00--$FF 和 $00-$2B
         CLR    R16
         ST     X+,R16
         ST     X,R16           ;$22C,$22D 两单元请除
         RCALL  CRCST           ;在发送方计算出 CRC 校验码放在 $22C,$22D 两单元
RETEST:  RCALL  CRCST           ;在接收方做 CRC 检测(余式在 r14r15)
         OR     R15,R14         ;r14r15 恢复为 $0000(或恢复出原数据为正确接收)
         BRNE   ERCRC
HCRC:    RJMP   HCRC
ERCRC:   ;.                     ;出错处理,要求对方重发
         ;.
         RJMP   RETEST          ;重新 CRC 检测
         .DSEG
         .ORG   $100
DPOINT:  .BYTE  $12C
   ;  $00 $01 $02 $03 $04 $05 $06 $07 $08 $09 $0a $0b $0c $0d $0e $0f
   ;  $10 $11 $12 $13 $14 $15 $16 $17 $18 $19 $1a $1b $1c $1d $1e $1f
   ;  $20 $21 $22 $23 $24 $25 $26 $27 $28 $29 $2a $2b $2c $2d $2e $2f
   ;  $30 $31 $32 $33 $34 $35 $36 $37 $38 $39 $3a $3b $3c $3d $3e $3f
   ;  $40 $41 $42 $43 $44 $45 $46 $47 $48 $49 $4a $4b $4c $4d $4e $4f
   ;  $50 $51 $52 $53 $54 $55 $56 $57 $58 $59 $5a $5b $5c $5d $5e $5f
   ;  $60 $61 $62 $63 $64 $65 $66 $67 $68 $69 $6a $6b $6c $6d $6e $6f
   ;  $70 $71 $72 $73 $74 $75 $76 $77 $78 $79 $7a $7b $7c $7d $7e $7f
   ;  $80 $81 $82 $83 $84 $85 $86 $87 $88 $89 $8a $8b $8c $8d $8e $8f
   ;  $90 $91 $92 $93 $94 $95 $96 $97 $98 $99 $9a $9b $9c $9d $9e $9f
   ;  $a0 $a1 $a2 $a3 $a4 $a5 $a6 $a7 $a8 $a9 $aa $ab $ac $ad $ae $af
   ;  $b0 $b1 $b2 $b3 $b4 $b5 $b6 $b7 $b8 $b9 $ba $bb $bc $bd $be $bf
   ;  $c0 $c1 $c2 $c3 $c4 $c5 $c6 $c7 $c8 $c9 $ca $cb $cc $cd $ce $cf
   ;  $d0 $d1 $d2 $d3 $d4 $d5 $d6 $d7 $d8 $d9 $da $db $dc $dd $de $df
   ;  $e0 $e1 $e2 $e3 $e4 $e5 $e6 $e7 $e8 $e9 $ea $eb $ec $ed $ee $ef
   ;  $f0 $f1 $f2 $f3 $f4 $f5 $f6 $f7 $f8 $f9 $fa $fb $fc $fd $fe $ff
   ;  $00 $01 $02 $03 $04 $05 $06 $07 $08 $09 $0a $0b $0c $0d $0e $0f
   ;  $10 $11 $12 $13 $14 $15 $16 $17 $18 $19 $1a $1b $1c $1d $1e $1f
   ;  $20 $21 $22 $23 $24 $25 $26 $27 $28 $29 $2A $2B $00 $00
```

4.9 码制转换

本节主要内容为ASCII码与BCD码间的转换和格雷码与二进制数之间的转换。

4.9.1 ASCII码数据综合处理子程序

采用串口通信,用ASCII码传输信息是嵌入式系统内部或与外部联络的重要手段。ASCII码不但可用于传送命令,还可用于传送数据,也可直接输出到串行打印机进行打印输出。嵌入式系统一般都在恶劣环境下工作,在中等或大一些应用系统中常采用分布式模式,以嵌入式单片机作为前端,进行数据采集,抗干扰处理和数据的初步加工。之后将半成品数据发给上位机,由后者做深加工或统筹处理。前端机主要保证可靠工作,本程序就是在这种模式下处理ASCII码的例子。处理过程为:ASCII码原始数据→压缩BCD码→二进制数→累加、平均→压缩BCD码→ASC II码→输出打印(或发往PC机)。

为处理方便,对原始ASCII码组成进行约定,每组数据为18个字符,包含一些特殊字母、符号。它们既表示数据类别、状态、用途,也作为数据有效性的关键字。

1. 处理ASC II码数据子程序ACUM

本子程序功能为:将串口接收的ASCII码数据翻为二进制数,记录小数点位置。区分各组别数据,对号累加,为其后统计、平均打印做准备。最后还将ASC II码数据,以规格化二进制浮点数形式输出。

原始ASC II码数据,以特定字母P打头,带若干关键字,以回车(CR)和换行(LF)控制符结束,其组成如下:

Pi,AS,+/-1234·56kgCR($0D)LF($0A)

其中P、A、S、+/-、k、g以及$0D和$0A都可视为关键字,在其相应位置上若出现其他字符一律无效。当然也可简化处理,只挑选几个为关键字而不问其他。P的序号i也只能为$31～$34(表示数据的组别),其他字符无效。发送方可一次发来4组数据,即P1～P4(可有空缺)。每组字符中的第7个为数符,只能为"+"($2B)或"-"($2D),其他字符也无效。第8至14位为数据位,最多为6位数据。可为6位整数,也可有1个小数点($2E),小数点后最多有4位数据,即小数位可没有(数据为整数),或可有1～4位。最高有效位之前如有空位,可以"0"($30)或空格($20)填入。发送方发来的同一批数据中,小数点位置是相同的。数据位后面是质量单位,可为千克(kg)或吨(t)。程序中对小数点位置和质量单位都做了处理和记录,待输出处理结果数据时再加上。

处理ASCII码字串时,先检查关键字是否正确,不正确则不处理,报错返回;正确则先处理小数点位置,将处理结果(0表示数据为整数,1～4表示有1～4位小数位)转入内存$A0单元,将质量单位转入内存$A1、$A2单元,为输出ASC II码数据和规格化二进制浮点数做准备。

将ASC II码数据视为整数(不计小数点位置),以低位到高位的顺序将其逐一翻为BCD码并将每2个BCD码合成1字节。这样共得到3字节压缩BCD码。因为要做累加、平均,且为带符号数,故还要将十进制数据翻为二进制数(补码形式)后,才能加入对应的累加和中,并记下相应组别的累加次数,为平均打印和统计次数打印做准备,最后将二进制数规格化为浮点数,以 R12～R15 输出。具体实现步骤为:将该数视为 24 位整数,设阶码为＄98(阶为＄18),左移该数,递减阶码,一直进行到该数最高位出现 1 为止。再按小数的位数乘以若干个浮点数 0.1(整数不用乘,1～4 个小数位乘以 1～4 个 0.1),最后将尾数配置数符。

2. 计算打印平均值子程序 PRAV

本子程序将 ACUM 子程序中对号累加并计算了累加次数的 4 组数据取出,计算平均值(空缺的组别因累加和为 0 不打印)。调用 BRDT 子程序,将平均值翻为十进制 BCD 码再将其拆开并转为 ASC II 码,并有填加小数点(＄2E),质量单位(kg/t),将无效 0(＄30)改为空格(＄20),加打印标头字母和数据符号等功能。

3. 打印最大累加次数子程序 PRNO

在 ACUM 子程序中已比较记录了最大累加次数(P1～P4 因可有缺项,也可能有中途结束者,故其累加次数不一,ACUM 中记录了其中最大者),将其转成 ASCII 码(先设置无小数位,因该数为整数)打印输出,打印数据以字母“NO”开头。

4. 打印累加和子程序 PRTL

将 ACUM 子程序计算的各累加和依次取出,将其经过二翻十,拆开 BCD 码转成 ASCII 码,将无效 0(＄30)充以空格(＄20)等处理,并在开头加上“Pi,TL”等字符后,进行打印输出。

清单 4-64　ASCII 码数据综合处理子程序

```
.EQU    SREG = $3F
.EQU    SPH = $3E
.EQU    SPL = $3D
            ;地址      $90  1  2  3  4  5  6  7  8  9  A  B  C  D  E  F  $A0
            ;ASCII 码数据 P    i   ,    A  S   , +/- x  x    x  x  .  x  x k  g
.EQU    DPNT = $90      ;the first ascii character addr.
;Data Point(.'sit): $A0/weighing unit:
$A1, $A2/T1 - T4'no.: $A6 $A7 - - $AC $AD/max.no.: $AE $AF
.EQU    TPTR = $b0      ;the first total(total1($b0 - $b3)) addr.
.EQU    CPTR = $C0      ;print char. buffer addr.
ACUM:     CLR      R29
          CLR      R27                 ;ASCII 码存放区为 $90～9F
          LDI      R26,$90
          LD       R16,X
          CPI      R16,$50             ;P 打头方为有效
          BRNE     ACRT
          ADIW     R26,2               ;指向 $92
          LD       R16,X
          CPI      R16,$2C             ;是','吗
          BREQ     DOP0
ACRT:     SET                          ;无效数据
          RET
DOP0:     LDI      R17,4
          LDI      R26,$99             ;设指针,寻找小数点
DOP1:     LD       R16,X+
          CPI      R16,$2E
```

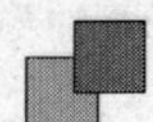

```
        BREQ    DOP3              ;找到'.'
DOP2:   DEC     R17
        BRNE    DOP1
DOP3:   LDI     R28,$A0
;小数点放入$A0。1、2、3、4表示小数点后有1、2、3、4位数据
        ST      Y+,r17            ;0表示无小数点
        LDI     R26,$9E           ;指向质量单位
        LD      R17,X+
        ST      Y+,R17
        LD      R17,X+
        ST      Y,R17             ;质量单位(kg/t)→$A1、$A2
        LDI     R28,11
        CLR     R9
        CLR     R10
        CLR     R11               ;预清除,存放BCD码
        LDI     R26,$9E
F1:     LD      R16,-X            ;减1后指向$9D
        CPI     R16,$2E
;从低位到高位顺序将ASCII转为BCD,两两合成1字节压缩BCD码
        BREQ    F1                ;遇到小数点跳过
F2:     BRCS    FEND              ;遇空格/+/-等结束
        SUBI    R16,$30           ;十进制数ASCII变BCD
        MOV     R12,R16
        ST      Y,R16
F3:     LD      R16,-X
        CPI     R16,$2E
        BREQ    F3
F4:     BRCS    FEND              ;小于$2E转换结束
        SUBI    R16,$30
        SWAP    R16
        ADD     R16,R12
        ST      Y,R16
        DEC     R28
        CPI     R28,8
        BRNE    F1
FEND:   MOV     R17,R9
        OR      R17,R10
        OR      R17,R11
        BREQ    ACRT              ;0数据转出
        RCALL   CONV2             ;整数二翻十(R9R10R11→R13R14R15)
        MOV     R5,R13
        MOV     R6,R14
        MOV     R7,R15
        CLR     R12
        LDS     R16,$96           ;取数据符号
```

```
        CPI     R16,$2d         ;'-'ASCII 码
        BRNE    F09
        LDI     R26,16
        RCALL   NEG4            ;负数取补
F09:    LDI     R26,$91         ;指向数据序号 ASCII 码
        LD      R16,X+
        SUBI    R16,$31         ;将 ASCII 码序号$31～$34 变为 0～3
        CPI     R16,4
        BRCC    FRET            ;大于 3 为无效
        MOV     R9,R16          ;暂存
        LSL     R16
        LSL     R16             ;乘 4
        LDI     R26,$B0         ;$B0 为第一个累加和首地址(TPTR)
        ADD     R26,R16         ;得到实际首地址
        LDI     R16,4
        LDI     R28,16          ;数据指针
        CLC
LACM:   LD      R17,X           ;取累加和 1 字节数据
        LD      R10,-Y          ;
        ADC     R17,R10
        ST      X+,R17
        DEC     R16
        BRNE    LACM            ;R12、R13、R14、R15 加入累加和
        LSL     R9              ;序号乘 2
        LDI     R26,$AE         ;指向最大累加次数
        LDI     R28,$A6         ;指向第一个累加次数
        ADD     R28,R9          ;指向实际累加次数
        LD      R11,X+
        LD      R10,X           ;取最大累加次数(2 字节)
        LD      R13,Y
        INC     R13             ;实际累加次数增 1
        ST      Y+,R13          ;低位字节送回
        LD      R12,Y
        TST     R13
        BRNE    F10
        INC     R12             ;低位字节增 1 后为 0,高位字节增 1
        ST      Y,R12
F10:    SUB     R11,R13
        SBC     R10,R12         ;与最大累加次数相比较
        BRCC    F12
        ST      X,R12
        ST      -X,R13          ;存最大累加次数
F12:    MOV     r15,r7
        MOV     r14,r6
        MOV     r13,r5
```

```
        LDI     R17,$98         ;预设阶码(假定为 24 位整数)
        MOV     R12,R17
F120:   SBRC    R13,7
        RJMP    F13
        LSL     R15
        ROL     R14
        ROL     R13
        DEC     R12
        RJMP    F120
F13:    LDS     R0,$A0          ;取小数点位数(0、1、2、3、4)
        TST     R0
        BREQ    F14             ;整数转
F130:   RCALL   G01             ;取浮点数 0.1(清单 70)
        RCALL   FPMU            ;(清单 65)
        DEC     R0
        BRNE    F130            ;小数点位置决定乘几个 0.1
F14:    LDS     R16,$96
        CPI     R16,$2B         ;负数吗
        BRNE    F9
        LDI     R16,$7F
        AND     R13,R16         ;正数清除数符位
F9:     CLT                     ;合法数据出口(T=0)
        RET
FRET:   SET                     ;非法数据出口(T=1)
        RET
NEG4:   LDI     R16,4           ;4 字节二进制数据求补
        CLC
NG4L:   CLR     R17
        LD      R11,-X          ;X-1 指向最低位字节
        SBC     R17,R11
        ST      X,R17
        DEC     R16
        BRNE    NG4L
        RET

FLSPC:  LDI     R26,$C0         ;准备一行空格字符,为打印一行空格做准备
        CLR     XH
        LDI     R16,$20         ;SPC
FSLOP:  ST      X+,R16
        CPI     XL,$d0
        BRNE    FSLOP
        LDI     R16,$0D         ;$0D→($D0)
        ST      X+,R16
        LDI     R16,$0A         ;$0A→($D1)
        ST      X+,R16
```

```
        RET
BRDT:   RCALL   CONV1A          ;二翻十并将压缩 BCD 码转换为 ASCII 码
        RCALL   FLSPC
        LDI     R28,$A3         ;$A1,$A2 is the weighing unit
        CLR     R29             ;取质量单位到打印数据存储区
        LDI     R26,$D0
        LD      R16,-Y
        ST      -X,R16          ;'g'→($D0-1)
        LD      R16,-Y
        ST      -X,R16          ;取质量单位:($A1)→$CE &($A2)→$CF
        LD      R10,-Y          ;取小数点位置:($A0)→R10
LP59:   LDI     R28,16
LP60:   LD      R16,-Y
        RCALL   BTOA            ;低位 BCD 变为 ASCII 码
        LD      R16,Y
        RCALL   BTOA0           ;高位 BCD 变为 ASCII 码
        CPI     R28,11          ;R11、R12、R13、R14、R15 都分解完毕吗
        BRNE    LP60
DL30H:  LDI     R26,$C5
        BRTC    DL300           ;数据为负吗
        LDI     R16,$2D
        ST      X,R16           ;负数加'-',送入$C5
        CLT                     ;并清除负数标志
DL300:  INC     R26
        LD      R16,X
        CPI     R16,$30
        BRCS    DL300           ;去掉数据头无效的零 ASCII 码$30
DL301:  CPI     R16,$30
        BRNE    DLRT            ;非零结束
        INC     R26
        LD      R16,X
        CPI     R16,$30
        BRCS    DLRT            ;小于$30 结束(质量单位  t)
        CPI     R16,$3A
        BRCS    DL302           ;大于$3A 结束(质量单位 kg)
DLRT:   RET
DL302:  DEC     R26
        LDI     R16,$20         ;无效零充以空格
        ST      X+,R16
        LD      R16,X
        RJMP    DL301
BTOA0:  SWAP    R16
BTOA:   ANDI    R16,15
        SUBI    R16,$D0         ;加$30 变为 ASCII 码
        ST      X,R16
```

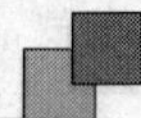

```
        DEC     R26
        DEC     R10
        BRNE    BART
        LDI     R16,$2E           ;加入小数点 ASCII 码
        ST      X,R16
        DEC     R26
BART:   RET

PRAV:   LDI     R17,4             ;打印 4 组平均数据
        MOV     R0,R17
        DEC     R0
PRV:    MOV     R17,R0
        LSL     R17
        LSL     R17               ;组别序号之偏移量
        LDI     R26,$b0           ;TOTAL1 首趾
        ADD     R26,R17           ;得到实际组别之首地址
        LDI     R28,16            ;将 TOTAL 取入 R12、R13、R14、R15
        CLR     R10
BRV:    LD      R16,X+
        ST      -Y,R16
        OR      R10,R16
NOC:    CPI     R28,12
        BRNE    BRV
        TST     R10
        BREQ    NBR               ;TOTAL 为零不打印
BRV1:   BST     R12,7             ;数符位送入 T
        BRTC    BRV2
        LDI     R26,16
        RCALL   NEG4              ;负数求补
BRV2:   MOV     R26,R0
        LSL     R26
        SUBI    R26,-$A6          ;取本组累加和之累加次数(第一组从$A6开始)
        LD      R11,X+
        LD      R10,X+
        RCALL   DIV24             ;计算平均值(在 R13R14R15 中)
        CLR     R7
        MOV     R8,R13
        MOV     R9,R14
        MOV     R10,R15           ;R11R12R13R14R15←R7R8R9R10
        RCALL   BRDT
;二翻十,将 BCD 码转为 ASCII 码,如为负数将'-'装入$C5
        LDI     R26,$C5
        LDI     R16,$56           ;'V'
        ST      -X,R16            ;start from $C4
        LDI     R16,$41           ;'A'
```

```
        ST      -X,R16
        LDI     R16,$2C         ;','
        ST      -X,R16
        MOV     R16,R0          ;i(=1/2/3/4)
        SUBI    R16,$CF         ;加上$31
        ST      -X,R16
        LDI     R16,$50
        ST      -X,R16          ;'P'
        RCALL   PR1             ;打印一行
NBR:    DEC     R0
        BRNE    PRV
        RET

PRNO:   RCALL   FLSPC           ;打印最大累加次数(整数),不加小数点
        LDI     R26,$CD         ;存放 ASCII 码指针
        LDI     R28,$AE         ;指向最大累加次数
        LD      R10,Y+
        LD      R9,Y            ;最大累加次数取到 R9R10
        CLR     R8
        CLR     R7
        RCALL   CONV1A          ;二进制数变为 BCD 码
BRN:    CLR     R10             ;不加 '.'
        RCALL   LP59            ;转为 ASCII 码
        LDI     R26,$C4
        LDI     R16,$2E         ;'.'
        ST      -X,R16
        LDI     R16,$4F         ;'O'
        ST      -X,R16
        LDI     R16,$4E
        ST      X,R16           ;'N',加上'NO.'后
        RJMP    PR1             ;打印

PRTL:   LDI     R17,4
        MOV     R0,r17          ;取序号之偏移量
        DEC     R0
PRL:    MOV     R17,R0
        LSL     R17
        LSL     R17             ;乘 4:累加和为 4 字节
        CLR     R27
        LDI     R26,$B0         ;第一个累加和 TOTAL1 之首地址
        ADD     R26,R17         ;累加和之实际地址
        CLR     R15
        LDI     R28,11
BRL:    LD      R16,X+
        ST      -Y,R16
```

```
        OR      R15,R16
        CPI     R28,7
        BRNE    BRL             ;累加和取到 R7R8R9R10
NINC:   TST     R15
        BREQ    NBL             ;累加和为 0,不打印
        BST     R7,7
        BRTC    BRTL1
        LDI     R26,11
        RCALL   NEG4            ;累加和为负数,取补
BRTL1:  RCALL   BRDT            ;BCD 转为 ASCII
        LDI     R26,$C5
        LDI     R16,$4C         ;加 'L'
        ST      -X,R16
        LDI     R16,$54         ;加 'T'
        ST      -X,R16
        LDI     R16,$2C
        ST      -X,R16          ;加 ','
        MOV     R16,R0
        SUBI    R16,$CF         ;i(=1/2/3/4)/加上 $30 变为 ASCII 码
        ST      -X,R16
        LDI     R16,$50
        ST      -X,R16          ;加 'P'
        RCALL   PR1             ;打印一行累加和数据(一个 TOTAL)
NBL:    DEC     R0
        BRNE    PRL             ;共打印 4 行
        RET
PR1:    LDI     R26,$C0         ;打印区首地址
        CLR     R27
        LDI     R16,$28         ;允许 UART 发送,允许发送寄存器空中断,8 位数据
        OUT     UCR,R16
        SEI                     ;使能总中断
        RET
CONV1A: LDI     R17,32          ;整数二翻十(最大 $FFFFFFFF=4 294 967 295)
        MOV     R0,R17
        CLR     R11
        CLR     R12             ;R11R12R13R14R15(BCD)←(R7R8R9R10 二进制)
        CLR     R13
        CLR     R14
        CLR     R15             ;十进制数存储区清除
CV1A:   LSL     R10
        ROL     R9
        ROL     R8
        ROL     R7              ;二进制数左移一位
        MOV     R16,R15
        RCALL   LSDAA
```

```
        MOV     R15,R16
        MOV     R16,R14
        RCALL   LSDAA
        MOV     R14,R16
        MOV     R16,R13
        RCALL   LSDAA
        MOV     R13,R16             ;十进制数带进位左移并调整
        MOV     R16,R12
        RCALL   LSDAA
        MOV     R12,R16
        MOV     R16,R11
        RCALL   LSDAA
        MOV     R11,R16
        DEC     R0
        BRNE    CV1A
        RET
```

4.9.2 格雷(Gray)码与二进制数相互转换子程序

本节提供两组格雷码与二进制数相互转换子程序:第一组为 8/9 位格雷码转换为二进制数(称为 GTOB)子程序,第二组为 8～16 位二进制数转换为格雷码(称为 BTOG)子程序。

格雷码在方位、角度测量或控制等方面应用很广,如风向测量、精密加工等。格雷码特点为在增(减)1 过程中相邻码位中只变化一个码位,通过以下对比就可看出(取 3 位码)。

二进制数:000　001　010　011　100　101　110　111　000

格雷码:　000　001　011　010　110　111　101　100　000

其中二进制数增 1 过程中的 001→010、011→100、101→110 和 111→000 都至少有 2 个码位发生变化,而格雷码相领两个码位只有一位变化,故它抗干扰能力强,测量误差小。但格雷码不直观,也不能参加运算,必须将它翻为二进制数;有时也要把二进制数翻为相对应的格雷码。

设格雷码共有 n 位(G1、G2、G3、…、Gn),与其对应的二进制数为 B1、B2、B3、…、Bn,这里 G1 和 B1 为最高位,根据格雷码的特征,有:

$B1=G1$

$B2=G1\oplus G2$

$B3=G1\oplus G2\oplus G3=B2\oplus G3$　(式中"⊕"表示异或,即半加)

一般有:

$$Bi=B(i-1)\oplus Gi \tag{4-7}$$

根据异或逻辑运算的性质(交换律),可推出:

$$Gi=B(i-1)\oplus Bi \tag{4-8}$$

公式(4-7)为格雷码与其对应二进制数的各个相关位之间的关系;公式(4-8)为二进制数与其对应格雷码的各个相关位之间的关系。根据这两个公式就可编出格雷码与二进数间的转换程序,它们也是简单的软件伪随机序列发生器;其中格雷码与其对应二进制数的转换可这样进行(参看 GTB8/GTB9 子程序):首先将格雷码循环左移 1 位,最高位移到最低位,最高位

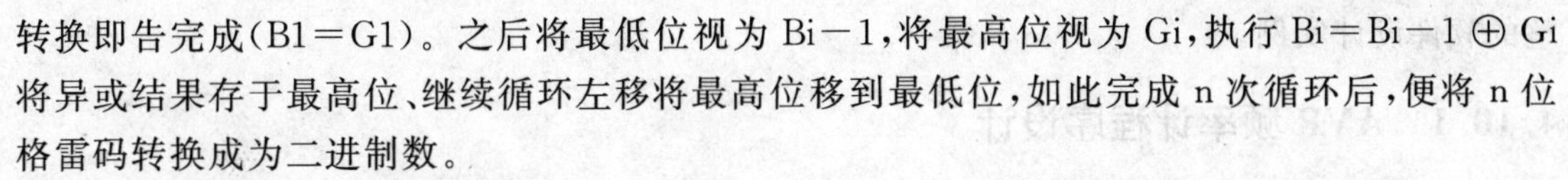

转换即告完成(B1＝G1)。之后将最低位视为Bi－1,将最高位视为Gi,执行Bi＝Bi－1 ⊕ Gi将异或结果存于最高位、继续循环左移将最高位移到最低位,如此完成n次循环后,便将n位格雷码转换成为二进制数。

二进制数转换成格雷码的过程尤为简单:只须将二进制数之拷贝逻辑右移1位再与二进制数本身异或即可。

清单4-65 格雷码与二进制数相互转换子程序

```
GTB8:  LDI    R16,7       ;8格雷码(在R17中)翻为二进制数
       CLR    R15
       LSL    R17
       ADC    R17,R15     ;将左移移出位加到末位上
GB1:   SBRC   R17,0
       SUBI   R17,$80     ;Bi⊕G(i+1)→B(i+1)
GB2:   LSL    R17
       ADC    R17,R15     ;将左移移出位加到末位上
       DEC    R16
       BRNE   BG1         ;循环7次,结束
       RET                ;二进制数在R17中

GTB9:  LDI    R16,8
;9格雷码(最高位在进位C,低8位在R17中)翻为二进制数
       CLR    R15
       INC    R15         ;1→R15
       ROL    R17         ;9位格雷码带进位循环左移一位
GB90:  ROL    R17         ;the ORIGINAL highest bit→R17,1 AT THE FIRST!
       SBRC   R17,1
       EOR    R17,R15     ;Bi⊕G(i+1)→B(i+1)
       DEC    R16
       BRNE   GB90
       RET                ;结果仍在进位C和R17中

BTG8:  MOV    R15,R17     ;8位二进制数(R17)翻为格雷码/例:10101010－>11111111
       LSR    R15
       EOR    R17,R15
       RET
BTG16: MOV    R14,R16     ;16位二进制数(R16&R17)翻为格雷码
       MOV    R15,R17
       LSR    R14
       ROR    R15
       EOR    R16,R14
       EOR    R17,R15
       RET                ;结果在R16R17
```

4.10 AVR综合性实用程序

本节提供3个对AVR片上资源以及软件资源充分利用的程序,它们也是嵌入式系统完

整的软件设计实例。

4.10.1 AVR 频率计程序设计

此程序为一完整频率测量显示程序,所测频率较高(1.6MHz),使用 4 兆晶振,程序兼有启动看门狗及对其管理功能,使用 mega16 单片机。以 TCNT0 精确定时输出秒号作为捕获信号,用 TCNT1 对被测信号频率计数(T1 引脚输入),用 TCNT0 直接对 4 兆晶振计数产生秒号,定时精度达 1HZ,主常数选为 256(即 0)。由 PA0 输出精确定时产生的秒信号(与 ICP1 脚相连)捕获 TCNT1 计数值,相减计算频率。将频率转换为十进制数,装入显示缓存区,调 DSPA 子程序显示之(参考清单 4-11 和图 4.5)。

重装 TCC 时对 TCC 进行修正,若(减法)修正计算不产生借位,将中断次数 n 减 1。被测频率可达 1.6 兆,故须设 1 字节扩展计数器,以 tcnt1 溢出中断对其计数(共 3 字节计数器)。在 TCNT1 捕获中断服务中,以 3 字节减法计算频率,并置位 T 标志;若 TCNT1 溢出标志置位必须提前增 1 扩展计数器,并将 TCNT1 溢出标志清除(不再增 1 扩展计数器),再计算频率。TCNT1 溢出中断优先级高于 TCNT0,故 TCNT1 中断服务可能影响秒号精度,导致测量误差。可以排队法剔除坏值,即将几个连续采样按大小顺序排队,"掐头去尾"只留中间再作平均。

本小节程序中的主循环程序如下(参照清单 4-66):

```
HH1C:    BRTS  HH2C
         RCALL DSPA
         RJMP  HH1C
```

子循环程序为从标号"HH2C"开始,到"RJMP　HHIC"指令为止的一段程序。

清单 4-66　AVR 频率计程序

```
;运作特点如下:
 ;此程序为一完整频率测量显示程序,所测频率较高(1.6MHz),使用 4 兆晶振
 ;程序兼有启动看门狗及对其管理功能,使用 mega16 单片机
 ;以 TCNT0 精确定时输出秒号作为捕获信号,用 TCNT1 对被测信号频率计数(T1 引脚输入)
 ;用 TCNT0 直接对(4 兆晶振计数产生秒号,定时精度达 1HZ  主常数选为 256(即 0)
 ;由 PA0 输出精确定时产生的秒信号(与 ICP1 脚相连)捕获 TCNT1 计数值,相减计算频率
 ;将频率转换为十进制数,装入显示缓存区,调 DSPA 子程序显示之(参考清单 4-11 和图 4-5)
 ;重装 TCC 时对 TCC 进行修正,若(减法)修正计算不产生借位,将中断次数 n 减 1
 ;被测频率可达 1.6 兆,故设 1 字节扩展计数器,以 tcnt1 溢出中断对其计数(共 3 字节计数器)
 ;在 TCNT1 捕获中断服务中,以 3 字节减法计算频率,并置位 T 标志;若 TCNT1 溢出标志置位
 ;必须提前增 1 扩展计数器,并将 TCNT1 溢出标志清除(不再增 1 扩展计数器),再计算频率。
 ;TCNT1 溢出中断优先级高于 TCNT0,故 TCNT1 中断服务可能影响秒号精度,导致测量误差
 ;可以排队法剔除坏值,即将几个连续采样按大小顺序排队,'掐头去尾'只留中间再作平均。

         .ORG     $000
STRT26:  JMP      RST26              ;实测 mega16 晶振频率 4.000167MHZ 计 4000167 个数为 1 秒
         .ORG     $00A
         JMP      T1_CAPT            ;T/C1 捕获中断
         .ORG     $0010
```

```
        JMP     T1_OVRF         ;T/C1 溢出中断
        .ORG    $ 0012
        JMP     T0_OVFB         ;T/C0 溢出中断
        .ORG    $ 002A          ;4000167 = 256 * 15626 - 89 = 256 * $ 3D0A - 89/故 TCC = 89
                                ;n = 15626
RST26:  LDI     R16,HIGH(ramend)
        OUT     SPH,R16
        LDI     R16,LOW(ramend)
        OUT     SPL,R16
        SBI     DDRA,0          ;PA0 输出秒定时信号,捕获频率计数值
        NOP
        CBI     PORTA,0         ;初始为低
        CLR     R22
        CLR     R21
        CLR     R20             ;R20,R21,R22 为频率量瞬时计数采样

        WDR
        LDI     R16,$ 0E        ;启动看门狗,溢出时间为 1.04"
        OUT     WDTCR,R16       ;写入看门狗控制寄存器,以调用 DSPA 子程序作为背景程序,
                                ;内含定时清除看门狗
        CLR     XH
        LDI     XL,$ 6C         ;显示缓存区指针
T26LP:  ST      X + ,R2
        CPI     R26,$ 74
        BRNE    T26LP           ;清除 $ 6C - - $ 73
        LDI     R16,$ 01        ;T/C0 为定时器,不分频
        OUT     TCCR0,R16
        LDI     R16,89          ;
        OUT     TCNT0,R16       ;写 TCC 到 TCNT0
        CLR     R16
        OUT     TCCR1A,R16      ;计数器模式(WGM1[3:0] = 0)并禁止比较匹配输出
        LDI     R16,$ 46        ;T/C1 上升沿捕获,禁止噪音滤除,外部脉冲下降沿计数
        OUT     TCCR1B,R16
        LDI     R16,$ 25        ;允许 T/C1 捕获,溢出以及 T/C0 溢出中断
        OUT     TIMSK,R16       ;
        LDI     R16,$ 3E        ;设 15626( = $ 3D0A)次中断(高位字节已增 1)
        MOV     R1,R16          ;
        MOV     R19,$ 0A        ;
        SEI                     ;
HH1C:   BRTS    HH2C            ;已采集到频率?
        RCALL   DSPA            ;仍显示原数据
        RJMP    HH1C
HH2C:   CLT                     ;频率量已在 R3,R4,R5
        MOV     R9,R3
        MOV     R10,R4
```

```
          MOV     R11,R5
          RCALL   CONV1                ;翻为十进制数(R12R13R14R15<--R9R10R11)
          LDI     XL,$74
          CLR     XH
          LDI     YL,15
          CLR     YH
HHLOP:    LD      R16,Y                ;分解十进制数,送入 LED 显示区($6C--$73)
          ADNI    R16,$0F
          ST      -X,R16
          LD      R16,Y
          SWAP    R16
          ANDI    R16,$0F
          ST      -X,R16
          DEC     YL
          CPI     R26,$6C              ;分解完毕?
          BRNE    HHLOP
          RJMP    HH1C                 ;显示新数据

T0_OVFB:  SEI                          ;TCNT0 溢出,允许中断嵌套
          PUSH    R16
          IN      R8,SREG
          DEC     R19
          BRNE    GOON13
          CBI     PORTA,0              ;秒信号后沿
          DEC     R1                   ;到 15626 次中断?
          BRNE    GOON13
          WDR
          LDI     R16,$0E              ;启动看门狗,溢出时间为 1.04"
          OUT     WDTCR,R16            ;写入看门狗控制寄存器,以调用 DSPA 子程序作为背景程序
          SBI     PORTA,0              ;秒定时捕获信号前沿
          IN      R16,TCNT0            ;*读 TCNT0 自然计数值
          SUBI    R16,164              ;*89 之补为 167,考虑补偿操作本身耗时,减去 164
          OUT     TCNT0,R16            ;*第 15626 次中断后
                                       ;重新装入 TCC=89+(TCNT0)+3 到 TCNT0
          LDI     R16,$3E
          MOV     R1,R16               ;重新装入中断次数
          LDI     R19,$0A
          BRCS    GOON13               ;减法补偿操作若无借位,将中断次数减 1
          DEC     R19                  ;->252 253 254 255 | 0 1 2 3 4 5...加法计数方向-->
GOON13:   POP     R16                  ;  |   |   |   |   | | | | | |
          OUT     SREG,R8            ;<-15626 次范围->|<-15625 次范围(补偿后进(借)位 C=1->
          RETI
T1_OVRF:  IN      R18,SREG             ;TCNT1 溢出中断服务
          INC     R3                   ;R3 为 TCNT1 扩展字节
          OUT     SREG,R18
```

```
        RETI
T1_CAPT: IN     R6,SREG        ;T/C1 捕获中断
        PUSH   R16
        IN     R5,ICR1L
        IN     R4,ICR1H
        MOV    R16,R22
        MOV    R22,R5
        SUB    R5,R16
        MOV    R16,R21
        MOV    R21,R4          ;与上一次采集的频率量相减,得到频率值
        SBC    R4,R16
        IN     R16,TIFR
        SBRS   R16,2           ;TOIE1:T/C1 溢出标志
        RJMP   T1CP1
        INC    R3              ;mega16 TCNT1 溢出中断,预先对扩展字节计数
        LDI    R16,$04         ;并将溢出标志清除,(中断返回后不再计数)
        OUT    TIFR,R16        ;清除 TIFR,2
T1CP1:  MOV    R16,R20
        MOV    R20,R3
        SBC    R3,R16          ;采集频率量在 R3,R4,R5
        SET                    ;建采集频率量标志
        POP    R16
        OUT    SREG,R6
        RETI
```

4.10.2 时基资源共享式综合测量系统

本时基资源共享式综合测量系统,具有精确定时比较匹配 A 及 B 两路脉宽调制(PWM)输出、输入捕获测外部信号周期、获取 TCNT1 溢出中断信号等多种功能。特点是设置 TCNT1 工作在普通模式之下,启动之后即使其不停运行。

由于对主频不设分频,以及不采用自运行 PWM 输出方式,其高电平与低电平输出维持时间都可在 TCNT1 计数范围内任意设定,故对 PWM 脉宽和周期都可连续精确调整;因不存在比较匹配达到时或达到 TOP 时清除定时器/计数器、或在 TOP 处改变计数方向等干预操作,故可设定比较匹配 A 及 B 之独立输出(不然比较匹配输出 A 和 B 只能服从于同一波形发生器的设置),而且定时器/计数器可作为公用的时基资源。

时基资源共享式 PWM 的特点主要在于它的工作方式和装入比较匹配寄存器数据的方式,它是工作在 TCNT1 不停地计数的普通模式下,当比较匹配达到(或初始化)时以定时/计数器当前值加上时间常数后将和装入比较匹配寄存器,并正确设置高/低电平输出(即设置 COM1A[1:0]COM1B[1:0]),就可获得不同暂空比脉冲波形输出,因不停地运行定时/计数器,可称之为动态应用设置。其资源除可同时应用于输出比较匹配输出外、输入捕获以及定时信号输出等方面。

本程序使用晶体标称值 4MHZ 实测为 4,000,236HZ。使用定时/计数器 1 直接对主频精确定时设定 PWM 高低电平的维持时间。以 ICP1 引脚捕获被测周期脉冲信号。

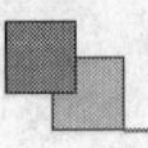

本程序设置比较匹配 A 输出 PWM 之暂空比为 5 毫秒(高):10 毫秒(低)。故维持高电平的时间常数为 4 000 236÷200＝20,001,维持低电平的时间常数为 4,000,236÷100＝40,002。此即输出比较匹配 A 达到时交替写入比较匹配寄存器 OCR1A 之对 TCNT1 当前内容的超前值。

本程序设置比较匹配 B 输出 PWM 之暂空比为 15 毫秒(高):7.5 毫秒(低)。故维持高电平的时间常数为 60,004,维持低电平的时间常数为 30,002。此即输出比较匹配 B 达到时交替写入比较匹配寄存器 OCR1B 之对 TCNT1 当前内容的超前值。

为简化程序,采用比较匹配达到时求反输出的工作方式(TOGGLE MODE)。

本时基资源共享式综合测量系统,设置的 PWM 脉宽和周期主要由 MCU 主时钟以及预分频器分频除数决定(频率粗调);一般情况下,改变高/低电平的维持时间不但影响频率(频率细调),也影响占空比。

因以 TCNT1 直接对主频计数,频率高周期短,输入捕获的外部信号周期不能大于 65536÷4,000,236＝0.01638(秒)即 16.38 毫秒(但也不能太小,对频率较高的脉冲信号应改为测频率)。以相邻两次捕获值相减之差除以主频得到被测信号之周期(单位为秒)。

为避免小数除法运算,可将相邻两次捕获值相减之差先乘以 1,000,再将乘积除以主频,将得到以毫秒为单位的周期值;考虑到除法子程序 DIV16 只实现整数除法,且除数不能大于 65535,可将主频缩小 100 倍,即以 40,002 作除数,故除得之商扩大了 100 倍。这样将整数商二翻十后,其末两位皆为小数。本程序采用这种计算方法。并在主循环程序中调 DSPA 子程序显示所测周期值。

若将以上算法中乘以 1,000 改为乘以 10,000,并增加对商的万位转换,其余保留不变,则所得商数末 3 位皆为小数位。本算法精度高于上一种方法,如有提高测量精度之必要,应采用后种算法。

若扩大测量信号周期,应对 TCNT1 溢出信号计数,做 3 字节减法(见清单 4－66)后再计算被测信号周期(除以 4,000,236)。所测信号周期可达 4.194 秒。

由于直接对主时钟计数定时,本示例定时精度明显超过对 MCU 主时钟采用分频后作为波形发生器时钟的定时精度。

本示例 TCNT1 产生溢出中断之周期为 16.38 毫秒,其频率约为 61HZ。在 TCNT1 溢出中断服务子程序中由 PA3 以正脉冲形式输出该信号。

本小节程序中的主循环程序如下(参照清单 4 - 67):

```
HH43:   RCALL   DSPA
        BRTC    HH43
```

子循环程序为从下面的"RCALL　　FIL2"指令开始,到"RJMP　　HH43"指令为止的一段程序。

清单 4 - 67　时基资源共享式综合测量系统

```
;    本时基资源共享式综合测量系统,具有精确定时 PWM 输出、输入捕获测外部信号
;周期、获取 TCNT1 溢出中断信号等多种功能。特点是 TCNT1 启动之后即不停运行。
;    由于对主频不设分频,以及不采用自运行 PWM 输出方式,故对 PWM 脉宽(上限可达 1 秒)
;和周期(上限可达 2 秒)都可连续精确调整;因不存在比较匹配达到时清除定时/计数器操作
;,故可设定比较匹配 A 及 B 各自独立输出。
```

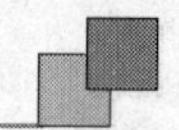

```
;     时基资源共享式 PWM 的特点主要在于它的工作方式和装入比较匹配寄存器数据的
;方式，它是工作在 TCNT1 不停地计数的普通模式下，当比较匹配达到(或初始化)时以定时/
;计数器当前值加上时间常数后将和装入比较匹配寄存器，并正确设置高/低电平输出，即设
;置 COM1A[1:0]和 COM1B[1:0]，就可获得不同暂空比脉冲波形输出，可称之为动态应用设置.
;因不停地运行定时/计数器，其资源除可用于输出比较匹配外，还可用于输入捕获以及定
;时信号输出等方面。
;        本程序使用晶体标称值 4MHZ 实测为 4,000,236HZ。使用定时/计数器 1 直接
;对主频精确定时设定 PWM 高低电平的维持时间。以 ICP1 引脚捕获被测周期脉冲信号。
;     本程序比较匹配 A PWM 之暂空比为 5 毫秒(高电平维持 1/200 秒):10 毫秒(低电平
;维持 1/100 秒)。故高电平的时间常数为 4,000,236 ÷ 200 = 20,001，维持低电平的时间常数为
;4,000,236 ÷ 100 = 40,002。此即输出比较匹配 A 达到时交替写入比较匹配寄
;存器 OCR1A 之对 TCNT1 当前内容的超前值。
;     本程序比较匹配 B PWM 之暂空比为 15 毫秒(高):7.5 毫秒(低)。故维持
;高电平的时间常数为 60,003，维持低电平的时间常数为 30,002。此即输出比较匹配 B
;达到时交替写入比较匹配寄存器 OCR1B 之对 TCNT1 当前内容的超前值。

;     因以 TCNT1 直接对主频计数，频率高周期短，输入捕获的外部信号周期不能
;大于 65536 ÷ 4,000,236 = 0.01638(秒)即 16.38 毫秒(但也不能太小，对频率
;较高的脉冲信号应改为测频率)。以相邻两次捕获值相减之差除以主频得到被测信
;号之周期(单位为秒)。
;     为避免小数除法运算，可将相邻两次捕获值相减之差先乘以 1,000，再将乘积
;除以主频，将得到以毫秒为单位的周期值；考虑到除法子程序 DIV16 只实现整数
;除法，且除数不能大于 65535，可将主频缩小 100 倍，即以 40,002 作除数，故
;除得之商扩大了 100 倍。这样将整数商二翻十后，其末两位皆为小数。本程序采用
;这种计算方法。并在主循环程序中调 DSPA 子程序显示所测周期值。
;     若将以上算法中乘以 1,000 改为乘以 10,000，并增加对商的万位转换，
;其余保留不变，则所得商数末 3 位皆为小数位。本算法精度高于上一种方法，如有
;提高测量精度之必要，应采用后种算法。
;    若扩大测量信号周期，应对 TCNT1 溢出信号计数，做 3 字节减法(见清单 4-65)
;后再计算被测信号周期(除以 4,000,236)。所测信号周期可达 4.194 秒。

;     本示例 TCNT1 产生溢出中断之周期为 16.38 毫秒，其频率约为 61HZ。在 TCNT1
;溢出中断服务子程序中由 PA3 以正脉冲形式输出该信号。
          .ORG     $000               ;USE mega16  晶振 4,000,236HZ
STRT43:   RJMP     RST43              ;比较匹配输出:5.0000MS(高):9.9999MS(低)
          .ORG     $000A              ;比较匹配输出:7.5000MS(高):150000MS(低)
          JMP      T1_CP43            ;T/C1 输入捕获中断
          .ORG     $000C
          JMP      T1_CA43            ;T/C1 输出比较匹配 A 中断
          .ORG     $000E
          JMP      T1_CB44            ;T/C1 输出比较匹配 B 中断
          .ORG     $0010
          JMP      T1_OV43            ;TCNT1 溢出中断
          .ORG     $002A
RST43:    LDI      R16,HIGH(RAMEND)
```

```
        OUT     SPH,R16
        LDI     R16,LOW(RAMEND)
        OUT     SPL,R16
        CLR     R16
        OUT     TCCR1B,R16
        LDI     R16,$F8             ;WGM1[3:0]=0,强制 OC1A 输出高电平/初始化输出为高,
        OUT     TCCR1A,R16          ;强制 OC1B 输出低电平/初始化输出为低
        SBI     DDRD,5              ;强制输出高电平到 OC1A 引脚
        SBI     DDRD,4              ;强制输出低电平到 OC1B 引脚
        LDI     R16,$50
        OUT     TCCR1A,R16          ;T/C1 比较匹配 A/B 达到时,输出脚 OC1A/B 求反(TOGGLE)
        LDI     R16,$41             ;不分频,WGM1[3:0]=0,
        OUT     TCCR1B,R16          ;计数器模式,上升沿捕获/禁止噪声滤除
        SBI     DDRA,3              ;PA3 为 TCNT1 溢出中断信号输出
        CBI     PORTA,3             ;PA3 输出为低
        LDI     R16,HIGH(20001)
        OUT     OCR1AH,R16
        LDI     R16,LOW(20001)      ;写比较匹配寄存器 A(20001 脉宽 5 毫秒)
        OUT     OCR1AL,R16
        LDI     R16,HIGH(30002)
        OUT     OCR1BH,R16
        LDI     R16,LOW(30002)      ;写比较匹配寄存器 B(30002 低电平 7.5 毫秒)
        OUT     OCR1BL,R16
        LDI     R16,$3C             ;允许输入捕获/输出比较匹配 A,B 以及 TCNT1 溢出中断
        OUT     TIMSK,R16
        CLR     R20
        CLR     R21                 ;捕获值暂存单元
        OUT     TCNT1H,R20
        OUT     TCNT1L,R20          ;TCNT1 预先清除
        CLR     XH
        LDI     XL,$6C
CLR43:  ST      X+,R20
        CPI     XL,$74
        BRNE    CLR43               ;清除显示区$6C--$73
        SEI
HH43:   RCALL   DSPA                ;背景程序:显示捕获频率信号之周期,单位:毫秒
        BRTC    HH43
        RCALL   FIL2                ;T=1,已捕获到数据在 R4,R5/先关显示
        CLT
        MOV     R14,R4
        MOV     R15,R5
        LDI     R16,3
        MOV     R10,R16
        LDI     R16,$E8             ;取立即数 1000(=$3E8)
        MOV     R11,R16
```

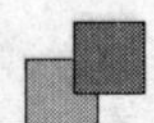

```
        RCALL   MUL16               ;乘以1000后,使周期单位为毫秒
        LDI     R16,$9C             ;
        MOV     R10,R16
        LDI     R16,$42             ;$9C42 = 40002
        MOV     R11,R16
        RCALL   DIV16               ;除以立即数40002,得到被测脉冲周期之单位为毫秒,
                                    ;且含因子100
        MOV     R16,R14
        MOV     R17,R15
        LDI     R18,3
        LDI     R19,$E8
        RCALL   CONVT               ;二翻十,得千位
        STS     $70,R11             ;送入显示区
        CLR     R18
        LDI     R19,$64
        RCALL   CONVT               ;二翻十,得百位
        LDI     R19,-$29            ;在百位处加小数点(百位实为个位,因为含因子100)
        SUB     R11,R19
        STS     $71,R11             ;送入显示区
        LDI     R19,10
        RCALL   CONVT               ;二翻十,得十位
        STS     $72,R11
        STS     $73,R17             ;小数送入显示区
        RJMP    HH43                ;转去显示新采样数据
CONVT:  CLR     R11
COVLOP: SUB     R17,R19
        SBC     R16,R18             ;减去十进制数某位之权
        BRCS    CONVCM
        INC     R11                 ;够减,增权
        RJMP    COVLOP
CONVCM: ADD     R17,R19             ;否则恢复余数
        ADC     R16,R18
        RET
T1_CA43: SEI
        PUSH    R24                 ;T/C1输出比较匹配A中断服务
        PUSH    R25
        IN      R1,SREG
        IN      R24,PORTD
        SBRS    R24,5
        RJMP    OUTLW               ;OC1A当前输出低电平,转
        CLI                         ;禁止中断嵌套,避免共用TEMP破坏TCNT1H
        IN      R24,OCR1AL
        IN      R25,OCR1AH
        SUBI    R24,LOW(-20001)
        SBCI    R25,HIGH(-20001);TCNT1当前值减20,001之补码
```

```
        OUT     OCR1AH,R25
        OUT     OCR1AL,R24              ;写入高电平维持时间超前值
        RJMP    OUTLR                   ;高电平维持时间 5ms
OUTLW:  CLI                             ;禁止中断嵌套,避免共用 TEMP 破坏 TCNT1H
        IN      R24,OCR1AL
        IN      R25,OCR1AH
        SUBI    R24,LOW( - 40002)
        SBCI    R25,HIGH( - 40002);TCNT1 当前值减去 40002 之补码
        OUT     OCR1AH,R25              ;
        OUT     OCR1AL,R24              ;写入低电平维持时间超前值
OUTLR:  OUT     SREG,R1                 ;低电平维持时间 10ms
        POP     R25
        POP     R24
        RETI
T1_CB44: SEI
        PUSH    R24                     ;T/C1 输出比较匹配 B 中断服务
        PUSH    R25
        IN      R2,SREG
        IN      R24,PORTD
        SBRS    R24,4
        RJMP    OUTLWB                  ;OC1B 当前输出低电平,转
        CLI                             ;禁止中断嵌套,避免共用 TEMP 破坏 TCNT1H
        IN      R24,OCR1AL
        IN      R25,OCR1AH
        SUBI    R24,LOW( - 60003)
        SBCI    R25,HIGH( - 60003);TCNT1 当前值减 60,003 之补码
        OUT     OCR1AH,R25              ;高电平维持时间 15ms
        OUT     OCR1AL,R24              ;写入高电平维持时间超前值
        RJMP    OUTLRB
OUTLWB: CLI                             ;禁止中断嵌套,避免共用 TEMP 破坏 TCNT1H
        IN      R24,OCR1AL
        IN      R25,OCR1AH
        SUBI    R24,LOW( - 30002)
        SBCI    R25,HIGH( - 30002);TCNT1 当前值减去 30002 之补码
        OUT     OCR1AH,R25
        OUT     OCR1AL,R24              ;写入低电平维持时间超前值
OUTLRB: OUT     SREG,R2                 ;低电平维持时间 7.5ms
        POP     R25
        POP     R24
        RETI
T1_CP43: IN     R3,SREG                 ;T/C1 捕获中断
        IN      R5,ICR1L
        IN      R4,ICR1H
        MOV     R17,R21
        MOV     R21,R5
```

```
        SUB     R5,R17
        MOV     R17,R20
        MOV     R20,R4          ;与上一次采集的频率量相减,得到频率值
        SBC     R4,R17          ;在 R4,R5 中
        SET                     ;建采集频率量标
        OUT     SREG,R3
        RETI
T1_OV43:SEI
        SBI     PORTA,3         ;OUTPUT THE 61HZ PULS
        SBI     PORTA,3
        SBI     PORTA,3
        SBI     PORTA,3
        CBI     PORTA,3         ;脉冲宽度 2 微秒
        RETI
```

4.10.3 DALLAS 18B20 多点测温程序

DS18B20 为美国 DALLAS 公司生产的单总线数字温度传感器,可将温度模拟信号直接转换成数字信号传回供微控制器处理,所测温度范围－55 ℃～125 ℃,精度达 0.5 ℃,转换时间为 750 ms。

该器件出厂时带有固化的 8 字节"身份"编号,最低位字节为家族号码 $ 28,接下来 6 字节为器件流水线编号,最高位(第 8 个)字节为 CRC 校验码(见表 4.10),进行多点测温时用户必须把它们的 8 字节"身份"编号以数据表格的形式固化在 FLASH 之中,以供程序查用。

在启动温度变换后,微控制器依次查出以上 8 字节编号,对 18B20 逐个"点名",所有 DS18B20 都收到该"点名"信息,并对收到的身份编号进行 CRC 校验,只有 CRC 校验结果正确并且"身份"编号与"点名"信息相符合的的 18B20 才返回温度数据。DS18B20 具有读 ROM,匹配 ROM,启动温度变换,读 RAM 数据等十余种操作命令。使用 DS18B20 之前要用读 ROM 命令读出其身份编号并记录。

表 4.10 DS18B20 存储器组织

字节 0	温度低字节
字节 1	温度高字节
字节 2	高温告警上限低字节
字节 3	高温告警上限高字节
字节 4	配置寄存器
字节 5	保留($FF)
字节 6	保留($0C)
字节 7	保留($10)
字节 8	CRC 校验码

一条单总线原则上可挂接任意多个 DS18B20,微控制器通过单总线发出启动转换命令之后,所有 18B20 同时进行温度转换。经等待延时后,微控制器通过发出匹配 ROM 命令、18B20 编号、读 RAM 数据等命令,读取各 DS18B20 温度数据组(每组数据共 9 字节)。程序中对每组数据都用查表法进行快速 CRC 校验。

DS18B20 温度数据占 2 字节,为补码形式。最高位为符号位,0 为正 1 为负。高位字节以及低位字节的高 4 位为温度整数部分,低位字节的低 4 位为温度小数部分(表 4－10)。程序中对温度数据进行取补、将整数部分和小数部分分离后,再将它们分别转成十进制数。为提高转换速度,对整数二翻十子程序 CONV1 和小数二翻十子程序 CONV3 进行精简处理:整数二

翻十采用 1 字节二进制数据的左移位调整法(并将不须调整的前 4 次左移单独处理,以进一步提高转换速度)。小数二翻十则采用半字节二进制数据的右移位调整法。温度数据转换完成后再将它们冠以数符,并加小数点送入 DSPA 子程序的显示缓存区,调该子程序进行显示。

由于 DSPA 子程序中含 4.63 毫秒定时复位看门狗指令,故以调用 DSPA 为主循环程序不必考虑对看门狗管理问题(初始化设置看门狗溢出周期为 0.52 s,而且长的延时都以 DSPA 延时为单位)。

DS18B20 不象一般串行读写器件既有数据线又有时钟线,它只有一条数据线,故它只能靠较严格的时序脉冲信号进行读写,程序中多种延时环节就是为调整时序所设。本程序 AVR 使用 4MHZ 时钟,如改变时钟,应按定时时间重新确定延时常数。

18B20 的使用可采用窃电方式,此种方式要将 18B20 电源端接地。在线缆长测点多的应用场合,可控制 MOS 管取得数据线的强上拉,以提高总线驱动能力。

对 18B20 的 ROM 操作命令如下:

命令	代码
读 ROM	$ 33
匹配 ROM	$ 55
跳过 ROM	$ CC
搜索 ROM	$ F0
告警搜索	$ EC

对 18B20 的存储器操作命令如下:

命令	代码
写暂时存储器	$ 4E
读暂时存储器	$ BE
复制暂时存储器	$ 48
启动温度变换	$ 44
EEPROM 内容调出	$ B8
读电源	$ B4

有关 18B20 CRC 检测请参看 4.8.4 小节,DS18B20 测温电路图如图 4.34 所示。

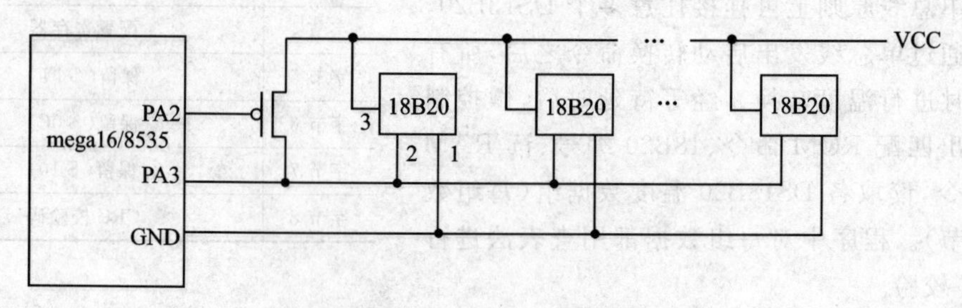

图 4.34　DS18B20 多点测温电路

清单 4－68　DALLAS 18B20 测温程序

```
;DS18B20 为美国 DALLAS 公司(已被 MAXIM 公司并购)生产的单线数字温度传感器,
;可将温度信号直接转换成数字信号供单片机处理,所测温度范围 -55°C～125°C,精度
```

```
;达 0.5°C,转换时间为 750 毫秒。该器件出厂时带有固化的 8 字节'身份'编号,最低
;位字节为家族号码 $ 28,接下来 6 字节为器件流水线编号,最高位字节为 CRC 校验码。
;在启动温度变换后,单片机要发出以上 8 字节编号对 18B20'点名',被选中的 18B20
;对收到的身份编号进行 CRC 校验,校验结果正确才返回温度数据。DS-18B20 具
;有读 ROM,匹配 ROM,启动温度变换,读 RAM 数据等十余种操作命令。使用
;18B20 之前要用读 ROM 命令读出其身份编号并记录。一条单总线上可挂接任意多个
;18B20,单片机通过单总线发出启动转换命令之后,所有 18B20 同时进行温度转换。
;经等待延时后,单片机通过发出匹配 ROM 命令、18B20 编号、读 RAM 数据等命令等,
;读取各 18B20 温度数据组(每组数据共 9 字节)。程序中对每组数据都进行 CRC 校验。
;温度数据占 2 字节,为补码形式。最高位为符号位,0 为正 1 为负。高位字节和低位
;字节的高 4 位为温度整数部分,最低 4 位为温度小数部分。程序中对温度数据进行取
;补、将整数部和小数部分分离,再将它们分别转成十进制数。为提高转换速度,对
;整数二翻十子程序 CONV1 和小数二翻十子程序 CONV3 进行精简处理:整数二翻十采用
;1 字节二进制数据的左移位调整法(并将不须调整的前 4 次左移单独处理,以进一步
;提高转换速度)。小数二翻十则采用半字节二进制数据的右移位调整法。转换完成
;后再将它们冠以数符,并加小数点送入 DSPA 子程序的显示缓存区,调该子程序进行显示。
;    由于 DSPA 子程序中含 0.485 秒定时复位看门狗指令,故以调用 DSPA 为主循环程序
;不必考虑对看门狗管理问题(初始化设置看门狗溢出周期为 0.52 秒)。
;    DS18B20 不象一般串行器件既有数据线又有时钟线,它只有一条数据线,故它
;只能靠较严格的时序脉冲信号进行读写,程序中多种延时环节就是为调整时序所
;设。本程序 AVR 使用 4MHZ 时钟,如改变时钟,应按定时时间重新确定延时常数。
;    18B20 的使用可采用窃电方式,此种方式要将 18B20 电源端接地。在线缆长测点
;多的应用场合,可控制 MOS 管取得数据线的强上拉,以提高总线驱动能力。
;    对 18B20 的 ROM 操作命令如下:
;        命令                        代码
;        读 ROM                      $ 33
;        匹配 ROM                    $ 55
;        跳过 ROM                    $ CC
;        搜索 ROM                    $ F0
;        告警搜索                    $ EC
;    对 18B20 的存储器操作命令如下:
;        命令                        代码
;        写暂时存储器                $ 4E
;        读暂时存储器                $ BE
;        复制暂时存储器              $ 48
;        启动温度变换                $ 44
;        EEPROM 内容调出             $ B8
;        读电源                      $ B4
;    有关 18B20 初始化,读写命令,读写时序等请参看参考文献 9 和 10,CRC 检测请参
;看 4.8.4 小节,DS18B20 测温电路图如图 4.22 所示。
START2:     LDI     R16,3
            OUT     SPH,R16
```

```
        LDI     R16, $ FFH
        OUT     SPL,R16             ;堆栈指针初始化
        SBI     DDRA,2
        SBI     PORTA,2             ;MOS 管不上拉 !!!!!!!!!!!!
        RCALL   RESET               ;复位 18B20
        WDR
        LDI     R16, $ 0D
        OUT     WDTCR,R16           ;启动看门狗,溢出时间为 0.52 秒
        LDI     R16, $ CC           ;跳越 ROM(SKIP ROM)
        RCALL   WB                  ;写入一字节命令
        LDI     R16, $ 44           ;启动 DS18B20 温度转换命令
        RCALL   WB
        CLR     YH
        CLR     XH                  ;指针高位字节清除
        LDI     XL, $ 6C
CLR44:  ST      X + ,XH
        CPI     XL, $ 74
        BRNE    CLR44               ;清除显示缓存区( $ 6C～ $ 74)
        LDI     R20,163             ;4.63×163 = 754(ms)
STR0:   RCALL   DSPA
        DEC     R20
        BRNE    STR0                ;总共延时 753ms,等待转换完成
        RCALL   RESET               ;再次复位 DS18B20
        LDI     YL, $ 60            ;温度数据指针
        LDI     R20,4               ;总共 4 只 DS18B20
        LDI     ZH,HIGH(DATA * 2)
        LDI     ZL,LOW(DATA * 2)    ;18B20 身份数据指针
LOOP0:  LDI     R16, $ 55           ;匹配 ROM 命令  (match rom)
        RCALL   WB                  ;写入 18B20
        LDI     R18,8               ;18B20 身份数据共 8 个字节固化在 FLASH 中
LOOP4:  LPM                         ;取数据
        MOV     R16,R0              ;转入 R16
        RCALL   WB                  ;写入 18B20 1 字节
        ADIW    ZL,1                ;指向下一字节
        DEC     R18
        BRNE    LOOP4               ;共写入 8 个字节
        LDI     R16, $ BE           ;读 18B20 数据存储器命令
        RCALL   WB                  ;写入该命令
        LDI     XL, $ 74
LOP40:  RCALL   RB                  ;读出 18B20 数据共 9 个字节
        ST      X + ,R16            ;存入 $ 74 - $ 7C
```

```
        CPI     XL, $7D
        BRNE    LOP40
        RCALL   RESET           ;再次复位18B20
        LDI     XL, $74
        RCALL   CRCTBL          ;对读得数据进行查表法CRC校验(4.8.4小节)
        TST     R14             ;校验结果在R14
        BREQ    LLL
ERROR:  LDI     R16,15          ;CRC余式不为零,温度数据错误
        LDI     XL, $6C
EER1:   ST      X+,R16
        CPI     XL, $74
        BRNE    EER1
ERR1:   RCALL   DSPA            ;显示$FFFFFFFF,等待按键
        SBRC    R16,7
        RJMP    ERR1
        RJMP    START2          ;有键按下,重新启动
LLL:    LDS     R16, $74
        LDS     R15, $75        ;取温度数据R15为HIGH BYTE
        ST      Y+,R16
        ST      Y+,R15          ;温度转入SRAM
        BST     R15,7           ;数符存于T
        BRTC    PLUS            ;正数转
        COM     R16
        COM     R15
        LDI     R18,255
        SUBI    R16,R18
        SBCI    R15,R18         ;负数求补
PLUS:   MOV     R18,R16         ;小数部分转入R18
        SWAP    R16             ;整数部分整合为1字节
        CBR     R16, $F0
        SWAP    R15
        ADD     R15,R16         ;整数部分在R15/小数部分在R18低半字节
        CLR     R16             ;温度整数部分二翻十
        LSL     R15         ;最高位为0(先左移一位)/若最高位=1则温度>127℃(不可能)!
        LSL     R15
        ROL     R16
        LSL     R15
        ROL     R16
        LSL     R15
        ROL     R16             ;前4位(≤7)只移位不须调整!(整数最大为$7D=125)
        LDI     R17,4           ;温度整数部分为7位/只有低4位要经移位加调整处理
        MOV     R9,R17
```

```
CV8:     LSL     R15
         RCALL   LSDAA
         DEC     R9
         BRNE    CV8             ;C 中为百位 BCD(温度最大值为 125>100)
         ROL     R9              ;C 入 R9,(百位 BCD 已预清)
         MOV     R17,R16
         SWAP    R16
         CBR     R16,$F0
         MOV     R10,R16         ;温度十位(R10)
         CBR     R17,$F0         ;温度个位(R17)

         LDI     R19,4           ;小数部分只有 4 位/只需右移 4 位!
         CLR     R16
CV4:     LSR     R18
         ROR     R16
         BRCC    CV40
         INC     R16             ;移出位舍入/可不做!
CV40:    RCALL   RSDAA
         DEC     R19
         BRNE    CV4             ;小数部分二翻十
         LDI     XL,$6C
         CLR     XH
         LDI     R19,$24
         ST      X+,R19
         ST      X+,R19
         ST      X,R19
         BRTC    LOP55
         LDI     R19,$14         ;负温度,加负号!
         ST      X,R19
LOP55:   INC     XL
         ST      X+,R9           ;百位 BCD 装入 $6F 单元
         ST      X+,R10          ;十位 BCD 直接装入 $70 单元
         SUBI    R17,-$29        ;个位 BCD 加小数点后
         ST      X+,R17          ;装入 $71 单元
         MOV     R19,R16
         SWAP    R19
         ANDI    R19,$0F
         ST      X+,R19
         ANDI    R16,$0F
         ST      X+,R16          ;分解小数 BCD/并装入 $72 及 $73 单元
         CLR     R8
NORML:   RCALL   DSPA            ;显示温度数据 2.4 秒
```

```
        RCALL   DSPA                    ;4.63ms×2×256 = 2.4s
        DEC     R8
        BRNE    NORML
        DEC     R20
        BREQ    HALT                    ;采集完 4 点温度?
        RJMP    LOOP0                   ;未完循环
HALT:   LDI     R16,$1D
        OUT     WDTCR,R16
        LDI     R16,$15
        OUT     WDTCR,R16               ;已采集到 4 点温度,关看门狗
RDSPA:  RCALL   DSPA
        SBRC    R16,7
        RJMP    RDSPA                   ;无键按下,显示最后采集的温度
        RJMP    START2                  ;否则再次启动
DATA:   .DB   $28,$3A,$13,$08,$00,$00,$00,$E5      ;18B20 身份数据
        .DB   $28,$4A,$4D,$08,$00,$00,$00,$14
        .DB   $28,$3A,$19,$08,$00,$00,$00,$5E
        .DB   $28,$32,$33,$08,$00,$00,$00,$66
        ;复位 18B20 子程序
RESET:  SBI     DDRA,3                  ;PA3 为输出
        CBI     PORTA,3                 ;负脉冲前沿
        LDI     R19,4
RES1:   RCALL   DL170
        DEC     R19
        BRNE    RES1                    ;延时 682.75 微秒(最短可 555 微秒)
        SBI     PORTA,3                 ;负脉冲结束
        LDI     R18,146
RES2:   DEC     R18
        BRNE    RES2                    ;延时 110 微秒
        RCALL   DL170                   ;总共 280 微秒
        CBI     DDRA3                   ;转为输入(CHANGE TO INPUT)
        SBI     PORTA,3                 ;上拉电阻激活(PULL UP MOS ACTIVED)
        CLC
        SBIC    PINA,3                  ;18B20 存在标志存于 C
        SEC
        RCALL   DL170                   ;再次延时
        RET
DL170:  LDI     R18,224                 ;延时 170.75 μs(含 RCALL 和 RET 时间)
LP170:  DEC     R18
        BRNE    LP170
        RET
```

```
WB:       LDI    R19,8           ;写入 1 字节数据子程序
          MOV    R15,R19
          SBI    DDRA,3
LOOP2:    CBI    PORTA,3         ;数据线输出为低
          LDI    R19,23
LOP21:    DEC    R19
          BRNE   LOP21           ;延时 17 微秒
          ROR    R16
          BRCC   LOP22           ;1 位数据由进位 C 转入 PC3
          SBI    PORTA,3
          RJNP   LOP23
LOP22:    CBI    PORTA,3
LOP23:    LDI    R19,88
LOP24:    DEC    R19
          BRNE   LOP24           ;延时 66 微秒
          SBI    PORTA,3
          NOP
          NOP
          NOP
          NOP
          NOP
          NOP
          NOP
          NOP
          DEC    R15
          BRNE   LOOP2
          RET
RB:       LDI    R19,8           ;读出 1 字节数据子程序
          MOV    R15,R19
LOOP3:    SBI    DDRA,3
          NOP
          SBI    PORTA,3         ;数据线输出为高
          LDI    R19,5
LOP31:    DEC    R19
          BRNE   LOP31           ;延时 3.5 μs
          CBI    PORTA,3         ;数据线输出为低
          LDI    R19,6
LOP3A:    DEC    R19
          BRNE   LOP3A           ;延时 4.5 μs
          SBI    PORTA,3         ;数据线输出为高
          LDI    R19,26
LOP32:    DEC    R19
```

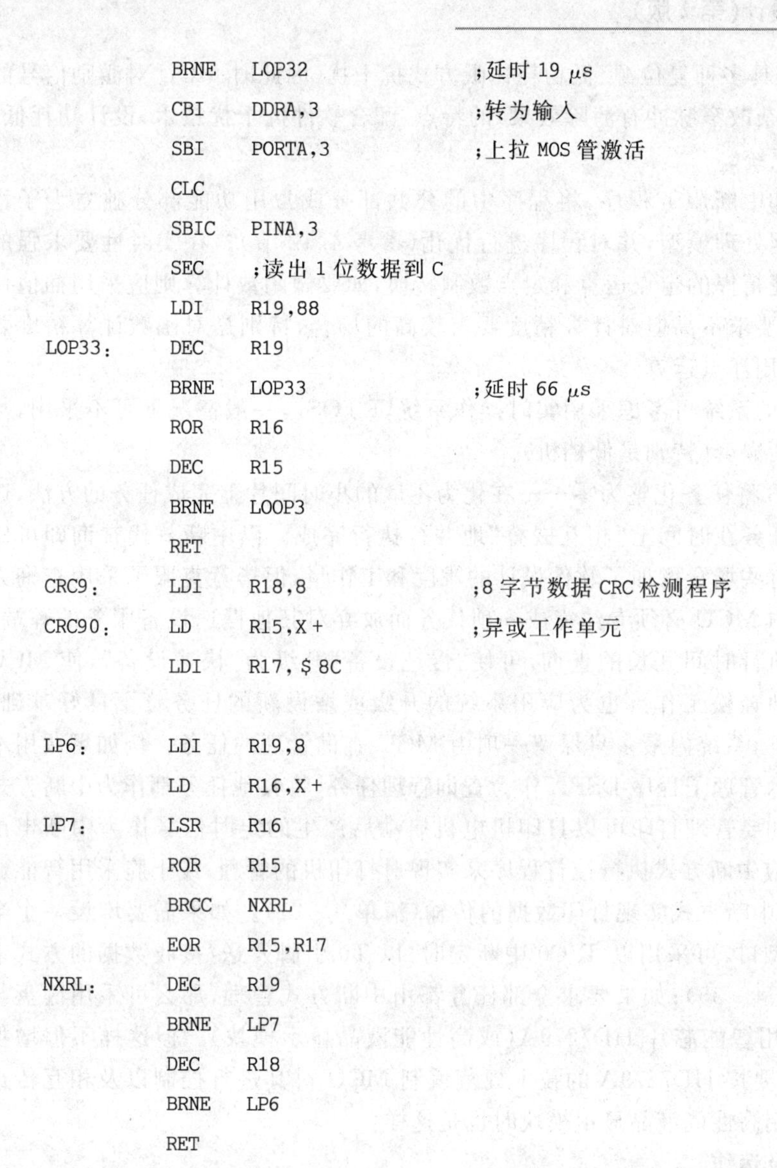

```
        BRNE    LOP32           ;延时 19 μs
        CBI     DDRA,3          ;转为输入
        SBI     PORTA,3         ;上拉 MOS 管激活
        CLC
        SBIC    PINA,3
        SEC     ;读出 1 位数据到 C
        LDI     R19,88
LOP33:  DEC     R19
        BRNE    LOP33           ;延时 66 μs
        ROR     R16
        DEC     R15
        BRNE    LOOP3
        RET
CRC9:   LDI     R18,8           ;8 字节数据 CRC 检测程序
CRC90:  LD      R15,X+          ;异或工作单元
        LDI     R17,$8C

LP6:    LDI     R19,8
        LD      R16,X+
LP7:    LSR     R16
        ROR     R15
        BRCC    NXRL
        EOR     R15,R17
NXRL:   DEC     R19
        BRNE    LP7
        DEC     R18
        BRNE    LP6
        RET
```

4.11　嵌入式系统软件设计方法

到目前为止已介绍多种主程序、子程序的设计方法片段，本节介绍嵌入式系统软件的一般设计方法。

1. 总　则

由于嵌入式系统软件和硬件可相互替代，须针对不同的硬件设置相应软件，故嵌入式系统软件设计应在软件和硬件综合平衡基础上决定具体设计方案。

① 根据任务的轻重缓急、任务性质及工作量进行任务分配，合理地利用资源：实时性强、重要且工作量较小的任务由中断服务程序完成；一般任务由背景程序通过查询键盘(或开关)控制完成。应充分利用 AVR 单片机中断资源丰富的特点，设计出高效、实时性强的嵌入式系统。

② 利用 AVR 单片机具多种复位源、低功耗休眠方式抗干扰(因此时 MCU 对激励信号的敏感度下降,故对杂散窄脉冲有滤除效果)的特点,配合软件抗干扰技术,设计功耗低、抗干扰功能强的系统。

③ 程序分为主程序和中断服务程序,将程序中的公共部分或常用功能部分独立为子程序。建立相关数据处理模型,并对程序进行优化(参考 4.12 节)。在实时性要求强的场合下应采用快捷精悍的定点运算和定点数制转换,如要做函数计算则应采用插值计算;反之在实时性要求不高但对计算精度要求较高的场合,特别是对函数计算精度要求高的场合,可采用浮点运算。

④ 对于复杂、功能强的系统可考虑采用实时操作系统(RTOS),一般情况下可不采用,甚至也可不采用中断嵌套(特别是低档机)。

⑤ 应尽量运用 RTOS 将任务化整为零——在化为零散的小时间片上完成任务的方法,这样就可以将多种任务在时间上"相互嵌叠"地并行执行完成。以中断替代查询即可作到这一点。虽然有些场合增加了软件设计的难度和工作量,但毕竟克服了采用查询方式在某长时间段内 MCU 必须专注完成一项任务而放弃对其他慢速设备服务的弊端。以响应中断替代执行时间冗长的查询,可使"慢速设备"升级为"快速设备",使 MCU 得以如释重负般地轻松工作。也为应用系统的升级或增设新的任务打下良好基础。故一般应用场合下,系统内最多只保留一项由 MCU 查询管理的任务。例如可调用本书提供的键盘显示管理子程序 DSPA 作为查询管理任务,将其他任务都作为中断方式管理任务。此时如要管理打印可以打印机电机启动后产生的定时信号作为中断申请信号,MCU 以响应中断方式执行控打程序来实现对打印机的管理,或干脆采用智能通用打印机,以响应中断方式实现打印数据的传输(清单 4-21)。如果需要增设一个半双工软件模拟串型口,可采用以 T/C0 中断定时、以 T0 引脚发送/接收数据的方式来实现(清单 4-24、4-35);如果要求全部任务都由中断方式管理,那么可采用键盘与 LED 显示管理专用智能芯片 HD7279A(或高性能液晶显示模块)。但这样不但增加系统成本,而且还要按 HD7279A 的技术规范编制 MCU 对其进行控制以及相互传送数据的程序。采用高性能液晶显示模块时也是这样。

2. 主程序任务分配及运作

① 主程序分为初始化程序和背景程序,前者对 I/O 寄存器(状态寄存器、堆栈寄存器、中断控制寄存器、定时器/计数器及其控制寄存器、MCU 控制寄存器、I/O 端口等)及系统使用的标志进行初始化设置,设置中断引导指令,对看门狗定时器设定溢出时间,将 SRAM 工作区清除等;后者可分为主背景程序和子背景程序,主背景程序(也称主循环程序)对最重要的数据如采样数据更新显示并对键盘进行管理(见 4.3.4 小节中对 DSPA 子程序的说明)。子背景程序是在主背景程序中查询按键(或开关)进入实现特定功能的程序,如功能表程序(4.1.2 小节)、显示系统时钟、累加和、打印输出程序(4.3.3 小节)等。在执行背景程序时可响应中断,中断服务实现数据采集、完成控制任务,之后仍返回背景程序。主背景程序也称主循环程序,请参考 4.3.3:键值处理程序、4.10.1:AVR 频率计程序以及 4.10.2:时基资源共享式测量系统中对主背景程序和子背景程序的说明。

② 应在背景程序中安排定时清除看门狗定时器指令。

③ 背景程序中MCU不能同时管理两个慢速设备，否则"顾此失彼"，不能兼顾二者的实时性，此时应将其中之一改为中断管理。但特殊情况可特殊处理，如若两种慢速运作其节拍周期相近或成倍数关系时，可不采用中断。例如以调DSPA子程序作为主循环程序时其节拍周期为4.618 ms，而一字节EEPROM写入时间约为4 ms(电源电压为5 V)，故可在调一次DSPA子程序后查询写入一字节EEPROM。但在一般情况下还是应将一个任务改为由中断服务完成：对于本例来说可将对EEPROM查询写入改为中断写入，即设置允许EEPROM就绪中断(8535/8534等有此功能)，在中断服务子程序中完成写入任务(见清单93)。

④ 经济方面的因素。设计一个完成特定功能的嵌入式系统，核心器件MCU以及外设是可在一定范围内选择的。一般说来，选择优质器件，不但可提高系统的性能指标，也减少软硬件设计工作量，这也与工期进度要求有关。如果任务急迫，但酬金丰厚，不妨设计成"高消费"型的：即MCU选用高档AVR单片机，可以充分利用其SPI、USART、TWI、ADC、PWM、RWW等功能，外设可采用智能型通用打印机(EPSON LQ－570、PP40、TPμP40a、WH－16等)、高性能的液晶显示模块OCMJ5×10，或专用键盘－LED显示管理芯片HD7279A等。一般情况下，采用这样的高性能的设备或器件可明显地减少了软硬件开发工作量，但这也不是绝对的。在时间允许条件下，或具丰富开发经验条件，采用低成本器件、设备也可以生产出性能良好的系统；例如采用功能稍逊的单片机，以定时器与端口线配合，用软件实现PWM输出或实现软件串型口，一般应用场合足可弥补硬件功能上的欠缺；微型打印机可采用EPSON MODEL150Ⅱ，自行设计驱动电路、编写其管理打印程序；液晶显示模块可选用大连东方显示器材厂的EDM240×128/64型的，但它不具备汉字库，而且必须在MCU方设置显示缓存区。因而必须首先给出ROM字模存储空间与其对应RAM显示缓存区之间的映射算法——以此算法将要显示的汉字字模从ROM存储器中取出，配置于显示缓存区，再将整个RAM显示缓存区逐字节地写入显示器；如果采用LED显示就可满足功能要求，可使用本书提供的DSPA键盘扫描－LED显示管理子程序。这样降低成本的效果是非常明显的。如果只生产一两台这样的设备，好处并不突出；但大批量生产其降低成本产生的经济效益非常可观，软件开发方面增加的开销与经济收入相比不足称道，而且这样的低成本系统的实时性也能满足绝大多数的应用场合(与MCU高速性有关)。

3. 中断源优先级分配及其运作原则

① 将实时性、随机性强、或发生频繁但服务时间短的事件(使用SPI高速同步串行口传送数据块是中断发生频繁但服务时间短的典型事例)对应于高优先级，特别是应将可能破坏系统关键性数据或可能导致系统崩溃的突发紧急事件(例如系统电源故障导致突然断电)对应于最高优先级，或将其即时转为最高优先级抢先处理；将实时性要求较差且服务时间较长的事件对应于低优先级(例如用于产生步进电机控制时序脉冲的定时器中断事件，为毫秒级信号；而且定时精度只要求3%，这意味着一般场合下即使是长时间的高优先级中断服务对其定时产生的误差也可忽略不计)。还有一些不允许进行优先级嵌套的特殊中断事件，例如中断模式下写入E^2PROM。可将突发紧急中断事件和不允许优先级嵌套的中断事件设置为高优先级：进入中断服务例程后不开放中

断;对于一般的中断事件才在进入中断服务例程后开放中断。但由于 AVR 的高速性,一般情况下某一中断对其他中断服务的时间延误可以忽略,设置中断优先级嵌套没有必要,尤其在中断源较少情况下更是如此。

② 如果系统的中断源较多并且对实时性要求较强,可以软件方法实现符合设计意图的中断嵌套;以软件保证高优先级中断服务得以优先进行;但若某优先级中断服务时间过长可能影响低优先级中断实时性时,应在其中断服务进行之前或任务的重要部分执行完毕后立即开放中断。

③ 中断源初始化并不一定必须在主程序中完成,可采用旋使用旋初始化,用完后即将该中断关闭(参看 4.3.7 小节通用宽行打印机检测及打印子程序 LPRNT)的方法,避免可能因干扰引发的无意义中断。

4.12 嵌入式系统常用优化设计方法

到本章结束,读者已对 AVR 单片机硬件结构、指令系统和常用程序设计已有了一定程度的了解。本节对书中采用的优化设计方法进行归纳总结,它们也适用于其他嵌入式单片机。因 ROM/RAM 空间互换平衡、以左右移位实现快速乘除运算等优化方法从 20 世纪 80 年代起就经常被介绍,本节不将其重复列入。

1. 环形(缓存)工作区的使用

该工作区设在 SRAM 内,主要是为了节省 RAM 空间(也可以用做数据缓存区),其运作特点如下:

① 任何嵌入式应用(或微机)系统里 RAM 空间总是有限的,不能随时间的无限而地址增至无限。当某空间(下图)存满数据,指针达到 RAMEND+1 时(超出工作区),将它改为 RAMSRT,使采样数据(或数据处理结果)轮回存放(参看 4.8.1 小节滑动平均子程序的设计说明),从 RAMSRT 至 RAMEND 这一空间范围即为 RAM 环形工作区。

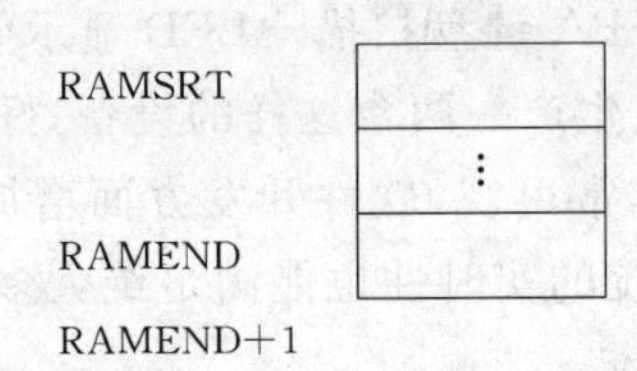

② 轮回存放冲掉了旧的被使用了的数据,因随着时间的过去,旧数据已失去使用价值。环形工作区的大小,主要与采样数据量以及采样速度有关。其大小设置应当合理:既要避免丢失数据或尽量降低丢失数据可能性,又要避免存储空间的浪费。

③ 嵌入式系统的内存更为有限,使用环形工作区更显得必要。

④ 由于环形区的特殊性,导致计算指针的特殊性——负的指针距离。本来新采样存放地址应是大于旧采样地址的,但由于 RAMEND+1 与 RAMSRT 的等价性,可能使新指针内容与旧指针内容相减为负值,或表现为新指针内容与指针距离的减差落在环行区之外(指针内容小于 RAMSRT)。这时只要将指针内容加上环形工作区的长度 L 就纠正过来。从图中很容易看出:

RANEND+1-RAMSRT=L(环形区长)

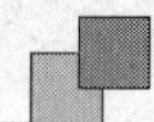

RAMEND+1与RAMSRT　等价

RAMEND+2与RAMSRT+1等价

RAMEND+3与RAMSRT+2等价

RAMEND+4与RAMSRT+3等价

……………………..

RAMEND+i+1与RAMSRT+i等价

……………………..

RAMEND+L与RAMSRT+L−1等价

故若RAMSRT+k作为被减数而使减差超出环行工作区时，应取与其等价的指针RAMEND+k+1来替代，就可将指针内容恢复到环行工作区之内。而RAMEND+k+1=(RAMSRT+k)+L。

⑤ 在环形区内可以同时设置多个数据指针，或一个指针身兼多职，按以上规则运作寻址(见4.3.9小节对打印机RAM缓冲区的说明)。

2. 限时检测

限时检测或称为超时检测，也是嵌入式系统优化常用的手段之一。如显示保护即是限于2 min内无按键操作进行的。对通用打印机(并行)限定检测次数，可查出打印机不能接收数据(故障、不存在、掉电等状态)，避免了MCU陷于死循环、漏操作、误操作等不应有的错误。限时检测也是自制(或主MCU自行管理)打印机所必须采用的方法。用MCU管理打印机(如EPSON MODEL150Ⅱ)，重要内容之一是根据打印机电机启动后提供的定时信号来检测复位信号(每一点行的起始位置)和出针信号(相邻两打点距离，即时间间隔)。如打印机故障或已取下维修，则MCU查不到上述信号而陷入死循环；若MCU以响应某外部中断(如INT1)方式执行控打程序，则表现为MCU接通打印机电机后不发生该外部中断事件。若我们限定在电机启动后20 ms(根据不同打印机而不同)，查不到所需信号则认为打印机不存在，退出打印程序。这样在打印机故障或取下维修(或打印机作为选配件，出厂可不配带，因有些应用场合不需打印记录)时仪器能照常使用，只是缺少打印项目而已，这也可以作为仪表在总体设计时就预设了的一项应急(也可称之为容错)措施。一般在设计打印程序时，还将打印数据从串行口发送出去，做为替代或备份，故缺少打印项目并不会造成数据丢失。

3. 互动制约

当欲从主程序中的背景程序(以反复调DSPA子程序为背景程序)进入某一功能程序，比如FUNC2(即4.1.2小节的功能表程序)时，可以手动接通一个开关。当查到该开关已被接通(即第一标志FLAG1[简写作F1]，已被建立)时进入这一功能(与功能键按下类似，但功能键因可以键值相区别，故一般不建标志，执行完功能之后，即返回主程序)，并马上建立第二标志F2，F1和F2同时存在，表示程序处在这种特定功能状态之中。当功能操作完成，欲返回背景程序时，撤销第一标志F1(打开开关)。当在公共媒体(子程序DSPA)中查到F1已被撤销而F2尚存在时，将F2也撤销并立即跳转主程序，实现快速返回主程序并使程序简化。F1、F2表现为相依共存，互动制约的关系，利用这种关系，可实现主程序中各功能之间的快速切换。

本示例中用两位标志F[2:1]=00或F[2:1]=11表达出两种稳定状态，以F[2:1=10]或F[2:1]=01为过渡状态(暂态)，实现了背景程序状态与一种特定功能状态之间的快速切换(即过渡)。增加设置标志位可实现背景程序状态与多种特定功能状态之间的快速切换。

实际上在嵌入式系统中,MCU 中断应答信号与智能外设(通用打印机),或外围器件(通用同/异步串型接口 USART、两线串行接口 TWI 等),以及扩展接口芯片(INTEL8251/8250 等)发出的中断申请信号、MCU 与看门狗之间也都是相依共存,互动制约的关系。中断源(边沿触发或电平触发)中断申请信号引起 MCU 中断,MCU 响应中断进入中断服务,以硬件清除边沿触发时建立的中断标志位或以读写数据方式撤销低电平(或清除中断标志位),为下一次中断作准备。若 MCU 正在为高优先级中断服务,则中断标志或低电平将一直保留到中断事件得到响应并进入中断服务为止。我们看到 MCU 中断响应和外部(外围)中断申请互为存在前提,既互动、互斥(表现为时间上不能共存),又存在于统一体中;MCU 正常工作时,不断定时清除看门狗定时器,使其总是在通向溢出的进程中不断夭折,两者都处于正常工作状态。若偶然发生干扰使 MCU 迷途不返,则看门狗定时器溢出目的达到,复位 MCU,使其步入正轨,又恢复了正常工作状态。由此可见,在嵌入式系统的硬、软件设计以及系统运行过程中,互动制约机制总是经常起作用的;说得更确切些应该是:任何广义的系统,失去互动制约机制便不能维持正常运作,或只能维持暂时运作。其实看门狗定时器在微机出现之前就已被采用了,现在的看门狗只不过是与微控制器集成在一起,功能更强、可靠性更高。

也可以在系统内部互动运作的对立面,例如主循环(即背景)程序和中断服务子程序之间(二者互动关系概略为,主程序里可允许/禁止中断事件的发生;中断采集的数据交给主程序处理显示,以建立或清除某些标志位来交换特定信息或决定程序走向等,见 4.5.5 小节及清单 4-36～4-37)建立可靠性互动制约检测机制,以堵塞系统安全运行的漏洞,弥补看门狗功能的局限性,从而提高系统的可靠性:在二者内部都设置硬件(或软件)计数器,以某种节拍令其增 1 计数;并分别以小于对方计数溢出之周期清除对方计数器。这样,当主循环程序部分或中断服务子程序部分出现故障时,对方计数器产生溢出,据此可判断故障发生的部位,以便及时采取相应处理措施。例如,某中断源因硬件故障使其不能产生中断信号,或中断控制寄存器相关控制标志位被干扰清除,因此该中断服务例程不能被执行,导致主循环(即背景)程序中的计数器溢出。具此便可揭示隐患存在部位。对于一般应用场合,如果适当扩大主循环程序的运行范围,即将其循环入口提前,把对一些 I/O 寄存器的初始化也包括进去,实现对重要的 I/O 寄存器执行周期性重复初始化,也可以及时“修复”被干扰破坏掉的寄存器的相关位。

互动制约关系也应用在某些串行读/写芯片的数据传输上。例如 MCU 以模拟口读/写模数转换器 AD7701/05/15/14/45 过程中,其串行时钟 SCLK 可以是不连续的,即它可以是非周期性的,或其高(低)电平可以被停留任意长时间而不会发生数据传输错误。

4. 精确定时

精确定时是一种新概念定时,不由晶体标称频率设定分频系数进行不计余数的整数除法分频,而由晶体实测频率经预分频后(或不分频)设定两个时间常数:主常数和余数补偿常数。其中主常数被设置为零,好处是不需要重装、避免重装耗时产生误差;定时时间到时只需将余数补偿常数修正再重装;也可直接对主频(即选分频系数为 1)设置时间常数。后者因不产生预分频余数,定时精度可做得更高(见程序清单 4-25～4-30)。一般 1～8 MHz 晶体定时精度可达1 μs/s,即百万分之一或更高(见 4.4 节)。

5. 容错处理

在线性内插程序中,如找不到插值区间,也给出程序出口,使函数取得最小或最大值,从而避免了错误结果或陷入死循环。在用软件模拟口接收串行数据时,将每位接收数据的时间(位

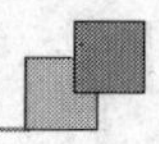

宽度)适当缩短,使得高优先级中断服务造成的时间延误不影响正确接收。在基显子程序DSPY中,以行、列值直接计算键值(或键值代码)。多键按下时只取最先查到的那个键,保证得到有效键值或有效键值代码。如果采用按行、列值代码进行某种编码算法,多键按下时可产生无效键值代码,从而查出无效键值。

6. 快速返主

有两个意义:一是从中断服务(或子程序)快速返回主程序,缩短了程序执行时间;另一个更具有实际意义,使服务时间过长的高优先级中断服务提前结束,让位给低优先级中断。

① 调用子程序或中断服务执行之后,可不按部就班地以栈顶地址返回,可修改栈顶,使程序返回到主程序中一个合适地方,将中断服务任务搬到此处来进行;如果开放了中断,其他中断事件也就会提前得到服务。修改栈顶提前返回的好处是速度快,容易确定过渡时间,不然返主后要几经周折才能转到这个地方,时间上也不好确定。

② 若某子程序 SUB_1 中返回指令 RET 之前是一条调另一子程序 SUB_2 指令 RCALL SUB_2,则可将其改为 RJMP SUB_2,并可删掉下面的 RET 指令,节省了一次入、出栈操作,既节省了堆栈 RAM 空间(对多重子程序嵌套特别有意义),又缩短了子程序的执行时间。

③ 在中断服务子程序中执行 SEI 指令,可使中断嵌套,但因 AVR 高速,中断服务时间短,在一般情况下,某一中断服务对其他中断服务实时性产生的影响可以忽略不计,故中断嵌套意义不大,也就不设中断优先级寄存器以及相应的运作机制。在中断嵌套的情况下如果某种事件中断服务时间很长,可能影响其他中断服务的实时性时,可将中断服务首要任务执行完毕后立即开放中断,这种开放了中断的中断服务程序相当于提前返回主程序一样,其他任何中断都可能打断它,即其他中断事件可提前得到服务。

④ 可利用标志和开关,在公用媒体(即调用子程序)中,不经返回指令,直接跳回主程序。从而避免在频繁调用子程序过程后,对标志和开关都必须进行的频繁测试。见4.3.4小节和清单4-11中从功能表程序返回主程序的说明(将这些频繁测试工作都放在公用媒体中进行)。但这样做要求子程序返回到主程序中堆栈初始化之入口处,执行堆栈重新初始化。

7. 定时常数自然增量扣除法

如我们用 T/C1 做定时器,以其定时溢出中断(一般为达到规定次数的溢出中断)服务完成某种任务,并重装时间常数(以及规定的溢出次数)为下次任务做准备。最理想的重装方法是采用自动重装方式,没有丝毫延误,例如 MCS-51 系列单片机中的52子列的定时器 T_2,但 AVR 单片机没有这种方式。

我们知道,T/C1 溢出后,即从0开始计数,经中断响应(至少4个时钟周期,如采用 4 MHz 晶振,已过了 1 μs),中断服务开始的保护现场及其后所做的一系列判断,测试,数据处理,还可能有高优先级中断挤占时间等,已经过了若干时间,TCNT1 中所计的数真实地反映了该时间。在重装时间常数时,把它考虑进去(即扣除),就能做到准确定时。因普通模式下定时器/计数器都工作在加法计数方式,故定时常数都是取补码形式,修正后的常数应是变小了,表现为补码视为无符号数变大了。自然增量扣除法请参看4.4.1、4.4.2等小节的说明,并与程序清单中打*号的指令及注释对照。

注意,定时常数一般都取为补码,加法修正时,取自然增量加上定时常数为修正后的重装常数;减法修正时,取自然增量减去定时常数原码为修正后的重装常数。当自然增量较大(即高优先级中断服务时间过长)时,加法修正可能产生进位(与之对应的是减法修正可能不产生

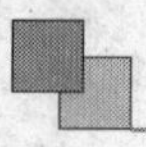

借位),此时应将中断溢出次数 n 减 1(见 4.10.1 小节:"AVR 频率计程序"等)。

8. 特殊事件通用处理法

有一个无符号十进制数 X,由 3 字节压缩 BCD 码表示。要把它转成 6 位 ASCII 码,并加上小数点将它们打印出来,而小数点位置由 R10 内容表示:0 为无小数点,即 6 位整数,1～4 为有 1～4 位小数。粗看起来 0 应该单独处理,但仔细推敲,还是可以与1～4通用处理的:可将 3 字节压缩 BCD 码从低位节字到高位字节的顺序一个个拆开,每转换出一位 ASCII 码,即减 R10 一次,减为 0 即加 ASCII 码 $2E(小数点)。而 0 要减 256 次才能为 0,X 数位有限,转换出 6 个 ASCII 码数字后即结束,远小于 256,故若(R10)=0,不会加上小数点,使特殊事件不用特殊处理即获解决。其实 AVR 单片机对定时器/计数器计数脉冲源的控制就是采用这一方法:不设专门关闭计数器指令和相应硬件,只将一个特殊分频设置 000 作为关闭计数器的开关(见表 1.2 和表 1.3),明显地优化了设计。

9. 双字节计数器的优化

有时要用 16 位计数器控制块处理或块传送等操作,AVR 单片机也同 MCS－51 单片机一样,没有专门的通用 16 位计数器(这一点远不如 Z80/MCS－96 方便)。要使用 16 位计数器必须用 2 个 8 位寄存器来拼成,这样 2 个 8 位寄存器之间就有减(增)1 衔接问题。可这样对双寄存器组成的计数器进行优化:将双寄存器视为字寄存器,将块长字型变量(或常数)装入其中,若低位字节内容不等于 0,将高位字节增 1。之后将低位寄存器作为内层减量循环控制,将高位寄存器作为外层减量循环控制,这样可省去很多两寄存器间衔接和联合判 0 等操作,达到简化程序、节省时间、提高运行速度的效果,请参看 4.3.10.小节的软件延时子程序和 4.8.4 小节中对块长的说明。其优化原理非常简单,例如:块长 900=256×3+132,则低位寄存器内应装入 132,高位寄存器内装入 3,增 1 后为 4。高位寄存器增加的 1 对应于低位寄存器内容从 132 减到 0;高位寄存器中余下的 3 都对应于低位寄存器内容从 0 减到 0,故总共减量次数为 256×3+132=900。若块长为 768,则因 768=256×3,高位寄存器内装入 3,低位寄存器内应装入 0。低位寄存器内容 3 次从 0 减到 0,总减量次数即达到 768。即低位寄存器为 0 时,不对高位寄存器增 1。

对于特殊常数,以上优化方法的好处可能不明显,例如 900=9＊100,只要将立即数 9 和 100 分别装入内、外层寄存器即可。但是我们经常处理的是随机变量,不可能采用特殊处理方法都可解决;即使在特殊应用场合恰好碰到合数,也不见得都可分解为 8 位寄存器放得下的子因数(如可能采用 3 重循环也不免浪费资源);如果碰到素数(例如 709、971),更是束手无策。而以上双字节寄存器优化方法是普适的。

以上优化方法对于任意多字节计数器都适用。例如处理特大数据块,循环变量为 3 字节时(块长最大为 8 兆字节),若低位计数器不为 0,将中位计数器增 1;中位计数器增 1 后不为 0,将高位计数器增 1(低位计数器为 0 时直接测试中位计数器,决定是否对高位计数器进行增 1 操作);将处理后的低位、中位和高位计数器分别作为循环体内、中、外层减量控制计数器。

10. 变静态设计为动态设计

从物理学中了解、日常生活中观察以及通过生产实践,我们知道静与动总是相对的。静态设计和动态设计技术也是嵌入式系统应用和电子技术应用中常用的设计方法。例如 RAM 存储器有静态、动态之分,定时/计数器数据可静态读写,也可动态读写等。静态、动态设计各有其优缺点,但概而论之,在嵌入式应用系统中动态设计是优于静态设计的。动态设计可作到资源共享，使多种任务并行运行，提高系统的功能和运行速度，节省嵌入式系统的宝贵资源和时间。请看以下各例：

(1) 脉宽调制出 PWM 的静态设计方法为，在输出比较寄存器中设置固定的脉宽(或低电平)的时间常数，以及规定时间达到时的输出状态。使定时/计数器从零开始计数，当比较匹配达到时清除定时器/计数器，或用其他方式限定定时器/计数器的 TOP 值，或干预定时器/计数器的计数方向等。动态设计的定时方法是将定时/计数器的当前值加上时间常数装入输出比较寄存器，不对定时/计数器清零或进行写操作等干预，使其不停地单向加法计数运行。从而实现时基资源的共享，达到一种器件"身兼多职"的效果(见 4.10.2 小节及清单 4-67)。

(2) 对看门狗的管理也可不采取定时清除看门狗定时器的方法，而是在看门狗定时器产生溢出之前将溢出目标不断前移。这样在 MCU 正常工作情况下溢出目标也是无法达到的，使得看门狗定时器可与其他设备(器件)共享时基资源。

(3) 嵌入式系统中的键盘一显示管理程序，一般是将其设计为主程序中(固定)的主要

背景程序，所有数据的显示、按键功能执行、判断去抖等工作都必须返回到该程序中进行，造成许多不便。若将键盘一显示管理程序写成子程序形式，则可在程序空间的任何地方调用它(相当于键盘一显示管理程序在整个程序空间内动起来)，实现不同场合数据显示和键控功能的执行。并可在不同的程序段对键值进行重新定义，使键盘-显示管理程序功能得以扩充。更重要的是使查键释放和去抖实现流水线作业，使简易键盘达到按键响应快，显示稳定，提高键盘-显示管理程序设计质量等效果(见 4.3.4 小节)。

11. 多数表决

多数表决为人们在政治、经济、社会等范畴内举行活动时，对重大事件进行判断与认定所采取的最基本的运作规则，它体现了社会科学的精华。具有集思广益、博采众长、纠正个体错误偏见等效果。其实这种运作规则早已被引入到技术科学之中，例如对于可能引起严重安全、经济后果事件的探测与判断，可设计为在多个(奇数)装置上并行进行，以多数表决结果决定执行机构是否动作，或如何动作(最典型事例为国家军(兵)种导弹防御系统)。这样若个别装置因干扰、老化等原因发生错误，也不至于影响整体判断结果；若只用一台设备，万一产生误判，则后果不堪设想。采用多数表决可将误判概率降到极低(可以认为是不会发生的事件)。

本书 1.13.6 小节异步串型数据的位接收判断方法，4.8.1 小节滑动平均子程序中以前 N 个采样成员之集体特征(算术平均)作为接纳新成员标准，以及 5.4.1 小节以 N 个样本点进行直线拟合(采用最小二乘法，使误差平方平均达到最小)，都是多数表决如何运作的示例。故多数表决也是一种优化嵌入式系统硬、软件设计的方法。

第5章 AVR浮点程序库

有些应用项目要求嵌入式系统、仪器仪表具有拟合曲(直)线、质量控制等数理统计方面复杂计算功能,这些计算只能使用浮点运算才能解决。故设计 AVR 浮点程序库是很有必要的。

本章主要结合 AVR 单片机软件资源特点,讲述 AVR 浮点程序库的设计方法,详细介绍基本运算子程序、函数计算子程序和数制转换子程序的设计方法。

为便于读者理解浮点运算过程,还介绍了 IEEE 浮点数结构和特点。

本书采用的 IEEE 浮点数格式与当前流行的 IEEE-754(32)格式略有区别,但 IEEE-754(32)标准浮点数不能直接参加运算,采用将其转换为本书浮点数格式后再参与运算;两种浮点数格式间的相互转换是很容易实现的(见 5.1.3 小节)。

本章最后附有浮点程序应用的实例(清单 5-17、5-18)。在 4.3.8 小节里(程序清单 4-19、4-20),介绍了使用正弦函数、三角函数在液晶显示屏 OCMJ5×10 上绘制曲线的方法。

ATmega16 单片机具有 8K 字的程序空间,但 ATmega8535/8515 等中档 AVR 升级产品只具有 4K 字的 FLASH 存储器,容量有限,故在使用浮点程序库时可考虑依照不同情况对其进行剪裁,删除与使用无关的部分。

AVR 浮点程序库只涉及对寄存器文件、堆栈(计算函数值时必须调用荷纳法计算幂级数展开式多项式值,使用堆栈操作指令不可避免)和少量片内 SRAM 单元操作。而 AVR 单片机各种机型都采取 32 个寄存器文件结构,故除少量不支持 PUSH/POP 指令的低挡机外,AVR 多数机型都可运行浮点程序库;对于不支持 PUSH/POP 指令的低挡机,可使用浮点程序库中的基本运算子程序和定点数制转换子程序。

5.1 AVR浮点程序库的特点

5.1.1 AVR浮点程序库的设计特点

AVR 浮点程序库主要是参照 MCS-51 浮点程序库移植而成,因而保留了 MCS-51 浮点程序库的优点(见参考文献 6)。以 AVR 单片机寄存器文件 R8~R15 对应MCS-51单片机第一组寄存器 R0~R7(08H~0FH)。主要改动为:在寄存器文件中直接完成算术、逻辑运算和移位操作。因未将浮点累加器和浮点操作数设在 RAM 里,避免频繁使用间址寻址,故在使用相同晶振条件下执行相同功能子程序的速度,AVR 单片机超过 MCS-51 单片机 20 倍。

AVR 单片机共有 32 个寄存器文件,低端 16 个寄存器文件 R0~R15 没有涉及立即数操作的指令，功能上明显不及高端的 R16～R31。本着将麻烦留给自己，把方便让与他人的设计原则，浮点程序库中尽量使用低端寄存器。除了在调用荷纳法计算多项式值子程序 FPLNX 中必须使用 Z 指针查数据（即以浮点数表示的多项式系数）表格外，只使用了高端中 R16、R17 两个寄存器。R16 中的各个位主要作为正负数、实虚数、数值大小界定等方面的标志；R17 主要用于对立即数进行算术、逻辑运算，或 R0～R15 涉及立即数操作时的“中介”，这样将大部分高端寄存器留给了用户（用户在使用浮点程序库时，可不加保护地同时使用 R1～R4 和 R18～R29 共 16 个寄存器）。这使得在某些使用浮点程序库的场合可将全局变量和局部变量都放在寄存器文件中，因而是非常有意义的。另一方面，由于采取了优化措施，不会因此降低程序的运行速度。若以 R18～R21 替代 R8～R11，可将程序进一步简化，速度获稍许提高。

为提高浮点运算速度，对浮点程序库数学模型做了优化处理：例如，浮点加法子程序中，当两个加数异号须做减法运算时不拘泥于减法操作顺序，以加数作为被减数；浮点除法子程序中，当被除数尾数的模大于或等于除数尾数的模时，直接进入相减记商而不是先右移被除数尾数；对于 8 位机，以模拟手算代替传统牛顿迭代开平方；以反正弦函数（替代反正切）作为反三角函数的主体函数；依照自变量尾数所在不同区间采用不同公式计算对数函数值；针对自变量数模大小采用相应公式计算反正弦函数值；在反正弦、反余弦函数子程序中采用快速互动编程等。而且采取严密措施监视浮点运算过程中可能产生的溢出。因有以上优化手段支持，本 AVR 浮点程序库提供的浮点运算和函数计算优于 C 语言库函数调用。

本章对对数函数（5.3.4 小节）和指数函数（5.3.5 小节）的误差特点做了分析说明，指出在使用这两个函数时应注意的问题。

5.1.2 AVR浮点程序库的优点

AVR 浮点程序库继承了 MCS－51 浮点程序库的优点，主要有以下方面：

1. 采用了 IEEE 单精度浮点数，以移码为阶码，以原码为尾数，精度高（24 位二进制的精度）；采用独特的移码加减判断溢出的算法，有利于优化编程，一般情况下能达到 7 位十进制数据的精度。

2. 程序库内容丰富，优化程度高，嵌套合理，结构谨严，在 2 KB 空间内包含有对数、指数、三角函数、反三角函数、双曲函数、反双曲函数等 20 多种函数子程序，以及浮点加、减、乘、除、开平方等基本运算子程序共 100 多个。AVR 转移、转子指令都为相对性质，而惟一使用的一条 IJMP 指令由于使用方法特殊（基地址随程序空间浮动），也属相对寻址，故程序库空间具有浮动性。

3. 将开平方也作为加、减、乘、除同一层次的运算（模拟手算，快于牛顿迭代）。因开平方程序与反正弦函数（及其衍生函数）、反双曲函数有关，提高了相关函数计算速度。

4. 采取严密措施，封锁可能溢出，并以 V 标志位指示运算溢出；必要时调用每个浮点运算子程序后都应查一下 V 标志，看是否有溢出产生，决定如何处理。如认为参与运算之数模（绝对值）非常有限，不会很大或很小；也不存在数值非常接近的两浮点数相减，使差有效位数丧失殆尽的极端情况；或认为不会因干扰等原因破坏数据而导致运算溢出等情况，可不必关心 V 标志位。

5. 浮点运算各子程序入口、出口规范统一。具体安排如下：对加、减、乘、除、开平方等基本运算子程序和各种函数计算子程序，将操作数和操作结果都放在寄存器 R8～R15 中。单操作数如 FPSQ 和各种函数计算子程序中自变量 x,一律放在 R12～R15 四个寄存器中,其中 R12 内为阶码,R13～R15 内为尾数,R13 内为尾数的高位字节。

双操作数中将含"被"意义的第一操作数,如被加数、被减数、被乘数、被被数、被求对数数(即 $\log_a x$ 中的 x),被乘方数(即 a^x 中的 a)等放在 R8～R11 之中,其中 R8 内为阶码,R9～R11 内为尾数,存放顺序与 R12～R15 对应。第二操作数放在 R12～R15 之中。运算结果占据 R12～R15。如不希望破坏原始数据或中间运算结果,应在运算之前将它们转入 RAM 区保护。

6. 浮点数比较大小子程序入口条件与浮点减法相同,但不做减法运算,以 Z、C 两标志位状态判断两数大小。

7. 数制转换子程序入口、出口条件如下:

(1) 长整数规格化为二进制浮点数子程序 LINOM 的入口条件为:二进制长整数在 R9～R12 中,R9 为高位字节(其最高位为符号位)。出口条件为:规格化二进制浮点数在 R12～R15 中。

(2) 定点十进制数翻为二进制浮点数子程序 DTOB1 的入口条件为:定点十进制整数部分在 R9～R11 内,R9 为高位字节,总共为 6 位 BCD 码;小数部分在 R12～B15 内,共 8 位 BCD 码,R12 为高位字节;标志 T=0 表示正数,T=1 表示负数。出口条件为:规格化二进制浮点数在 R12～R15 中。

(3) 浮点数十翻二子程序 DTOB 的入口条件:十进制浮点数在 R11～R15 中,R11 最高位为数符,次高位为阶符,0 为正,1 为负;R11 其余 6 位为十进制浮点数的阶,共 2 位 BCD 码,最大值为 38(参看 IEEE 标准浮点数所表示的数模范围的说明);R12～R15 为十进制浮点数的尾数,共 8 位 BCD 码,R12 内为高位字节,小数点在 R12 最高位之前。出口条件为:规格化二进制浮点数在 R12～R15 之中。

(4) 浮点数二翻十子程序 BTOD 的入口条件为:二进制浮点数在 R12～R15 内(单操作数位置)。出口条件为:十进制浮点数在 R8～R12 内,其中 R8 最高位为数符,次高位为阶符,0 为正,1 为负;R8 其余 6 位为十进制浮点数的阶,2 位 BCD 码,最大值为 38;R9～R12 为十进制浮点数的尾数,为 8 位 BCD 码,小数点在 R9 最高位之前。

(5) 二进制浮点数快速翻为十进制定点数子程序 FBTOD 入口条件为:二进制浮点数在 R12～R15 之中。出口条件为:十进制定点整数部分在 R8～R11 内,8 位 BCD 码;小数部分在 R13、R14、R15 和 R12 内,8 位 BCD 码。本子程序未涉及数符处理。对负数应先存数符再取其绝对值,转换之后再配置数符,或待显示、打印时再加上数据符号。调用该子程序后,应测试 R16 第 5 位,若该位为 1,表示二进制浮点数的绝对值≥2^{24},分离出的二进制浮点数整数部分已多于 24 位,无法进行二翻十。

8. AVR 浮点程序库占用资源情况以及使用注意事项:

(1) 若只使用浮点基本运算子程序和定点数制转换子程序(用 BRK 子程序将浮点数分解为整数、小数两部分再分别进行定点数二翻十),占用 R5～R17 共 13 个寄存器,并使用 \$70～\$73 共 4 个 RAM 单元作为暂存,故有 R0～R4 和 R18～R31 共 19 个寄存器留给用户使用。

(2) 若使用函数计算子程序和浮点数制转换子程序,则还要使用 R0、R30、R31(FPLNX 子程序中使用 Z 指针查数据表格,且查得数据必须放在 R0 中),即总共要使用 16 个寄存器,故剩下 R1～R4 和 R18～R29 共 16 个寄存器留给用户。由于函数计算子程序都要调用计算多项式值子程序 FPLNX,再加上子程序嵌套等因素,AVR 浮点程序占用栈区最多可达 10 字节(在调用 LGAX、FSQR 等子程序时),故在使用浮点程序库时要考虑堆栈深度。

(3) 对浮点程序库的内部运作细节不必深究,只要注意使用方法和注意事项。原始数据一般都为定点数据;最终计算结果也要转换为定点数。由定点数进入到浮点程序库的'入口'子程序主要有:①长整数规格化为二进制浮点数子程序;②定点混合型十进制数翻为二进制浮点数子程序 $DTOB_1$;③商为规格化浮点数的除法子程序 DIV16F(第 3 章);④一字节正整数规格化为二进制浮点数子程序 NRML 等。由浮点程序库'出口'到定点数的子程序主要有浮点数取整子程序 GINT 和二进制浮点数快速翻为十进制定点数子程序 FBTOD 等。

(4) 浮点程序库延用了旧版的 RJMP. R CALL 指令,如空间不够可改为 JMP/CALL 指令(ATmega16)。

通过以上叙述可看出,本书提供的 AVR 浮点程序库既属结构紧凑、袖珍型的浮点程序库,也是功能强、内容丰富的浮点程序库。

5.1.3 IEEE 浮点数格式

该浮点数采用移码为阶码(占 1 字节),移码可认为是在补码数轴上,将原点(0)右移 \$80 个单位而生成的。移码与补码间有如下简单关系:移码=补码(阶)+\$80,即以\$80～\$FF 表示 0～+127,以\$01～\$7F 表示-127～-1,而\$00 只表示浮点数 0 的阶码。尾数采用原码形式(占 3 字节)精度达 24 位,折合成十进制数精度可接近 7 位。数符附在尾数最高位上(不占数据位),0 表示正数,1 表示负数。数模范围为$2.94\times10^{-39}\sim1.7\times10^{38}$。格式如图 5.1 所示。

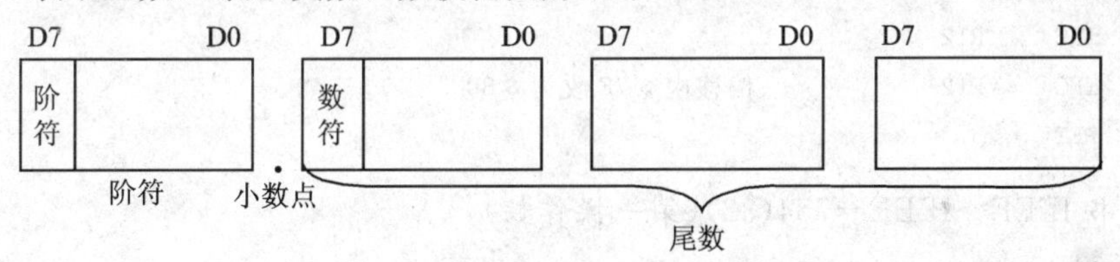

图 5.1 IEEE 单精度浮点数格式

注 1:如果单精度浮点数系由十进制数转化而来,那么为保证浮点数精度达到 24 位,原始十进制数据精度至少应达到 7 位。为了方便,一般就取为 8 位 BCD 码,这样才能保证单精度浮点数的原始精度。若原始十进制数据只取 6 位 BCD 码且有效数字的模较小(如 0.123456),原始数据精度就不够,经多次浮点运算后,使计算结果精度下降更多。

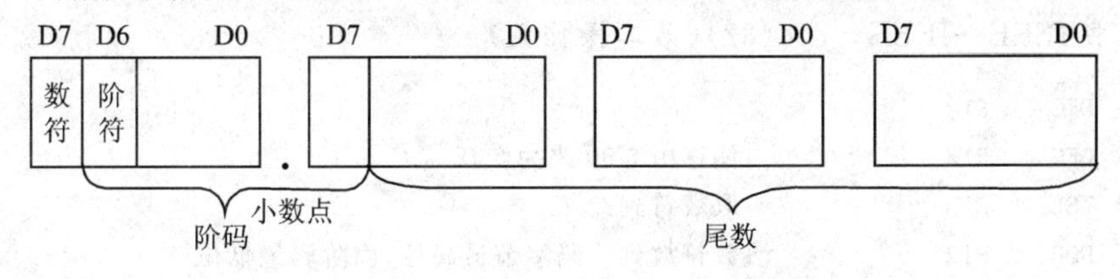

图 5.2 IEEE754(32)标准浮点数格式

注 2:如果读者习惯使用 IEEE－754(32)标准浮点数(见图 5.2),它很像一个长整数,(因其具有长整数的某些特征,可称之为"伪长整数")故可按存放长整数规则将其存放在 RAM 区(地址为 4 的倍数)。它与本书浮点数格式很相似:采用移码为阶码,尾数精度 24 位,数符不占数据位,阶码、尾数所占空间排列顺序相同。但 IEEE－754(32)标准浮点数移码偏移量为

$7E,对数据溢出门限定义不同;数符(兼尾数最高位)放在第一字节的最高位;阶码占据第一字节的其余 7 位,以及第二字节的最高位;第二字节的余下 7 位,以及第三字节、第四字节为尾数其余的 23 位。由于阶码、尾数跨字节存放,故 IEEE-754(32)标准浮点数是不能直接参加运算的。必须将其转为本书浮点数格式后方能参与运算。

下面是基本运算中 IEEE-754(32)标准浮点数与本书浮点数两种浮点数格式转换子程序,其中第一操作数放在 R8(阶码)、R9(尾数高位字节)、R10(尾数中位字节)和 R11(尾数低位字节)中。第二操作数放在 R12、R13、R14 和 R15 中,存放顺序及内容与第一操作数对应(见 5.1.2 小节第 5 条)。

(1) IEEE—754(32)→本书 IEEE(第一操作数)

```
FRMC1:  LSL     R9          ;阶码最低位移出(经由 C)
        ROL     R8          ;移到阶码所占字节;阶码占据完整字节;数符移出到 C
        ROR     R9          ;数符移到尾数最高位;尾数高位字节复位
        INC     R8
        INC     R8          ;偏移由 $7E 改为 $80
        RET
```

(2) IEEE—754(32)→本书 IEEE(第二操作数)

```
FRMC2:  LSL     R13         ;阶码最低位移出(经由 C)
        ROL     R12         ;移到阶码所占字节;阶码占据完整字节;数符移出到 C
        ROR     R13         ;数符移到尾数最高位;尾数高位字节复位
        INC     R12
        INC     R12         ;偏移由 $7E 改为 $80
        RET
```

(3) 本书 IEEE→IEEE—754(32)(第一操作数)

```
FRMC3:DEC     R8
      DEC     R8            ;偏移由 $80 改为 $7E
      LSL     R9            ;取数符到 C
      ROR     R8            ;数符放到阶码字节最高位,而阶码最低位
      ROR     R9            ;移出到尾数最高位;尾数高位字节复位
      RET
```

(4) 本书 IEEE→IEEE—754(32)(第二操作数)

```
FRMC4:  DEC     R12
        DEC     R12         ;偏移由 $80 改为 $7E
        LSL     R13         ;取数符到 C
        ROR     R12         ;数符放到阶码字节最高位,而阶码最低位
        ROR     R13         ;移出到尾数最高位;尾数高位字节复位
        RET
```

两种浮点数格式对溢出数模之限定有差异,但溢出极少发生,故在一般应用情况下可不考虑以上格式转换产生的影响。

对于 IEEE-754(32)标准格式浮点数,可先调用子程序 FRMC1 和 FRMC2 将其预先转

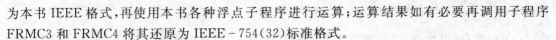

为本书 IEEE 格式,再使用本书各种浮点子程序进行运算;运算结果如有必要再调用子程序 FRMC3 和 FRMC4 将其还原为 IEEE-754(32)标准格式。

IEEE 浮点数加、减、乘、除运算都是对绝对值进行的,运算前保存数符(乘、除运算先对积、商符号进行处理并保存),恢复尾数最高位;运算后配置结果数符,具有精度高(尾数中数符未占数据位,使 24 位全部为有效数据位),乘、除运算方便,求补也方便的特点(只须求反数符,因此也称求负)。移码加、减运算虽不能像补码那样可利用 V 标志位直接判断溢出,但可通过简单运算间接判断溢出。

根据移码特点,可得出下面移码加、减运算判断溢出的方法:移码之和(或差)加上(或减去)$80 即为和(或差)的移码。移码求和有进位,将和加上$80,如还有进位产生,即为溢出。此时 AVR 单片机状态寄存器中的 C、V 两标志同时置位,可能 Z 标志也置位(和为 0 时)。移码求和无进位,将和减去$80,若 C 标志或 Z 标志置位,也为溢出。我们看到,不论移码之和加上还是减去$80,溢出标志 V 总是伴随进位 C 同时出现,故二者是等价的。另外,在零标志 Z 置位时也产生溢出。故在移码加、减运算之后,可用 BRCS OVERF 和 BREQ OVERF(也可改为 BRVS OVERF 和 BREQ OVERF)两条指令转移到标号 OVERF 处去处理溢出,或带溢出标志位 V 返回主程序后再作处理。对于浮点除法中的移码减法,可先将除数阶码求补,转为加法运算。浮点乘、除法子程序中调用的 DP 子程序,其功能就是求积或商的阶码并判断溢出以及计算保存积/商的数符。

为加深对移码运算的理解,请看下面例子:

(1) 阶$40 的移码为$C0,阶$30 的移码为$B0。移码求和:$C0+$B0=$170,有进位产生,则将和再加上$80:$70+$80=$F0,没有进位产生,和也不为 0,故得移码的和为$F0。

如果将两个阶$40 和$30 直接相加,得到$70,其移码正是$F0。

(2) 阶$50 的移码为$D0,阶$30 的移码为$B0。移码求和:$D0+$B0=$180,有进位产生,则将和再加上$80:$80+$80=$100,V、C、Z 三个标志都置位,故为溢出(有一个置位即为溢出)。

如果将两个阶$50 和$30 直接相加,得$80(>$7F),超出 IEEE 阶的范围。

(3) 阶-$30 的移码为$50,阶-$20 的移码为$60。移码求和:$50+$60=$B0,无进位产生,则将和减去$80:$B0-$80=$30,不产生借位,结果也不为 0,故得移码的和为$30。

如果将两个阶-$30 和-$20 直接相加,得到-$50,其移码正是$30。

(4) 阶-$40 的移码为$40。移码求和:$40+$40=$80,无进位,则将和减去$80:$80-$80=0,Z 标志置位,故为溢出。

如果将阶直接相加得(-$40)+(-$40)=-$80,已超出 IEEE 所之范围(按 IEEE 标准,移码最小为 1,其阶为-$7F,而-$80<-$7F)。

通过以上示例及说明,我们可看出本书 IEEE 浮点数的阶码具有运算方便、判断溢出简单明了的优点,这是其他标准浮点数所不具备的。

采用移码作为阶码还可在简化浮点运算过程中判断溢出(参看 5.2 节基本运算子程序),阶码绝对值可代表阶值比较大小,从而有简化浮点数比较大小程序等优点。

下面给出十进制定点数转换为 IEEE 标准浮点数的方法,需一台带十进制与十六进制转换功能,具有 10 位十进制精度的电子计算器。

(1) 整数(可带小数)转换为浮点数:若 $2^{n-1} \leqslant x < 2^n$,则有 $0.5 \leqslant \frac{x}{2^n} < 1$,将 $\frac{x}{2^n} \cdot 2^{32}$ (2^{32} = 4 294 967 296)转换为十六进制数即为 x 的尾数,阶为 n,阶码(移码)为 \$80+n。

例:$2^6 < 111 < 2^7$,将 $\frac{111}{2^7} \cdot 2^{32}$ 翻为十六进制数,得到 \$DE000000,取前 3 个字节(对末位字节做“五入”处理) \$DE0000 作为尾数,阶为 7,故有 111= \$0.DE0000×2^7,尾数为 \$5E0000 (正数将最高位清除),阶码为 \$87(移码)。

(2) 小数转换为浮点数:若 $2^{-(n+1)} \leqslant x < 2^{-n}$,则有 $0.5 \leqslant x \cdot 2^n < 1$,将 $x \cdot 2^n \cdot 2^{32}$ 转成十六制数即为 x 的尾数,阶为 $-n$,阶码为 \$80$-n$。

例:1/128<0.015<1/64,将 $0.015 \times 64 \times 2^{32}$ 翻为十六制数,得到 \$F5C28F5C,取前 3 个字节(最低位字节不够“五入”条件,舍掉) \$F5C28F 为尾数,阶为 -6,故有 0.015 = \$0.F5C28F×2^{-6},尾数为 \$75C28F(正数),阶码(移码)为 \$7A(= \$80-6)。

仿上可将任意十进制数转换为浮点数(对负数取绝对值进行转换并保留尾数最高位)。

5.1.4 浮点数的规格化

一般在两种情况下需进行规格化操作:一是在浮点运算执行之前。二是在浮点运算执行之后产生非规格化浮点数时。

IEEE 标准浮点数以原码为尾数,故对其绝对值进行规格化。例如,在加法运算时,尾数相加产生进位,要使尾数连同进位右移一位(同时阶码增 1);在减法或乘法运算时,若尾数最高位变为 0(不是所有位都变为 0),则要左移尾数,使其最高位变为 1(同时按移位次数减少阶码值)。如为负数,保留尾数最高位,不然将其清除。因此 IEEE 标准规格化浮点数的尾数,可以 0~F 中任意数打头。

5.1.5 对 阶

对阶是为加、减运算做准备工作,是将参与运算的两个浮点数的小数点位置对齐,即小阶向大阶“看齐”。IEEE 格式浮点数尾数为原码,须对小阶浮点数尾数进行逻辑右移,每右移一位,阶码增 1。这样反复进行,一直到小阶与大阶相等为止,这一过程称为对阶(参看程序清单 5-3)。对阶完成后,两浮点数就可进行加、减运算了。

5.2 基本运算子程序的设计方法

5.2.1 支持基本运算的辅助子程序

该辅助子程序包括两浮点数交换数据、处理积商符号和阶码、尾数求补以及尾数增 1 等子程序。注意,尾数增 1 的方法是使其减去 -1。

清单 5-1 支持基本运算的辅助子程序

```
        .ORG      $900        ;THIS FRT.PLB.USE R5～R17&r0&sram $70～$7F 和 FLAGT
EXCH:   MOV       R5,R8       ;两浮点数交换子程序
```

```
        MOV     R8,R12
        MOV     R12,R5
EXCH1:  MOV     R5,R9           ;尾数交换
        MOV     R9,R13
        MOV     R13,R5
        MOV     R5,R10          ;双字节交换
        MOV     R10,R14
        MOV     R14,R5
        MOV     R5,R11
        MOV     R11,R15
        MOV     R15,R5
        RET
DP:     ANDI    R16,$7F         ;处理积/商数符,计算积/商阶码子程序
        SBRC    R9,7
        SUBI    R16,$80
        SBRC    R13,7
        SUBI    R16,$80         ;积/商符号放在R16,7
        ADD     R12,R8          ;移码相加(除数阶码已求补)
        LDI     R17,$80
        BRCC    DP1
        ADD     R12,R17         ;移码求和有进位,将和再加上$80,再有进位为溢出
        RET
DP1:    SUB     R12,R17         ;移码求和无进位,将和减去$80,有借位或差为0也为溢出
        RET
NEG3:   COM     R15             ;3字节数据求补
        COM     R14             ;先求反后加1
        COM     R13
INC3:   LDI     R17,255
        SUB     R15,R17         ;以减去-1代替加1
        SBC     R14,R17
        SBC     R13,R17
        RET
```

5.2.2 浮点数比较大小子程序FPCP的设计方法

在执行浮点运算或函数计算之前,常要将操作数与某个浮点常数进行比较,以确定操作数的数值范围,进而决定对操作数如何处理,而且不要破坏操作数;有时也要对两个浮点变量进行比较。浮点数比较大小子程序即为此目的所设。

根据IEEE标准,浮点数以移码为阶码,以原码为尾数,阶码和尾数皆可按绝对值比较大小。利用这些特点来设计浮点数比较大小子程序,不破坏操作数且执行速度快。

比较过程中,不恢复正数尾数最高位。因正数尾数相比较时,相当于各自减去同一常数$800000,对比较结果无影响;而正数与负数比较,正是利用了正数尾数最高位为0,而负数尾数最高位为1的特征(只须交换两数位置比较它们的最高位字节)。又因为阶码与阶有如下关系:阶码=阶+$80,故可用阶码(视为无符号数)相比较替代阶值相比较。

浮点数“重头”在阶码部分,同号数比较时可采用先比较阶码,阶码相等时再比较尾数的方法;正数与正数比较,阶码大者数值也大,负数与此相反,阶码大者其值小。AVR 单片机具有一种一般 8 位机不具有的重要功能,使比较操作得以简化:即在用 CPC 指令进行多字节数据连续比较之后,标志 S、标志 C 能正确反映出有符号或无符号数大小关系;而标志 Z 则反映两数是否相等。故对两异号浮点数比较须做特殊处理外,两同号浮点数比较可将其均视为无符号数按尾数低位字节、尾数中位字节、尾数高位字节和阶码字节的顺序逐次对应比较(负数要先交换两数位置再比较),按标志 Z 和标志 C 即可判断比较结果。

设参与比较的两个浮点数分别为 x_1 和 x_2,x_1 相当于被减数,x_2 相当于减数(按双操作数入口条件存放)。比较结果如下:

Z=1 时,两数相等;否则当 C=0 时 $x_1>x_2$,C=1 时 $x_1<x_2$。

清单 5-2　浮点数比较大小子程序

```
FPCP:   SBRC    R9,7        ;x1 为正,跳行
        RJMP    CP1
        SBRC    R13,7       ;x2 为正,跳行
        RJMP    CP2         ;x1,x2 异号
FPCP1:  CP      R11,R15     ;x1,x2 皆为正,以尾数低位字节,中位字节,高位字节和
        CPC     R10,R14     ;阶码的顺序(按无符号数)进行比较
        CPC     R9,R13      ;不等,阶码大者浮点数值也大;只有阶码和尾数对应相等,
        CPC     R8,R12      ;两浮点数才相等
        RET                 ;比较结果:Z=1 时 x1=x2,否则 C=0 时 x1>x2,C=1 时 x1<x2
CP1:    SBRC    R13,7
        RJMP    CP3         ;两负数比较,转
CP2:    CP      R13,R9      ;正数与负数比较,只比较尾数高位字节即可
        RET
CP3:    CP      R15,R11     ;x1,x2 皆为负,以尾数低位字节,中位字节,高位字节和
        CPC     R14,R10     ;阶码的顺序(按无符号数)进行比较
        CPC     R13,R9      ;但要将 x1、x2 交换位置后按正数比较过程进行
        CPC     R12,R8
CP4:    RET                 ;比较结果:Z=1 时 x1=x2,否则 C=0 时 x1>x2,C=1 时 x1<x2
```

若采用 IEEE－754(32)标准浮点数,由于这种浮点数结构本身具有长整数的某些特征,可使浮点数比较过程简化,速度进一步提高;可将参与比较的两个浮点数都视为长整数,以低位字节到高位字节的顺序执行带借位比较。只要两个浮点数不全为负数(正比正、正比负以及负比正),比较产生的标志位 S 和 Z 即指明了两数的大小关系(见 PFCP1 子程序);当两个浮点数都为负数时,因为阶码(阶码相等时由尾数比较决定)绝对值大者其值小,这一点与长整数“不合拍”,例如取 2 个负值长整数 $FFFFFFFF 和 $EEEEEEEE,若将它们看作为本书浮点数,则有 $FFFFFFFF<$EEEEEEEE;而作为长整数的比较结果正与此相反。故两个负数浮点数比较之后,要将标志位 S 取反(当两浮点数不相等)后才真正反映两数大小关系。

清单 5-3　FPCP1

```
FPCP1: CP     R11,R15     ;IEEE-754(32)标准浮点数比较数值大小子程序
       CPC    R10,R14     ;将 2 个浮点数作为长整数(有符号数)看待作比较
       CPC    R9,R13      ;以数符标志 S 和零标志 Z 判断大小或相等关系
```

```
        CPC     R8,R12          ;
        SBRS    R8,7
        RET                     ;有一个浮点数为正数(正比正/正比负/负比正),即已比较
        SBRS    R12,7           ;完毕
        RET
        BRGE    CPX1            ;只有两浮点数都为负时,才须进一步处理符号位:
        CLS                     ;将数符符号位 S 求反
        RET
CPX1:   SES
        RET                     ;比较结果:Z = 0,两数相等;否则 S = 0 时,X1>X2,S = 1 时,X1<X2
```

5.2.3　浮点加法子程序 FPAD 的设计方法

首先对参与运算的两个浮点数进行测试,如有一个为 0,取另一个为计算结果。

设 $x_1=2^m \cdot t_1$,$x_2=2^n \cdot t_2$,当 $|m-n| \geqslant 24$ 时,不需计算,只取大阶浮点数作为和即可。不然设 $m>n$,则 $x_1+x_2=2^m(t_1+t_2 \cdot 2^{n-m})=2^m(t_1+t_2/2^{m-n})$,$t_2/2^{m-n}$表示要将 t_2 算术右移 $(m-n)$位,即对阶。对阶后若两数同号,与 t_1 相加得到和的尾数($m=n$ 时,不需对阶),一般还要经过规格化处理,而和的阶取两加数阶中大者。

若两加数符号不同,对阶后两尾数相减,可以任一操作数为被减数(程序中取加数为被减数),但要遵循以下法则:够减,差与被减数同号,否则与之反号。因用原码计算尾数相加、减,故在运算前要存放数符(有时要依运算结果对数符进行修正),运算完毕后,再配置运算结果数符。

浮点加法规则为:两数相加,首先对阶,尾数加减,结果调整(流程图等见下小节)。

如果两浮点数以 IEEE－754(32)格式给出,则要先调用 FRMC1、FRMC2 子程序将它们转换为本书 IEEE 格式后再参加运算,子程序 FPAD1 给出以 IEEE－754(32)格式浮点数为操作数的浮点加法子程序:

```
FPAD1:RCALL   FRMC1         ;IEEE - 754(32)—>本书 IEEE
      RCALL   FRMC2         ;IEEE - 754(32)—>本书 IEEE
      RJMP    FPSAD
```

其他浮点运算子程序或函数计算子程序都可依此处理。

5.2.4　浮点减法子程序 FPSU 的设计方法

将减数求负(数符求反)后视为加数,将被减数视为被加数,转为加法计算。

浮点加、减法子程序流程图如图 5.3 所示。

清单 5－4　浮点加、减法子程序

```
FPSU:   LDI     R17,$80         ;浮点减法子程序
        SUB     R13,R17         ;减数数符求反后作为加数
FPAD:   TST     R8              ;浮点加法子程序
        BREQ    DON1            ;被加数为 0,加数为和
        TST     R12
        BRNE    FPLAD           ;加数为 0,取被加数为和
```

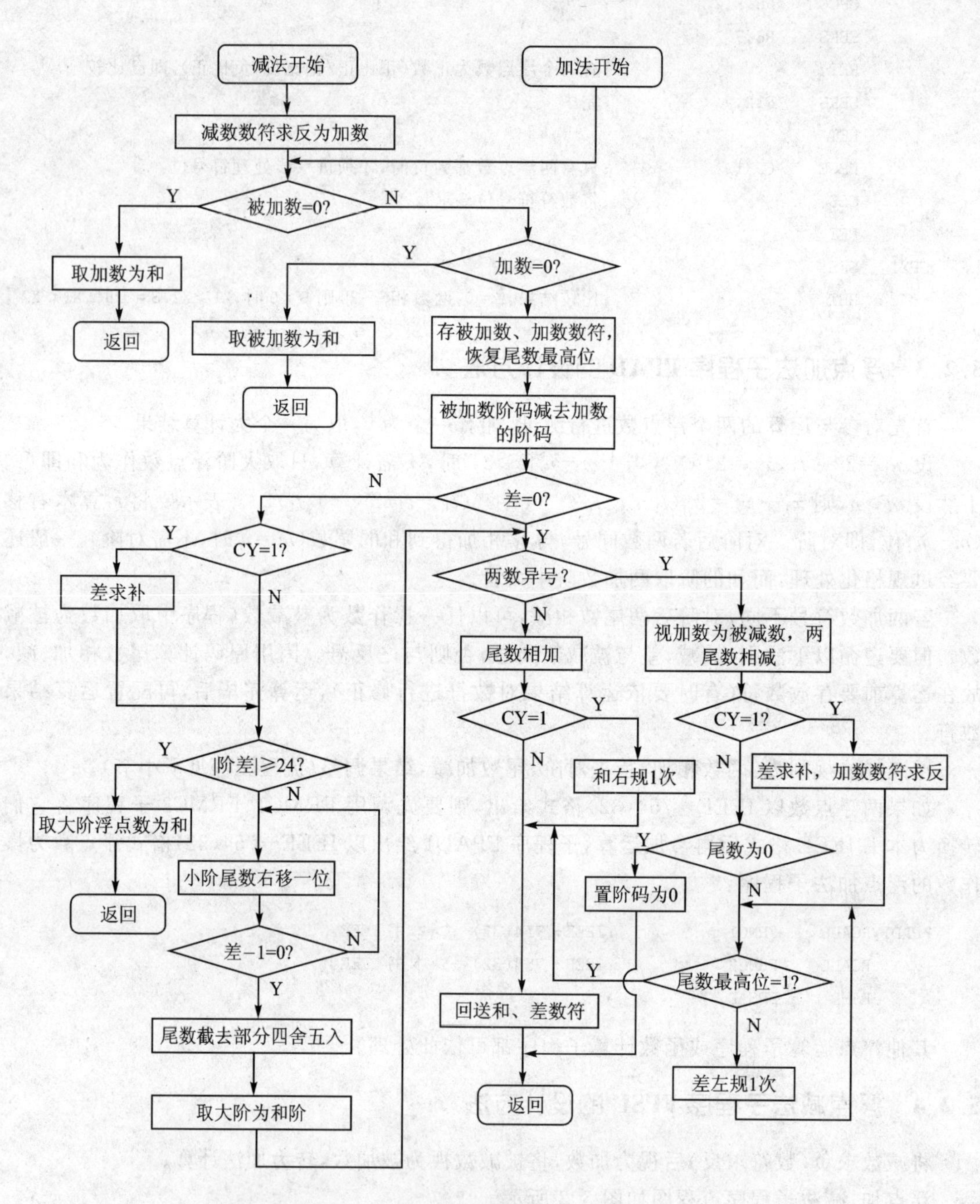

图 5.3　浮点加、减法子程序流程图

```
SAV0:  MOV    R12,R8        ;传送被加数取代加数
       MOV    R13,R9
       MOV    R14,R10
       MOV    R15,R11
DON1:  RET
FPLAD: ANDI   R16,$3f       ;清除被加数,加数数符
       SBRC   R9,7
```

```
        ORI     R16,$80         ;被加数数符取到(R16,7)
        SBRC    R13,7
        ORI     R16,$40         ;加数数符取到(R16,6)
        LDI     R17,$80
        OR      R9,R17
        OR      R13,R17         ;恢复尾数最高位
        MOV     R17,R12
        SUB     R17,R8          ;计算阶差
        BREQ    GOON            ;两阶相等,转
        BRCC    NX3
        NEG     R17             ;不够减求补
        CPI     R17,24
        BRCC    EXADP           ;|阶差|>24,取被加数为和
NX2A:   LSR     R13
        ROR     R14
        ROR     R15
        DEC     R17
        BRNE    NX2A            ;加数阶小,右移加数对阶
        MOV     R12,R8          ;取被加数阶为和之阶
        BRCC    GOON
        RCALL   INC3            ;舍入移出位
        RJMP    GOON
EXADP:  RJMP    EXAD
NX3:    CPI     R17,24
        BRCC    COM1            ;阶差>24,取加数为和
LOOP:   LSR     R9
        ROR     R10
        ROR     R11
        DEC     R17
        BRNE    LOOP            ;加数阶大,右移被加数对阶
        BRCC    GOON
        RCALL   INC3A           ;舍入移出位
GOON:   SBRC    R16,6
        SUBI    R16,$80
        SBRS    R16,7           ;判别两数是否同号
        RJMP    SAMS            ;同号,转
        SUB     R15,R11         ;异号,执行减法,加数为被减数
        SBC     R14,R10
        SBC     R13,R9
        BRCC    NOM             ;够减,转
        SUBI    R16,$40         ;否则被减数数符求反为和之数符
        RCALL   NEG3            ;并将差求补
NOM:    MOV     R17,R13
        OR      R17,R14
        OR      R17,R15
```

```
        BREQ    DON0              ;差为 0,转
NMLOP:  SBRC    R13,7
        RJMP    COM1
        LSL     R15
        ROL     R14
        ROL     R13
        DEC     R12
        BRNE    NMLOP             ;规格化
OV1:    SEV                       ;阶码变为 0,下溢(可取为 0,不算溢出)
        RET
SAMS:   ADD     R15,R11
        ADC     R14,R10
        ADC     R13,R9            ;两数同号,执行加法
        BRCC    COM1
        ROR     R13
        ROR     R14
        ROR     R15
        INC     R12               ;有进位时右规 1 次
        BREQ    OV1               ;阶码增 1 后变为 0 为上溢
        BRNC    COM1
        RCALL   INC3
COM1:   SBRC    R16,6             ;CLV
        RET
COMA:   LDI     R17,$7f
        AND     R13,R17           ;正数数符为 0
DON:    RET
EXAD:   RCALL   SAV0              ;取被加数为和
        SBRS    R16,7
        RJMP    COMA              ;配置数符
        RET
DON0:   CLR     R12               ;浮点数为 0
        RET
```

5.2.5 浮点乘法子程序 FPMU 的设计方法

先对参与运算的两个乘数进行测试,若有一个为 0,取乘积为 0。注意:不能将两个阶码与起来判断,例如 $ 7F ∧ $ 80= $ 00,即不为 0 的两个数其与操作结果为 0,这样的例子很多。

两个乘数都不为 0 时,计算乘积的阶码并判断溢出。保存乘积符号,恢复尾数最高位。

设 $x_1=2^m \cdot t_1, x_2=2^n \cdot t_2$,则有 $x_1 \cdot x_2=2^{m+n} \cdot t_1 \cdot t_2$,因 $0.5 \leqslant t_1<1, 0.5 \leqslant t_2<1$,则 $0.25 \leqslant t_1 \cdot t_2<1$,即 $t_1 \cdot t_2$ 可能小于 0.5,这时应对乘积左移一位,使 $t_1 \cdot t_2=t/2$,而 t 满足 $0.5 \leqslant t<1$。由此可看出乘积的阶可能为两乘数阶之和,也可能比和小 1。以循环右移部分积和乘数,当乘数移出位为 1 时,将被乘数加入部分积的方法计算尾数乘积,当循环 24 次之后,乘数已全部从右端移出,积的低 3 个字节占据了乘数位置。对积进行规格化检查、处理,对尾数进行舍入处理,最后配置乘积数符。

浮点乘法规则为：两数相乘，阶码相加，尾数相乘，结果调整。

浮点乘法子程序流程图如图 5.4 所示。

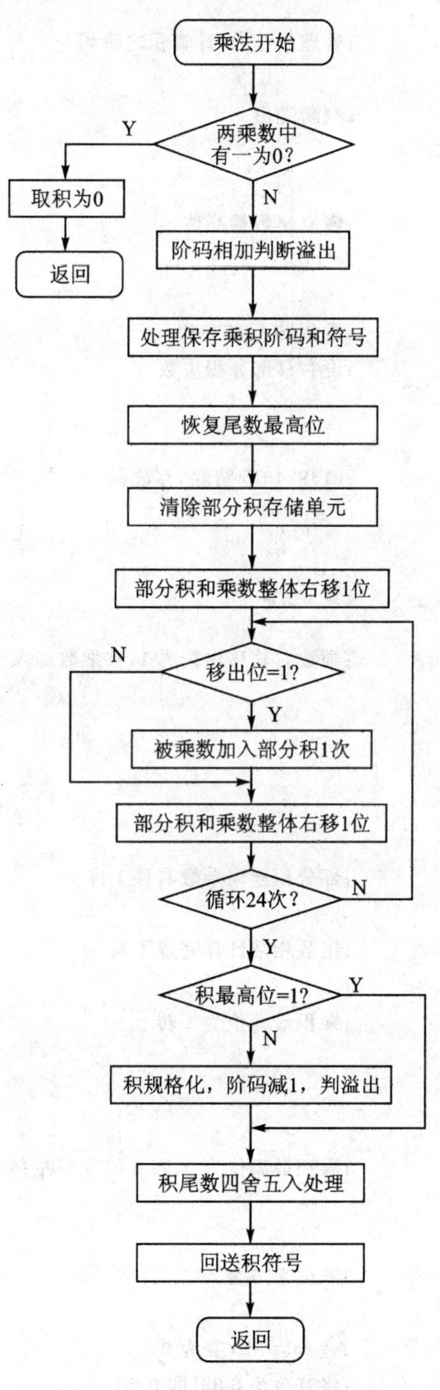

图 5.4　浮点乘法子程序流程图

清单 5－5　浮点乘法子程序

```
FPMU:   TST     R8
        BREQ    M0              ;被乘数为 0,积为 0
```

```
        TST     R12
        BRNE    M1              ;乘数为 0,积也为 0
M0:     RJMP    G0
M1:     RCALL   DP              ;处理积符号,计算积之阶码
        BRCS    OV2
        BREQ    OV2             ;判断溢出
        LDI     R17,$80
        OR      R9,R17
        OR      R13,R17         ;恢复尾数最高位
        MOV     R5,R13
        MOV     R6,R14
        MOV     R7,R15          ;乘数转入 R5R6R7
        LDI     R17,25          ;设右移部分积次数
        CLR     R13
        CLR     R14
        CLR     R15             ;R13R14R15 清除,存放积
        CLC
LOOP1:  BRCC    M2
        ADD     R15,R11
        ADC     R14,R10
        ADC     R13,R9          ;乘数右移移出位为 1,被乘数加入部分积 1 次
M2:     ROR     R13
        ROR     R14
        ROR     R15
        ROR     R5
        ROR     R6
        ROR     R7              ;部分积连同乘数右移 1 位
        DEC     R17
        BRNE    LOOP1           ;尾数相乘计算完成了吗
        SBRC    R13,7           ;
        RJMP    M3              ;乘积最高位为 1 转
        ROL     R5
        ROL     R15
        ROL     R14
        ROL     R13             ;乘积最高位为 0,高 4 位字节左移 1 位
        SBRS    R5,7
        RJMP    M5
        RCALL   INC3            ;末位字节舍入
        BRNE    M5
        SEC                     ;舍入后 R13 变为 0
        ROR     R13             ;将其改为 $80(即 0.5)
        RJMP    COM2
M5:     DEC     R12             舍入后 R13 不为 0
        BRNE    COM2            ;阶码减 1
OV2:    SEV                     ;变为 0 为溢出
```

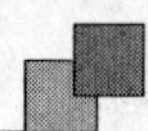

```
        RET
M3:     SBRC    R5,7
        RCALL   INC3            ;乘积低3位字节舍入
COM2:   LDI     R17,$7f
        SBRS    R16,7
        AND     R13,R17         ;正数将符号位清除
DON2:   RET
```

5.2.6 快速浮点乘法子程序FPMUF的设计方法

ATmega16、ATmega8535等AVR单片机有乘法指令，可以使用其中的无符号乘法指令设计快速浮点乘法子程序。设被乘数尾数为a+b+c，乘数尾数为$a_1+b_1+c_1$（a、b、c和a_1、b_1、c_1分别表示被乘数尾数和乘数尾数的高位、中位和低位字节，并隐含其权）。将两尾数乘积展开，依各字节乘积项之权对位相加（图5.5，以R5，R6，R7，R8，和R17存放累加和），并对相加结果规格化，就得到两浮点数之乘积。

因低档AVR单片机不支持乘法指令，为具兼容性，故未以FPMUF子程序支持高层浮点运算。使用时可自行决定是否以FPMUF替换FPMU。从速度上讲前者约为后者的5倍。另外，如对计算结果精度要求不高，可将低权值的乘积适当舍掉若干项，以获取更高的计算速度。

采用FPMUF子程序使浮点程序库多占用一个寄存器R1。

尾数乘积展开式按权相加示意图如图5.5所示。

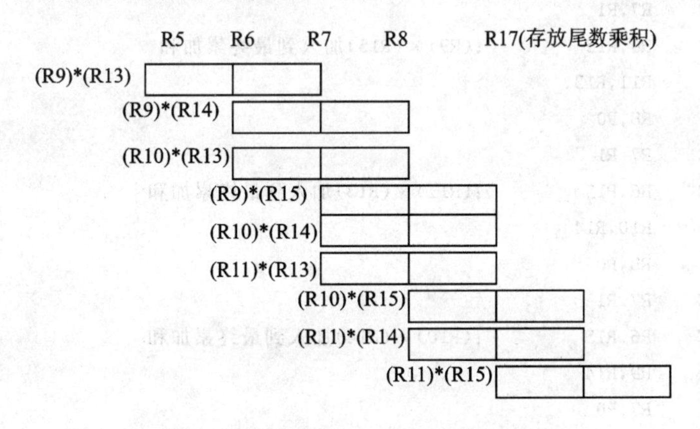

图5.5 尾数乘积展开式按权相加示意图

清单5-6 快速浮点乘法子程序(使用无符号数乘法指令)

```
FPMUF:  TST     R8
        BREQ    MF0             ;被乘数为0,积为0
        TST     R12
        BRNE    MF1             ;乘数为0,积也为0
MF0:    RJMP    G0
MF1:    RCALL   DP              ;处理积符号,计算积之阶码
        BRCS    OVF2
        BREQ    OVF2            ;判断溢出
```

```
LDI     R17,$80
OR      R9,R17
OR      R13,R17         ;恢复尾数最高位
CLR     R5              ;累加和高位字节清除
CLR     R6
CLR     R7              ;累加和(R5,R6,R7,R8,R17)3 个高位字节清除
MUL     R10,R15
MOV     R8,R1
MOV     R17,R0
MUL     R11,R14
ADD     R17,R0
ADDC    R8,R1
CLR     R0
ADDC    R7,R0           ;(R10)*(R15)+(R11)*(R14)-->R7,R8,R17
MUL     R11,R15
ADD     R17,R1
CLR     R0
ADDC    R8,R0
ADDC    R7,R0           ;取(R11)*(R15)(权位最低乘积项)高字节加入 R7,R8,R17
MUL     R9,R15          ;存放区
CLR     R15
ADD     R8,R0
ADDC    R7,R1
ADDC    R6,R15          ;(R9)*(R15)加入到最终累加和
MUL     R11,R13
ADD     R8,R0
ADDC    R7,R1
ADDC    R6,R15          ;(R11)*(R13)加入到最终累加和
MUL     R10,R14
ADD     R8,R0
ADDC    R7,R1
ADDC    R6,R15          ;(R10)*(R14)加入到最终累加和
MUL     R9,R14
ADD     R7,R0
ADDC    R6,R1
ADDC    R5,R15          ;(R9)*(R14)加入到最终累加和
MUL     R10,R13
ADD     R7,R0
ADDC    R6,R1
ADDC    R5,R15          ;(R10)*(R13)加入到最终累加和
MUL     R9,R13
ADD     R6,R0
ADDC    R5,R1           ;(R9)*(R13)加入到最终累加和
MOV     R13,R5
MOV     R14,R6
```

```
        MOV     R15,R7
        MOV     R5,R8           ;移动数据,使符合 FPMU 子程序尾数规格化入口
        RJMP    MF2             ;转去对积规格化
OVF2:   SEV
        RET
```

5.2.7 浮点除法子程序 FPDI 的设计方法

设被除数、除数分别为 x_1、x_2。首先测试 x_2，若 $x_2=0$ 转溢出。再测试 x_1，若 $x_1=0$，取商数为 0。x_1 和 x_2 都不为 0 时，计算商的阶码和商数符号，判溢出，存商数符号，恢复尾数最高位。

设 $x_1=2^m \cdot t_1$，$x_2=2^n \cdot t_2$，则 $x_1/x_2=2^{m-n} \cdot (t_1/t_2)$，因 $0.5 \leqslant t_1<1$，$0.5 \leqslant t_2<1$，故有 $0.5<t_1/t_2<2$。即商阶可能为 2^{m-n}（$t_1/t_2<1$ 时），也可能为 2^{m-n+1}（$t_1/t_2 \geqslant 1$ 时）。用被除数尾数左移后减去除数尾数试商、记商的方法实现尾数相除，具体过程如下：第一次尾数相减试商，够减，商阶增 1，得到商最高位后；或不够减，恢复被除数后，按以下步骤，试商、记商：

① 被除数尾数左移一位。

② C=1，此时被除数比除数多一位，肯定够减，相减后，本位商 1，转入④。

③ C=0（无进位），但相减后，若 C=0，也够减，本位商 1，转入④；若 C=1，不够减，恢复被除数，本位商 0；

④ 记商后转入①，将余数视为被除数，循环进行，直到算出第 25 位商，将其舍入。

浮点除法规则为：两数相除，阶码相减，阶码调整，尾数相除。

浮点除法子程序流程图如图 5.6 所示。

清单 5-7 浮点除法子程序

```
FPDI:   TST     R12             ;浮点除法子程序
        BREQ    OV3             ;除数为 0,溢出
        TST     R8
        BRNE    D1
        RJMP    G0              ;被除数为 0,商为 0
D1:     NEG     R12             ;除数阶码求补,以加补码代替减原码
        RCALL   DP              ;处理商符号,计算商之阶码
        BRCS    OV3
        BREQ    OV3             ;判断溢出
        LDI     R17,$80
        OR      R9,R17
        OR      R13,R17         ;恢复尾数最高位
FPD3:   LDI     R17,25          ;左移相减试商 25 次,最后 1 次舍入
        SUB     R11,R15
        SBC     R10,R14
        SBC     R9,R13
        BRCS    D2              ;第一次尾数相减试商
        INC     R12             ;够减,商阶增 1
        SEC
        BRNE    D3              ;商阶增 1 后不为 0,转计商;否则为溢出
```

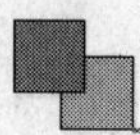

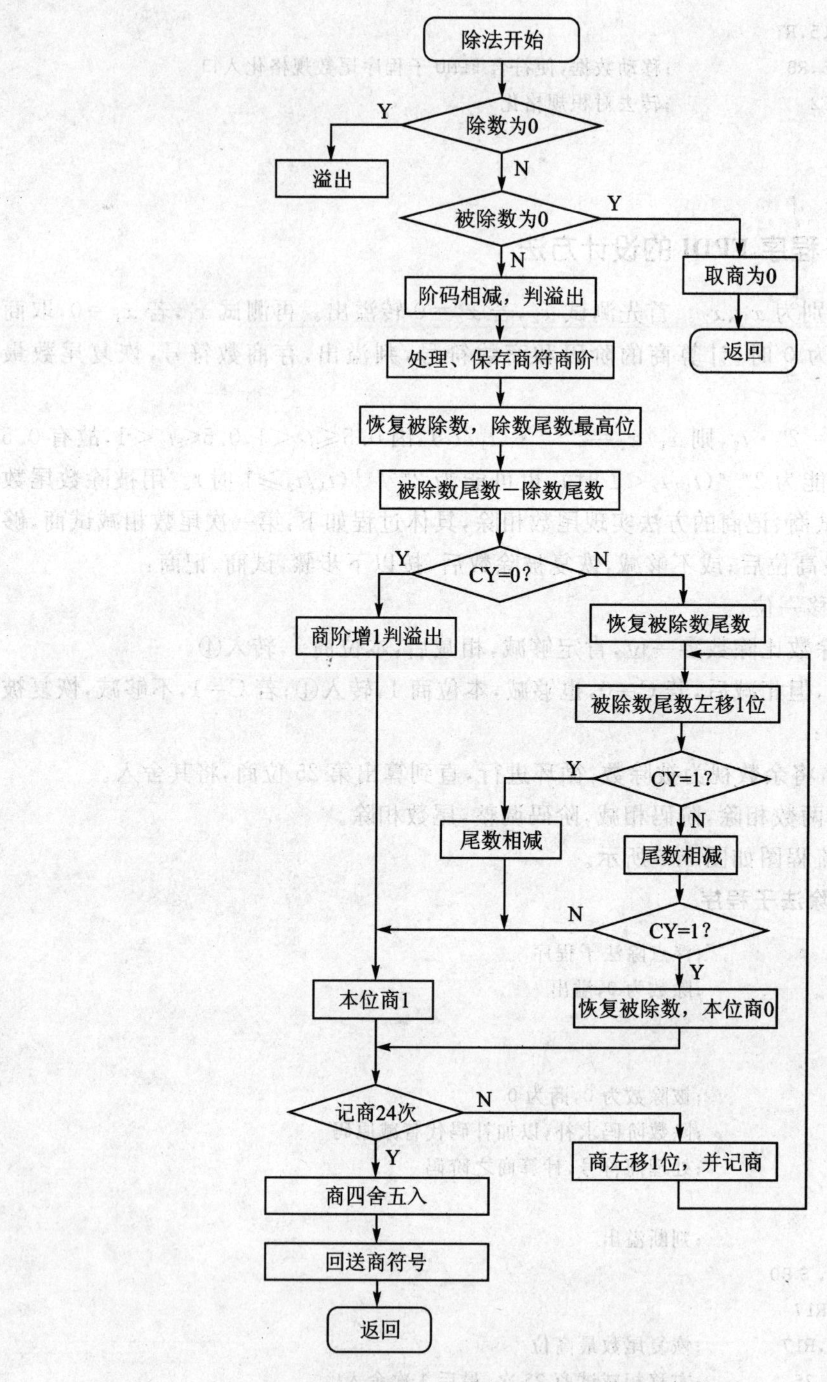

图 5.6　浮点除法子程序流程图

```
OV3：   SEV
        RET
D2：    ADD     R11,R15
        ADC     R10,R14
        ADC     R9,R13          ;不够减则恢复被除数
LOOP2： LSL     R11
```

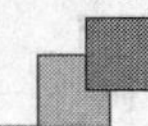

```
        ROL     R10
        ROL     R9              ;被除数算术左移
        BRCS    D4              ;进位位为1,够减,本位商1
        SUB     R11,R15
        SBC     R10,R14
        SBC     R9,R13          ;否则相减试商
        BRCS    D2A
        SEC
        RJMP    D3              ;够减,本位商1
D2A:    ADD     R11,R15         ;不够减,恢复被除数
        ADC     R10,R14
        ADC     R9,R13
        CLC                     ;本位商0
        RJMP    D3
D4:     SUB     R11,R15
        SBC     R10,R14
        SBC     R9,R13          ;被除数减去除数
D3:     DEC     R17
        BRNE    D5              ;除法未完成,循环(1-1=0,不溢出)
        MOV     R13,R5
        MOV     R14,R6
        MOV     R15,R7          ;取回商
        BRCC    COM31
        RCALL   INC3            ;第25位商舍入($800000-$FFFFFF不溢出,故INC3不会溢出!)
COM31:  LDI     R17,$7F
        SBRS    R16,7
        AND     R13,R17         ;配置商数符
DON3:   RET
D5:     ROL     R7              ;在R5,R6,R7中记商(不必预先清除)
        ROL     R6
        ROL     R5              ;商数左移1位并记商
        RJMP    LOOP2
```

5.2.8 浮点数模拟手算开平方子程序 FPSQ 的设计方法

首先对浮点数 x 进行测试,若 $x=0$,取根为0;若 $x<0$,建虚数标志,取绝对值。恢复尾数最高位。设 $x=2^n \cdot t>0(0.5\leqslant t<1)$,则$\sqrt{x}=2^{n/2}\cdot\sqrt{t}$($n$ 为偶数)或$\sqrt{x}=2^{\frac{(n+1)}{2}}\cdot\sqrt{\frac{t}{2}}$($n$ 为奇数)。为此先将阶码逻辑右移1位(折半),再测试进位C,若C=0,n 为偶数,将尾数开平方即得根之尾数;若C=1,n 为奇数,将阶码增1(将右移产生的进位C舍入),将尾数逻辑右移1位后开平方即得到根之尾数。与前者相比,后者相当于折半后取平方根,但阶码中已含有因子$\sqrt{2}$,正与此抵消,因 $0.5\leqslant t<1$,则$\frac{\sqrt{2}}{2}\leqslant\sqrt{t}<1$,或$\frac{1}{2}\leqslant\sqrt{\frac{t}{2}}<\frac{\sqrt{2}}{2}$,故根是规格化浮点数。

注意:要在折半后的阶码中加上$40,使其恢复为移码。

模拟手算开小数(即尾数)平方,应从小数点往后每 2 位进行分隔,以确定开出每位平方根所涉及的计算范围。根的最高位肯定为 1(根为规格化浮点数,其尾数≥0.5)。减去最高位后,按以下方法试根:将被开平方数剩余部分左移 2 位后,与已开出部分根乘 4 再加 1 的和作比较,若前者大于或等于后者,本位根为 1,二者相减后进入下一位试根;否则本位根为 0,不相减,直接进入下一位试根,这样一直进行到试出第 25 位根,将其四舍五入。

浮点数模拟手算开平方的规则为:阶码折半,调整阶码、尾数,尾数开平方。

浮点数模拟手算开平方子程序流程图如图 5.7 所示。

开平方运算结束后,R16,7=1 为得到虚根。

清单 5-8　模拟手算开平方子程序

```
FPSQ:  ANDI    R16,$7F
       SBRC    R13,7
       ORI     R16,$80         ;负数,建虚根标志
FPS0:  TST     R12
       BREQ    DON4            ;0 的平方根为 0
       LDI     R17,$80
       OR      R13,R17         ;恢复尾数最高位
       LSR     R12             ;阶码逻辑右移 1 位
       BRCC    FSQ2
       INC     R12             ;移出位舍入
       RCALL   INC3            ;先将位数增 1(提前舍入)
       BRCS    FSQ1
       SEC
       ROR     R13             ;若尾数变为 0 将其改为 0.5($80→R13)
       RJMP    FSQ2
FSQ1:  LSR     R13
       ROR     R14
       ROR     R15             ;否则将为数算术右移
FSQ2:  LDI     R17,25          ;开出 25 位根,末位舍入
       MOV     R8,R17
       LDI     R17,$40
       ADD     R12,R17         ;根恢复为移码
       CLR     R5
       CLR     R6
       CLR     R7              ;根扩展区清除
       CLR     R9
       CLR     R10
       CLR     R11             ;根存储区清除
FSQ3:  SUB     R13,R17
       SBC     R7,R11
       SBC     R6,R10
       SBC     R5,R9           ;试根
       BRCS    FSQ3A
       SEC
```

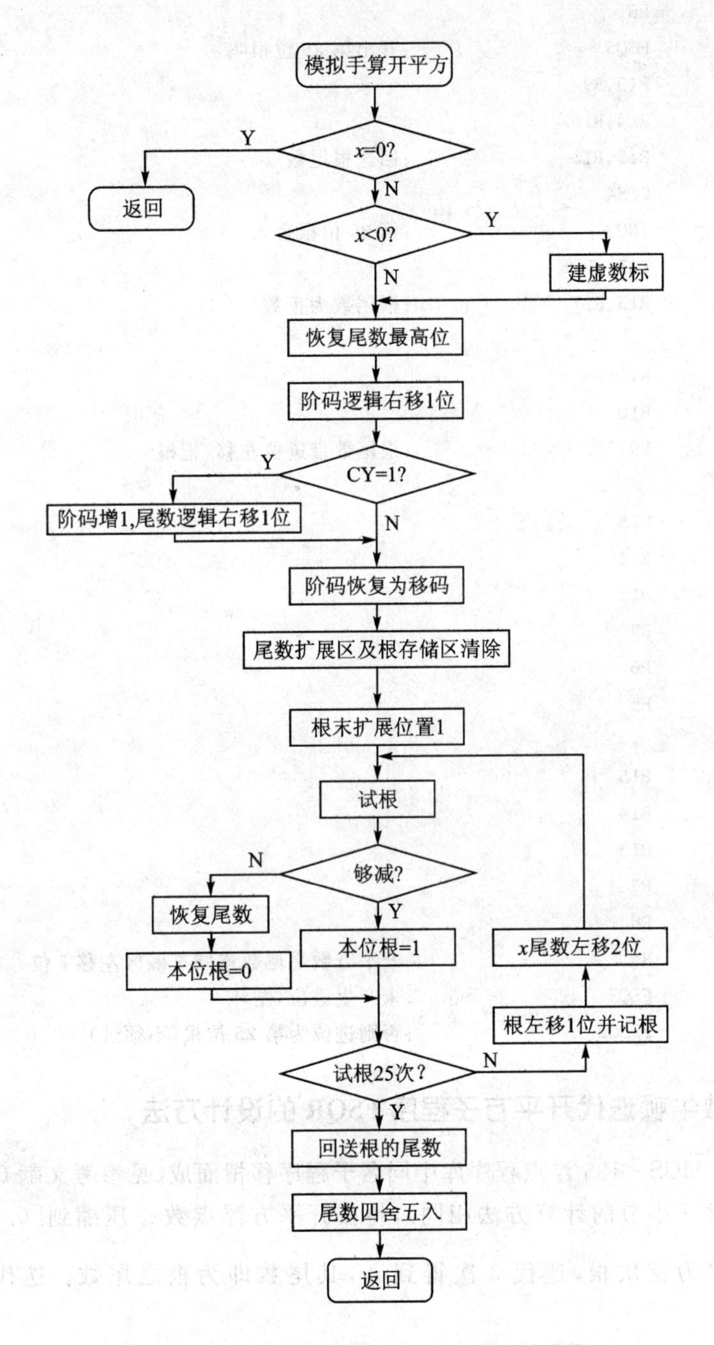

图 5.7　浮点数模拟手算开平方子程序流程图

```
        RJMP    FSQ4            ;够减,本位根 1
FSQ3A:  ADD     R13,R17
        ADC     R7,R11
        ADC     R6,R10
        ADC     R5,R9           ;否则恢复开平方数之尾数
        CLC                     ;本位商 0
```

```
FSQ4:   DEC     R8
        BRNE    FSQ5            ;开出第 25 位根吗
FPDON:  MOV     R13,R9
        MOV     R14,R10
        MOV     R15,R11         ;回送根尾数
        BRCC    COM4
        RCALL   INC3            ;第 25 位根舍入
COM4:   LDI     R17,$7F
        AND     R13,R17         ;根尾数为正数
DON4:   RET
FSQ5:   ROL     R11
        ROL     R10
        ROL     R9              ;根尾数带进位左移,记根

        LSL     R15
        ROL     R14
        ROL     R13
        ROL     R7
        ROL     R6
        ROL     R5

        LSL     R15
        ROL     R14
        ROL     R13
        ROL     R7
        ROL     R6
        ROL     R5              ;开平方数之尾数连同扩展区左移 2 位
        BRCC    FSQ3            ;未产生进位,循环
        RJMP    FPDON           ;否则进位为第 25 位根(不须试)
```

5.2.9 浮点数牛顿迭代开平方子程序 FSQR 的设计方法

此子程序由 MCS-196 浮点程序库中同名子程序移植而成(见参考文献 6),要点为:计算根的阶码(与 5.2.7 小节的计算方法相同),将被开平方浮点数 x 压缩到[0.5,2)区间,变为 x_1,取 $r_0=\frac{1+x_1}{2}$ 为首次根,迭代 3 次得到 r_3,其尾数即为根之尾数。迭代公式为 $r_{i+1}=\frac{1}{2}(r_i+x_1/r_i)$。

浮点数牛顿迭代开平方子程序流程图如图 5.8 所示。

清单 5-9 牛顿迭代开平方子程序

```
FSQR:   TST     R12
        BREQ    SQRT            ;0 的平方根为 0
        ANDI    R16,$7E
        SBRC    R13,7
```

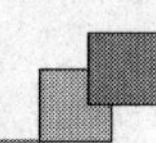

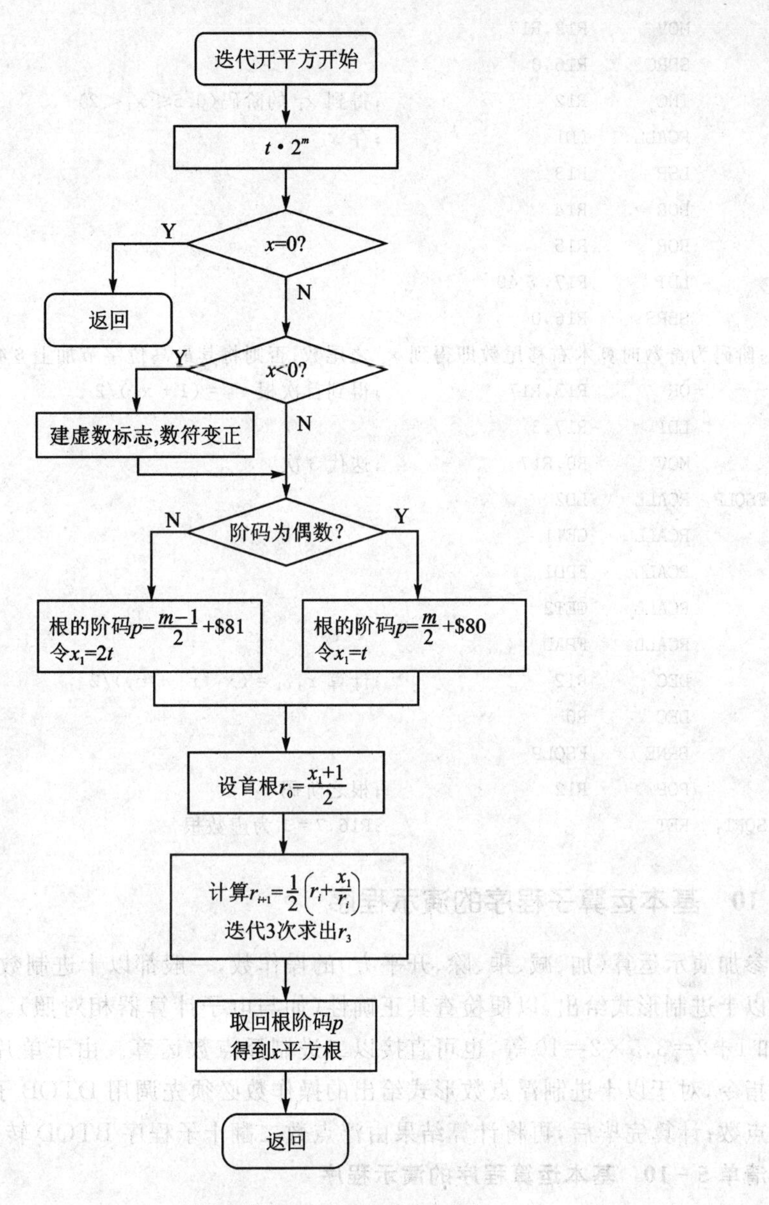

图 5.8　牛顿迭代开平方子程序流程图

```
ORI       R16,$80          ;虚根标志
SBRC      R12,0
INC       R16              ;阶码为奇数
LDI       R17,$7F
AND       R13,R17          ;尾数变为正数
LSR       R12
LDI       R17,$40
ADC       R12,R17          ;得到根之移码
PUSH      R12              ;暂存
LDI       R17,$80
```

```
        MOV     R12,R17
        SBRC    R16,0
        INC     R12             ;得到 x1 的阶码(0.5≤x1<2)
        RCALL   LD1             ;存 x1
        LSR     R13
        ROR     R14
        ROR     R15
        LDI     R17,$40
        SBRS    R16,0
;阶码为奇数时算术右移尾数即得到 x1 之尾数;否则将其最高位字节加上 $40
        OR      R13,R17         ;得到首次根 r0 = (1 + x1)/2
        LDI     R17,3
        MOV     R0,R17          ;迭代 3 次
FSQLP:  RCALL   LD2
        RCALL   GET1
        RCALL   FPDI
        RCALL   GET2
        RCALL   FPAD
        DEC     R12             ;计算 r(i+1) = (x1/ri + ri)/2
        DEC     R0
        BRNE    FSQLP
        POP     R12             ;根之阶码
SQRT:   RET                     ;R16,7 = 1 为虚数根
```

5.2.10 基本运算子程序的演示程序

参加演示运算(加、减、乘、除、开平方)的操作数,一般都以十进制数形式给出,而计算结果也应以十进制形式给出,以便检查其正确性(如与电子计算器相对照)。对于简单的浮点数运算,如 1+2=3,5×2=10 等,也可直接以二进制浮点数运算。由于单片机只能执行二进制数计算指令,对于以十进制浮点数形式给出的操作数必须先调用 DTOB 子程序将其转换为二进制浮点数;计算完毕后,再将计算结果由浮点数二翻十子程序 BTOD 转化为十进制浮点数。

清单 5-10　基本运算程序的演示程序

```
DMST1:  .EQU    SPL = $3D
        .EQU    SPH = $3E
        LDI     R16,2           ;high(ramend)
        OUT     SPH,R16
        LDI     R16,$5F         ;low(ramend)
        OUT     SPL,R16
        LDS     R11,$60         ;R11,7:数符 R11,6:阶符 R11,5~0:阶(最大为 38)
        LDS     R12,$61         ;R12~R15:尾数
        LDS     R13,$62
        LDS     R14,$63
        LDS     R15,$64         ;尾数共 8 位 BCD 码
        RCALL   DTOB            ;转为二进制浮点数
```

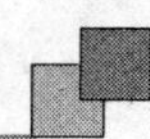

```
        RCALL   LD2             ;暂存
        LDS     R11,$65         ;R11,7:数符 R11,阶符 R11,5～0:阶(最大为 38)
        LDS     R12,$66         ;R12～R15:尾数
        LDS     R13,$67
        LDS     R14,$68
        LDS     R15,$69
        RCALL   DTOB            ;转为二进制浮点数
        RCALL   GET2            ;取第一操作数
        RCALL   FPAD            ;调基本运算子程序之一(FPSU/FPMU/FPDI)
        RCALL   BTOD            ;转回十进制浮点数
DMRET:  RJMP    DMRET
```

按以下说明，不仅可以查看十进制/二进制浮点数对应情况、二进制浮点数运算情况，还可直接得到运算结果的十进制浮点数，具体做法是：

将十进制被加数（被减数、被乘数、被除数）的浮点数置入 AVR 仿真器片内 RAM＄60～＄64 单元（若演示开平方程序，只将浮点数置入＄65～＄69 中即可），其中＄60 最高位为数符，次高位为阶符，0 为正，1 为负；＄60 中低 6 位为十进制浮点数之阶，2 位 BCD 码，最大值为 38。＄61～＄64 中为十进制浮点数之尾数，＄61 内为高位节字，小数点位置在高位字节之前。将加数（减数、乘数、除数）的十进制浮点数置入＄65～＄69 之中，其内容与＄60～＄64 完全对应。在 RCALL FPAD 和 RCALL　BTOB 处设断点，启动演示程序。在第一个断点处停下来时，可看到被加数的二进制浮点数在 R8～R11 之内，加数二进制浮点数在 R12～R15 内。准单步执行程序，在第二个断点处停下来时，R12～R15 内为运算结果二进制浮点数。再执行一次准单步，得到运算结果十进制浮点数：R8 中最高位为数符，次高位为阶符，0 为正，1 为负；低 6 位为阶（2 位 DCD 码），R9～R12 内为尾数，R9 内为高位字节，小数点在高位字节之前（见 5.1.2 小节浮点数二翻十子程序 BTOD 的出口条件）。

1. 浮点加法实例

(1) $0.850\ 705\ 9\times10^{38}+0.860\ 705\ 9\times10^{38}=1.711\ 412\times10^{38}$ 化为二进制浮点数计算：

FF000000＋FF018130＝0000C098

此例为溢出，从十进制浮点数运算结果看，已超出 IEEE 标准数模范围（已大于 1.7×10^{38}）。

(2) $0.123\ 456\ 78\times10^{19}+0.987\ 654\ 321\times10^{18}=0.222\ 222\ 2\times10^{19}$ 化为二进制浮点数计算：

BD091088＋BC5B4DA6＝BD76B75B

2. 浮点减法实例（演示程序中改为 RCALL　FPSU）

$0.621\ 480\ 653\times10^{8}-0.330\ 935\ 688\times10^{7}=0.588\ 378\ 084\times10^{8}$ 化为二进制计算：

9A6D1378－9649FCB4＝9A6073AD

3. 浮点乘法实例（演示程序中改为 RCALL　FPMU）

6×1/3＝2 化为二进制数计算：

83400000×7F2AAAAB＝82000000

4. 浮点除法实例（演示程序中改为 RCALL　FPDI）

100÷10＝10 化为二进制数计算：

$$87480000 \div 84200000 = 84200000$$

5. 浮点数开平方实例(演示程序中改为 RCALL　FPSQ)

(1) $\sqrt{10000}=100$ 化为二进制数计算:

$$\sqrt{8E1C4000}=87480000$$

(2) $\sqrt{1000000}=1000$ 化为二进制数计算:

$$\sqrt{94742400}=8A7A0000$$

其他计算实例也可仿此演示。

5.3 函数计算子程序的设计方法

嵌入式应用系统,有时必须做一些函数计算工作,如用铂(铜)热电阻测温时要用多项式计算,测量产品(如纸张)透光度(均匀性)、或医疗生化仪器测量生理样品的吸光度(从而判断是否发生病变)时要用对数函数计算;测量空气相对湿度/物质含水率时要用指数函数计算,电力工程中计算有功功率和无功功率要使用余弦、正弦函数等。

本节主要介绍计算主体函数——指数函数、对数函数、正弦函数、反正弦函数以及它们的衍生函数的设计方法。它们需要基本运算子程序(特别是浮点加法和乘法子程序)的支持,以及下面将要提到的辅助子程序和荷纳计算法的支持。

5.3.1 函数计算子程序的设计总则

1. 首先对自变量 x 进行测试(查 x 数符、阶码大小或调用 FPCP,将 x 与某一浮点常数相比较)。

(1) 如 x 为非法,转相应处理。例如:在计算对数函数值时,若自变量 $x \leqslant 0$,转出错处理;在计算指数函数 e^x 时,若自变量 $x > 88.02969$,转溢出处理。

(2) 对特殊值或一定范围内的自变量 x,进行特别处理。例如:在计算正弦函数值时,若 $|x|$ 足够小(包括 $x=0$)取 $\sin x = x$;在计算反正弦函数值时,若 $x=\pm 1$,取函数值为 $\pm\pi/2$,不必进行计算。

2. 用幂级数展开式,取足够有限项组成的多项式来近似计算函数值;用改进的荷纳法计算奇次多项式值,缩短计算时间,即当计算奇次多项式(对数函数、正弦函数和反正弦函数)值时,先从多项式各项中提出 1 个 x,以 x^2 为自变量,荷纳计算完毕后,再将计算结果乘以 x。

3. 利用函数性质,压缩自变量取值范围,减少计算项数,提高收敛速度。例如:在计算正弦函数 $\sin x$ 时,利用奇函数之性质 $\sin(-x) = -\sin x$,先按绝对值计算,再考虑符号问题,将 x 取值范围降为一半。再利用正弦函数的周期性,将可在实数范围内取值的 x 压缩到 $0 \leqslant x \leqslant \pi/2$ 范围。

4. 化整为零,逐一解决。例如:在计算对数函数值时,设 $x = t \cdot 2^m$,则 $\ln x = \ln t + m \ln 2$ 分为两项计算;在计算指数函数 e^x 时,将底换为 2 后将其指数分为整数和小数两部分,主要工作只是计算小数部分为指数的方幂。

5.3.2 函数计算子程序的辅助子程序

在计算函数值时,总要取一些常数,如 0.1、ln 2、10…各种基本运算必须在浮点累加器里

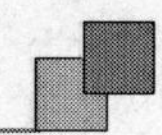

完成,因此浮点子程序里的操作数有时必须先存放好,在计算前取出;有时还要保存中间计算结果,将定点数规格化为浮点数或反过来将浮点数分解成整数和小数部分等。此外还可能要进行角度与弧度间的转换和求倒数等,以上这些便构成了函数子程序的辅助子程序。

现将几个主要子程序说明如下:

KP2:将第二操作数装入第一操作数所在寄存器中,主要用于计算 x^2。

LD1 和 GET1:主要用于 FPLNX 子程序中存取自变量 x 或 x^2,以及 LNX 子程序中存取 $\ln t$ 或 $\ln(2t)$。

LD2 和 GET2:主要用于衍生函数(如 TANX、ATANX、ATNX 等)计算时存取中间结果。

GINT:将浮点数取整,结果在 R9、R10、R11 中,以补码表示,整数部分多于 23 位为溢出,置 R16,5=1。

BRK:将正的浮点数分解为整数、小数两部分,整数部分在 R9、R10、R11 中,小数部分在 R13、R14、R15 中,若整数部分多于 24 位,置 R16,5=1。

NRML:将 8 位正整数(放在 R13 中)规格化为浮点数。

清单 5-11 辅助子程序

```
KP2:    MOV     R8,R12          ;复制第二操作数
        MOV     R9,R13
        MOV     R10,R14
        MOV     R11,R15
        RET
LD1:    STS     $70,R12         ;存浮点数
        STS     $71,R13
        STS     $72,R14
        SYS     $73,R15
        RET
LD2:    STS     $74,R12         ;存浮点数
        STS     $75,R13
        STS     $76,R14
        STS     $77,R15
        RET
LD3:    STS     $78,R12         ;存浮点数
        STS     $79,R13
        STS     $7A,R14
        STS     $7B,R15
        RET
GET1:   LDS     R8,$70          ;取浮点数
        LDS     R9,$71
        LDS     R10,$72
        LDS     R11,$73
        RET
GET2:   LDS     R8,$74          ;取浮点数
        LDS     R9,$75
        LDS     R10,$76
        LDS     R11,$77
```

```
        RET
GET3:   LDS     R8, $78             ;取浮点数
        LDS     R9, $79
        LDS     R10, $7A
        LDS     R11, $7B
        RET
INVPI:  LDI     R17, $86            ;取浮点数 180/π
        MOV     R8,R17
        LDI     R17, $65
        MOV     R9,R17
        LDI     R17, $2E
        MOV     R10,R17
        LDI     R17, $E1
        MOV     R11,R17
        RET
G90:    LDI     R17, $87            ;取浮点数 90
        MOV     R8,R17
        LDI     R17, $34
        MOV     R9,R17
        CLR     R10
        CLR     R11
        RET
DTOR:   RCALL   PI18                ;角度化为弧度
        RJMP    FPMU
RTOD:   RCALL   INVPI               ;弧度化为角度
        RJMP    FPMU
GHPI:   LDI     R17, $81            ;取浮点数 π/2
        MOV     R8,R17
        LDI     R17, $49
        MOV     R9,R17
        LDI     R17, $0f
        MOV     R10,R17
        LDI     R17, $DB
        MOV     R11,R17
        RET
G01:    LDI     R17, $7D            ;取浮点数 0.1
        MOV     R8,R17
        LDI     R17, $4C
        MOV     R9,R17
        LDI     R17, $CC
        MOV     R10,R17
        LDI     R17, $CD
        MOV     R11,R17
        RET
G1:     LDI     R17, $81            ;取浮点数 1
```

```
        MOV     R8,R17
        CLR     R9
        CLR     R10
        CLR     R11
        RET
PI18:   LDI     R17,$7B           ;取浮点数 π/180
        MOV     R8,R17
        LDI     R17,$0E
        MOV     R9,R17
        LDI     R17,$FA
        MOV     R10,R17
        LDI     R17,$35
        MOV     R11,R17
        RET
GINT:   LDI     R17,R12           ;浮点数取整
        CPI     R17,$81
        BRCC    GINT1
        RCALL   G0                ;阶码<$81,结果为 0
        RJMP    KP2
GINT1:  ANDI    R16,$DD
        SBRC    R13,7
        ORI     R16,2             ;记数符
        CPI     R17,$98
        BRCC    GOVER             ;阶码>$97,溢出
        RCALL   BRK               ;分解出整数部分(在 R9、R10、R11)
        SBRS    R16,1
        RET                       ;正数返回
NEG3A:  COM     R11               ;负数求(R9、R10、R11)之补
        COM     R10
        COM     R9
inc3a:  LDI     R17,255
        SUBI    R11,R17
        SBCI    R10,R17
        SBCI    R9,R17            ;求反后加 1
        RET
GOVER:  ORI     R16,$20           ;设整数部分超过 23 位标志
        RET
BRK:    ANDI    R16,$DF           ;将正浮点数分解为整数/小数两部分
        LDI     R17,$80
        OR      R13,R17           ;恢复尾数最高位
        CLR     R9
        CLR     R10
        CLR     R11
        MOV     R17,R12
        SUBI    R17,$80
```

```
        BREQ    BRKRT
        BRCS    LOOPT
        CPI     R17,$19          ;整数部分超过 24 位
        BRCC    GOVER            ;为溢出
LOOP4:  LSL     R15
        ROL     R14
        ROL     R13
        ROL     R11
        ROL     R10
        ROL     R9
        DEC     R17
        BRNE    LOOPT            ;左移位数为(阶码 - $80),整数部分进入 R9~R11 中
BRKRT:  RET
LOOPT:  LSR     R13              ;只有小数部分右移尾数($80 - 阶码)位
        ROR     R14
        ROR     R15
        INC     R17
        BRNE    LOOPT
        RET
NRML:   ANDI    R16,$BF          ;1 字节正整数(在 R13 中)规格化为浮点数
        CLR     R14
        CLR     R15
        LDI     R12,$88          ;设阶码
        RJMP    NMLOP
G10:    LDI     R17,$84          ;取浮点数 10
        MOV     R8,R17
        LDI     R17,$20
        MOV     R9,R17
        CLR     R10
        CLR     R11
        RET
GLN2:   LDI     R17,$80          ;取浮点数 ln 2(=0.693 147 180 6)
        MOV     R8,R17
        LDI     R17,$31
        MOV     R9,R17
        LDI     R17,$72
        MOV     R10,R17
        LDI     R17,$18
        MOV     R11,R17
        RET
GLN10:  LDI     R17,$82          ;取浮点数 ln 10(=2.302 585 093)
        MOV     R8,R17
        LDI     R17,$13
        MOV     R9,R17
        LDI     R17,$5D
```

```
        MOV     R10,R17
        LDI     R17,$8E
        MOV     R11,R17
        RET
INVX:   TST     R12                     ;计算 1/x,x=0 时溢出
        BRNE    INV
OV4:    SEV
        RET
INV:    RCALL   G1                      ;取 1
        RJMP    FPDI
```

5.3.3 用荷纳法计算多项式值子程序 FPLN1 和 FPLN2

用幂级数展开法计算函数值,一般要在保证计算精度的前提下,截取足够项数组成一多项式。子程序 FPLNX(X=1 或 2)便是用荷纳法计算多项式值的程序。计算公式为:

$$P = a_n x^n + a_{n-1} x^{n-1} + a_{n-2} x^{n-2} + \cdots + a_1 x + a_0 =$$
$$\{\cdots[(a_n x + a_{n-1})x + a_{n-2}]x + \cdots + a_1\}x + a_0 \qquad (5-1)$$

为简化计算,用 FPLN1 计算奇函数值(在计算对数函数 ln x、正弦函数 sin x 和反正弦函数 arcsin x 时,调用该子程序),计算过程为先存 x,建立奇函数标志,以 x^2 为自变量,计算 $P_1=[(\cdots a_n x^2+a_{n-2})x^2+\cdots+a_3]\cdot x^2+a_1$($n$ 为奇数)之后,再计算 $P=P_1\cdot x$。FPLN2 子程序用来计算指数函数 e^x 或一般的多项式值。调用时,先清除奇函数标志,以 x 为自变量。

调用 FPLNX 的方法是将多项式系数 $a_n, a_{n-1}, \cdots, a_k, a_{k-1}, \cdots, a_1, a_0$(FPLN1 只取奇次项的系数)的浮点数组成一数据表格,放在调用指令 RCALL FPLNX 之后,如以 a_{kp} 表示系数 a_k 的阶码,以 a_{kh}、a_{km} 和 a_{kl} 分别表示 a_k 尾数的高位、中位和低位字节,则调用采取如下排列格式:

RCALL FPLNX

DB $a_{np}, a_{nh}, a_{nm}, a_{nl}$

DB $a_{(n-1)p}, a_{(n-1)h}, a_{(n-1)m}, a_{(n-1)l}$

……

DB a_{kp}, a_{kh}, a_{km}, a_{kl}

……

DB $a_{1p}, a_{1h}, a_{1m}, a_{1l}$

DB $a_{0p}, a_{0h}, a_{0m}, a_{0l}$

DB 1

(荷纳计算完毕的后继指令)

最后一条指令 DB 1 是结束荷纳计算的标志,即在阶码位置上如查到 1 时结束计算。故多项式系数之阶码不能为 1。这相当于要求多项式系数绝对值必须大于 2^{-127},然而这对系数取值无影响,因各系数绝对值都远大于该值。

执行 RCALL FPLNX 之后,阶码 a_{np} 所在单元的地址被压入堆栈,将该地址弹入间址寄存器 Z。注意,AVR 程序是以字为单位,而多项式系数是以字节为单位查取的,故要将数据表首地址乘以 2 作为指针,按浮点数存放顺序和所占字节数将 a_n 最先取出,计算 $a_n\cdot t$($t=x$ 或

x^2)后再将 a_{n-1} 取出,二者相加,这是第一次循环所做的计算。将该和乘以 t 后,与下一个取出之系数相加,直到在阶码位置上查到 1 为止。此时停止计算,将指针内容折半,变为后继指令地址并要做一次判断;如调用的是 FPLN1,将计算结果乘以 x 再跳转到后继指令;如调用的是 FPLN2,直接跳转到后继指令(完成跳转所使用的指令是 IJMP)。

清单 5-12 用荷纳法计算多项式值子程序

```
FPLN1: ORI    R16,$10     ;设计算奇函数(lnx,sinx,arcsinx 等)标志
       RCALL  LD3         ;存 X
       RCALL  KP2
       RCALL  FPMU        ;计算 X2
       RJMP   FLN0        ;
FPLN2: ANDI   R16,$EF     ;设计算偶函数(EXP,COSX 等)标志
FLN0:  RCALL  LD1         ;存 T,T=X 或 T=X2
       POP    R30
       POP    R31         ;系数表数据地址进入 Z
       LSL    R30
       ROL    R31         ;由按字取数变为按字节取数
       LPM    R8,Z+       ;取 Ai 阶码,指针增 1
       LPM    R9,Z+       ;取 Ai 尾数高位字节
       LPM    R10,Z+      ;取 Ai 尾数中位字节
       LPM    R11,Z+      ;取 Ai 尾数低位字节
PLN:   RCALL  M1          ;计算(....((An*T+A(n-1))*T+A(n-2))*T+....+Ai)*T
       LPM    R8,Z+       ;取 A(i-1)阶码,指针增 1
       LPM    R9,Z+       ;取 A(i-1)尾数高位字节
       LPM    R10,Z+      ;取 A(i-1)尾数中位字节
       LPM    R11,Z+      ;取 A(i-1)尾数低位字节
       RCALL  FPLAD       ;计算(....((An*T+A(n-1))*T+A(n-2))*T+....+Ai)*T+A(i-1)
       LPM
       RCALL  GET1
       DEC    R0
       BRNE   PLN         ;1 为停止符号;否则继续计算
PEND:  SBRS   R16,4
       RJMP   REND
       RCALL  GET3        ;奇函数取出自变量
       RCALL  M1          ;自变量乘以计算结果才是函数值
REND:  LSR    R31
       ROR    R30         ;Z 指针折半后
       ADIW   R30,1       ;增 1 为后继指令地址
       IJMP               ;转到该地址去执行
```

注 1:如对函数计算精度要求不高(如只要求计算结果为 4 位十进制精度),或已能确定 x 数值在特定范围内,可将计算 FPLNX 数据表格高次方项系数去掉一个或几个。例如,当 $x\approx 1$ 时计算 $\ln x$,当 $x\gg 1$ 时计算 e^x 等。当 $x\approx 1$ 时,分式 $(t-1)/(t+1)$ 或 $(2t-1)/(2t+1)$ 值变得很小(见 5.3.4 小节),且这两个分式本身精度降低,故取计算项数可减少。当 $x\gg 1$ 时,在 $x/\ln 2$ 中分出整数部分所占位数增多,使小数部分位数减少,e^y 本身误差增大,故可减少计算

所取项数。

注 2：函数计算子程序所采用的幂级数以及截断误差估算请参看参考文献 6。

5.3.4 对数函数 LNX 及其衍生函数子程序的设计方法

设计特点为将自变量 x 尾数所在区间细分为 $[0.5,\sqrt{2}/2)$ 和 $[\sqrt{2}/2,1)$ 两个半开区，减少了所取计算项数，加快收敛速度。

设浮点数 $x=2^m\cdot t$（t 为尾数，m 为阶）先测试 x，若 x 为负数或等于 0，转出错处理；否则有 $\ln x=\ln t+m\ln 2$ 或 $\ln x=\ln(2t)+(m-1)\ln 2$。

当 $\sqrt{2}/2\leqslant t<1$ 时，采用公式 $\ln x=\ln t+p\ln 2$ 计算对数函数值，存入 $p=m$；当 $0.5\leqslant t<\sqrt{2}/2$ 时，采用公式 $\ln x=\ln(2t)+p\ln 2$ 计算对数函数数值，存入 $p=m-1$。

根据对数函数展开式及对数性质，可得出：

$$\ln t=2\left[\frac{t-1}{t+1}+\frac{1}{3}\left(\frac{t-1}{t+1}\right)^3+\frac{1}{5}\left(\frac{t-1}{t+1}\right)^5+\frac{1}{7}\left(\frac{t-1}{t+1}\right)^7+\cdots\right]\quad(\sqrt{2}/2\leqslant t<1)\tag{5-2}$$

$$\ln(2t)=2\left[\frac{2t-1}{2t+1}+\frac{1}{3}\left(\frac{2t-1}{2t+1}\right)^3+\frac{1}{5}\left(\frac{2t-1}{2t+1}\right)^5+\frac{1}{7}\left(\frac{2t-1}{2t+1}\right)^7+\cdots\right]\quad\left(\frac{1}{2}\leqslant t<\frac{\sqrt{2}}{2}\right)\tag{5-3}$$

式(5-2)或(5-3)即为计算尾数对数的公式，只要取前 4 项系数即取 1/7、1/5、1/3和 1 的浮点数作为计算多项式值的系数表格，计算精度即达到 2.45×10^{-8}。计算 $p\ln 2$ 的过程为：先取 p 的数符，将 p 还原为阶，将其规格化后再乘以常数 $\ln 2$，最后计算 $\ln t+p\ln 2$ 或 $\ln(2t)+p\ln 2$，得到 $\ln x$ 之值。

注意：$\ln x$ 的特点为 x 越接近 1，计算结果的精度越低。原因是必须计算与 1 接近的数减 1 之差，即公式(5-2)或(5-3)中的 t 或 2t 之值与 1 非常接近，使差 t－1 或 2t－1 严重损失精度。例如：计算 ln 1.000 1 将损失 3 位十进制精度，计算 ln 1.000 01 将损失 4 位十进制精度（计算 ln 0.999 9 和 ln 0.999 99 等也是这样）。x 为单精度浮点数时，在上述情况下，计算 $\ln x$ 只能得到 3～4 位十进制精度的计算结果，要改善精度只能采取冗余计算（牺牲计算速度）的方法：

(1) 采用双精度浮点数，即使损失一半精度，也能保证单精度精度。

(2) 交换公式(5-2)和(5-3)的使用区间，即当 $\sqrt{2}/2\leqslant t<1$ 时，采用公式 lnx＝ ln(2t)＋pln2 计算对数函数值，存入 p＝m；当 $0.5\leqslant t<\sqrt{2}/2$ 时采用公式 lnx＝ lnt＋pln2 来计算对数函数数值，存入 p＝m－1。这样就避开了计算差值 t－1 或 2t－1 严重损失精度的场合，但为此付出的代价是用荷纳法计算多项式值时要多取 3～4 项。

计算 LNX 子程序流程图如图 5.9 所示。

衍生函数 LGAX（计算 $\log_a x$）、LGX（计算 $\lg x$）、ASHX（计算 $\operatorname{arsinh} x$ 即反双曲正弦）、ACHX（计算 $\operatorname{arcosh} x$ 即反双曲余弦）子程序皆可由 LNX 子程序导出。其中 $\log_a x=\ln x/\ln a$（换底公式），$\lg x$ 是 $\log_a x$ 中 $a=10$ 之特例。$\operatorname{arsinh} x=\ln(x+\sqrt{x^2+1})$，$\operatorname{arcosh} x=\ln(x+$

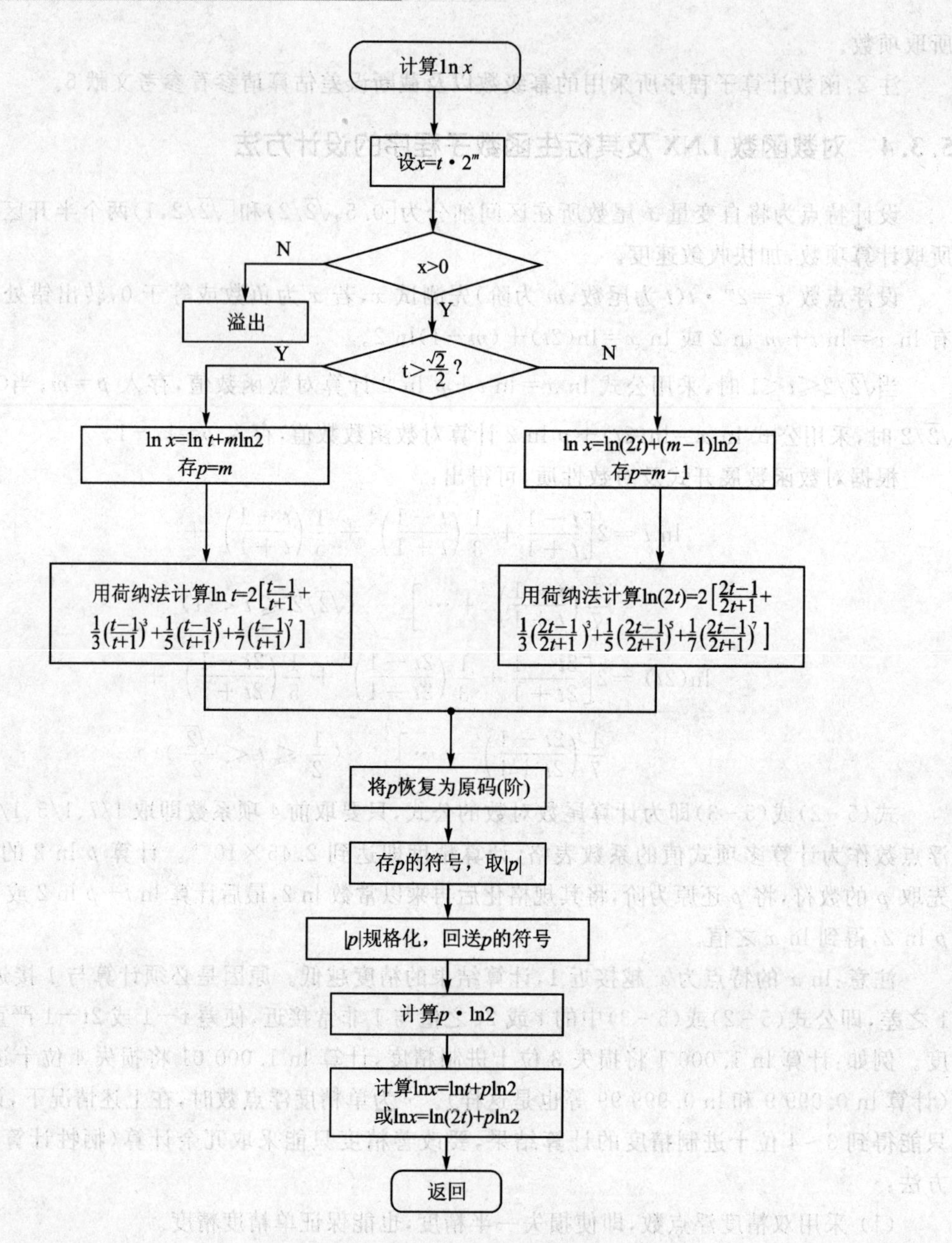

图 5.9　计算 LNX 子程序流程图

$\sqrt{x^2-1}$)。两个反双曲函数子程序清单与下一小节的双曲函数子程序放在一起。

LNX,LGAX 和 LGX 子程序清单如下:

清单 5 - 13　LNX 子程序

```
LNX:    TST     R12             ;对数函数子程序
        BREQ    OV5
        SBRS    R13,7
        RJMP    LN1
OV5:    SEV                     ;求负数或 0 的对数为错误
```

```
        RET
LN1:    ANDI   R16,$7E        ;R16,7:(t-1)/(t+1)或(2t-1)/(2t+1)之符号,R16,0:p之符号
        MOV    R0,R12         ;设 x = 2^m t,则 ln x = m ln 2 + ln t,存入 p = m
        LDI    R17,$F3
        CP     R15,R17
        LDI    R17,$04
        CPC    R14,R17
        LDI    R17,$35
        CPC    R13,R17
        BRCC   LN5            ;t<√2/2时
        DEC    R0             ;取 p = m - 1,ln x = (m - 1)ln 2 + ln(2t)
        MOV    R17,R15
        OR     R17,R14
        OR     R17,R13
        MOV    R12,R17
        BREQ   LN5A           ;2t - 1 = 0 勿须计算 ln(2t)
        RCALL  KP2            ;R12 NOUSED!
        LSL    R11
        ROL    R10
        ROL    R9
        LSR    R13
        ROR    R14
        ROR    R15
        LDI    R17,$80
        OR     R13,R17        ;2t + 1
        LDI    R17,$7E
        MOV    R12,R17        ;取 1/(2t + 1)的阶码
        RJMP   LNTLP
LN5:    ORI    R16,$80        ;(t - 1)为负,数符位改为 1
        RCALL  KP2            ;复制 t
        RCALL  NEG3A          ;t 求补
        LDI    R17,$80
        ADD    R9,R17         ;计算(t - 1)
        LSR    R13
        ROR    R14
        ROR    R15
        LDI    R17,$C0
        OR     R13,R17
        LDI    R17,$7F
        MOV    R12,R17        ;取 1/(t + 1)的阶码
LNTLP:  LSL    R11
        ROL    R10
        ROL    R9             ;(2t - 1)或(t - 1)规格化
        DEC    R12            ;调整(2t - 1)/(2t + 1))或(t - 1)/(t + 1)的阶码
        SBRS   R9,7
```

```
        RJMP    LNTLP
        RCALL   FPD3              ;计算(2t-1)/(2t+1)或(t-1)/(t+1) 位 r16,7 为商之数符
        PUSH    R0
        RCALL   FPLN1             ;计算 ln t 或 ln(2t)
        DB $7E,$12,$49,$25      ;0.142 857 14    ;er.total<0.000 000 029!
        DB $7E,$4C,$CC,$CD      ;0.2
        DB $7F,$2A,$AA,$AB      ;0.333 333 33
        DB $81,$00,$00,$00      ;1
        DB $01,$00                ;结束符
        INC     R12
        POP     R0
LN5A:   LDI     R17,$80
        ADD     R0,R17
        BREQ    LN53              ;p = $80 结束
        BRCS    LN51
        NEG     R0
        INC     R16               ;p 为负数
LN51:   RCALL   LD1               ;存 ln t 或 ln(2t)
        MOV     R13,R0
        RCALL   NRML              ;|p|规格化
        RCALL   GLN2              ;取 ln 2
        RCALL   FPMU              ;计算|p|ln 2
        RCALL   GET1              ;取 ln t 或 ln(2t)
        SBRS    R16,0
        RJMP    LN52
        RCALL   FPSU              ;p<0 计算 ln t - |p|ln 2 或 ln(2t) - |p|ln 2
        RET
LN52:   RCALL   FPAD              ;p>0 计算 ln t + |p|ln 2 或 ln(2t) + |p|ln 2
LN53:   RET
```

清单 5-14 LGX 和 LGAX 子程序

```
LGX:    RCALL   LNX               ;计算 ln x
        RCALL   GLN10             ;取 ln 10
        RCALL   EXCH
        RJMP    FPDI              ;转计算 lg x = ln x/ln10
LGAX:   RCALL   LD2               ;存 a
        RCALL   EXCH
        RCALL   LNX               ;计算 ln x
        RCALL   GET2              ;取 a
        RCALL   LD2               ;存 ln x
        RCALL   EXCH
        RCALL   LNX               ;计算 ln a
        RCALL   GET2              ;转计算 log_a x = ln x/ln a
        RJMP    FPDI
```

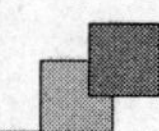

5.3.5 指数函数EXP及其衍生函数子程序的设计方法

设计特点是按换底公式将EXP之底换为2,再将其指数用分解浮点数子程序BRK拆开为整数和小数两部分,实际上主要计算工作只是将底再换为e后计算小数部分为指数的方幂。

首先对浮点数x进行测试,若x的阶码≤68H,取$e^x=1$,若$x>88.029\ 69$,e^x溢出;若$x<-88.029\ 69$,取$e^x=0$。

设x为正数,由换底公式,有

$$e^x=2^{x\cdot\log_2 e}=2^{x/\ln 2}$$

先计算$x/\ln 2$,将其分解为定点整数I和小数F两部分,则有

$$e^x=2^{I+F}=2^I\cdot 2^F=2^I\cdot e^{F\cdot\ln 2}=2^I\cdot e^y(y=F\cdot\ln 2)$$

取指数函数幂级数展开式前n项和

$$e^y=1+y+\frac{y^2}{2!}+\frac{y^3}{3!}+\cdots+\frac{y^{n-1}}{(n-1)!} \tag{5-4}$$

来计算e^y的近似值,再将整数I加入浮数点e^y的阶码中,便得到e^x之值。若$x<0$,取其绝对值,在分出整数部I后将其求补,在计算e^y之前配置y的数符。

根据截断误差推算,采用多项式$S_1=1+y+\frac{y^2}{2!}+\cdots+\frac{y^9}{9!}$来计算$e^{F\cdot\ln 2}$的值。取$\frac{(\ln 2)^9}{9!}$,$\frac{(\ln 2)^8}{8!}$,…,$\frac{(\ln 2)^2}{2!}$,ln 2和1的浮点数组成计算多项式值的系数表格。

注意:此处所做的误差推算,仅对足够精确的y才有意义。这是因为y是$x/\ln 2$的小数部分,即从尾数长度中分离出整数后余下部分。当$|x|$较大时(例如$x\geq 44.36$),$x/\ln 2$的整数部分将占7位,对3字节的尾数来说,小数部分只能有17位,约失去1字节精度。对于$|x|\leq\ln 2$的e^x,才能达到7位十进制精度。也就是说,e^x的精度与x之值有关,$|x|$越大,精度越低。$|x|\geq 44.36$时,e^x只有5位(或低于5位)十进制精度,只有采取扩展尾数或牺牲计算速度的措施才能保证6~7位十进制精度。

例如,可将单精度浮点数的尾数扩展为4~5字节,对计算指数函数精度下降有相当程度的弥补作用(在不发生溢出的情况下)。

计算e^x子程序的流程图,如图5.10所示。

衍生函数子程序AXP(计算a^x)、DXP(计算10^x)、SHX(计算sinh x,即双曲正弦)、CHX(计算cosh x,即双曲余弦)都可由EXP子程序导出,其中$a^x=e^{x\ln a}$,$10^x=e^{x\ln 10}$,$\sinh x=\frac{e^x-e^x}{2}$,$\cosh x=\frac{e^x+e^{-x}}{2}$。

清单5-15 指数函数子程序

```
EXP:    MOV     R17,R12
        CPI     R17,$68         ;x之阶<$68
E1:     BRCC    E2
        RCALL   G0
        ROR     R12             ;(R12) = $80
        INC     R12             ;取EXP = 1
        RET
E2:     ANDI    R16,$3F         ;R16,6:数符
```

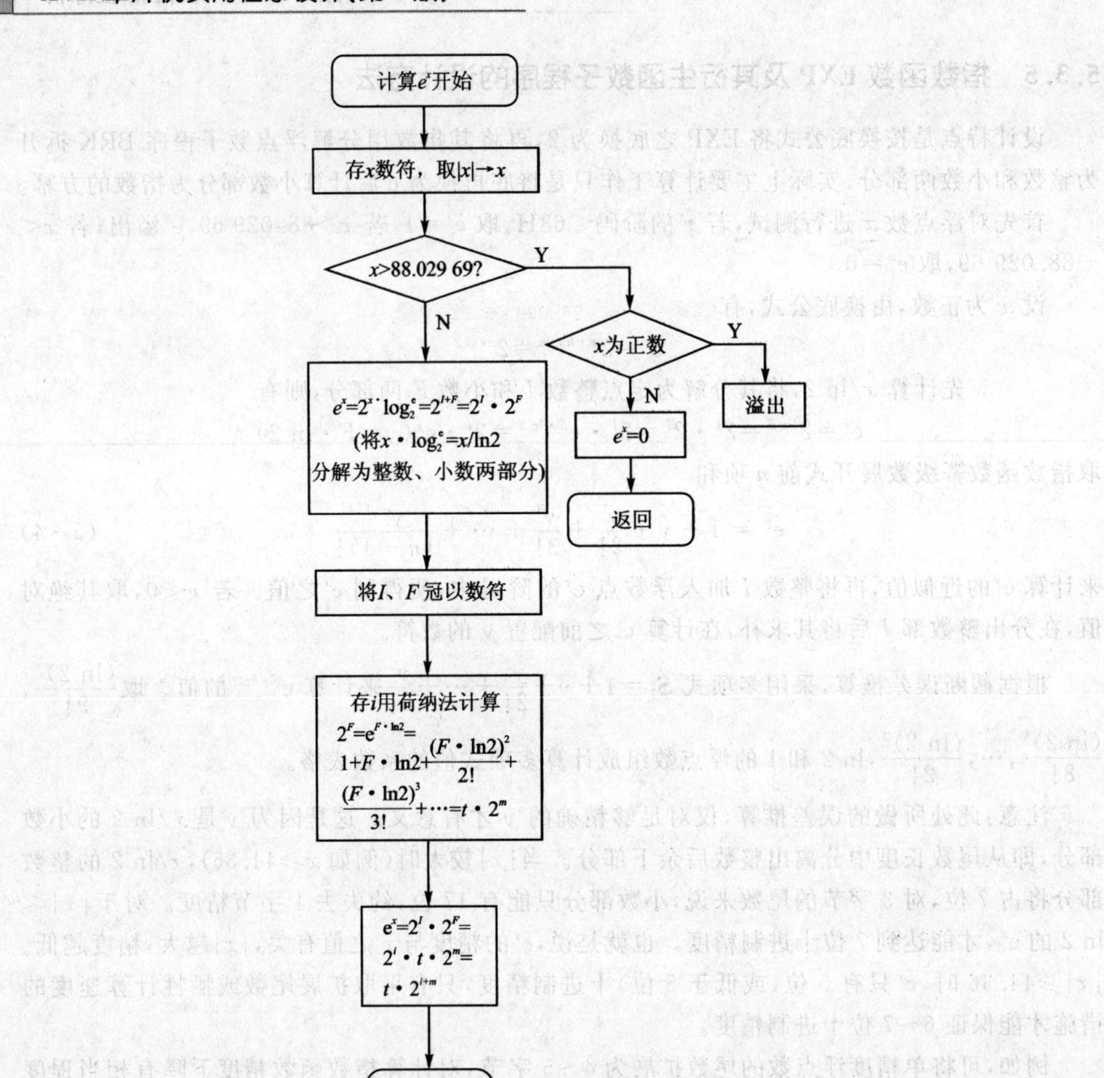

图 5.10 计算 e^x 子程序流程图

```
        SBRC    R13,7
        ORI     R16,$40             ;负数
        LDI     R17,$7F
        AND     R13,R17             ;取正(取|x|)
        LDI     R17,$33
        CP      R15,R17
        LDI     R17,$0F
        CPC     R14,R17
        LDI     R17,$30
        CPC     R13,R17
        LDI     R17,$87
        CPC     R12,R17             ;|x|与88.029 69比较
        BRCS    E3                  ;|x|<88.029 69,转
```

```
        SBRS    R16,6
        RJMP    OV6
G0:     CLR     R12             ;若 x<-88.029 69
        CLR     R13
        CLR     R14             ;EXP = 0
        CLR     R15
        RET
OV6:    SEV                     ;x>88.029 69,EXP 溢出
        RET
E3:                             ;x 整数部分预清除
        LDI     R17,$81
        MOV     R8,R17
        LDI     R17,$38
        MOV     R9,R17
        LDI     R17,$AA
        MOV     R10,R17
        LDI     R17,$3B
        MOV     R11,R17         ;取 log2e(=1/ln 2)
        RCALL   FPMU            ;计算 x/ln 2
        CLR     R11
        LDI     R17,$80
        SBRC    R16,6
        OR      R13,R17
        MOV     R17,R12
        CPI     R17,$81
        BRCS    E6              ;x/ln 2 整数部分为 0,转
        RCALL   BRK             ;否则分解该数为整数 I(在 R11),小数 F 两部分
        LDI     R17,$80
        MOV     R12,R17
        RCALL   NOM             ;小数部分规格化为浮点数
        SBRC    R16,6
        NEG     R11             ;整数部分求补
        NEG     R11             ;
E6:     PUSH    R11
        RCALL   FPLN2           ;计算 EXP(F ln 2)
        DB $69,$5A,$92,$9F      ;0.101 780 86 E-6    ;er.total<0.000 000 024
        DB $6D,$31,$60,$11      ;0.132 154 87 E-5
        DB $70,$7F,$E5,$FE      ;0.152 527 34 E-4
        DB $74,$21,$84,$89      ;0.154 035 30 E-3
        DB $77,$2E,$C3,$FF      ;0.133 335 58 E-2
        DB $7A,$1D,$95,$5B      ;0.961 812 91 E-2
        DB $7C,$63,$58,$47      ;0.555 041 09 E-1
        DB $7E,$75,$FD,$F0      ;0.240 226 51
        DB $80,$31,$72,$18      ;0.693 147 18
        DB $81,$00,$00,$00      ;1
```

```
        DB $01,$00                          ;结束符
        POP     R0
        ADD     R12,R0                      ;整数部分 I 加入阶码中
        RET
```

清单 5-16　指数衍生函数子程序

```
DXP:    RCALL   GLN10                       ;取 ln 10
        RJMP    EXP0                        ;转计算 EXP(x ln 10)
AXP:    RCALL   LD2                         ;存 x
        RCALL   EXCH
        RCALL   LNX                         ;计算 ln a
        RCALL   GET2                        ;取出 x
EXP0:   RCALL   FPMU
        RJMP    EXP                         ;转计算 EXP(x ln a)
```

清单 5-17　双曲函数和反双曲函数子程序

```
SHX:    RCALL   SUB11                       ;计算双曲正弦
        RCALL   FPSU
        BRNE    NX48
        RET
CHX:    RCALL   SUB11                       ;计算双曲余弦
        RCALL   FPAD
NX48:   DEC     R12
        RET
SUB11:  RCALL   EXP
        RCALL   LD2
        RCALL   INVX
        RJMP    GET2
ASHX:   RCALL   SUB2                        ;计算反双曲正弦
        RCALL   FPAD
ASH:    RCALL   FPSQ
        RCALL   GET2
        RCALL   FPAD
        RJMP    LNX
ACHX:   RCALL   SUB2                        ;计算反双曲余弦
        RCALL   EXCH
        RCALL   FPSU
        RJMP    ASH
SUB2:   RCALL   LD2                         ;存 x
        RCALL   KP2
        RCALL   FPMU                        ;得到 x²
        RJMP    G1                          ;取浮点数 1
```

5.3.6　正弦函数 sin x 及其衍生函数子程序的设计方法

正弦函数幂级数展开式为:

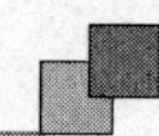

$$\sin x = x - \frac{x^3}{3!} + \frac{x^5}{5!} - \frac{x^7}{7!} + \cdots + \frac{x2^{n-1}}{2n-1}(-1)^{n-1} \qquad (-\infty < x < +\infty) \qquad (5-5)$$

式中 x 为弧度,其值可为任意实数。利用正弦函数性质,将 x 变换到 $0 \leqslant x \leqslant \frac{\pi}{2}$ 区间(若 x 为角度,则应在 $0 \sim 90^0$ 区间,再将其变为弧度计算)。若 x 足够小,取 $\sin x = x$;若 $x<0$,取绝对值计算,最后将计算结果取负。

根据截断误差估算,采用多项式 $S_1 = x - \frac{x^3}{3!} + \frac{x^5}{5!} - \cdots + \frac{x^{13}}{13!}$ 来计算 $\sin x$,即取 $\frac{1}{13!}, -\frac{1}{11!}, \frac{1}{9!}, \cdots, -\frac{1}{3!}$ 和 1 的浮点数组成计算该多项式的系数表格。

正弦函数子程序流程图如图 5.11 所示。

衍生函数子程序 COSX、TANX、COTX 等皆可由三角函数性质和正弦函数子程序导出:$\cos x = \sin(\frac{\pi}{2} - x)$,$\tan x = \sin x / \cos x$,$\cot x = \cos x / \sin x$。

SINX1、COSX1、TANX1 和 COTX1 是以角度为自变量的三角函数子程序。

清单 5 - 18　正弦函数子程序

```
SINX:   RCALL   RTOD            ;弧度化为角度
SINX1:  CLR     R16             ;x1 为角度
        SBRC    R13,7
        INC     R16             ;存数符
        LDI     R17,$7F         ;x1→|x1|
        AND     R13,R17
NX30:   RCALL   G90
        INC     R8
        INC     R8              ;取 360°
        RCALL   FPCP1           ;|x1|与 360°比较
        BREQ    GE0             ;相等,转出
        BRCC    NX31            ;|x1|<360°转出
        RCALL   EXCH
        RCALL   FPSU            ;否则|x1| - 360°→|x1|
        RJMP    NX30            ;循环
NX31:   DEC     R8
        RCALL   FPCP1           ;|x1|与 180°比较
        BREQ    GE0             ;相等,转出
        BRCC    NX32            ;|x1|<180°,转
        RCALL   EXCH
        RCALL   FPSU            ;否则|x1| - 180°→|x1|
        INC     R16             ;将数符求反
NX32:   RCALL   G90
        RCALL   FPCP1           ;|x1|与 90°比较
        BRCC    NX36
        INC     R8
        RCALL   FPSU            ;|x1|>90°,取 180° - |x1|→|x1|
        RJMP    NX36
```

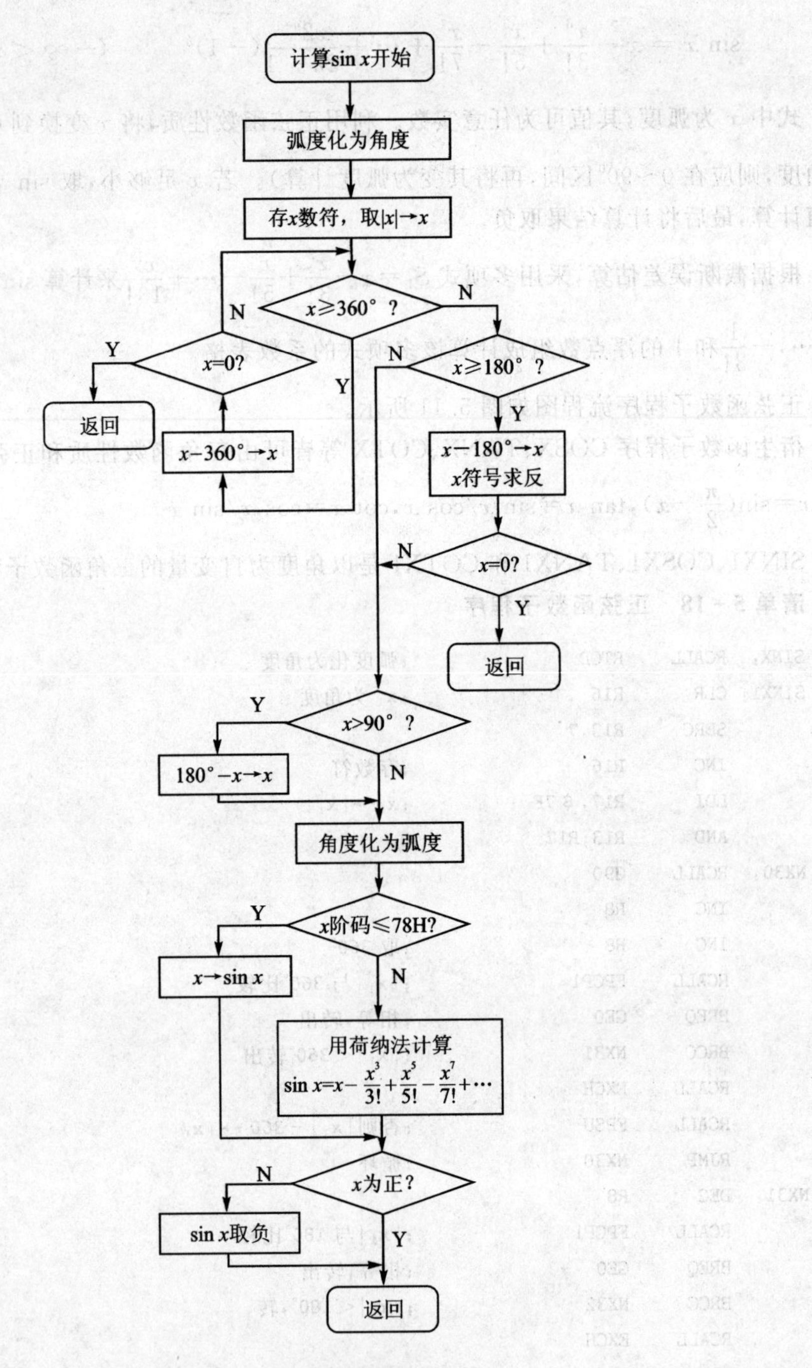

图 5.11　正弦函数子程序流程图

```
GE0:    RJMP    G0          ;|x1| = 0 则 sin x = 0
NX36:   RCALL   DTOR        ;变回弧度 x
        MOV     R17,R12
        CPI     R17,$79     ;阶码< $79,sin x = x
        BRCS    PP2
        RCALL   FPLN1       ;计算 sin|x|
```

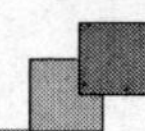

```
        DB $60,$30,$92,$32          ;0.160 590 44 E-9   er.total<0.000 000 007 1
        DB $67,$D7,$32,$2A          ;-0.250 521 08 E-7
        DB $6E,$38,$EF,$1C          ;0.275 573 19 E-5
        DB $74,$D0,$0D,$01          ;-0.198 412 70 E-3
        DB $7A,$08,$88,$88          ;0.833 333 33 E-2
        DB $7E,$AA,$AA,$AA          ;-0.166 666 67
        DB $81,$00,$00,$00          ;1
        DB $01,$00                  ;结束符
PP2:    LDI     R17,$80
        SBRC    R16,0
PP3:    OR      R13,R17             ;配置数符
DON6:   RET
```

清单5-19 正弦衍生函数子程序

```
CTNX:   RCALL   RTOD                ;弧度化为角度
CTNX1:  RCALL   TANX1               ;计算 tan x
        RJMP    INVX                ;取倒数为 cot x
TANX:   RCALL   RTOD                ;弧度化为角度
TANX1:  RCALL   LD2                 ;存 x
        RCALL   SINX1               ;计算 sin x
        RCALL   GET2                ;取 x
        RCALL   LD2                 ;存 sin x
        RCALL   EXCH
        RCALL   COSX1               ;计算 cos x
        BRNE    NX39
OV7:    SEV
        RET                         ;cos x = 0,溢出
NX39:   RCALL   GET2                ;取 sin x
        RJMP    FPDI                ;tan x = sin x/cos x
COSX:   RCALL   RTOD                ;弧度化为角度
COSX1:  RCALL   G90                 ;取浮点数 90°
        RCALL   FPSU
        RJMP    SINX1               ;cos x = sin(90° - x)
```

5.3.7 反正弦函数ASINX及其衍生函数子程序的设计方法

设计特点为以使用概率最高的反正弦函数作为反三角函数的主函数，可在一半的场合下避免浮点数开平方运算；根据自变量x的值域采用不同算法计算反正弦函数值；采用互动编程法设计反正弦函数和反余弦函数子程序。因为在计算反正弦函数值时，若$|x|>0.5$，先得到反余弦函数值；而在计算反余弦函数值时，必先计算反正弦函数值。实现两反函数互动编程，可将对两个浮点常数的加(减)运算合并为对一个浮点常数的运算或省略加、减同一常数运算，从而避免冗余计算。

反正弦函数幂级数展开式为：

$$\arcsin x = x + \frac{x^3}{2\cdot 3} + \frac{1\cdot 3\cdot x^5}{2\cdot 4\cdot 5} + \frac{1\cdot 3\cdot 5\cdot x^7}{2\cdot 4\cdot 6\cdot 7} + \cdots +$$

$$\frac{1 \cdot 3 \cdot 5 \cdots (2n-3) \cdot x^{2n-1}}{2 \cdot 4 \cdot 6 \cdots (2n-2) \cdot (2n-1)} \quad (-1<x<1) \qquad (5-6)$$

对 x 进行测试,若 $|x|$ 足够小,取 $\arcsin x=x$,当 $|x|>1$,转出错处理;若 $|x|=1$,取 $\arcsin x=\pm\frac{\pi}{2}$。

假定 $x>0$,我们看到,当 x 接近 1 时,由公式(5-6)计算 $\arcsin x$,其收敛度很慢。为提高收敛速度,当 $x>1/2$ 时,先由公式(5-6)计算 $\arcsin\sqrt{\frac{1-x}{2}}$ 的值(此时 $\sqrt{\frac{1-x}{2}}<\frac{1}{2}$),再由公式 $\arcsin x=\frac{\pi}{2}-2\arcsin\sqrt{\frac{1-x}{2}}$ 算出 $\arcsin x$ 之值;当 $x\leqslant 1/2$ 时,由公式(5-6)直接算出 $\arcsin x$ 之值。根据奇函数特点:$\arcsin(-x)=-\mathrm{arccsin}\ x$,故当 $x<0$ 时,取其绝对值计算,再对计算结果取负。

根据截断误差推算,采用多项式 $S_9=x+\frac{x^3}{6}+\frac{3\cdot x^5}{40}+\cdots+\frac{6\,435\cdot x^{17}}{557\,056}$ 来计算 $\arcsin x$ 之值,取 $\frac{6\,435}{557\,056},\cdots,\frac{3}{40},\frac{1}{6}$ 和 1 的浮点数组成计算多项式值的数据表格。

反正弦函数子程序流程图如图 5.12 所示。

衍生函数子程序 ACOSX、ATANX、ACTNX 等都可由反三角函数性质和反正弦函数子程序导出:$\arccos x=\pi/2-\arcsin x$,$\arctan x=\arcsin\left(\frac{x}{\sqrt{1+x^2}}\right)$,$\mathrm{arccot}\ x=\pi/2-\arctan x$。ASNX、ACSX、ATNX 和 ACNX 是以角度表示函数值的反正弦、反余弦、反正切和反余切函数子程序。

清单 5-20 反正弦函数子程序

```
ASINX:  MOV     R17,R12
        CPI     R17,$78
        BRCS    DON6                ;x 阶码<$78,arcsin x = x
        ANDI    R16,8
;清除数符,|x|>0.5 标志,保留计算 arccos x 标志(R16,3)
        SBRC    R13,7
        INC     R16                 ;记数符
        LDI     R17,$7F
        AND     R13,R17             ;取绝对值 x→|x|
        RCALL   G1
        RCALL   FPCP1
        BREQ    AA
        BRCC    AA1
OV8:    SEV                         ;|x|>1,溢出
        RET
AA:     RCALL   GHPI
        RCALL   EXCH
        RJMP    PP2                 ;|x| = 1,arcsin x = ±π/2
AA1:    MOV     R17,R12
        CPI     R17,$80
```

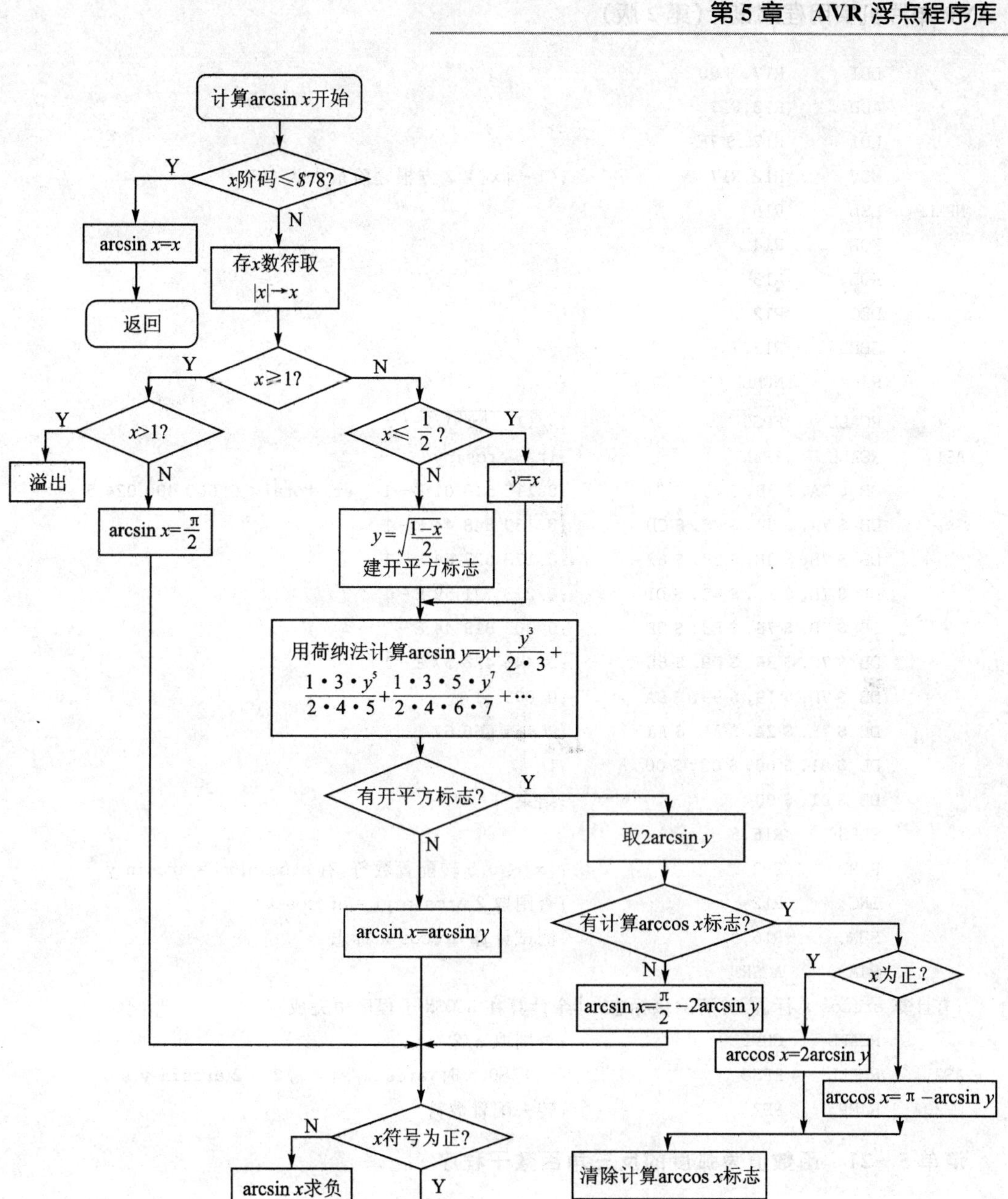

图 5.12 反正弦函数子程序流程图

```
BRNE    AS1             ;|x|<0.5,y=|x|
MOV     R17,R13
OR      R17,R14
OR      R17,R15
BREQ    AS1             ;x=0.5,y=|x|
ORI     R16,$20         ;x>0.5,建标
RCALL   NEG3
```

```
        LDI     R17,$80
        ADD     R13,R17
        LDI     R17,$7F
        MOV     R12,R17                 ;(1-|x|)/2 方根之阶最大为$7F
NRMLP:  LSL     R15
        ROL     R14
        ROL     R13
        DEC     R12
        SBRS    R13,7
        RJMP    NRMLP                   ;
        RCALL   FPS0                    ;√((1-|x|)/2)→y
AS1:    RCALL   FPLN1                   ;计算 arcsiny
        DB $7A,$3D,$43,$C4              ;0.115 518 01 E-1   er. total<0.000 000 024 5
        DB $7A,$64,$CC,$CD              ;0.139 648 44 E-1
        DB $7B,$0E,$27,$62              ;0.173 527 64 E-1
        DB $7B,$37,$45,$D1              ;0.223 721 59 E-1
        DB $7B,$78,$E3,$8E              ;0.303 819 44 E-1
        DB $7C,$36,$DB,$6E              ;0.446 428 57 E-1
        DB $7D,$19,$99,$9A              ;0.075
        DB $7E,$2A,$AA,$AA              ;0.166 666 67
        DB $81,$00,$00,$00              ;1
        DB $01,$00                      ;结束符
        SBRS    R16,5
        RJMP    PP2                     ;|x|≤0.5 转配置数符,有 arcsin|x| = arcsin y
        INC     R12                     ;否则取 2 arcsin y( = arccos x)
        SBRC    R16,3                   ;测试计算 arccos x 标志
        RJMP    ACSRT
;有计算 arccos x 标志,转清除该标志(其余计算在 ACOSX 子程序中完成)
        RCALL   GHPI                    ;否则取 π/2
AS2:    RCALL   FPSU                    ;|x|>0.5 时,arcsin|x| = π/2 - 2 arcsin y
PP20:   RJMP    PP2                     ;转去配置数符
```

清单 5-21　函数值为弧度的反三角函数子程序

```
ACOSX:  ORI     R16,8                   ;设计算 arccos x 标志
        RCALL   ASINX                   ;调反正弦函数子程序
        RCALL   GHPI                    ;取 π/2
        SBRC    R16,3                   ;计算 arccos|x|标志未被清除吗
        RJMP    AS3                     ;是,转计算 arccos x = π/2 - arcsin x
        SBRS    R16,0                   ;x>0 且 x>0.5
        RJMP    ACSRT                   ;有 arccos x = 2arcsin y
        INC     R8
;否则取 π;即当 x<0 且|x|>0.5 时,有 arccos x = π - 2 arcsin y
AS3:    RCALL   FPSU
ACSRT:  ANDI    R16,$F7                 ;清除计算 arccos x 标志
        RET
```

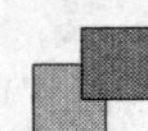

```
ATANX:  MOV     R17,R12         ;反正切函数子程序
        CPI     R17,$98
        BRCS    AT1
        RCALL   GHPI            ;x 阶码大于 $98,取 π/2
        RCALL   EXCH
        ROL     R9
        BRCC    AT2
        LDI     R17,$80
        OR      R13,R17         ;arctan x = π/2
AT2:    RET
AT1:    MOV     R17,R12
        CPI     R17,$74         ;x 阶码小于 $74,arctan x = x
        BRCS    AT2
        RCALL   KP2
        RCALL   LD1             ;存 x
        RCALL   FPMU
        RCALL   G1
        RCALL   FPAD            ;
        RCALL   FPSQ            ;计算 √(1 + x²)
        RCALL   GET1
        RCALL   FPDI
        RJMP    ASINX           ;转计算 arctan x = arcsin(x/√(1 + x²))
ACTNX:  RCALL   ATANX           ;反余切函数子程序
        RCALL   GHPI
        RJMP    FPSU            ;arctan x = e/2 - arctag x
```

清单 5-22　函数值为角度的反三角函数子程序

```
ASNX:   RCALL   ASINX           ;反正弦函数子程序,结果以角度表示
        RJMP    RTOD            ;转弧度化为角度
ACSX:   RCALL   ACOSX           ;反余弦函数子程序,结果以角度表示
        RJMP    RTOD
ATNX:   RCALL   ATANX           ;反正切函数子程序,结果以角度表示
        RJMP    RTOD
ACNX:   RCALL   ACTNX           ;反余切函数子程序,结果以角度表示
        RJMP    RTOD
```

对反三角函数子程序作以下两点说明:

(1) 关于 $\arcsin x=\frac{\pi}{2}-2\arcsin\sqrt{\frac{1-x}{2}}$ 的证明如下:

设 $\cos\varphi=x$,有 $\varphi=\arccos x$。因 $\cos\varphi=1-2\sin^2\left(\frac{\varphi}{2}\right)$,得 $x=1-2\sin^2\left(\frac{\varphi}{2}\right)$,于是 $\varphi=2\arcsin\sqrt{\frac{1-x}{2}}$,即 $\arccos x=2\arcsin\sqrt{\frac{1-x}{2}}$。又因为 $\arcsin x+\arccos x=\frac{\pi}{2}$,故有

$$\arcsin x=\frac{\pi}{2}-2\arcsin\sqrt{\frac{1-x}{2}}$$

(2) 对 ACOSX 子程序说明如下：

在该子程序入口处建立标志(R16,3=1)，只有当$|x|\leqslant 0.5$时，才在调用 ASINX 子程序后，用$\arccos x=\frac{\pi}{2}-\arcsin x$计算反余弦函数。否则，当$|x|>0.5$时，在调用 ASINX 子程序之中，若$x>0$，直接得到$\arccos x=2\arcsin\sqrt{\frac{1-x}{2}}$；而若$x<0$，直接计算$\arccos x=\pi-2\arcsin\sqrt{\frac{1-x}{2}}$。

反余弦函数子程序流程图如图 5.13 所示。

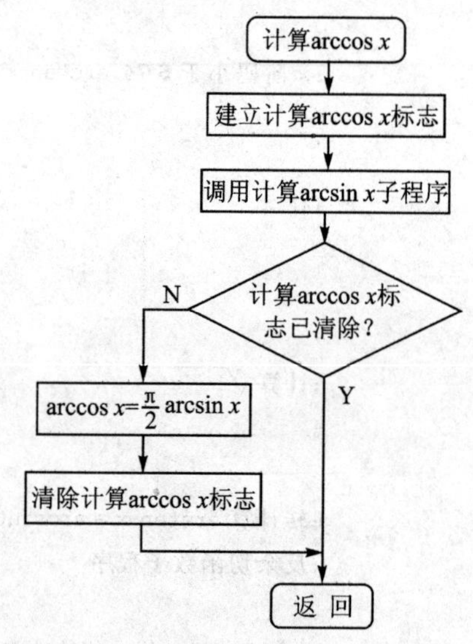

图 5.13　反余弦函数子程序流程图

5.3.8　函数计算子程序的演示程序

欲计算函数$f(x)$的值，先将自变量x写成十进制浮点数形式，将其置入仿真器片内 RAM $65～$69 单元之内，与置入加数过程相同(参见 5.2.9 小节)。复位仿真器后，预设断点，执行演示程序，便可检查阶段结果和最终结果。

例：计算 ln 123 456.78，演示程序中的 RCALL FX 即为 RCALL LNX，而$x=0.123\ 456\ 78\times 10^6$。在 $65 单元内置入 $06，表示十进制浮点数的阶为 06，该单元最高位和次高位为 00，表示十进制浮点数为正数、正阶。在 $66～$69 单元内依次置入 $12、$34、$56 和 $78，表示十进制浮点数的尾数为 0.123 456 78。启动演示程序，遇到断点后用准单步运行，便可查看每一步运行结果。最终计算结果可在寄存器 R8～R12 中查到：R8 内为 $02，表示计算结果十进制浮点数之阶为 2，即该数整数部分为 2 位；R8 的最高位和次高位皆为 0，表示结果浮点数为正数、正阶；R9～R12 之内为 117 236 46，为结果十进制浮点数之尾数。以上计算结果表示 ln 123 456.78=11.723 646。其他函数子程序也可仿此演示。

注：与电子计算器(十位有效)对照，以上 8 位函数值都是有效的。这说明：在某些场合，IEEE 单精度浮点数计算结果的十进制精度可达 8 位。这不是偶然的，IEEE 单精度浮点数之尾数最大值视为整数为 $FFFFFF=16 777 215，达 8 位数。故计算结果达到 8 位十进制精度是可能的，而以尾数所含 BCD 码位数定义为浮点数的精度是不对的。

清单 5-23　函数子程序演示程序

```
DMST2:  LDI     R16,2
        OUT     SPH,R16
        LDI     R16,$5F         ;堆栈指针初始化
        OUT     SPL,R16
        LDS     R11,$65         ;取操作数(自变量 x)
        LDS     R12,$66         ;R11,7:数符 R11,6:阶符
        LDS     R13,$67         ;R11,5~0:阶(最大为 38)
        LDS     R14,$68
        LDS     R15,$69         ;R12~R15:十进制尾数(8 位 BCD 码)
        RCALL   DTOB            ;翻为二进制浮点数
        RCALL   LNX             ;调函数子程序之一
        RCALL   BTOD            ;将函数值转为十进制浮点数
DMHER:  RJMP    DMHER
```

5.3.9　阶乘子程序 NP 的设计方法

$n! = n(n-1)(n-2)\cdots3\cdot2\cdot1$，为 $1\sim n$ 连续 n 个自然数的乘积，其设计方法如下：

(1) $n=0$ 或 $n=1$ 时，置结果 NP=1；

(2) $n>1$ 时，令 NP=1，$t=1$，t 每增 1 后即乘以一次 NP，并以乘积替代 NP，直到连续乘 $(n-1)$ 次为止，结果即为 $n!$。

清单 5-24　阶乘子程序

```
                                ;此子程序只能计算到 33! 34! 则溢出了。
NP:     RCALL   G1              ;取浮点数 1
        MOV     R17,R12         ;二进制整数 n 在 R12 中
        CPI     R17,2           ;n<2,n! =1
        BRCS    GG
        CPI     R17,34
        BRCS    NX59
OV9:    SEV                     ;n>33,溢出
        RET
GG:     RJMP    SAV0            ;取 n! =1
NX59:   MOV     R0,R12          ;存 n
        DEC     R0              ;n-1
        LDI     R17,1
        PUSH    R17             ;取 t=1 并存入
        LDI     R17,$81
        STS     $70,R17
        CLR     R17
        STS     $71,R17
        STS     $72,R17
        STS     $73,R17         ;存储浮点数 1
L43:    POP     R13             ;取 t
        INC     R13             ;t+1→t
```

```
        PUSH    R13             ;存 t
        RCALL   NRML            ;t 规格化
        RCALL   GET1            ;取阶段阶乘结果
        RCALL   FPMU            ;得到当前 t!
        RCALL   LD1
        DEC     R0
        BRNE    L43             ;t = n 时得到 n!
        POP     R0
        RET
```

5.3.10 浮点数制转换

本小节内容包括长整数规格化为二进制浮点数、十进制定点数(纯整数、纯小数或混合型)翻为二进制浮点数、浮点数十翻二、浮点数二翻十和二进制浮点数快速翻为十进制定点数等 5 个子程序。它们需要第 3 章中定点数制转换子程序和本章浮点基本运算子程序的支持。

1. 长整数规格化为二进制浮点数子程序

LINOM 为将长整数(存放于 R9R10R11R12 中,R9 为高位字节)规格化为二进制浮点数子程序,它首先将数符存于 T 标志位,如为负数则先对其求补,再利用 DTOB1 子程序的后部分将其规格化为浮点数,并装配数符。

清单 5-25 长整数规格化为二进制浮点数子程序

```
LINOM:  BST     R9,7            ;数符存于 T
        BRTC    LI10
        CLR     R16             ;负数求补
        SUB     R16,R12
        MOV     R12,R16
        CLR     R16
        SBC     R16,R11
        MOV     R11,R16
        CLR     R16
        SBC     R16,R10
        MOV     R10,R16
        CLR     R16
        SUB     R16,R9
        MOV     R9,R16
LI10:   LDI     R16,$A0         ;取阶 32(长整数共 32 位)
LP10:   SBRC    R9,7
        RJMP    NX63            ;最高位为 1,已规格化
        LSL     R12
        ROL     R11
        ROL     R10
        ROL     R9              ;否则左规 1 位
        DEC     R16             ;阶码减 1
        CPI     R16,$80
        BRNE    LP10
        RJMP    G0              ;左规达 32 次,浮点数为 0
```

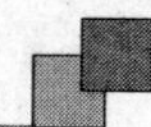

2. 混合型十进制定点数翻为二进制浮点数子程序

DTOB1 为将混合型十进制定点数(可只有整数部分,或只有小数部分,空缺部分应清为0)翻为二进制浮点数子程序。约定数符存在于标志位 T。它首先调用定点数制转换子程序CONV2,CONV4 将十进制定点整数和小数分别翻为二进制定点整数和小数,再将含有整数、小数的二进制数规格化为浮点数。入口、出口条件见 5.1.2 小节。图 5.14 为十进制定点数翻为二进制浮点数子程序的流程图。

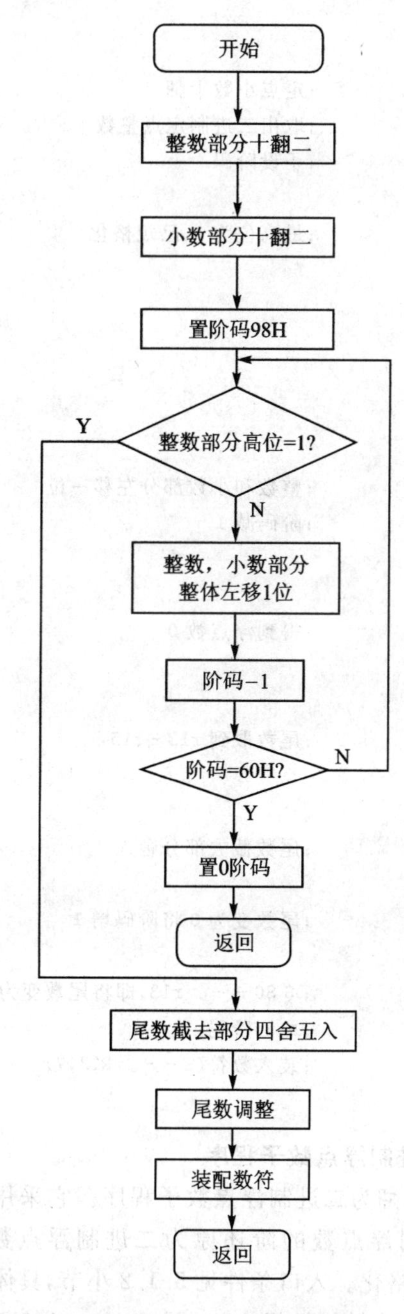

图 5.14 十进制定点数翻为二进制浮点数子程序 DTOB1 流程图

注:因 DTOB1 子程序中不存在近似计算问题,故在数值范围允许条件下应选用 DTOB1 子程序替代 DTOB 子程序进行浮点数二翻十。

清单 5-26　混合型十进制定点翻为二进制浮点数子程序

```
DTOB1:  RCALL   LD1         ;存入十进制小数
        RCALL   CONV2       ;定点整数十翻二
        RCALL   GET1        ;取出十进制小数
        RCALL   LD1
        RCALL   SAV0
        RCALL   CONV4       ;定点小数十翻二
        RCALL   GET1        ;取出二进制定点整数
        LDI     R16,$98     ;予设阶码
LP11:   SBRC    R9,7
        RJMP    NX63        ;最高位为1,已规格化
        LSL     R15
        ROL     R14
        ROL     R13
        ROL     R12
        ROL     R11
        ROL     R10
        ROL     R9          ;整数和小数部分左移一位
        DEC     R16         ;阶码减1
        CPI     R16,$60
        BRNE    LP11
        RET                 ;得到浮点数0
NX63:   MOV     R13,R9
        MOV     R14,R10
        MOV     R15,R11     ;尾数取到r13-r15
        SBRS    R12,7
        RJMP    PP6
        RCALL   INC3        ;尾数截去部分舍入
        BRNE    PP6
        INC     R16         ;尾数变为0将阶码增1
        SEC
        ROR     R13         ;$80-->r13,即将尾数变为0.5
PP6:    MOV     R12,R16     ;取回阶码
        BLD     R13,7       ;装入数符(T-->R13,7)
        RET
```

3. 十进制浮点数翻为二进制浮点数子程序

DTOB 为将十进制浮点数翻为二进制浮点数子程序。它采用等量代换法,通过乘以二进制浮点数 10 或 0.1,将十进制浮点数的阶还原为二进制浮点数。用定点数十翻二子程序 CONV4 来处理尾数并将其规格化。入口条件见 5.1.2 小节,具体设计方法如下:

若十进制浮点数尾等于 0,取转换结果为 0。设 $x=t_d \cdot 10^p$,$0.1 \leqslant t_d < 1$,t_d 为 8 位 BCD 码尾数,p 为二位 BCD 码,$0 \leqslant |p| \leqslant 38$。首先用小数十翻二子程序 CONV4 将十进制定点小

数尾数翻为二进制定点小数，将其规格化为浮点数并冠以数符，设其值为 t_b。将 t_b 乘以二进制浮点数 10^p，即得到转换结果二进制浮点数。过程如下：视 p 之正负，将 t_b 连乘 p 个二进制浮点数 10($p>0$)，或连乘 $|p|$ 个二进制浮点数 0.1($p<0$)，或不用乘($p=0$)，就得到转换结果。为提高转换效率，当 $|p|\geqslant 10$ 时，以乘一个二进制浮点数 10^{10}(10^{-10})，代替连乘 10 个二进制浮点数 10(0.1)。

图 5.15 为十进制浮点数翻为二进制浮点数子程序流程图。

清单 5-27　浮点数十翻二子程序

```
DTOB:   ANDI    R16,$FC         ;r11,7:数符  r11,6:阶符 r11,5--0:阶(最大为38)
        SBRC    R11,6           ;R12---R15;8BCD码尾数
        INC     R16             ;阶符存于R16,0
        SBRC    R11,7
        ORI     R16,2           ;数符存于R16,1
        MOV     R17,R11
        ANDI    R17,$3F         ;取阶
        MOV     R0,R17          ;存于R0
        MOV     R8,R12
        OR      R8,R13
        OR      R8,R14
        OR      R8,R15
        BREQ    PP8             ;十进制浮点数尾数为0,取二进制浮点数0
        PUSH    R16
        RCALL   CONV4           ;十进制浮点数尾数翻为二进制定点小数
        MOV     R16,R15
        MOV     R15,R14
        MOV     R14,R13
        MOV     R13,R12         ;二进制定点小数转入r13r14r15r16
        LDI     R17,$80         ;予设阶码
        MOV     R12,R17
LP14:   SBRC    R13,7
        RJMP    NX67
        LSL     R16
        ROL     R15
        ROL     R14
        ROL     R13
        DEC     R12
        RJMP    LP14            ;二进制定点小数规格化为浮点数
NX67:   SBRS    R16,7
        RJMP    NX66
        RCALL   INC3            ;调整
        BRNE    NX66
        INC     R12
        SEC                     ;调整后结果为0将其改为0.5
        ROR     R13             ;即$80-->r13
NX66:   LDI     R17,$7F
```

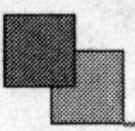

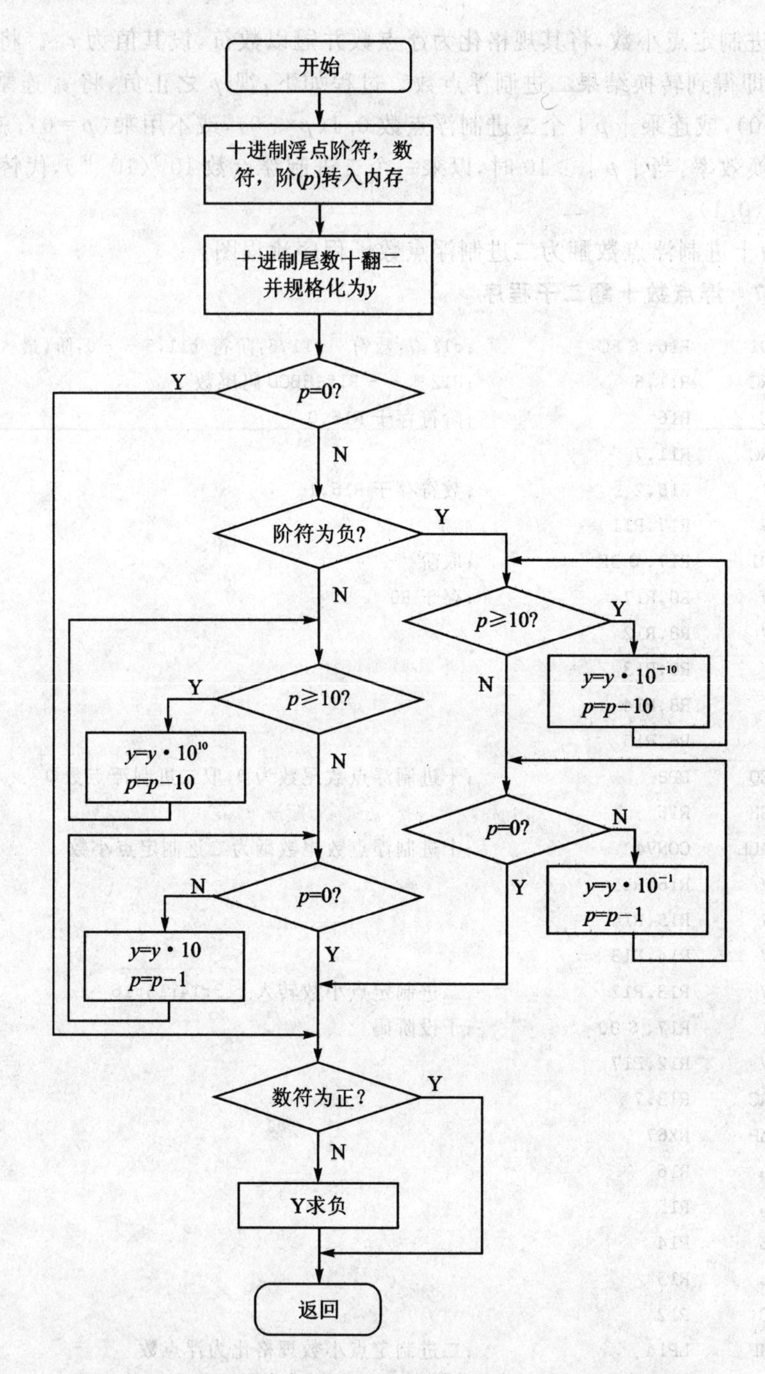

图 5.15　十进制浮点数翻为二进制浮点数子程序 DTOB 流程图

```
        POP     R16
        SBRS    R16,1
        AND     R13,R17         ;配置数符
        SBRS    R16,0
        RJMP    DBL4            ;正阶转
DBL1:   LDI     R17,$10
        SUB     R0,R17
```

```
        BRCS    DBL2
        RCALL   INVDP              ;
        RCALL   FPMU               ;阶码减 10,X＊10-1o－－>X
        RJMP    DBL1
DBL2:   ADD     R0,R17             ;不够减则恢复阶
        BREQ    PP8
DBL3:   RCALL   G01                ;取 0.1
        RCALL   FPMU
        DEC     R0                 ;X＊0.1－－>X,阶减 1
        BRNE    DBl3
        RET
DBL4:   LDI     R17,$10
        SUB     R0,R17             ;阶减 10
        BRCS    DBL5
        RCALL   DDP                ;X＊101o－－>X
        RCALL   FPMU
        RJMP    DBL4
DBL5:   ADD     R0,R17             ;不够减则恢复阶
        BREQ    PP8
DBL6:   RCALL   G10
        RCALL   FPMU
        DEC     R0                 ;X＊10－－>X,阶减 1
        BRNE    BDL6
PP8:    RET
INVDP:  LDI     R17,$5F            ;取浮点数 10-1o
        MOV     R8,R17
        LDI     R17,$5B
        MOV     R9,R17
        LDI     R17,$E6
        MOV     R10,R17
        LDI     R17,$FF
        MOV     R11,R17
        RET                        ;
DDP:    LDI     R17,$A2            ;取浮点数 101o
        MOV     R8,R17
        LDI     R17,$15
        MOV     R9,R17
        LDI     R17,$02
        MOV     R10,R17
        LDI     R17,$F9
        MOV     R11,R17
        RET
```

注：为保证在所有场合十进制浮点数尾数翻为二进制浮点数尾数之精度都达到 24 位，前者应取 8 位 BCD 码，将其翻为 4 字节二进制小数，规格化后对最末字节进行舍入处理，作为十

进制小数(尾数)的等值浮点数。

例:某十进制浮点数尾数为 0.1,翻为二进制小数为＄0.19999999…,如取 3 字节(舍入)为＄0.19999A,规格化后为 ＄0.CCCCD0(阶为 －3);若取 4 字节再规格化为＄0.CCCCCCD0,舍入后为＄0.CCCCCD,后者才是精确的! 由此可见,若十进制浮点数尾数只取 6 位 BCD,将丢失精度。数值越小,丢失越严重。同样若三字节浮点数其尾数由 4 位 BCD 转化而来,丢失精度现象更不可忽视。

4. 二进制浮点数翻为十进制浮点数子程序

BTOD 为将二进制浮点数翻为十进制浮点数子程序。也是采用等量代换法,将十进制浮点数之阶逐一提取出来。当二进制浮点数进入半开区[0.1,1)后,将其翻为十进制定点小数即为十进制浮点数之尾数。具体设计方法如下:

设二进制浮点数为 x,若其阶码等于 0,直接得到十进制浮点数 0。不然,取其数符存于 R16 次低位(R16,1),作为十进制浮点数之数符。清除 R16 最低位(R16,0),作为十进制浮点数阶符存储位,清除 R0 作为十进制浮点数阶存储单元(2 位 BCD 码),执行以下各步骤,实现浮点数二翻十。

(1) 测试 $|x|$,若 $10^{-10}<|x|<10^{10}$,转入(2),否则当 $|x|\geqslant 10^{10}$ 时,使 $|x|\cdot 10^{-10}\rightarrow|x|$,而阶存储单元加 10;当 $|x|\leqslant 10^{-10}$ 时,使 $|x|\cdot 10^{10}\rightarrow|x|$,阶存储单元也加 10,但置位(表示负阶)阶符存储位,转回(1)继续测试。

(2) 测试 $|x|$,若 $10^{-1}<|x|<10$,转入(3),否则当 $|x|\geqslant 10$ 时,使 $|x|\cdot 10^{-1}\rightarrow|x|$,而阶存储单元加 1;当 $|x|<0.1$ 时,使 $|x|\cdot 10\rightarrow|x|$,阶存储单元也增 1,但置位阶符存储位,转回(2)继续测试。

(3) 若 $|x|\geqslant 1$,再做一次 $|x|\cdot 10^{-1}\rightarrow|x|$,增 1 阶存储单元,此时有 $0.1\leqslant|x|<1$。调用定点小数二翻十子程序 CONV3,将最终二进制浮点数 $|x|$ 翻为十进制浮点数之尾数。最后,取回十进制浮点数之阶、数符和阶符。

图 5.16 为二进制浮点数翻为十进制浮点数子程序流程图。

清单 5-28 浮点数二翻十子程序

```
BTOD:  TST     R12
       BREQ    PP4          ;转取十进制浮点数 0
       ANDI    R16,$FC      ;预清十进制浮点数数符及阶符(R16,1&0)
       CLR     R0           ;预清十进制浮点数之阶
       SBRC    R13,7
       ORI     R16,2        ;取数符
       LDI     R17,$7F
       AND     R13,R17      ;取绝对值
BTA:   RCALL   DDP
       RCALL   FPCP1        ;|x|与 10^10 比较
       BREQ    BTB
       BRCC    BTC          ;|x|<10^10,转
BTB:   RCALL   INVDP
       RCALL   FPMU         ;|x|·10^-10→|x|
       LDI     R17,$10
       ADD     R0,R17       ;十进制浮点数阶加 10
```

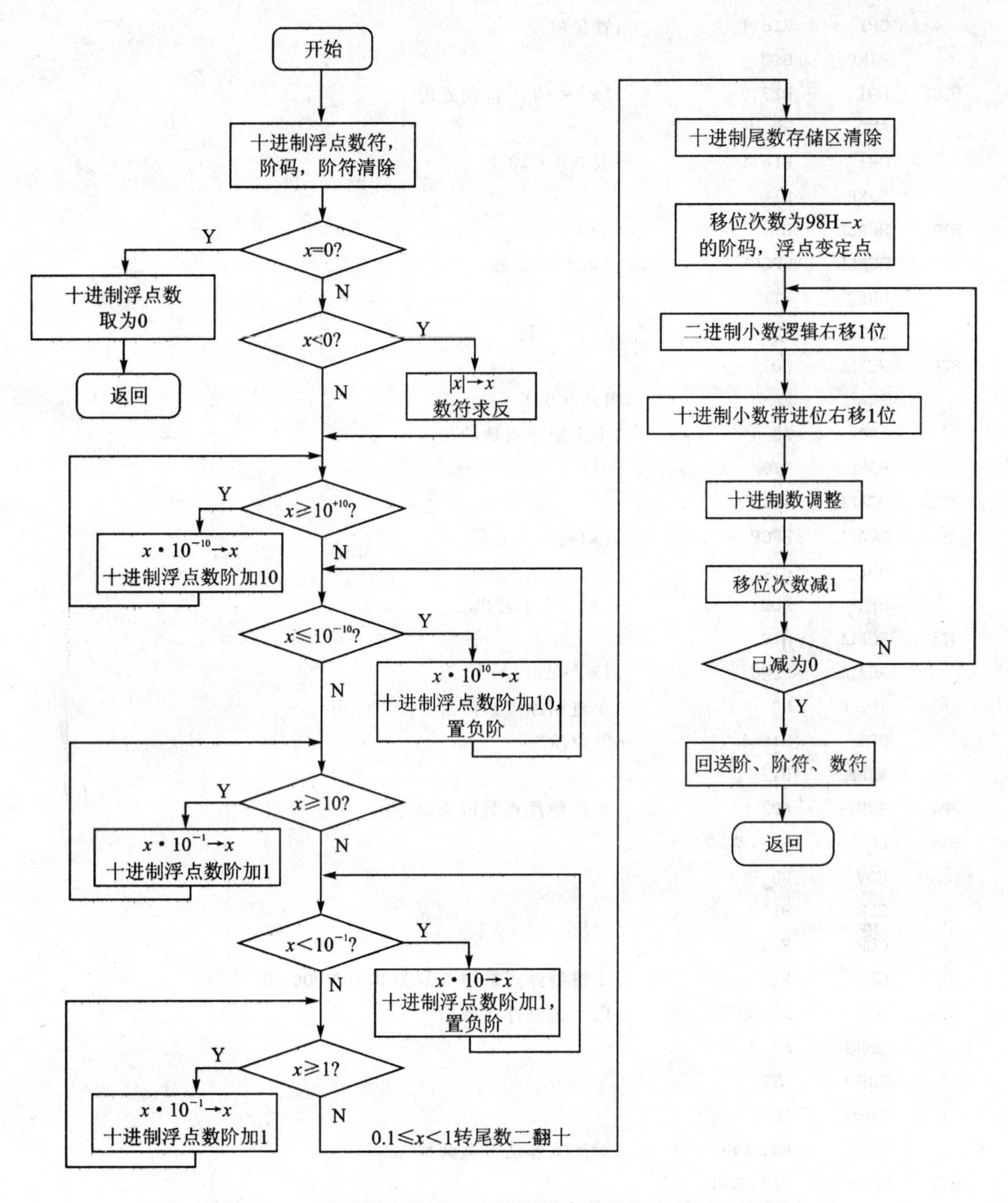

图 5.16　二进制浮点数翻为十进制浮点数子程序 BTOD 流程图

```
        RJMP    BTA
BTC:    RCALL   INVDP           ;
        RCALL   FPCP1           ;|x|与 10^-10 比较
        BREQ    BTC1            ;
        BRCS    BT0             ;|x|>10^-10,转
BTE:    RCALL   DDP             ;
        RCALL   FPMU            ;|x|·10^10→|x|
        LDI     R17,$10
        ADD     R0,R17          ;十进制浮点数阶加 10
```

```
        ORI     R16,1           ;置负阶
        RJMP    BTC
BTC1:   LDI     R17,9           ;|x| = 10⁻¹⁰特别处理
        ADD     R0,R17          ;
        ORI     R16,1           ;取 0.1 · 10⁻⁹
        SJMP    BT4
BT0:    RCALL   G1
        RCALL   FPCP1           ;|x|与 1 比较
        BREQ    BT1
        BRCC    BT2             ;|x|<1 转
BT1:    RCALL   G01
        RCALL   FPMU            ;|x| · 0.1→|x|
        INC     R0              ;十进制浮点数阶加 1
        RJMP    BT0
BT2:    RCALL   G01
        RCALL   FPCP1           ;|x|与 0.1 比较
        BREQ    BT4
        BRCS    BDS             ;|x|≥0.1 转出
BT3:    RCALL   G10
        RCALL   FPMU            ;|x| · 10→|x|
        INC     R0              ;十进制浮点数阶加 1
        ORI     R16,1           ;置负阶
        RJMP    BT2
PP4:    RJMP    KP2             ;十进制浮点数取为 0
BT4:    LDI     R17,$10
        MOV     R9,R17
        CLR     R10
        CLR     R11
        CLR     R12             ;十进制浮点数尾数取为 0.100 000 00
BT6:    MOV     R8,R0           ;取十进制浮点数阶
        SBRS    R8,3
        RJMP    BT7
        SBRC    R8,1
        SUBI    R8,$FA          ;对产生非法 BCD 调整(加 6)
BT7:    LDI     R17,$40
        SBRC    R16,0
        OR      R8,R17          ;配置阶符(R8,6)
        LSL     R17
        SBRC    R16,1
        OR      R8,R17          ;配置阶符(R8,7)
        RET
BDS:    RCALL   BT6             ;BT6 将十进制浮点数阶,阶符和数符配置到 R8
        LDI     R17,$80
        OR      R13,R17         ;恢复尾数最高位
        LDI     R17,$98
```

```
        SUB       R17,R12          ;右移次数为($98-阶码)
        RJMP      CONV31           ;调 CONV31 子程序完成尾数二翻十
                                   ;结果尾数在(R9R10R11R12),阶码在 R8
```

5. 二进制浮点数快速翻为十进制定点数子程序 FBTOD

本程序为 DTOB1 子程序的逆过程。先调用 BRK 子程序(调该子程序后,若 R16,5=1,表示溢出,不能进行二翻十),依二进制浮点数之阶码,将尾数分解为定点整数、小数两部分,再分别对整数、小数部分进行二翻十转换(调用整数二翻十子程序 CONV1 和小数二翻十子程序 CONV3)。

一般在数模变化范围不大的线性系统中可用乘以常数 10^n(n 为正或负整数)的方法将变量规格化处理,例如:可采取将变量规范为整数(或小数),待显示、记录时按小数的实际位数再加上小数点的做法(见4.1.1节线性内插计算子程序 CHETA)。这样可将 FBTOD 子程序改为只进行整数(或小数)二翻十,节省了时间。

清单 5-29　二进制浮点数快速翻为十进制定点数子程序

```
;二进制浮点数快速翻为定点十进制数,整数在 r9,r10,r11 中,小数在 r13,r14,r15 中
FBTOD:  RCALL     BRK              ;二进制浮点数分解为整数和小数两部分
        SBRC      R16,5
        RET                        ;整数部分多于 24 位,溢出
        MOV       R0,R13
        MOV       R5,R14
        MOV       R8,R15           ;小数部分转入 R0R5R8
        RCALL     CONV1            ;定点整数二翻十,结果在 R12,R13,R14,R15
        RCALL     LD1              ;十进制整数-->RAM
        MOV       R15,R8
        MOV       R14,R5
        MOV       R13,R0           ;取回二进制小数
        RCALL     CONV3            ;定点小数二翻十,结果在 r9,r10,r11,r12
        RCALL     EXCH1            ;十进制定点小数转入 r13,r14,r15,r12
        RCALL     GET1             ;取出十进制定点整数 r8,r9,r10,r11)/小数在 r13,r14,r15,r12
        CLR       R16              ;清除无用的标志!
        RET
```

5.4 浮点程序应用实例

5.4.1 拟合直线程序

本程序是一种在线测量程序,当确定某一函数可用直线来近似描述时,先用实验法测出一组数据,$x_1y_1, x_2y_2, \cdots, x_ny_n$(即为 n 个点),用最小二乘法进行拟合直线 $y=a+bx$ 的计算,公式如下:

$$a=\left[\sum_{i=1}^{n}\frac{1}{y_i}-\left(\sum_{i=1}^{n}\frac{x_i}{y_i^2}\right)\cdot b\right]\Big/\sum_{i=1}^{n}\frac{1}{y_i^2} \tag{5-7}$$

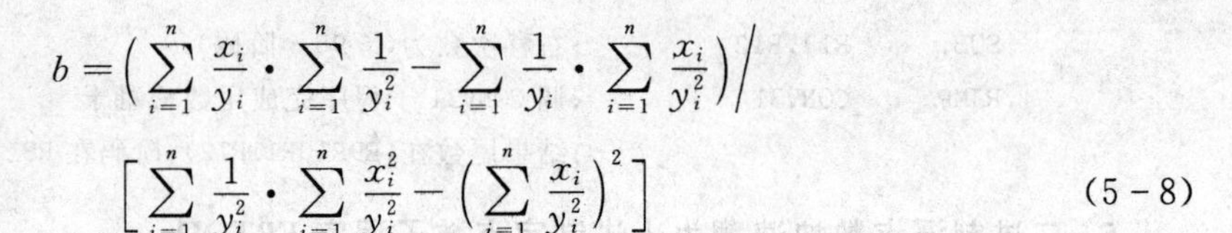

$$b=\left(\sum_{i=1}^{n}\frac{x_i}{y_i}\cdot\sum_{i=1}^{n}\frac{1}{y_i^2}-\sum_{i=1}^{n}\frac{1}{y_i}\cdot\sum_{i=1}^{n}\frac{x_i}{y_i^2}\right)\Bigg/\left[\sum_{i=1}^{n}\frac{1}{y_i^2}\cdot\sum_{i=1}^{n}\frac{x_i^2}{y_i^2}-\left(\sum_{i=1}^{n}\frac{x_i}{y_i^2}\right)^2\right] \qquad (5-8)$$

数据 $x_1y_1, x_2y_2, \cdots, x_ny_n$ 可通过自动采样或自动配合手动(控制键盘)的方式得到。后者灵活,效果好,但只适合慢速设备。一般是经多次采样后,经平均得到一对 x_iy_i,应根据函数特征选取一组有代表性的点,且应兼顾均匀性。

拟合计算实际上执行了多数表决,拟合出来的直线表示了各样本点的集体特征(与各个点距离的平方平均达到最小,是对所有样本点整体的优化兼顾)。

入口条件:参加拟合计算的 n 个点坐标数据 $x_1y_1, x_2y_2, \cdots, y_nx_n$ 已被采集在片外 SRAM 之中,首地址为 $0300(可改)。数据存放顺序为 $y_1x_1, y_2x_2, \cdots, y_nx_n$($y_ix_i$ 皆为规格化浮点数,每个占 4 字节。阶码及尾数的高位字节、中间字节和低位字节按增地址顺序存放,每点坐标占 8 字节)。拟合结果浮点数 a 和 b 的阶码和尾数的存放顺序也与此相同。

出口条件:拟合计算结果 a 在片内 SRAM 单元 $84~$87 内,b 在片内 SRAM 单元 $88~$8B 内。

图 5.17 为拟合直线示意图。

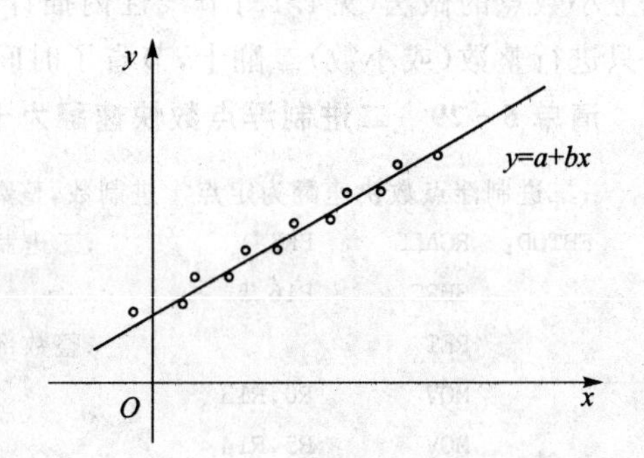

图 5.17 拟合直线示意图

注意,因拟合计算中以纵坐标作为除数(见公式(5-7)和(5-8)),故不能将样本点取在 X 轴上。一般情况应用表明,若取拟合点数不超过 10,则拟合计算结果 a 及 b 的精度不低于 6 位十进制数据。该精度远超过实际要求。

清单 5-30 最小二乘法拟合直线子程序

```
        .ORG        $E80
.EQU    NUMB = 10               ;取 10 点,即十对浮点数,按增地址存放 Y1,X1,Y2,X2,..Yn,Xn
.EQU    TABLA = $9000           ;数据表,第一个浮点数为 Y1
STRT:   LDI         R28,$70
        CLR         R29         ;POINT TO $0070
LP51:   ST          Y+,R29      ;累加和或暂存区清除(LD1,LD2,LD3,LD4 和 LD5 子程序工作区)
        CPI         R28,$84
        BRNE        LP51
        LDI         R16,NUMB    ;取拟合点数
        MOV         R0,R16
        LDI         R29,$90
        CLR         R28         ;参加拟合数据首地址 $9000
LOOP3:  RCALL       GETA        ;取浮点数 Yi  占 4 字节 即 Yi0,Yi1,Yi2,Yi3
        RCALL       INVX        ;计算 1/Yi
        RCALL       LD6         ;暂存
        RCALL       GET1        ;取累加和
```

```
RCALL   FPAD    ;1/Yi 加入累加和(∑ 1/Yi 是 ∑(i=1..n) 1/Yi 简写形式,下同)
RCALL   LD1
RCALL   GET6    ;取 1/Yi
RCALL   SAV0
RCALL   FPMU    ;计算 1/Yi2
RCALL   GET2
RCALL   FPAD
RCALL   LD2     ;1/Yi2 加入累加和 ∑ 1/Yi2
RCALL   GETA    ;取浮点数 Xi(Xi0,Xi1,Xi2,Xi3)占 4 字节
RCALL   GET6    ;取 1/Yi
RCALL   FPMU    ;计算 Xi/Yi
RCALL   LD7     ;暂存 Xi/Yi
RCALL   GET3
RCALL   FPAD
RCALL   LD3     ;Xi/Yi 加入累加和 ∑ (Xi/Yi)
RCALL   GET7    ;取出 Xi/Yi
RCALL   SAV0
RCALL   FPMU    ;计算 Xi2/Yi2
RCALL   GET4
RCALL   FPAD
RCALL   LD4     ;计算 ∑ Xi2/Yi2
RCALL   GET6    ;取 1/Yi
RCALL   SAV0
RCALL   GET7    ;取出 Xi/Yi
RCALL   FPMU    ;计算 Xi/Yi2
RCALL   GET5
RCALL   FPAD
RCALL   LD5     ;计算 ∑ Xi/Yi2
DEC     R0      ;点数减 1
BRNE    LOOP3   ;未到总点数 n,循环
RCALL   GET4    ;取出累加和 ∑ Xi2/Yi2
RCALL   SAV0
RCALL   GET2    ;取出累加和 ∑ 1/Yi2
RCALL   FPMU    ;计算( ∑ 1/Yi2) * ( ∑ (Xi/Yi)2) 并存入
RCALL   LD6
RCALL   GET5    ;取出 ∑ Xi/Yi2
RCALL   SAV0
RCALL   FPMU    ;计算( ∑ Xi/Yi2)2
RCALL   GET6
RCALL   FPSU    ;计算 c = ( ∑ 1/Yi2) * ( ∑ (Xi/Yi)2 - ( ∑ Xi/Yi2)2
RCALL   LD6     ;存入
```

```
        RCALL     GET2
        RCALL     SAV0
        RCALL     GET3
        RCALL     FPMU              ;计算(∑(Xi/Yi)*(∑1/Yi2)并存入
        RCALL     LD7
        RCALL     GET1
        RCALL     SAV0
        RCALL     GET5
        RCALL     FPMU              ;计算(∑1/Yi)*(∑(Xi/Yi2)并存入
        RCALL     GET7
        RCALL     FPSU              ;计算 d=(∑Xi/Yi)*(∑1/Yi2)-(∑1/Yi)*(∑Xi/Yi2))
        RCALL     GET6              ;取 c
        RCALL     EXCH
        RCALL     FPDI              ;计算 b=d/c 并存入
        RCALL     LD7
        RCALL     GET5              ;取∑Xi/Yi2
        RCALL     FPMU              ;计算(∑Xi/Yi2)*b
        RCALL     GET1
        RCALL     FPSU              ;计算(∑1/Yi)-(∑Xi/Yi2)*b
        RCALL     GET2              ;取∑1/Yi2
        RCALL     EXCH
        RCALL     FPDI              ;计算 a=(∑1/Yi-(∑Xi/Yi2)*b)/∑1/Yi2
        RCALL     LD6               ;结果 a 在$84-$87 中,b 在$88-$8b 中
        RET

GETA:   LD        R12,Y+
        LD        R13,Y+
        LD        R14,Y+
        LD        R15,Y+            ;从外部 SRAM 中取浮点数到 R12-R15
        RET

LD4:    STS       $7C,R12           ;存浮点数
        STS       $7D,R13
        STS       $7E,R14
        STS       $7F,R15
        RET
LD5:    STS       $80,R12           ;计算∑Xi/Yi2 的存储单元
        STS       $81,R13
        STS       $82,R14
        STS       $83,R15
        RET
LD6:    STS       $84,R12           ;暂存 1/Yi,1/Yi2 等浮点数
```

```
        STS     $85,R13
        STS     $86,R14
        STS     $87,R15
        RET
LD7:    STS     $88,R12         ;暂存 Xi/Yi 等浮点数
        STS     $89,R13
        STS     $8A,R14
        STS     $8B,R15
        RET

GET4:   LDS     R8,$7C          ;取浮点数
        LDS     R9,$7D
        LDS     R10,$7E
        LDS     R11,$7F
        RET
GET5:   LDS     R8,$80          ;取∑Xi/Yi2 或中间结果
        LDS     R9,$81
        LDS     R10,$82
        LDS     R11,$83
        RET
GET6:   LDS     R8,$84          ;取浮点数 1/Yi,1/Yi2 等
        LDS     R9,$85
        LDS     R10,$86
        LDS     R11,$87
        RET
GET7:   LDS     R8,$88          ;取浮点数 Xi/Yi 等
        LDS     R9,$89
        LDS     R10,$8A
        LDS     R11,$8B
        RET
```

5.4.2 模数转换器 AD7701 的应用

ATmega8535/16 单片机有 8 路 10 位精度的 A/D 转换器。如果该精度满足不了要求，且对采集速度要求不高时，可采用外接 AD7701 的方案。若采用 AD7715 可作高速数据采集；也可使用 24 位高精度的 AD7714 等 A/D 器件，它们的共同特点是以串行模式接收校验或初始化数据，同样以串行模式输出转换结果数据。MCU 可以 USART、SPI 等串口发送、接收数据。

AD7701 为美国模拟器件公司(ADI)采用∑—△结构的单片 16 位 ADC 产品。线性误差为 0.001 5%～0.003%。片内有自校准电路和数字滤波电路。模拟输入电压范围为 0～+2.5 V 或±2.5 V(单极、双极性可选)。输出数据方式为串行方式。输出数据速度为 4000 采样/秒，输出的串行数据既可以外时钟方式接收，也可以串口方式接收。

子程序 GETAD 为以外时钟方式查询接收 AD7701 串行输出数据的例子，AD7701 工作

于连续转换方式(MODE 引脚接地),电路图如图 5.18 所示。当 AVR 单片机查到 DRDY 低下来后,表明 A/D 转换结果数据已存于输出寄存器中。使片选有效,先读出 16 位数据中的最高位,然后由 PC1 送出同步时钟 SCLK。AD7701 在 SCLK 的下降沿进行数据移位更新,AVR 单片机在 SCLK 置低后即可读出 AD7701 的 1 位数据;再置高 SCLK,为读取下一位准备。如此周而复始,直到读出 16 位数据为止。

AD7701 输出数据是高位在先,接收组织数据也是高位在先。

子程序的最后部分为将接收到的双字节定点数规格化为浮点数,并乘以基准电源电压值 2.5 V(也与采样分压比例有关),就得到实际采样数值。

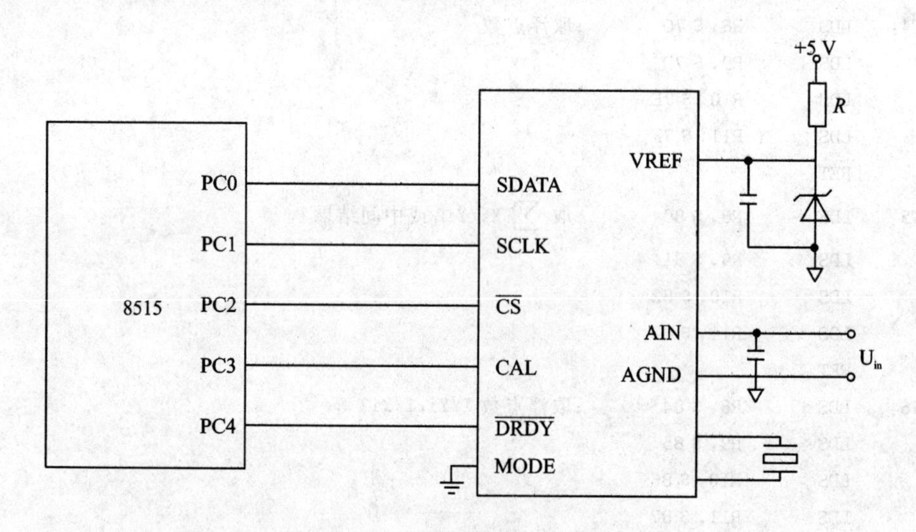

图 5.18 AD7701 数据采集电路图

清单 5-31 以外时钟方式查询接收 AD7701 串行输出数据子程序

```
GETAD:  LDI     R17,0Bxxx01110      ;PC0&PC4 输入/PC1～PC3 输出 &PC3(CAL)
        OUT     DDRC,R17            ;
        CBI     PORTC,1
GAD1:   SBI     PORTC,4
        SBIB    PINC,4              ;查 DRDY
        RJMP    GAD1                ;低为数据准备好
GAD2:   SBI     PORTC,4
        SBIC    PINC,4              ;PINC: $ 13/PORTB: $ 15
        RJMP    GAD2                ;DRDY 低有效
        CBI     PORTC,2             ;置片选有效
        LDI     R16,16              ;16 位数据
GETL0:  CLC                         ;预清除 C
        SBI     PORTC,0
        SBIC    PINC,0              ;接收一位数据
        SEC
        ROL     R14                 ;数据高位在前
        ROL     R13                 ;在 R13R14 里带进位左移
        SBI     PORTC,1
```

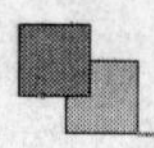

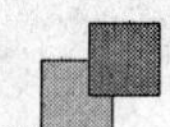

```
        CBI     PORTC,1             ;发出时钟,下降沿读出数据
        DEC     R16
        BRNE    GET10
        SBI     PORTC,2             ;置片选无效
        MOV     R4,R14              ;
        MOV     R3,R13              ;保存
GADCOM: CLR     R15                 ;3字节小数R13R14R15(0)规格化为浮点数
        LDI     R16,$80
        MOV     R12,R16             ;阶码为$80
GAD:    SBRC    R13,7
        RJMP    GETL2
        LSL     R14
        ROL     R13                 ;尾数左移,阶码递减
        DEC     R12
        BRNE    GAD
        RET                         ;如果(R12)=0得到0浮点数
GETL2:  LDI     R16,$7F
        AND     R13,R16             ;正数
        LDI     R16,$82             ;取浮点数2.5(基准源为2.5 V)
        MOV     R8,R16
        LDI     R16,$20
        MOV     R9,R16
        CLR     R10
        CLR     R11
        RCALL   FPMU                ;相乘
        RET                         ;(R12)不为0
```

第 6 章 在线测试功能和编程功能

6.1 ATmega16 的 JTAG 接口与在线调试系统

ATmega16 单片机具有符合 IEEE1149.1 标准的 JTAG(Joint Test Action Group)接口。该接口具有 3 种功能：①采用边界扫描方式对芯片进行检测。②实现对芯片内部的非易失性存储器(Flash 和 E^2PROM)、熔丝位以及锁定位的编程。③实现在线调试(On - Chip Debugging)仿真。

JTAG 的主要特征为：

- 兼容 IEEE1149.1 标准(JTAG)的接口。
- 兼容 IEEE1149.1 标准(JTAG)的边界扫描功能。
- 芯片测试(Debugger)范围包括：

—所有片内的外围设备单元；

—片内和片外随机存储器；

—AVR 通用寄存器组；

—程序计数器；

—E^2PROM 与 Flash 存储器。

- 支持断点的增强型的在线调试功能(On－Chip Debug)，包括：

—AVR 的中断(Break)指令；

—程序流程改变时产生中断；

—单步中断；

—在程序存储器的单一地址或指定的地址段中设定断点；

—在数据存储器的单一地址或指定的地址段中设定断点。

- 通过 JTAG 接口对 Flash、E^2PROM、熔丝和锁定位进行编程。
- 在 AVR Studio 环境中支持在线调试。

6.1.1 JTAG 接口简介

ATmega16 单片机的 JTAG 接口和在线调试系统的方框图如图 6.1 所示。其中 TAP 控制器是一个由 TCK 和 TMS 信号控制的状态机，该 TAP 控制器将根据 JTAG 指令，选择 JTAG 指令寄存器或某(些)个数据寄存器，在输入 TDI 和输出 TDO 之间组成一个边界扫描

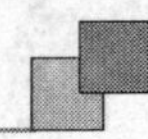

(移位寄存器)链。用于控制数据寄存器的JTAG指令,存放于指令寄存器之中。

图中的ID寄存器、旁路寄存器和边界扫描链路构成用于芯片检测的数据寄存器;JTAG程序下载接口(实际上是由若干物理和虚拟的数据寄存器构成)的作用是通过JTAG接口进行串行程序下载;而内部扫描链路和断点扫描链路主要用于在线仿真调试。

1. 检测访问端口— TAP

ATmega16单片机的PC[5:2]4个引脚之替换功能组成了JTAG接口,即JTAG术语中的检测访问端口(Test Access Port,TAP),其功能为:

(1) 检测模式选择(TMS,PC3的替换功能),该引脚用于TAP控制器状态机的转换操作;

(2) 检测时钟(TCK,PC2的替换功能),为JTAG操作的同步时钟TCK输入引脚;

(3) 检测数据输入(TDI, PC5的替换功能),串行数据通过此引脚串行移位输入至指令寄存器和数据寄存器(扫描链);

(4) 检测数据输入(TDO, PC4的替换功能)指令寄存器和数据寄存器(扫描链)中的数据从此引脚串行移位输出。

在IEEE1149.1标准中还规定了一个可选的TAP信号一检测复位信号(TRST)。但ATmega16未设置此引脚。

当ATmega16的JTAG使能熔丝位(JTAGEN)未编程时,连接TAP口的端口引脚保持通用I/O功能PC[5:2],此时TAP控制器一直处于复位状态。当JTAGEN熔丝位编程,且寄存器MCUCSR的JTD(JTAG功能禁止)位为0时,上述的4个外部引脚将作为与TAP连接的接口,接口输入引脚被内部电路拉高,使能JTAG功能,启动边界扫描和编程。因此必须连接一个上拉电阻或有上拉电阻的硬件,例如扫描链中的下一个TDI输入。芯片出厂时,JTAGEN熔丝位处于被编程状态(使能JTAG)。

在使用JTAG接口进行在线调试时,外部复位引脚/RESET也将作为JTAG接口之一,JTAG仿真器通过监视/RESET引脚以随时检测外部的复位源。同时,如果复位源引脚是以漏(集电)极方式驱动的,JTAG仿真器也可以将/RESET引脚电平拉低,以复位整个系统。

2. 使用在线调试系统

如图6.1所示,JTAG在线调试的硬件系统主要由以下部分组成:

(1) 连接AVR CPU内部和外围接口单元的扫描链路;

(2) 断点单元;

(3) MCU和JTAG系统间的通信接口。

实现调试所需的读、修改和写操作都是通过内部的AVR MCU扫描链路执行AVR指令来完成的。MCU将操作结果送入I/O寄存器OCDR的映射地址,这个映射地址是MCU和JTAG系统通信接口的一部分。

断点单元可实现诸如程序流程改变产生中断、单步中断、2种程序存储器断点和2种组合断点等功能。具体配置如下:

(1) 在程序存储器中设置4个单步断点(Single Program Memory Break Points);

(2) 在程序存储器中设置3个单步断点+在数据存储器中设置1个单步断点(Single Data Memory break point);

(3) 在程序存储器中设置2个单步断点+在数据存储器中设置2个单步断点;

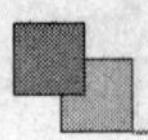

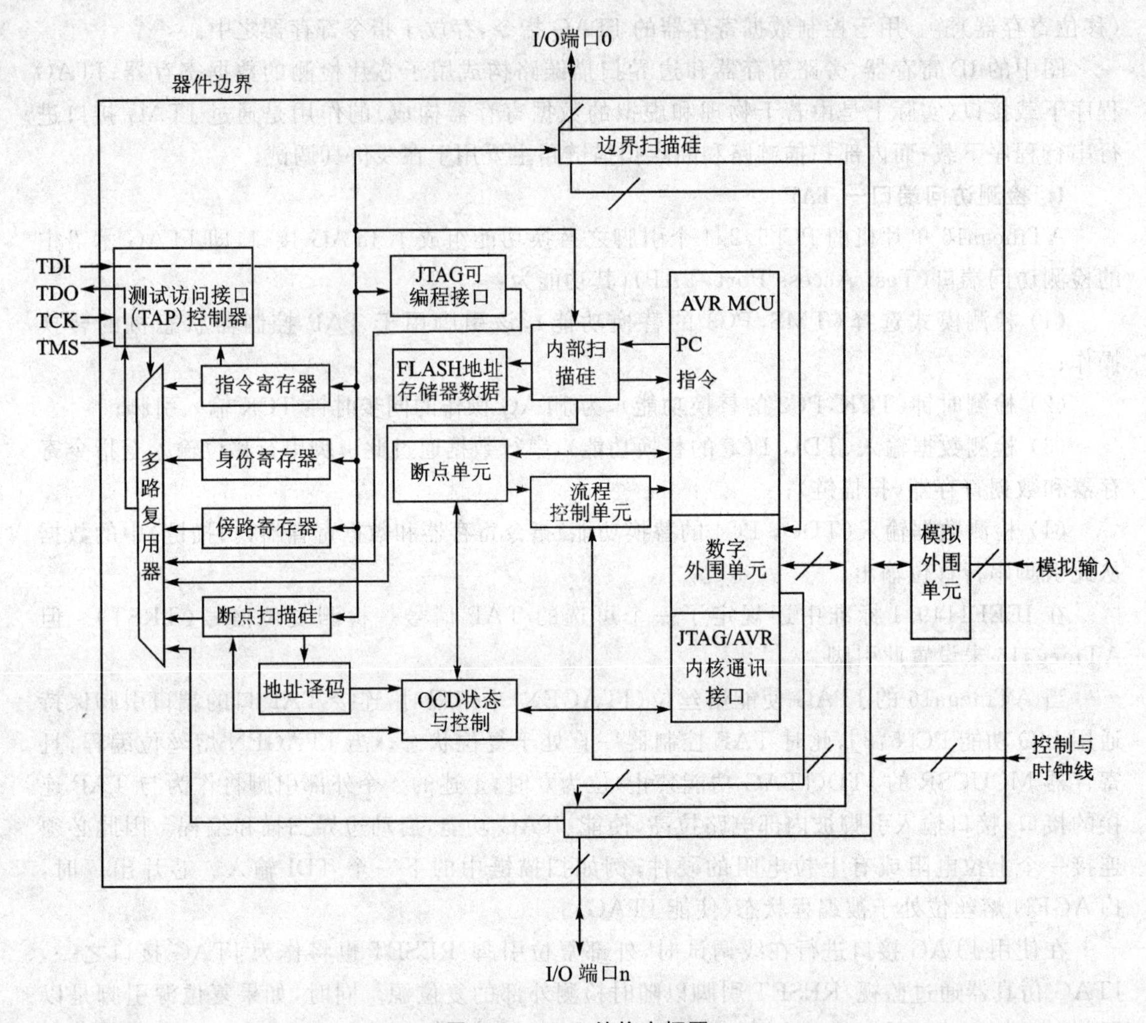

图 6.1 JTAG 结构方框图

(4) 在程序存储器中设置 2 个单步断点＋在程序存储器中设置 1 个指定区域断点(Program Memory Break Points with Mask—range break point);

(5) 在程序存储器中设置 2 个单步断点＋在数据存储器中设置 1 个指定区域断点(Data Memory Break Point with Mask—range break point)。

AVR Studio 一类的调试器,由于其本身总需占用一些断点资源,因此一定程度上限制了用户设置断点的灵活性。

要使能检测访问端口(TAP),必须对 JTAG 使能(JTAGEN)熔丝位编程。而要能够操作在线调试系统,还必须对 OCDEN 熔丝位编程,而且不能设置加密锁定位。设置任何一位加密锁定位后,都会关闭在线调试系统。否则在线调试系统会给芯片留下安全隐患。

只要 AVR 芯片具备在线调试的功能,用户使用 AVR Studio 就能完全控制程序的执行。AVR 在线仿真器或内置的 AVR 指令集模拟器也都可以使 AVR Studio 实现上述功能。AVR Studio 支持 Atmel 公司的 AVR 汇编语言编译器和第三方 C 语言编译器对源程序的调试和执行。

AVR studio 提供了源程序级或反汇编程序级实现在线调试运行所需的所有命令。调试

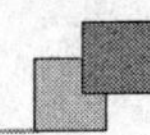

运行程序的方式有连续运行、单步运行(Stepping Over Functions)、宏单步运行(Step Out of Functions)、运行到光标处、停止运行和复位等。同时，通过使用 JTAG 的 MCU 中断指令，用户可得到无限制的程序代码断点和最多 2 个数据存储器单步断点，或者将其组合设置成为 1 个指定数据存储器区域的断点(Data Memory Break Point with Mask)。

3. TAP 控制器

TAP 控制器为一个具有 16 种工作状态的状态控制机。它用于控制边界扫描链路、JTAG 编程下载和在线调试系统的操作。由 TCK 处于上升沿时刻的 TMS 信号逻辑控制状态机的状态转换，如图 6.2 所示(TMS 信号逻辑标在每个状态旁)。上电复位后的初始状态为检测逻辑复位态。文中规定所有串入和串出移位寄存器数据的顺序都以低位为先。

一个使用 JTAG 接口的典型过程如下(假设初始态为 Run - Test/Idle)：

(1) TCK 上升沿时在 TMS 上输入 1、1、0、0 序列，使 TAP 进入指令移位寄存器状态(Shift - IR)。在此状态下，将 4 位 JTAG 指令在 TCK 上升沿从 TDI 引脚以串行移位方式输入到 JTAG 指令寄存器。在输入低 3 位 JTAG 指令时，应保持 TMS 为低电平，以使 TAP 保持在 Shift－IR 状态。输入指令最高位(MSB)时，应将 TMS 拉高以离开 Shift－IR 状态。随着指令从 TDI 引脚移位完成输入，表示已捕捉到指令(Captured IR - state)的状态字 $01 将从 TDO 移位输出。TAP 将根据输入的 JTAG 指令，选择一些特定的数据寄存器，组成 TDI 和 TDO 之间的数据通道(移位寄存器链)，同时也控制所选定的数据寄存器周边电路。

(2) 从 TMS 引脚输入 1、1、0 序列，使 TAP 重新进入 Run - Test/Idle 状态(Shift－IR→Exitl－IR→Update－IR→Run→Test/Idle)。在经过 Update－IR 状态时，指令从移位寄存器的并行口锁存输出。Exitl－IR、Pause－IR 和 Exit2－IR 都仅用于引导状态机。

(3) 在 TCK 上升沿时从 TMS 引脚输入 1、0、0 序列，使 TAP 进入数据移位寄存器状态(Shift－DR)。此状态下，在 TCK 上升沿时将数据从 TDI 引脚串行输入到由当前 JTAG 指令寄存器中的指令所选定的数据寄存器中。在输入数据时(除了 MSB 位)，应一直保持 TMS 为低电平，使状态机处在 Shift－DR 态。当在输入数据最高位时，应同时将 TMS 拉高，使 TAP 状态机离开此状态。当新数据从 TDI 引脚串入数据寄存器的同时，在 Shift－DR 前一状态(Capture－DR)被并行捕获到指定数据寄存器的数据也从 TDO 引脚逐位移出。

(4) 在 TMS 引脚输入 1、1、0 序列，使 TAP 重新进入 Run－Test/Idle 状态(Shift－DR→Exitl－DR→Update－DR→Run－Test/Idle)。如果由 JTAG 指令所选定的数据寄存器有并行锁存输出功能，则在 Update－DR 态时，新输入的数据将在并行输出口锁存输出。Exitl－DR、Pause－DR 和 Exit2－DR 的功能都仅作为引导状态机的过渡状态。

TAP 在 JTAG 指令或数据寄存器之间进行状态转换时，不一定要经过 Run－Test/Idle 状态。同时，某些 JTAG 指令也会在此状态(Run－Test/Idle)下选择执行某些确切功能，从而使这个状态不再表现为空闲(见图 6.2)。

注意：不论 TAP 控制器的初始状态如何，将 TMS 拉高 5 个 TCK 时钟周期(即连续经过 5 个“1”状态)都会使状态机进入 Test－Logic－Reset 状态(由图 6.2 看这是很明显的)。

4. JTAG 指令

JTAG 指令寄存器的宽度为 4 位，ATmega16 共有 13 条访问片上调试系统的专用 JTAG 指令，分为 3 组，分别实现边界扫描操作、支持程序下载以及在线调试，如表 6.1 所列。

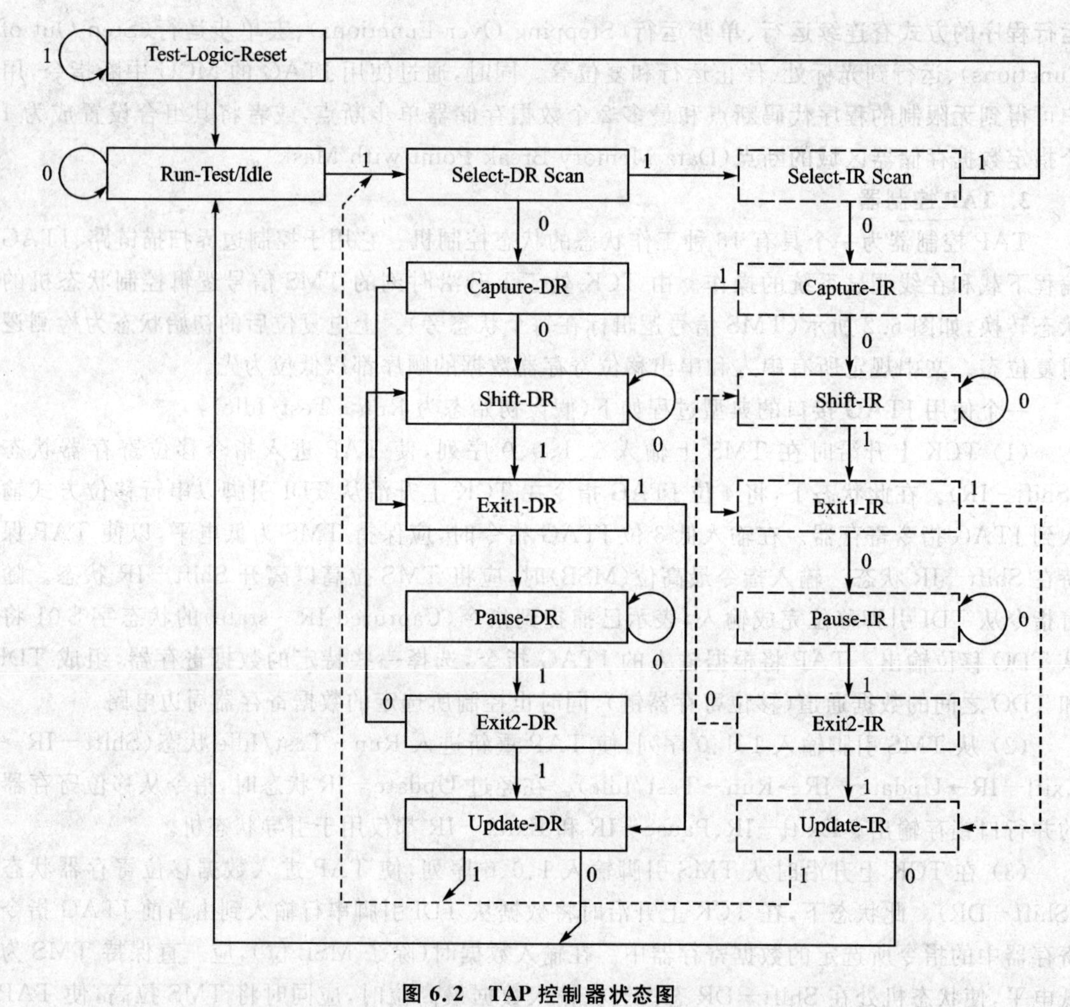

图 6.2 TAP 控制器状态图

表 6.1 ATmega16 所支持的 JTAG 指令

类型	指令字	指令描述	说明
边界扫描	$0	EXTEST	
	$1	IDCODE	
	$2	SAMPLE_PRELOAD	
	$C	AVR_RESET	
	$F	BYPASS	
程序下载	$4	PROG_ENABLE	见 6.3 节 ATmega16 存储器编程
	$5	PROG_COMMANDS	
	$6	PROG_PAGELOAD	
	$7	PROG_PAGEREAD	

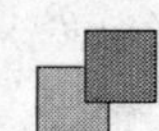

续表 6.1

类型	指令字	指令描述	说明
在线调试	$8	PRIVATE0	厂方自定义用于 On－chip Debug 的 JTAG 指令，仅提供给第三合作方使用
	$9	PRIVATE1	
	$A	PRIVATE2	
	$B	PRIVATE3	

6.1.2 JTAG 在线仿真调试

1. 与在线调试有关的 I/O 寄存器

在线调试寄存器 OCDR

位	7	6	5	4	3	2	1	0	
$31($51)	MSB/IDRD							LSB	OCDR
读/写	R/W	R/W	R/W	R/W	R/W	R/W	R/W	R/W	
复位值	0	0	0	0	0	0	0	0	

在线调试寄存器 OCDR 是为在 MCU 运行程序和仿真调试器之间提供一个数据通信渠道。MCU 可借助于写这个寄存器向仿真调试器传送一个字节的数据。当 MCU 写入数据到该寄存器的同时，其内部标志位 IDRD(I/O 调试寄存器)置 1，通知仿真调试器该寄存器已写入数据。仿真调试器读出 OCDR 中的数据后，将自动把标志 IDRD 清零。MCU 读 OCDR 中的数据时，只 OCDR 的低 7 位为有用数据，其最高位(MSB)是 IDRD 标志位。

AVR ATmega16 的 MCU 中，OCDR 寄存器与振荡器校准寄存器 OSCCAL 共享同一 I/O 地址空间($31)。当对调试使能(OCDEN)熔丝位编程后，该 I/O 地址定义为在线调试寄存器 OCDR，此时仿真调试器访问 OCDR 有效，否则该地址定义为标准寄存器 OSCCAL。

2. 在线仿真调试

由于 ATMEL 公司没有公布提供用于 JTAG 在线仿真调试的指令，只是将它们提供给与其合作的第三方。如果要了解有关 AVR 的 JTAG 在线调试的详细技术规范，需要与 ATMEL 公司联系。

6.1.3 JTAG 程序下载功能

使用 JTAG 接口对 MCU 编程是通过 JTAG 口的 4 个引脚 TCK、TMS、TDI 和 TDO 实现的。除了电源引脚外，采用 JTAG 接口进行程序下载只需对上述 4 个引脚加以检测和控制。此外，JTAG 程序下载无须外接 12V 电压。欲使能 JTAG 检测访问端口(TAP)，首先需要对 JTAGEN 熔丝编程，同时保证将 MCUCSR 寄存器中的 JTD 位清零。

JTAG 接口的编程下载功能支持以下各项：

- Flash 程序存储器的编程和校验；
- E^2PROM 数据存储器的编程和校验；
- 熔丝位的编程和校验；
- 锁定位的编程和校验。

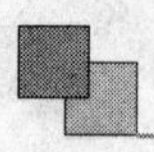

JTAG 下载模式下锁定位的安全性与并行编程下载模式时完全相同。若熔丝锁定位 LB1 或 LB2 位被编程,则只有先擦除所有芯片内容后才能对 OCDEN 熔丝位编程。这就保证了已设置为保密状态的芯片内容不会因为后门而被读出解密。

有关通过 JTAG 接口实现程序下载功能见“6.3 ATmega16 存储器编程”一节。

6.1.4 JTAG 边界扫描功能

JTAG 边界扫描(Boundary-Scan)具有以下特点:

- 符合 IEEE 1149.1 标准的 JTAG 接口;
- 根据 JTAG 标准实现的边界扫描功能;
- 可实现对所有的片上硬件功能模块的扫描检测;
- 支持可选的 IDCODE 指令;
- 用于复位 MCU 的 JTAG AVR_RESET 指令。

1. JTAG 边界扫描系统概述

JTAG 初始是一个在 1985 年为检测 PCB 和 IC 芯片制定的标准,经修改后于 1990 年成为 IEEE 的一个标准,即 IEEE1149.1—1990。

JTAG 标准定义了一个串行的移位寄存器。寄存器的每一个单元分配给 IC 芯片的相应引脚,每一个独立的单元称为边界扫描单元(Boundary—Scan Cell 即 BSC)。这个串联的 BSC 在 IC 内部构成 JTAG 回路,所有的边界扫描寄存器(Boundary—Scan Register 即 BSR)由 JTAG 信号激活,与 TDI 和 TDO 信号串行连接组成一个长移位寄存器。这样,通过 JTAG 接口就能够驱动并检测芯片内部数字 I/O 引脚以及片内模拟电路与数字电路接口界面上的逻辑电平,进而对芯片的硬件电路进行边界扫描和故障检测。

IEEE1149.1 标准定义了 4 个通用 JTAG 指令 IDCODE(器件识别)、BYPASS(旁路)、SAMPLE(采样)/PRELOAD(预加载)和 EXTEST(外部测试)。这 4 个指令和 AVR 特有的开放 JTAG 指令 AVR_RESET 共同用于芯片的边界扫描。由于 IDCODE 命令是 JTAG 的默认指令,所以对数据寄存器路径的初始扫描即可获得并显示 MCU 的 ID 号。在检测状态时,最好将 AVR MCU 一直置于复位态,否则输入数据将由扫描操作决定,这会使退出检测时的内部软件处于不确定状态。一旦芯片进入复位状态,芯片所有引脚的输出都会立即变为高阻态,故使 HIGHz 指令成为冗余。使用 BYPASS 指令可跳越若干状态,使器件的扫描链路最短。适当设置复位数据寄存器后再使用 AVR_RESET 指令,或直接将外部 RESET 拉低都可使 MCU 进入复位状态。

EXTEST 指令用于抽样外部引脚信号并给输出引脚加载数据。一旦 EXTEST 指令进入 JTAG 指令寄存器(IR—Register),输出锁存器中的数据就立刻加载到了输出引脚上。因此为了防止第一次使用 EXTEST 指令时损坏电路版,需要用 SAMPLE/PRELOAD 指令对扫描环路预设初始值。SAMPLE/PRELOAD 指令也可以在正常操作中对外部引脚进行一次快速扫描(Snapshot)。

必须首先对 JTAGEN 熔丝位编程,并将 MCUCSR 寄存器中的 JTD 位清零。方能使 JTAG 检测访问端口(TAP)有效。

使用 JTAG 口进行边界扫描时,JTAG 的 TCK 的时钟频率可以高于芯片内部工作频率。JTAG 的运行与芯片时钟是否工作无关。

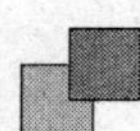

2. 数据寄存器

构成边界扫描移位寄存器的有关数据寄存器有：

- 旁路寄存器；
- 芯片 ID(身份)号寄存器；
- 复位寄存器；
- 边界扫描链路。

(1) 旁路寄存器

旁路寄存器由一个单级移位寄存器组成。当被作为 TDI 和 TDO 之间的通道时，旁路寄存器会在 TAP 控制器离开 Capture－DR 状态后清零。旁路寄存器的作用是跳过不需检测的器件(即不按递进顺序进行检测)，故可缩短整个系统的扫描链路。

(2) 芯片 ID 号寄存器

位	31　28	27　12	11　1	0
名称	版本号	器件号	厂商 ID 号	1
宽度	4 bits	16 bits	11 bits	1 bits

① 版本号

4bit 的版本号标明了芯片的版本型号。

版本	JTAG 版本号(十六进制)
Atmega16 版 G	$06
Atmega16 版 H	$06
Atmega16 版…	…

② 器件号

16bit 器件号标明了芯片的型号。

器件	JTAG 器件号
ATmega16	$9403

③ 厂商 ID 号

11bit 厂商 ID 号标明了芯片的制造商。

制造商	JTAG 厂商 ID 号
ATMEL	$01F

(3) 复位寄存器

复位寄存器是一个用于复位 MCU 的检测数据寄存器。由于 MCU 在复位状态时 AVR 的引脚处于三态，所以复位寄存器可用来行使 HIGHz 指令的功能。

只要复位寄存器的值为高就会相应地拉低外部复位信号，使 MCU 处于复位状态。清空复位寄存器后，芯片会在复位状态保持一个复位暂停时间，该保持时间取决于对系统时钟的熔丝位的编程设置。复位寄存器无输出锁存器，所以将寄存器置 1 后会立刻产生复位信号。

(4) 边界扫描链路

边界扫描链路表现为一个串行的移位寄存器。寄存器的每一个单元分配给 IC 芯片的相

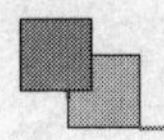

应引脚,每一个独立的单元称为边界扫描(BSC)单元。这个串联的 BSC 在 IC 内部构成 JTAG 回路,所有的边界扫描寄存器(BSR)由 JTAG 信号激活,与 TDI 和 TDO 信号串接组成一个移位寄存器。这样,通过 JTAG 接口就能够驱动并检测芯片内部数字 I/O 引脚以及片内模拟电路与数字电路接口界面上的逻辑电平,对芯片的硬件电路进行边界扫描和故障检测。

3. 边界扫描的 JTAG 指令

JTAG 指令寄存器宽度为 4 bit,支持 16 条指令。下列 5 条指令为边界扫描操作的 JTAG 命令。注意,可选命令 HIGHz 实际上是无用的,因为所有的引脚在复位时为三态,所以可以通过使用 AVR_RESET 指令使引脚输出为高阻。JTAG 指令字是以低位(LSB)首先移入和输出移位寄存器的。每条指令将激活和选择不同的数据寄存器,构成 TDI 和 TDO 间的边界扫描移位寄存器通道一即扫描链路。

(1) EXTEST($0)

EXTEST 是必需的 JTAG 指令,用于将边界扫描链路选作为扫描检测串行移位数据寄存器。它能够检测和控制输出口引脚的上拉电阻、输出控制、输出数据以及输入数据等。还能检测控制芯片中模拟线路与数字线路接口界面的电平。EXTEST 指令一旦进入 JTAG 指令寄存器(IR-Register),输出锁存器中的数据就会立刻加载到输出引脚上。该指令使 JTAG 状态机中下列状态处于有效:

- Capture-DR　采样外部引脚上的数据并送入边界扫描链路的移位寄存器中;
- Shift-DR　在 TCK 的驱动下,将边界扫描链路的移位寄存器中的数据移出;
- Update-DR　将扫描链路移位寄存器中的数据送到输出引脚上。

(2) IDCODE($1)

IDCODE 是可选的 JTAG 指令,其作用是将 32 位的序列(身份)号寄存器作为扫描检测的串行移位数据寄存器。序列号由版本号、器件号和厂商 ID 号组成。这条指令是上电后的默认指令。该指令使 JTAG 状态机中下列状态处于有效:

- Capture-DR　采样 IDCODE 寄存器中的数据并将其送入边界扫描链路中;
- Shift-DR　在 TCK 的驱动下,将边界扫描链路中的 IDCODE 的数据移出。

(3) SAMPLE_PRELOAD($2)

SAMPLE_PRELOAD 指令是必需的 JTAG 指令,其作用是在不影响系统运行的前提下将数据预加载到输出锁存器中并对 I/O 引脚进行快速扫描。

注意:锁存的输出数据并不直接与引脚相连。串行移位数据寄存器只作为边界扫描链路。

该指令使 JTAG 状态机中下列状态处于有效:

- Capture-DR　采样外部引脚上的数据并送入边界扫描链路;
- Shift-DR　在 TCK 的驱动下,将边界扫描链路移位寄存器中的数据移出;
- Update-DR　扫描链路的数据送到输出锁存器中(但还未与引脚相连);

(4) AVR_RESET($C)

AVR_RESET 是 AVR 特有的开放 JTAG 指令,其作用是迫使 AVR MCU 进入复位状态或释放 JTAG 的复位源。这条指令不会复位 TAP 控制器。扫描链路中的数据寄存器是 1 位的复位寄存器。

注意:只要复位寄存器为逻辑 1,芯片就处于复位状态,复位寄存器不具备锁存输出功能。

该指令使 JTAG 的 Shift-DR 状态处于有效,即在 TCK 的驱动下,数据在复位寄存器中

移动。

(5) BYPASS($F)

BYPASS 是必需的 JTAG 指令，其作用是选择旁路寄存器作为扫描链路中的数据寄存器。该指令使 JTAG 状态机中下列状态处于有效：

- Capture－DR　在旁路寄存器中装入逻辑 0；
- Shif－DR　　在 TCK 的驱动下，数据在旁路寄存器中移动。

4. 与边界扫描有关的 I/O 寄存器

MCU 控制和状态寄存器 MCUCSR 中的 JTD 和 JTRF 位与 JTAG 边界扫描有关。

位	7	6	5	4	3	2	1	0	
$34($54)	JTD	ISC2	—	JTRF	WERF	BORF	EXTRF	PORF	MCUCSR
读/写	R/W	R	R	R/W	R/W	R/W	R/W	R/W	R/W
复位值	0	0	0	见标志位描述					

(1) 位 7－JTD　关闭 JTAG 接口

在 JTAGEN 熔丝位被编程且 JTD 位清除时，使能 JTAG 接口。若 JTD 置位，则禁止 JTAG 接口。为了防止意外开启或关闭 JTAG 口，用户程序必须按照特定的时序操作来改变 JTD 的值：在连续 4 个时钟周期内重复 2 次将 JTD 标志位设置成所希望的值。

(2) 位 4－JTRF　JTAG 的复位标志

当使用 JTAG 的 AVR_RESET 指令将 1 写入 JTAG 复位寄存器，从而使 MCU 处于复位状态时，JTRF 置位。在上电复位时或写入逻辑 0 都将使 JTRF 复位。

6.1.5 ATmega16 的边界扫描顺序

若将边界扫描链路作为串行移位数据通道，则在 TDI 和 TDO 间的扫描顺序如表 6.2 所列。顺序号 0 是最低位，即串行扫描数据输入和输出的第一位。由于扫描顺序尽可能服从引脚输入、输出排列顺序，所以 A 口的扫描顺序与其他口的顺序相反。对于模拟电路的扫描链路来说，与物理引脚实际连接的数据寄存器将成为有效的扫描链路中的数据寄存器。C 口的 PC2、PC3、PC4 和 PC5 位不出现在边界扫描链中，因为它们已被 JTAG 接口本身占用。

表 6.2　Mtmega16 边界扫描顺序

位序号	信号名称	所涉及的模块
140	AC_IDLE	模拟比较器
139	ACO	
138	ACME	
137	ACBG	A/D 模数转换器
136	COMP	
135	PRIVATE_SIGNAL1(注:)	
134	ACLK	
133	ACTEN	

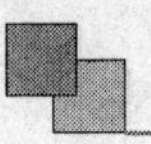

续表 6.2

位序号	信号名称	所涉及的模块
132	ADHSM	A/D模数转换器
131	ADCBGEN	
130	ADCEN	
129	AMPEN	
128	DAC_9	
127	DAC_8	
126	DAC_7	
125	DAC_6	
124	DAC_5	
123	DAC_4	
122	DAC_3	
121	DAC_2	
120	DAC_1	
119	DAC_0	
118	EXTCH	
117	G10	
116	G20	
115	GNDEN	
114	HOLD	
113	IREFEN	
112	MUXEN_7	
111	MUXEN_6	
110	MUXEN_5	
109	MUXEN_4	
108	MUXEN_3	
107	MUXEN_2	
106	MUXEN_1	
105	MUXEN_0	
104	NEGSEL_2	
103	NEGSEL_1	
102	NEGSEL_0	
101	PASSEN	
100	PRECH	
99	SCTEST	
98	ST	
97	VCCREN	

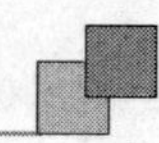

续表 6.2

位序号	信号名称	所涉及的模块
96	PB0. Data	端口 B
95	PB0. Control	
94	PB0. Pullup_Enable	
93	PB1. Data	
92	PB1. Control	
91	PB1. Pullup_Enable	
90	PB2. Data	
89	PB2. Control	
88	PB2. Pullup_Enable	
87	PB3. Data	
86	PB3. Control	
85	PB3. Pullup_Enable	
84	PB4. Data	
83	PB4. Control	
82	PB4. Pullup_Enable	
81	PB5. Data	
80	PB5. Control	
79	PB5. Pullup_Enable	
78	PB6. Data	
77	PB6. Control	
76	PB6. Pullup_Enable	
75	PB7. Data	
74	PB7. Control	
73	PB7. Pullup_Enable	
72	RSTT	复位逻辑
71	RSTHV	
70	EXTCLKEN	定时钟/振荡器使能信号
69	OSCON	
68	RCOSCEN	
67	OSC32EN	
66	EXTCLK(XTAL1)	作为主时钟的信号输入和振荡器
65	OSCCK	
64	RCCK	
63	OSC32CK	
62	TWIEN	两线串口

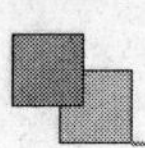

续表 6.2

位序号	信号名称	所涉及的模块
61	PD0. Data	端口 D
60	PD0. Control	
59	PD0. Pullup_Enable	
58	PD1. Data	
57	PD1. Control	
56	PD1. Pullup_Enable	
55	PD2. Data	
54	PD2. Control	
53	PD2. Pullup_Enable	
52	PD3. Data	
51	PD3. Control	
50	PD3. Pullup_Enable	
49	PD4. Data	
48	PD4. Control	
47	PD4. Pullup_Enable	
46	PD5. Data	
45	PD5. Control	
44	PD5. Pullup_Enable	
43	PD6. Data	
42	PD6. Control	
41	PD6. Pullup_Enable	
40	PD7. Data	
39	PD7. Control	
38	PD7. Pullup_Enable	
37	PC0. Data	端口 C
36	PC0. Control	
35	PC0. Pullup_Enable	
34	PC1. Data	
33	PC1. Control	
32	PC1. Pullup_Enable	
31	PC6. Data	
30	PC6. Control	
29	PC6. Pullup_Enable	
28	PC7. Data	
27	PC7. Control	
26	PC7. Pullup_Enable	

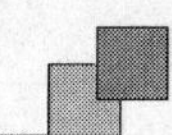

续表 6.2

位序号	信号名称	所涉及的模块
25	TOSC	32768Hz定时器振荡器
24	TOSCON	
23	PA7. Data	端口 A
22	PA7. Control	
21	PA7. Pullup_Enable	
20	PA6. Data	
19	PA6. Control	
18	PA6. Pullup_Enable	
17	PA5. Data	
16	PA5. Control	
15	PA5. Pullup_Enable	
14	PA4. Data	
13	PA4. Control	
12	PA4. Pullup_Enable	
11	PA3. Data	
10	PA3. Control	
9	PA3. Pullup_Enable	
8	PA2. Data	
7	PA2. Control	
6	PA2. Pullup_Enable	
5	PA1. Data	
4	PA1. Control	
3	PA1. Pullup_Enable	
2	PA0. Data	
1	PA0. Control	
0	PA0. Pullup_Enable	

注：PRIVATE_SIGNAL1 扫描检测总是 0。

6.2 引导加载支持的自我编程功能

ATmega16/8535 具备引导加载支持的用户程序自编程功能，提供了一个真正的由 MCU 本身控制的自动下载和更新（采用写同时读（Read White Write）方式）程序代码的系统程序自编程更新的机制。使用该功能时，MCU 可灵活地运作一个驻留 Flash 的引导加载程序（Boot Loader Program），对用户应用程序实现在线自编程更新。引导加载程序能使用任何可用的数据接口和相关的协议读取代码，或者从程序存储器中读取代码，然后将代码写入（编程）到 Flash 存储器中。引导加载程序有能力读/写整个 Flash 存储器，包括引导加载程序所在的引导加载区本身。引导加载程序还可以对自身进行更新修改,甚至可将自身删除,消除系统的自编程能力。引导加载程序区的大小可以由芯片的熔丝位设置,该段程序区还提供两组锁定位,以便用户选择对该段程序区设置不同级别的保护。

引导加载支持的自编程功能主要特点如下:

- 读/写同时进行的自我编程;
- 可灵活设置引导加载程序区的规模;
- 高级别安全性;
- 熔丝位设置选择复位向量;
- 优化的页面规模
- 高效的编码算法;
- 高效的读-修改-写(Read - Modify - Write)支持。

6.2.1 引导加载技术的实现

1. 引导加载程序区和应用程序区

ATmega16/8535 的 Flash 程序存储器空间分为两个部分:引导加载程序区和应用程序区(见图 6.3),两个区的大小由 BOOTSZ1 和 BOOTSZ2 熔丝位确定(见表 6.3)。即两个区都由各自独立的锁定位控制,因此可以采用不同加密级别的保护。

表 6.3 ATmega16 Flash 程序存储器分配(第 2 行为 mega8535)

BOOTSZ1	BOOTSZ2	应用程序区	加载程序区	加载区字数	加载区页数
1	1	\$0000～\$1F7F \$000～\$F7F	\$1F80～\$1FFF \$F80～\$FFF	128	2(64 字/页) 4(32 字/页/8535)
1	0	\$0000～\$1EFF \$000～\$EFF	\$1F00～\$1FFF \$F00～\$FFF	256	4(64 字/页) 8(32 字/页/8535)
0	1	\$0000～\$1DFF \$000～\$DFF	\$1E00～\$1FFF \$E00～\$FFF	512	8(64 字/页) 16(32 字/页/8535)
0	0	\$0000～\$1BFF \$000～BFF	\$1C00～\$1FFF \$C00～\$FFF	1024	16(64 字/页) 32(32 字/页/8535)

注:mega8535 引导加载程序区的规模与 mega16 对应相等,只是因页划分不同,表现为页数不相等;4 个对应的引导加载程序区首地址都相差常数 \$1000。

(1) 应用程序区

在 Flash 程序存储器空间中,应用程序区是用来驻留应用程序代码的。应用程序区的保护级别由应用程序区锁定位(Boot Lock Bits 0)设定(见表 6.6)。运行应用程序时,其中的 SPM 指令将被屏蔽。因此,不能将引导加载程序放置在应用程序区中。

(2) 加载程序区

引导加载程序必须驻留在引导加载区内。MCU 只有执行引导加载程序时,其中的 SPM 指令才可以对 Flash 程序存储器进行初始化编程。此时,SPM 指令可以写包括引导加载区在内的整个 Flash 程序存储器。引导加载区的保护级别由引导加载锁定位(Boot Lock Bits 1)决定(见表 6.7)。

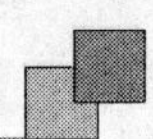

2. 可同时读/写和非同时读/写区

除了前面所述的 Flash 存储器可根据 BOOTSZ 熔丝位的设置分为应用程序区和引导加载区两部分外，Flash 存储器还被固定地分为两部分：可同时读/写区 RWW(Read - While - Write)和非同时读写区 NRWW(No Read - While - Write)，如图 6.3 所示。RWW 区和 NR-WW 区主要区别有以下两点：

① 当对一个位于 RWW 区的页进行擦除或写入操作时，可同时对 NRWW 进行读操作。

② 当对一个位于 NRWW 区的页进行擦除或写入操作时，在操作的整个过程中 MCU 处于挂起状态。因此，MCU 对程序存储器进行操作时，由于区域的不同，决定了 MCU 是否支持同时读/写方式。

特别需要指出的是，在进行自引导加载更新程序的过程中，程序永远不能读取位于 RWW 区中的代码。所谓可同时读/写区(Read－While - Write Section)的概念，是指正在被编程(擦除和写入)的区域，而不是指自引导加载更新程序当前正在读取、执行指令代码所在区域。

(1) RWW－可同时读/写区

在引导加载程序对 RWW 区中的一个页进行更新编程的过程中，MCU 只能读取驻留在 NRWW 区中的代码。在连续的编程过程中，必须保证程序不读取 RWW 区。如果程序试图读取位于 RWW 区中的代码(如使用 CALL、JMP、LPM 或中断)，程序有可能终止于未知状态。为避免这种情况的发生，应将中断屏蔽，或将其(包括中断向量以及中断服务程序)移到引导加载区。引导加载区总是位于 NRWW 区中。当读取 RWW 区的操作被阻断时，程序存储器控制状态寄存器 SPMCSR 中的标志位 RWWSB(RWW 区忙标志)将保持为 1。编程结束后，在读取 RWW 中的代码前，必须在程序中先将标志位 RWWSB 清零。

(2) NRWW－非同时读/写区

在引导加载程序对 RWW 区中的一个页进行更新编程的过程中，MCU 能读取驻留在 NRWW 区中的代码。而在引导加载程序对 NRWW 区中的一个页进行更新编程的过程中，MCU 将一直保持挂起之暂停状态。

表 6.4、表 6.5、图 6.3 和图 6.4 给出了 RWW 区和 NRWW 区的分布及其特征。

表 6.4 RWW 和 NRWW 空间(第 2 行为 8535)

区域	地址空间	占页数	区域	地址空间	占页数
RWW	\$0000～\$1BFF \$000～\$BFF	112 96(8535)	NRWW	\$1C00～\$1FFF \$C00～\$FFF	16 32(8535)

注：mega16 每页 64 字，8535 每页 32 字。

表 6.5 Read－While－Write 特性

在编程过程中 Z 寄存器指向的区域	在编程过程中可读取的区域	MCU 是否暂停	是否支持同时读/写方式
RWW	NRWW	No	Yes
NRWW	None	Yes	No

3. 引导加载锁定位

如果系统不需要自引导加载编程能力，整个 Flash 存储器都可用于放置应用程序代码。

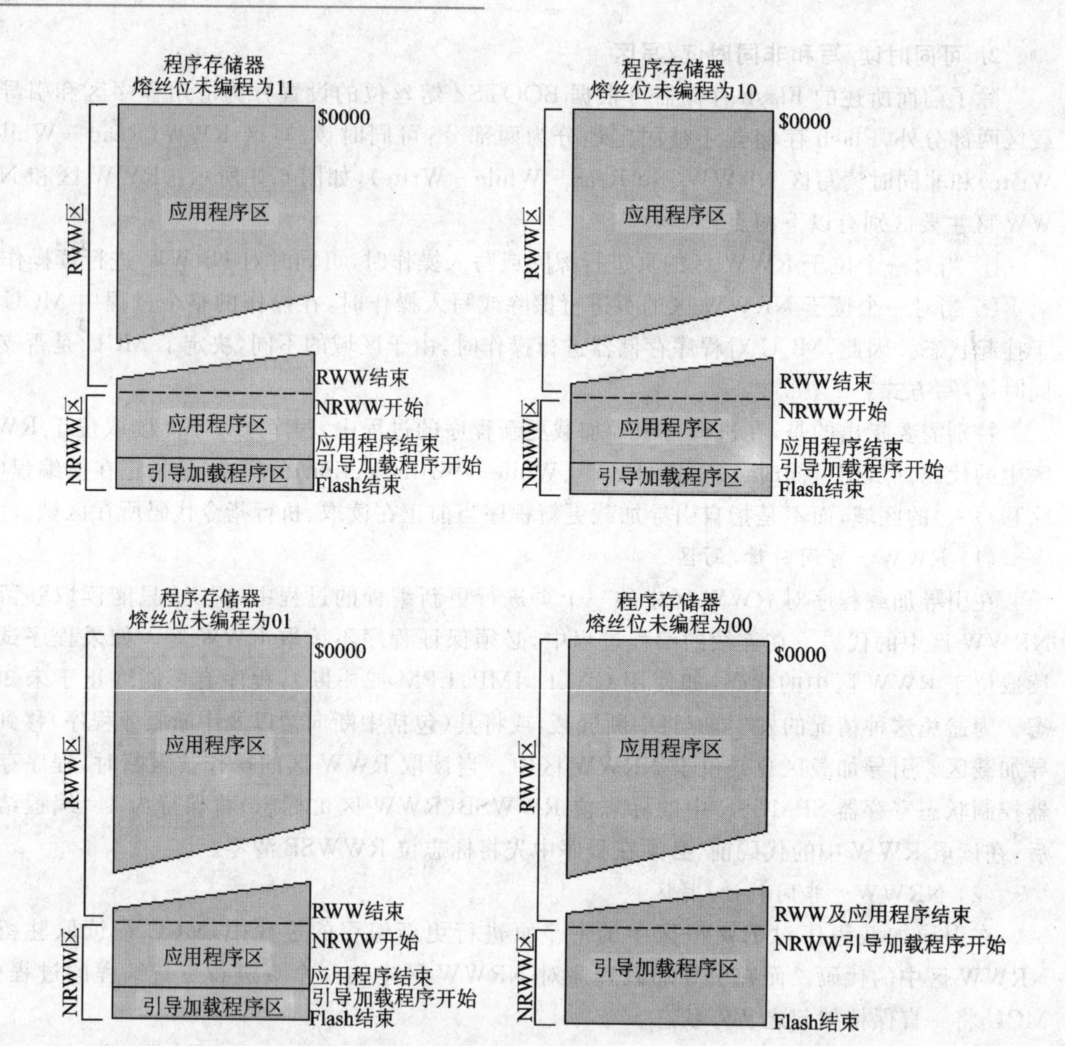

图 6.3　ATmega16FLASH 空间的 4 种分配

引导加载系统有两组可独立设置的引导锁定位(Boot Lock Bits),提供了可灵活选择不同级别的保护措施,功能如下:

- 锁定整个 Flash 存储器,禁止对整个 Flash 自编程;
- 只锁定引导加载区,禁止其被 MCU 软件自编程更新;
- 只锁定应用程序区,禁止其被 MCU 软件自编程更新;
- 无锁定,整个 Flash 存储器都可被 MCU 软件自编程更新。

表 6.6 和表 6.7 详细列出了引导锁定位配置情况。可以在运行程序中使用相应的指令置位引导锁定位,或通过串行或并行编程的方式置位引导锁定位。但只能通过芯片擦除命令将引导锁定位清除。芯片的写保护(Lock Bit Mode 2)并不能防止使用 SPM 指令对 Flash 存储器的编程。同样,芯片的读/写保护(Lock Bit Mode 3)也不能防止使用 LPM 或 SPM 指令对 Flash 存储器的读或写操作。

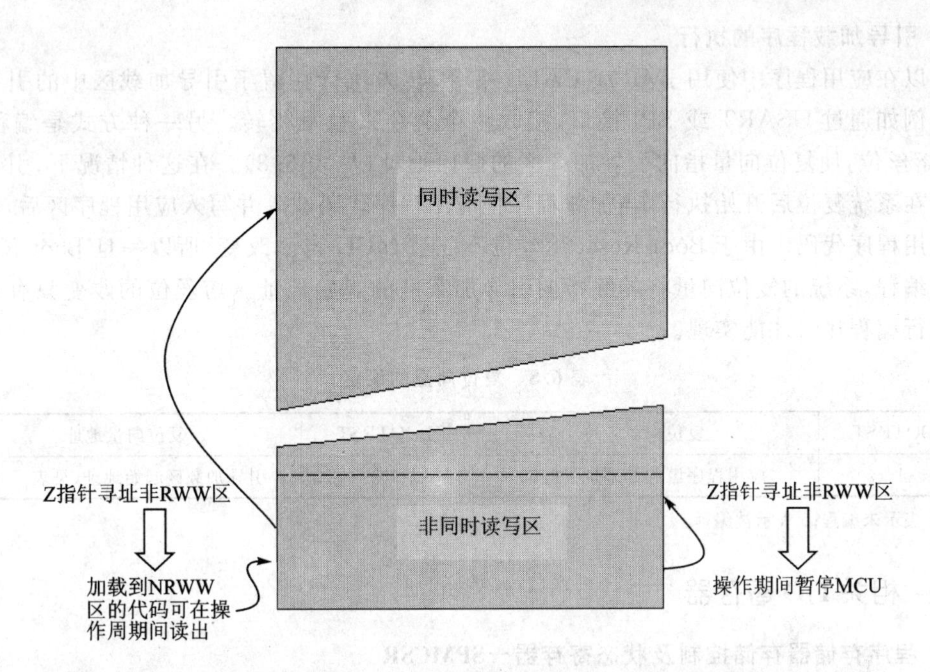

图 6.4　程序存储器的划分与性质(同时读写与非同时读写区域划分)

表 6.6　Boot Lock Bit 0 的保护模式

BLB0 模式	BLB02	BLB01	对应用程序区的保护
Mode1	1	1	允许 SPM 和 LPM 指令对应用程序区的操作
Mode2	1	0	禁止 SPM 指令对应用程序区的写操作
Mode3	0	0	禁止 SPM 指令对应用程序区的写操作 在执行驻留于引导加载区的引导加载程序过程中,禁止其中 LPM 指令对应用程序区的读操作 如果中断向量驻留在引导加载区,则在 MCU 执行驻留于应用程序区的程序过程中,禁止中断响应
Mode4	0	1	除允许 SPM 指令对应用程序区写操作外,其余同 Mode3

注:1 表示未编程;0 表示被编程。

表 6.7　Boot Lock Bit 1 的保护模式

BLB1 模式	BLB12	BLB11	对引导加载区的保护
Model	1	1	允许 SPM 和 LPM 指令对引导加载区的操作
Mode2	1	0	禁止 SPM 指令对引导加载区的写操作
Mode3	0	0	禁止 SPM 指令对引导加载区的写操作 在执行驻留于应用程序区的应用程序过程中,禁止其中 LPM 指令对引导加载区的读操作 如果中断向量驻留在应用程序区,则在 MCU 执行驻留于引导加载区的程序过程中,禁止中断响应
Mode4	0	1	除允许 SPM 指令对引导加载区写操作外,其余同 Mode3

注:1 表示未编程;0 表示被编程。

4. 引导加载程序的执行

可以在应用程序中使用 JMP 或 CALL 指令,转去执行驻留于引导加载区中的引导加载程序。例如通过 USART 或 SPI 接口,接收一个命令来触发跳转。另一种方式是编程 Boot Reset 熔丝位,使复位向量指向引导加载区的起始地址(见表 6.8)。在这种情况下,引导加载程序将在系统复位后开始执行,当加载程序把应用程序代码载入并写入应用程序区后,再转入执行应用程序代码。由于 Boot Reset 熔丝位不能被 MCU 自己改变,所以一旦 Boot Reset 熔丝位被编程,系统的复位向量将始终指向引导加载区的起始地址。熔丝位的改变只有通过串行或并行编程接口才能实现。

表 6.8 复位向量的设定

BOOTRST	复位向量地址	BOOTRST	复位向量地址
1	应用程序区起始地址 $0000	0	引导加载区起始地址(见表 6.3)

注:1 表示未编程;0 表示被编程。

6.2.2 相关 I/O 寄存器

1. 程序存储器存储控制及状态寄存器—SPMCSR

程序存储器存储控制及状态寄存器中包括引导加载操作所需的控制位。

位	7	6	5	4	3	2	1	0	
$37($57)	SPMIE	RWWSB	—	RWWSRE	BLBSET	PGWRT	PGERS	SPMEN	SPMCSR
读/写	R/W	R	R	R/W	R/W	R/W	R/W	R/W	
复位值	0	0	0	0	0	0	0	0	

(1) 位 7—SPMIE:SPM 中断允许

当 SPMIE 位被置位,若状态寄存器中的 I 位也被置位时,SPM 完成中断即被使能。只要 SPMCSR 寄存器中的 SPMEN 位被清 0(程序存储器操作完成),SPM 中断服务将被执行(避免轮询占用较多机时)。

(2) 位 6—RWWSB:RWW 区忙标志

当开始对 RWW 区进行自编程(页擦除或页写入)操作时,RWWSB 位将被硬件置位。RWWSB 一旦被置位,对 RWW 区的读操作便被禁止。在自编程操作完成后,向 RWWSRE 位写入 1,会将 RWWSB 位清除。此外,如果开始一个页读取操作,也会将 RWWSB 位清零。

(3) 位 5—保留位

(4) 位 4—RWWSRE:读 RWW 区允许

当启动对 RWW 区自我编程(页擦除或页写入)操作时,RWWSB 位被硬件置 1,禁止对 RWW 区的读操作。在自我编程操作完成后(SPMEN=0),同时将 RWWSRE 位和 SPMEN 位置为 1,在其后的 4 个时钟周期内的 SPM 指令将使 RWW 区重新开放。自我编程过程中(SPMEN=1),不能开放对 RWW 区的读操作。如果在加载 Flash 期间对 RWWSRE 位进行写操作,Flash 的加载操作将被放弃,加载的数据也将丢失。

(5) 位 3—BLBSET:引导锁定位(Boot Lock Bit)设置

如果该位与 SPMEN 位被同时置位,紧接其后 4 个时钟周期内执行 SPM 指令将根据寄存器 R0 中数据对引导锁定位进行设置,而寄存器 R1 的数据和 Z 寄存器中的地址则被弃置。在

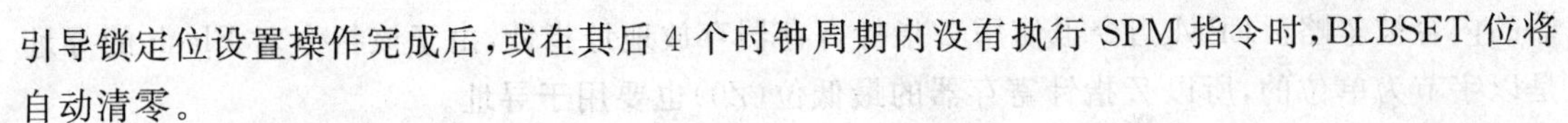

引导锁定位设置操作完成后，或在其后 4 个时钟周期内没有执行 SPM 指令时，BLBSET 位将自动清零。

在 BLBSET 位和 SPMEN 位被置位后的 3 个时钟周期内，执行 LPM 指令可将锁定位(Lock－Bits)或熔丝位(Fuse)(由 Z 寄存器的 Z1、Z0 位确定)内容读入目的寄存器 Rd 中。详见 6.3.3 小节第 9 条“用程序读取熔丝位和锁定位”。

(6) 位 2－PGWRT：页写入

若该位与 SPMEN 位被同时置位，紧接其后 4 个时钟周期内的 SPM 指令将执行页写入功能，将临时缓冲器中存储的数据写入 FLASH。写入页的地址取自 Z 指针中的高位部分，而寄存器 R1 和 R0 中数据则被弃置。页写入完成后，或在以后 4 个时钟周期内没有执行 SPM 指令时，PGWRT 位将被自动清零；如果被写入页位于 NRWW 区，MCU 将在整个页写入期间处于暂停状态。

(7) 位 1－PGERS：页擦除

若该位与 SPMEN 位被同时置位，紧接其后 4 个时钟周期内的一个 SPM 指令将执行页擦除功能，页地址从 Z 指针中的高位部分取出。在页擦除操作完毕，或在 4 个时钟周期内没有执行 SPM 指令时，PGERS 位将自动清零。如果被擦除页位于 NRWW 区，MCU 将在整个页擦除期间处于暂停状态。

(8) 位 0－SPMEN：FLASH 程序存储器操作使能位

该位置位在紧接其后的 4 个时钟周期内使能 SPM 指令。

当 SPMEN 位和 RWWSRE、BLBSET、PGWRT 以及 PGERS 等 4 个标志位中的一个被同时置位时(即 SPMCSR 寄存器的低 5 位的设置值为 10001、01001、00101 和 00011 之一时，其他的组合无效)，那么紧接其后的 4 个时钟周期内，将允许 SPM 指令对程序存储器进行特定的操作(见上面的描述)。如果仅仅只是 SPMEN 位设置为 1，接下来的 SPM 指令只是把 R1：R0 中的值写入到由 Z 指针寻址的临时缓冲页中(填写临时缓冲页功能)。此时，地址指针寄存器 Z 的最低位 Z0 被弃置。在 SPM 指令完成后，或者置位 SPMEN 后的 4 个时钟周期内没有执行 SPM 指令的操作，SPMEN 位将被自动清零。在页擦除和页写入的操作过程中，SPMEN 位一直保持为 1，直到操作完成。

2. 自编程时的 Flash 存储器寻址

位	15	14	13	12	11	10	6	8	
$1F	Z15	Z14	Z13	Z12	Z11	Z10	Z9	Z8	ZH
$1E	Z7	Z6	Z5	Z4	Z3	Z2	Z1	Z0	ZL
位	7	6	5	4	3	2	1	0	

AVR 的 Flash 程序存储器是按页构成的，因此对 Flash 存储器自编程时，寻址的程序计数器(PC)被分作两段。对于 ATmega16 来讲，PC 的低位部分 PC[6：1]，用于对页内的字寻址(64 字)，而其高位部分 PC[15：7]用于对页的寻址，如图 6.5 所示。由于页擦除和页写入操作是独立寻址的，因此，引导加载程序的页擦除和页写入操作只能在同一页进行(即按页寻址操作)。一旦自我编程运作开始，Z 指针寄存器中的地址即被锁存在 PC 中，此后 Z 指针寄存器便可用于其他操作。

对引导加载锁定位的设置是唯一不用 Z 指针寄存器寻址的 SPM 操作。此时 Z 指针寄存器的内容被忽略。LPM 指令也使用 Z 指针寄存器存放地址指针，由于该指令对 Flash 的寻址是以字节为单位的，所以 Z 指针寄存器的最低位(Z0)也要用于寻址。

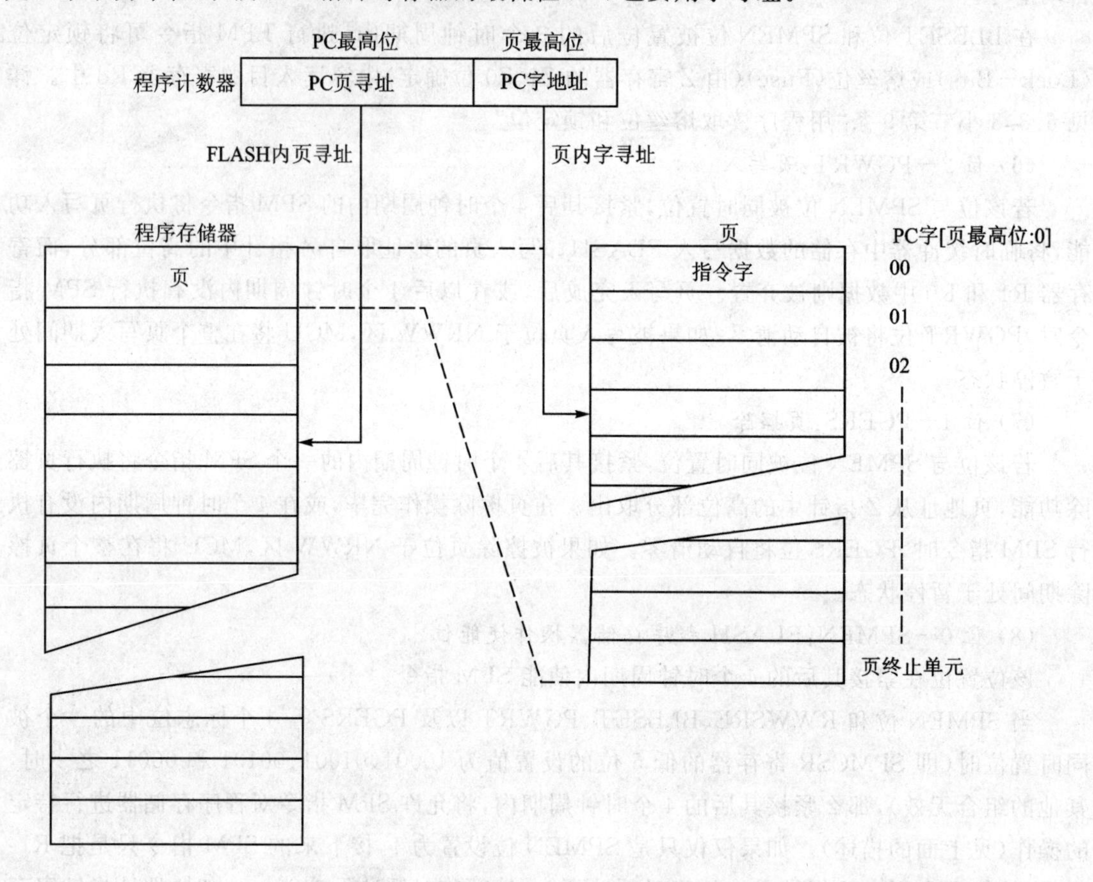

图 6.5　SPM 指令对 FLASH 空间的寻址

图 6.5 中符号代表的意义见表 6.9。

表 6.9　图 6.5 中各变量的含义和 Z 指针的结构定义(第 2 行为 8535)

符　号	程序计数器对应值	Z 寄存器的对应值	说　明
PCMSB	P[12] P[11]		程序计数器的最高位 (程序计数器为 13 位，PC[12:0]) (8535 程序计数器为 12 位，PC[11:0])
PAGEMSB	P[5] P[4]		页内字寻址最高位 (每页 64 个字，需要 6 位，PC[5:0]) (8535 每页 32 个字，需要 5 位，PC[4:0])
ZPCMSB		Z[13] Z[12]	在 Z 寄存器中对应 PCMSB 的位为 Z13/Z12(8535) (由于 Z0 不使用，ZPCMSB=PCMSB+1)
ZPAGEMSB		Z[6] Z[5]	在 Z 寄存器中对应 PAGEMSB 的位 (由于 Z0 不使用，ZPAGEMSB=PAGEMSB+1)

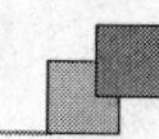

续表 6.9

符 号	程序计数器对应值	Z寄存器的对应值	说 明
PCPAGE	PC[12:6] PC[11:5]	Z[13:7] Z[12:6]	PC页寻址(用于页擦除和页写入)
PCWORD	PC[5:0] PC[4:0]	Z[6:1] Z[5:1]	PC字寻址(用于向临时缓冲页的写入) 页写入时,这6(8535为5)个位必须为0

注:ATmega16的FLASH容量只有8K字,Z[15:14:13]被弃置;8535还弃置Z12;

对所有关于SPM的命令中Z0应为0,在有关LPM的指令中Z0用于选择高/低位字节。

6.2.3 程序存储器Flash的自编程

程序存储器的编程是按页进行的。在将临时缓冲页内容写入某页之前,该页必须先被擦除,临时缓冲页每次只能用SPM指令填入一个字,缓冲页的填入可在页檫除之前进行,也可插在页擦除和页写入之间:

(1) 填充临时缓冲页

(2) 完成页擦除;

(3) 完成页写入。

以上操作也可以按(2)(1)(3)的顺序进行。

如果只有页内的一部分内容需要改写,那么页的其余部分必须在擦除前保存起来(如放在临时缓冲页中),然后再重新写入。当采用(1)(2)(3)顺序操作时,引导加载可以有效使用读—修改—写的功能,即允许程序先读取页中原来的内容,然后做必要的修改,最后回写调整后的数据。否则,不可能在加载前读取原来页中的数据,因为页已经被擦除了。临时缓冲器页能够随机访问。特别重要的是,页擦除和页写入操作的寻址应在同一页,按(1)(2)(3)顺序操作才能保证这一点。请参见6.2.4小节"简单的引导加载汇编代码实例"部分。

1. 通过SPM指令实现页擦除

要实现页擦除,应先在Z寄存器中设置要擦除页的地址,页地址必须写在Z寄存器中的PCPAGE段中(Z[13:7]),Z寄存器的其他位Z[6:0]应为0;然后将"x0000011"写入SPMCSR寄存器;在设置SPMCSR后的4个时钟周期内执行SPM指令。页擦除操作时,寄存器R1和R0中的数据被弃置。

- 在对RWW区中的页擦除期间,可以读取NRWW区;
- 在对NRWW区中的页擦除期间,MCU挂起,处于暂停工作状态。

2. 写临时缓冲页

欲向临时缓冲页写入一个指令字,应先将其放在寄存器R1:R0中,并且在Z寄存器中设置该指令在缓冲页内的字地址(缓冲页内的字寻址地址必须写在Z寄存器中的PCWORD段中Z[6:1]);然后将"00000001"写入SPMCSR寄存器;在设置SPMCSR后的4个时钟周期内执行SPM指令。在页写入操作完成之后,或写SPMCSR寄存器中的RWWSRE位,或经过系统复位后,临时缓冲页的内容都会被自动擦除。注意,临时缓冲页在未擦除前,对其中每一个地址的写入操作只能进行一次。

注意:若在一个SPM页下载操作中写E^2PROM,则所有的下载数据都会丢失。故在页下载操作之前,应确信当前没有E^2PROM正在写入;或等待E^2PROM写入完成后,再执行页下载操作。

3. 实现页写入

要实现页写入,应首先在 Z 寄存器中的 PCPAGE 段中(Z[13:7])设置要写入的页地址,Z 寄存器的其他位 Z[6:0]应为 0;然后将“x0000101”写入 SPMCSR 寄存器;在设置 SPMCSR 后的 4 个时钟周期内执行 SPM 指令。页写入操作时,寄存器 R1 和 R0 中的数据被弃置。

- 在对 RWW 区中的页写入期间,可以读取 NRWW 区;
- 在对 NRWW 区中的页写入期间,MCU 挂起,进入暂停工作状态。

4. 使用 SPM 中断

如果 SPM 中断被使能,一旦 SPMCSR 寄存器中的 SPMEN 位被清零,就会产生 SPM 中断申请。也就是说使用 SPM 中断,可以代替软件中对 SPMCSR 寄存器的轮询,提高工作效率。但应将中断向量表移到引导程序加载区中,以避免由于 RWW 区的读操作阻止中断,致使产生的中断无法进入 RWW 区。如何移动中断向量表,请参见 1.9.2 小节:中断向量。

5. 对 BLS(引导程序加载区)自我编程

当引导锁定位未被编程(BLB11=1)时,允许对引导程序加载区进行自我编程更新。此时要特别注意,一旦发生对引导程序加载区的意外写入,就会破坏引导程序加载区程序的整体功能,造成以后的引导加载无法实现。如果引导加载程序自我更新不是必需的,建议对引导锁定位进行编程(BLB11=0),以保护引导加载区程序内容不被改写。

6. 在自我编程过程中防止对 RWW 区的读操作

在自我编程(页擦除和页写入)期间,对 RWW 区的读操作被阻止。程序应避免在自我编程过程中对 RWW 区的寻址。当 RWW 区忙时(页擦除和页写入的期间),SPMCSR 寄存器中的 RWWSB 位始终被置位。在自我编程期间,中断向量表应该移到引导加载程序区或者禁止中断。在自我编程操作完成后,用户程序必须将 RWWSRE 寄存器中的 RWWSB 位清零,然后才能对 RWW 区再次寻址操作。

7. 使用 SPM 指令设置引导加载锁定位

引导锁定位是唯一可由用户程序设置的锁定位,用于锁定应用程序区和引导加载区,使其不能被 MCU 自我更新(见表 6.6 和表 6.7)。

要设置引导加载锁定位,应先把要设置的数据写入寄存器 R0。然后将 x0001001 写入 SPMCSR 寄存器,在设置 SPMCSR 后的 4 个时钟周期内执行 SPM 指令。则相应的引导锁定位将被编程。在该操作中,Z 寄存器中的值无须考虑,但为了以后的兼容性,建议将其设置为 \$0001。寄存器 R0 的其他无关位也应设置为 1。在对引导加载锁定位的设置期间,可以读取整个 Flash 空间。

位	7	6	5	4	3	2	1	0
R0	1	1	BLB12	BLB11	BLB02	BLB01	1	1

8. 防止 E^2PROM 写操作阻断自我编程

E^2PROM 的写操作将阻断当前对 Flash 的编程运作,以及读取熔丝位和锁定位的操作。建议在设置 SPMCSR 寄存器前,先轮询 EECR 寄存器中的 EEWE 位,确信其已被清零,再进行自我编程。

9. 用程序读取熔丝位和锁定位

用户可以程序读取熔丝位和锁定位的设置。例如要读取熔丝位和锁定位,应先将 Z 寄存

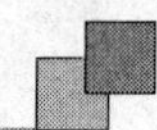

器设置为＄0001；然后将 x0001001 写入 SPMCSR 寄存器；在设置 SPMCSR 后的 3 个时钟周期内执行 LMP 指令，将熔丝位和锁定位的值读入目的寄存器中。在 LPM 指令执行后，或者在 3 个时钟周期内没有执行 LPM 指令，SPMEN 位和 BLBSET 位将被自动清零。当 BLBSET 位和 SPMEN 位为 0 时，在目的寄存器 Rd 中得到熔丝位和锁定位的值。LPM 指令功能请查阅第 2 章指令系统部分。

使用上述相同的操作，仅需改变 Z 寄存器中的地址，便可读取不同的熔丝位和锁定位的设置值。

(1) 读取系统锁定位(Z=＄0001)

位	7	6	5	4	3	2	1	0
Rd	—	—	BLB12	BLB11	BLB02	BLB01	LB2	LB1

(2) 读取系统熔丝位低位字节 FLB(Z=＄0000)

位	7	6	5	4	3	2	1	0
Rd	FLB7	FLB6	FLB5	FLB4	FLB3	FLB2	FLB1	FLB0

(3) 读取系统熔丝位高位字节 FHB(Z=＄0003)

位	7	6	5	4	3	2	1	0
Rd	FHB7	FHB6	FHB5	FHB4	FHB3	FHB2	FHB1	FHB0

已编程的熔丝位和锁定位读出为 0；未编程的读出为 1。

10. 防止破坏 Flash 的措施

当系统电压 Vcc 过低时，会导致 MCU 和 Flash 存储器无法正常工作，造成 Flash 中的内容被破坏。究其原因，可能是系统电压低于 Flash 常规写操作所需的最低电压，不能执行正确写入；或者系统电压低于 MCU 执行指令所需的最低工作电压，致使 MCU 不能正常执行指令。

通过以下措施可以避免和防止 Flash 被破坏(任选一条即已足够)：

(1) 如果没有必要使用引导加载功能更新系统，将引导加载锁定位编程，以禁止任何自我编程更新。

(2) 当电源电压不足时，保持 AVR 的复位引脚为有效(低电平)。如果工作电压与 BROWN－OUT 检测电压相匹配，可以使能芯片内部 BROWN－OUT 检测器；如果不匹配，建议使用外部低电压复位保护电路(4.8.2 小节：断电保护电路)，如果在 Flash 写操作过程中，出现了复位信号，只要有足够的电压，MCU 则在当前字写入后才进入复位状态。

(3) 在 Vcc 过低时，保持 AVR 内核工作在掉电休眠模式。这可以避免 MCU 试图译码和执行指令，从而可以有效保护 SPMCSR 寄存器和 Flash 不被意外地改写。

11. 使用 SPM 指令的编程时间

自我编程操作访问 Flash 的时钟由内部可校准的 RC 振荡器提供。编程 Flash 的时间见表 6.10。

表 6.10　SPM 编程时间

SPM 对 Flash 操作	最短时间	最长时间
页擦除、页写入、写锁定位	3.7 ms	4.5 ms

6.2.4　一个简单的引导加载汇编程序

```
;本程序为如何将一页 RAM 数据写入 FLASH 之示例
;Y 指针指示第一个 RAM 数据地址
;Z 指针指示第一个 FLASH 数据地址
;本程序不包括错误处理
;本程序须置于引导加载区(否则,至少 Do_spm 子程序是这样)
;仅 NRWW 区内代码在自我编程(页擦除和页写入)过程中可被读取
;使用的寄存器有:r0,r1,temp1(r16),temp2(r17),looplo(r24),loophi(r25)
;以及 spmcsrval(r20)
;程序中不包括寄存器的保存和恢复
;寄存器的使用可在增加代码的前提下得以优化
;假定中断向量表已移入引导加载区,或者中断是禁止的
.equ PAGESIZEB = PAGESIZE * 2                         ;PAGESIZEB 是以字节为单位计算的页长度
.org   SMALLBOOTSTART
Write_page:
     ;page   erase                                     ;页擦除代码段
     ldi     spmcsrval,(1<<PGERS)|(1<<SPMEN)           ;使能页擦除
call Do_spm
     ;re_enable the RWW section                        ;
ldi spmcsrval,(1<<RWWSRE)|(1<<SPMEN)                   ;读状态允许
call Do_spm

;transfer data from RAM to Flash page buffer
ldi looplo,low (PAGESIZEB)                             ;初始化循环变量
ldi loophi,high(PAGESIZEB)                             ;当 PAGESIZEB≤256 时不需要该条指令
Wrloop:
ld r0,Y+
ld r1,Y+
ldi spmcsrval,(1<<SPMEN)                               ;写缓冲页
call Do_spm
adiw ZH:ZL,2
sbiw loophi:looplo,2                                   ;当 PAGESIZEB≤256 时将 sbiw 改为 subi
brne Wrloop

    ;execute page write
    subi ZL,low(PAGESIZEB)                             ;恢复指针
    sbci ZH,high(PAGESIZEB)                            ;当 PAGESIZEB≤256 时不需要该条指令
    ldi spmcsrval,(1<<PGMRT)|(1<<SPMEN)                ;页写入
```

```
    call Do_spm

    ;re-enable the RWW section
    ldi spmcsrval,(1<<RWWSRE)|(1<<SPMEN)          ;重新使能读 RWW 区
    call Do_spm

    ;read back and check,optional
    ldi looplo,low(PAGESIZEB)                ;初始化循环变量
    ldi loophi,high(PAGESIZEB)               ; 当 PAGESIZEB≤256 时不需要该条指令
    subi YL,low(PAGESIZEB)                   ; 恢复指针
    sbci YH,high(PAGESIZEB)
Rdloop:
    lpm r0,Z+
    ld r1,Y+
    cpse r0,r1
    jmp Error
    sbiw loophi:looplo,1                  ;当 PAGESIZEB≤256 时将 sbiw 改为 subi

    brne Rdloop

    ;return to RWW section(返回 RWW 区)
    ;verify that RWW section is safe to read(验证 RWW 区是可安全读出的)
Return:
    lds temp1,SPMCSR
    sbrs temp1,RWWSB                                   ;假如 RWWSB 置位,RWW 区还未就绪
    ret
    ;re-enable the RWW section
    ldi spmcsrval,(1<<RWWSRE)|(1<<SPMEN)
    call Do_spm
    rjmp Return

Do_spm:
    ;check for previous SPM complete              ;检查前一个 SPM 指令是否完成
Wait_spm:
    lds temp1,SPMCSR
    sbrc temp1,SPMEN
    rjmp Wait_spm
    ;input:spmcsrval determines SPM action          ;spmcsrval 决定 SPM 之动作
    ;disable interrupts if enabled,store status ;禁止中断,不管处于何种状态;保存状
;态寄存器
    in temp2,SREG
    cli
    ;check that no EEPROM write access is present;检查当前有否 EEPROM 正在写入
Wait_ee:
```

```
    sbic EECR,EEWE
    rjmp Wait_ee                                   ;有则等待 EEPROM 写完
    ;SPM timed sequence
    out SPMCSR,spmcsrval
    spm
    ;restore SREG(to enable interrupts if originally enabled);恢复 SREG(如果原来中断是使能的,则
恢复使能状态)
    out SREG,temp2
    ret                                            ;返回/结束子程序
```

6.3 ATmega16 存储器编程

本节主要介绍如何在外部采用并行或串行方式,读取 ATmega16/8535 的 Flash 程序存储器、E^2PROM 数据存储器,以及熔丝位、锁定位和校正位的方法。并详细说明如何采用外部并行或串行方式对存储器进行编程,对熔丝位、锁定位和校正位等进行功能设置的方法。

6.3.1 ATmega16 的锁定位、熔丝位、标识位和校正位

1. 程序和数据存储器锁定位

ATmega16 提供 1 字节宽度的锁定位,共包括 6 个锁定标志位(见表 6.11)。它们的缺省状态为 1(未编程);对这些位编程后,其状态为 0(被编程)。使用芯片擦除命令,可擦除所有的锁定位,使它们恢复为 1(未编程)。表 6.12 给出了锁定位 LB2、LB1 的加密锁定模式。BLB1[1:0]和 BLB0[1:0]的锁定模式见 6.2.1 小节的表 6.6 和表 6.7。

表 6.11 锁定标志位字节

位名称	位	用途	缺省值(出厂值)
	7		1(未编程)
	6		1(未编程)
BLB12	5	引导锁定位	1(未编程)
BLB11	4	引导锁定位	1(未编程)
BLB02	3	引导锁定位	1(未编程)
BLB01	2	引导锁定位	1(未编程)
LB2	1	加密锁定位	1(未编程)
LB1	0	加密锁定位	1(未编程)

2. 熔丝位

ATmega16 有 2 字节的熔丝位:熔丝位高字节(FHB)和熔丝位低字节(FLB)。表 6.13 和表 6.14 给出了它们的名称、作用和出厂设定值。熔丝位未编程的状态为 1,被编程后的状态为 0。

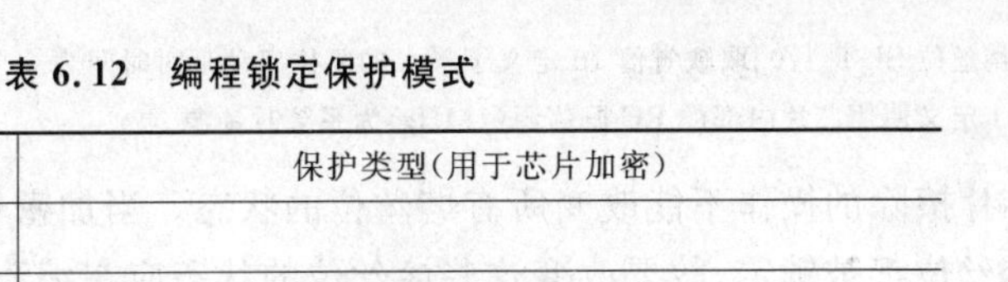

表 6.12 编程锁定保护模式

加密锁定位			保护类型(用于芯片加密)
锁定方式	LB2	LB1	
1	1	1	无任何编程加密锁定保护
2	1	0	禁止串/并行方式对 Flash 和 E^2PROM 的再编程 禁止串/并行方式对熔丝位的编程
3	0	0	禁止串/并行方式对 Flash 和 E^2PROM 的再编程和校验 禁止串/并行方式对熔丝位的编程

在表 6.13 以及表 6.14 中,熔丝位 SPIEN 不能通过串行方式编程。因为对熔丝位 OCDEN 编程会使系统时钟的某些部分在睡眠状态中运行,从而增加功耗,所以无论锁定位和熔丝位 JTAGEN 的设置如何,在正式使用中都不要对 OCDEN 编程。熔丝位 CKOPT 的作用与 CKSEL 有关(详见"第 1.4 节系统时钟和时钟选择")。熔丝 BOOTSZ[1:0]的默认值定义的引导加载区为最大值 1 024 字(见 6.2.1 小节表 6.3)。

表 6.13 熔丝高位字节 FHB

熔丝位名称	位	用途	缺省(出厂)值
OCDEN/S8535C	7	使能 OCD(JTAG 在线调试功能)	1(OCD 无效)
JTAGEN/WDTON	6	使能 JTAG	0(允许 JTAG)
SPIEN	5	允许串行编程和数据下载	0(允许 SPI 编程)
CKOPT	4	晶振选择	1
EESAVE	3	芯片擦除时保护 E^2PROM	1(E^2PROM 无保护)
BOOTSZ1	2	设置引导加载区大小	0(已编程)
BOOTSZ0	1	设置引导加载区大小	0(已编程)
BOOTRST	0	设置复位向量	1(未编程,复位向量为 $0000)

注:熔丝位名称栏中的"S8535C"是使能 MEGA8535 选取 AT90S8535 兼容模式;WDTON 表示使能看门狗。因 mega8535 没有 JTAG 调试功能,故与该功能有关的两个熔丝位分别改为 S8535C 和 WDTON。Mega8535 与 mega16 电气上的不兼容主要表现在这两个熔丝位上。

表 6.14 熔丝低位字节 FLB

熔丝位名称	位	用途	缺省值(出厂值)
BODLEVEL	7	BOD 检测触发电平	1(未编程,取为 2.7V)
BODEN	6	BOD 允许	1(未编程,禁止 BOD)
SUT1	5	设置复位启动延时时间	1(6ck+65ms)
SUT0	4	设置复位启动延时时间	0(6ck+65ms)SUT[1:0]=10,取最大启动延时
CKSEL3	3	选择时钟源	0(内部 RC,1MHz)
CKSEL2	2	选择时钟源	0(内部 RC,1MHz)
CKSEL1	1	选择时钟源	0(内部 RC,1MHz)
CKSEL0	0	选择时钟源	1(内部 RC,1MHz)

注：熔丝位 SUT[1:0]取缺省值 10 定义了最大的复位启动延时时间为 6 个时钟周期＋65ms；熔丝位 CKSEL[3:0]取缺省值 0001 定义使用芯片内部的 RC 振荡源(1MHz)为系统时钟源。

芯片擦除的操作不能改变所有熔丝位的状态。当加密锁定熔丝位 LB1 被编程后，其他所有的熔丝位都被锁定，故要改变这些熔丝位的状态应在编程 LB1 之前完成。

3. 芯片标识位

ATMEL 公司所有的微控制器都有 3 字节的芯片标识位，用以指示该器件的型号。无论芯片是否被加密锁定，芯片标识位总是可以串行模式或并行模式读出的。3 个字节驻留在各自存储器空间中。ATmega16 单片机的芯片标识字节其空间分布是：

(1) $000：$1E—指示制造商 ATMEL；

(2) $001：$94 —指示 16KB 程序存储器 Flash；

(3) $002：$03 —指示器件型号 ATmega16(当上一个标识字节为 $94 时)。

4. 内部 RC 振荡器频率校正字节

ATmega16 有 1 个用于对内部 RC 振荡器频率进行校正的校正字节，它驻留在只读存储器空间中，其地址为芯片标识空间 $000 存储单元的高位字节。芯片复位启动时，由硬件自动将 1MHz 频率的校正参数装入寄存器 OSCCAL 中。以保证经过标定的 RC 振荡器频率之精度。

6.3.2 并行编程模式

本节介绍如何采用并行方式，编程和检验 ATmega16 单片机的 Flash 程序存储器、E^2PROM 数据存储器及程序存储器的锁定位和熔丝位。如不另作说明，编程时钟宽度最小为 250 ns。以 B 口作为数据口。并行编程 ATmega16 的电路连接如图 6.6 所示。

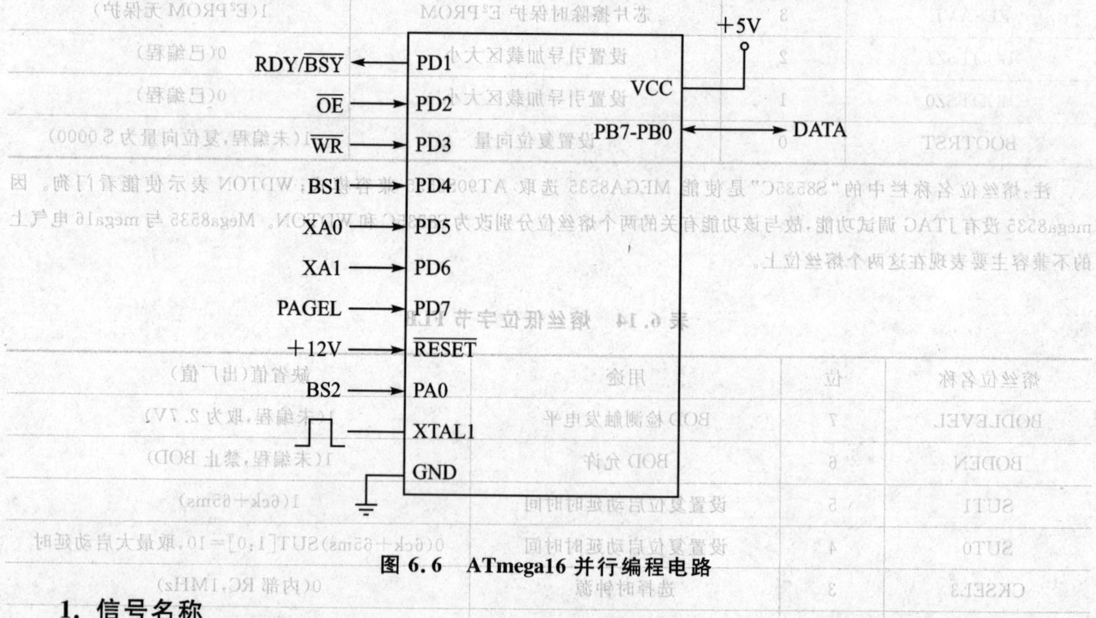

图 6.6　ATmega16 并行编程电路

1. 信号名称

在图 6.6 中，使用了一些描述并行编程的信号名称代替 ATmega16 对应的引脚名，在表 6.15 中没有说明的引脚仍用芯片原引脚名来表示。

表 6.15 并行编程方式的引脚对应表

编程信号	引脚名	I/O	功能说明
RDY/BSY	PD1	O	0:器件正在编程之中;1:器件就绪等待命令
OE	PD2	I	数据输出允许(低有效)
WR	PD3	I	写脉冲(低有效)
BS1	PD4	I	字节选择 1(0:选低字节,1:选高字节)
XA0	PD5	I	XTAL 编程操作位 0
XA1	PD6	I	XTAL 编程操作位 1
PAGEL	PD7	I	Flash 或 E^2PROM 页装入
BS2	PD0	I	字节选择 2(0:选低字节,1:选高字节)
DATA	PB[7:0]	I/O	双向数据口(/OE=0 时为输出)

信号 XA1/XA0 位决定了当 XTAL1 引脚给出一个正脉冲时编程的动作,这两位的作用见表 6.16。当/WR 或/OE 脉冲生效时,由已加载的编程命令执行动作。不同的命令字如表 6.17 所列。

表 6.16 XA1 和 XA0 的动作

XA1	XA0	XTAL1 为时钟高电平时的动作
0	0	装入 Flash 或 E^2PROM 地址,由 BS1 选择作为地址的高/低字节
0	1	装入数据,由 BS1 选择作为 Flash 地址的高/低字节
1	0	装入命令
1	1	无动作,闲置

表 6.17 命令字列表

命令字节	命令功能定义	命令字节	命令功能定义
$80	芯片擦除	$08	读芯片标识位字节和校正熔丝位字节
$40	写熔丝位	$04	读熔丝和锁定位
$20	写锁定位	$02	读 Flash
$10	写 Flash	$03	读 E^2PROM
$11	写 E^2PROM		

表 6.18 给出了 ATmega16 的 Flash 存储器和 E^2PROM 存储器的页分配参数。

表 6.18 ATmega16 的 Flash(第 2 行为 8535)和 E^2PROM 存储器的页分配

Flash 大小	页规模	PCWORD	总页数	PCPAGE	PCMSB(高位)
8K 字(16KB)	64 字	PC[5:0]	128	PC[12:6]	12
	32 字	PC[4:0]	128	PC[11:5]	11
E^2PROM 大小	页大小	PCWORD	总页数	PCPAGE	EEAMSB
512B	4 字节	EEA[1:0]	128	EEA[8:2]	8

2. 进入并行编程模式

按下面步骤可使芯片进入并行编程模式:

(1) 在 V_{CC}和 GND 之间施加 4.5~5.5 V 电压,并等待至少 100 μs 时间;

(2) 把/RESET 引脚设置为 0,并至少经过 6 次 XTAL1 时钟脉冲序列触发;

(3) 将 PAGEL、XA1、XA2、BS1 全部设置为 0,并等待至少 100 ns 时间;

(4) 在/RESET 引脚施加 11.5~12.5 V 电压,并等待至少 100 ns 时间。在此期间,不得改变 PAGEL、XA1、XA2 和 BS1 信号;否则芯片将不能进入并行编程模式。

如果系统振荡源设定使用外部 RC 振荡器或外接晶振,XTAL1 引脚上不能提供合适的编程时钟信号时,就不能按上面的方式进入并行编程模式。在此情况下,先进行以下预处理,再按上面方式进入并行编程模式:

(1) 将 PAGEL、XA1、XA2、BS1 全部设置为 0;

(2) 在 V_{CC}和 GND 之间施加上 4.5~5.5 V 电压的同时,在 RESET 引脚施加 11.5~12.5 V 电压;

(3) 等待 100 ns;

(4) 执行芯片擦除操作,擦除加密锁定位;

(5) 重新编程相关的熔丝位,选定系统振荡源为外部时钟驱动(CKSEL[3:0]=0000);

(6) 撤消系统电源,或将/RESET 引脚拉为低电平,退出编程模式;

(7) 按前面的方式进入并行编程模式。

由于装载的命令字和地址字在编程期间不会改变,因此注意以下几点可以提高编程的效率。

● 在对存储器单元进行连续多次读写访问时(寻址地址可以不同),命令字装载一次便已足够;

● 芯片擦除后,如果写入 Flash 或 E^2PROM 的数据为 $FF 时,可以跳过;

● 在连续读取或写入 Flash 时,只有当寻址为一个新的 256 字窗口时(E^2PROM 为新的 256 字节窗口),才需要重新装载一次地址的高位字节。

3. 芯片擦除

芯片擦除功能是擦除 Flash 和 E^2PROM 存储器的内容以及将芯片的加密锁定位 LB2 和 LB1 置位(解除对存储器的加密锁定保护)。擦除操作先将存储器内容全部擦除,然后再擦除(置位)加密锁定位(恢复未编程态)。但芯片擦除功能并不对其他熔丝位进行任何操作,熔丝位的状态并不改变。如果熔丝位 EESAVE 为 0,则芯片擦除操作不能将 E^2PROM 存储器的内容擦除掉。

在编程 Flash 和 E^2PROM 存储器之前必须执行一次芯片擦除操作。

下载"芯片擦除"命令的步骤如下:

(1) 设置 XA1、XA0 状态为"10",允许装入命令;

(2) 设置 BS1 为"0";

(3) 设置 DATA=$80,此即为芯片擦除命令;

(4) 给 XTAL1 输入一个正脉冲,将命令装入芯片;

(5) 给/WR 输入一个负脉冲,开始执行擦除芯片命令,此时 RDY//BSY 输出低电平;

(6) 等待 RDY//BSY 变高,然后装入下一个命令。

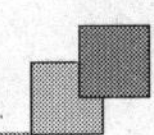

4. 编程 Flash

Flash 存储器是按页组织的，编程过程中，首先把要写入 Flash 的数据锁存到临时缓冲页中，然后再将缓冲页中的数据整块写入 Flash。以下的程序描述如何对整块 FLASH 存储器进行编程。

(1) A 加载“编程 Flash”命令

① 设置 XA1、XA0 为“10”，允许装入命令；

② 设置 BS1 为“0”；

③ 设置 DATA＝$10，为“编程 Flash”命令；

④ 给 XTAL1 输入正脉冲将命令字载入芯片。

(2) B 装入地址低位字节

① 设置 XA1、XA0 为“00”，允许装入地址；

② 设置 BS1 为“0”，选择低位地址；

③ 设置 DATA＝地址低位字节($00～$FF)；

④ 给 XTAL1 输入正脉冲将地址低位字节装入芯片。

(3) C:装入数据低位字节

① 设置 XA1、XA0 为“01”，允许装入数据；

② 设置 DATA＝数据低位字节($00～$FF)；

③ 给 XTAL1 输入正脉冲将数据低位字节装入芯片。

(4) D:装入数据高位字节

① 设置 BS1 为“1”，选择数据高位字节；

② 设置 XA1、XA0 为“01”，允许装入数据；

③ 设置 DATA＝数据高位字节($00～$FF)；

④ 对 XTAL1 输入正脉冲将数据高位字节装入芯片。

(5) E:锁存数据

① 设置 BS1 为“1”，选择数据高位字节；

② 给 PAGEL 输入的正脉冲将装入的高位和低位数据锁存到临时缓冲页中。

(6) F:重复步骤(2)～(5)直到缓冲页中填满数据，或填充完最后一个数据。在数据装入过程中，对于 ATmega16 高位地址字节和低位地址字节的最高 2 位构成编程页的寻址地址，而低位地址字节的低 6 位作为编程页中的字寻址地址(64 个字地址)。

(7) G:装入地址高位字节

① 设置 XA1、XA0 为“00”，允许装入地址；

② 设置 BS1 为“1”，选择高位地址；

③ 设置 DATA＝地址高位字节($00～$FF)；

④ 给 XTAL1 输入正脉冲将地址高位字节装入芯片，地址高位字节同低位地址的最高 2 位组成页地址。

(8) H:编程 Flash 页

① 设置 BS1 为 0；

② 给/WR 输入一个负脉冲，开始执行整页编程操作，此时 RDY//BSY 输出低电平；

③ 等待 RDY//BSY 变高，然后装入下一个命令。

(9) I:编程整片 Flash

重复步骤(2)～(8),直到整个 Flash 空间(或只对若干页)编程完毕。

(10) J:结束页编程

① 设置 XA1、XA0 为“10”,允许装入命令;

② 设置 DATA=＄00,无操作命令;

③ 给 XTAL1 输入正脉冲将命令装入芯片,内部写信号复位,至此整个编程工作结束。

5. 对 E^2PROM 编程

E^2PROM 存储器也是按页组织的。编程过程中,首先把要写入 E^2PROM 的数据锁存到临时缓冲页中,然后再将缓冲页中的数据整块写入 E^2PROM。因此,编程 E^2PROM 存储器也可以页为单位逐页进行。参考 Flash 编程部分命令以及地址和数据的装载方法,编程 E^2PROM 的操作步骤如下:

① A:装入写 E^2PROM 命令＄11。

② G:装入 E^2PROM 地址高位字节(＄00～＄FF)。

③ B:装入 E^2PROM 地址低位字节(＄00～＄FF)。

④ C:装入数据(＄00～＄FF)。

⑤ E:锁存数据到缓冲页(给 PAGEL 输入一个正脉冲)。

⑥ K:重复步骤③～⑤,直到缓冲页中填满数据为止(4 字节/页)。

⑦ L:编程 E^2PROM 页:

—设置 BS1 为“0”;

—给 WR 输入一个负脉冲,启动执行 E^2PROM 页编程操作,此时 RDY//BSY 输出低电平;

—等待 RDY//BSY 变高,然后装入下一个命令。

⑧ M:重复步骤②～⑦,直到所有要编程的页编程完毕为止。

6. 读 Flash 存储器

参考部分 Flash 编程命令、地址和数据的装载方法,读 Flash 存储器可按如下步骤进行:

① A:装入读 Flash 命令＄02;

② G:装入 Flash 地址高位(＄00～＄FF);

③ B:装入 Flash 地址低位(＄00～＄FF);

④ 设置/OE 和 BS1 为“00”,从 DATA 口读取 Flash 数据低字节;

⑤ 设置 BS1 为“1”,从 DATA 口读取 Flash 数据高字节;

⑥ 设置/OE 为“1”。

7. 读 E^2PROM 存储器

参考 Flash 编程部分的命令、地址和数据的装载方法,读 E^2PROM 存储器可按如下过程进行:

① A:装入读 E^2PROM 命令＄03;

② G:装入 E^2PROM 地址高位字节(＄00～＄FF);

③ B:装入 E^2PROM 地址低位字节(＄00～＄FF);

④ 设置/OE 和 BS1 为“00”,从 DATA 口读取 E^2PROM 数据;

⑤ 设置/OE 为“1”。

8. 编程熔丝位低字节 FLB

参考 Flash 编程部分的命令、地址和数据的装载方法,编程熔丝位低字节 FLB 可按如下过程进行:

① A:装入写熔丝位命令 $ 40;

② C:装入一个 FLB 字节数据(1 表示擦除熔丝,0 表示编程熔丝);

③ 设置 BS1 和 BS2 为"00"(表示选择写入熔丝低位字节);

④ 给/WR 输入一个负脉冲,开始执行写熔丝位操作,此时 RDY//BSY 输出低电平;

⑤ 等待 RDY/BSY 变高,再进行装入下一个命令的操作。

9. 编程熔丝位高字节 FHB

参考 Flash 编程部分的命令、地址和数据的装载方法,编程熔丝位高字节 FHB 可按如下步骤进行:

① A:装入写熔丝位命令 $ 40;

② C:装入一个 FHB 字节数据(1 表示擦除熔丝,0 表示编程熔丝);

③ 设置 BS1 和 BS2 为 10(表示选择写入熔丝高位字节);

④ 给/WR 输入一个负脉冲,开始执行写熔丝位操作,此时 RDY//BSY 输出低电平;

⑤ 等待 RDY//BSY 变高;再进行装入下一个命令的操作。

10. 编程加密锁定位

参考 Flash 编程部分的命令、地址和数据的装载方法,编程加密锁定位可按如下步骤进行:

① A:装入写锁定位命令 $ 20;

② C:装入一个 1 字节数据(0 表示编程加密锁定位);

③ 给/WR 输入一个负脉冲,开始执行写加密锁定位操作,此时 RDY//BSY 输出低电平;

④ 等待 RDY//BSY 变高;

注意:只有使用芯片擦除命令擦除芯片,加密锁定位才能随之擦除。

11. 读取熔丝位和加密锁定位

参考 Flash 编程部分的命令、地址和数据的装载方法,读取熔丝位和加密锁定位可按如下过程进行:

① A:装入读熔丝位和锁定位命令 $ 04;

② 设置/OE、BS2、BS1 为"000",从 DATA 口读取熔丝位的低位字节状态(0 表示已编程状态);

③ 设置/OE、BS2、BS1 为"011",从 DATA 口读取熔丝位的高位字节状态(0 表示已编程状态);

④ 设置/OE、BS2、BS1 为"001",从 DATA 口读取锁定位字节状态(0 表示已编程状态);

⑤ 设置/OE 为 1。

12. 读取芯片标识位

参考 Flash 编程部分的命令、地址和数据的装载方法,读取芯片标识位可按如下步骤进行:

① A:装入读芯片标识位命令 $ 08;

② B:装入地址的低位字节($ 00～ $ 02);

③ 设置/OE 和 BS1 为 00,从 DATA 口读取指定的芯片标识位字节数据;

④ 设置/OE 为 1。

13. 读校正位(用于校正片内 RC 振荡器频率)

参照 Flash 编程部分的命令、地址和数据的装载方法,读校正位依如下过程进行:

① A:装入读校正位命令 $08;

② B:装入地址的低位字节($00);

③ 设置/OE 和 BS1 为"01",从 DATA 口读取校正位字节数据;

④ 设置/OE 为"1"。

6.3.3 SPI 串行编程模式

在引脚/RESET 接地时,Flash 程序存储器、E^2PROM 数据存储器、熔丝位和加密锁定位都可以通过串行 SPI 总线来编程。该串行接口包括引脚 SCK(串行时钟)、MOSI(输入)、MISO(输出)。当/RESET 引脚为低电平后,应先执行串行编程允许指令,再执行编程/擦除操作。需要注意的是,串行编程中 MOSI、MISO 和 SCK 分别表示串行数据输入、串行数据输出和串行时钟输出,这两个引脚在 ATmega16 中对应的芯片引脚为 PB5、PB6 和 PB7。图 6.7 为串行编程接线图。

如果已经设置使用芯片内部 RC 振荡器,XTAL1 可以不用。

当仅需要编程 E^2PROM 时,由于内部自定时的编程操作中已经包含了串行编程模式下对 E^2PROM 的自动擦除周期,因此无须预先执行芯片擦除指令。芯片擦除指令把程序和数据存储器的每一单元都变成为 $FF。

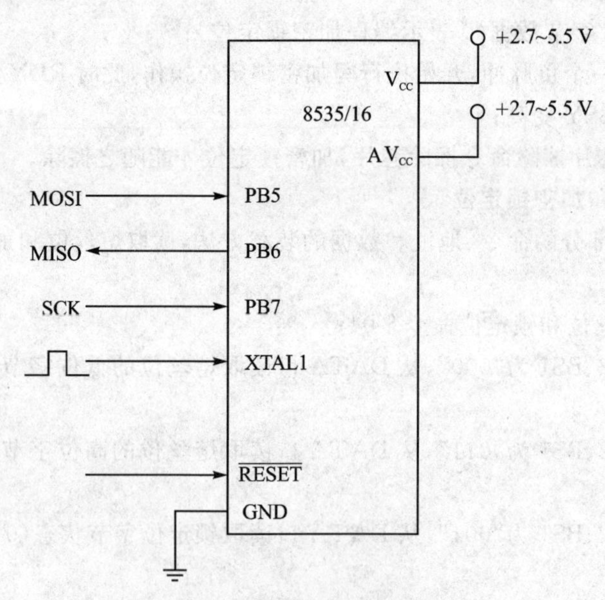

图 6.7 串行编程接线图

必须对熔丝位进行设置为系统提供有效时钟源,串行编程时钟 SCK 必须同系统时钟相匹配。SCK 的低电平和高电平的最小时间定义如下:

Low　　大于2 个 MCU 时钟周期(f_{ck}<12 MHz);

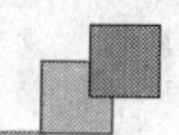

大于 3 个 MCU 时钟周期($f_{ck}\geqslant$12 MHz)。

High 大于2 个 MCU 时钟周期($f_{ck}<$12 MHz);

大于 3 个 MCU 时钟周期($f_{ck}\geqslant$12 MHz)。

1. 串行编程时序与命令(见表 6.19)

表 6.19 串行编程命令表

命令	命令字格式				操作
	Byte1	Byte2	Byte3	Byte4	
编程允许	1010 1100	0101 0011	xxxx xxxx	xxxx xxxx	复位拉低后,允许串行编程
芯片擦除	1010 1100	100x xxxx	xxxx xxxx	xxxx xxxx	芯片擦除
读 Flash	0010 H000	00aa aaaa	bbbb bbbb	oooo oooo	从 Flash 的字地址 a:b 处读 H(高/低)位字节数据 oooo oooo
写缓冲页	0100 H000	00xx xxxx	Xxbb bbbb	iiii iiii	写 H(高/低)位字节数据 iiii iiii 到缓冲页字地址 b 处,对同一字地址处应先写低位字节再写高位字节
写 Flash 页	0100 1100	00aa xxaa	bbxx xxxx	xxxx xxxx	将缓冲页数据写入 Flash 的 a:b 页中
读 E^2PROM	1010 0000	00xx xxaa	bbbb bbbb	oooo oooo	从 E^2PROM 的字节地址 a:b 处读数据 oooo oooo
写 E^2PROM	1100 0000	00xx xxaa	bbbb bbbb	Iiii iiii	写数据 iiii iiii 到 E2PROM 字节地址 a:b 处
读锁定位	0101 1000	0000 0000	xxxx xxxx	Xxoo oooo	读锁定位字节 xxoo oooo
写锁定位	1010 1100	111x xxxx	xxxx xxxx	11ii iiii	设置锁定位字节为 11ii iiii
读芯片标识	0011 0000	00xx xxxx	xxxx xxbb	oooo oooo	读地址为 bb 的芯片标识字节数据 oooo oooo
写 FLB 字节	1010 1100	1010 0000	xxxx xxxx	iiii iiii	设置 FLB 熔丝位字节状态为 iiii iiii
写 FHB 字节	1010 1100	1010 1000	xxxx xxxx	iiii iiii	设置 FHB 熔丝位字节状态为 iiii iiii
读 FLB 字节	0101 0000	0000 0000	xxxx xxxx	oooo oooo	读 FLB 熔丝位字节状态数据 oooo oooo
读 FHB 字节	0101 1000	0000 1000	xxxx xxxx	oooo oooo	读 FHB 熔丝位字节状态数据 oooo oooo
读校正字节	0011 1000	00xx xxxx	0000 0000	oooo oooo	读地址为 00 的校正字节数据 oooo oooo

注:a=高位地址,b=低位地址,H=0(低字节)/1(高字节),o 为数据输出,i 为数据输出,x 为任意。

在串行编程中,输入的串行数据由 SCK 的上升沿输入,输出的串行数据由 SCK 的下降沿输出。为实现串行编程模式下的编程和校核操作,推荐按如下顺序进行。

2. 串行编程的实现

(1) 上电过程:在 V_{cc}和 GND 之间施加电源的同时,将 RESET 和 SCK 设置为 0(如果不能保证 SCK 在上电期间一直保持为低电平,则在拉低 SCK 时,控制 RESET 引脚,输入一个至少为 2 个 MCU 时钟周期的正脉冲)。

(2) 等待至少 20 ms,由 MOSI 引脚送入允许串行编程指令,使芯片进入串行编程状态。

(3) 命令的输入必须与 SCK 时钟同步,否则命令是不能被执行的。如果时序正确,在输入允许串行编程的第 3 个字节时,芯片将回送出该命令的第 2 个字节($53)。当允许串行编程命令 4 个字节全部输入后,如果没有收到芯片回送的 $53,控制 RESET 输入一个正脉冲,然后再次输入允许串行编程命令。

(4) 必要时先输入芯片擦除命令。等待 9 ms 再进行下一个编程的过程,确保芯片擦除操作的完成。

(5) Flash 是按页编程的,即一次写操作将对一个页(ATmega16 一页为 64 个字)编程。写入的数据应先装入临时缓冲页,写入地址为页内字寻址地址,宽度为 6 位(64)。对相同的一个字地址,应先装入字的低位字节,再装入字的高位字节。缓冲页填充完成后,使用写 Flash 命令将缓冲页内容写入程序存储器中,该命令中的 6 位地址为页寻址地址。如果不采用轮询方式写存储器,则要等待 4.5 ms 再进行下一页的写操作过程,以保证当前页写操作正常完成。在当前页写操作期间,不能进行其他的写操作。

(6) E^2PROM 是按字节编程的,即一次写操作可以直接编程一字节,因此命令中要同时给出寻址地址和数据。在写 E^2PROM 的操作中,先自动对指定字节进行擦除,再写入数据。如果不采用轮询方式写存储器,则要等待 9 ms 再进行下一字节的写操作过程,以保证当前字节写操作正常完成。

(7) 任何存储器空间的存储单元内容都可以通过读命令读出并检验。读命令读出指定地址的数据从串行输出引脚 MISO 输出。

(8) 在编程结束后,/RESET 引脚应设置为高电平,使芯片开始正常执行写入的用户程序。

(9) 断电过程。如果芯片编程完毕需要取消电源时,应设置 RESET 为 1,然后断开 V_{cc}。

3. 使用轮询方式写 Flash

在一个写 Flash 页期间,可以读取该页中任何一个地址的内容。如该地址还未被编程,则读出值为 $FF;如已被编程,则读出的是写入数据。因此,可以使用查询、比较的方法,确定是否当前页已经编程完毕,可以开始新的页的编程操作。

注意:如果写入值为 $FF,因该值与擦除后的读出值相同,故不能用于轮询判断。此时必须等待 4.5 ms,再开始写新的页。

4. 使用轮询方式写 E^2PROM

在写一字节到 E^2PROM 期间,可以读取该字节的内容。如该地址还未被编程,则读出值为 $FF;如已被编程,则读出的是写入数据。因此,可以使用查询、比较的方法,确定是否当前字节已经编程完毕,可以开始下一字节的编程操作。

注意:如果写入的值为 $FF 时,因该值与檫除后的读出值相同,故不能用于轮询判断。此时必须等待 9 ms,再开始写下一个字节。

6.3.4 JTAG 串行编程模式

通过 JTAG 接口编程使用的引脚只有 4 个:TCK、TMS、TDI 和 TDO(PC[5:2]的替换功能)。/RESET 和时钟引脚无须考虑。如要使用 JTAG 口编程下载,首先必须编程熔丝位 JTAGEN,使能 JTAG 接口。芯片出厂时已编程 JTAGEN(即使能了 JTAG 接口),因此要使用 JTAG 接口编程只需将 MCUCSR 中的 JTD 位清零。如果芯片在运行中,且 JTD 置位,则

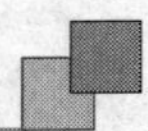

JTAG 口只作为普通 I/O 口使用；在当需要使用 JTAG 接口编程时，可将外部 RESET 复位信号拉低 2 个时钟周期，以此把 JTD 清零，AVR 便进入 JTAG 编程方式。但该方法不能用于使 JTAG 接口进入边界扫描或在线调试模式。

1. JTAG 编程指令

有关 JTAG 接口的结构与控制方式在前面已经介绍，请参考 6.2 节。JTAG 指令寄存器宽度为 4 位，可支持 16 条指令(参见表 6.1)，其中关于编程指令如下：

(1) AVR_RESET($C)

AVR_RESET 是 AVR 专用的开放 JTAG 指令，其作用是迫使 AVR MCU 进入复位状态或释放 JTAG 的复位资源。这条指令不会复位 TAP 控制器。扫描链路中的数据寄存器为 1 位的复位寄存器。只要复位链路为逻辑“1”，芯片就处于复位状态，复位寄存器不具备锁存输出功能。

该指令只激活 JTAG 状态机中一个状态：

Shift－DR：在 TCK 的驱动下，数据在复位寄存器中移动。

(2) PROG_ENABLE($4)

这是 AVR 专用的 JTAG 编程使能命令。它选择和激活一个 16 位的编程使能寄存器作为扫描链路中的移位数据寄存器。

该指令激活 JTAG 状态机中下列状态：

- Shift－DR 在 TCK 的驱动下，编程使能命令移入 16 位的编程使能寄存器；
- Update－DR编程使能命令经核对确认后，进入 JTAG 编程状态。

(3) PROG_COMMANDS($5)

AVR 专用的输入编程命令的 JTAG 编程指令。它选择和激活一个 15 位的编程指令寄存器作为扫描链路中的移位数据寄存器。

该指令激活 JTAG 状态机中以下状态：

- Captur－DR 前一个移入的编程命令装入扫描链路中的数据寄存器；
- Shift－DR 数据移位寄存器在 TCK 的驱动下，移出上一个输入命令，同时移入新的编程命令；
- Update－DR 编程命令加载到 Flash 输入接口；
- Run－Test/Idle 产生 1 个周期 TCK 脉冲来执行加载的命令(不总是必需的)。

(4) PROG_PAGELOAD($6)

通过 JTAG 接口装载数据到虚拟 Flash 缓冲页命令。该命令选择和激活一个 1 024 位的虚拟 Flash 缓冲页寄存器作为扫描链路中的移位数据寄存器。该虚拟 Flash 页的宽度与 Flash 页大小(1 024 位)相同。与其他的 JTAG 指令不同的是，数据移入不经过 Update－DR 状态，而是在 Shift－DR 状态通过内部状态机直接送入 Flash 缓冲页。

注意：只有当 AVR MCU 是 JTAG 扫描链路中的第一个器件时才可使用此命令，否则必须用按字编程方式(见下面 JTAG 编程步骤)。

该指令激活 JTAG 状态机中以下状态：

Shift－DR：在 TCK 的驱动下，由 TDI 移入一个 Flash 页的数据，并直接进入 Flash 缓冲页。

(5) PROG_PAGEREAD($7)

通过 JTAG 读一个 Flash 页数据的命令。该命令选择和激活一个 1032 位的虚拟 Flash 缓冲页读寄存器作为扫描链路中的移位数据寄存器。与其他的 JTAG 指令不同的是,数据移出不经过 Capture_DR 状态,而是在 Shift_DR 状态通过内部状态机直接读取 Flash 缓冲页中的数据。

注意:只有当 AVR MCU 是 JTAG 扫描链路中的第一个器件时才可使用此命令,否则必须用按字读取方式(见下面 JTAG 编程步骤)。

该指令激活 JTAG 状态机中以下状态:

Shift－DR:在 TCK 的驱动下,由 TDO 移出一个 Flash 页的数据,忽略 TDI 的输入数据。

2. 数据寄存器

与 JTAG 编程指令配合的数据寄存器如下,每种 JTAG 编程指令会选择和激活其中的一个,作为扫描链路中的移位数据寄存器。

(1) 复位寄存器

复位寄存器是一个用于测试的数据寄存器－该寄存器在测量过程中可(对)芯片局部复位。在 JTAG 编程时,先激活复位寄存器复位芯片,然后才能进入编程模式。只要复位寄存器的值为高就会相应地拉低外部复位信号,使 MCU 处在复位状态。清空复位寄存器后,芯片会在复位状态保持一定的时间(该保持时间取决于对系统时钟的熔丝位的设置),以保证系统在时钟稳定后开始工作。复位寄存器无输出锁存器,所以将寄存器置 1 后会立刻产生复位信号。

(2) 编程使能寄存器

编程使能寄存器是一个 16 位的寄存器,其作用是将寄存器中数据与编程使能标志数据 $A370 作比较。当编程使能寄存器中的数据与编程使能标志字相同时,使能 JTAG 的编程模式。在上电复位时将自动清除此寄存器中的数据。建议在退出编程模式后将其清零。

(3) 编程指令寄存器

编程指令寄存器(见图 6.8)是一个 15 位的寄存器。JTAG 编程指令由 TDI 串入该寄存器,并同时将前次移入的指令由 TDO 移出。

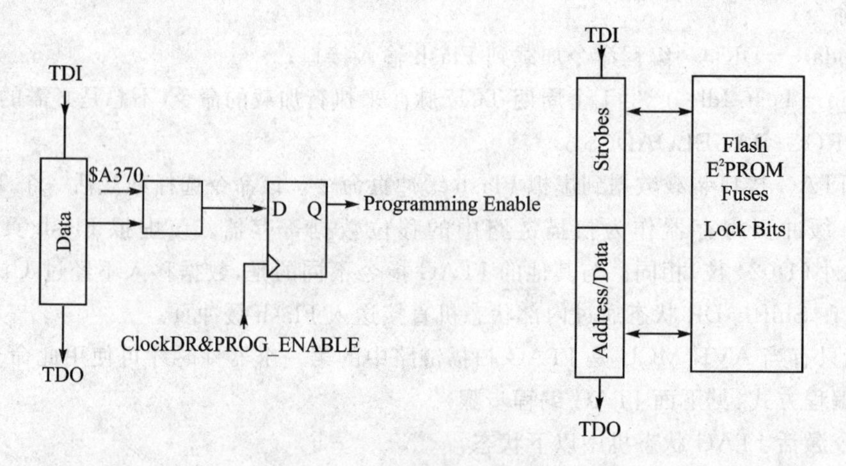

图 6.8　编程指令寄存器

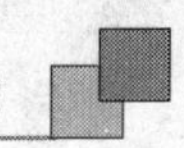

(4) 虚拟 Flash 装载寄存器

该寄存器是一个宽度与 Flash 页大小相同(1 024 位)的虚拟扫描链,其内部为 8 位的移位寄存器。整个页的数据从低位(LSB)到高位(MSB)由 TDI 移入其内部的 8 位移位寄存器,并以字节方式逐一自动装入 Flash 缓冲页中(见图 6.9)。以这种方式装载 Flash 缓冲页更为有效。

(5) 虚拟 Flash 读取寄存器

该寄存器是一个宽度比一个 Flash 页(1 024 位)大 8 位的虚拟扫描链,其内部为 8 位的移位寄存器。Flash 缓冲页中的数据以字节为单位逐一进入 8 位的移位寄存器,并从低位(LSB)到高位(MSB)的顺序由 TDO 移出。在读取开始的前 8 个 TCK 时钟周期内,Flash 缓冲页中的第一个数据输入 8 位寄存器,(此时由 TOD 移出的 8 位数据可弃置),从第 9 个 TCK 开始,由 TDO 移出 Flash 缓冲页中的数据(见图 6.10)。

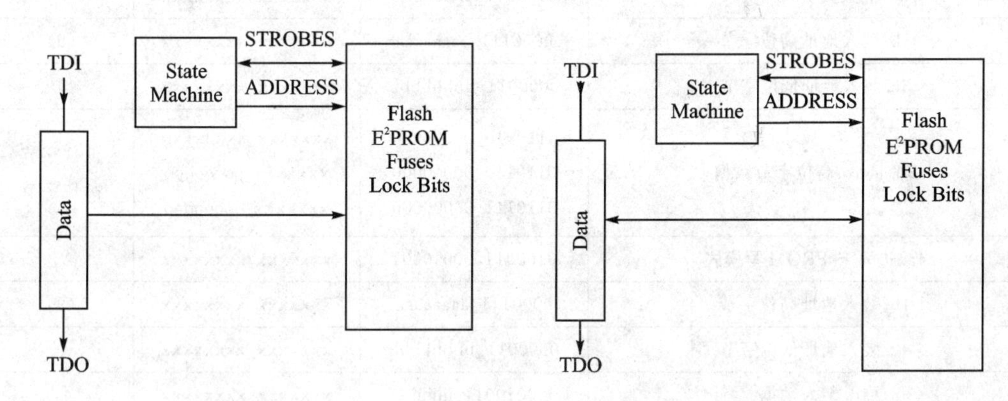

图 6.9　虚拟 Flash 装载寄存器　　　**图 6.10　虚拟 Flash 读取寄存器**

3. JTAG 编程指令

JTAG 编程指令见表 6.20。

表 6.20　JTAG 编程指令

指　令	TDI 序列	TDO 序列	注　释
1a. 芯片擦除	0100011_10000000	xxxxxxx_xxxxxxxx	
	0110001_10000000	xxxxxxx_xxxxxxxx	
	0110011_10000000	xxxxxxx_xxxxxxxx	
	0110011_10000000	xxxxxxx_xxxxxxxx	
1b. 轮询检查芯片擦除是否完成	0110011_10000000	xxxxxox_xxxxxxxx	(2)
2a. 进入写 Flash 状态	0100011_00010000	xxxxxxx_xxxxxxxx	
2b. 装入地址高字节	0000111_aaaaaaaa	xxxxxxx_xxxxxxxx	(9)
2c. 装入地址低字节	0000011_bbbbbbbb	xxxxxxx_xxxxxxxx	
2d. 装入数据低字节	0010011_iiiiiiii	xxxxxxx_xxxxxxxx	
2e. 装入数据高字节	0010111_iiiiiiii	xxxxxxx_xxxxxxxx	

续表 6.20

指　令	TDI 序列	TDO 序列	注　释
2f. 锁存数据	0110111_00000000 1110111_00000000 0110111_00000000	xxxxxxx_xxxxxxxx xxxxxxx_xxxxxxxx xxxxxxx_xxxxxxxx	(1)
2g. 写 Flash 页	0110111_00000000 0110101_00000000 0110111_00000000 0110111_00000000	xxxxxxx_xxxxxxxx xxxxxxx_xxxxxxxx xxxxxxx_xxxxxxxx xxxxxxx_xxxxxxxx	(1)
2h. 轮询检查页写入是否完成	0110111_00000000	xxxxxox_xxxxxxxx	(2)
3a. 进入读 Flash 状态	0100011_00000010	xxxxxxx_xxxxxxxx	
3b. 装入地址高位字节	0000111_aaaaaaaa	xxxxxxx_xxxxxxxx	(9)
3c. 装入地址低位字节	0000011_bbbbbbbb	xxxxxxx_xxxxxxxx	
3d. 读低、高位字节数据	0110010_00000000 0110110_00000000 0110111_00000000	xxxxxxx_xxxxxxxx xxxxxxx_oooooooo xxxxxxx_oooooooo	低位字节 高位字节
4a. 进入 E^2PROM 写模式	0100011_00010001	xxxxxxx_xxxxxxxx	
4b. 装入地址高位字节	0000111_aaaaaaaa	xxxxxxx_xxxxxxxx	(9)
4c. 装入地址低位字节	0000011_bbbbbbbb	xxxxxxx_xxxxxxxx	
4d. 装入数据	0010011_iiiiiiii	xxxxxxx_xxxxxxxx	
4e. 锁存数据	0110111_00000000 1110111_00000000 0110111_00000000	xxxxxxx_xxxxxxxx xxxxxxx_xxxxxxxx xxxxxxx_xxxxxxxx	(1)
4f. 写 E^2PROM	0110011_00000000 0110001_00000000 0110011_00000000 0110011_00000000	xxxxxxx_xxxxxxxx xxxxxxx_xxxxxxxx xxxxxxx_xxxxxxxx xxxxxxx_xxxxxxxx	(1)
4g. 轮询检查 E^2PROM 写入是否完成	0110011_00000000	xxxxxox_xxxxxxxx	(2)
5a. 进入 E^2PROM 读模式	0100011_00000011	xxxxxxx_xxxxxxxx	
5b. 装入地址高位字节	0000111_aaaaaaaa	xxxxxxx_xxxxxxxx	
5c. 装入地址低位字节	0000011_bbbbbbbb	xxxxxxx_xxxxxxxx	(9)
5d. 读数据	0110011_bbbbbbbb 0110010_00000000 0110011_00000000	xxxxxxx_xxxxxxxx xxxxxxx_xxxxxxxx xxxxxxx_oooooooo	
6a. 进入写熔丝位模式	0100011_01000000	xxxxxxx_xxxxxxxx	
6b. 载入数据的低字节	0010011_iiiiiiii	xxxxxxx_xxxxxxxx	(3)

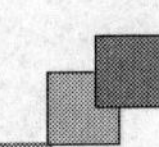

续表 6.20

指　令	TDI序列	TDO序列	注　释
6c.写熔丝位高位字节	0110111_00000000 0110101_00000000 0110111_00000000 0110111_00000000	xxxxxxx_xxxxxxxx xxxxxxx_xxxxxxxx xxxxxxx_xxxxxxxx xxxxxxx_xxxxxxxx	(1)
6d.轮询检查熔丝写入是否完成	0110111_00000000	xxxxxox_xxxxxxxx	(2)
6e.装入数据的低字节	0010011_iiiiiiii	xxxxxxx_xxxxxxxx	(3)
6f.写熔丝位低位字节	0110011_00000000 0110001_00000000 0110011_00000000 0110011_00000000	xxxxxxx_xxxxxxxx xxxxxxx_xxxxxxxx xxxxxxx_xxxxxxxx xxxxxxx_xxxxxxxx	(1)
6g.轮询检查熔丝写入是否完成	0110011_00000000	xxxxxox_xxxxxxxx	(2)
7a.进入写锁定位状态	0100011_00100000	xxxxxxx_xxxxxxxx	
7b.装入数据	0010011_11iiiiii	xxxxxxx_xxxxxxxx	(4)
7c.写锁定位	0110011_00000000 0110001_00000000 0110011_00000000 0110011_00000000	xxxxxxx_xxxxxxxx xxxxxxx_xxxxxxxx xxxxxxx_xxxxxxxx xxxxxxx_xxxxxxxx	(1)
7d.轮询检查锁定位写入是否完成	0110011_00000000	xxxxxox_xxxxxxxx	(2)
8a.进入读熔丝/锁定位状态	0100011_00000100	xxxxxxx_xxxxxxxx	
8b.读熔丝高位字节	0111110_00000000 0111111_00000000	xxxxxxx_xxxxxxxx xxxxxxx_oooooooo	
8c.读熔丝低位字节	0110010_00000000 0110011_00000000	xxxxxxx_xxxxxxxx xxxxxxx_oooooooo	
8d.读锁定位	0110110_00000000 0110111_00000000	xxxxxxx_xxxxxxxx xxxxxxx_xxoooooo	(5)
8e.读熔丝/锁定位	0111110_00000000 0110010_00000000 0110110_00000000 0110111_00000000	xxxxxxx_xxxxxxxx xxxxxxx_OOOOOOOO xxxxxxx_OOOOOOOO xxxxxxx_OOOOOOOO	(5) 熔丝高位字节 熔丝低位字节 锁定位
9a.进入读芯片标识位状态	0100011_00001000	xxxxxxx_xxxxxxxx	
9b.装入地址	0000011_bbbbbbbb	xxxxxxx_xxxxxxxx	
9c.读芯片标识位状态	0110010_00000000 0110011_00000000	xxxxxxx_xxxxxxxx xxxxxxx_oooooooo	
10a.进入读校正字节状态	0100010_00001000	xxxxxxx_xxxxxxxx	

续表 6.20

指令	TDI 序列	TDO 序列	注释
10b. 装入地址	0000011_bbbbbbbb	xxxxxxx_xxxxxxxx	
10c. 读校正字节	0110110_00000000 0110111_00000000	xxxxxxx_xxxxxxxx xxxxxxx_xxxxxxxx	
11a. 装入空操作指令	0100011_00000000 0110011_00000000	xxxxxxx_xxxxxxxx xxxxxxx_xxxxxxxx	

注:

1. 若上一条指令正确设置了 7 位 MSB,则无须重复设置。
2. 轮询直到 o=0 为止。
3. "0"对应于已编程的熔丝位,"1"对应于未编程的熔丝位。
4. "0"对应于已编程的锁定位,"1"对应于未编程的锁定位。
5. "0"表示已被编程,"1"表示未被编程。
6. 熔丝高位字节分配见表 6.12。
7. 熔丝低位字节分配见表 6.13。
8. 锁定位分配见表 6.10。
9. 忽略超出 PCMSB 和 E^2 AMSB 的地址位。
10. a 为高位地址,b 为低位地址,o 为数据输出,i 数据输入,x 为任意无关数据。

4. 编程步骤

下面介绍 JTAG 接口串行编程的步骤,描述中使用的 1a、2b、3c 等指令代号见表 6.19。

(1) 进入编程模式

① 输入 AVR_RESET 指令,将 1 移入复位寄存器;

② 输入 PROG_ENABLE 指令,将 1010_0011_0111_0000 序列移入编程使能寄存器(允许编程)。

(2) 退出编程模式

① 输入 JTAG PROG_COMMANDS 指令;

② 使用空操作 11a 指令停止所有编程指令;

③ 输入 PROG_ENAGLE,将 0000_0000_0000_0000 序列移入编程使能寄存器中(停止编程);

④ 输入 AVR_RESET 指令,将 0 移入复位寄存器。

如果没有使用 AVR_RESET 指令终止 PROG_ENABLE 指令,那么应执行下列程序:

① 输入 JTAG PROG_COMMANDS 指令;

② 使用空操作 11a 指令停止所有编程指令;

③ 输入 PROG_ENAGLE,将 0000_0000_0000_0000 序列移入编程使能寄存器中(停止编程);

④ 输入 PROG_ENAGLE,将 0000_0000_0000_0000 序列移入编程使能寄存器中(停止编程);

⑤ 等待所选的振荡器稳定工作后,再使用新指令。

(3) 擦除芯片

① 输入 PROG_COMMANDS 指令;

② 使用 1a 指令开始擦除芯片；

③ 使用 1b 指令轮询检查芯片擦除是否完成，或等待 9ms。

(4) 编程 Flash

按字加载数据方式过程如下：

① 编程 Flash 前必须擦除芯片；

② 输入 JTAG PROG_COMMANDS 指令；

③ 使用 2a 指令使能对 Flash 的编程；

④ 使用 2b 指令载入地址高字节；

⑤ 使用 2c 指令载入地址低字节；

⑥ 使用 2d、2e 和 2f 指令载入一个字数据；

⑦ 重复⑤和⑥两步，载入全部 Flash 页数据；

⑧ 使用 2g 指令写 Flash 页；

⑨ 使用 2h 指令轮询检查 Flash 写入是否完成，或等待 9ms；

⑩ 重复④～⑧步，直到编程完整个 Flash。

使加载数据更加有效的方式是使用 PROG_PAGELOAD 指令按页载入数据方式，其过程如下：

① 编程 Flash 前必须擦除芯片；

② 输入 JTAG PROG_COMMANDS 指令；

③ 使用 2a 指令使能对 Flash 的编程；

④ 使用 2b 和 2c 指令载入地址，注意此时页内指针 PCWORD 必须为零，即指向页的首地址；

⑤ 输入 PROG_PAGELOAD 指令；

⑥ 一次移入整个页数据，移入顺序为：由一页的第一字开始到页的最后一字，每个字的输入顺序为自低位到高位(LSB 到 MSB)；

⑦ 输入 JTAG PROG_COMMANDS 指令；

⑧ 使用 2g 指令写 Flash 页；

⑨ 使用 2h 指令轮询检查 Flash 写入是否完成，或等待 9ms；

⑩ 重复④～⑨步，直到编完整个 Flash。

(5) 读 Flash

① 输入 JTAG PROG_COMMANDS 指令；

② 使用 3a 指令使能对 Flash 的读取；

③ 使用 3b 和 3c 指令载入地址；

④ 使用 3d 指令读取一个字的数据；

⑤ 重复③～④步直到全部 Flash 读取完成。

使用 PROG_COMMANDS 指令可以更有效的传输数据：

① 输入 PROG_COMMANDS 指令；

② 使用 3a 指令使能对 Flash 的读取；

③ 使用 3b 和 3c 指令载入地址，注意此时页内指针 PCWORD 必须为零，即指向页的首地址；

④ 输入 PROG_PAGEREAD 指令;

⑤ 以页为单位读出每一页数据,读出顺序为:丢弃起始的 8 位数据;由一页的第一字开始到页的最后一字,读字顺序为自低位到高位(LSB 到 MSB);

⑥ 输入 PROG_COMMANDS 指令;

⑦ 重复③~⑥步直到全部 Flash 读取完成。

(6) 编程 E^2PROM

① 编程 E^2PROM 前必须先擦除芯片;

② 输入 JTAG PROG_COMMANDS 指令;

③ 使用 4a 指令使能对 E^2PROM 的编程;

④ 使用 4b 指令载入地址高字节;

⑤ 使用 4c 指令载入地址低字节;

⑥ 使用 4d 和 4e 指令下载一个字节数据;

⑦ 重复⑤~⑥步,下载数据满一个 E^2PROM 页;

⑧ 使用 4f 指令写数据;

⑨ 使用 4g 指令轮询检查 E^2PROM 写入是否完成,或等待 9ms;

⑩ 重复④~⑨步直到整个 E^2PROM 写入完成。

注意:不可用 PROG_PAGELOAD 指令对 E^2PROM 编程。

(7) 读 E^2PROM

① 输入 JTAG PROG_COMMANDS 指令;

② 使用 5a 指令使能对 E^2PROM 的读取;

③ 使用 5b 和 5c 指令载入地址;

④使用 5d 指令读取一个字节数据;

⑤ 重复③~④步直到整个 E^2PROM 数据读取完成。

注意:不可用 PROG_PAGEREAD 指令读取 E^2PROM。

(8) 写熔丝位

① 输入 JTAG PROG_COMMANDS 指令;

② 使用 6a 指令使能熔丝位编程;

③ 使用 6b 指令载入高位字节数据(0 表示编程,1 表示不编程);

④ 使用 6c 指令写熔丝高位字节;

⑤ 使用 6d 指令轮询检查熔丝位写入是否完成,或等待 9ms;

⑥ 使用 6e 指令载入低位字节数据(0 表示编程,1 表示不编程);

⑦ 使用 6f 指令写熔丝低位字节;

⑧ 使用 6g 指令轮询检查熔丝位写入是否完成,或等待 9ms。

(9) 写锁定位

① 输入 JTAG PROG_ COMMANDS 指令;

② 使用 7a 指令使能锁定位编程;

③ 使用 7b 指令下载数据(0 表示编程,1 表示不编程);

④ 使用 7c 指令写锁定位;

⑤ 使用 7d 指令轮询检查锁定位写入是否完成,或等待 9ms。

(10) 读熔丝和锁定位

① 输入 JTAG PROG_COMMANDS 指令；

② 使用 8a 指令使能对熔丝和锁定位的读取；

③ 使用 8e 指令一次读取所有的熔丝和锁定位；

或:用 8b 指令只读取熔丝高位字节；

用 8c 指令只读取熔丝低位字节；

用 8d 指令只读取锁定位。

(11) 读取芯片标识位

① 输入 JTAG PROG_COMMANDS 指令；

② 使用 9a 指令使能对芯片标识位的读取；

③ 使用 9b 指令下载地址＄00；

④ 使用 9c 指令读取第一个芯片标识字节；

⑤ 重复③和④步,在＄01 和＄02 地址上分别读取第二和第三个标识字节。

(12) 读校正位(用于校正片内 RC 振荡器频率精度)

① 输入 JTAG PROG_COMMANDS 指令；

② 使用 10a 指令使能对校正位的读取；

③ 使用 10b 指令载入地址＄00；

④ 使用 10c 指令读校正位字节。

参考文献

[1] 马潮. 高档8位单片机ATmega128原理与开发应用指南(上). 北京:北京航空航天大学出版社,2004.

[2] 张克彦. AVR单片机实用程序设计. 北京:北京航空航天大学出版社,2004.

[3] 张克彦. MCS51/196单片机浮点程序和实用程序. 北京:北京航空航天大学出版社,2001.

[4] 刘小汇等. 任意长度信息序列的CRC快速算法. 单片机与嵌入式系统应用,2003(10).

[5] 王泉等. AVR单片机CRC校验码的查表与直接生成. 单片机与嵌入式系统应用,2003(9).

[6] 向先波等. TMS320F240片内PWM实现D/A扩展功能. 单片机与嵌入式系统应用,2003(3).

[7] 蒋进等. 数字签名技术在手持式设备上的应用. 单片机与嵌入式系统应用,2004(3).

[8] 孟臣,李敏. 内含标准字库的中文液晶模块OCMJ5×10. 单片机与嵌入式系统应用,2003(12).

[9] 柏军等. 一种用于单片机的红外串行通信接口. 单片机与嵌入式系统应用,2003(8).

[10] 蒋鸿宇等. 由DS18B20构成的多点温度测量系统. 单片机与嵌入式系统应用,2007(1).

[11] 刘锋等. 浅析嵌入式程序设计中的优化问题. 单片机与嵌入式系统应用,2006(12).

[12] www. maxim-ic. com:DS1305 Serial Alarm Real-Time Clock

[13] www. atmel. com. 8-bitAVR Microcontroller with 16K Bites In-System Programmable Flash ATmega16(L).

[14] www. atmel. com. 8-bitAVR Microcontroller with 8K Bites In-System Programmable Flash ATmega8535(L).

[15] www. atmel. com. 8-bitAVR Microcontroller with 8K Bites In-System Programmable Flash ATmega8515(L).